Hermann Th. Wagner
Klaus Jürgen Fischer
Joachim-Dietrich v. Frommann

Strömungs- und Kolbenmaschinen

AF791142

Hermann Th. Wagner
Klaus Jürgen Fischer
Joachim-Dietrich von Frommann

Strömungs- und Kolbenmaschinen

Lern- und Übungsbuch

3., verbesserte Auflage

Mit 270 Bildern

V

Springer Fachmedien Wiesbaden GmbH

1. Auflage 1981
2., durchgesehene Auflage 1986
3., verbesserte Auflage 1990

Alle Rechte vorbehalten
© Springer Fachmedien Wiesbaden 1990
Ursprünglich erschienen bei Friedr. Vieweg & Sohn Verlagsgesellschaft mbH, Braunschweig 1990

Das Werk und alle seine Teile sind urheberrechtlich geschützt. Jede Verwertung in anderen als den gesetzlich zugelassenen Fällen bedarf deshalb der vorherigen schriftlichen Einwilligung des Verlages.

Umschlaggestaltung: Hanswerner Klein, Leverkusen
Satz: Vieweg, Braunschweig

ISBN 978-3-528-24039-4 ISBN 978-3-663-13922-5 (eBook)
DOI 10.1007/978-3-663-13922-5

Vorwort

Dieses Lern- und Übungsbuch vermittelt das grundlegende Wissen über die Funktionsprinzipien der Strömungs- und Kolbenmaschinen. Dies geschieht so einfach und verständlich wie möglich, aber ohne unzulässige Vereinfachungen vorzunehmen.

Die Bearbeitung der Themen erfolgte unter Beachtung der folgenden Prinzipien:

- Verdeutlichung der in der Maschine zur Anwendung kommenden physikalischen Gesetzmäßigkeiten,
- Erläuterung der Maschine als Instrument zur Umsetzung dieser physikalischen Gesetzmäßigkeiten für die praktische Nutzung,
- Festlegung der Kriterien für die Beurteilung einer Maschine und ihrer möglichen Einsatzbereiche.

Aus diesem Grund wurden die für die Wirkungsweise der Maschinen wichtigsten Erfahrungssätze in den Grundlagenkapiteln eingehend erläutert, insbesondere

1. der Satz von der Erhaltung der Masse,
2. der Satz von der Erhaltung der Energie,
3. der Satz über die Richtungsabhängigkeit von Energieumwandlungen und
4. der Satz über die Erhaltung des Impulses und des Drehimpulses.

Alle Gleichungen sind Größengleichungen, zu deren Anwendung gute Kenntnisse der Elementarmathematik ausreichen. Alle Einheiten entstammen dem Internationalen Einheitensystem (SI), außer wenn das Umrechnen von Einheiten speziell geübt werden soll. Insbesondere wurde die nicht mehr zulässige Druckeinheit bar (1 bar = 100 kPa) durch Pascal ersetzt.

Alle Arbeitsunterlagen sind in einem Anhang zusammengefaßt. Im Sinne der pädagogischen Forderung nach „sofortiger sicherer Anwendung des Gelernten" soll der Studierende mit diesem Anhang zunächst die ausführlich durchgerechneten Beispiele durcharbeiten und dann seine Kenntnisse und Fertigkeiten durch möglichst selbständiges Lösen der Übungsaufgaben anwenden. Zur Kontrolle sind die Lösungen am Schluß des Buches angegeben.

Dem Verlag danken wir für die sorgfältige Gestaltung des Buches sowie für die ausgezeichnete Zusammenarbeit.

Hagen/Reinbek/Wilhelmshaven, Juli 1989 *Die Verfasser*

Inhaltsverzeichnis

Bildquellenverzeichnis

Bild 6.3 8-Zylinder-V-Motor
Fa. Daimler-Benz AG, Stuttgart

Bild 6.17 Schnitt durch einen Reihenmotor
Bild 6.18 Schnitt durch einen V-Motor
Fa. MAN, Maschinenfabrik Augsburg, Nürnberg AG

Bild 6.19 Einspritzanlage
Bild 6.20 Förderpumpe
Bild 6.21 Pumpenelement
Bild 6.22 Förderpumpenregelung
Bild 6.23 Düsen
Bild 6.24 Mehrlochdüse
Fa. Robert Bosch GmbH, Stuttgart

Bild 11.3 Mehrstufige Kreiselpumpe
Bild 11.4 Mehrflutige Kreiselpumpe
Bild 11.8 Laufradformen
Bild 11.9 Pumpenwirkungsgrad
Bild 11.21 Leistungen und Wirkungsgrade
Bild 11.22 Spaltverluste
Bild 11.23 Radseitenreibungsverluste
Fa. KSB Klein, Schanzlin und Becker, Frankenthal (Pumpenlexikon)

Bild 12.1 Anwendungsbereiche von Wasserturbinen
Bild 12.2 Bauarten von Wasserturbinen
Bild 12.3 Wasserkraftanlagen
Fa. J. M. Voith GmbH, Heidenheim

Bild 14.7 Dreizugkessel
Fa. Standardkessel, Duisburg

Bild 14.8 Schiffshauptkessel
Bild 15.13 Parsons-Turbine
Bild 15.17b Curtis-Parsons-Turbine
Bild 15.18 Verdrehte Niederdruck-Schaufeln
Bild 15.19 Mehrgehäusige Großturbine
Fa. Blohm + Voss AG, Hamburg

Bild 14.9 Naturumlaufkessel
Fa. Borsig GmbH, Berlin

Bild 14.11 Zwangsdurchlauf- oder Bensonkessel
Fa. EVT Energie- und Verfahrenstechnik GmbH, Stuttgart

Bild 14.16 Oberflächenkondensator
Bild 14.17 Niederdruckturbine mit Kondensator
Bild 15.11 Labyrinthdichtung
Bild 15.15 Niederdruck-Teilturbine
Fa. Kraftwerk Union AG, Mülheim

Bild 14.21 Dampfkraftanlage
Nordwestdeutsche Kraftwerke AG, Werk Wilhelmshaven

Bild 15.2 Frischdampfzufuhreinrichtung einer Dampfturbine
Fa. Siemens AG, Erlangen

A3.2.6 Temperatur-Entropie-Diagramm
Fa. Buse Anlagenbau GmbH, Bad Hönningen

1 Arbeitshinweise und allgemeine Grundlagen

1.1 Numerierung

Gleichungen, Bilder, Sätze, Beispiele und Übungsaufgaben sind innerhalb der Kapitel fortlaufend numeriert.

Beispiel 1.1: *Bild 3.7* bedeutet also, daß es sich um das siebte Bild im dritten Kapitel handelt.

1.2 Notwendige Kenntnisse

Um die Gesetzmäßigkeiten der physikalischen Vorgänge herauszustellen, werden die mathematischen Anforderungen in diesem Buch bewußt niedrig gehalten. Trotzdem kann auf gute Kenntnisse der Elementarmathematik nicht verzichtet werden.
Folgende Beispiele sind entsprechend dem höchsten vorkommenden Schwierigkeitsgrad ausgewählt.

Beispiel 1.2: Stellen Sie nach c_2 um!

$$q_{12} + w_{t12} = g(z_2 - z_1) + \frac{c_2^2 - c_1^2}{2} + p_2 v_2 - p_1 v_1 + u_2 - u_1.$$

Lösung:

$$c_2^2 - c_1^2 = 2[q_{12} + w_{t12} + g(z_1 - z_2) + p_1 v_1 - p_2 v_2 + u_1 - u_2]$$

$$\underline{\underline{c_2 = \sqrt{2\left[q_{12} + w_{t12} + g(z_1 - z_2) + p_1 v_1 - p_2 v_2 + u_1 - u_2 + \frac{c_1^2}{2}\right]}}}.$$

Beispiel 1.3: Stellen Sie nach p_2 um!

$$\frac{T_1}{T_2} = \left(\frac{p_1}{p_2}\right)^{\frac{\kappa - 1}{\kappa}}$$

Lösung:

$$\underline{\underline{p_2 = p_1 \left(\frac{T_2}{T_1}\right)^{\frac{\kappa}{\kappa - 1}}}} \quad \text{oder} \quad \underline{\underline{p_2 = p_1 \left(\frac{T_1}{T_2}\right)^{\frac{\kappa}{1 - \kappa}}}}$$

Beispiel 1.4: Berechnen Sie:

$$x = 0{,}037^{-0{,}45}$$

$$y = \ln 0{,}357.$$

Lösung:

$$\underline{\underline{x = 4{,}41}}$$

$$\underline{\underline{y = -1{,}030.}}$$

Zur reinen Zahlenrechnung sollte zweckmäßigerweise ein elektronischer Taschenrechner benutzt werden.

1.3 Gleichungen

Alle Gleichungen in diesem Buch sind Größengleichungen nach DIN 1313 und gelten unabhängig von der Wahl der Einheiten.

Satz 1.1: Eine *Größe* ist das Produkt aus Zahlenwert und Einheit.

$$\text{Größe} = \text{Zahlenwert} \times \text{Einheit} \tag{1.1}$$

Zahlenwerte werden gekennzeichnet, indem der Formelbuchstabe in *geschweifte* Klammern gesetzt wird.

Einheiten werden gekennzeichnet, indem der Formelbuchstabe (!) in *eckige* Klammern gesetzt wird.

Beispiel 1.5:

$$F = 3{,}2\,\text{N} = \text{Größe}$$
$$\{F\} = 3{,}2 = \text{Zahlenwert}$$
$$[F] = \text{N} = \text{Einheit}$$
$$F = \{F\} \cdot [F]$$

Beachten Sie bitte, daß der Formelbuchstabe, nicht aber die Einheit eckig eingeklammert ist. Letzteres ist zwar weit verbreitet, aber nicht richtig!

Obwohl es nicht notwendig ist, sind bei allen Gleichungen die *üblichen* Einheiten angegeben. Dies bedeutet jedoch nicht, daß man in Rechnungen auf das Mitführen von Einheiten verzichten kann!

1.4 Einheiten

Abgesehen von speziellen Umrechnungsübungen gehören alle verwendeten Einheiten dem internationalen Einheitensystem (SI) an und lassen sich auf die in Tabelle A1.2.1 definierten Basiseinheiten (DIN 1301) zurückführen. Um einfache Zahlenwerte zu erhalten ist es stets zweckmäßig, die in Tabelle A1.2.2 aufgeführten Vorsilben für dezimale Vielfache und Teile zu benutzen.

Die wichtigsten Einheitenumrechnungsbeziehungen (A1.2.3) sollten Sie sich merken.

1.5 Einheitenumrechnung

Schwierigkeiten bei Einheitenumrechnungen können durch Anwendung der *Einsbruchstrichmethode* einfach überwunden werden.

Satz 1.2: Jede Größe darf so oft mit „1" malgenommen werden, wie man möchte, ohne daß sich der Wert der Größe dabei ändert.
Ein Bruch ist dann „1", wenn Zähler und Nenner gleich groß sind.

Durch mehrfache Anwendung obigen Satzes werden komplizierte Gesamtumrechnungen in kleine und leicht überschaubare Teilschritte zerlegt und sind besonders dann auch gut überprüfbar, wenn die *Einsbruchstriche* mit *Malpunkten* aneinander gehängt werden.

Das folgende Beispiel ist relativ schwierig und zeigt gerade deshalb die Vorteile dieser Methode.

Beispiel 1.6: Wir messen einen kleinen Druck von $3{,}3\ \frac{\text{mp}}{\text{cm}^2}$ und möchten diesen in die Einheit μbar umrechnen.

Lösung:

$$p = 3{,}3\ \frac{\text{mp}}{\text{cm}^2} \cdot \frac{\text{p}}{1000\ \text{mp}} \cdot \frac{\text{kp}}{1000\ \text{p}} \cdot \frac{9{,}81\ \text{N}}{\text{kp}} \cdot \frac{\text{cm}^2 \cdot 100^2}{\text{m}^2} \cdot \frac{\text{Pa} \cdot \text{m}^2}{\text{N}} \cdot \frac{\text{bar}}{10^5\ \text{Pa}}$$

$$= 3{,}24 \cdot 10^{-6}\ \text{bar} \cdot \frac{10^6\ \mu\text{bar}}{\text{bar}}.$$

$$\underline{\underline{p = 3{,}24\ \mu\text{bar}}}$$

oder:

$$p = 3{,}3\ \frac{\text{mp}}{\text{cm}^2} \cdot \frac{\text{kp}}{10^6\ \text{mp}} \cdot \frac{\text{cm}^2 \cdot \text{at}}{\text{kp}} \cdot \frac{0{,}981\ \text{bar}}{\text{at}} \cdot \frac{10^6\ \mu\text{bar}}{\text{bar}}$$

$$\underline{\underline{p = 3{,}24\ \mu\text{bar}.}}$$

Übungsaufgabe 1.1: Wie groß ist die Wärme $Q = 0{,}186$ Mcal in der Einheit kJ?

1.6 Durchführen von Rechnungen

Jede Rechnung sollte aus folgenden fünf Schritten bestehen:

1. *Ausgangsgleichung* hinschreiben;

   Die Ausgangsgleichung kann auch ein Gleichungssystem sein, das nach unten durch einen Schlußstrich kenntlich gemacht wird.

2. *Umstellen* solange, bis die gesuchte Größe alleine auf der linken Gleichungsseite steht;
3. *Einsetzen* der gegebenen Werte, wobei bereits jetzt eventuell notwendige Einsbruchstriche angehängt werden können;
4. *Rechnen*;
5. *Ergebnis* hinschreiben und zweimal unterstreichen.

Beherzigen Sie bitte auch folgende Regeln:

Ihre Rechnung wird

- übersichtlicher,
- leichter kontrollierbar (auch für Sie selbst),
- einfacher,
- eindeutiger und
- sicherer,

wenn Sie

- grundsätzlich mit Größen rechnen,
- Gleichheitszeichen untereinander schreiben,
- Doppelbruchstriche vermeiden,
- komplizierte Rechnungen in einfache Teilaufgaben zerlegen,
- Zehnerpotenzen bei Bruchstrichen nur mit positivem Exponenten schreiben,

- nicht zu genau rechnen,
  Meistens reicht die Angabe von drei oder vier Ziffern aus. Runden Sie auf oder ab!
- die Genauigkeit Ihres Ergebnisses mit der Genauigkeit der gegebenen Werte vergleichen,
  Man kann z. B. durch Interpolation keinen genaueren Wert ermitteln, als es der Stellenzahl in einer vorgegebenen Tabelle entspricht!
- die technische Möglichkeit und Bedeutung Ihres Ergebnisses abschätzen,
  Gerade der Elektronenrechner verführt dazu, Ergebnissen blind zu glauben. Überschlagen Sie Ihre Rechnung im Kopf!
- Exponenten und Indizes immer kleiner als den Formelbuchstaben und eindeutig höher oder tiefer als diesen schreiben,
- Zehnerpotenzen oder unübersichtliche Zahlenwerte im Endergebnis durch geschickte Wahl der Einheitenvorsilbe vermeiden,
- Skizzen anfertigen, die das Problem anschaulich darstellen,
  Entwickeln Sie Vorstellungsvermögen und Phantasie!
- graphische Lösungen nicht zu klein machen,
- Maßstäbe angeben und
- Koordinatensysteme beschriften!

1.7 Ablesen von Tabellenwerten

Beispiel 1.7: Für die Druckänderung in einem Behälter mit der Temperatur wurden folgende Werte gemessen:

t in °C	Δp in MPa
0	0,00
10	0,32
20	0,58

Welche Druckdifferenz wird sich bei $t = 17$ °C einstellen?

Lösung: Wir benutzen zur Mittelung das Verfahren der *linearen Interpolation* und gebrauchen die Indizes:

u für den nächstunteren Tabellenwert und
o für den nächsthöheren Tabellenwert

Damit ergibt sich:

$$\Delta p = \Delta p_u + (\Delta p_o - \Delta p_u)\frac{t - t_u}{t_o - t_u} \qquad (1.2)$$

Δp	t
Pa, MPa	°C

Selbstverständlich können bei dieser Gleichung auch andere Formelbuchstaben auftreten.

$$\Delta p = 0{,}32 \text{ MPa} + (0{,}58 - 0{,}32) \text{ MPa}\,\frac{17 - 10}{20 - 10}$$

$$\underline{\underline{\Delta p = 0{,}50 \text{ MPa}}}$$

Das Ergebnis wird mit der gleichen Genauigkeit angegeben wie die anderen Tabellenwerte. Die Zahl 0,50 kennzeichnet eine höhere Genauigkeit als 0,5!

1.8 Spezifische Größen; Dichte, Wichte

> **Satz 1.3**: Alle Größen, die durch die Masse geteilt sind, heißen *spezifische* Größen. Sie haben meist kleine Formelbuchstaben und im Nenner der Einheit steht kg.

So ist z. B. das *spezifische Volumen* definiert als

$$v = \frac{V}{m} \qquad (1.3)$$

v	V	m
$\frac{m^3}{kg}$	m^3	kg

Die *Wichte*

$$\gamma = \frac{F_G}{V} \qquad (1.4)$$

$$F_G = m \cdot g \qquad (1.5)$$

F_G = Gewichtskraft

g = Erdbeschleunigung

F	V	m	g	γ
N	m^3	kg	$\frac{m}{s^2}$	$\frac{N}{m^3}$

ist daher ebenso wie die *Dichte*

$$\rho = \frac{m}{V} \qquad (1.6)$$

$$\rho = \frac{1}{v} \qquad (1.7)$$

m	V	ρ	v
kg	m^3	$\frac{kg}{m^3}$	$\frac{m^3}{kg}$

keine spezifische Größe. Aus den Gleichungen (1.3) bis (1.7) kann man ableiten:

$$\gamma = \rho \cdot g \qquad (1.8)$$

$$\gamma = \frac{g}{v} \qquad (1.9)$$

g	ρ	γ	v
$\frac{m}{s^2}$	$\frac{kg}{m^3}$	$\frac{N}{m^3}$	$\frac{m^3}{kg}$

Beispiel 1.8: Wie groß ist das spezifische Volumen von Luft, wenn deren Wichte $\gamma = 12{,}7\,\frac{N}{m^3}$ ist?

Lösung:

$$\gamma = \frac{g}{v}$$

$$v = \frac{g}{\gamma}$$

$$= \frac{9{,}81\ m \cdot m^3}{s^2 \cdot 12{,}7\,N} \cdot \frac{N \cdot s^2}{kg \cdot m}$$

$$= 0{,}772\,\frac{m^3}{kg} \cdot \frac{10^3\ dm^3}{m^3}$$

$$\underline{\underline{v = 772\,\frac{dm^3}{kg}.}}$$

1.9 Molare Größen

> **Satz 1.4:** Die *Stoffmenge*[1] n = 1 kmol ist gleich derjenigen Masse m in kg, die sich aus der relativen Atom- bzw. Molekülmasse ergibt.

Beispiel 1.9: Die Aussage n_{O_2} = 1 kmol (Sauerstoff) ist gleichwertig der Aussage m_{O_2} = 32 kg, da die relative Molekülmasse von Sauerstoff 2 × 16 = 32 ist.

Hieraus können wir folgern, daß die Einheit kmol nur dann benutzt werden kann, wenn die chemische Verbindung eines Stoffes bekannt ist.

> **Satz 1.5:** Alle Größen, die durch die Stoffmenge geteilt wurden, heißen *molare* Größen. Die Formelbuchstaben sind groß und erhalten den Index m. In der Einheit steht kmol im Nenner.

So ist z.B. das *molare Volumen* oder kurz das *Molvolumen* definiert als

$$V_m = \frac{V}{n} \tag{1.10}$$

V	n	V_m
m^3	kmol	$\frac{m^3}{kmol}$

Nur die *molare Masse* oder *Molmasse*

$$M = \frac{m}{n} \tag{1.11}$$

m	n	M
kg	kmol	$\frac{kg}{kmol}$

wird ohne den Index m geschrieben und dient, da sie immer den Wert 1 hat, als Einheitenumrechnungsfaktor.

Beispiel 1.10: Welcher Masse m_{O_2} Sauerstoff entspricht die Stoffmenge n_{O_2} = 3 kmol?

Lösung: Der Tabelle A3.1.5 entnehmen wir: $M_{O_2} = 32\,\frac{kg}{kmol}$

$$m_{O_2} = n_{O_2} \cdot M_{O_2}$$
$$= 3\,kmol \cdot \frac{32\,kg}{kmol}$$
$$\underline{\underline{m_{O_2} = 96\,kg.}}$$

1.10 Ströme

> **Satz 1.6:** Alle Größen, die durch die Zeit geteilt sind, heißen *Ströme*. Wir kennzeichnen sie durch einen Punkt über dem Formelbuchstaben. Im Nenner der Einheit steht eine Zeiteinheit wie z.B. s für Sekunde oder h für Stunde.

---
[1] Anstelle von *Stoffmenge* ist auch der Ausdruck *Substanzmenge* gebräuchlich.

Es gibt den

Volumenstrom $\boxed{\dot{V} = \frac{V}{\Delta\tau}}$ [1]

τ	V	$\dot{V}$
s	m^3	$\frac{m^3}{s}$

(1.12)

und den

Massenstrom $\boxed{\dot{m} = \frac{m}{\Delta\tau}}$ [1]

τ	m	$\dot{m}$
s	kg	$\frac{kg}{s}$

(1.13)

und als Sonderfälle

Leistung $\boxed{P = \frac{W}{\Delta\tau}}$ [1]

P	W	τ
W, kW	J, kJ	s

(1.14)

(anstelle von $\dot{W}$ = Arbeitsstrom)

Geschwindigkeit $\boxed{c = \frac{s}{\Delta\tau}}$ [1]

c	τ	s
$\frac{m}{s}$	s	m

(1.15)

(anstelle von $\dot{s}$ = Wegstrom)

Beschleunigung $\boxed{a = \frac{c}{\Delta\tau}}$ [1]

a	c	τ
$\frac{m}{s^2}$	$\frac{m}{s}$	s

(1.16)

(anstelle von $\dot{c} = \ddot{s}$ = Geschwindigkeitsstrom = Wegstrom – Strom)

Anmerkung: ausgesprochen wird z.B. $\dot{m}$ als *em punkt*.

Beispiel 1.11: Aus einer Wasserleitung fließen in 50 s 8,7 m³ Wasser heraus. Wie groß ist der Volumenstrom $\dot{V}$?

Lösung:

$$\dot{V} = \frac{V}{\Delta\tau}$$

$$= \frac{8{,}7\ m^3}{50\ s}$$

$$= 0{,}174\ \frac{m^3}{s} \cdot \frac{10^3\ dm^3}{m^3}$$

$$\underline{\underline{\dot{V} = 174\ dm^3/s}}$$

[1] *Beachte:* Die Zeit wird als Differenz $\Delta\tau$ eingesetzt. Es ist nur dann möglich, $\Delta\tau$ durch τ zu ersetzen, wenn ein bestimmter Zeitpunkt, z. B. der Beginn der Messung, mit $\tau = 0$ definiert wird! Diese Überlegung gilt auch für die anderen hier benutzten Größen V, m, W, s und c.

2 Wärmelehre

2.1 Das geschlossene System

Um wärmetechnische Untersuchungen vornehmen zu können, muß der zu untersuchende Gegenstand oder Stoff zunächst genau beschrieben werden.

> **Satz 2.1:** In der Wärmelehre nennen wir den Stoff, den wir untersuchen, ein *System*. Was zu einem solchen System gehört, und was nicht, wird durch eine gedachte Fläche, die *Systemgrenze*, genau festgelegt. Bei *geschlossenen Systemen* kann keine Masse über die Systemgrenze transportiert werden (Bild 2.1).

Ein System kann also grundsätzlich alles sein, ein Aquarium, unser Sonnensystem oder eine Fabrikhalle. Um die Beschreibung des Systems nicht zu kompliziert werden zu lassen, treffen wir einige Vereinfachungen, die auch auf technisch für uns interessante Systeme ohne zu große Fehler übertragen werden können.

1. Der Stoff im Inneren des Systems sei gleichmäßig über das ganze System verteilt (*homogen*)!

   Diejenigen geschlossenen Systeme, die uns interessieren, sollen immer Gase enthalten, so daß diese Forderung im Rahmen der üblichen Genauigkeit leicht durch geschickte Festlegung der Systemgrenze erfüllt werden kann.

2. Die Systemgrenze sei *massenstromdicht* ($\dot{m} = 0$)! Das bedeutet auch, daß die Masse im Inneren des Systems konstant ist, denn es gilt der

> **Satz 2.2:** Masse kann weder hergestellt noch vernichtet werden (*Massenerhaltungssatz*).

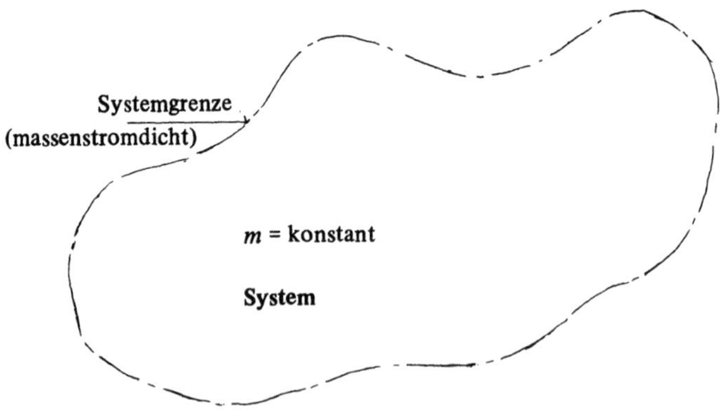

Bild 2.1 Geschlossenes System

3. Das System bleibt in *Ruhe* und hat weder Geschwindigkeits- noch Lageenergie.
4. Befindet sich Gas im System, so soll die Wirkung *äußerer Kraftfelder* (z.B. des Schwerefeldes der Erde) im Inneren des Systems nicht berücksichtigt werden.
   Bei den relativ kleinen Abmessungen der Maschinen, die wir betrachten, sind solche Einflüsse tatsächlich so gering, daß man sie vernachlässigen kann.
5. Wir behandeln alle Gase wie *ideale Gase*.

Aus Versuchen hat man ermittelt, daß die Gl. (2.1)

allgemeines Gasgesetz $$\frac{p \cdot v}{T} = \text{konstant} \qquad (2.1)$$

p	v	T
Pa	$\frac{m^3}{kg}$	K

von allen *realen Gasen* näherungsweise befolgt wird, und zwar desto besser, je

- kleiner der Druck ($p <$ ca. 2 MPa und je
- größer die Temperatur ($T >$ ca. 2 T_S) ist.[1])

Satz 2.3: Ein *ideales Gas* ist ein gedachtes Gas, das sich exakt entsprechend Gleichung (2.1) verhält. *Reale Gase* kann man bei kleinen Drücken und hohen Temperaturen wie ideale Gase berechnen.

2.2 Der Zustand

Satz 2.4: Der Zustand eines geschlossenen Systems wird durch *Zustandsgrößen* beschrieben. Das sind Größen, die etwas über das Innere des Systems aussagen, z.B. der Druck p, die Masse m oder die chemische Gleichung der Gasmoleküle.

Die Konstante des allgemeinen Gasgesetzes (2.1) ist stoffabhängig und wird spezifische oder spezielle Gaskonstante R genannt (siehe Tabelle A3.1.5). So entsteht die *allgemeine Zustandsgleichung*

$$p \cdot v = RT \qquad (2.2)$$

oder

$$p \cdot V = mRT \qquad (2.3)$$

p	V	m	T	R	v
Pa	m^3	kg	K	$\frac{J}{kg\,K}$	$\frac{m^3}{kg}$

die den Zusammenhang zwischen den Zustandsgrößen eines geschlossenen Systems herstellt.

Beispiel 2.1: In einem zylindrischen Druckbehälter (Bild 2.2) befindet sich Helium (He). Es liegen folgende Meßwerte vor:

Thermometer: t = 77 °C
Barometer: p_b = 770 Torr,
Manometer: funktioniert nicht.

Gesucht ist die Masse (m in kg) des Heliums im Behälter!

---

1) T_S = Siedetemperatur

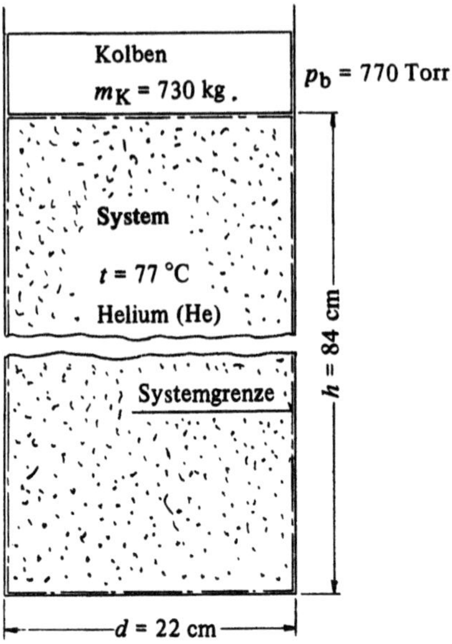

Bild 2.2 Druckbehälter

Lösung: Zunächst legen wir die Systemgrenze dicht innen an die Behälterwand, erklären das Innere zum System und vergewissern uns, ob obige Bedingungen eingehalten sind. Dies ist der Fall und wir können die Zustandsgrößen bestimmen, die für die allgemeine Zustandsgleichung (2.3) gebraucht werden. Diese sind:

1. *Volumen V:*

$$V = A \cdot h = 380\ \text{cm}^2 \cdot 84\ \text{cm} \cdot \frac{\text{dm}^3}{10^3\ \text{cm}^3}$$
$$\underline{\underline{V = 31{,}9\ \text{dm}^3.}}$$

$$A = \frac{d^2\,\pi}{4} = \frac{22^2\ \text{cm}^2 \cdot \pi}{4}$$
$$\underline{\underline{A = 380\ \text{cm}^2.}}$$

Sie sehen, wie man durch geschickte Wahl der Einheitenvorsilben unübersichtliche Zahlen vermeiden kann.

2. *Gaskonstante R:* Wir entnehmen diese der Tabelle A3.1.5 aus dem Anhang:

$$\underline{\underline{R_{He} = 2077{,}5\ \frac{\text{J}}{\text{kg K}}.}}$$

3. *Temperatur T:* Wir unterscheiden die absolute Temperatur T in K und die Temperatur t in °C. Da die Angabe 273,15 K mit 0 °C identisch ist, können wir unter Berücksichtigung unserer Genauigkeitsansprüche schreiben:

$$\boxed{T = t + 273{,}15\ \text{K}} \qquad (2.4)$$

T	t
K	°C

$$= 77\ °\text{C} + 273\ \text{K}$$
$$\underline{\underline{T = 350\ \text{K}.}}$$

4. *Druck p:* Mit dem Formelbuchstaben p (ohne Index) ist immer der Absolutdruck gemeint.

> **Satz 2.5:** Es gibt Absolutdrücke p, die mit dem *Barometer* gegen den Druck Null, und Differenzdrücke, die mit dem *Manometer* gegen einen Bezugsdruck p_b gemessen werden. Ist der Differenzdruck positiv, so heißt er Überdruck $p_ü$ und ist er negativ, Unterdruck p_u.

In unserem Beispiel ist der Bezugsdruck p_b, wie fast immer, gleich dem Luftdruck, der mit dem Barometer direkt gegen $p = 0$ gemessen wird. Der Bezugsdruck kann deshalb auch barometrischer Druck genannt werden

$$p = p_b + p_ü \qquad (2.5)$$

$$p_ü = -p_u \qquad (2.6)$$

p
Pa, kPa, MPa

Da keine Manometeranzeige gegeben ist, überlegen wir uns, daß der Überdruck nur durch die Gewichtskraft des Kolbens erzeugt wird (wie oft in der Technik). Wir können diesen also berechnen über die Beziehung, daß Überdruck = Kraft pro Fläche ist.

$$p_ü = \frac{F_G}{A} \qquad (2.7)$$

p	F	A
Pa	N	m²

$$F_G = m \cdot g$$

$$= 730\ \text{kg} \cdot 9{,}81\ \frac{\text{m}}{\text{s}^2} \cdot \frac{\text{N} \cdot \text{s}^2}{\text{kg} \cdot \text{m}}$$

$$\underline{\underline{F_G = 7160\ \text{N}.}}$$

$$p_ü = \frac{F_G}{A}$$

$$= \frac{7260\ \text{N}}{380\ \text{cm}^2} \cdot \frac{10^4\ \text{cm}^2}{\text{m}^2} \cdot \frac{\text{m}^2 \cdot \text{kPa}}{1000\ \text{N}}$$

$$\underline{\underline{p_ü = 188{,}4\ \text{kPa}.}}$$

$$p = p_b + p_ü$$

$$= 770\ \text{Torr} \cdot \frac{\text{bar}}{750\ \text{Torr}} \cdot \frac{100\ \text{kPa}}{\text{bar}} + 188{,}4\ \text{kPa}$$

$$p = (102{,}7 + 188{,}4)\ \text{kPa}$$

$$\underline{\underline{p = 291\ \text{kPa}.}}$$

Damit sind wir in der Lage, die Aufgabe zu lösen.

$$pV = mRT$$

$$m = \frac{pV}{RT}$$

$$= \frac{291\ \text{kPa} \cdot 31{,}9\ \text{dm}^3 \cdot \text{kg} \cdot \text{K}}{2077{,}5\ \text{J} \cdot 350\ \text{K}} \cdot \frac{10^3\ \text{N}}{\text{kPa} \cdot \text{m}^2} \cdot \frac{\text{J}}{\text{Nm}} \cdot \frac{\text{m}^3}{10^3\ \text{dm}^3}$$

$$= 0{,}01277\ \text{kg} \cdot \frac{1000\ \text{g}}{\text{kg}}\ \text{(unübersichtliche Zahl)}$$

$$\underline{\underline{m = 12{,}77\ \text{g}.}}$$

Übungsaufgabe 2.1: Eine Sauerstoffflasche hat ein Volumen von 40 dm³. Bei einer Temperatur von 25 °C und einem Barometerstand von 103 kPa beträgt der Überdruck 3,78 MPa.

Wie groß sind die Masse und die Dichte des eingeschlossenen Sauerstoffs?

Übungsaufgabe 2.2: Ein Preßluftbehälter mit einem Volumen von 8 m^3 soll durch einen Kompressor, der in einer Minute 3 m^3 Luft mit 22 °C und 970 hPa ansaugt, bis auf einen Druck von 0,72 MPa gefüllt werden. Zu Beginn der Verdichtung ist der Druck im Behälter 160 kPa und die Temperatur 17 °C Am Ende der Verdichtung ist die Temperatur 22 °C.

Wieviel Minuten benötigt der Kompressor, um den geforderten Druck zu erreichen?

2.3 Die innere Energie

Wenn wir den Zustand eines geschlossenen Systems ändern wollen, dann können wir dies nur durch solche Energiezufuhr oder -abfuhr über die Systemgrenze tun, die nicht an den gleichzeitigen Transport von Masse gebunden ist. Als solche gibt es nur zwei Möglichkeiten, nämlich Wärme und/oder Arbeit.

> **Satz 2.6:** *Wärme* ist diejenige Energie, die beim Übergang über die Systemgrenzen zwischen zwei Systemen allein auf Grund von unterschiedlichen Temperaturen übertragen wird. Wärme ist also eine *Prozeßgröße* (keine Zustandsgröße), weil sie nur bei Zustandsänderungen auftritt.

Nach der obigen Definition ist es also z.B. falsch, vom Wärmeinhalt eines Systems zu sprechen, weil ja damit ein Zustand beschrieben würde. Damit ist aber auch klar, daß Wärme nicht mehr als Wärme bezeichnet werden darf, wenn sie erst einmal im Inneren des Systems, also stoffgebunden ist.

Energie, die im Inneren eines Systems gespeichert ist, kann in den verschiedensten Formen auftreten, z.B. als chemische Bindungsenergie zwischen den Atomen, als Atomkernbindungsenergie zwischen den Protonen und Neutronen im Kern oder auch in Formen, die uns heute noch gar nicht bekannt sind. Wir vereinfachen unsere Betrachtung, indem wir nur diejenige Systemenergie herausnehmen, die für uns interessant ist, nämlich die innere Energie.

> **Satz 2.7:** Die *innere Energie U* ist diejenige Energie, die ein Stoff auf Grund seiner Molekularbewegung hat. Sie äußert sich nach außen entweder über die Temperatur oder über den Aggregatzustand. Sie ist Null bei 0 K, wird aber aus praktischen Gründen bei 0 °C gleich Null gesetzt. Die innere Energie ist eine Zustandsgröße des Systems.

Am einfachsten berechnen wir die innere Energie wie eine Wärmemenge, die man von 0 °C an bei konstantem Volumen zuführen müßte, um den gegebenen Zustand zu erreichen.

Vereinfachend schließen wir dabei Aggregatzustandsänderungen vorläufig aus unseren Betrachtungen aus und berechnen die *innere Energie* mit

$$\boxed{U = m \cdot c_V \cdot t} \qquad (2.8)$$

U	m	c	t
J	kg	$\frac{\text{J}}{\text{kgK}}$	°C

Beispiel 2.2: Wie groß ist die innere Energie von 3 kg Wasser bei 25 °C?

Lösung:

$$U = m \cdot c_V \cdot t \qquad c_V = 4{,}183 \frac{\text{kJ}}{\text{kgK}} \quad \text{(Tabelle A3.1.4)}$$

$$= 3\ \text{kg} \cdot 4{,}183 \frac{\text{kJ}}{\text{kgK}} \cdot 25\ °\text{C}$$

$$\underline{\underline{U = 314\ \text{kJ}.}}$$

Anmerkungen: Die Einheit K darf hier direkt gegen °C gekürzt werden, da diese als Temperaturdifferenz zu 0 °C angesehen werden kann. Durch Einsetzen von t in °C erzielen wir, daß die innere Energie entsprechend Satz 2.7 bei 0 °C auch rechnerisch zu Null wird.

Der Begriff c_V wird in Abschnitt 2.7 noch genauer erklärt. Bei Flüssigkeiten gilt $c = c_V$.

Die innere Energie kann wie alle Energien auch spezifisch berechnet werden, indem wir die Gl. (2.8) umstellen:

$$\left.\begin{aligned} u &= \frac{U}{m} \\ U &= m \cdot c_V \cdot t \end{aligned}\right]^{1)}$$

$$u = c_V \cdot t$$

$$= 4{,}183 \frac{\text{kJ}}{\text{kgK}} \cdot 25\ °\text{C}$$

$$\underline{\underline{u = 104{,}6\ \text{kJ/kg}.}} \quad \text{(spezifische innere Energie)}$$

Dieses Ergebnis ist im allgemeinen dem ersten vorzuziehen, weil es nicht mehr an eine bestimmte Masse m gebunden ist.

> **Satz 2.8:** Wird die innere Energie eines Systems z.B. durch Energiezu- oder -abfuhr über die Systemgrenze verändert, dann sprechen wir von der *Änderung der inneren Energie* ΔU.

Wir bezeichnen die innere Energie vor der Zustandsänderung mit U_1 und nach der Zustandsänderung mit U_2 (Bild 2.3). Die Änderung der inneren Energie berechnet sich dann als Differenz der Werte zwischen dem End- und dem Anfangszustand aus dem Gleichungssystem:

$$\left.\begin{aligned} \Delta U &= U_2 - U_1 \\ U_1 &= m \cdot c_V \cdot t_1 \\ U_2 &= m \cdot c_V \cdot t_2 \end{aligned}\right]$$

$$\Delta U = m \cdot c_V \cdot t_2 - m \cdot c_V \cdot t_1$$

$$\left.\begin{aligned} \Delta U &= m \cdot c_V (t_2 - t_1) \\ &\text{oder} \\ \Delta t &= t_2 - t_1 \end{aligned}\right]$$

$$\boxed{\Delta U = m \cdot c_V \cdot \Delta t} \qquad (2.9)$$

U	m	c	t
J	kg	$\frac{\text{J}}{\text{kgK}}$	°C

$$\Delta u = \frac{\Delta U}{m}$$

1) Durch] soll die Zusammengehörigkeit von Gleichungen in einem Gleichungssystem gekennzeichnet werden.

oder spezifisch:

$$\boxed{\Delta u = c_V \cdot \Delta t}$$

u	c	t
$\frac{J}{kg}$	$\frac{J}{kgK}$	°C

(2.10)

Anmerkung: Bemühen Sie sich, kleine und große Formelbuchstaben stets so zu schreiben, daß sie zu unterscheiden sind.

Satz 2.9: Ein Δ vor einer Größe bedeutet, daß wir diese im Anfangszustand 1 von der im Endzustand 2 abziehen; niemals umgekehrt.

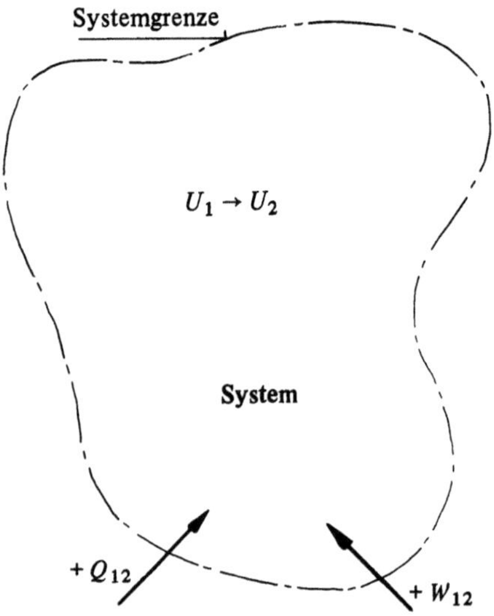

Bild 2.3
Änderung der inneren Energie eines geschlossenen Systems

Anmerkung: Der Index 12 [gesprochen: eins-zwei] besagt, daß das System durch diese Wärme oder durch diese Arbeit vom Zustand 1 zum Zustand 2 gebracht wird. Während Zustandsgrößen also einen Index haben, kennzeichnen wir Prozeßgrößen durch zwei Indexzahlen.

Beispiel 2.3: Die Temperatur des Systems sei anfangs t_1 = 30 °C. Durch Wärmeabfuhr verändert sich diese auf t_2 = 18 °C. Die Temperaturdifferenz berechnet sich dann:

$$\Delta t = t_2 - t_1 \qquad \text{(Endzustand minus Anfangszustand)}$$
$$= 18\ °\text{C} - 30\ °\text{C}$$
$$\underline{\underline{\Delta t = -12\ °\text{C}.}}$$

Wollen wir den Endzustand vom Anfangszustand abziehen, müssen wir daher schreiben: $-\Delta t = t_1 - t_2$!

2.4 Der erste Hauptsatz der Wärmelehre für geschlossene Systeme

Die zweite Möglichkeit, die innere Energie eines Systems zu ändern, heißt *Arbeit*. Von den vielen Möglichkeiten, eine Arbeit über die Systemgrenze zu transportieren, nehmen wir die für geschlossene Systeme technisch wichtigste heraus, nämlich die Volumenänderungsarbeit.

Satz 2.10: Verschieben wir die Systemgrenze durch eine von außen angesetzte Kraft um ein Wegstück Δs in Richtung dieser Kraft gegen den von innen nach außen wirken-wirkenden Druck p des Systems (Bild 2.4), so ist dem System eine mechanische Arbeit $F \cdot \Delta s$ zugeführt worden. Da sich das Volumen des Systems dabei verkleinert, nennen wir die Wirkung dieser Kraft *Volumenänderungsarbeit*. Sie ist ebenso wie die Wärme eine Prozeßgröße.

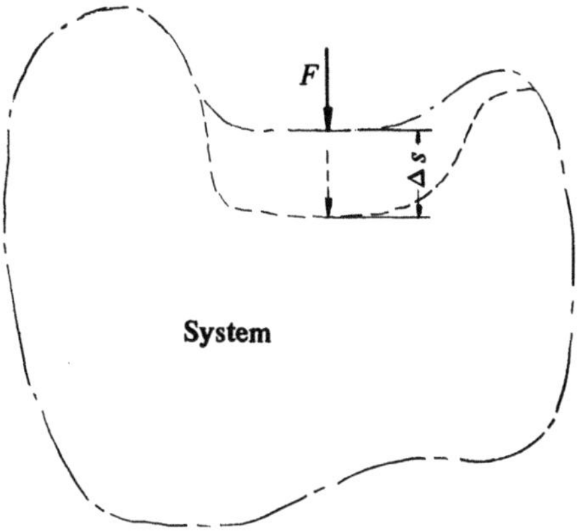

Bild 2.4
Verschiebung der Systemgrenze durch eine von außen wirkende Kraft

Um die bisher beschriebenen Größen Wärme, Volumenänderungsarbeit und innere Energie in einer Gleichung zusammenfassen zu können, benötigen wir den

Satz 2.11: Energie kann weder vernichtet noch hergestellt, sondern höchstens umgewandelt werden. Diese Erkenntnis heißt *Energieerhaltungssatz* oder *Erster Hauptsatz der Wärmelehre* und ist eine Erfahrungstatsache.

Erfahrungstatsachen nennen wir solche Erkenntnisse, die wir auf Grund von Beobachtungen gewonnen haben. Sollte es nur in einem einzigen wiederholbaren Experiment an irgendeiner Stelle der Welt gelingen, eine gegenteilige Beobachtung zu machen, so müßte die gesamte Physik neu überdacht werden.

Da die Begriffe Wärme und Arbeit nach dem Übergang über die Systemgrenze nicht mehr von der inneren Energie des Systems zu unterscheiden sind, fassen wir alle diese Energien nach Satz 2.11 in einer Energiebilanzgleichung zusammen.

$$U_1 + Q_{12} + W_{12} = U_2$$

$$\left.\begin{aligned} Q_{12} + W_{12} &= U_2 - U_1 \\ \Delta U &= U_2 - U_1 \end{aligned}\right]$$

$$\boxed{Q_{12} + W_{12} = \Delta U} \qquad \left|\frac{Q,\ W,\ U}{\mathrm{J}}\right| \qquad (2.11)$$

Diese sehr wichtige Gleichung werden wir im weiteren Verlauf dieses Buches entweder *Energiebilanz* oder *Erster Hauptsatz für geschlossene Systeme* nennen.

2.5 Volumenänderungsarbeit

Dem System von Bild 2.5 soll Volumenänderungsarbeit zugeführt werden. Dazu muß der Kolben von der Kraft F von rechts nach links geschoben werden.

Anmerkung: Damit die Kraft F das einzige ist, was den Kolben von rechts nach links schiebt, haben wir den Druck auf der rechten Kolbenseite gleich Null gesetzt. Bei anderer Betrachtungsweise könnte man auch sagen, alle Ursachen, die den Kolben nach links schieben, sollen in der Kraft F enthalten sein.

Daß eine Arbeit zugeführt wird, erkennen wir daran, daß das System über den Gasdruck der äußeren Kraft entgegenwirkt.

Den Weg, den der Kolben zurücklegen kann, zählen wir zweckmäßigerweise von der linken Systemgrenze aus, weil dann das Volumen des Systems einfach mit $V = A \cdot s$ berechnet werden kann.

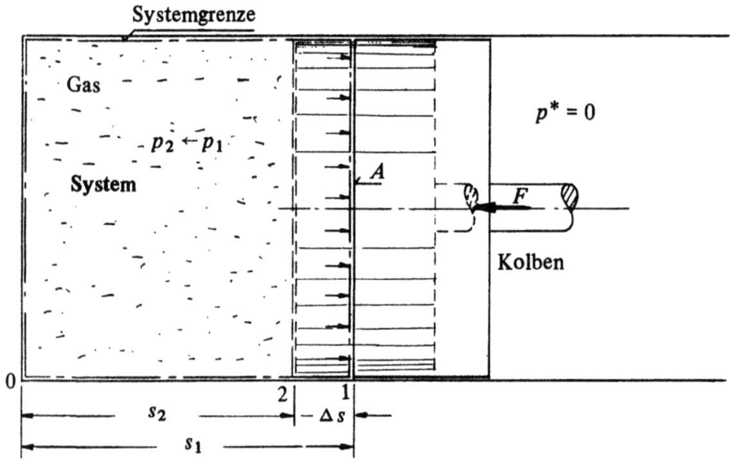

Bild 2.5 Größen zur Berechnung der Volumenänderungsarbeit

In der Ausgangsstellung des Kolbens (Zustand 1) versehen wir alle veränderlichen Größen mit dem Index 1 und in der Endstellung mit dem Index 2. Der Betrag des Weges kann also dann berechnet werden mit $s_1 - s_2$, oder mit $\Delta s = s_2 - s_1$:

$$\boxed{-\Delta s = s_1 - s_2} \qquad \begin{array}{|c|} s \\ \hline \text{m} \end{array} \qquad (2.12)$$

Die dem System zugeführte Arbeit berechnen wir mit

$$\boxed{W_{12} = F \cdot (-\Delta s)} \qquad \begin{array}{|c|c|c|} W & F & s \\ \hline \text{J} & \text{N} & \text{m} \end{array} \qquad (2.13)$$

Der Formelbuchstabe W_{12} entspricht dann derjenigen Arbeit, die benötigt wird, um das Volumen

$$V_1 = A \cdot s_1 \quad \text{auf}$$
$$V_2 = A \cdot s_2 \quad \text{zu verkleinern.}$$

Mit

$$-\Delta V = V_1 - V_2$$

und

$$-\Delta s = s_1 - s_2$$

ergibt sich dann

$$\boxed{-\Delta V = A(-\Delta s)} \qquad (2.14)$$

V	A	s
m^3	m^2	m

oder

$$-\Delta s = \frac{-\Delta V}{A}$$

Die Kraft F wirkt über die Kolbenfläche A, also als Druck auf das System. Aus dem Gleichungssystem

$$F = p \cdot A$$
$$-\Delta s = \frac{-\Delta V}{A}$$
$$W_{12} = F(-\Delta s)$$

erhalten wir dann:

$$W_{12} = p \cdot A \cdot \frac{-\Delta V}{A}$$
$$W_{12} = -p \cdot \Delta V$$

Wenn der Kolben sich von rechts nach links verschiebt, wird der Druck des Systems nicht unbedingt seinen Wert beibehalten. Meistens wird er von p_1 auf p_2 steigen, so daß wir in die obigen Gleichungen nicht einfach den Druck p, sondern besser den *mittleren Druck* p_m einsetzen.

$$\boxed{W_{12} = -p_m \cdot \Delta V} \qquad (2.15)$$

W	p	V
J	Pa	m^3

Wichtig: Überlegen Sie sich bitte, daß bei einer *zugeführten Arbeit* die Volumenänderungsarbeit trotz des Minuszeichens in Gl. (2.15) *positiv* errechnet wird! In vielen Büchern finden Sie eine andere Vorzeichenregelung.

Satz 2.12: Wird eine Zustandsänderung in einem *Druck-Volumen-Diagramm* dargestellt, so entspricht die Fläche unter der Kurve der Volumenänderungsarbeit. Der Verlauf der Zustandsänderung legt dabei einen Drehsinn fest, in dem man am Rand dieser Fläche um diese herumfahren könnte. Linksdrehsinn (↶) bedeutet dabei, daß die Fläche einer zugeführten (+) Volumenänderungsarbeit entspricht.

Beispiel 2.4: Es soll eine beliebige Zustandsänderung vom Anfangszustand 1 (0,6 dm³, 700 kPa) zum Endzustand 2 (1,4 dm³, 300 kPa) durchgeführt werden (Bild 2.6). Die hierzu notwendige Volumenänderungsarbeit W_{12} ist zu berechnen!

Lösung:

1. Wir grenzen zunächst die Fläche unter der Kurve durch zwei senkrechte Linien unter den Punkten 1 und 2 ein, und schraffieren sie.
2. Wir bezeichnen die Fläche mit „$-W_{12}$", weil Rechtsdrehsinn (↷) vorliegt. Die Fläche entspricht also einer abgeführten Volumenänderungsarbeit (–).
3. Wir schätzen die Lage des mittleren Druckes p_m so, daß die zwei senkrecht schraffierten Flächen A^* [sprich:a stern] und A^{**} [sprich: a zwei stern] gleich groß sind.

   Achtung: p_m läßt sich normalerweise nicht über $p_m = \frac{p_1 + p_2}{2}$ berechnen!
4. Jetzt können wir die Fläche wie ein Rechteck über Höhe h mal Breite b berechnen, indem wir die Maßstäbe wie Einsbruchstriche benutzen. Aus drucktechnischen Gründen wird hier anstelle einer üblichen Längeneinheit wie z.B. cm oder mm die im Bild abgreifbare Längeneinheit E benutzt.

$$-W_{12} = b \cdot h \cdot M_{\text{waagerecht}} \cdot M_{\text{senkrecht}}$$

$$= 2\,\text{E} \cdot 2{,}1\,\text{E} \cdot \frac{0{,}4\ \text{dm}^3}{\text{E}} \cdot \frac{200\ \text{kPa}}{\text{E}} \cdot \frac{1\ \text{m}^3}{10^3\ \text{dm}^3}$$

$$= 0{,}336\ \text{kPa} \cdot \text{m}^3 \cdot \frac{10^3\ \text{N}}{\text{kPa} \cdot \text{m}^2} \cdot \frac{\text{J}}{\text{Nm}}$$

$$\underline{\underline{W_{12} = -336\ \text{J}}}\,.$$

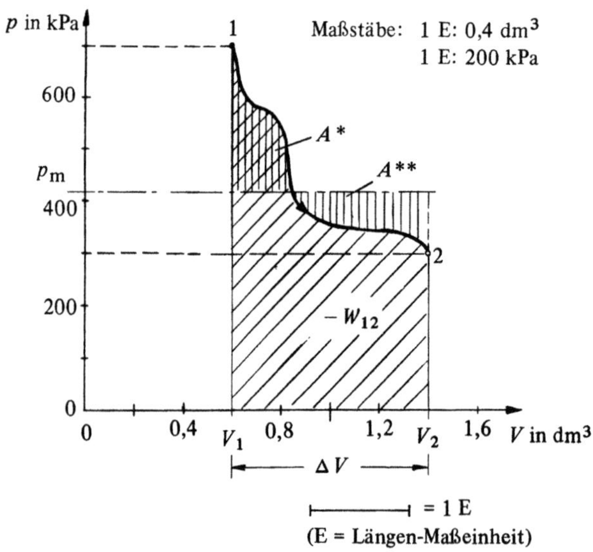

Bild 2.6 Darstellung der Volumenänderungsarbeit im p-V-Diagramm

Direkt nach Gl. (2.15) ergibt sich das gleiche Ergebnis:

$$\left.\begin{array}{l} W_{12} = -p_m \cdot \Delta V \\ \Delta V = V_2 - V_1 \end{array}\right] \quad \text{mit} \quad \begin{array}{l} p_m = 420 \text{ kPa} \\ V_1 = 0{,}6 \text{ m}^3 \\ V_2 = 1{,}4 \text{ m}^3 \end{array}$$

$$W_{12} = p_m (V_2 - V_1)$$

$$= -420 \text{ kPa } (1{,}4 - 0{,}6) \text{ dm}^3 \cdot \frac{10^3 \text{ N}}{\text{kPa} \cdot \text{m}^2} \cdot \frac{\text{J}}{\text{Nm}}$$

$$= -336\,000 \frac{\text{J} \cdot \text{dm}^3}{\text{m}^3} \cdot \frac{\text{m}^3}{10^3 \text{ dm}^3}$$

$$\underline{\underline{W_{12} = -336 \text{ J.}}}$$

Übungsaufgabe 2.3: Berechnen Sie diejenige Volumenänderungsarbeit, die einer Diagrammfläche von 7,2 cm^2 entspricht, wenn die Maßstäbe 1 cm ≙ 300 kPa und 1 cm ≙ 50 cm^3 gegeben sind.

2.6 Wärme, Entropie

Jede Energie kann aufgeteilt werden in einen intensiven und einen kapazitiven Anteil, die miteinander multipliziert gleich dieser Energie sind.

Der intensive Anteil oder auch die *Intensität* einer Größe ist ein Maß für deren Eindringlichkeit, Zielgerichtetsein, Anspannungsgrad und Wirkungsstärke.

Beispiel 2.5:

Energie	Intensität
mechanische Arbeit	Kraft
Volumenänderungsarbeit	Druck
innere Energie	kinetische Energie der Moleküle
elektrische Arbeit	Spannung
Wärme	Temperatur

Der kapazitive Anteil oder die *Kapazität* einer Größe ist ein Maß für deren Fassungsvermögen, Aufnahmefähigkeit und Ausmaß.

Beispiel 2.6:

Energie	Kapazität
mechanische Arbeit	Weg
Volumenänderungsarbeit	Volumen
innere Energie	Anzahl der Moleküle
elektrische Arbeit	Dauer und Größe eines elektrischen Stromes
Wärme	Entropie

Rein gleichungsmäßig haben wir diese Aufteilung bereits bei der Volumenänderungsarbeit kennengelernt.

$$W_{12} = -p_m \cdot \Delta V.$$

Das Vorzeichen gibt lediglich die Richtung des Energietransports an.

Zur Berechnung der Wärme läßt sich nun eine sehr ähnliche Gleichung angeben.

$$\boxed{Q_{12} = T_m \cdot \Delta S} \qquad (2.16)$$

Q	T	S
J	K	$\frac{J}{K}$

Q_{12} ist diejenige Wärme, die ein System von Anfangszustand 1 zum Endzustand 2 bringt.
T_m ist die mittlere Temperatur des Systems während dieser Wärmezu- oder abfuhr

Achtung: Ähnlich wie schon beim mittleren Druck ist auch hier eine Mittellung über $T_m = \frac{T_1 + T_2}{2}$ normalerweise nicht erlaubt! Eine *näherungsweise* Berechnung der mittleren Temperatur ist auf diese Weise nur dann möglich, wenn die Abweichung ΔT im Vergleich zu den Temperaturen T_1 und T_2 sehr klein ist.

$\Delta S = S_2 - S_1$ ist die Entropiedifferenz. Die einfachste Definition ergibt sich über die umgestellte Gl. (2.16):

$$\Delta S = \frac{Q_{12}}{T_m}$$

> **Satz 2.13**: *Entropiedifferenz* ist das Verhältnis einer zu- oder abgeführten Wärmemenge zu der mittleren Temperatur des Systems während dieser Zustandsänderung.

Anmerkung: Da die mittlere Temperatur in K eingesetzt werden muß, ist diese immer positiv. Die Entropiedifferenz hat also immer das Vorzeichen der Wärme. Wird Wärme zugeführt, so vergrößert sich die Entropie des Systems; wird Wärme abgeführt, so verkleinert sich die Entropie.

Den kleinsten Wert hat die Entropie (siehe Anmerkung) bei 0 K. Nennen wir die Entropie eines Stoffes bei 0 K S_0 und bei einer anderen beliebigen Temperatur S, so kann man Gl. (2.16) für eine Wärmezufuhr, die bei 0 K beginnt, auch so schreiben:

$$\left.\begin{array}{l} Q_0 = T_m \cdot \Delta S \\ \Delta S = S - S_0 \end{array}\right]$$

$$Q_0 = T_m (S - S_0)$$

$$S - S_0 = \frac{Q_0}{T_m}$$

oder umgestellt:

$$\boxed{S = \frac{Q_0}{T_m} + S_0} \qquad (2.17)$$

S	Q	T
$\frac{J}{K}$	J	K

Diese Gleichung kann erst dann gelöst werden, wenn S_0 bekannt ist.

> **Satz 2.14**: Die Entropie eines Stoffes kann bei 0 K gleich Null gesetzt werden! Diese Festlegung ist bekannt als *Dritter Hauptsatz der Wärmelehre.*

Damit vereinfacht sich Gl. (2.17) zu $S = \frac{Q_0}{T_m}$ und gibt uns eine Definition für den Begriff Entropie.

> **Satz 2.15:** Die (absolute) *Entropie* ist das Verhältnis einer zuzuführenden Wärmemenge zu der mittleren Temperatur während dieser Wärmezufuhr, wenn die Ausgangstemperatur 0 K beträgt. Sie ist eine Zustandsgröße.

Aus praktischen Gründen wird die Entropie auch bei der Normaltemperatur $t_n = 0$ °C gleich Null gesetzt.

Beispiel 2.7: Wie groß ist näherungsweise die Entropie von 1 kg Eisen bei einer Temperatur von 20 °C?

Lösung: Die Wärmemenge, die wir zur Erwärmung des Eisens von 0 °C auf 20 °C brauchen, stimmt mit der inneren Energie des Eisens überein. Die Entropie des Eisens von 20 °C ist demnach:

$$U = m \cdot c_{\text{Eisen}} \cdot t$$
$$= 1 \text{ kg} \cdot 464{,}7 \frac{\text{J}}{\text{kgK}} \cdot 20 \text{ °C}$$
$$\underline{\underline{U = 9294 \text{ J.}}}$$

$$T_m \approx \frac{T_n + T}{2}$$
$$\approx \frac{t_n + t}{2} + T_n$$
$$\approx \frac{0 \text{ °C} + 20 \text{ °C}}{2} + 273 \text{ K}$$
$$\underline{\underline{T_m \approx 283 \text{ K.}}}$$

$$S = \frac{U}{T_m}$$
$$\approx \frac{9294 \text{ J}}{283 \text{ K}}$$
$$\underline{\underline{S \approx 32{,}8 \text{ J/K.}}}$$

(c_{Eisen} aus A3.1.3)

Besser und genauer ist es, die Abschätzung der mittleren Temperatur graphisch innerhalb eines Temperatur-Entropie-Diagramms vorzunehmen!

> **Satz 2.16:** Wird eine Zustandsänderung in einem *Temperatur-Entropie-Diagramm* dargestellt, so entspricht die Fläche unter der Kurve der Wärme (Bild 2.7). Der Verlauf der Zustandsänderung legt dabei einen Drehsinn fest, in dem man am Rand dieser Fläche um diese herumfahren könnte.
>
> Linksdrehsinn (↶) bedeutet dabei, daß die Fläche einer abgeführten (–) Wärme entspricht.

Erläuterungen zu Bild 2.7: Dargestellt ist eine beliebige Zustandsänderung vom Ausgangszustand 1 zum Endzustand 2.

Die mittlere Temperatur T_m wird so abgeschätzt, daß die grauen Flächen A^* und A^{**} gleich groß sind.

Die Fläche unter der Kurve 1–2 kann man entsprechend der Zustandsänderung nur links herum umlaufen; sie entspricht also einer abzuführenden Wärme $= -Q_{12}$.

Der waagerechte Abstand zwischen Punkt 1 und 2 ist negativ, denn die Definition für $\Delta S = S_2 - S_1$ lautet umgestellt:

$$-\Delta S = S_1 - S_2.$$

Die Berechnung der Wärme erfolgt also wieder wie eine Flächenberechnung:

$$-Q_{12} = T_m \cdot (-\Delta S)$$

oder:

$$\underline{\underline{Q_{12} = T_m \cdot \Delta S}}$$

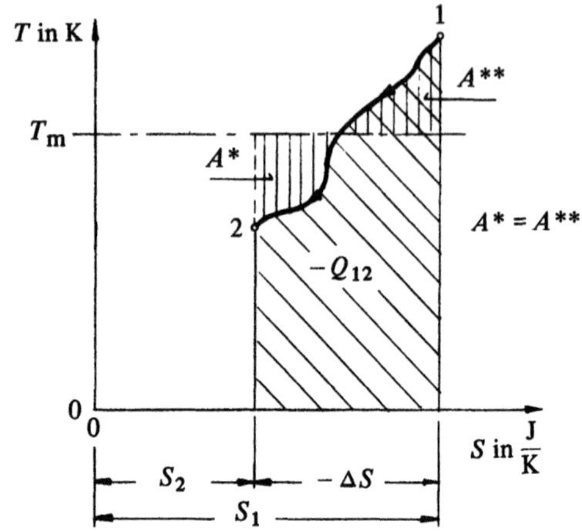

Bild 2.7
Darstellung einer abzuführenden Wärme im *T*-*S*-Diagramm

2.7 Spezifische Wärmekapazität; Gaskonstante

> **Satz 2.17**: Die spezifische Wärmekapazität entspricht derjenigen Wärmemenge, die benötigt wird, um 1 kg eines Stoffes um 1 °C (oder 1 K) zu erwärmen.

Die dazugehörige Gleichung zur Berechnung der Wärme haben wir schon benutzt:

$$\boxed{Q_{12} = m \cdot c \cdot \Delta t} \qquad (2.18)$$

Q	m	c	t
J	kg	$\frac{\text{J}}{\text{kgK}}$	°C

Anmerkung: Es ist bei Temperatur*differenzen* gleich, ob sie als Δt in °C oder als ΔT in K eingesetzt werden.

Gl. (2.18) gilt genügend genau für feste Stoffe und Flüssigkeiten. Bei Gasen müssen dagegen zwei Arten der Wärmezufuhr unterschieden werden, nämlich

a) die in Bild 2.8 dargestellte *Erwärmung bei konstantem Volumen*

Die zugeführte Wärme dient ausschließlich dazu, die innere Energie zu vergrößern. Wir merken dies am Anstieg der Temperatur. Daß das Volumen konstant bleibt, kennzeichnen wir durch den Index V bei der spezifischen Wärmekapazität.

$$\boxed{Q_{12} = m \cdot c_V \cdot \Delta t} \qquad (2.19)$$

Q	m	c	t
J	kg	$\frac{\text{J}}{\text{kgK}}$	°C

Da die gesamte Wärme nur dazu dient, die innere Energie des Systems zu verändern, berechnen wir mit der gleichen Formel auch die Änderung der inneren Energie, und zwar auch dann, wenn die Zustandsänderung gar nicht bei konstant bleibenden Volumen abläuft!

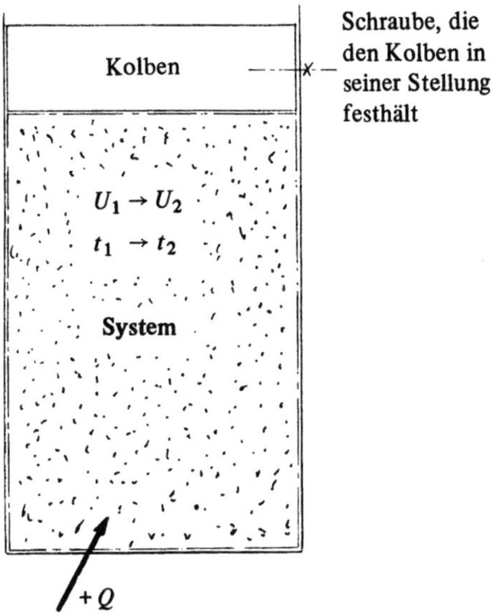

Bild 2.8 Geschlossenes System mit Zustandsänderung bei gleichbleibendem Volumen

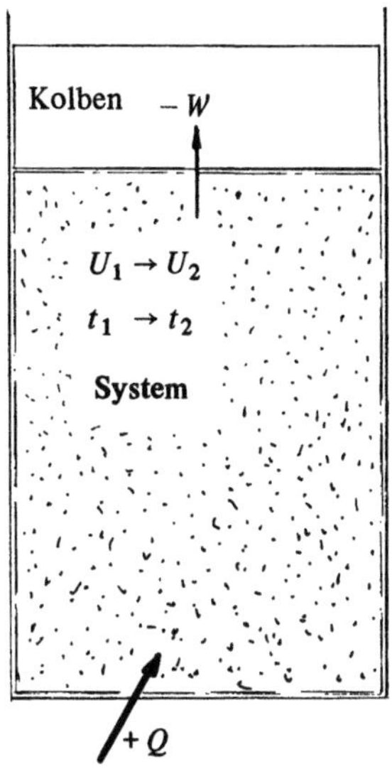

Bild 2.9 Geschlossenes System mit Zustandsänderung bei gleichbleibendem Druck im System (gleiches System wie Bild 2.8, nur *ohne* Schraube)

$$\boxed{\Delta U = m \cdot c_V \cdot \Delta t} \qquad (2.20)$$

Änderung der inneren Energie

U	m	c	t
J	kg	$\frac{\text{J}}{\text{kgK}}$	°C

b) die in Bild 2.9 dargestellte *Erwärmung bei konstantem Druck*

Anmerkung: Der Druck im Inneren des Systems ist nach den Gln. (2.5 und 2.7) $p = p_b + \frac{F_G}{A}$ abhängig von dem von außen auf den Kolben wirkenden Luftdruck p_b, von der Gewichtskraft des Kolbens F_G und von der Kolbenfläche A. Solange wie wir also keine dieser drei Größen verändern, bleibt auch der Druck in Inneren des Systems gleich groß.

Die zugeführte Wärme dient jetzt zwei Zwecken gleichzeitig. Einmal wird wie im vorigen Beispiel die Temperatur und damit die innere Energie des Systems vergrößert. Zum anderen aber wird sich das System während der Wärmezufuhr vergrößern, den Kolben nach oben schieben und dabei eine Arbeit (Volumenänderungsarbeit) an diesen abgeben. Der Kolben seinerseits wird diese Arbeit zum Teil behalten (er hat eine höhere Lage eingenommen) und zum Teil an die Umgebungsluft weitergegeben (da er diese ja während seiner Bewegung wegschieben mußte.)

Da nach dem ersten Hauptsatz Energie nicht hergestellt werden kann und die Änderungen der inneren Energie (gleiche Temperaturdifferenzen $\Delta t = t_2 - t_1$) in beiden Fällen gleich waren, muß die Arbeit, die das System nach oben über den Kolben abgegeben hat, unten zusätzlich als Wärme zugeführt werden.

Bleibt also der Druck des Systems gleich, berechnen wir die Wärmemenge mit:

$$\boxed{Q_{12} = m \cdot c_p \cdot \Delta t} \qquad (2.21)$$

Q	m	c	t
J	kg	$\frac{\text{J}}{\text{kgK}}$	°C

Die Änderung der inneren Energie war genauso groß wie im ersten Fall. Damit folgt für die abzuführende Volumenänderungsarbeit:

$$\left.\begin{aligned} \Delta U &= m \cdot c_V \cdot \Delta t \\ Q_{12} &= m \cdot c_p \cdot \Delta t \\ Q_{12} + W_{12} &= \Delta U \end{aligned}\right]$$

$$\begin{aligned} m \cdot c_p \cdot \Delta t + W_{12} &= m \cdot c_V \cdot \Delta t \\ W_{12} &= m \cdot \Delta t (c_V - c_p) \\ -W_{12} &= m \cdot (c_p - c_V) \cdot \Delta t. \end{aligned}$$

Immer läßt sich die Volumenänderungsarbeit auch mit Gl. (2.15) ermitteln:

$$W_{12} = -p_{\text{m}} \cdot \Delta V$$

Bei gleichbleibendem Druck gilt $p_{\text{m}} = p_1 = p_2 = p =$ konstant. Zusammen mit der allgemeinen Zustandsgleichung können wir also zur Ermittlung der abzuführenden Volumenänderungsarbeit $(-W_{12})$ folgendes Gleichungssystem aufstellen:

$$\left.\begin{aligned} -W_{12} &= p_{\text{m}} \cdot \Delta V \\ p_{\text{m}} &= p \\ \Delta V &= V_2 - V_1 \end{aligned}\right]$$

$$-W_{12} = p(V_2 - V_1)$$

$$\left.\begin{aligned} -W_{12} &= pV_2 - pV_1 \\ pV_2 &= mRT_2 \\ pV_1 &= mRT_1 \end{aligned}\right]$$

$$-W_{12} = mRT_2 - mRT_1$$

$$\left.\begin{aligned} &= mR(T_2 - T_1) \\ \Delta T &= T_2 - T_1 \\ \Delta t &= \Delta T \end{aligned}\right]$$

Wir vergleichen:

$$\left.\begin{aligned} -W_{12} &= mR\,\Delta t \\ -W_{12} &= m(c_p - c_V)\,\Delta t \end{aligned}\right]$$

$$R = c_p - c_V$$

oder:

$$\boxed{c_p = c_V + R} \qquad \begin{array}{|c|}c, R \\ \hline \frac{\text{J}}{\text{kgK}}\end{array} \qquad (2.22)$$

Hieraus folgt der

Satz 2.18: Die *Gaskonstante R* eines Gases ist gleich derjenigen Volumenänderungsarbeit, die 1 kg eines Gases bei einer Erwärmung um 1 °C (oder 1 K) abgibt, wenn die Zustandsänderung bei gleichbleibendem Druck verläuft. Sie ist gleich der Differenz der spezifischen Wärmekapazitäten bei gleichbleibendem Druck und gleichbleibendem Volumen.

Gaskonstanten können der Tabelle A3.1.5, spezifische Wärmekapazitäten dem Diagramm A3.2.1 entnommen werden.

Beispiel 2.8: Wie groß ist die spezifische Wärmekapazität bei gleichbleibendem Druck von Kohlendioxid (CO_2) zwischen den Temperaturen t_1 = 30 °C und t_2 = 520 °C?

Lösung: (Bild 2.10): Wir zeichnen mit einem weichen Bleistift je eine dünne senkrechte Linie bei den beiden Temperaturen und schätzen dann den mittleren Wert c_{p_m} so ab, daß die beiden getönten Flächen A^* und A^{**} gleich groß sind. Für unser Beispiel ergibt sich dann:

$$\underline{\underline{c_p = 1031 \text{ J/kg} \cdot \text{K}.}}$$

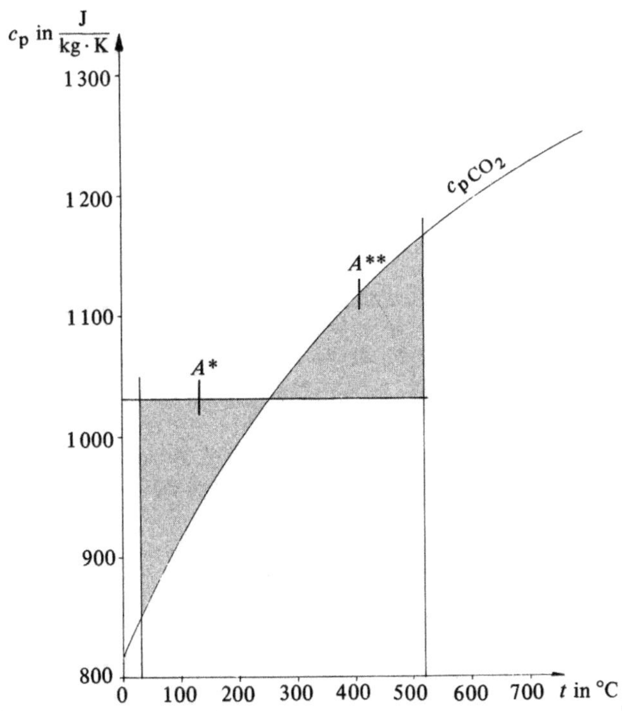

Bild 2.10
Ausschnitt aus Diagramm A 3.2.1

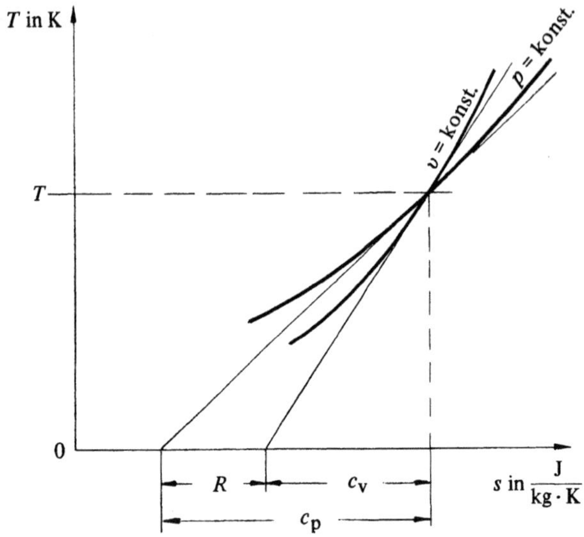

Bild 2.11
Darstellung von c_p, c_V und R im T-s-Diagramm

c_p, c_V und R lassen sich im T-s-Diagramm darstellen, wenn auf der waagerechten Achse die Entropie spezifisch aufgetragen wird und die Temperaturskala bei 0 K beginnt (Bild 2.11).

Alle Zustände eines Systems mit gleichbleibendem Volumen liegen auf Linien mit der Bezeichnung v = konstant. Alle Zustände eines Systems mit gleichbleibendem Druck liegen auf Linien mit der Bezeichnung p = konstant. Da c_p immer größer ist als c_V, sind Linien konstanten Drucks immer weniger steil als Linien konstanten Volumens.

Übungsaufgabe 2.4: Überlegen Sie sich bitte, warum im T-S-Diagramm eine Linie v = konstant selbst dann nach unten gekrümmt sein muß, wenn c_V = konstant ist! Die gleiche Überlegung gilt auch für Linien p = konstant.

2.8 Entropie, Entropiedifferenz

Die Gleichungen, die zur Berechnung der Entropie und deren Differenzen gebraucht werden, können mit Mitteln der Elementarmathematik nicht abgeleitet werden. Trotzdem ist es möglich, mit diesen Gleichungen zu rechnen, ähnlich wie wir z. B. den Flächeninhalt eines Kreises berechnen können, ohne unbedingt zu wissen, wie die dazu notwendige Gleichung $A = \pi r^2$ abgeleitet wird.

Zur Bestimmung eines Entropiewertes benutzen wir das Diagramm A3.2.2, das allerdings nur für den Normdruck p_n = 101,3 kPa gilt. Ist ein anderer Druck angegeben, muß umgerechnet werden über

$$s = s_0 - R \ln \frac{p}{p_n} \qquad (2.23)$$

s, R	p
$\frac{J}{kgK}$	Pa

Entropiedifferenzen berechnen wir über eine der drei Gleichungen:

$$\Delta s = c_V \cdot \ln \frac{T_2}{T_1} + R \ln \frac{v_2}{v_1} \qquad (2.24)$$

$$\Delta s = c_p \ \ln \frac{T_2}{T_1} + R \ln \frac{p_1}{p_2} \qquad (2.25)$$

$$\Delta s = c_p \ \ln \frac{v_2}{v_1} + c_V \ln \frac{p_2}{p_1} \qquad (2.26)$$

s, c	T	p	v
$\frac{\text{J}}{\text{kgK}}$	K	Pa	$\frac{\text{m}^3}{\text{kg}}$

Beispiel 2.9: Im Beispiel 2.8 hatten wir den c_p-Wert für die Erwärmung von Kohlendioxid von 30 °C auf 520 °C mit $c_p = 1031 \frac{\text{J}}{\text{kgK}}$ ermittelt. Wir erweitern jetzt diese Aufgabe durch zusätzliche Angaben:

m = 3,2 kg Kohlendioxid
p_1 = 220 kPa (Anfangsdruck)
p_2 = 490 kPa (Enddruck)

Wie groß sind Anfangsentropie S_1, Entropiedifferenz ΔS und Endentropie S_2?

Lösung:

1. Aus Diagramm A3.2.2 ergibt sich:

$s_{01} = 4{,}87$ kJ/kg · K.

2. Die Gaskonstante entnehmen wir der Tabelle A3.1.5:

$$R_{CO_2} = 189 \frac{\text{J}}{\text{kgK}} \cdot \frac{\text{kJ}}{10^3\ \text{J}}$$

$R_{CO_2} = 0{,}189$ kJ/kg · K.

3. Wir berechnen s_1:

$$s_1 = s_{01} - R_{CO_2} \cdot \ln \frac{p_1}{p_n}$$

$$= \left(4{,}87 - 0{,}189 \cdot \ln \frac{220\ \text{kPa}}{101{,}3\ \text{kPa}}\right) \frac{\text{kJ}}{\text{kgK}}$$

$s_1 = 4{,}72$ kJ/kg · K.

4. Damit ist S_1:

$$S_1 = m s_1$$

$$= 3{,}2\ \text{kg} \cdot 4{,}72 \frac{\text{kJ}}{\text{kgK}}$$

$S_1 = 15{,}1$ kJ/K.

5. Von den drei Gleichungen (2.24), (2.25) und (2.26) wählen wir die mittlere zur Berechnung von Δs, da hierin die meisten Werte gegeben sind:

$$\Delta s = c_p \ln \frac{T_2}{T_1} + R \ln \frac{p_1}{p_2}$$

$$= \left(1{,}031 \cdot \ln \frac{793}{303} + 0{,}189 \cdot \ln \frac{220}{490}\right) \frac{\text{kJ}}{\text{kgK}}$$

$\Delta s = 0{,}841$ kJ/kg · K.

6. ΔS ist dann

$$\Delta S = m \cdot \Delta s$$
$$= 3{,}2\ \text{kg} \cdot \frac{0{,}841\ \text{kJ}}{\text{kgK}}$$
$$\underline{\underline{\Delta S = 2{,}69\ \text{kJ/K}.}}$$

Die Entropiedifferenz sollte genauer angegeben werden als der Absolutwert, weil er wichtiger ist, wie wir in späteren Kapiteln noch sehen werden!

7. $\Delta S = S_2 - S_1$

$$S_2 = S_1 + \Delta S$$
$$= (15{,}1 + 2{,}69)\ \frac{\text{kJ}}{\text{K}}$$
$$\underline{\underline{S_2 = 17{,}79\ \text{kJ/K}.}}$$

Übungsaufgabe 2.5: Berechnen Sie die spezifische Entropie von Stickstoff (N_2) bei 3 bar und 50 °C und deren Änderung bei einer Erwärmung auf 150 °C bei gleichem Druck!

2.9 Enthalpie

Bisher haben wir Systeme betrachtet, in denen das Arbeitsmedium bereits enthalten war. In der Technik sind aber nur Maschinen (Systeme) denkbar, die noch *gefüllt* werden müssen, in die hinein also das Arbeitsmedium gegen den von außen auf das System wirkenden Druck, den wir als gleichbleibend annehmen, noch *verschoben* werden muß (Bild 2.12).

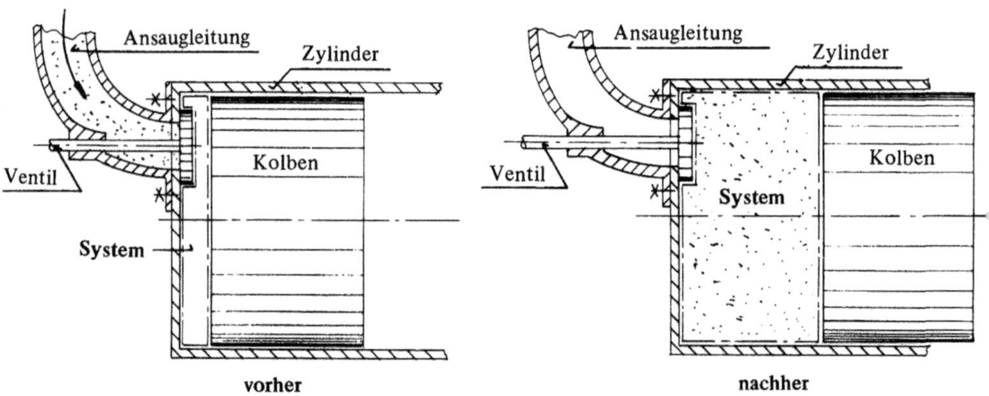

Bild 2.12 Verschiebung eines Arbeitsmediums in ein System

Anmerkung: Während des Füllungsvorganges ist das System nicht mehr geschlossen, sondern *offen*, da Masse über die Systemgrenze fließt. Erst nachher ist es wieder ein geschlossenes System.

Während der Füllung muß dem System eine Verschiebearbeit zugeführt werden. Ein technisches System besitzt also neben seiner inneren Energie U stets noch eine *Verschiebungsenergie*, die wir als Produkt von Druck und Volumen ($p \cdot V$) berechnen können.

Satz 2.19: Die Summe aus innerer Energie und Verschiebungsenergie heißt *Enthalpie*. Sie ist Null bei 0 K, wird aber aus praktischen Gründen beim Normzustand gleich Null gesetzt.

Anmerkung: Die innere Energie berechnen wir mit Gl. (2.8): $U = m \cdot c_V \cdot t$ bereits so, daß sie im Normzustand bei $t_n = 0$ °C zu Null wird. Die Verschiebungsenergie wird im Normzustand dann Null, wenn wir vom Produkt $p \cdot V$ diejenige Verschiebungsenergie abziehen, die im Normzustand benötigt wird, nämlich $p_n \cdot V_n$.

Wir berechnen also die *Enthalpie* eines Systems mit

$$\boxed{H = U + pV - p_n V_n} \qquad (2.27)$$

H, U	p	V
J	Pa	m³

Öfter als die Enthalpie H wird die Enthalpiedifferenz ΔH zwischen den Zuständen 1 und 2 eines Systems benötigt.

$$\left.\begin{aligned} \Delta H &= H_2 - H_1 \\ H_2 &= U_2 + p_2 V_2 - p_n V_n \\ H_1 &= U_1 + p_1 V_1 - p_n V_n \end{aligned}\right]$$

$$\left.\begin{aligned} \Delta H &= U_2 - U_1 + p_2 V_2 - p_1 V_1 \\ \Delta U &= U_2 - U_1 \end{aligned}\right]$$

$$\boxed{\Delta H = \Delta U + p_2 V_2 - p_1 V_1} \qquad (2.28)$$

H, U	p	V
J	Pa	m³

Bei Enthalpiedifferenzen braucht der Normzustand nicht berücksichtigt zu werden.

Die Berechnung der Enthalpie erfolgt nur selten über Gl. (2.27). Durch Einsetzen der allgemeinen Zustandsgleichung erhalten wir nämlich:

$$\left.\begin{aligned} H &= U + pV - p_n V_n \\ pV &= mRT \\ p_n V_n &= mRT_n \end{aligned}\right]$$

$$\left.\begin{aligned} H &= U + mRT - mRT_n \\ U &= m \cdot c_V \cdot t \end{aligned}\right]$$

$$\left.\begin{aligned} H &= m \cdot c_V \cdot t + mR(T - T_n) \\ t &= T - T_n \qquad (!) \end{aligned}\right]$$

$$\left.\begin{aligned} H &= m \cdot t(c_V + R) \\ c_p &= c_V + R \end{aligned}\right]$$

$$\boxed{H = m \cdot c_p \cdot t} \qquad (2.29)$$

H	m	c	t
J	kg	$\frac{\text{J}}{\text{kgK}}$	°C

Hieraus folgern wir den

> **Satz 2.20:** Die Berechnung der Enthalpie erfolgt am einfachsten wie eine Wärmemenge, die einem System bei konstantem Druck von 0 °C an zugeführt werden müßte, um den gegebenen Zustand zu erreichen.

Beispiel 2.10: Wie groß ist die Enthalpie eines Systems (z.B. eines Aquariums), in dem Wasser mit der Temperatur $t = 32$ °C ist.

Lösung: Da keine Angabe über die Masse des Wassers in der Aufgabenstellung enthalten ist, kann nur die spezifische Enthalpie h berechnet werden.

Bei Flüssigkeiten gilt: $c_p = c_V = c$; für Wasser ist $c = 4{,}183\ \frac{\text{kJ}}{\text{kg K}}$ (siehe Tabelle A3.1.4).

$$\left.\begin{aligned} H &= m \cdot c_p \cdot t \\ c_p &= c \\ h &= \frac{H}{m} \end{aligned}\right]$$

$$\begin{aligned} h &= c \cdot t \\ &= 4{,}183\ \frac{\text{kJ}}{\text{kg K}} \cdot 32\ ^\circ\text{C} \\ \underline{\underline{h}} &\underline{\underline{= 134\ \text{kJ/K.}}} \end{aligned}$$

Die *Enthalpiedifferenz* berechnen wir entsprechend:

$$\left.\begin{aligned} \Delta H &= H_2 - H_1 \\ H_2 &= m \cdot c_p \cdot t_2 \\ H_1 &= m \cdot c_p \cdot t_1 \end{aligned}\right]$$

$$\left.\begin{aligned} \Delta H &= m \cdot c_p (t_2 - t_1) \\ \Delta t &= t_2 - t_1 \end{aligned}\right]$$

$$\boxed{\Delta H = m \cdot c_p \cdot \Delta t} \qquad (2.30)$$

H	m	c	t
J	kg	$\frac{\text{J}}{\text{kg K}}$	°C

Übungsaufgabe 2.6: Wie groß ist die Enthalpie von 2,2 kg Sauerstoff bei 50 °C?

2.10 Technische Arbeit

Rein geschlossene Systeme sind für die Technik uninteressant. Ein Arbeitsmedium muß stets vor einer durchzuführenden Zustandsänderung in das System eingeschoben und *nachher* wieder hinausgeschoben werden.

> **Satz 2.21:** Berücksichtigen wir außer der Volumenänderungsarbeit während einer Zustandsänderung noch diejenigen Verschiebungsarbeiten, die zum Ein- und Ausschieben des Arbeitsmediums notwendig sind, so sprechen wir von der *technischen Arbeit.* Dargestellt wird diese im p-V-Diagramm als Fläche *neben* der Zustandsänderungskurve (Bild 2.13).

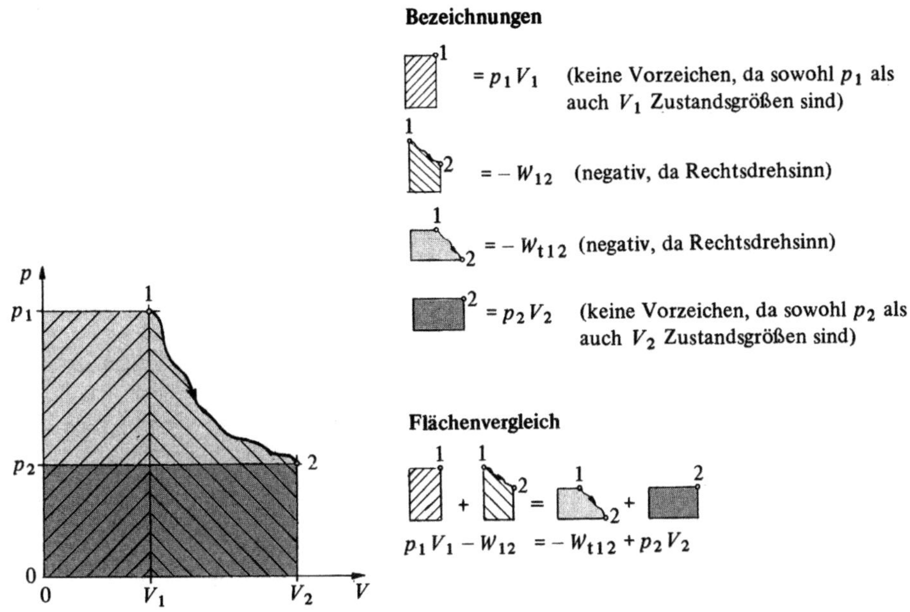

Bild 2.13 Ableitung der technischen Arbeit für eine Wärmekraftmaschine bei beliebiger Zustandsänderung

Hieraus folgt:

$$\boxed{W_{t12} = W_{12} + p_2 V_2 - p_1 V_1} \qquad (2.31)$$

W	p	V
J	Pa	m^3

Sind keine anderen Arten von Arbeit beteiligt (z.B. elektrische Arbeit) und das ist der Normalfall, dann ist die technische Arbeit mit der Arbeit identisch, die über eine Welle in der Form von Drehmoment mal Drehwinkel die Systemgrenze überschreitet. Sie heißt dann auch *Wellenarbeit.*

Das Vorzeichen der technischen Arbeit gibt uns außerdem an, ob wir eine Wärmekraft- oder -arbeitsmaschine betreiben.

> **Satz 2.22:** Eine Maschine heißt *Kraftmaschine,* wenn ihr über eine Welle technische Arbeit entnommen (−) werden kann; sie heißt *Arbeitsmaschine*, wenn sie über eine Welle angetrieben werden muß.

Übungsaufgabe 2.7: Überlegen Sie sich, daß Gl. (2.31) auch für Wärmearbeitsmaschinen richtig ist!

Mit Gl. (2.31) kann auch der erste Hauptsatz neu definiert werden:

$$\left.\begin{aligned} W_{12} &= W_{t12} - p_2 V_2 + p_1 V_1 \\ Q_{12} + W_{12} &= \Delta U \\ \Delta U &= U_2 - U_1 \end{aligned}\right]$$

$$\overline{Q_{12} + W_{t12} - p_2 V_2 + p_1 V_1 = U_2 - U_1}$$

$$\left.\begin{aligned} Q_{12} + W_{t12} &= U_2 + p_2 V_2 - U_1 - p_1 V_1 \\ H_2 &= U_2 + p_2 V_2 - p_n V_n \\ H_1 &= U_1 + p_1 V_1 - p_n V_n \end{aligned}\right]$$

$$\left.\begin{aligned} Q_{12} + W_{t12} &= H_2 + p_n V_n - H_1 - p_n V_n \\ Q_{12} + W_{t12} &= H_2 - H_1 \\ \Delta H &= H_2 - H_1 \end{aligned}\right]$$

$$\boxed{Q_{12} + W_{t12} = \Delta H} \qquad \frac{Q, W, H}{\text{J}} \tag{2.32}$$

Anmerkung: Diese Gleichung gilt nicht für geschlossene Systeme, sondern für offene Systeme, bei denen die Geschwindigkeiten und Höhenunterschiede des durchströmenden Mediums klein sind.

Da die technische Arbeit im p-V-Diagramm als Fläche neben der Kurve aufgetragen werden kann, gilt (wie Bild 2.14 anschaulich zeigt) für alle Zustandsänderungen auch:

$$\boxed{W_{t12} = V_m \cdot \Delta p} \tag{2.33}$$

W	V	p
J	m^3	Pa

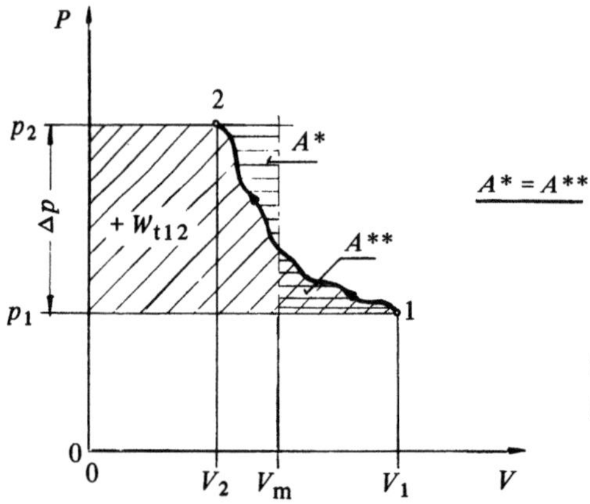

Bild 2.14
Darstellung der technischen Arbeit im p-V-Diagramm

2.11 Zustandsänderungen

Satz 2.23: Alle *Zustandsänderungen*, die in technisch ausgeführten Maschinen und Apparaten ablaufen, sind so kompliziert, daß sie exakt nicht berechnet werden können. Aus diesem Grund denken wir uns idealisierte Zustandsänderungen aus, von denen wir jeweils diejenige berechnen, die der wirklich ablaufenden Zustandsänderung am nächsten kommt.

Die wichtigsten Zustandsgrößen (weil am einfachsten meßbar) eines Systems sind Druck, Volumen und Temperatur; die wichtigsten Prozeßgrößen (meßbar beim Übergang über die Systemgrenze) sind Wärme und Volumenänderungsarbeit. Durch Konstanthalten jeweils einer Zustandsgröße oder Nullsetzen jeweils einer Prozeßgröße ergeben sich vier berechenbare Zustandsänderungen.

Dies sind die:

- *isochore* (mit V = konstant und damit auch $W_{12} = 0$),
- *isobare* (mit p = konstant und damit auch $W_{t12} = 0$),
- *isotherme* (mit t = konstant) und
- *reversible adiabate* oder *isentrope* (mit $Q_{12} = 0$; s = konstant) Zustandsänderung![1])

Die Berechnung der einzelnen Zustandsänderungen sowie deren Darstellung im p-V- und T-S-Diagramm erläutern wir, auch zur Vertiefung des bisher gebrachten Stoffes, an je einem Beispiel. Hierzu benutzen Sie am besten zusätzlich die Tabelle A2.1.1., in der alle wichtigen Gleichungen in übersichtlicher Form zusammengefaßt sind.

Anmerkung: Man bezeichnet den reversibel, also verlustfrei übertragenen Teil der technischen Arbeit als reversible Strömungsarbeit Y (Satz 9.7) und denjenigen Anteil der technischen Arbeit, der in eine der thermischen Energieformen U oder Q umgewandelt wurde, als Dissipation J (Abschnitt 2.12). Diejenige Zustandsänderung, über deren Verlauf das Verhältnis von J zu Y konstant bleibt, heißt polytrope Zustandsänderung ($\frac{J}{Y}$ = konstant).

Die Berechnung von polytropen Zustandsänderungen erfolgt wie die von adiabaten Zustandsänderungen (siehe A2.1.1), wenn anstelle des Adiabatenexponenten κ (Satz 2.28) der Polytropenexponent n eingesetzt wird. Die Größe dieses Polytropenexponenten ist ein Erfahrungswert, der aus Versuchen an ausgeführten Maschinen ermittelt wird.

2.11.1 Isochore

Satz 2.24: *Isochore Zustandsänderungen* finden in Behältern statt, deren Volumen nicht geändert werden kann (V = konstant). Aus diesem Grund ist es auch nicht möglich, Volumenänderungsarbeit zu- oder abzuführen ($W_{12} = 0$). Dargestellt werden sie im p-V-Diagramm durch senkrechte und im T-S-Diagramm durch von links nach rechts ansteigende Linien. Isochore Linien sind immer steiler als isobare Linien!

Beispiel 2.11: In einem geschlossenen Behälter mit einem Volumen von 4,2 m^3 befindet sich Stickstoff mit einer Temperatur von 80 °C (Bild 2.15).

Manometeranzeige: 520 kPa
Barometeranzeige (Luftdruck): 740 Torr.

Dem Stickstoff wird eine Wärme von 1,1 MJ entzogen!

Gesucht sind die Zustandsgrößen p, V, m, R und t vor und nach der Zustandsänderung, die Energiebilanzen bei Betrachtung als geschlossenes und als offenes System und alle Diagrammdarstellungen, die möglich sind.

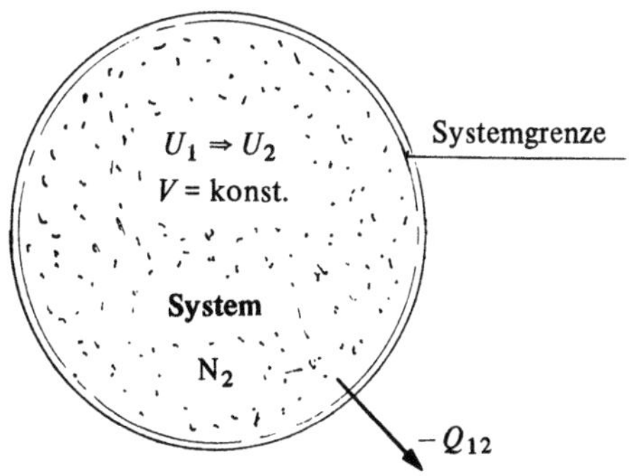

Bild 2.15 Isochores System

1) Die Erklärung für die Begriffe reversibel, adiabat und isentrop finden Sie in den Sätzen 2.34, 2.27 und 2.31.

Lösung: Zunächst muß der *Ausgangszustand* genau bestimmt werden.

$$p_1 = p_b + p_{\ddot{U}1}$$

$$= 740 \text{ Torr} \cdot \frac{100 \text{ kPa}}{750 \text{ Torr}} + 520 \text{ kPa}$$

$$\underline{\underline{p_1 = 620 \text{ kPa.}}}$$

$$\underline{\underline{R_{N2} = 296{,}8 \frac{\text{J}}{\text{kgK}}}} \quad \text{(Tabelle A3.1.5)}$$

Ein genaueres Ergebnis wäre unsinnig, da der Überdruck nur bis auf eine Stelle hinter dem Komma bekannt ist.

$$p_1 V = m R T_1$$

$$m = \frac{p_1 V}{R T_1}$$

$$= \frac{620 \text{ kPa} \cdot 4{,}2 \text{ m}^3 \cdot \text{kg} \cdot \text{K}}{296{,}8 \text{ J} \cdot 353 \text{ K}} \cdot \frac{10^3 \text{ N}}{\text{kPa} \cdot \text{m}^2} \cdot \frac{\text{J}}{\text{Nm}}$$

$$\underline{\underline{m = 24{,}8 \text{ kg.}}}$$

gegeben waren: $\underline{\underline{V = 4{,}2 \text{ m}^3}}$

$\underline{\underline{t_1 = 80 \text{ °C}}}$

Der *Endzustand* kann nur über die abzuführende Wärmemenge bestimmt werden. Der einzusetzende mittlere c_V-Wert muß zunächst abgeschätzt werden, weil die Endtemperatur noch nicht bekannt ist.

$$Q_{12} = m \cdot c_V \cdot (t_2 - t_1)$$

$$t_2 = \frac{Q_{12}}{m \cdot c_V} + t_1$$

$$= \frac{-1{,}1 \text{ MJ} \cdot \text{kg} \cdot \text{K}}{24{,}8 \text{ kg} \cdot 0{,}743 \text{ kJ}} \cdot \frac{10^3 \text{ kJ}}{\text{MJ}} + 80 \text{ °C}$$

$$\underline{\underline{t_2 = 20 \text{ °C.}}}$$

geschätzt: $c_V = c_p - R$

$$= (1040 - 297) \frac{\text{J}}{\text{kgK}} \cdot \frac{\text{kJ}}{10^3 \text{ J}}$$

$$\underline{\underline{c_V = 0{,}743 \frac{\text{kJ}}{\text{kgK}}}}$$

(nach Diagramm A3.2.1)

(*Achtung:* $+Q_{12} = -1{,}1$ MJ
oder: $-Q_{12} = +1{,}1$ MJ)

Der c_V-Wert wurde genügend genau geschätzt, so daß sich eine Nachrechnung erübrigt. Den Enddruck berechnen wir mit Hilfe des allgemeinen Gasgesetzes:

$$\left.\begin{aligned} \frac{pV}{T} &= \text{konstant} \\ V &= \text{konstant} \end{aligned}\right]$$

$$\boxed{\frac{p}{T} = \text{konstant}} \qquad \begin{array}{|c|c|} p & T \\ \hline \text{Pa} & \text{K} \end{array} \qquad (2.34)$$

$$\frac{p_1}{T_1} = \frac{p_2}{T_2}$$

$$p_2 = p_1 \cdot \frac{T_2}{T_1}$$

$$= 620 \text{ kPa} \cdot \frac{293}{353}$$

$$\underline{\underline{p_2 = 515 \text{ kPa.}}}$$

Mit

$$\begin{rcases} \Delta U = m \cdot c_V \cdot \Delta t \\ Q_{12} = m \cdot c_V \cdot \Delta t \end{rcases}$$

$$\Delta U = Q_{12}$$

$$\underline{\underline{\Delta U = -1{,}1 \text{ MJ}}} \quad \text{und} \quad \underline{\underline{W_{12} = 0.}}$$

ergibt sich dann die *Energiebilanz für das geschlossene System*:

$$Q_{12} \quad + W_{12} = \Delta U$$

$$\underline{\underline{-1{,}1 \text{ MJ} + \quad 0 \quad = -1{,}1 \text{ MJ}.}}$$

Technische Arbeit und Enthalpiedifferenz:

$$W_{t12} = V(p_2 - p_1)$$

$$= 4{,}2 \text{ m}^3 \; (515 - 620) \text{ kPa} \cdot \frac{10^3 \text{ N}}{\text{kPa} \cdot \text{m}^2} \cdot \frac{\text{J}}{\text{Nm}} \cdot \frac{\text{kJ}}{10^3 \text{ J}}$$

$$\underline{\underline{W_{t12} = -441 \text{ kJ}.}}$$

$$\Delta H = m \cdot c_p \cdot (t_2 - t_1)$$

$$= 24{,}8 \text{ kg} \cdot 1{,}040 \frac{\text{kJ}}{\text{kgK}} \cdot (20 - 80) \text{ °C}$$

$$\underline{\underline{\Delta H = -1546 \text{ kJ}.}}$$

geschätzt nach Diagramm A3.2.1:

$$\underline{\underline{c_p = 1{,}040 \frac{\text{kJ}}{\text{kgK}}.}}$$

Damit ergibt sich bei der Betrachtung als *offenes System* die Aufstellung:

$$Q_{12} \quad + \quad W_{t12} \quad = \quad \Delta H$$

$$\underline{\underline{-1100 \text{ kJ} - 441 \text{ kJ} \approx -1546 \text{ kJ}.}}$$

Entropie, Entropiedifferenz und mittlere Temperatur:

$$s_1 = s_{01} - R \ln \frac{p_1}{p_n}$$

$$= \left(7{,}0 - 0{,}297 \cdot \ln \frac{620}{101{,}3}\right) \frac{\text{kJ}}{\text{kgK}}$$

$$\underline{\underline{s_1 = 6{,}46 \text{ kJ/kg} \cdot \text{K}.}}$$

s_{01} bestimmen wir für 80 °C aus Diagramm A3.2.2:

$$\underline{\underline{s_{01} = 7{,}0 \text{ kJ/kg} \cdot \text{K}.}}$$

$$S_1 = m \cdot s_1$$

$$= 24{,}8 \text{ kg} \cdot 6{,}46 \frac{\text{kJ}}{\text{kgK}}$$

$$\underline{\underline{S_1 = 160 \text{ kJ/K}.}}$$

Zur Berechnung der Entropiedifferenz wählen wir Gl. (2.24), weil die hier einzusetzenden Werte mit dem geringsten Rechenaufwand ermittelt wurden.

$$\Delta s = c_V \cdot \ln \frac{T_2}{T_1} + R \ln \frac{v_2}{v_1} \qquad \text{mit } v_1 = v_2 \text{ (Isochore) und } \ln 1 = 0$$

$$= c_V \cdot \ln \frac{T_2}{T_1}$$

$$= 0{,}743 \frac{\text{kJ}}{\text{kgK}} \cdot \ln \frac{293}{353}$$

$$\underline{\underline{\Delta s = -0{,}138 \text{ kJ/kg} \cdot \text{K}.}}$$

$$\Delta S = m \cdot \Delta s$$

$$= 24{,}8 \text{ kg} \cdot \left(-0{,}138 \frac{\text{kJ}}{\text{kgK}}\right)$$

$$\underline{\underline{\Delta S = 3{,}43 \text{ kJ/K}.}}$$

$$\Delta S = S_2 - S_1$$

$$S_2 = S_1 + \Delta S$$

$$= [160 + (-3{,}43)] \frac{\text{kJ}}{\text{K}}$$

$$\underline{\underline{S_2 = 156{,}57 \text{ kJ/K}.}}$$

$$Q_{12} = T_\text{m} \cdot \Delta S$$

$$T_\text{m} = \frac{Q_{12}}{\Delta S}$$

$$= \frac{-1100 \text{ kJ} \cdot \text{K}}{-3{,}43 \text{ kJ}}$$

$$= 320{,}7 \text{ K}$$

$$\underline{\underline{t_\text{m} = 47{,}7\ ^\circ\text{C}.}}$$

Diese mittlere Temperatur liegt niedriger als der arithmetische Mittelwert von 50 °C. Das bedeutet, daß der Kurvenverlauf einer isochoren Zustandsänderung im *T-S*-Diagramm nicht gerade, sondern nach unten gekrümmt ist.

Diagrammdarstellungen zur isochoren Zustandsänderung des Berechnungsbeispiels

p-V-Diagramm (Bild 2.16a): Da isochore Zustandsänderungen im *p-V*-Diagramm senkrechte Linien sind, ist mit dem Anfangszustand 1 und dem Endzustand 2 auch der übrige Verlauf der Zustandsänderungslinie 1 → 2 bekannt. Von den drei direkt meßbaren Zustandsgrößen Druck, Volumen und Temperatur können aber nur Druck und Volumen abgelesen werden. Den Temperaturverlauf kann man nur erkennen, wenn zusätzlich Linien gleicher Temperatur eingezeichnet werden, deren Verlauf wir für t_1 und t_2 aufgenommen haben.

T-S-Diagramm (Bild 2.16b): Anhand der errechneten Werte für T und S erkennt man, daß es nicht zweckmäßig wäre, den Punkt $\left(S = 0 \frac{\text{kJ}}{\text{K}} / T = 0 \text{ K}\right)$ in den Koordinatenursprung zu legen. Auch ist es anschaulicher, auf der senkrechten Achse Celsius-Grade statt Kelvin aufzutragen. Um den Verlauf der Zustandsänderung nicht punktweise durchrechnen zu müssen, verbinden wir die Punkte 1 und 2 zunächst durch eine Hilfsgrade und zeichnen eine waagerechte Linie für die mittlere Temperatur t_m ein. Wir schätzen den Verlauf der Zustandsänderung dann so, daß die dreieckähnlichen Flächen A^* und A^{**} in etwa gleich groß werden.

Der Verlauf der Linien gleichen Drucks für p_1 und p_2 ist flacher als die isochore Zustandsänderung von 1 → 2.

Erläuterungen zu Bild 2.17: Es waren die Flächen unter, neben und wieder unter der Zustandsänderungslinie zu zeichnen, Bild 2.17 spricht somit für sich. Trotzdem gibt es einiges zu beachten.

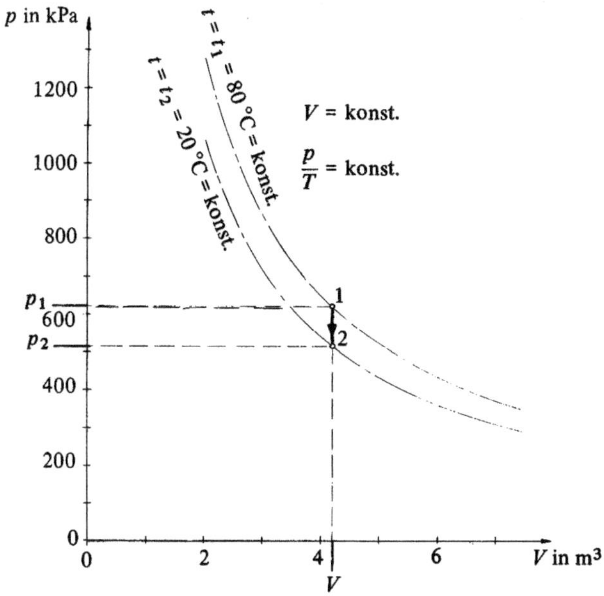

a)

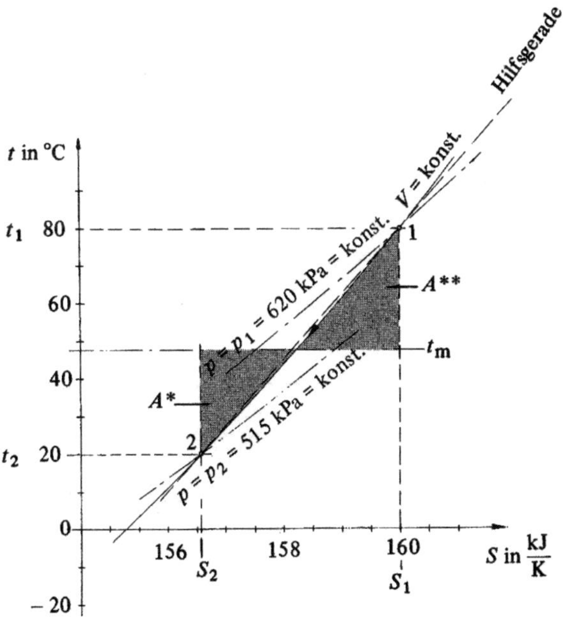

b)

Bild 2.16 Isochore Zustandsänderung

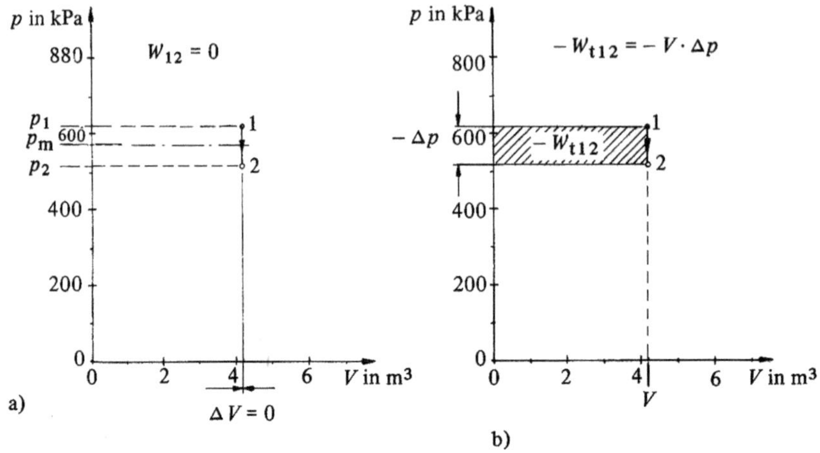

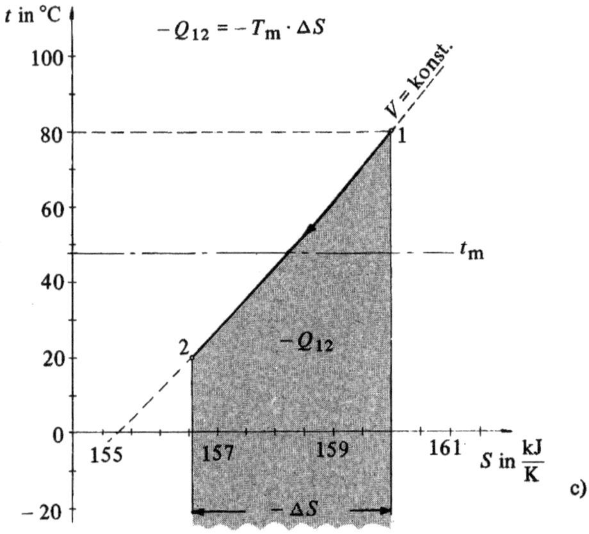

Bild 2.17
Volumenänderungsarbeit, technische Arbeit und Wärme für die isochore Zustandsänderung von Bild 2.16

- Die Volumenänderungsarbeit ist Null, da keine Fläche unter der Kurve entsteht. Auch die Berechnung über $W_{12} = -p_m \cdot \Delta V$ ergäbe Null.
- Es gibt weder negative Strecken noch negativen Flächen. Wenn wir also z. B. die Druckdifferenz

  $\Delta p = p_2 - p_1 = (515 - 629)\,\text{kPa} = -105\,\text{kPa}$

  darstellen wollen, dann ist dies direkt nicht möglich. Stellen wir aber die Gleichung $+\Delta p = -105$ kPa um, dann ist es möglich, $-\Delta p = +105$ kPa darzustellen. Die gleiche Überlegung gilt auch bei Flächen.
- Weil die dem System beim Einschieben gegen den höheren Druck p_1 zugeführte Verschiebungsarbeit größer ist als die vom System nach außen abzugebende Verschiebungsarbeit $p_2 V_2$, kann es technische Arbeit nach außen abgeben. Diese ist also negativ.
- Die der Wärme entsprechende Fläche unter der Kurve müßte bis ganz unten, also bis 0 K = – 273 °C getönt werden. Dies ist in Bild 2.17c angedeutet.

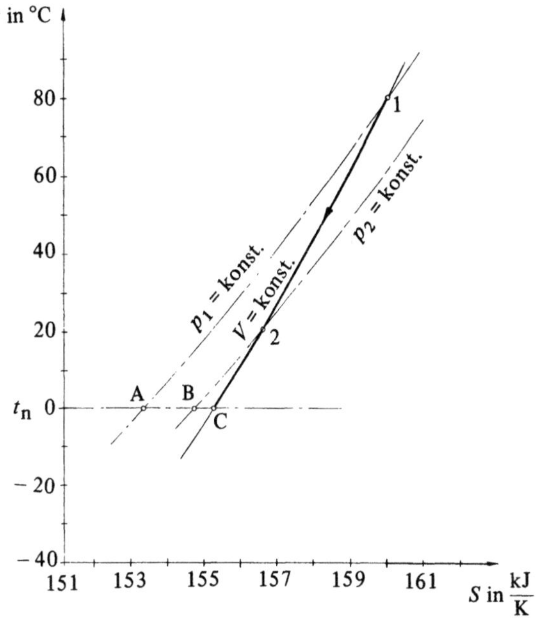

Bild 2.18
Skizze für die Lage der Punkte A, B und C, die in Bild 2.19 gebraucht werden

Um die Änderung der inneren Energie und die Enthalpiedifferenz darstellen zu können, benötigen wir drei weitere Punkte (Bild 2.18).

In Abwandlung von Satz 2.6 stellen wir fest: Innere Energie im Zustand 1 entspricht derjenigen Wärmemenge, die von t_n = 0 °C an dem Stickstoff isochor, also bei gleichbleibendem Volumen zugeführt werden müßte. Eine entsprechende Zustandsänderung verliefe in Bild 2.18 auf der Linie V = konstant von C nach 1. Der Punkt C ist also festgelegt durch die Zustandsgrößen $V = 4{,}2\ \mathrm{m}^3$ und

$$p_C = \frac{T_n}{T_1} \cdot p_1 = \frac{273}{353} \cdot 620\ \mathrm{kPa} = 480\ \mathrm{kPa} \quad \text{(Gasgesetz).}$$

Entsprechend verliefe eine Zustandsänderung für U_2 von C nach 2.

In Abwandlung von Satz 2.19 stellen wir fest: Die Enthalpie im Zustand 1 entspricht derjenigen Wärmemenge, die von t_n = 0 °C an dem Stickstoff bei gleichbleibendem Druck zugeführt werden müßte. Eine entsprechende Zustandsänderung verliefe in Bild 2.18 auf der Linie p_1 = konstant von A nach 1. Entsprechend verliefe eine Zustandsänderung für H_2 auf der Linie p_2 = konstant von B nach 2.

Die Lage aller drei Punkte ist durch die Normtemperatur t_n = 0 °C und die Entropien S_A, S_B und S_C festgelegt, die es noch zu berechnen gilt:

$$\Delta s_{1A} = c_p \cdot \ln \frac{T_n}{T_1} \qquad \text{(Gl. 2.25 mit } p_1 = p_A\text{)}$$

$$= 1{,}040\ \frac{\mathrm{kJ}}{\mathrm{kgK}} \cdot \ln \frac{273}{353}$$

$$\underline{\underline{\Delta s_{1A} = -0{,}267\ \mathrm{kJ/kg \cdot K}.}}$$

$$\left.\begin{array}{l}\Delta s_{1B} = c_p \ln \dfrac{T_n}{T_1} + R \ln \dfrac{p_1}{p_2} \\ \Delta s_{1A} = c_p \ln \dfrac{T_n}{T_1}\end{array}\right]$$

$$\Delta s_{1B} = \Delta s_{1A} + R \ln \frac{p_1}{p_2}$$

$$= \left(-0{,}267 + 0{,}297 \cdot \ln \frac{620}{515}\right) \frac{\text{kJ}}{\text{kgK}}$$

$$\underline{\underline{\Delta s_{1B} = -0{,}212 \text{ kJ/kg} \cdot \text{K}.}}$$

$$\Delta s_{1C} = c_V \cdot \ln \frac{T_n}{T_1} \qquad (\text{Gl. 2.24 mit } v_1 = v_2)$$

$$= \left(0{,}743 \cdot \ln \frac{273}{353}\right) \frac{\text{kJ}}{\text{kgK}}$$

$$\underline{\underline{\Delta s_{1C} = -0{,}1907 \text{ kJ/kg} \cdot \text{K}.}}$$

$$\Delta S_{1A} = m \cdot \Delta s_{1A} = 24{,}8 \text{ kg} \cdot (-0{,}267) \frac{\text{kJ}}{\text{kgK}}$$

$$\underline{\underline{\Delta S_{1A} = -6{,}62 \text{ kJ/K}.}}$$

$$S_A = S_1 + \Delta S_{1A} = (160 - 6{,}62) \frac{\text{kJ}}{\text{K}}$$

$$\underline{\underline{S_A = 153{,}38 \text{ kJ/K}.}}$$

$$\Delta S_{1B} = m \cdot \Delta s_{1B} = 24{,}8 \text{ kg} \cdot (-0{,}212) \frac{\text{kJ}}{\text{kgK}}$$

$$\underline{\underline{\Delta S_{1B} = 5{,}26 \text{ kJ/K}.}}$$

$$S_B = S_1 - \Delta S_{1B} = (160 - 5{,}26) \frac{\text{kJ}}{\text{K}}$$

$$\underline{\underline{S_B = 154{,}74 \text{ kJ/K}.}}$$

$$\Delta S_{1C} = m \cdot \Delta s_{1C} = 24{,}8 \text{ kg} (-0{,}1907) \frac{\text{kJ}}{\text{kgK}}$$

$$\underline{\underline{\Delta S_{1C} = -4{,}73 \text{ kJ/K}.}}$$

$$S_C = S_1 - \Delta S_{1C} = (160 - 4{,}73) \frac{\text{kJ}}{\text{K}}$$

$$\underline{\underline{S_C = 155{,}27 \text{ kJ/K}.}}$$

Solange, wie die Temperaturänderung relativ klein ist (ca. 100 °C), können wir ohne größeren Fehler die Linien V = konstant; p_1 = konstant und p_2 = konstant durch Geradenabschnitte annähern.

In Bild 2.19 erkennen wir, daß bei isochoren Zustandsänderungen die Änderung der inneren Energie mit der Wärme übereinstimmt. Im Diagramm für die Enthalpiedifferenz entspricht die Fläche unter der Linie $B \to 2$ der Enthalpie im Zustand $2 = H_2$. Die Linien $B \to 2$ und $A \to 2'$ sind parallel zueinander. Die Fläche unter der Linie $B \to 2$ (H_2) ist also genausogroß wie die Fläche unter der Linie $A \to 2'$ (H'_2). Damit ist es einfach, die zeichnerische Differenz $-\Delta H = H_1 - H_2$ zu bilden.

Übungsaufgabe 2.8: In einem geschlossenen Behälter befinden sich 380 g Sauerstoff (O_2) bei einer Temperatur von 30 °C.

Manometeranzeige: 0,18 MPa
Barometeranzeige: 965 hPa

a) Welches Volumen hat der Behälter?

b) Was würden Thermo- und Manometer anzeigen, wenn eine Wärmemenge von 0,13 MJ zugeführt würde?

c) Stellen Sie die Zustandsänderung maßstäblich in p-V- und T-S-Diagramm dar. Achten Sie dabei auf eine zweckmäßige Maßstabwahl)!

d) Stellen Sie eine Energiebilanz im Sinne des 1. Hauptsatzes der Wärmelehre für geschlossene Systeme auf!

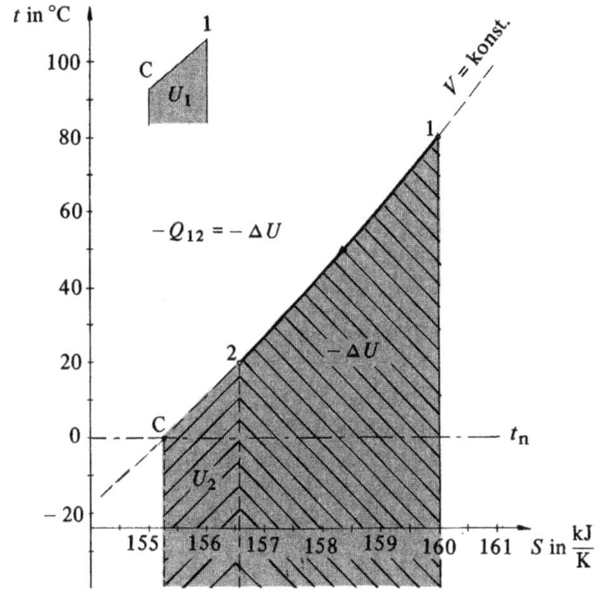

a)

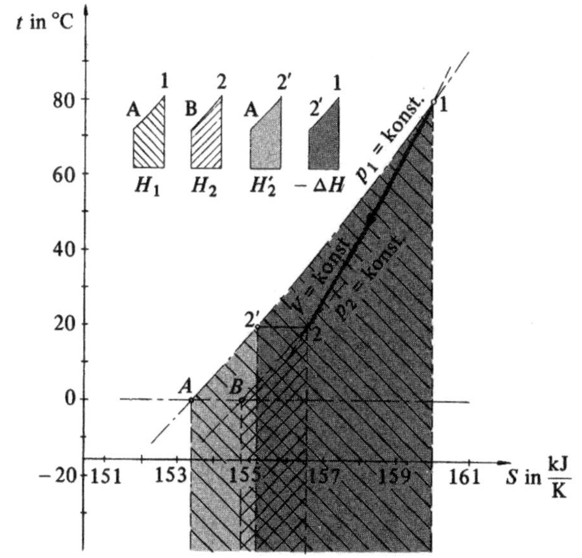

b)

Bild 2.19 Änderung der inneren Energie und Enthalpiedifferenz für die isochore Zustandsänderung von Bild 2.16

2.11.2 Isobare

> **Satz 2.25:** *Isobare Zustandsänderungen* finden in Behältern statt, in denen der Druck nicht geändert wird. Dargestellt werden sie im p-V-Diagramm durch waagerechte und im T-S-Diagramm durch von links nach rechts ansteigende Linien. Isobare Linien sind immer flacher als isochore Linien (Bild 2.20).

$$\boxed{\frac{V}{T} = \text{konst.}} \qquad (2.35)$$

V	T
m^3	K

Übungsaufgabe 2.9: 0,45 m^3 Luft von 160 kPa mit 12 °C wird bei konstantem Druck in einem Zylinder mit 82 cm Durchmesser auf eine Temperatur von 280 °C erwärmt.

a) Berechnen Sie den Kolbenweg!

b) Welche Volumenänderungsarbeit gibt die Luft an den Kolben ab?

c) Stellen Sie die Zustandsänderung maßstäblich im p-V-Diagramm und T-S-Diagramm dar! Achten Sie auf eine zweckmäßige Maßstabwahl.

d) Schraffieren Sie im T-S-Diagramm diejenige Fläche, die der Änderung der inneren Energie entspricht und berechnen Sie diese!

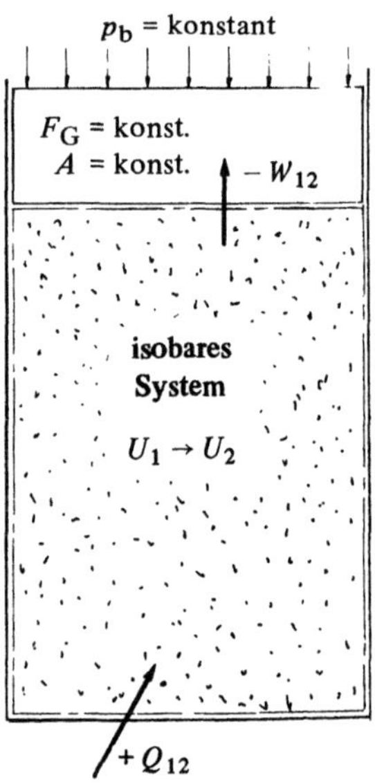

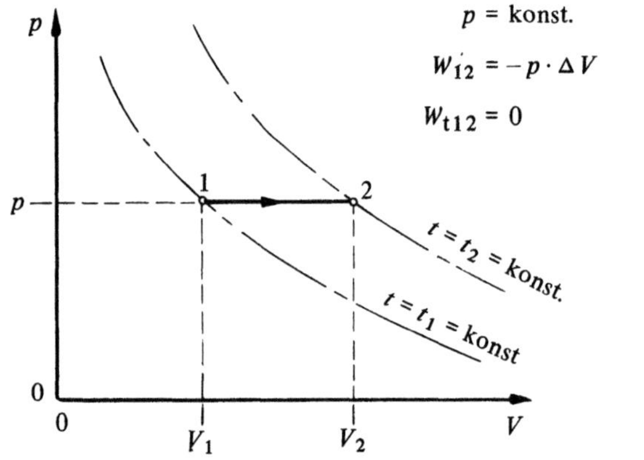

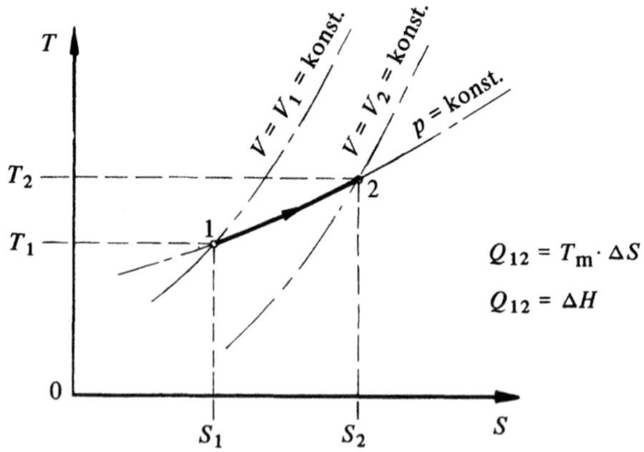

Bild 2.20
Behälter, in dem eine isobare Zustandsänderung ablaufen könnte und die Darstellung im p-V- und T-S-Diagramm

2.11.3 Isotherme

Satz 2.26: *Isotherme Zustandsänderungen* finden in Behältern statt, in denen es möglich ist, die Temperatur konstant zu halten. Dargestellt werden sie im p-V-Diagramm durch von links nach rechts fallende Linien (Hyperbeln) und im T-S-Diagramm durch waagerechte Linien. Isotherme Linien sind immer flacher als adiabate Linien (Bild 2.2.1).

$$p \cdot V = \text{konst.} \qquad (2.36)$$

p	V
Pa	m^3

Übungsaufgabe 2.10: Machen Sie sich anhand des T-S-Diagramms klar, warum sowohl ΔU als auch ΔH gleich Null sind!

Sind die Zustandsgrößen p, V, T und S in beiden Zuständen bekannt, so kann die Zustandsänderung zwar leicht im T-S-Diagramm als Waagerechte, weniger leicht aber im p-V-Diagramm dargestellt werden. Deshalb benutzen wir in diesem folgendes *Konstruktionsverfahren* (Bild 2.22):

Durch den gegebenen oder errechneten Punkt 1 ziehen wir je eine senkrechte und eine waagerechte Linie. Jede Gerade g durch den Koordinatenursprung schneidet diese Linien in zwei Punkten A und B. Waagerechte und senkrechte Linien durch diese beiden Punkte A und B schneiden sich dann wieder in den Punkten P_{it}, die alle Punkte derjenigen isothermen Linien sind, die durch den Punkt 1 geht.

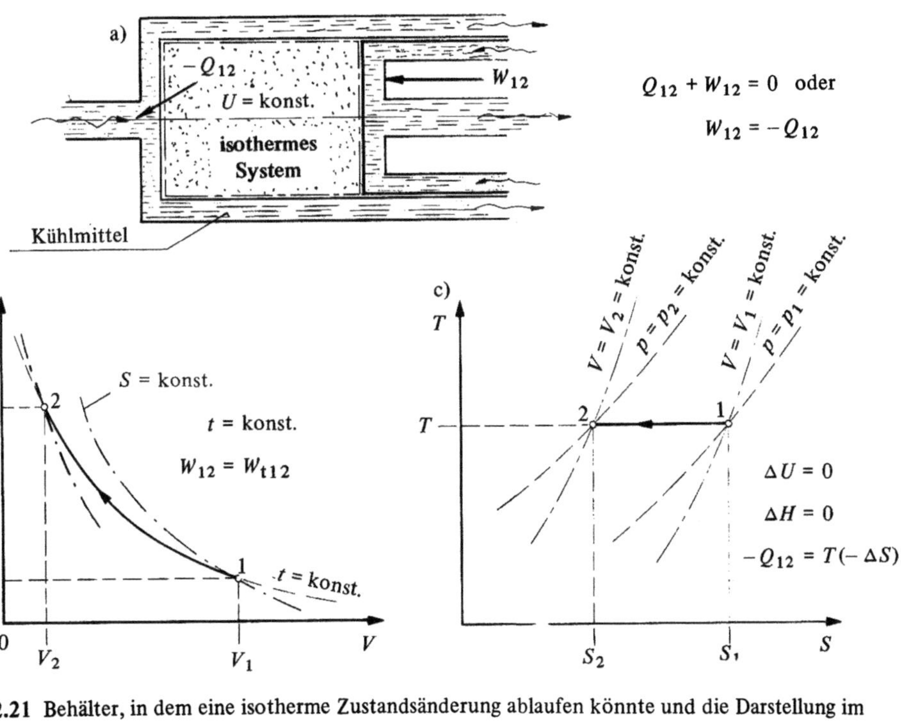

Bild 2.21 Behälter, in dem eine isotherme Zustandsänderung ablaufen könnte und die Darstellung im p-V- und T-S-Diagramm

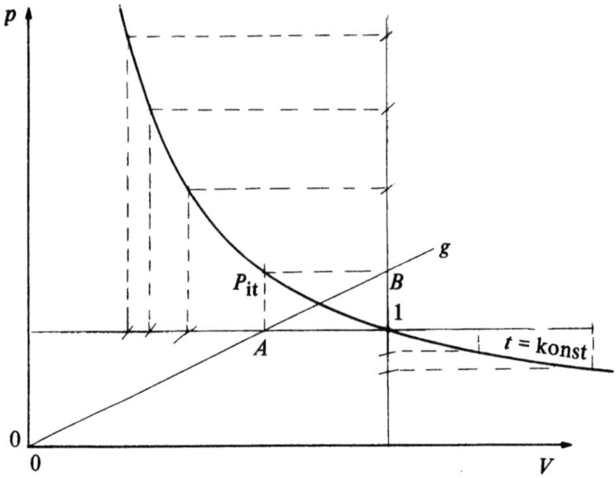

Bild 2.22
Konstruktion einer Isothermen im p-V-Diagramm

Da vom gesamten Konstruktionsverfahren nur die isotherme Linie interessant ist, wird man alle anderen, wenn überhaupt, lediglich dünn andeuten und auch die Punkte A, B und P_{it} natürlich nicht beschriften.

Wie immer entspricht die Fläche unter der Kurve der Volumenänderungsarbeit. Die Gleichungen zur Berechnung dieser Fläche lassen sich allerdings mit Mitteln der Elementarmathematik nicht ableiten, weshalb wir auf fertige Gleichungen angewiesen sind. Z.B.:

$$W_{12} = p_1 V_1 \cdot \ln \frac{p_2}{p_1} \qquad \text{(Tabelle A2.1.1).}$$

Nach der allgemeinen Zustandsgleichung kann in diese Gleichung aber auch für $p_1 V_1 \to p_2 V_2$, für $\frac{p_2}{p_1} \to \frac{V_1}{V_2}$ und für $p_1 V_1 \to mRT$ eingesetzt werden. Unter Anwendung der Rechengesetze für Logarithmen gilt:

$$W_{12} = p_1 V_1 \cdot \ln \frac{p_2}{p_1}$$

$$W_{12} = -p_1 V_1 \cdot \ln \frac{p_1}{p_2}.$$

Die technische Arbeit errechnet sich dann aus dem Gleichungssystem

$$\left.\begin{array}{l} W_{t12} = W_{12} + p_2 V_2 - p_1 V_1 \\ p_1 V_1 = p_2 V_2 \end{array}\right]$$

$$\underline{\underline{W_{t12} = W_{12}.}}$$

Sie ist genauso groß wie die Volumenänderungsarbeit.

Mit $\Delta t = 0$ ergibt sich, daß ΔU und ΔH Null sein müssen. Mit Verwendung des 1. Hauptsatzes und $\Delta U = 0$

$$Q_{12} + W_{12} = 0$$

$$\underline{\underline{Q_{12} = -W_{12}}}$$

ist dann auch die Wärme bekannt.

Übungsaufgabe 2.11: Bei einer konstanten Temperatur von 15 °C soll 0,76 kg Sauerstoff von 10 bar auf 2,5 bar entspannt werden.

a) Berechnen Sie Anfangs- und Endvolumen und stellen Sie eine Energiebilanz im Sinne des 1. Hauptsatzes für geschlossene Systeme auf!

b) Zeichnen Sie den Vorgang maßstäblich (!) auf Millimeterpapier auf und ermitteln Sie durch Auszählen die Arbeitsfläche! (Wie groß war die prozentuale Abweichung zum errechneten Ergebnis?)

2.11.4 Adiabate

Satz 2.27: *Adiabatische Zustandsänderungen* finden in Behältern statt, die nach außen gegenüber Wärmezu- oder -abfuhr isoliert sind (Bild 2.23). Dargestellt werden sie im p-V-Diagramm durch Linien, die Isothermen sehr ähnlich, aber steiler sind (Hyperbel höherer Ordnung).

Da Wärme weder zu noch abgeführt werden kann, darf im T-S-Diagramm auch keine Fläche unter der Zustandsänderungslinie entstehen. Adiabate Zustandsänderungen liegen hier also senkrecht (S = konstant oder $\Delta S = 0$). Adiabate heißen daher auch *Isentrope*, solange wie *keine Dissipationsvorgänge* (siehe Abschnitt 2.13) ablaufen.

Adiabatische Zustandsänderungen darf man auch dann annehmen, wenn ein System gar nicht wärmeisoliert wurde, die Zustandsänderung aber so schnell abläuft, daß für eine Wärmezu- oder -abfuhr keine Zeit mehr bleibt. Dies ist in sehr vielen technischen Maschinen der Fall.

Satz 2.28: Wir nennen das Verhältnis der spezifischen Wärmekapazitäten

$$\boxed{\kappa = \frac{c_p}{c_V}} \qquad (2.37)$$

κ	c
1	$\frac{\text{J}}{\text{kgK}}$

den *Adiabatenexponenten*. Er ist von der Anzahl der Atome in einem Molekül eines Gases abhängig.

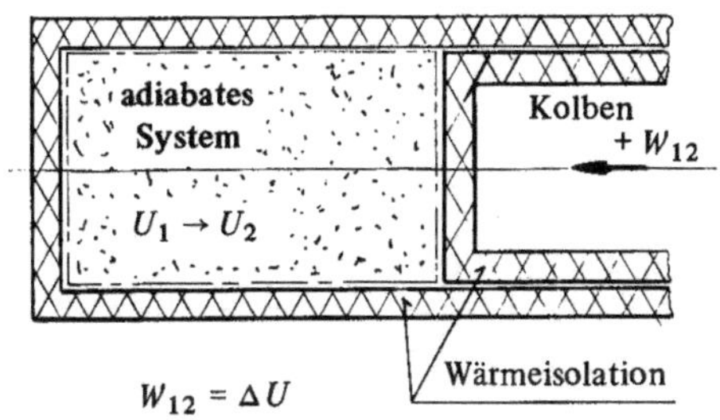

Bild 2.23
Beispiel eines adiabaten Systems

Wir können setzen:

$\kappa \approx 1{,}667$ für einatomige Gase (Edelgase wie z.B.: He, Ar, usw.)

$\kappa \approx 1{,}4$ für zweiatomige Gase (z.B.: O_2, N_2, CO, H_2, Luft, usw.)

Luft ist zweiatomig, weil es zu 99 % aus den beiden zweiatomigen Gasen Sauerstoff (O_2) und Stickstoff (N_2) besteht.

$\kappa \approx 1{,}3$ für drei- und mehratomige Gase (z.B.: CO_2, SO_2, CH_4, usw.)

Anmerkung: Je mehr Atome in einem Molekül sind, desto komplizierter verhält es sich. Bei genauen Rechnungen errechnet man κ daher besser über Gl. (2.37).

Das Gasgesetz, nach dem sich adiabatische Zustandsänderungen verhalten, kann nur mit Hilfe der höheren Mathematik abgeleitet werden. Die Gleichung lautet:

$$\boxed{p \cdot V^{\kappa} = \text{konstant}} \qquad (2.38)$$

p	V	κ
Pa	m^3	1

Bei Benutzung der Gl. (2.38) sollten sie mit Exponenten rechnen können. Die Zahlenrechnung läßt sich sehr einfach mit elektronischen Taschenrechnern bewältigen.

Beispiel: 2.12: Luft von 18 °C wird adiabatisch von 120 kPa auf 430 kPa verdichtet. Gesucht sind Anfangs- und Endzustand, sowie die Darstellung der Zustandsänderung im *p-V-* und *T-s-*Diagramm. Soweit möglich sollen alle Größen spezifisch berechnet werden.

Lösung: Die *Zustände* sind teilweise bekannt.

$\underline{\underline{t_1 = 18\ °C}}$, $\underline{\underline{p_1 = 120\ \text{kPa}}}$,

$\underline{\underline{p_2 = 430\ \text{kPa}}}$.

Um die Zustandsänderung darstellen zu können, müssen zusätzlich berechnet werden: v_1, v_2, t_2 (Anfangs- und Endzustand) sowie s (eine Unterscheidung zwischen s_1 und s_2 entfällt, da s = konstant)

$$p_1 v_1 = R T_1$$

$$v_1 = \frac{R T_1}{p_1}$$

$$= \frac{287\ \text{J} \cdot 291\ \text{K}}{\text{kgK} \cdot 120\ \text{kPa}} \cdot \frac{\text{kPa} \cdot \text{m}^2}{10^3\ \text{N}} \cdot \frac{\text{Nm}}{\text{J}}$$

$$\underline{\underline{v_1 = 0{,}696\ \text{m}^3/\text{kg}}}.$$

$\underline{\underline{R_1 = 287\ \text{J/kg} \cdot \text{K}}}$.

(Tabelle A3.1.5)

Berechnung der Endtemperatur t_2:

Es gilt

$p \cdot V^{\kappa} = \text{konst.}$ (Gasgesetz Adiabate)

Es gilt immer:

$\frac{p \cdot V}{T} = \text{konst.}$ (allgemeines Gasgesetz)

oder für die Zustandsänderung von 1 nach 2

$$p_1 V_1^{\kappa} = p_2 V_2^{\kappa}$$

$$\frac{p_1 V_1}{T_1} = \frac{p_2 V_2}{T_2}$$

Wir stellen beide Gleichungen so um, daß alles, was V heißt, links steht.

$$\frac{V_1}{V_2} = \left(\frac{p_2}{p_1}\right)^{\frac{1}{\kappa}}$$

$$\frac{V_1}{V_2} = \frac{p_2}{p_1} \cdot \frac{T_1}{T_2}$$

$$\left(\frac{p_2}{p_1}\right)^{\frac{1}{\kappa}} = \frac{p_2}{p_1} \cdot \frac{T_1}{T_2}$$

$$\frac{T_1}{T_2} = \frac{\left(\frac{p_2}{p_1}\right)^{\frac{1}{\kappa}}}{\left(\frac{p_2}{p_1}\right)^1} = \left(\frac{p_2}{p_1}\right)^{\frac{1}{\kappa} - 1}$$

$$\frac{1}{\kappa} - 1 = \frac{1}{\kappa} - \frac{\kappa}{\kappa} = \frac{1 - \kappa}{\kappa}$$

$$\frac{1}{\kappa} - 1 = -\frac{\kappa - 1}{\kappa}$$

$$\frac{T_1}{T_2} = \left(\frac{p_1}{p_2}\right)^{+\frac{\kappa - 1}{\kappa}}$$

(Diese Gleichung wird normalerweise direkt der Tabelle A2.1.1 entnommen.)

$$T_2 = T_1 \left(\frac{p_2}{p_1}\right)^{\frac{\kappa - 1}{\kappa}} = 291\ \text{K} \left(\frac{430}{120}\right)^{\frac{1,4 - 1}{1,4}} = 419\ \text{K}$$

$$t_2 = 146\ ^\circ\text{C}.$$

Berechnung von v_2 und s:

Aus Tabelle A2.1.1 gewählt:

$$\frac{p_1}{p_2} = \left(\frac{v_2}{v_1}\right)^{\kappa}$$

$$\frac{v_2}{v_1} = \left(\frac{p_1}{p_2}\right)^{\frac{1}{\kappa}}$$

$$v_2 = v_1 \cdot \left(\frac{p_1}{p_2}\right)^{\frac{1}{\kappa}} = 0{,}696\ \frac{\text{m}^3}{\text{kg}} \left(\frac{120}{430}\right)^{\frac{1}{1,4}}$$

$$v_2 = 0{,}280\ \text{m}^3/\text{kg}.$$

$$s = s_{01} - R \cdot \ln \frac{p_1}{p_n} = 6{,}8\ \frac{\text{kJ}}{\text{kgK}} - 287\ \frac{\text{kJ}}{\text{kgK}} \cdot \frac{\text{kJ}}{10^3\ \text{J}} \cdot \ln \frac{120}{101{,}3}$$

$$s = 6{,}75\ \text{kJ/kg} \cdot \text{K}.$$

(siehe Bild 2.24)

Anmerkungen:

1. $\frac{T_1}{T_2} = \left(\frac{v_2}{v_1}\right)^{\kappa - 1}$ sollte nicht gewählt werden, weil T_2 ein errechneter Wert ist.
2. $\frac{V_2}{V_1} = \frac{v_2}{v_1}$, weil bei geschlossenen Systemen die Masse $m = \frac{V}{v}$ = konstant bleibt.
3. Die Aussage 0,280 ist genauer als 0,28.

$$s_{01} = 6{,}8\ \frac{\text{kJ}}{\text{kg K}}$$ (nach Diagramm A3.2.2)

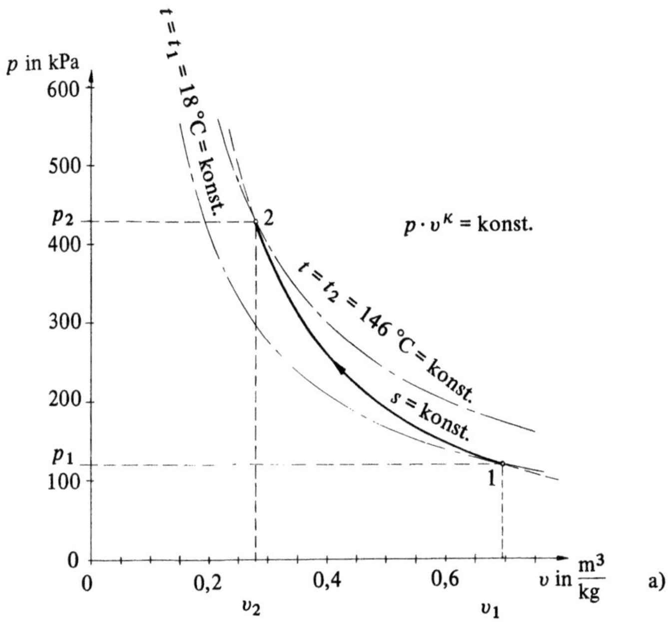

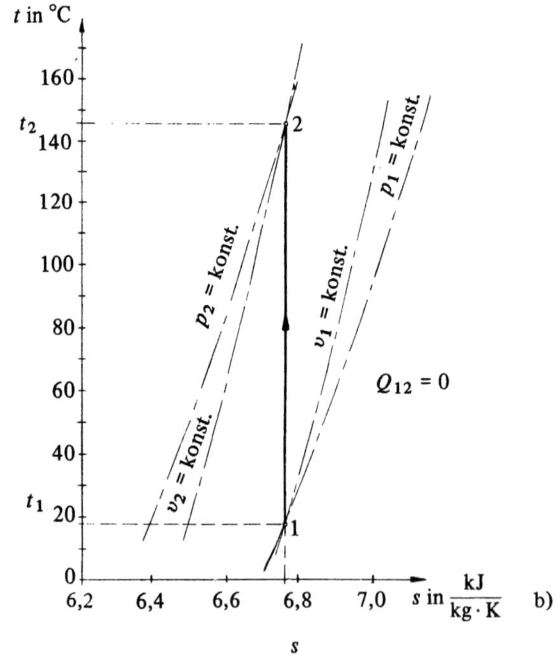

Bild 2.24 Darstellung der adiabaten Zustandsänderung von Beispiel 2.12 in *p*-*v*- und *T*-*s*-Diagramm

Die *Volumenänderungsarbeit* berechnen wir über den 1. Hauptsatz für geschlossene Systeme mit:

$$\left.\begin{aligned} Q_{12} + W_{12} &= \Delta U \\ Q_{12} &= 0 \\ \Delta U &= m \cdot c_V \cdot \Delta t \end{aligned}\right]$$

$$\boxed{W_{12} = m \cdot c_V \cdot \Delta t} \qquad (2.39)$$

W	m	c	t
J	kg	$\frac{\text{J}}{\text{kgK}}$	°C

Da in dieser Gleichung mit c_V und Δt zwei Größen stehen, die meistens vorab bestimmt werden müssen, rechnen wir öfter mit Gleichungen, in die die gegebenen Werte sofort eingesetzt werden können (siehe Tabelle A2.1.1).

$$\left.\begin{aligned} c_p - c_V &= R \\ \frac{c_p}{c_V} &= \kappa \end{aligned}\right]$$

$$\left.\begin{aligned} c_p &= R + c_V \\ c_p &= \kappa \cdot c_V \end{aligned}\right]$$

$$\kappa c_V = R + c_V$$

$$\kappa c_V - c_V = R$$

$$c_V(\kappa - 1) = R$$

$$\boxed{c_V = \frac{R}{\kappa - 1}} \qquad (2.40)$$

c, R	κ
$\frac{\text{J}}{\text{kgK}}$	1

Setzen wir Gl. (2.40) und $\Delta t = t_2 - t_1$ in Gl. (2.39) ein, so ergibt sich:

$$\left.\begin{aligned} W_{12} &= m \cdot \frac{R}{\kappa - 1}(t_2 - t_1) \\ t_2 - t_1 &= T_2 - T_1 \\ p_2 V_2 &= mRT_2 \\ p_1 V_1 &= mRT_1 \end{aligned}\right] \qquad \text{(Tabelle A2.1.1)}$$

$$W_{12} = \underbrace{\frac{1}{\kappa - 1}(p_2 V_2 - p_1 V_1)}_{\cdot \frac{p_1 V_1}{p_1 V_1}} \qquad \text{(Tabelle A2.1.1)}$$

usw.

Übungsaufgabe 2.12: Überprüfen Sie Ihre mathematischen Kenntnisse! Leiten Sie die anderen Gleichungen zur Berechnung der Volumenänderungsarbeit für adiabatischen Zustandsänderungen (auch unter Zuhilfenahme der Gasgesetze) ab!

Die technische Arbeit ergibt sich zu:

$$\left.\begin{aligned} Q_{12} + W_{t12} &= \Delta H \\ Q_{12} + W_{12} &= \Delta U \\ Q_{12} &= 0 \end{aligned}\right]$$

$$\left.\begin{aligned} \frac{W_{t12}}{W_{12}} &= \frac{\Delta H}{\Delta U} \\ \Delta H &= m \cdot c_p \cdot \Delta t \\ \Delta U &= m \cdot c_V \cdot \Delta t \end{aligned}\right]$$

$$\left.\begin{aligned} \frac{W_{t12}}{W_{12}} &= \frac{c_p}{c_V} \\ \kappa &= \frac{c_p}{c_V} \end{aligned}\right]$$

$$\underline{\underline{W_{t12} = \kappa \cdot W_{12}.}}$$

Besonders interessant ist bei dieser Betrachtung, daß bei adiabatischen (= wärmeisolierten) durchströmten Maschinen (und davon gibt es sehr viele), die technische Arbeit mit der Enthalpiedifferenz identisch ist!

$$\boxed{W_{t12} = \Delta H} \qquad \left|\frac{W, H}{\mathrm{J}}\right| \qquad (2.41)$$

Beispiel 2.13: Für das Beispiel 2.12 soll die technische Arbeit sowohl im p-V-Diagramm als auch (unter Zuhilfenahme von Gleichung 2.41) im T-s-Diagramm dargestellt werden. (Auch hier ist „mangels Masse" nur die spezifische Betrachtungsweise möglich.) Außerdem soll für die Betrachtung als offenes System eine Energiebilanz aufgestellt werden.

Lösung:

$$w_{12} = \frac{R T_1}{\kappa - 1}\left[\left(\frac{p_2}{p_1}\right)^{\frac{\kappa-1}{\kappa}} - 1\right]$$

$$= \frac{287\ \mathrm{J} \cdot 291\ \mathrm{K}}{\mathrm{kgK}\ (1{,}4 - 1)}\left[\left(\frac{430}{120}\right)^{\frac{1{,}4-1}{1{,}4}} - 1\right] \cdot \frac{\mathrm{kJ}}{10^3\ \mathrm{J}}$$

$$\underline{\underline{w_{12} = 91{,}9\ \mathrm{kJ/kg}.}}$$

Dies ist die einzige Gleichung der Tabelle A2.1.1 in die *nur* gegebene Werte eingesetzt werden müssen. Beachten Sie, daß beide Gleichungsseiten durch die Masse dividiert sind.

$$w_{t12} = \kappa \cdot w_{12}$$

$$= 1{,}4 \cdot 91{,}9\ \frac{\mathrm{kJ}}{\mathrm{kg}}$$

$$\underline{\underline{w_{t12} = 128{,}6\ \mathrm{kJ/kg}.}}$$

$$\left.\begin{aligned} \Delta t &= t_2 - t_1 \\ \Delta h &= c_p \cdot \Delta t \end{aligned}\right]$$

mit $\underline{\underline{c_p = 1{,}01\ \frac{\mathrm{kJ}}{\mathrm{kgK}}}}$ (Diagramm A3.2.1).

$$\Delta h = c_p(t_2 - t_1)$$

$$= 1{,}01\ \frac{\mathrm{kJ}}{\mathrm{kgK}}\ (146 - 18)\ ^\circ\mathrm{C}$$

$$\underline{\underline{\Delta h = 129{,}3\ \mathrm{kJ/kg}.}}$$

$$\underline{\underline{q_{12} = 0.}}$$

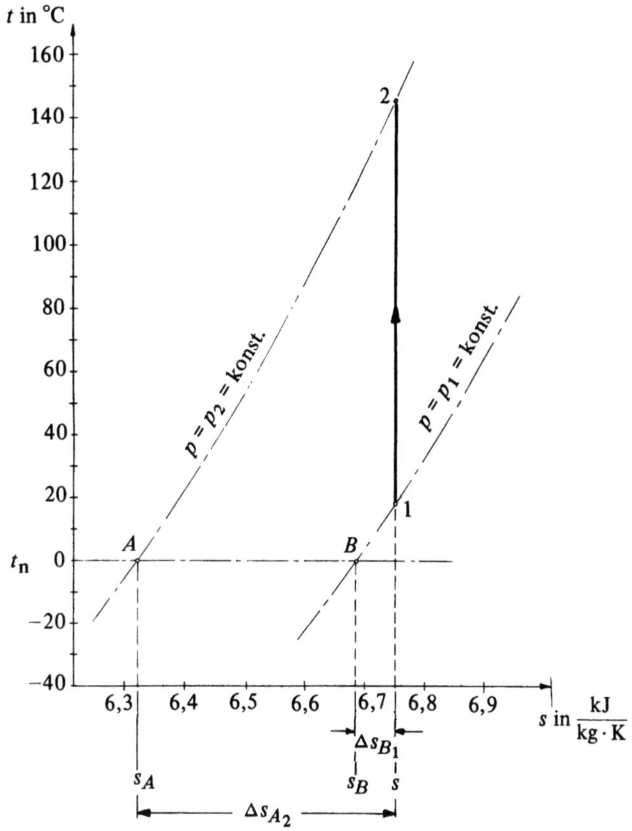

Bild 2.25
Skizze zur Berechnung von s_A und s_B (T_n = Normtemperatur in K)

Energiebilanz für die Betrachtung als offenes System:

$$q_{12} + w_{t12} = \Delta h$$

$$\underline{\underline{0 + 128{,}6\ \text{kJ/kg} \approx 129{,}3\ \text{kJ/kg}}}.$$

Zur Darstellung der Enthalpiedifferenz benötigen wir noch die (spezifische) Entropie in den Punkten A und B aus Bild 2.25.
Nach Gleichung (2.25) und p = konstant ist:

$$\Delta s_{A2} = c_p \cdot \ln \frac{T_2}{T_n} = 1{,}01\ \frac{\text{kJ}}{\text{kgK}} \cdot \ln \frac{419}{273}$$

$$\underline{\underline{\Delta s_{A2} = 0{,}432\ \text{kJ/kg} \cdot \text{K}}}.$$

$$s_A = s - \Delta s_{A2} = (6{,}75 - 0{,}432)\ \frac{\text{kJ}}{\text{kgK}}$$

$$\underline{\underline{s_A = 6{,}318\ \text{kJ/kg} \cdot \text{K}}}$$

$$\Delta s_{B1} = c_p \cdot \ln \frac{T_1}{T_n} = 1{,}01\ \frac{\text{kJ}}{\text{kgK}} \cdot \ln \frac{291}{273}$$

$$\underline{\underline{\Delta s_{B1} = 0{,}0644\ \text{kJ/kg} \cdot \text{K}}}$$

$$s_B = s - \Delta s_{B1} = (6{,}75 - 0{,}0644)\ \frac{\text{kJ}}{\text{kgK}}$$

$$\underline{\underline{s_B = 6{,}686\ \text{kJ/kg} \cdot \text{K}}}$$

(siehe Bild 2.26!)

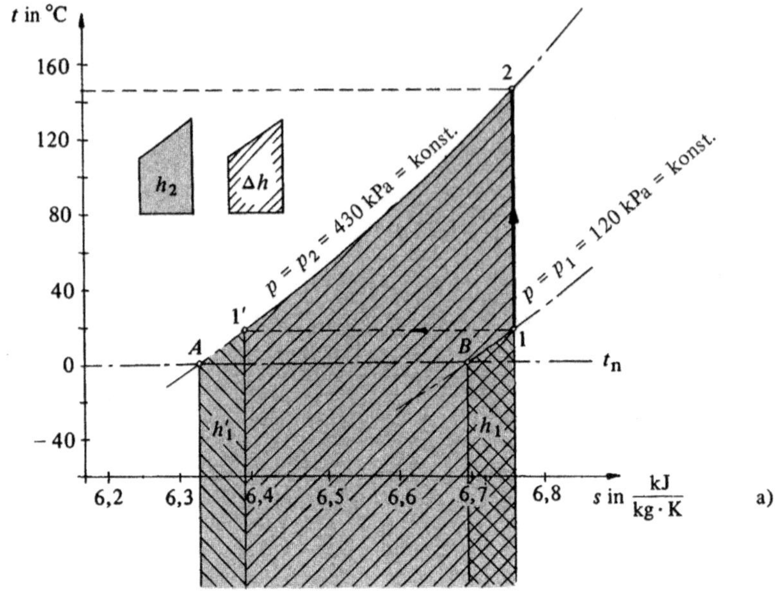

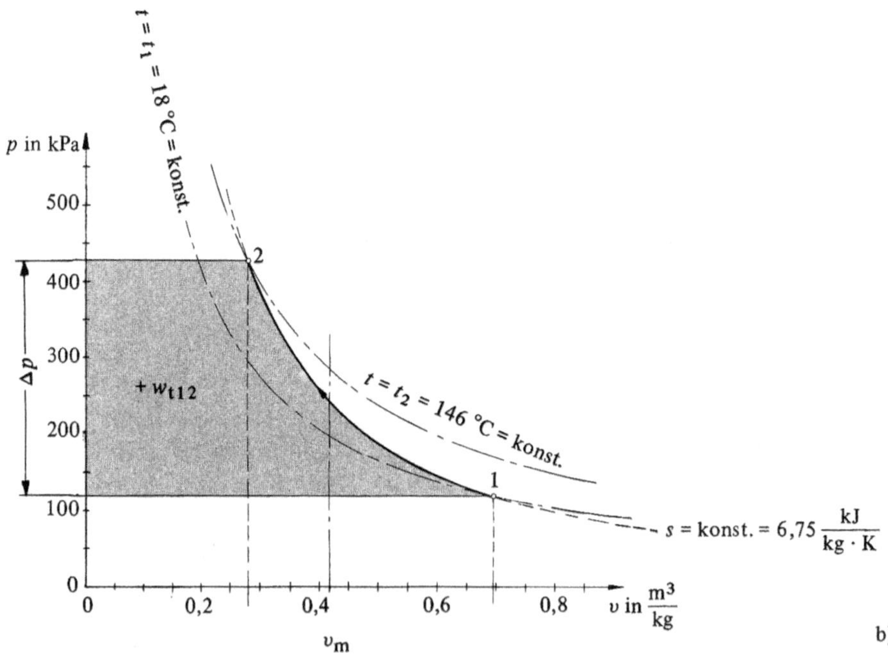

Bild 2.26 Darstellung der spezifischen technischen Arbeit der adiabatischen Zustandsänderung von Beispiel 2.13

Übungsaufgabe 2.13: Es sollen 2,5 m^3 Kohlendioxid (CO_2) ohne Wärmezu- oder -abfuhr von 800 kPa und 25 °C auf 200 kPa entspannt werden.

a) Berechnen Sie den Endzustand (V_2; t_2) und stellen Sie eine Energiebilanz für geschlossene Systeme auf!

b) Wie groß ist die Enthalpie vor und nach der Entspannung?

c) Zeichnen Sie maßstäblich die Zustandsänderung im *p*-*V*- und *T*-*S*-Diagramm auf und schraffieren Sie diejenige Fläche, die der technischen Arbeit entspricht!

d) Stellen Sie auch die Energiebilanz für das offene System auf!

2.12 Dissipation

Satz 2.29: Die Umwandlung einer entropiefreien Energie (z.B. der mechanischen Arbeit) in eine entropiebehaftete (z.B. in Wärme oder innere Energie) heißt *Dissipation.* Diese entsteht durch

- Wärmeaustausch,
- Reibung,
- Drosselung oder
- Mischung.

Obwohl die Dissipationsenergie eine Prozeßgröße ist, tritt sie im Inneren von Systemen auf. Deshalb ist es auch falsch, von Reibungsarbeit oder Reibungswärme zu sprechen, da die Begriffe Arbeit und Wärme nur bei Übergang über die Systemgrenze benutzt werden dürfen.

Die Dissipationsenergie J berechnet sich zu:

$$J_{12} = T_m \cdot \Delta S_{irr} \quad (2.42)$$ [1)]

J	T	S
J	K	$\frac{J}{K}$

wobei für adiabate Systeme

$$\Delta S_{irr} = \Delta S$$

gilt.

2.12.1 Wärmeaustausch

Beispiel 2.14: Wir betrachten ein adiabates Gesamtsystem nach Bild 2.27. Beide Teilsysteme sollen mit je 1 kg Wasser gefüllt und durch eine dünne, wärmedurchlässige Wand voneinander getrennt sein. Berechnet werden sollen die Entropieänderungen der beiden Teilsysteme und des Gesamtsystems.

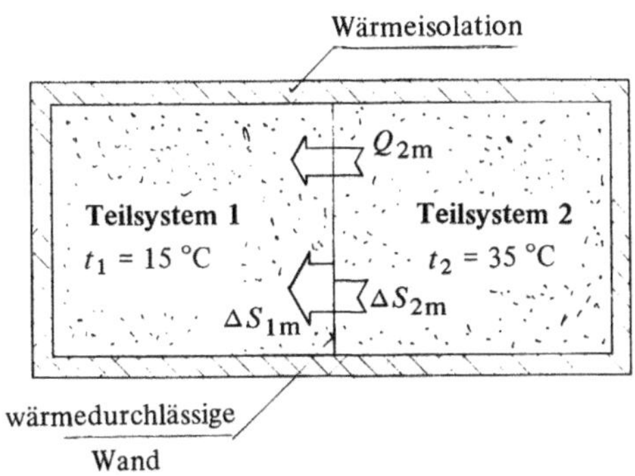

Bild 2.27 Adiabater Behälter mit Wärmeaustausch zwischen zwei Teilsystemen

1) irr = irreversibel (siehe Satz 2.34)

Lösung: Mit Kenntnis von

> **Satz 2.30:** Wärme fließt von selbst immer vom wärmeren zum kälteren Körper. Dies ist eine Erfahrungstatsache und bekannt als *zweiter Hauptsatz der Wärmelehre.*

können leicht bestimmt werden:

- die mittlere Temperatur nach dem Wärmeübergang:

$$t_m = \frac{t_1 + t_2}{2} = \frac{15 + 35}{2}\ °C$$

$$\underline{\underline{t_m = 25\ °C}} \rightarrow \underline{\underline{T_m = 298\ K.}}$$

- die mittlere Temperatur des Systems 1 während des Wärmeübergangs:

$$t_{m_1} \approx \frac{t_1 + t_m}{2} \approx \frac{15 + 25}{2}\ °C$$

$$\underline{\underline{t_{m_1} \approx 20\ °C}} \rightarrow \underline{\underline{T_{m_1} \approx 293\ K.}}$$

- die mittlere Temperatur des Systems 2 während des Wärmeübergangs:

$$t_{m_2} \approx \frac{t_2 + t_m}{2} \approx \frac{35 + 25}{2}\ °C$$

$$\underline{\underline{t_{m_2} \approx 30\ °C}} \rightarrow \underline{\underline{T_{m_2} \approx 303\ K.}}$$

- die Wärmemengen:

$$Q_{1m} = m \cdot c \cdot (t_m - t_1) = 1\ kg \cdot 4{,}19\ \frac{kJ}{kgK}\ (25 - 15)\ °C$$

$$\underline{\underline{Q_{1m} = 41{,}9\ kJ.}}$$

$$Q_{2m} = m \cdot c \cdot (t_m - t_2) = 1\ kg \cdot 4{,}19\ \frac{kJ}{kgK}\ (25 - 35)\ °C$$

$$\underline{\underline{Q_{2m} = -41{,}9\ kJ.}}$$

Es gilt also $Q_{1m} = -Q_{2m}$ oder $\Sigma Q = 0$, was für alle adiabate Systeme richtig ist.

Die Entropiedifferenzen sind gleich dem Verhältnis der jeweiligen Wärmemengen zur jeweiligen mittleren absoluten Temperatur:

$$\Delta S_{1m} = \frac{Q_{1m}}{T_{m_1}} = \frac{41{,}9\ kJ}{293\ K} \cdot \frac{10^3\ J}{kJ}$$

$$\underline{\underline{\Delta S_{1m} = 143\ J/K.}}$$

$$\Delta S_{2m} = \frac{Q_{2m}}{T_{m_2}} = \frac{-41{,}9\ kJ}{303\ K} \cdot \frac{10^3\ J}{kJ}$$

$$\underline{\underline{\Delta S_{2m} = -138\ J/K.}}$$

Die Entropiedifferenz für das Gesamtsystem ist damit positiv und ungleich Null!

$$\Delta S_{ges} = \Delta S_{1m} + \Delta S_{2m}$$
$$= (143 - 138)\,\frac{J}{K}$$
$$\Delta S_{ges} = +5\ J/K.$$

Wir folgern aus diesem Ergebnis:

> **Satz 2.31**: Ein adiabates System ist nicht unbedingt gleichzeitig ein isentropes System. Die Entropie wird immer dann größer, wenn *dissipative Effekte* auftreten.

2.12.2 Reibung

Beispiel 2.15: Zwei Kupplungsscheiben (Bild 2.28) drehen sich relativ zueinander, so daß ein Teil der zu übertragenden Arbeit an den beiden Reibflächen dissipiert. Welches Vorzeichen hat die Entropieänderung?

Lösung: Bei gleicher Konstruktion beider Kupplungshälften kann man davon ausgehen, daß die Temperaturen

$$t_1 = t_2 = t$$

gleich sind und die Reibungswärme

$$Q = W_{t1} + W_{t2}$$ (Beachten Sie bitte, daß W_{t2} negativ eingesetzt wird!)

zu gleichen Teilen von den Kupplungshälften aufgenommen wird. Die Entropieänderung jeder Kupplungshälfte berechnet sich dann zu

$$\Delta S = \frac{\frac{1}{2}Q}{T},$$

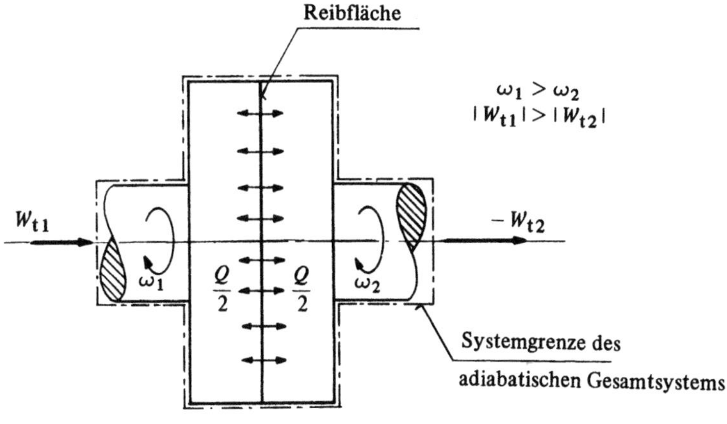

Bild 2.28 Reibung an einer Scheibenkupplung

wobei die Wärme zugeführt und damit ebenso wie die Entropieänderung positiv ist. Betrachten wir die Kupplungshälften wärmeisoliert von ihrer Umgebung, also adiabatisch, so ist die gesamte Entropieänderung

$$\Delta S_{\text{ges}} = \frac{\frac{1}{2}Q}{T} + \frac{\frac{1}{2}Q}{T}$$

$$\underline{\underline{\Delta S_{\text{ges}} = \frac{Q}{T}}}$$

ebenfalls positiv!

2.12.3 Drosselung

> **Satz 2.32:** Eine *Drosselung* ist ein Druckausgleichsvorgang ohne Verrichtung von mechanischer Arbeit. In adiabaten Systemen bleibt während der Drosselung die Enthalpie konstant (isenthalpe Zustandsänderung).

Beispiel 2.16: Zwei Behälter (Bild 2.29) sind über einen Schieber miteinander verbunden. Behälter 1 enthält ein Gas, Behälter 2 ist leer. Es soll das Vorzeichen der Entropieänderung festgestellt werden.

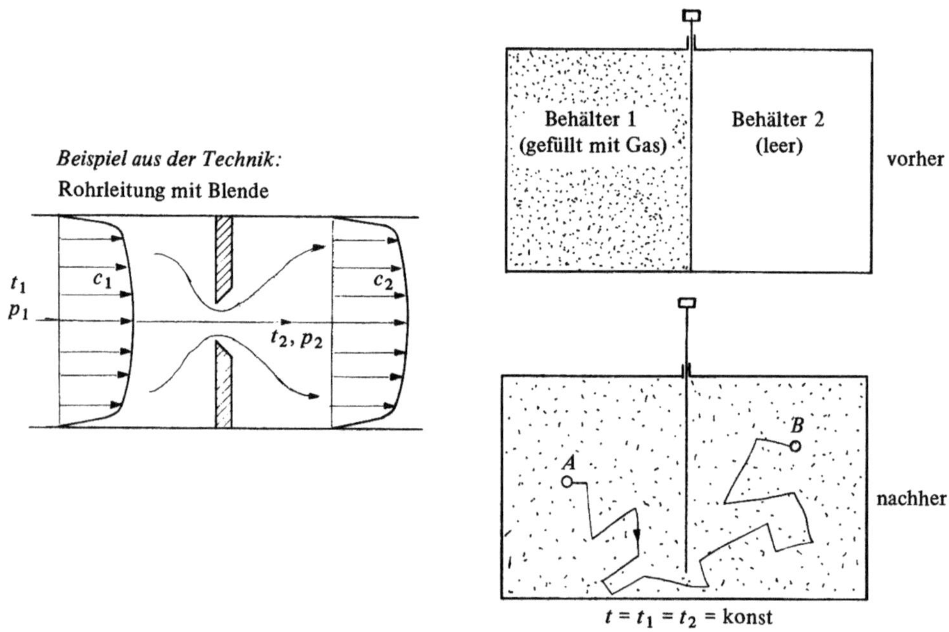

Bild 2.29 Darstellung von Überströmvorgängen (Drosselung)

Lösung:

a) Mikroskopische Betrachtungsweise

Das Gas kann man sich vereinfacht als ein ungeordnetes Durcheinander von sehr kleinen, völlig elastischen Molekülen vorstellen, die sich sehr schnell bewegen und dabei ständig aneinander oder an die Behälterwandung stoßen. Die mittlere kinetische Energie, die die Schwerpunkte der Moleküle aufgrund ihrer Geschwindigkeit haben, ist dabei ein Maß für den Druck und die Temperatur des Gases, wobei der Druck allerdings zusätzlich noch von der Anzahl der Moleküle pro Volumeneinheit abhängig ist. Wird nun der Schieber etwas geöffnet, so wird es immer einige Moleküle geben, deren Bewegung *zufällig* in den Behälter 2 führt, wie es in Bild 2.29 angedeutet ist, so daß sich nach genügend langer Zeit in beiden Behältern nahezu gleich viele Moleküle befinden.

Die kinetische Energie und damit die Temperatur sind dabei gleich geblieben. Selbstverständlich ist es vorstellbar, daß die gegenseitigen Stöße so erfolgen, daß alle Moleküle wieder in den Behälter 1 zurückkehren, jedoch ist die Wahrscheinlichkeit dafür so gering, daß Sie gleich Null gesetzt werden kann.

b) Makroskopische Betrachtungsweise

Da keine Wärme übertragen wurde, könnte man denken, daß keine Entropieänderung vorhanden wäre. Daß dies nicht stimmt, erkennt man bei dem Versuch, das Gas wieder auf das ursprüngliche Volumen zusammenzudrücken. Dazu müßte Volumenänderungsarbeit zugeführt werden, die nach dem 1. Hauptsatz bei einem adiabatischem System zu einer Erhöhung der inneren Energie und damit der Temperatur führen müßte. Soll die Temperatur konstant bleiben, so muß eine der Volumenänderungsarbeit entsprechende Energie als sogenannte Kompressionswärme abgeführt werden und damit entsprechend der Beziehung (2.16)

$$\Delta S = \frac{Q}{T}$$

die Entropie des Systems verkleinert werden. Das bedeutet aber, daß sie bei der vorangegangenen Expansion zugenommen hatte.

Aus dem Vergleich der mikro- und makroskopischen Betrachtungsweisen folgern wir den

Satz 2.33: Die *Entropie* ist ein Maß für die Wahrscheinlichkeit eines Zustandes!

2.12.4 Mischung

Für Mischungen (Bild 2.30) gelten die gleichen Überlegungen wie bei der Drosselung. Um Gas 1 in den Behälter 1 und Gas 2 in den Behälter 2 zurückdrücken zu können, müßte die Entropie des Gesamtsystems verkleinert werden, was bedeutet, daß sie vor der Mischung kleiner als nach der Mischung gewesen ist.

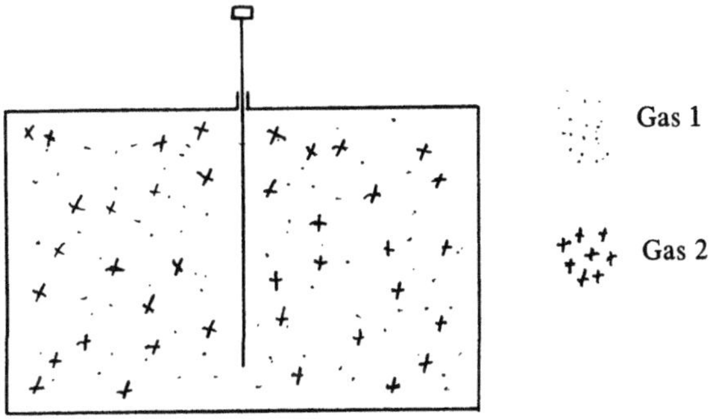

Bild 2.30
Gasmischung

2.13 Exergie und Anergie

2.13.1 Der zweite Hauptsatz der Wärmelehre

Wir wollen die wichtigsten Erkenntnisse von Abschnitt 2.12 in einer weiteren Formulierung des 2. Hauptsatzes der Wärmelehre zusammenfassen:

Satz 2.34: Vorgänge, die von selbst ablaufen, sind stets mit einer Entropiezunahme verbunden. Ohne Einfluß (Arbeitszufuhr) von außen sind sie nicht mehr rückgängig zu machen, weshalb wir sie als *irreversibel* (d.h. nicht umkehrbar) bezeichnen.

Als *reversibel* bezeichnen wir alle Vorgänge, die ohne Entropiezuwachs ablaufen. Sie sind gedachte Grenzfälle mit einem minimalen Anteil an Dissipation, wie z.B. das Schwingen eines Pendels im Vakuum.

Das Maß der Irreversibilität eines Vorgangs, der Entropiezuwachs, ist eine unanschauliche Größe. Zweckmäßiger ist es, die Energie in zwei Anteile aufzuteilen, die deren Qualitätsmerkmal, nämlich der Umwandelbarkeit in andere Energieformen, Rechnung trägt.

Satz 2.35: Derjenige Anteil einer Energie, der unbeschränkt in jede andere Energie umwandelbar ist, heißt *Exergie E*. Aus reiner Exergie bestehen z.B. die mechanische oder die elektrische Energie.

Derjenige Anteil der Energie, der nicht in andere Energieformen umwandelbar ist, heißt *Anergie B*. Aus reiner Anergie besteht z.B. die innere Energie der Umgebung. Es gilt also

Energie = Exergie + Anergie.

Damit kann der *2. Hauptsatz der Wärmelehre* nochmals formuliert werden:

- Bei reversiblen Vorgängen bleibt die Exergie konstant.
- Bei irreversiblen Vorgängen wird Exergie in Anergie verwandelt.
- Es ist unmöglich, Anergie in Exergie zu verwandeln.

2.13.2 Exergieanteile

Eine Energieumwandlung (bzw. ein Energietransport zwischen zwei Systemen) kann nur dann schnell und von selbst ablaufen, wenn der in Abschnitt 2.6 beschriebene intensive Anteil der Energie einen möglichst großen Unterschied aufweist. Besteht Gleichgewicht zwischen den intensiven Anteilen der Energie zweier Systeme, so ist ein Energietransport unmöglich.

So kann z.B. ein Gas nur dann eine Volumenänderungsarbeit abgeben, wenn eine Druckdifferenz zu seiner Umgebung vorhanden ist; ein Gewichtsstück nur dann mechanische

Arbeit abgeben, solange noch ein Höhenunterschied zur Umgebung besteht. Allgemein folgern wir hieraus den

> **Satz 2.36:** Die Energie eines Systems kann nur solange ausgenutzt werden, bis der intensive Anteil jeder beteiligten Energieform für sich im Gleichgewicht mit seiner Umgebung steht.

Die wichtigsten Gleichgewichtszustände sind:

- das mechanische Gleichgewicht ($p = p_U$),
- das thermische Gleichgewicht ($t = t_U$),
- das chemische Gleichgewicht,
- das potentielle Gleichgewicht (gleiches Höhenniveau $z = z_U$) und
- das kinetische Gleichgewicht (gleiche Geschwindigkeit $c = c_U$).

Die Ausnutzbarkeit der Wärme ist durch den Abstand der mittleren Temperatur zur Umgebungstemperatur gekennzeichnet (Bild 2.31). Wir folgern daraus:

> **Satz 2.37:** Der *Exergieanteil der Wärme* liegt im *T*-*S*-Diagramm oberhalb, der Anergieanteil unterhalb der Umgebungstemperatur. Wärme ist demnach desto wertvoller, bei je höherer mittlerer Temperatur sie anfällt.

Aus Bild 2.31 ergeben sich auch direkt die Berechnungsgleichungen für die *Exergie und Anergie der Wärme*:

$$B_{Q_{12}} = T_U(S_2 - S_1) \quad (2.43)$$

$$E_{Q_{12}} = Q_{12} - B_{Q_{12}} \quad (2.44)$$

B, E, Q	T	S
J	K	$\frac{J}{K}$

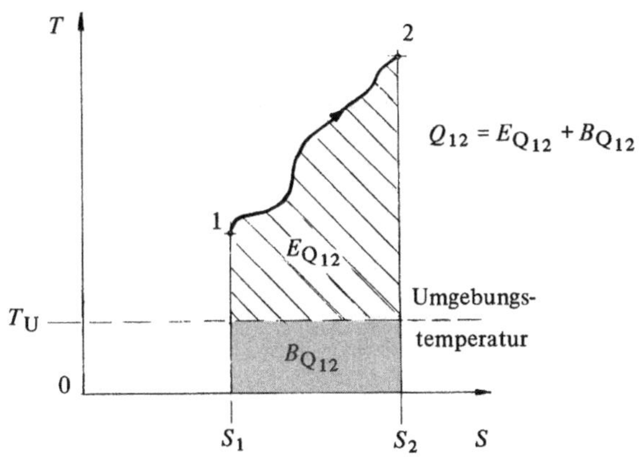

Bild 2.31
Exergie und Anergie der Wärme für eine beliebige Zustandsänderung

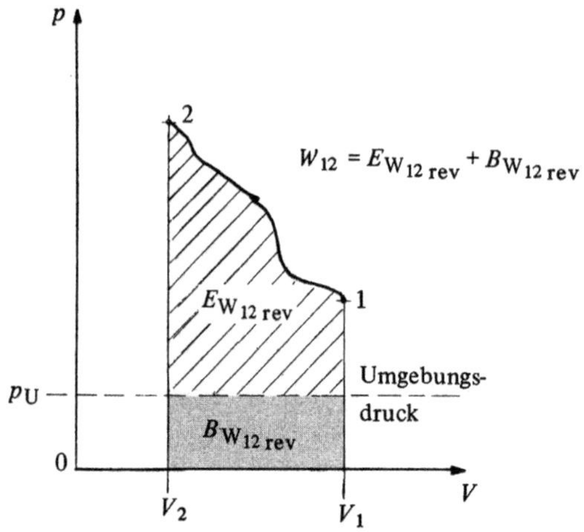

Bild 2.32
Exergie- und Anergieanteile der Volumenänderungsarbeit für eine beliebige, reversible Zustandsänderung

Ähnlich ergeben sich auch die *Exergie- und Anergieanteile der Volumenänderungsarbeit,* wenn man berücksichtigt, daß diese nur bis zum Umgebungsdruck p_U ausnutzbar ist (Bild 2.32).

$$B_{W_{12\text{rev}}} = p_U(V_1 - V_2) \quad (2.45)$$

$$E_{W_{12\text{rev}}} = W_{12\text{rev}} - B_{W_{12\text{rev}}} \quad (2.46)$$

B, E, W	p	V
J	Pa	m^3

Bei Benutzung der Gln. (2.44) und (2.46) muß allerdings beachtet werden, daß sie nur den maximal möglichen Anteil der ausnutzbaren Arbeit bei reversibler Prozeßführung zu berechnen gestatten. Sind dissipative Effekte vorhanden, wird ein Teil der Exergie in Anergie umgewandelt.

Der *Exergieanteil der inneren Energie* im Zustand 1 ist gleich der maximal gewinnbaren Nutzarbeit bei Rückführung des Gases in den Umgebungszustand (S_U; T_U; V_U; p_U, U_U) bei reversibler Prozeßführung.

Da der Exergieanteil der inneren Energie U_U im Umgebungszustand Null ist, muß diese sowie die Anergieanteile von derjenigen Wärme und Volumenänderungsarbeit von der inneren Energie 1 abgezogen werden, die notwendig sind, um von Zustand 1 aus den Umgebungszustand zu erreichen (Bild 2.33).

$$E_{U1} = U_1 - U_U - T_U(S_1 - S_U) - p_U(V_U - V_1) \quad (2.47)$$

E, U	T	S	p	V
J	K	$\frac{J}{K}$	Pa	m^3

Anmerkung: Da die Darstellung von $p_U(V_U - V_1)$ im *T-S*-Diagramm nur sehr umständlich möglich ist, wurde darauf verzichtet.

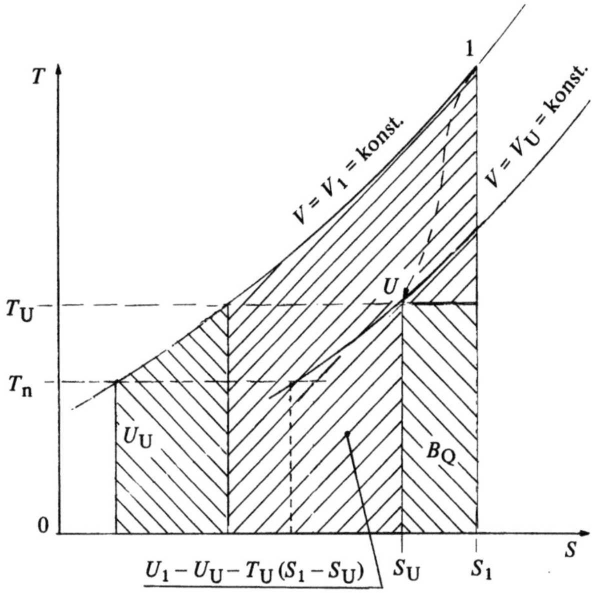

Bild 2.33
Innere Energie eines Stoffes im Zustand 1, vermindert um seine innere Energie im Umgebungszustand und den Anergieanteil der Wärme, die abgeführt werden muß, um den Umgebungszustand zu erreichen.

Für die Änderung der inneren Energie von U_1 nach U_2 ergibt sich dann für die reversible Zustandsänderung:

$$\Delta E_{U_{rev.}} = E_{U2} - E_{U1}$$

$$\boxed{\Delta E_{U_{rev.}} = U_2 - U_1 - T_U(S_2 - S_1) + p_U(V_2 - V_1)} \qquad (2.48)$$

E, U	T	S	p	V
J	K	$\frac{J}{K}$	Pa	m^3

Die *technische Arbeit* besteht bei reversiblen Zustandsänderungen aus reiner Exergie, da bei normalen technischen Vorgängen die Ein- oder Ausschiebearbeiten nur bei Umgebungsdruck auftreten (Bild 2.34).

Der *Exergieanteil der Enthalpie* kann direkt im *T-S*-Diagramm dargestellt werden (Bild 2.35). Daraus ergibt sich:

$$E_H = H_1 - H_U - T_U(S_1 - S_U) \qquad (2.49)$$

$$B_H = H_U + T_U(S_1 - S_U) \qquad (2.50)$$

$$\Delta E_H = H_2 - H_1 - T_U(S_2 - S_1) \qquad (2.51)$$

E, H, B	T	S
J	K	$\frac{J}{K}$

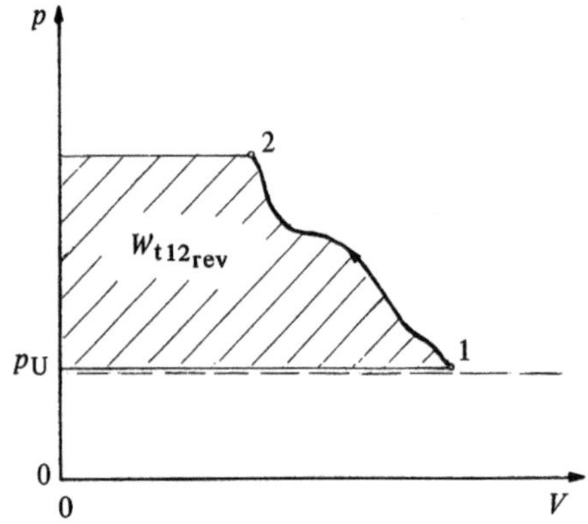

Bild 2.34

Exergieanteil der technischen Arbeit für reversible Prozesse

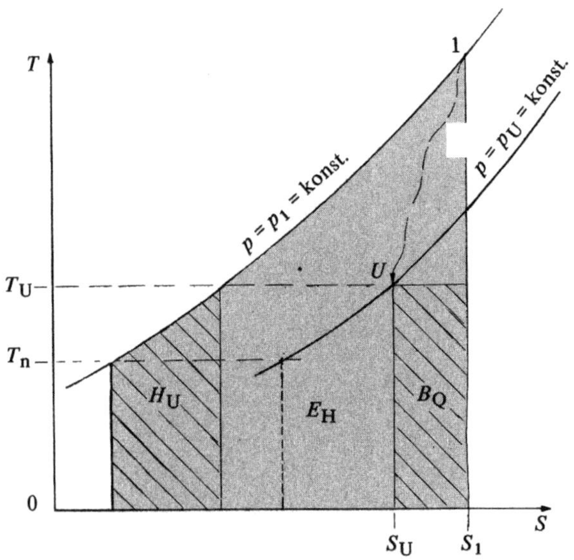

Bild 2.35

Exergieanteil der Enthalpie

2.13.3 Das Exergie-Anergie-Flußschaubild

Einem System wird bei Zustandsänderungen Exergie zugeführt und abgeführt. Im reversiblen Grenzfall ist die abgeführte Exergie genauso groß wie die zugeführte Exergie. Im Normalfall des irreversiblen Prozesses dagegen ist die zugeführte Exergie um den *Exergieverlust* E_V größer als die abgeführte Exergie. Ohne Beweis sei hier mitgeteilt, daß der Exergieverlust und die Entropiezunahme während eines Prozesses einander proportional sind.

$$\boxed{E_{V12} = T_U \cdot \Delta S_{irr}} \qquad (2.52)$$

E	T	S
J	K	$\frac{J}{K}$

Er ist der maßgebende Faktor bei der Berechnung des *exergetischen Wirkungsgrades*

$$\boxed{\zeta = 1 - \frac{\Sigma E_V}{\Sigma E_{zu}}} \qquad \begin{array}{c|c} \zeta & E \\ \hline 1 & J \end{array} \qquad (2.53)$$

und damit wichtiges Güte- und Beurteilungskriterium einer Maschine oder Anlage. Anschaulich dargestellt wird der Exergieverlust im Verhältnis zur vorhandenen oder zugeführten Exergie im Exergie-Anergie-Flußschaubild.

Beispiel 2.17: Für die Beispiele 2.12 und 2.13 soll das Exergie-Anergie-Flußschaubild aufgestellt werden! Der Umgebungszustand sei:

$t_U = 15\ °C$ und $p_U = 100$ kPa.

(Da in diesem Beispiel die Masse m nicht angegeben ist, müssen alle Gleichungen durch diese dividiert und mit kleinen Formelbuchstaben geschrieben werden.)

Lösung:

a) Exergie- und Anergieanteile vor der Zustandsänderung:

$$u_1 = c_V \cdot t_1 = 0{,}718\ \frac{\text{kJ}}{\text{kgK}} \cdot 18\ °\text{C}$$

$$\underline{\underline{u_1 = 12{,}92\ \text{kJ/kg}.}}$$

$$\underline{\underline{c_V = 0{,}718\ \text{kJ/kg} \cdot \text{K}}} \quad \text{(Tabelle A3.1.5)}$$

$$u_U = c_V \cdot t_U = 0{,}718\ \frac{\text{kJ}}{\text{kgK}} \cdot 15\ °\text{C}$$

$$\underline{\underline{u_U = 10{,}77\ \text{kJ/kg}.}}$$

$$e_{U1} = u_1 - u_U - T_U(s_1 - s_U) - p_U(v_U - v_1)$$

$$= 12{,}92\ \frac{\text{kJ}}{\text{kg}} - 10{,}77\ \frac{\text{kJ}}{\text{kg}} - 288\ \text{K}\left(-0{,}0419\ \frac{\text{kJ}}{\text{kgK}}\right) - 100\ \text{kPa}\ (0{,}827 - 0{,}696)\ \frac{\text{m}^3}{\text{kg}}$$

$$= 2{,}15\ \frac{\text{kJ}}{\text{kg}} + 12{,}067\ \frac{\text{kJ}}{\text{kg}} - 0{,}131\ \frac{\text{bar} \cdot \text{m}^3}{\text{kg}} \cdot \frac{10^3\ \text{N}}{\text{kPa} \cdot \text{m}^2} \cdot \frac{\text{kJ}}{\text{Nm} \cdot 10^3}$$

$$\underline{\underline{e_{U1} = 1{,}12\ \text{kJ/kg}.}}$$

$$s_1 - s_U = c_p \cdot \ln \frac{T_1}{T_U} - R \ln \frac{p_1}{p_U}$$

$$= 1{,}01\ \frac{\text{kJ}}{\text{kgK}} \cdot \ln \frac{291}{288} - 0{,}287\ \frac{\text{kJ}}{\text{kgK}} \cdot \ln \frac{120}{100}$$

$$\underline{\underline{s_1 - s_U = -0{,}0419\ \text{kJ/kg} \cdot \text{K}.}}$$

$$\left.\begin{array}{l} p_1 v_1 = R T_1 \\ p_U v_U = R T_U \end{array}\right]$$

$$\frac{p_U v_U}{p_1 v_1} = \frac{T_U}{T_1}$$

$$v_U = \frac{T_U}{T_1} \cdot \frac{p_1}{p_U} \cdot v_1 = \frac{288}{291} \cdot \frac{120}{100} \cdot 0{,}696\ \frac{\text{m}^3}{\text{kg}}$$

$$\underline{\underline{v_U = 0{,}827\ \text{m}^3/\text{kg}.}}$$

$$b_{U1} = u_1 - e_{u1} = (12{,}92 - 1{,}12)\ \frac{\text{kJ}}{\text{kg}}$$

$$\underline{\underline{b_{U1} = 11{,}80\ \text{kJ/kg}}}$$

b) Exergie- und Anergieanteile während der Zustandsänderung:

$$\underline{\underline{q_{12} = 0}} \rightarrow \underline{\underline{e_{q12} = 0}} \rightarrow \underline{\underline{b_{q12} = 0}}$$

$$b_{W12} = p_U \cdot (v_1 - v_2)$$

$$= 100 \text{ kPa } (0{,}696 - 0{,}280) \frac{\text{m}^3}{\text{kg}} \cdot \frac{10^3 \text{ N}}{\text{kPa} \cdot \text{m}^2} \cdot \frac{\text{kJ}}{\text{Nm} \cdot 10^3}$$

$$\underline{\underline{b_{W12} = 41{,}6 \text{ kJ/kg}.}}$$

$$e_{W12} = w_{12} - b_{W12}$$

$$= (91{,}9 - 41{,}6) \frac{\text{kJ}}{\text{kg}}$$

$$\underline{\underline{e_{W12} = 50{,}3 \text{ kJ/kg}.}}$$

c) Exergie und Anergieanteile nach der Zustandsänderung

$$u_2 = c_V \cdot t_2$$

$$= 0{,}721 \frac{\text{kJ}}{\text{kg K}} \cdot 146 \text{ °C}$$

$$\underline{\underline{u_2 = 105{,}3 \text{ kJ/kg}}}$$

$$c_V = c_p - R$$

$$= (1{,}006 - 0{,}287) \frac{\text{kJ}}{\text{kg K}}$$

$$\underline{\underline{c_V = 0{,}721 \text{ kJ/kg} \cdot \text{K}}}$$ (Diagramm A3.1.5)

Anmerkung: Gesucht ist der mittlere Wert zwischen 0 und 146 °C!

$$\underline{s_2 = s_1 = s = \text{konst}}$$

$$e_{U2} = u_2 - u_U - T_U (s_2 - s_U) - p_U - v_2)$$

$$= (105{,}3 - 10{,}77) \frac{\text{kJ}}{\text{kg}} - 288 \text{ K } (-0{,}0419) \frac{\text{kJ}}{\text{kgK}} - 100 \text{ kPa } (0{,}827 - 0{,}280) \frac{\text{m}^3}{\text{kg}}$$

$$= (94{,}54 - 12{,}067) \frac{\text{kJ}}{\text{kg}} - 0{,}547 \frac{\text{bar} \cdot \text{m}^3}{\text{kg}} \cdot \frac{10^3 \text{ N}}{\text{kPa} \cdot \text{m}^2} \cdot \frac{\text{kJ}}{\text{Nm} \cdot 10^3}$$

$$\underline{\underline{e_{U2} = 27{,}8 \text{ kJ/kg}.}}$$

$$b_{U2} = u_2 - e_{U2}$$

$$= (105{,}3 - 27{,}8) \frac{\text{kJ}}{\text{kg}}$$

$$\underline{\underline{b_{U2} = 77{,}5 \text{ kJ/kg}.}}$$

Jetzt kann der exergische Wirkungsgrad berechnet werden zu:

$$\zeta = 1 - \frac{e_{V12}}{e_{zu}}$$

$$= \left(1 - \frac{23{,}6}{1{,}1 + 50{,}3}\right) \cdot 100 \,\%$$

$$\underline{\underline{\zeta = 54 \,\%.}}$$

$$e_{V12} = e_{U1} + e_{W12} - e_{U2}$$

$$= (1{,}1 + 50{,}3 - 27{,}8) \frac{\text{kJ}}{\text{kg}}$$

$$\underline{\underline{e_{V12} = 23{,}6 \text{ kJ/kg}.}}$$

Bild 2.36 zeigt deutlich, wie ungünstig es ist, mechanische Arbeit in die weniger wertvolle innere Energie zu verwandeln.

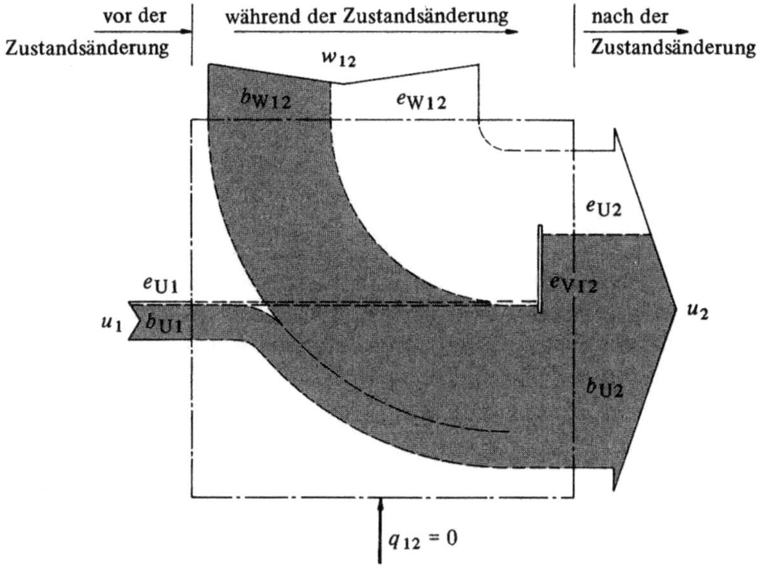

Bild 2.36 Exergie-Anergie-Flußschaubild einer irreversibel arbeitenden Wärmearbeitsmaschine

Der wirkliche Verlust j (Dissipation) ist größer als der reine Exergieverlust e_V, da auch der verbliebene Exergieanteil der inneren Energie u_2 außerhalb der Maschine nicht mehr ausgenutzt wird, sondern sich in der Umgebung ebenfalls in Anergie umwandelt.

Übungsaufgabe 2.14: Von einem Verdichter werden pro Minute 4,8 m^3 Luft mit p_1 = 110 kPa und t_1 = 25 °C angesaugt und auf p_2 = 570 kPa und t_2 = 76 °C verdichtet. Die Umgebungstemperatur ist t_U = 18 °C und der Umgebungsdruck p_U = 94 kPa.

Gesucht sind:

- die erforderliche Antriebsleistung und
- der zwecks Kühlung notwendige Wärmestrom.

3 Verbrennung

3.1 Physikalische Grundlagen

Satz 3.1: Eine *Verbrennung* ist eine Oxydation, bei der sich Atome eines Brennstoffes so mit Sauerstoffatomen verbinden, daß chemische Energie in innere Energie und Wärme umgewandelt wird. Die Verbrennungsgeschwindigkeit liegt zwischen 0,1 $\frac{\text{mm}}{\text{s}}$ und 100 $\frac{\text{m}}{\text{s}}$.

Oxydationen, die nicht zur Wärmeerzeugung dienen oder andere Verbrennungsgeschwindigkeiten haben (Rosten, Explosion), wollen wir nicht als Verbrennung bezeichnen.

Die Grundgesetze der Wärmelehre gelten uneingeschränkt auch für Verbrennungsprozesse, wenn die chemische Energie zusätzlich berücksichtigt wird. Es sind dies:

- *Massenerhaltungssatz*

  Wir entnehmen dem Bild 3.1:

$$m_{\text{Brennstoff}} + m_{\text{Sauerstoff}} + m_{\text{Ballast}} = m_{\text{Verbrennungsgas}} + m_{\text{Asche}} \qquad \left|\frac{m}{\text{kg}}\right| \tag{3.1}$$

  Ballaststoffe sind alle nicht brennbaren Reaktionsteilnehmer, z.B. der Stickstoff der Luft.

- *1. Hauptsatz der Wärmelehre (Energieerhaltungsgesetz)*

  Die Summe aller zugeführten (insbesondere der chemischen) Energie (n) ist gleich der Summe aller abgeführten Energien (insbesondere der inneren Energie der Verbrennungsgase und der Wärmeabfuhr).

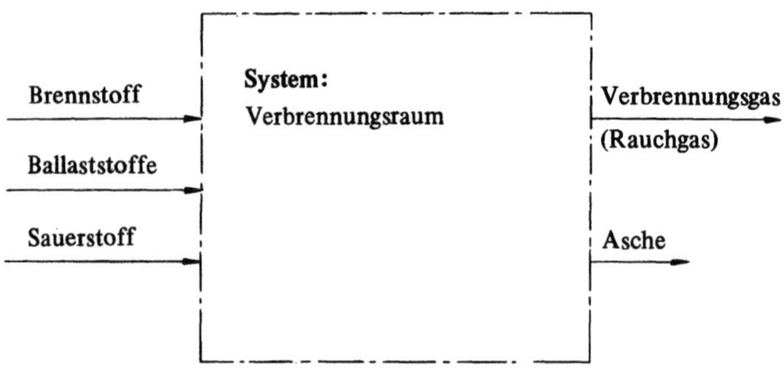

Bild 3.1 Massenströme durch einen Verbrennungsraum

- *2. Hauptsatz der Wärmelehre*

  Verbrennungen sind irreversibel, weil Mischung und chemische Umwandlung der Reaktionsteilnehmer ebenso wie die aufgrund von stets vorhandenen Temperaturunterschieden zur Umgebung erfolgende Wärmeübertragung zu den richtungsabhängigen und nichtumkehrbaren Vorgängen gehören.

3.2 Chemische Grundlagen

Der Aufbau der Brennstoffmoleküle ist oft ebenso kompliziert wie der Verbrennungsablauf selbst und gar nicht exakt erfaßbar. Die Verbrennungsgase der meisten Verbrennungen bestehen jedoch zum größten Teil aus Wasserdampf und Kohlendioxid, so daß zwei chemische Reaktionen besonders wichtig sind:

$$C + O_2 \rightarrow CO_2 \tag{3.2}$$

$$2H_2 + O_2 \rightarrow 2H_2O \tag{3.3}$$

Bei unvollständiger Verbrennung (Sauerstoffmangel) können größere Anteile von Kohlenmonoxid im Abgas vorhanden sein:

$$2C + O_2 \rightarrow 2CO \tag{3.4}$$

Im Sinne optimaler Brennstoffausnutzung wird stets die vollkommene Verbrennung angestrebt.

Satz 3.2: Wenn jedes Brennstoffatom sich ausreichend mit Sauerstoffatomen verbinden kann, sprechen wir von einer *vollständigen* oder *vollkommenen Verbrennung.*

In der Gleichung (3.2) müßte also die Anzahl der Kohlenstoffatome mit der Anzahl der Sauerstoffmoleküle übereinstimmen, um wiederum die gleiche Anzahl an Kohlendioxydatomen herstellen zu können.

Satz 3.3: Gleiche *Substanzmengen n* in kmol enthalten die gleiche Anzahl an Atomen oder Molekülen.

Für die Verbrennung des Kohlenstoffs gilt damit:

$$1\,\text{kmol C} + 1\,\text{kmol O}_2 \Rightarrow 1\,\text{kmol CO}_2$$

oder:

$$12\,\text{kg C} + 2 \times 16\,\text{kg O}_2 \Rightarrow (12 + 2 \times 16)\,\text{kg CO}_2$$

oder:

$$1\,\text{kg C} + \frac{2 \times 16}{12}\,\text{kg O}_2 \Rightarrow \frac{12 + 2 \times 16}{12}\,\text{kg CO}_2.$$

Für die vollständige Verbrennung von $m_C = 1$ kg reinen Kohlenstoffs sind also mindestens $m_{O_2} = \frac{8}{3}$ kg Sauerstoff notwendig, damit $m_{CO_2} = \frac{11}{3}$ kg CO_2 entstehen kann.

Für Gase ist es oft zweckmäßiger, statt eines Massen- einen Volumenvergleich anzustellen. Wir beachten dabei:

> **Satz 3.4**: Bei gleichem Druck und gleicher Temperatur sind in gleichen Räumen gleich viel kleinste Teilchen (Moleküle) vorhanden (*Satz des Avogadro*).

Beachten wir auch Satz 3.3, so bedeutet dies, daß bei gleichem Druck und gleicher Temperatur die Molvolumina aller Stoffe gleich groß sind. Bezieht man sich auf den Normzustand mit $t_n = 0$ °C und $p_n = 101{,}3$ kPa, so haben alle Gase ein Molvolumen von

$$V_m = 22{,}41 \frac{m^3}{kmol}.$$

Mit Hilfe der Gln. (1.10), (1.11) und (2.3) sowie den Tabellen A3.1.1, A3.1.2 und A3.1.5 lassen sich Substanzmengen für beliebige Zustände in Volumengrößen umrechnen.

$$p \cdot V_m = M \cdot R \cdot T \tag{3.5}$$

$$R_m = M \cdot R \tag{3.6}$$

$$pV_m = R_m \cdot T \tag{3.7}$$

R_m	p	V_m	M	R	T
$\frac{J}{kmol \cdot K}$	Pa	$\frac{m^3}{kmol}$	$\frac{kg}{kmol}$	$\frac{J}{kg \cdot K}$	K

Ähnlich kann abgeleitet werden:

$$v = \frac{V_m}{M} \tag{3.8}$$

v	V_m	M
$\frac{m^3}{kg}$	$\frac{m^3}{kmol}$	$\frac{kg}{kmol}$

Bezeichnet man das Verhältnis eines Teilvolumens i zum Gesamtvolumen als Raumanteil r, dann läßt sich auch für Gasmischungen eine *scheinbare Molmasse* berechnen.

$$r_i = \frac{V_i}{V} \tag{3.9}$$

$$M = \sum (r_i M_i) \tag{3.10}$$

r	V	M
1	m^3	$\frac{kg}{kmol}$

Für die Verbrennung von Wasserstoff gilt:

$$2\,\text{kmol}\ H_2 + 1\,\text{kmol}\ O_2 \Rightarrow 2\,\text{kmol}\ H_2O$$

oder:

$$2 \times 2\,\text{kg}\ H_2 \quad + 32\,\text{kg}\ O_2 \quad \Rightarrow 2 \times 18\,\text{kg}\ H_2O$$

oder:

$$1\,\text{kg}\ H_2 + \frac{32}{4}\,\text{kg}\ O_2 \quad \Rightarrow \frac{36}{4}\,\text{kg}\ H_2O.$$

Für die vollständige Verbrennung von $m_{H_2} = 1$ kg Wasserstoff sind also mindestens $m_{O_2} = 8$ kg Sauerstoff notwendig, wobei $m_{H_2O} = 9$ kg Wasser entsteht.
Auch für einen Volumenvergleich geht man zweckmäßig von den Substanzmengen aus:

$$2\,\text{kmol}\ H_2 + 1\,\text{kmol}\ O_2 \Rightarrow 2\,\text{kmol}\ H_2O.$$

Im Normzustand bedeutet dies:

$$2 \times 22{,}41\,\text{m}^3\ H_2 + 22{,}41\,\text{m}^3 O_2 \Rightarrow 2 \times 22{,}41\,\text{m}^3\ H_2O$$

oder:

$$1\,\text{m}^3\ H_2 + \frac{1}{2}\text{m}^3\ O_2 \Rightarrow 1\,\text{m}^3\ H_2O.$$

Um das Verhalten und den Zustand des Verbrennungsgasgemisches Wasserstoff – Sauerstoff (Knallgas) nach den Regeln von Kapitel 2 berechnen zu können, muß die Gaskonstante bestimmt werden.

$$M = r_{H_2} \cdot M_{H_2} + r_{O_2} \cdot M_{O_2} \qquad \underline{\underline{r_{H_2} = \frac{2}{3}}}$$

$$= \frac{2}{3} \cdot 2\,\frac{\text{kg}}{\text{kmol}} + \frac{1}{3} \cdot 32\,\frac{\text{kg}}{\text{kmol}} \qquad \underline{\underline{r_{O_2} = \frac{1}{3}}}$$

$$\underline{\underline{M = 12\,\frac{\text{kg}}{\text{kmol}}}}.$$

$$R_m = M \cdot R$$

$$R = \frac{R_m}{M} \qquad \text{(mit } R_m \text{ nach Tabelle A3.1.1)}$$

$$= \frac{8{,}314\,\text{kJ} \cdot \text{kmol}}{\text{kmol} \cdot \text{K} \cdot 12\,\text{kg}} \cdot \frac{10^3\,\text{J}}{\text{kg}}$$

$$\underline{\underline{R = 693\,\frac{\text{J}}{\text{kg} \cdot \text{K}}}}.$$

3.3 Mengenberechnung

3.3.1 Feste und flüssige Brennstoffe

Feste und flüssige Brennstoffe zerlegt man, meist aufgrund der Ergebnisse einer Elementaranalyse, in ihre wesentlichen Bestandteile Kohlenstoff (C), Wasserstoff (H), Schwefel (S), Sauerstoff (O), Stickstoff (N), Wasser und Asche. Es ist üblich, die jeweiligen Anteile auf 1 kg Brennstoff zu beziehen und durch symbolische Kleinbuchstaben zu kennzeichnen. Die Gleichung

$$\boxed{c + h + s + o + n + w + a = 1} \tag{3.11}$$

c	h	s	o	n	w	a
$\frac{\text{kg C}}{\text{kg Brennstoff (Bst)}}$	$\frac{\text{kg H}}{\text{kg Bst}}$	$\frac{\text{kg S}}{\text{kg Bst}}$	$\frac{\text{kg O}}{\text{kg Bst}}$	$\frac{\text{kg N}}{\text{kg Bst}}$	$\frac{\text{kg Wasser}}{\text{kg Bst}}$	$\frac{\text{kg Asche}}{\text{kg Bst}}$

steht damit für die Gesamtzusammensetzung eines Brennstoffs.

Anhand von Substanzmengenvergleichen (siehe Abschnitt 3.2) erhalten wir Verhältniszahlen, die die Berechnung des spezifischen Mindestsauerstoffbedarfs gestatten.

$$\boxed{o_{min} = \frac{8}{3} c + 8 h + s - o} \tag{3.12}$$

o	c	h	s
$\frac{\text{kg O}}{\text{kg Bst}}$	$\frac{\text{kg C}}{\text{kg Bst}}$	$\frac{\text{kg H}}{\text{kg Bst}}$	$\frac{\text{kg S}}{\text{kg Bst}}$

Verbrennungen mit reinem Sauerstoff sind außerordentlich selten. Alle folgenden Betrachtungen sollen sich deshalb nur auf Verbrennungen mit atmosphärischer Luft beziehen. Da nur 23,2 Gewichtsprozent der Luft aus Sauerstoff bestehen, ergibt sich der spezifische Mindestluftbedarf mit

$$\boxed{l_{min} = \frac{o_{min}}{0{,}232}} \tag{3.13}$$

l	o
$\frac{\text{kg Luft}}{\text{kg Bst}}$	$\frac{\text{kg O}}{\text{kg Bst}}$

Das Verhältnis der wirklich vorhandenen Luftmenge zur Mindestluftmenge wird über die Luftverhältniszahl λ ausgedrückt.

$$\boxed{\lambda = \frac{l}{l_{min}}} \tag{3.14}$$

l	λ
$\frac{\text{kg Luft}}{\text{kg Bst}}$	1

Wir unterscheiden:

- die Luftmangelverbrennung ($\lambda < 1$),
- die Luftüberschußverbrennung ($\lambda > 1$) und
- das stöchiometrische Luftverhältnis ($\lambda = 1$).

Ähnliche Überlegungen gestatten die Ermittlung der Abgasbestandteile:

$$\boxed{co_2 = \frac{11}{3} c} \tag{3.15}$$

$$\boxed{h_2o = 9\,h + w} \tag{3.16}$$

$$\boxed{n_2 = 0{,}768 \cdot l + n} \tag{3.17}$$

$$\boxed{so_2 = 2\,s} \tag{3.18}$$

$$\boxed{o_2 = o_{min}(\lambda - 1)} \tag{3.19}$$

co_2	h_2o	n_2	so_2	o_2
$\frac{kg\ CO_2}{kg\ Bst}$	$\frac{kg\ H_2O}{kg\ Bst}$	$\frac{kg\ N_2}{kg\ Bst}$	$\frac{kg\ SO_2}{kg\ Bst}$	$\frac{kg\ O_2}{kg\ Bst}$

In Gl. 3.16 muß zusätzlich zu dem Wasseranteil, der bei der Verbrennung entsteht, noch derjenige berücksichtigt werden, der im Brennstoff schon vorher enthalten war.

Beispiel 3.1: Die Elementaranalyse für eine Braunkohlensorte (vgl. mit Tabelle A3.4.1) ergab:

$c = 54\,\%;\ h = 5\,\%;\ o = 13\,\%;\ n = 1\,\%;\ s = 1\,\%;\ w = 20\,\%;\ a = 6\,\%.$

Wie groß ist der spezifische Luftbedarf, wenn der Luftüberschuß 40 % betragen soll, und wie setzt sich das Abgas zusammen?

Lösung:

$$o_{min} = \frac{8}{3} c + 8\,h + s - o$$

$$= \frac{8}{3} \cdot 0{,}54 + 8 \cdot 0{,}05 + 0{,}01 - 0{,}13$$

$$\underline{\underline{o_{min} = 1{,}72\,\frac{kg\ O_2}{kg\ Bst}.}}$$

$$l_{min} = \frac{o_{min}}{0{,}232}$$

$$= \frac{1{,}72}{0{,}232}$$

$$\underline{\underline{l_{min} = 7{,}41\,\frac{kg\ Luft}{kg\ Bst}.}}$$

$$\lambda = \frac{l}{l_{min}}$$

$$l = \lambda \cdot l_{min}$$

$$= 1{,}4 \cdot 7{,}41$$

$$\underline{\underline{l = 10{,}4\,\frac{kg\ Luft}{kg\ Bst}.}}$$

Luft hat im Normzustand eine Dichte $\rho_n = 1{,}293\,\frac{kg}{m^3}$.

$$L = \frac{1}{\rho_n}$$

$$= \frac{10{,}4 \text{ kg Luft}}{\text{kg Bst}} \cdot \frac{\text{m}^3 \text{ Luft}}{1{,}293 \text{ kg Luft}}$$

$$\underline{\underline{L = 8{,}03 \frac{\text{m}^3 \text{ Luft}}{\text{kg Bst}}.}}$$

$$co_2 = \frac{11}{3} c \qquad h_2o = 9\,h + w$$

$$= \frac{11}{3} \cdot 0{,}54 \qquad = 9 \cdot 0{,}05 + 0{,}2$$

$$\underline{\underline{co_2 = 1{,}98 \frac{\text{kg } CO_2}{\text{kg Bst}}.}} \qquad \underline{\underline{h_2o = 0{,}65 \frac{\text{kg } H_2O}{\text{kg Bst}}.}}$$

$$n_2 = 0{,}768 \cdot l + n \qquad so_2 = 2 \cdot s$$

$$= 0{,}768 \cdot 10{,}4 + 0{,}01 \qquad = 2 \cdot 0{,}01$$

$$\underline{\underline{n_2 = 8{,}00 \frac{\text{kg } N_2}{\text{kg Bst}}.}} \qquad \underline{\underline{so_2 = 0{,}02 \frac{\text{kg } SO_2}{\text{kg Bst}}.}}$$

$$o_2 = o_{min}(\lambda - 1)$$

$$= 1{,}72\,(1{,}4 - 1)$$

$$\underline{\underline{o_2 = 0{,}69 \frac{\text{kg } O_2}{\text{kg Bst}}.}}$$

3.3.2 Gasförmige Brennstoffe

Ähnlich wie bei den festen und flüssigen Brennstoffen zerlegen wir Brenngase zunächst in diejenigen Einzelgase, aus denen sie sich zusammensetzen. Da es bei Gasen praktischer ist, statt mit Massen- mit Volumenverhältnissen zu arbeiten, bezieht man die Anteile der Einzelgase auf das Volumen des Brenngases im Normzustand und kennzeichnet sie durch Großbuchstaben.

$$\boxed{H_2 + CH_4 + CO + O_2 + N_2 + CO_2 + \ldots = 1} \tag{3.20}$$

H_2	CH_4	CO	O_2	N_2	CO_2
$\frac{m^3 H_2}{m^3 \text{ Brenngas (Bg)}}$	$\frac{m^3 CH_4}{m^3 Bg}$	$\frac{m^3 CO}{m^3 Bg}$	$\frac{m^3 O_2}{m^3 Bg}$	$\frac{m^3 N_2}{m^3 Bg}$	$\frac{m^3 CO_2}{m^3 Bg}$

Der Substanzmengenvergleich liefert auch hier wieder die Verhältniszahlen, die zur Berechnung des volumenbezogenen Sauerstoffbedarfs notwendig sind.

$$\boxed{O_{min} = \frac{1}{2}(CO + H_2) + 2\,CH_4 + (m + \frac{n}{4})C_mH_n - O_2} \tag{3.21}$$

O	CO, usw.
$\frac{m^3 O_2}{m^3 Bg}$	$\frac{m^3 \text{ Brenngasanteil}}{m^3 \text{ Brenngas}}$

21 Volumenprozent der Luft bestehen aus Sauerstoff. Der volumenbezogene Mindestluftbedarf ergibt sich damit zu:

$$L_{min} = \frac{O_{min}}{0{,}21} \tag{3.22}$$

L	O
$\frac{m^3\,Luft}{m^3\,Bg}$	$\frac{m^3\,O_2}{m^3\,Bg}$

Parallel zu den Überlegungen des vorigen Abschnitts wird diesmal das Verhältnis der Volumina der vorhandenen Luftmenge zur Mindestluftmenge Luftverhältniszahl genannt.

$$\lambda = \frac{L}{L_{min}} \tag{3.23}$$

λ	L
1	$\frac{m^3\,Luft}{m^3\,Bg}$

Zum Abschluß sei ohne Ableitung noch diejenige Gleichung angegeben, mit deren Hilfe das nach der Verbrennung entstehende Rauchgasvolumen berechnet werden kann. Bezeichnet man in gewohnter Art das Volumenverhältnis des Rauchgases zum Brenngas im Normzustand als RG, so ergibt sich:

$$RG = \lambda \cdot L_{min} + \frac{CO + H_2}{2} + CH_4 + C_2H_4 + \Sigma\left(\frac{n}{4}\,C_mH_n\right) + CO_2 + O_2 \tag{3.24}$$

RG	λ	L	CO, usw.
$\frac{m^3\,RG}{m^3\,Bg}$	1	$\frac{m^3\,Verbrennungsluft}{m^3\,Bg}$	$\frac{m^3\,Brenngasanteil}{m^3\,Bg}$

3.4 Brenn- und Heizwert

Satz 3.5: Der *Brenn-* oder *Heizwert* Δh eines Brennstoffs ist gleich der Differenz der Enthalpie eines Brennstoff-Luft-Gemisches gegenüber der Enthalpie des aus diesem entstandenen Rauchgases (RG), bezogen auf 1 kg Brennstoff.

$$\Delta h = \frac{m_{RG} \cdot h_{RG} - (m_{Brennstoff} \cdot h_{Brennstoff} + m_{Luft} \cdot h_{Luft})}{m_{Brennstoff}} \tag{3.25}$$

Δh	h	m
$\frac{kJ}{kg\,Brennstoff}$	$\frac{kJ}{kg}$	kg

Je nach Ausnutzung dieser grundsätzlich zur Verfügung stehenden Wärme unterscheidet man noch zwischen Brenn- und Heizwert.

Satz 3.6: Wasser- und wasserstoffhaltige Brennstoffe können zwei unterschiedliche Wärmemengen erzeugen, je nachdem, ob das im Rauchgas enthaltene Wasser flüssig oder gasförmig ist. Der *Brennwert* Δh_o [1]) ist stets um die Verdampfungswärme r des im Rauchgas enthaltenen Wassers größer als der *Heizwert* Δh_u [2]).

$$\Delta h_u = \Delta h_o - r \cdot \mathrm{h_2o} \tag{3.26}$$

$$r = 2442 \frac{\mathrm{kJ}}{\mathrm{kg}} \tag{3.26a}$$

Δh	r	$\mathrm{h_2o}$
$\frac{\mathrm{kJ}}{\mathrm{kg\ Brennstoff}}$	$\frac{\mathrm{kJ}}{\mathrm{kg\ H_2O}}$	$\frac{\mathrm{kg\ H_2O}}{\mathrm{kg\ Brennstoff}}$

Nach DIN 5499 wird für die Verdampfungswärme der Wert bei 25 °C festgesetzt (vgl. Tabelle A3.2.3). Praktisch wird der Brennwert kaum gebraucht, weil man das Rauchgas nie soweit abkühlt, daß das in ihm enthaltene Wasser austaut.

Da zur Benutzung der Gl. (3.25) einige theoretische Überlegungen notwendig sind, beschränkt man sich in der Praxis fast immer auf einfachere Näherungsgleichungen. Im Dubbel I, Berlin 1974 wird z.B. an Stelle der früher üblichen *Verbandsformel*

$$\frac{\Delta h_u}{\mathrm{kJ/kg}} = 33900\,\mathrm{c} + 121400\,(\mathrm{h} - \tfrac{\mathrm{o}}{8}) + 10500\,\mathrm{s} - 2500\,\mathrm{w} \tag{3.27}$$

die *Gleichung von Boie* vorgeschlagen.

$$\frac{\Delta h_u}{\mathrm{kJ/kg}} = 34835\,\mathrm{c} + 93870\,\mathrm{h} + 10470\,\mathrm{s} + 6280\,\mathrm{n} - 10800\,\mathrm{o} - 2450\,\mathrm{w} \tag{3.28}$$

Δh	c, o, h, usw.
$\frac{\mathrm{kJ}}{\mathrm{kg\ Brennstoff}}$	$\frac{\mathrm{kg\ Brennstoffanteil}}{\mathrm{kg\ Brennstoff}}$

Den Heizwert gasförmiger Brennstoffe ermittelt man im Normzustand einfach als Summe der Produkte des Heizwertes des Einzelgases i und dessen Raumanteils unter Zuhilfenahme von Tabelle A3.4.3.

$$\Delta H_u = \Sigma(r_i \cdot \Delta H_{ui}) \tag{3.29}$$

ΔH	r
$\frac{\mathrm{kJ}}{\mathrm{m^3\ Bg}}$	1

1) früher: oberer Heizwert

2) früher: unterer Heizwert

3.5 Das Enthalpie-Temperatur-Diagramm

Die genaue Berechnung der Verbrennungstemperatur ist schwierig und zeitraubend. Nach Untersuchungen von Rosin und Fehling, Berlin 1929, stimmt aber der Zusammenhang zwischen Verbrennungstemperatur und volumenbezogener Rauchgasenthalpie für alle Brennstoffe so gut überein, daß das Diagramm A3.4.4 mit für die meisten technischen Anwendungsfälle genügender Genauigkeit zu diesem Zweck benutzt werden kann, indem man für die Rauchgasenthalpie den jeweiligen Heizwert einsetzt. Hierzu ist es notwendig, die mit den Gln. (3.26) bis (3.29) ermittelten Heizwerte, die sich auf 1 kg Brennstoff oder 1 m³ Brenngas im Normzustand beziehen, umzurechnen auf rauchgasvolumenbezogene Werte (ebenfalls im Normzustand).

Feste und flüssige Brennstoffe erzeugen entsprechend den Gln. (3.15) bis (3.19) {rg} kg Rauchgas.

$$\mathrm{rg} = \mathrm{co_2} + \mathrm{h_2o} + \mathrm{n_2} + \mathrm{so_2} + \mathrm{o_2} \tag{3.30}$$

rg	$\mathrm{co_2}$; usw.
$\frac{\text{kg Rauchgas}}{\text{kg Brennstoff}}$	$\frac{\text{kg Rauchgasanteil}}{\text{kg Brennstoff}}$

Ohne Ableitung sei als Gleichung zur Berechnung des spezifischen Volumens des Rauchgases im Normzustand gegeben:

$$v_{RG} = \frac{\mathrm{co_2}}{\mathrm{rg}} v_{CO_2} + \frac{\mathrm{h_2o}}{\mathrm{rg}} v_{H_2O} + \frac{\mathrm{n_2}}{\mathrm{rg}} v_{N_2} + \frac{\mathrm{so_2}}{\mathrm{rg}} v_{SO_2} + \frac{\mathrm{o_2}}{\mathrm{rg}} v_{O_2} \tag{3.31}$$

v	$\mathrm{co_2}$, usw.	rg
$\frac{\text{m}^3}{\text{kg}}$	$\frac{\text{kg Rauchgasanteil}}{\text{kg Rauchgas}}$	$\frac{\text{kg Rauchgas}}{\text{kg Brennstoff}}$

Die spezifischen Volumina der Einzelgase berechnet man mit Gl. (3.8) unter Benutzung der Tabellen A3.1.2 oder A3.1.5. Den auf 1 m³ Rauchgas im Normzustand bezogenen Heizwert ermitteln wir jetzt mit:

$$\Delta H_{RG} = \frac{\Delta h_u}{\mathrm{rg} \cdot v_{RG}} \tag{3.32}$$

rg	ΔH_{RG}	Δh_u	v_{RG}
$\frac{\text{kg Rauchgas}}{\text{kg Brennstoff}}$	$\frac{\text{kJ}}{\text{m}^3 \text{ Rauchgas}}$	$\frac{\text{kJ}}{\text{kg Brennstoff}}$	$\frac{\text{m}^3 \text{ Rauchgas}}{\text{kg Rauchgas}}$

Für gasförmige Brennstoffe ist diese Umrechnung einfacher:

$$\Delta H_{RG} = \frac{\Delta H_u}{\mathrm{RG}} \tag{3.33}$$

ΔH_{RG}	ΔH_u	RG
$\frac{\text{kJ}}{\text{m}^3 \text{ Rauchgas}}$	$\frac{\text{kJ}}{\text{m}^3 \text{ Brenngas}}$	$\frac{\text{m}^3 \text{ Rauchgas}}{\text{m}^3 \text{ Brenngas}}$

Die Abschätzung

$$\boxed{H_{RG} \approx \Delta H_{RG}} \qquad \left| \frac{H_{RG}, \Delta H_{RG}}{\dfrac{\text{kJ}}{\text{m}^3 \text{ Rauchgas}}} \right| \tag{3.34}$$

gestattet dann die Benutzung von Diagramm A3.4.4 zwecks Ermittlung der Verbrennungstemperatur.

Beispiel 3.2: Für die Braunkohlenverbrennung aus Beispiel 3.1 soll die Verbrennungstemperatur abgeschätzt werden.

Lösung:

$$\frac{\Delta h_u}{\text{kJ/kg}} = 34835\text{ c} + 93870\text{ h} + 10470\text{ s} + 6280\text{ n} - 10800\text{ o} - 2450\text{ w}$$

$$= 34835 \cdot 0{,}54 + 93870 \cdot 0{,}05 + 10470 \cdot 0{,}01 + 6280 \cdot 0{,}01 - 10800 \cdot 0{,}13 - 2450 \cdot 0{,}2$$

$$\Delta h_u = 21780 \frac{\text{kJ}}{\text{kg Brennstoff}}.$$

$$\text{rg} = \text{co}_2 + \text{h}_2\text{o} + \text{n}_2 + \text{so}_2 + \text{o}_2$$

$$= 1{,}98 + 0{,}65 + 8{,}00 + 0{,}02 + 0{,}69$$

$$\text{rg} = 11{,}34 \frac{\text{kg Rauchgas}}{\text{kg Brennstoff}}.$$

Ebenso wie für CO_2:

$$v_{CO_2} = \frac{V_m}{M_{CO_2}}$$

$$= \frac{22{,}41\text{ m}^3 \cdot \text{kmol}}{\text{kmol} \cdot 44\text{ kg}}$$

$$v_{CO_2} = 0{,}51\text{ m}^3/\text{kg}$$

ermittelt man:

$$v_{H_2O} = 1{,}245\text{ m}^3/\text{kg}$$

$$v_{N_2} = 0{,}80\text{ m}^3/\text{kg}$$

$$v_{SO_2} = 0{,}35\text{ m}^3/\text{kg}$$

$$v_{O_2} = 0{,}70\text{ m}^3/\text{kg}.$$

$$v_{RG} = \frac{\text{co}_2}{\text{rg}} v_{CO_2} + \frac{\text{h}_2\text{o}}{\text{rg}} v_{H_2O} + \frac{\text{n}_2}{\text{rg}} v_{N_2} + \frac{\text{so}_2}{\text{rg}} v_{SO_2} + \frac{\text{o}_2}{\text{rg}} v_{O_2}$$

$$= \frac{1}{11{,}34}(1{,}98 \cdot 0{,}51 + 0{,}65 \cdot 1{,}245 + 8{,}00 \cdot 0{,}80 + 0{,}02 \cdot 0{,}35 + 0{,}69 \cdot 0{,}70) \frac{\text{m}^3}{\text{kg}}$$

$$v_{RG} = 0{,}768 \frac{\text{m}^3\text{ Rauchgas}}{\text{kg Rauchgas}}.$$

$$\Delta H_{RG} = \frac{\Delta h_u}{\text{rg} \cdot v_{RG}}$$

$$= \frac{21780\text{ kJ} \cdot \text{kg Brennstoff} \cdot \text{kg Rauchgas}}{\text{kg Brennstoff} \cdot 11{,}34\text{ kg Rauchgas} \cdot 0{,}768\text{ m}^3\text{ Rauchgas}}$$

$$\Delta H_{RG} = 2501 \frac{\text{kJ}}{\text{m}^3\text{ Rauchgas}}$$

$$H_{RG} \approx \Delta H_{RG}$$

$$H_{RG} \approx 2500 \frac{\text{kJ}}{\text{m}^3\text{ Rauchgas}}.$$

Nach Diagramm A3.4.4 ergibt sich also die Verbrennungstemperatur für einen Luftüberschuß von 40 %:

$t \approx 1600\ °C.$

Übungsaufgabe 3.1: Die Analyse eines Brenngases ergibt folgende Raumteile:

$H_2 = 48\ \%$	$CO_2 = 11\ \%$
$CH_4 = 19\ \%$	$C_2H_4 = 7\ \%$
$CO = 4\ \%$	$N_2 = 4\ \%$
$C_2H_2 = 5\ \%$	$O_2 = 2\ \%$

Berechnen Sie für eine Verbrennung mit 20 % Luftüberschuß den Luftbedarf, das Rauchgasvolumen, den Heizwert und die Verbrennungstemperatur!

3.6 Praktische Verbrennungsdurchführung

Es ist nicht möglich, allein aufgrund von Mengen- und Heizwertbetrachtung den Nutzen einer Verbrennung und die Qualität eines Brennstoffs zu beurteilen. Die Erklärung einiger zusätzlicher Begriffe möge dies verdeutlichen.

3.6.1 Brennstoff

Die *Art des Brennstoffs* bestimmt wesentlich Art und Aufbau der Feuerung sowie Vorbereitung des Brennstoffs und Bildung der Abfallprodukte.

Qualitätsmerkmale fester Brennstoffe sind beispielsweise die Stückigkeit (auch während der Verbrennung) und die Art der Schlacken- und Aschenbildung. Bei Rostfeuerung verteilt sich die durch den Brennstoff hindurchtretende Verbrennungsluft ungleichmäßig auf dichtere und weniger dichte Bereiche, so daß im Sinne einer guten Brennstoffausnutzung mit hohen Luftüberschüssen gefahren werden muß. Dieser Nachteil entfällt, wenn der Brennstoff fein zermahlen der Verbrennungsluft zugeführt wird. Kohlestaubbrenner kann man zudem sehr schnell plötzlichen Wärmebedarfsänderungen anpassen.

Flüssige Brennstoffe sind Gemische aus Kohlenwasserstoffen, die im Normalfall als Kettenmoleküle vorliegen. Von Art und Größe der Verkettung hängen wichtige Brennstoffeigenschaften ab, z. B. Neigung zu Dampfblasenbildung, Verdampfung, Startverhalten, Schmierölverdünnung, Klopffestigkeit (siehe Abschnitt 6.1.8), usw. Der Mischung mit der Verbrennungsluft muß besondere Aufmerksamkeit gewidmet werden.

Gasförmige Brennstoffe sind leicht transportierbar und gut misch- und regelbar. Der Mischungsvorgang des Brennstoffs mit der Verbrennungsluft beeinflußt wegen der hohen Zündgeschwindigkeit wesentlich den Verbrennungsablauf. Bei größeren Anlagen kann das hohe Geräuschniveau zum Problem werden.

3.6.2 Zündung und Verbrennung

Die Entzündung eines Brennstoff-Luft-Gemisches erfolgt durch Aktivierung einzelner Moleküle, und zwar dadurch, daß man diese auf ein höheres Energieniveau bringt oder in aggressive Teilmoleküle zerlegt. Man erreicht dies durch örtliche Temperatursteigerung über die *Entzündungstemperatur*, die meistens zwischen 400 °C und 700 °C liegt.

Wenn die entstehende Verbrennungswärme ausreicht, um durch Wärmeleitung immer neue Teile des Brennstoff-Luft-Gemisches zu entzünden, sprechen wir von einer Verbrennung, die sich mit einer von vielen Einflüssen abhängigen *Verbrennungsgeschwindigkeit* weiterbewegt. Für übliche Brenngas-Luft-Gemische liegt diese etwa zwischen 1 $\frac{m}{s}$ und 30 $\frac{m}{s}$, kann aber durch intensive Verwirbelungsbewegung erheblich gesteigert werden.

Die Verbrennungsgeschwindigkeit ist vom Luftverhältnis abhängig und erreicht bei Luftverhältniszahlen etwas unter 1 ihr Maximum. Sie wird Null sowohl bei Luftmangel ($\lambda < 1$) als auch bei Luftüberschuß ($\lambda > 1$). Die jeweiligen Grenzwerte bezeichnet man als untere und obere *Zündgrenze*.

Eine theoretisch ermittelte *Verbrennungstemperatur* kann praktisch wegen der unvermeidbaren Wärmeverluste nicht erreicht werden. Die wichtigsten Gründe hierfür sind:

- unvollkommene Verbrennung,
- Wärmeabstrahlung von glühendem und leuchtendem Brennstoff und
- Dissoziation der Verbrennungsgase.

Als *Dissoziation* bezeichnet man die Aufspaltung von Molekülen in Einzelatome oder Atomgruppen. Aus den üblichen Rauchgasbestandteilen CO_2, H_2O, SO_2, N_2 und O_2 entstehen so CO, H_2, HO, NO, O, H usw. Die hierzu notwendige Energie sowie die Veränderung der Rauchgasenthalpie hat eine Verringerung der Verbrennungstemperatur zur Folge. Im Diagramm A3.4.4 ist dieser Einfluß berücksichtigt, was man an den speziell im oberen Temperaturbereich stärker gekrümmten Linien erkennen kann.

3.6.3 Rauchgas

Die Zusammensetzung des Rauchgases ermöglicht weitgehende Rückschlüsse auf die Qualität der Verbrennung. Jeglicher Anteil an noch brennbaren Gasen, z.B. CO, H_2 oder CH_4, ist ein Maß für unvollkommenen Verbrennungsablauf. Charakteristisch für die Einstellung des richtigen Luftverhältnisses ist der *CO_2-Gehalt*. Er ist klein, wenn

- die Verbrennung unvollständig war (z.B. bei $\lambda < 1$) und damit auf nicht oder nicht vollständig verbrannten Kohlenstoff hinweist.
- der Luftüberschuß zu groß war und der prozentuale CO_2-Anteil gemessen an der Gesamtrauchgasmenge klein ist.

Er erreicht ein Maximum

- für Luftverhältniszahlen, die etwas oberhalb von $\lambda = 1$ liegen, wenn jedes Kohlenstoffatom mit zwei Sauerstoffatomen verbunden werden kann.

In letzter Zeit wurden Rauchgase immer schärferen Kontrollen bezüglich der in ihnen enthaltenen *Schadstoffe* unterworfen. Die zulässigen Werte für Staub, Schwefeldioxyd (SO_2), Kohlenmonoxid (CO), unverbrannte Kohlenwasserstoffe (z.B. CH_4) und Stickoxide (z.B. NO, NO_2 oder allgemein NO_x) hat der Gesetzgeber stufenweise herabgesetzt.

Das Rauchgas nimmt ebenso wie Asche oder Schlacke bei seiner Abfuhr die in ihm enthaltene Enthalpie mit und führt diese dann an die Umgebung als Wärme ab (*Abgasverlust*). Es ist also sowohl zwecks Erzielung guter Wirkungsgrade wie zur Verringerung der Umweltbelastung notwendig, eine Rauchgastemperatur anzustreben, die so niedrig wie möglich ist. Praktisch ist eine Grenze durch den im Rauchgas enthaltenen Wasserdampfanteil gegeben. Bei Unterschreiten des *Taupunktes* kondensiert das im Rauchgas enthaltene Wasser und bildet zusammen mit bestimmten Rauchgasbestandteilen, insbesondere mit SO_2, Säuren, die Korrosionsschäden an den Feuerraum- und Schornsteinwandungen zur Folge haben.

4 Kreisprozesse

4.1 Grundsätzliches

Satz 4.1: Die Aufeinanderfolge beliebiger Zustandsänderungen eines Stoffes bis zurück zu seinem Anfangszustand heißt *Kreisprozeß*.

Kreisprozesse können sowohl in Kolbenmaschinen, in denen alle Zustandsänderungen in einem Arbeitsraum periodisch nacheinander durchlaufen werden, als auch in Strömungsmaschinen, in denen alle Zustände in verschiedenen Arbeitsräumen stets gleichzeitig vorhanden sind, stattfinden. Nicht nur geschlossene, sondern auch offene Systeme arbeiten nach Kreisprozessen, solange die Differenz der Energien des austretenden und des eintretenden Stoffstroms für den Betrieb der Maschine unwichtig sind oder in der Rechnung entsprechend berücksichtigt werden. Im Folgenden wird der Kreisprozeß für Wärmekraftmaschinen grundsätzlich erläutert. Ein solcher Kreisprozeß, der sich aus den beliebig angenommenen Zustandsänderungen 1 → 2 und 2 → 1 zusammensetzt, ist in Bild 4.1 dargestellt.

Nach dem ersten Hauptsatz der Wärmelehre gilt entweder:

$$\left.\begin{aligned} Q_{12} + W_{12} &= U_2 - U_1 \\ Q_{21} + W_{21} &= U_1 - U_2 \end{aligned}\right] \quad (+)$$

$$Q_{12} + Q_{21} + W_{12} + W_{21} = 0$$

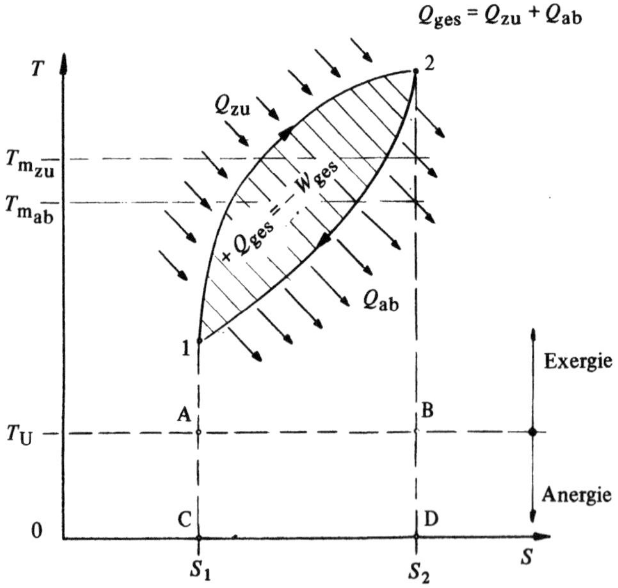

Bild 4.1

Kreisprozeß einer Verbrennungskraftmaschine

$T_{m_{zu}}$ = mittlere Temperatur während der Wärmezufuhr

$T_{m_{ab}}$ = mittlere Temperatur während der Wärmeabfuhr

T_U = Umgebungstemperatur

und verallgemeinert

$$\boxed{\Sigma Q + \Sigma W = 0} \quad \text{für geschlossene Systeme} \qquad \begin{array}{|c|c|} Q & W \\ \hline \mathrm{J,kJ} & \mathrm{J,kJ} \end{array} \tag{4.1}$$

oder

$$\left.\begin{aligned} Q_{12} + W_{t12} &= H_2 - H_1 + \frac{m}{2}(c_2^2 - c_1^2) + mg(z_2 - z_1) \\ Q_{21} + W_{t21} &= H_1 - H_2 + \frac{m}{2}(c_1^2 - c_2^2) + mg(z_1 - z_2) \end{aligned}\right] \quad (+)$$

$$Q_{12} + Q_{21} + W_{t12} + W_{t21} = 0$$

und verallgemeinert

$$\boxed{\Sigma Q + \Sigma W_t = 0} \quad \text{für offene Systeme} \qquad \begin{array}{|c|c|} Q & W \\ \hline \mathrm{J,kJ} & \mathrm{J,kJ} \end{array} \tag{4.2}$$

Wir definieren daraus den

Satz 4.2: Arbeitet eine Maschine nach einem Kreisprozeß, dann ist die Summe der zu- und abgeführten Wärmemenge gleich derjenigen mechanischen Arbeit[1]), die ihr in Form von Volumenänderungs- oder Wellenarbeit zugeführt werden muß oder entnommen werden kann.

4.2 Der Carnot-Kreisprozeß

Der Nutzeffekt einer Wärmekraftmaschine ist die Umwandlung eines möglichst großen Teils der zugeführten Wärme Q_{zu} in mechanische Arbeit.

Nehmen wir an, daß die während eines Kraftmaschinen-Kreisprozesses zuzuführende Wärmemenge vorgegeben ist, dann kann von dieser entsprechend Bild 4.1 dann ein angestrebter großer Anteil in mechanische Arbeit umgewandelt werden, wenn die Wärmezufuhr bei möglichst gleichbleibend hoher und die Wärmeabfuhr bei möglichst gleichbleibend niedriger Temperatur erfolgt. Bild 4.2 zeigt einen solchen Prozeß, der nach seinem Entdecker *Carnot-Kreisprozeß* genannt wird. Er setzt sich aus zwei isentropen und zwei isothermen Zustandsänderungen zusammen. Die Grenzen dieses für die Wärmeausnutzung optimalen Kreisprozesses (siehe auch Bild 4.3) ergeben sich durch folgende Punkte:

- Die höchste Temperatur T_{zu} ist durch die Werkstoffestigkeit begrenzt.
- Da Wärme immer nur an die Umgebung abgeführt werden kann, liegt nach Satz 2.31 die niedrigste Temperatur T_{ab} immer noch über der Umgebungstemperatur T_U.
- Isothermische Zustandsänderungen sind technisch nur außerordentlich schwer, vor allem aber nicht mit den für einen nennenswerten Arbeitsfluß notwendigen Geschwindigkeiten realisierbar.

---

1) Den Gln. (4.1) und (4.2) kann man entnehmen, daß der Unterschied zwischen Volumenänderungsarbeit und technischer Arbeit bei Kreisprozessen entfällt. Wir sprechen dann von mechanischer Arbeit.

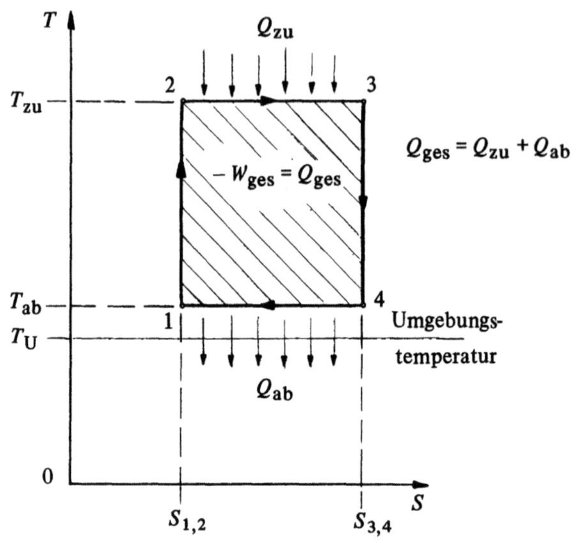

Bild 4.2
Carnot-Kreisprozeß für eine Kraftmaschine im *T-S*-Diagramm

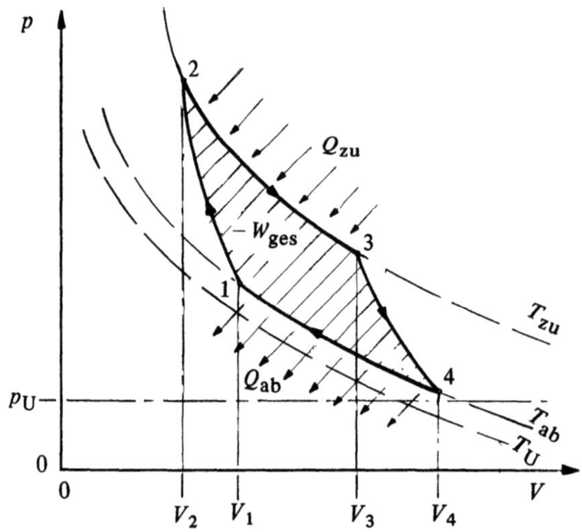

Bild 4.3
Carnot-Kreisprozeß für eine Kraftmaschine im *p-V*-Diagramm

- Es sind gleichzeitig sowohl außerordentlich hohe Drücke wie sehr große Volumina zu beherrschen.
- Die gewonnene Arbeit ist im Vergleich zu den insgesamt umgesetzten Energien sehr klein. Bei realistischer Einschätzung der beispielsweise durch Reibung auftretenden Verluste ergibt sich, daß diese etwa die gleiche Größenordnung haben wie die gewinnbare Arbeit.

Der Carnot-Prozeß ist praktisch nicht realisierbar und dient daher nur als theoretischer Vergleichsprozeß.

4.3 Der mittlere Druck

Zwecks Beurteilung von Kreisprozessen in p-V-Diagrammen wird der mittlere Druck benutzt. Er ist als das Verhältnis der Gesamtdiagrammfläche zum größten waagerechten Abstand zweier Diagrammpunkte definiert. Seine Berechnung sei erläutert durch das

Beispiel 4.1: Der mittlere Druck für den in Bild 4.4 dargestellten Kreisprozeß ist zu ermitteln!

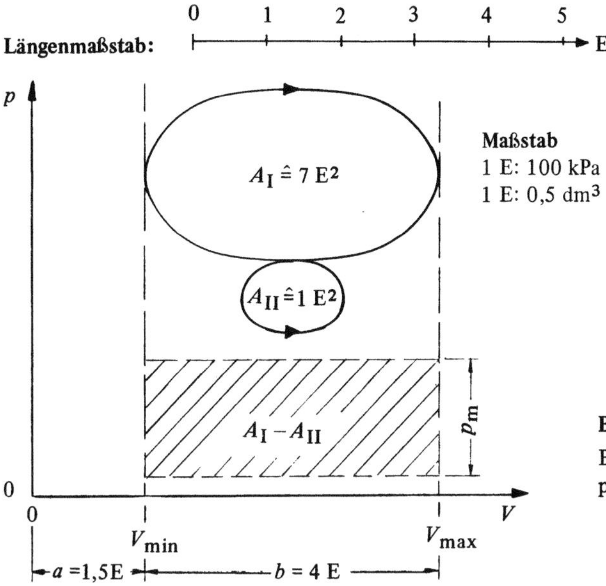

Bild 4.4
Beliebiger Kreisprozeß in einem p-V-Diagramm

Lösung: Die Größe der eingeschlossenen Fläche ist ein Maß für die zu- oder abgeführte mechanische Arbeit des Systems. Nach der Drehsinnregel (Satz 2.12) entspricht die Fläche A_I einer abgeführten, also negativen und die Fläche A_{II} einer zugeführten, also positiven Arbeit.

$$W_{ges} = W_I + W_{II}$$

$$-W_I = \frac{A_I}{M_{Ordinate} \cdot M_{Abszisse}}$$

$$W_{II} = \frac{A_{II}}{M_{Ordinate} \cdot M_{Abszisse}}$$

$$W_{ges} = (A_{II} - A_I) \cdot \frac{1}{M_{Ordinate}} \cdot \frac{1}{M_{Abszisse}}$$

$$= (1 - 7)\,E^2\,\frac{100\text{ kPa}}{1\text{ E}} \cdot \frac{\text{dm}^3}{1\text{ E} \cdot 2} \cdot \frac{10^3\text{ N}}{\text{kPa} \cdot \text{m}^2} \quad ^{1)}$$

$$= -300000\,\frac{\text{dm}^3\text{N}}{\text{m}^2} \cdot \frac{\text{m}^3}{10^3\text{dm}^3} \cdot \frac{\text{J}}{\text{Nm}}$$

$$\underline{\underline{W_{ges} = -300\text{ J.}}}$$

---

1) E steht für eine beliebig wählbare Längenmaßeinheit, z.B.: cm

$$W_{ges} = -p_m \cdot \Delta V$$

$$p_m = -\frac{W_{ges}}{\Delta V}$$

$$= -\frac{-300\,J}{2\,dm^3} \cdot \frac{10^3\,dm^3}{m^3} \cdot \frac{Nm}{J}$$

$$= 150\,000\,\frac{N}{m^2} \cdot \frac{kPa\,m^2}{10^3\,N}$$

$$\underline{\underline{p_m = 150\,kPa.}}$$

$$\Delta V = V_{max} - V_{min}$$

$$V_{max} = (a + b)\,\frac{1}{M_{Abszisse}}$$

$$V_{min} = a\,\frac{1}{M_{Abszisse}}$$

$$\Delta V = b \cdot \frac{1}{M_{Abszisse}}$$

$$= 4\,E \cdot \frac{0{,}5\,dm^3}{1\,E}$$

$$\underline{\underline{\Delta V = 2\,dm^3.}}$$

Einfacher lassen sich die gemessenen Flächen direkt verrechnen.

$$A_{ges} = A_I - A_{II}$$

$$= (7 - 1)\,E^2$$

$$\underline{\underline{A_{ges} = 6\,E^2.}}$$

$$p_m = \frac{A_{ges}}{b} \cdot \frac{1}{M_{Ordinate}}$$

$$= \frac{6\,E^2}{4\,E} \cdot \frac{100\,kPa}{1\,E}$$

$$\underline{\underline{p_m = 150\,kPa.}}$$

Bei vorgegebener Volumendifferenz zwischen dem größten und kleinsten Volumen – und diese sind insbesondere bei Kolbenmaschinen meistens bekannt – ist der mittlere Druck ein direktes Maß für die Größe des Arbeitsgewinns einer Maschine, das unabhängig von der Baugröße oder der Größe der Leistungsabgabe den Vergleich verschiedener Kraftmaschinen ermöglicht.

4.4 Wirkungsgrade

Es ist üblich, Kreisprozesse entsprechend der einfachen Beziehung

$$\text{Wirkungsgrad} = \frac{\text{Nutzen}}{\text{Aufwand}}$$

mit dem *thermischen Wirkungsgrad* zu bewerten.

$$\boxed{\eta_{th} = \frac{-W_{ges}}{Q_{zu}}} \qquad (4.3)$$

η	W, Q
1	J

Diese Betrachtung ist aber der Wärmekraftmaschine gegenüber ungerecht, da nach Satz 2.35 doch nur der Exergieanteil der zugeführten Wärme überhaupt in mechanische Arbeit umwandelbar ist. Diesen Umstand erfaßt der *exergetische Wirkungsgrad*

$$\boxed{\zeta = \frac{-W_{ges}}{E_{zu}}} \qquad (4.4)$$

ζ	W, E
1	J

Da der Carnot-Kreisprozeß zwischen zwei vorgegebenen Temperaturen den bestmöglichen thermischen Wirkungsgrad hat, wird auch dieser zur Bewertung und zum Vergleich von Maschinen herangezogen.

Nach Bild 4.2 gilt:

$$\left.\begin{aligned} \eta_{th} &= \frac{-W_{ges}}{Q_{zu}} \\ -W_{ges} &= Q_{zu} + Q_{ab} \end{aligned}\right]$$

$$\eta_{th} = \frac{Q_{zu} + Q_{ab}}{Q_{zu}}$$

$$\left.\begin{aligned} \eta_{th} &= 1 + \frac{Q_{ab}}{Q_{zu}} \\ Q_{ab} &= T_{ab}(S_{1,2} - S_{3,4}) \\ Q_{zu} &= T_{zu}(S_{3,4} - S_{1,2}) \end{aligned}\right]$$

$$\eta_{th} = 1 + \frac{T_{ab}(S_{1,2} - S_{3,4})}{T_{zu}(S_{3,4} - S_{1,2})}.$$

Der Wirkungsgrad des Carnot-Prozesses heißt *Carnot-Wirkungsgrad:*

$$\boxed{\eta_{th_C} = 1 - \frac{T_{ab}}{T_{zu}}} \qquad \begin{array}{|c|c|} \eta & T \\ \hline 1 & K \end{array} \qquad (4.5)$$

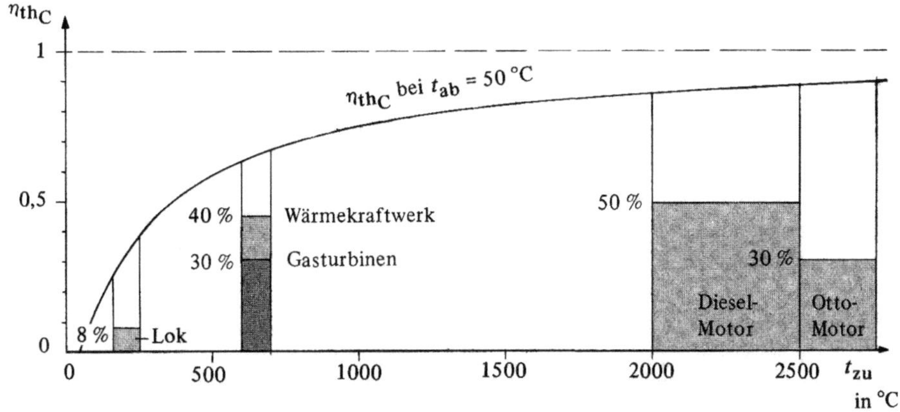

Bild 4.5 Der Wirkungsgrad des Carnot-Kreisprozesses im Vergleich mit den erreichten Wirkungsgraden in wirklichen Maschinen

Der Wirkungsgrad dieses Optimalprozesses ist ausschließlich von den Temperaturen während der Wärmezu- bzw. -abfuhr abhängig. Da die Wärmeabfuhr immer nur an die Umgebung erfolgen kann und somit T_{ab} nie zu Null wird, ist der thermische Wirkungsgrad von 1 = 100 % weder mit dem Carnot-Kreisprozeß noch mit irgendeinem anderen Kreisprozeß erreichbar. Bild 4.5 zeigt, welche Werte der Carnot-Wirkungsgrad bei einer angenommenen Wärmeabfuhrtemperatur von t_{ab} = 50 °C hat und welche Werte bis heute von den verschiedenen Wärmekraftmaschinenarten erreicht werden.

4.5 Verluste

Im Bild 4.1 können wir folgende Flächen definieren:

Fläche (bitte Richtungspfeile beachten)	Bedeutung	Formelbuchstabe
$1 \to 2 - D - C - 1$	zuzuführende Wärmemenge	Q_{zu}
$2 \to 1 - C - D - 2$	abzuführende Wärmemenge	Q_{ab}
$1 \to 2 - B - A - 1$	Exergieanteil der zuzuführenden Wärme	E_{zu}
$2 \to 1 - A - B - 2$	Exergieanteil der abzuführenden Wärme	E_{ab}
$A - B - D - C - A$	Anergieanteil der zu- oder abzuführenden Wärmemenge	$B_{zu} = B_{ab}$

Es fällt auf, daß die abzuführende Anergie B_{ab} genauso groß ist wie der als Wärme zugeführte Anergieanteil B_{zu}. So entsteht der Eindruck, die Zustandsänderungen müßten alle reversibel, als ohne dissipative Effekte verlaufen. Dies ist nicht so, da die dissipierten Energien im Prozeß die Wirkung von zugeführten Wärmemengen haben und daher im Bild von wirklich zugeführten Wärmemengen nicht getrennt erkannt werden können. Lediglich bei adiabaten Zustandsänderungen, wenn also keine Wärme von außen zugeführt wird, kann der Exergieverlust als Fläche dargestellt werden, wie es in Bild 4.6 für die adiabaten Zustandsänderungen $1 \to 2$ und $3 \to 4$ geschehen ist. Wir folgern hieraus den

Satz 4.3: Adiabate Zustandsänderungen sind nicht zwangsläufig auch isentrope Zustandsänderungen, da in adiabaten Systemen das Vorhandensein von Dissipation eine zugeführte Wärme vortäuschen kann.

Allgemein stellen alle Flächen sowohl im p-V-Diagramm als auch im T-S-Diagramm nicht nur die bisher meist reversibel angenommenen mechanischen Arbeiten, sondern stets gleichzeitig auch die jeweiligen Dissipationsenergien dar.

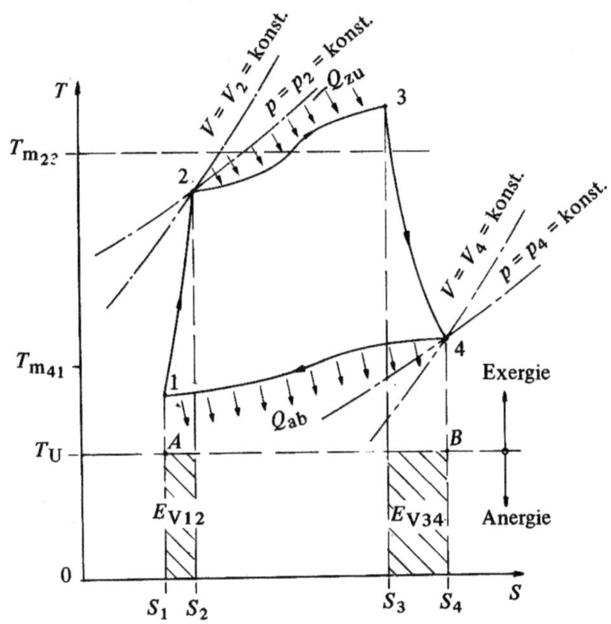

Bild 4.6
Beliebiger Kraftmaschinen-Kreisprozeß mit adiabatischer Verdichtung und Expansion

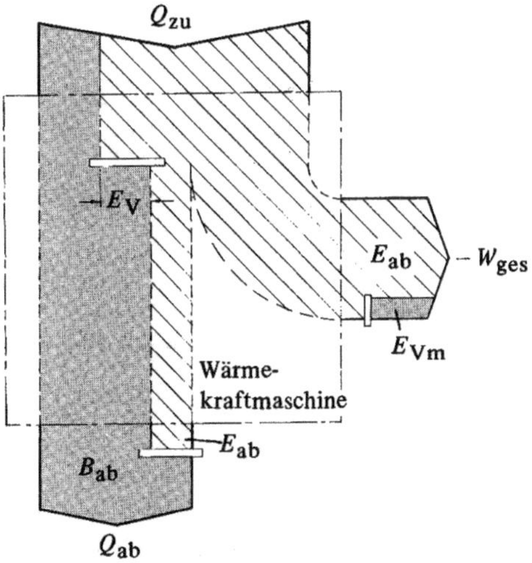

Bild 4.7
Exergie-Anergie-Flußschaubild einer irreversibel arbeitenden Wärmekraftmaschine

Das Verhältnis der wirklich gewonnenen zur idealisierten Arbeitsfläche W_{rev} wird *innerer Wirkungsgrad* genannt.

$$\boxed{\eta_i = \frac{W}{W_{rev}}} \qquad \begin{array}{|c|c|} \eta & W \\ \hline 1 & J \end{array} \qquad (4.6)$$

Bild 4.7 zeigt, daß zusätzlich zu den im Inneren der Maschine auftretenden Exergieverlusten E_V noch die Exergieverluste E_{ab} durch Wärmeabfuhr bei höherer als Umgebungstemperatur und E_{Vm} durch mechanische Reibung wie z.B. in Lagern vorhanden ist. Letztere werden erfaßt über den *mechanischen Wirkungsgrad*

$$\boxed{\eta_m = \frac{W_K}{W}} \qquad \begin{array}{|c|c|} \eta & W \\ \hline 1 & J \end{array} \tag{4.7}$$

als Verhältnis der Kupplungs- zur wirklich gewonnenen Arbeit.

Der *effektive Wirkungsgrad* η_{eff} ergibt sich schließlich aus der Multiplikation der Einzelwirkungsgrade.

$$\boxed{\eta_{eff} = \eta_{th} \cdot \eta_i \cdot \eta_m} \qquad \begin{array}{|c|} \eta \\ \hline 1 \end{array} \tag{4.8}$$

5 Kolbenmaschinen

Das Arbeitsprinzip der Kolbenmaschinen besteht aus dem direkten *Austausch von potentieller Energie* des im Zylinderraums eingeschlossenen Fluids (Druck) *und kinetischer Energie* des bewegten Kolbens. Als Beispiele für Kolbenmaschinen werden in diesem Buch die Verbrennungsmotoren, Kolbenverdichter und -pumpen behandelt.

5.1 Wechselwirkung zwischen Kolben und Fluid; die wichtigsten Einflußgrößen

Während der Verbrennungsmotor dem Fluid Energie entzieht, führt der Kolbenverdichter dem Fluid Energie zu. Die Arbeitsweise einer Kolbenmaschine ist wegen des auf- und abgehenden Kolbens periodisch, so daß auch das Drehmoment an der Welle periodisch ist.

Die Frequenz der oszillierenden Bewegung des Kolbens ist wegen seiner Massen und den auftretenden großen Beschleunigungen begrenzt. Zudem kann nur kurzzeitig Fluid ein- und ausströmen, weil der Zylinder während des Energieaustausches möglichst hermetisch verschlossen ist. Daraus folgt, daß Kolbenmaschinen nur für kleinere Durchsatzmengen geeignet sind.

Je nach dem Volumenverhältnis zwischen oberer und unterer Totpunktlage kann ein hohes Druckverhältnis realisiert werden.

Man kann also zusammenfassend sagen: *Kolbenmaschinen eignen sich für kleine Massenströme und hohe Druckverhältnisse.*

Den Gesamtprozeß kann man aufteilen in

- ein instationäres Einströmen,
- einen im geschlossenen Zylinder stattfindenden Energieaustausch,
- ein instationäres Ausströmen.

Die Energieanteile des Ein- und Ausströmens werden gegenüber dem eigentlichen Energieaustausch meistens vernachlässigt.

Den Vorgang des Energieaustausches stellt man vorwiegend im p, V-Diagramm dar. Die Folge der Arbeitsabläufe eines Verbrennungsmotors bezeichnet man als *Kreisprozeß*, der je nach Art des Motors verschieden abläuft. Der im Bild 5.1 dargestellte Kreisprozeß im Verbrennungsmotor setzt sich aus vier Arbeitsgängen zusammen, die sich aus den verschiedenen Zustandsänderungen ergeben.

Zustandsänderung	Arbeitsgang
1 nach 2	Verdichtung
2 nach 3	Verbrennung
3 nach 4	Expansion
4 nach 1	Kühlung

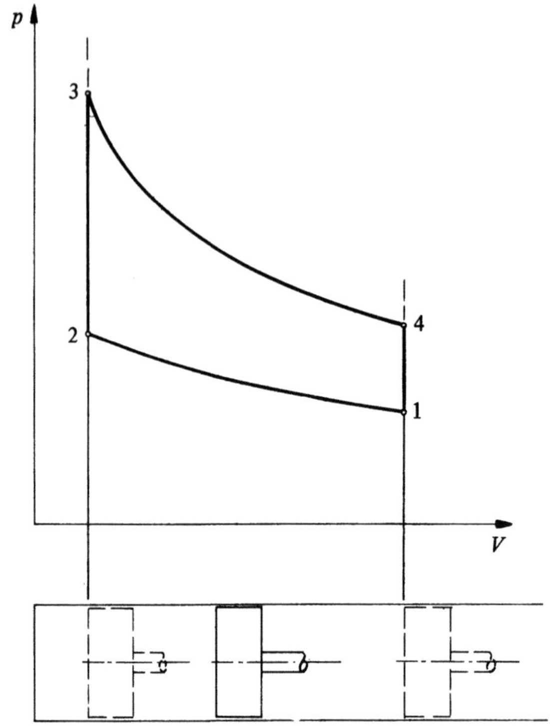

Bild 5.1
Zustandsänderung im Verbrennungsmotor

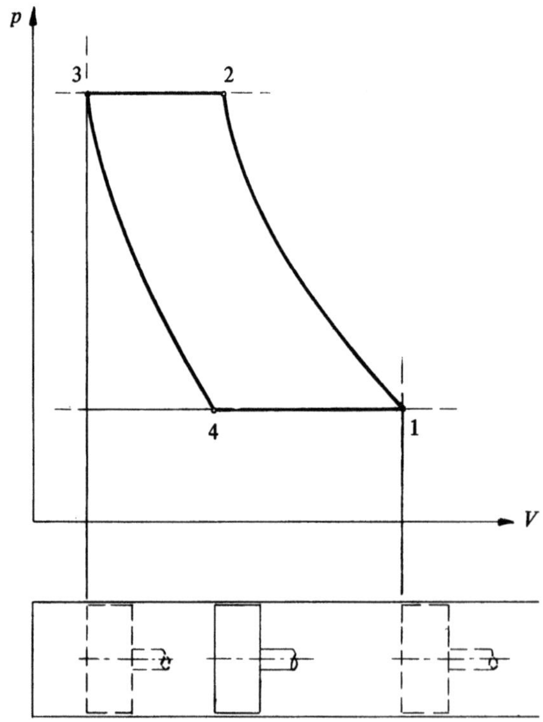

Bild 5.2
Zustandsänderung im Kolbenverdichter

Bild 5.2 zeigt ein theoretisches p, V-Diagramm für einen Kolbenverdichter. Auch darin lassen sich vier Zustandsänderungen zeigen.

Zustandsänderung	Arbeitsgang
1 nach 2	Verdichten
2 nach 3	Ausschieben
3 nach 4	Expansion der Restmenge
4 nach 1	Ansaugen

Zwischen den in den Bildern 5.1 und 5.2 gezeigten theoretischen p, V-Diagrammen und dem Indikatordiagramm, in dem der wirkliche Gasdruck über dem Volumen aufgetragen wird, bestehen erhebliche Unterschiede, auf die in späteren Kapiteln näher eingegangen wird.

5.2 Der Kurbeltrieb

Um die *Auf- und Abbewegung des Kolbens in eine Drehbewegung umwandeln* zu können, benötigt man den *Kurbeltrieb.* Bild 5.3 zeigt ein n solchen als Antrieb eines Kolbenverdichters. Darin bedeuten: 1 Gestell (mit Kurbelwellenlager und Zylinder), 2 Kurbel, 3 Koppel (Schubstange, Pleuel), 4 Schieber (Kolben) und s = Kolbenweg; ω = Kurbelwinkelgeschwindigkeit. Mit der Drehzahl n wird aus $v = \frac{s_{ges}}{t}$ die mittlere Kolbengeschwindigkeit $v_m = 2 \cdot s \cdot n$, wenn man berücksichtigt, daß der Kolben den Weg s während einer Umdrehung zweimal zurücklegt.

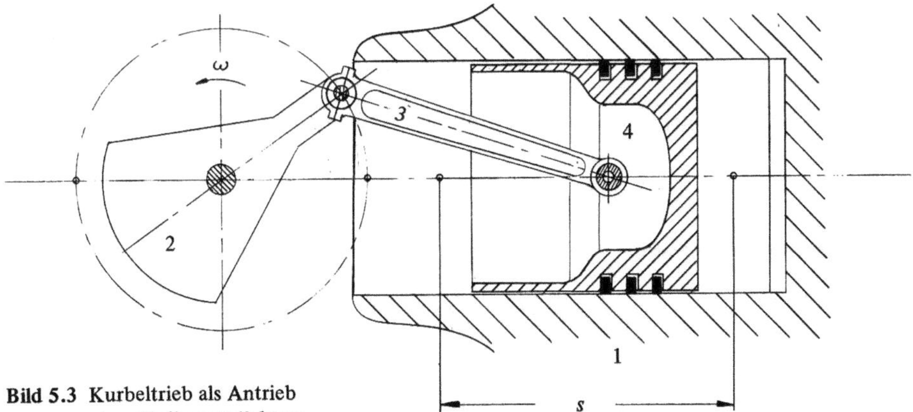

Bild 5.3 Kurbeltrieb als Antrieb eines Kolbenverdichters

Neben der mittleren Kolbengeschwindigkeit sind jedoch noch die Kräfte, Beschleunigungen und wirklichen Kolbengeschwindigkeiten sehr wichtig. Bild 5.4 zeigt daher den Verlauf der Beschleunigung und Geschwindigkeiten an einem Kurbeltrieb. Aus Bild 5.4 ergibt sich der Kolbenweg

$$x = L + r - (L \cos\beta + r \cos\alpha)$$

$$x = r(1 - \cos\alpha) + L(1 - \cos\beta)$$

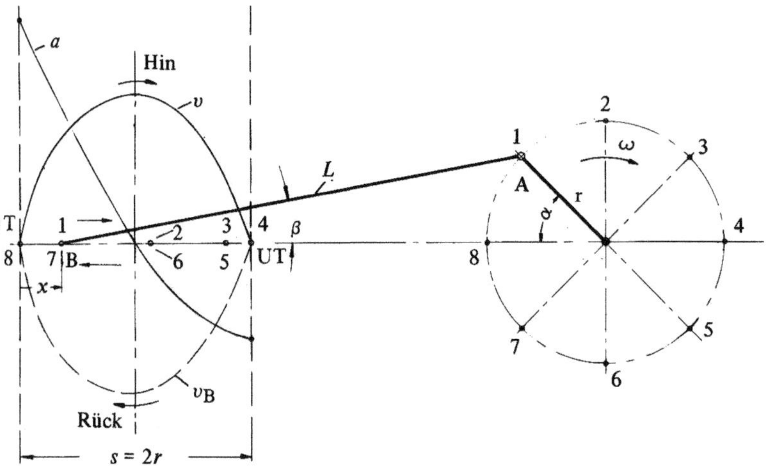

Bild 5.4 Geschwindigkeiten und Beschleunigungen des Kolbens in Abhängigkeit vom Weg

Mit $r \sin\alpha = L \sin\beta$ folgt, wenn man $\frac{r}{L} = \lambda$ einsetzt, $\sin\beta = \lambda \sin\alpha$ und mit $\cos\beta = \sqrt{1 - \sin^2\beta}$ wird $\cos\beta = \sqrt{1 - (\lambda \sin\alpha)^2}$. Somit wird

$$x = r(1 - \cos\alpha) + L\,(1 - \sqrt{1 - (\lambda \sin\alpha)^2}). \tag{5.1}$$

Wenn man nun die Wurzel als Reihe entwickelt, ergibt sich:

$$\sqrt{1 - (\lambda \sin\alpha)^2} = 1 - \frac{1}{2}(\lambda \sin\alpha)^2 - \frac{1}{8}(\lambda \sin\alpha)^4 - \ldots$$

Man begnügt sich mit den ersten zwei Gliedern der Reihe (wegen der starken Konvergenz!), dann gilt

$$x \approx r\,(1 - \cos\alpha + \frac{1}{2}\lambda \sin^2\alpha). \tag{5.2}$$

Setzt man $r \cdot \omega = v_A$ so folgt

$$\boxed{v_B \approx v_A\,(\sin\alpha + \frac{1}{2}\lambda \sin 2\alpha).} \tag{5.3}$$

v	α	r
$\frac{m}{s}$	rad, °	1

v_B ist die Geschwindigkeit des Kolbens. Die Beschleunigung des Kolbens erhält man nach den Regeln der höheren Mathematik aus der Gl. (5.3) zu

$$\boxed{a = \frac{{v_A}^2}{r}(\cos\alpha + \lambda \cos 2\alpha).} \tag{5.4}$$

a	v	r	α	λ
$\frac{m}{s^2}$	$\frac{m}{s}$	m	rad, °	1

Mit Hilfe der Gl. 5.4 kann dann das Kurbelverhältnis $\lambda = \frac{r}{L}$ so gewählt werden, daß die maximal wirksamen Beschleunigungen nicht zu groß werden.

6 Verbrennungsmotoren

Man teilt die Verbrennungsmotoren nach zwei Kriterien ein, nach der *Zündungsart* (Fremd- oder Eigenzündung) und nach dem *Arbeitsverfahren* (Zwei- oder Viertaktverfahren).

In Verbrennungsmotoren ist die Zündung des Brennstoff-Luftgemisches einmal über eine *fremdgesteuerte Zündanlage* und z.a. durch *Selbstzündung* als Folge der bei Verdichtung steigenden Temperatur möglich. Fremdgezündete Motoren werden als *Ottomotoren*, selbstzündende als *Dieselmotoren* bezeichnet.

Beim Ottomotor verwendet man im allgemeinen elektrisch arbeitende Zündkerzen. Diese entzünden das angesaugte Kraftstoff-Luftgemisch zu einem genau bestimmten Zeitpunkt.

Beim Dieselmotor wird durch eine hohe Luftverdichtung die Temperatur der angesaugten Luft so stark erhöht, daß sich eingespritzter Kraftstoff selbst entzündet.

Die unterschiedlichen Zündungsarten im Otto- bzw. Dieselmotor bestimmen daher auch die Wahl des Brennstoffes. Der Dieselmotor benötigt einen Brennstoff mit guten Selbstzündungseigenschaften, während beim Ottomotor Brennstoffe mit möglichst geringer Neigung zum Selbstzünden benötigt werden.

Als Arbeitsverfahren sind das Zwei- und das Viertaktverfahren bekannt. Beim *Viertaktverfahren* ist für jeden Takt ein Hub des Kolbens erforderlich.

1. Takt	–	Ansaugen	–	1. Hub
2. Takt	–	Verdichten	–	2. Hub
3. Takt	–	Ausdehnen	–	3. Hub
4. Takt	–	Ausschieben	–	4. Hub

D.h. für die vier Takte werden vier Hübe oder zwei Umdrehungen benötigt. Im Gegensatz dazu braucht der *Zweitakt-Motor* nur zwei Hübe bzw. eine Umdrehung. Allerdings ist dabei für das Ausschieben und Ansaugen, d.h. für den Gasaustausch, nur wenig Zeit vorhanden.

6.1 Viertakt-Ottomotor

In den siebziger Jahren des 19. Jahrhunderts wurde der Viertakt-Ottomotor entwickelt, der bis heute das Gebiet der Leichtmotoren zum Antrieb von Pkws und Kleinflugzeugen beherrscht. Aufgrund der möglichen hohen bis höchsten Drehzahlen erreicht dieser Motor ein günstiges Verhältnis von Leistung und Gewicht. Allerdings muß dazu gesagt werden, daß die Entwicklung kleiner schnellaufender Dieselmotoren in Richtung auf ähnlich gute Leistungs-Gewichts-Verhältnisse verläuft.

6.1.1 Der grundsätzliche Aufbau des Viertakt-Ottomotors

Bild 6.1 zeigt den grundsätzlichen Aufbau eines Viertakt-Ottomotors.

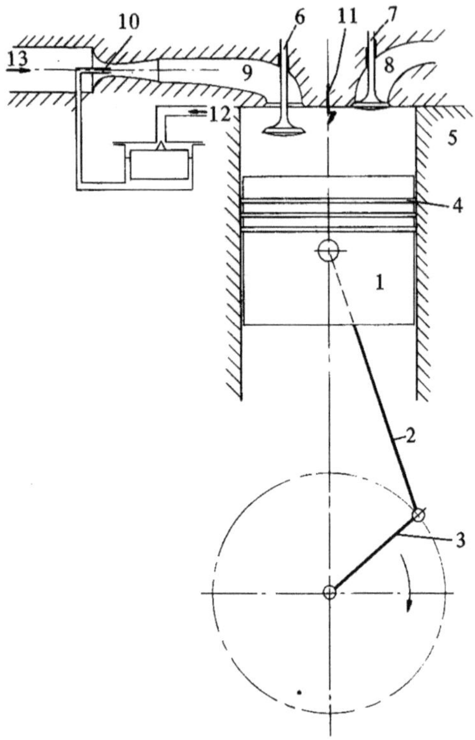

Bild 6.1
Grundsätzlicher Aufbau des Viertakt-Ottomotors

1 Kolben,
2 Pleuelstange,
3 Kurbelwelle,
4 Kolbenringe,
5 Zylinder,
6 Einlaßventil,
7 Auslaßventil,
8 Auslaßkanal,
9 Einlaßkanal,
10 Luftdüse,
11 Zündung,
12 Brennstoffstrom,
13 Luftstrom

6.1.2 Arbeitsweise des Viertakt-Ottomotors

Die im Bild 6.1 dargestellte Drehrichtung bedeutet, daß sich der Kolben (1) gerade beim *1. Takt* (1. Hub) nach unten bewegt. Dann strömt infolge der Saugwirkung im Zylinder (5) durch den vom Einlaßventil geöffneten Einlaßkanal (9) ein Brennstoff-Luftgemisch ein, das in der Luftdüse (10) entsteht. Nach dem Erreichen des *unteren Totpunktes* wird das Einlaßventil geschlossen. Wenn sich nun der Kolben wieder nach oben bewegt, *2. Takt* (2. Hub), wird das im geschlossenen Zylinder befindliche Kraftstoff-Luft-Gemisch verdichtet und in der Nähe des *oberen Totpunktes* gezündet. Die nun sehr schnell ablaufende Verbrennung bewirkt einen starken Druckanstieg und schließlich bei verstärkter Kolbenbewegung nach unten die Expansion. Dieser *3. Takt* (3. Hub), der Expansionshub, ist der eigentliche arbeitverrichtende Teil des gesamten Vorganges. Kurz vor Erreichen des unteren Totpunktes öffnet sich das Auslaßventil und das Abgas kann ausströmen. Im anschließenden *4. Takt* (4. Hub) wird das restliche Abgas ausgeschoben.

Die Arbeitsweise des Viertakt-Ottomotors läßt sich gut im *p-V*-Diagramm (*Indikatordiagramm*) darstellen.

6.1.3 Das Indikatordiagramm

Bild 6.2 zeigt den prinzipiellen Aufbau des Indikatordiagramms eines Viertakt-Ottomotors.

1. Hub, von 1 nach 2:

kurz vor 1: Öffnen des Einlaßventils
kurz nach 1: Schließen des Auslaßventils
1 nach 2: Ansaugen des Gemischs. Unterdruck im Zylinder aufgrund der Drosselverluste am Einlaßventil

2. Hub, von 2 nach 3:

2 nach 3: Verdichten des Brennstoffluftgemisches
3: Zünden (kurz vor dem oberen Totpunkt)

3. Hub, von 3 nach 6:

3 nach 4: Verbrennung des Brennstoffes und Druckanstieg im Zylinder
4 nach 5: Expansion der Verbrennungsgase
5: Öffnen des Auslaßventiles
5 nach 6: Ausströmen der Abgase

4. Hub, von 6 nach 1:

6 nach 1: Ausschieben der Abgase bei kleinem Überdruck aufgrund des Drosselwiderstandes am Auslaßventil.

Das Öffnen und Schließen der Ventile erfolgt zwangsweise über die von der Kurbelwelle angetriebenen Nockenwelle.

6.1.4 Kennzeichnende Merkmale

Wichtige kennzeichnende Merkmale sind:

- das Verdichtungsverhältnis,
- die zwangsgesteuerten Ventile,
- die Fremdzündung,
- die Art des Brennstoffes.

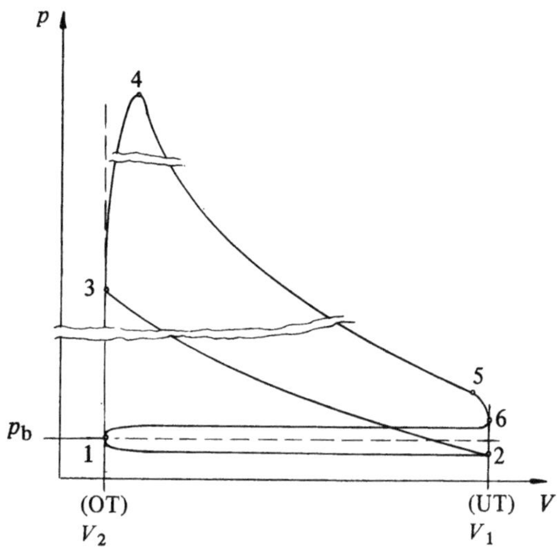

Bild 6.2
Indikatordiagramm eines Viertakt-Ottomotors

Das *Verdichtungsverhältnis* läßt sich aus dem Hubvolumen V_H und dem Verdichtungsvolumen V_C bestimmen.

$$\epsilon = \frac{V_H + V_C}{V_C}$$

ϵ	V
1	m^3

(6.1)

Nach Bild 6.2 ist $V_H = V_1 - V_2$ und $V_C = V_2$. Das *Hubvolumen* ist also das Volumen, das der Kolben auf seinem Weg zwischen den beiden Totpunkten verdrängt. Das *Verdichtungsvolumen* ist das Restvolumen im Zylinder, wenn der Kolben den oberen Totpunkt erreicht hat. Übliche Verdichtungsverhältnisse bei ausgeführten Viertakt-Ottomotoren liegen zwischen $\epsilon = 6 \dots 11$.

6.1.5 Konstruktion

Bild 6.3 zeigt einen 8-Zylinder-V-Motor mit je einer obenliegenden Nockenwelle je Zylinderreihe und Benzineinspritzung in den Saugkanal. Hubvolumen 6,9 l (eingebaut in Pkw Mercedes-Benz 450 SEL 6,9).

Die grundsätzliche Forderung für alle Bauteile des schnellaufenden Ottomotors ist *Steifigkeit* und daraus folgend gedrängte Bauweise. Für alle bewegten Teile kommt dazu noch die Bedingung der *Leichtbauweise*, da Massenkräfte mit dem Quadrat der Drehzahl zunehmen. Einschränkungen der beiden Konstruktionsgrundsätze sind nur dort berechtigt, wo örtliche Spannungsspitzen Nachgiebigkeit erfordern.

Gleichzeitig müssen alle Konstruktionsideen auf ihre praktische Möglichkeit zur Ausführung mit der geforderten Genauigkeit bei niedrigsten Herstellungskosten mit den Hilfsmitteln der Massenproduktion ausgerichtet sein. Der Motor sollte außerdem einfach aufgebaut, zuverlässig und gut zu warten und instandzuhalten sein.

6.1.6 Wichtige Bauteile

Zylinderkopf

Der Zylinderkopf schließt den Zylinder nach außen ab, leitet die Wärme an das Kühlmittel und enthält in der Regel die für den Gaswechsel notwendigen Kanäle und Steuerungsorgane. Er wird durch den Druck der Verbrennungsgase auf Biegung und durch die ungleichmäßige Temperaturverteilung auf Wärmespannung beansprucht.

Die sehr komplizierte Bauform erfordert große Querschnitte für die Wärmeableitung an den Stellen großer Wärmebeaufschlagung und eine günstige Anordnung der Zylinderkopfschrauben, um einen gleichmäßigen Dichtungsdruck zu erreichen.

Die Ein- und Auslaßquerschnitte sollen möglichst groß sein.

Kurbelgehäuse

Das Kurbelgehäuse stellt den Kraftschluß zwischen Kurbelwelle und Zylinderblock her, auch sind viele Nebenaggregate am Kurbelgehäuse befestigt. Um ein Optimum an Steifigkeit zu erreichen, werden bei kleineren Motoren Zylinderblock und Kurbelgehäuse zu einem Stück zusammengefaßt. Es sollte sich ein möglichst einfaches, gut zu bearbeitendes Gußstück ergeben.

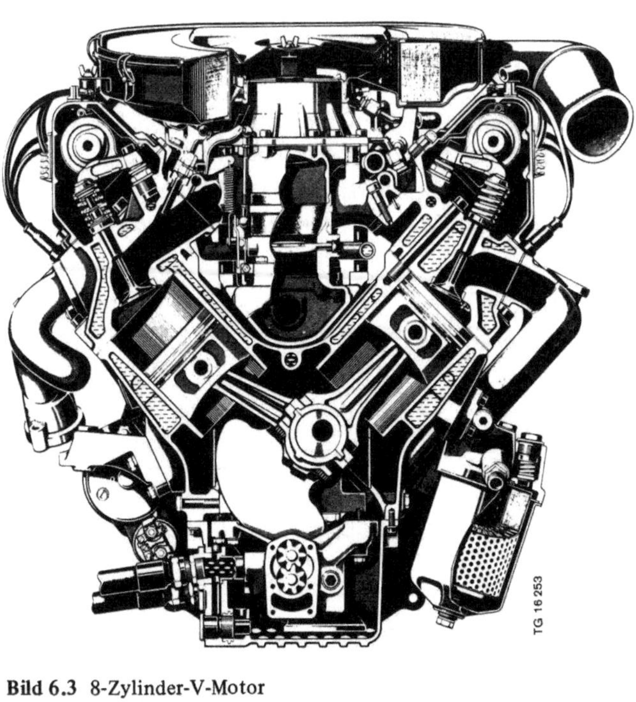

Bild 6.3 8-Zylinder-V-Motor

Schmierung

Die Motorschmierung dient zur

- Verringerung der Reibung gleitender Flächen,
- Verminderung des Verschleißes,
- Kühlung hochbeanspruchter Lagerflächen,
- Reinigung von Gleitflächen,
- Abdichtung.

Für den modernen Motorenbau kommt fast ausschließlich die kontinuierlich arbeitende und reichlich dimensionierte *Druckumlaufschmierung* zum Einsatz.

Kühlung

Die Kühlung dient zur Erhaltung erträglicher oberer Grenztemperaturen unterhalb der Warmfestigkeit der Werkstoffe von Zylinder, Kopf und Kolben. Als *Kühlmittel* kommen vor allem Wasser und Luft zur Anwendung. Dabei hat Wasser die bessere Kühlwirkung und Geräuschdämmung, erfordert aber in der Regel einen größeren Bauaufwand.

Kolben

Der Kolben überträgt die Gaskräfte auf die Pleuelstange. Dabei dichtet er ab, führt Wärme ab und verschleißt. Er muß daher verschleißfest, leicht, hitzebeständig und wärmeableitend sein.

Da die Wärmedehnung der als Kolbenmaterial verwendeten Leichtmetallegierungen ca. dreimal so groß ist wie die von Grauguß, berücksichtigt man diese unterschiedlichen Dehnungen nicht durch großes Kaltspiel, sondern durch Eingießen von Stahlstreifen. Damit nimmt man innere Spannungen während des Betriebes in Kauf.

Den unterschiedlichen Temperaturen zwischen Kolbenboden und Kolbenschaft versucht man durch unterschiedliche Durchmesser im kalten Zustand zu begegnen.

Die Abdichtungs- und Wärmeableitung wird nicht zuletzt infolge der Gasdruckkräfte zum größten Teil vom obersten Kolbenring übernommen. Bild 6.4 zeigt die Dichtwirkung eines Kolbenringes. Darin bedeuten

a	Zylinderwand,	b	Kolben,
c	Kolbenring,	p	Gasdruck.

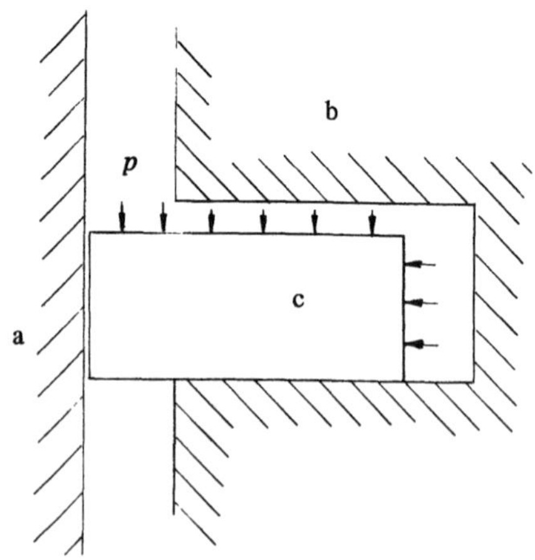

Bild 6.4
Dichtwirkung des Kolbenringes

Pleuelstange

Die Pleuelstange überträgt die Kolbenkraft auf den Kurbelwellenzapfen. Aufgrund ihrer Massenträgheit wird sie dabei nicht nur auf Zug und Druck, sondern auch auf Biegung beansprucht. Sie muß deshalb sowohl steif als auch leicht sein. Daß die konstruktive Gestaltung erheblichen Einfluß auf die Spannungsspitzen haben kann, zeigt Bild 6.5.

Kurbelwelle

Die Beanspruchung der Kurbelwelle erfolgt durch Kräfte, Biege- und Drehmomente, die mit hoher Frequenz angreifen und gefährliche Resonanzschwingungen hervorrufen können. Die Auslegung erfolgt also auf Dauerfestigkeit. Als Werkstoffe für die Kurbelwelle kommen in Frage:

- Nitrierstahl,
- legierter oder kohlenstoffreicher Stahl, oberflächengehärtet oder vergütet,
- Gußeisen.

Von den Beanspruchungen her gesehen ist die Welle aus *Nitrierstahl* den anderen überlegen, sie ist aber auch die teuerste.

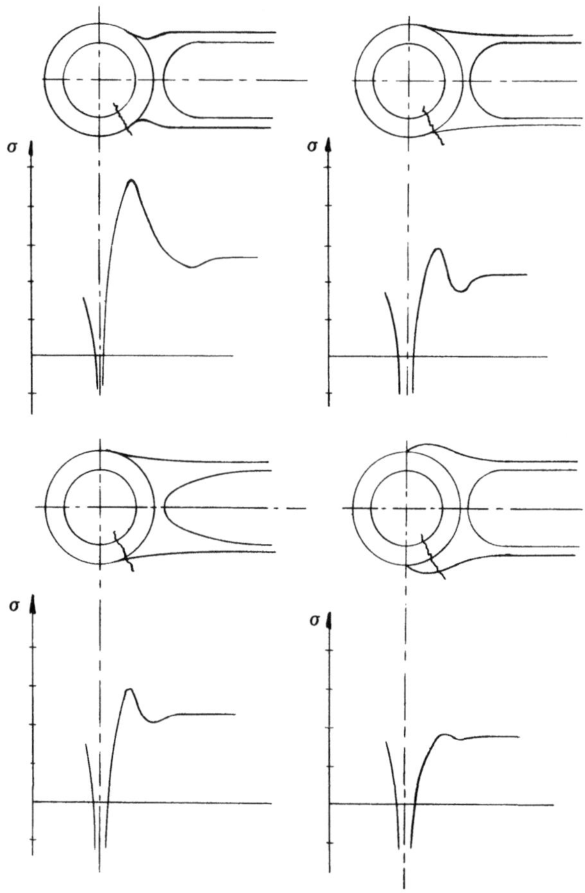

Bild 6.5
Verlauf der Normalspannungen in der Außenfaser des Übergangs vom Pleuelschaft zum Pleuelauge bei verschiedenen Gestaltungen

Die Welle aus *legiertem Stahl* ist zwar billiger, sie erreicht aber nicht die hohe Oberflächenhärte wie die aus Nitrierstahl. Die Dauerfestigkeit wird durch örtliche Erhitzung während der Wärmebehandlung (besonders an Hohlkehlen) gemindert und erreicht bestenfalls die Werte einer Welle aus ungehärtetem Stahl. Die Laufeigenschaften der vergüteten Welle sind nur dann befriedigend, wenn die Flächenpressungen niedrig gehalten werden und ausreichend Öl zur Kühlung der anzuwendenden weichen Lagerwerkstoffe (z.B. Weißmetall auf Zinn- oder Bleigrundlage) vorgesehen wird.

Für die *gußeiserne* Welle spricht vor allem der Preis, sie hat aber auch andere Vorteile. So können z.B. Kurbel und Wellenzapfen hohlgegossen und die Gegengewichte in beliebiger Form gegossen werden. Die Lauffläche hat eine hohe Oberflächengüte und Härte und Resonanzschwingungen werden gut gedämpft. Nachteilig ist vor allem die geringere Festigkeit, die größere Abmessungen zur Folge hat.

Weitere wichtige Bauteile sind diejenigen, die für die Gemischbildung, Zündung und Steuerung erforderlich sind.

6.1.7 Gemischbildung

Ein guter *Wirkungsgrad* eines Motors wird nur durch eine möglichst vollständige Ausnutzung der Energie des zugeführten Brennstoffes erreicht. Die vollständige Verbrennung setzt eine gute Vermischung von Brennstoff und Luft im Brennraum voraus. Außerdem muß die Gemischbildung den verschiedenen Betriebszuständen des Motors anzupassen sein.

Bei Ottomotoren wird überwiegend die Gemischbildung im *Vergaser* erreicht. Jedoch nimmt die Gemischbildung mittels *Einspritzung* immer mehr an Bedeutung zu.

Gemischbildung im Vergaser

Das Prinzip des Vergasers beruht darauf, daß in einem Saugrohr (1) durch Beschleunigung des Luftstromes ein Unterdruck erzeugt wird und dadurch Brennstoff aus einer Düse angesaugt wird. Die Brennstoffdüse (2) ist im Saugrohr, das als Venturirohr ausgeführt ist, an der Stelle des niedrigsten Druckes angeordnet. Bild 6.6 zeigt, daß die Brennstoffdüse über eine Rohrleitung mit dem Schwimmergehäuse (3) verbunden ist. Der Schwimmer (4) dient dazu, das Brennstoffniveau konstant zu halten. Die hinter der Düse angeordnete Drosselklappe (5) erreicht durch ihre Drosselwirkung, daß sich der Druck, die Dichte der Luft und die Strömungsgeschwindigkeit im Saugrohr verändern. Der durch die Drosselklappenstellung beeinflußbare Unterdruck steuert die angesaugte Gemischmenge.

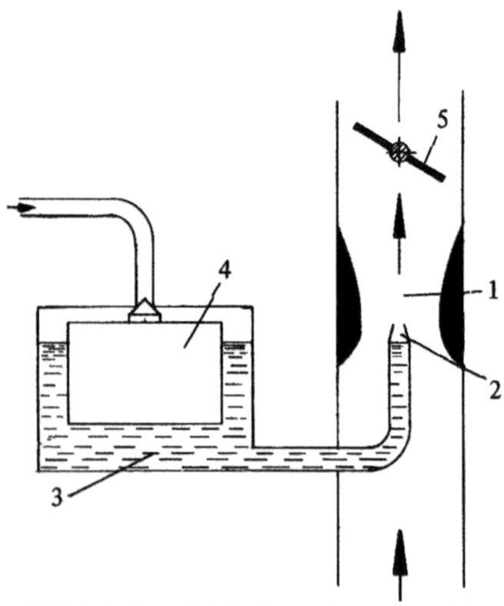

Bild 6.6 Prinzipielle Darstellung eines Vergaser
1 Saugrohr (Lufttrichter), 2 Brennstoffdüse,
3 Schwimmergehäuse, 4 Schwimmer,
5 Drosselklappe

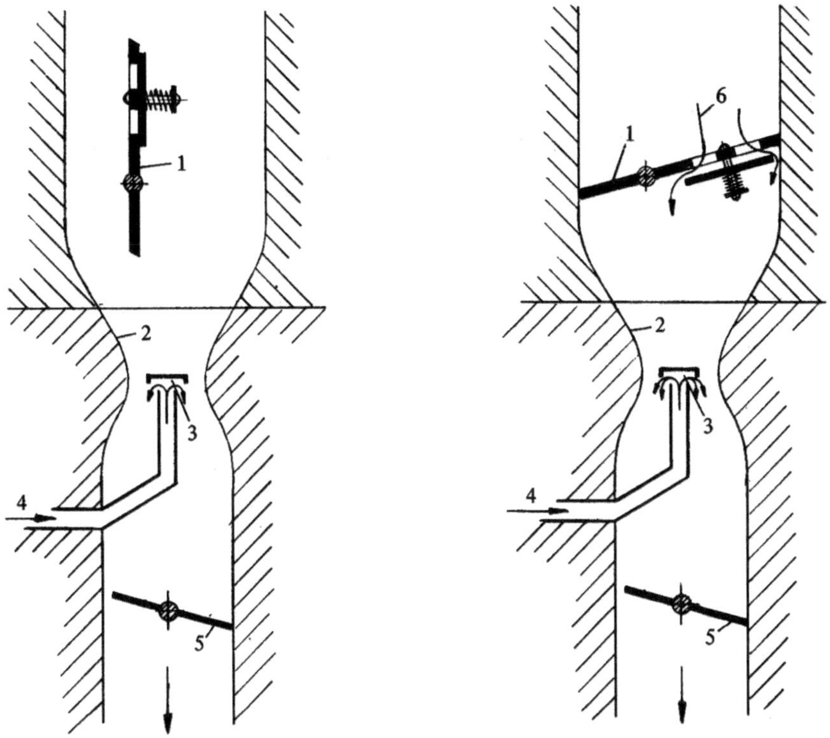

a) Starterklappe 1 in Ruhestellung

b) Starterklappe 1 in Startstellung

Bild 6.7 Funktion der Starterklappe
1 Starterklappe, 2 Lufttrichter, 3 Brennstoffdüse, 4 Brennstoffzufuhr, 5 Drosselklappe, 6 Startluft

Die in Bild 6.6 gezeigte einfachste Vergaserausführung ist allerdings für den praktischen Betrieb nicht ausreichend, weil sie einige Betriebszustände *nicht* ermöglicht: *Start, Leerlauf* und *Beschleunigung.* Dazu sind einige weitere Vorrichtungen nötig, um die für diese Fälle benötigte besondere Gemischbildung zu gewährleisten.

Starterklappe

Bild 6.7 zeigt die Funktion der Starterklappe zur Gemischbildung beim Startvorgang. Weil sich Kraftstoff bei kalten Wänden niederschlägt und daher das Gemisch an der Zündkerze zu mager ist, benötigt man beim Starten einen relativ großen Brennstoffüberschuß. Beim Starten mit geöffneter Starterklappe (1, Bild 6.7a) ist wegen der kleinen Motordrehzahl auch nur ein kleiner Unterdruck vorhanden. Das dadurch entstehende Gemisch ist viel zu mager, d.h., es enthält zu wenig Brennstoff. Das Schließen der Starterklappe (1 in Bild 6.7b) bewirkt, daß der Druck stark absinkt und dadurch mehr Brennstoff aus der Düse (3) austritt.

Beschleunigungspumpe

Für die Anreicherung des Gemischs mit Brennstoff (*fettes Gemisch*) beim Beschleunigen wird eine besondere Pumpe benötigt. Zwar wird durch das Öffnen der Drosselklappe der Unterdruck vergrößert und damit auch mehr Brennstoff aus der Hauptdüse (5 Bild 6.8) ausströmen, dies genügt jedoch nicht. Darum wird über eine Hebelverbindung zwischen Drosselklappe und einer meist als Membranpumpe ausgeführten Beschleunigungspumpe (1 Bild 6.8) beim schnellen Öffnen der Drosselklappe diese Pumpe betätigt und zusätzlicher Brennstoff (4 Bild 6.8) in den Luftstrom gefördert.

Leerlaufdüse

Im Leerlauf ist die Drosselklappe weitgehend geschlossen, dadurch wird der Unterdruck so klein, daß keine ausreichende Menge Brennstoff aus der Hauptdüse austritt. Da der Motor jedoch im Leerlauf weiterlaufen soll, muß ein zweites Düsensystem geschaffen werden. Dieses besteht aus der Leerlaufluftdüse, der Leerlaufdüse und der Leerlaufgemisch-Regulierschraube. Die Leerlaufluft (1) wird über die Leerlaufluftdüse (3) der Leerlaufdüse (4) zugeführt (Bild 6.9). Dort nimmt sie eine dosierte Brennstoffmenge auf und gelangt über die

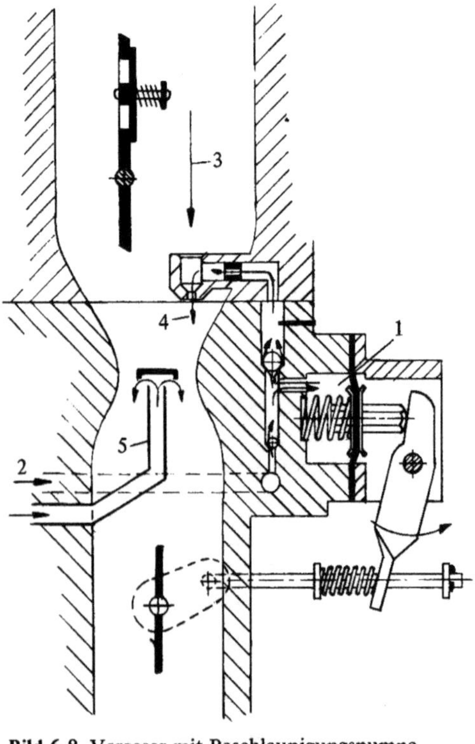

Bild 6.8 Vergaser mit Beschleunigungspumpe
1 Beschleunigungspumpe, 2 Brennstoffzufluß, 3 Hauptluft, 4 Brennstoff aus der Beschleunigungspumpe, 5 Hauptdüse

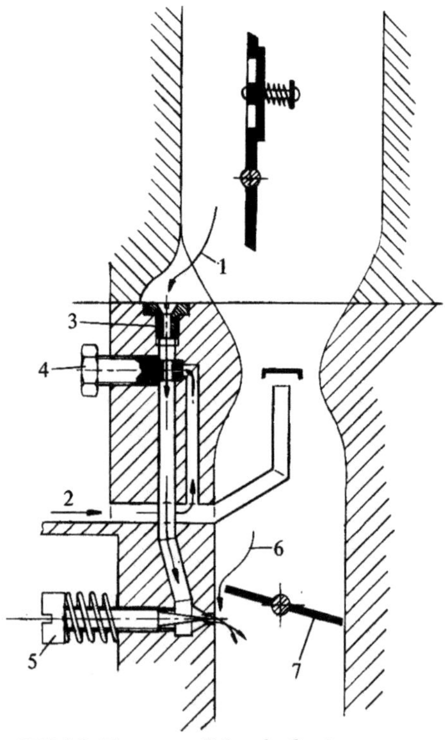

Bild 6.9 Vergaser mit Leerlaufsystem
1 Leerlaufluft, 2 Brennstoffstrom vom Schwimmergehäuse, Leerlaufluftdüse, 4 Leerlaufdüse, 5 Leerlaufgemisch-Regulierschraube, 6 Hauptluft, 7 Drosselklappe

Leerlaufgemisch-Regulierschraube (5) in das Saugrohr des Motors etwa dort, wo der aus Drosselklappenspalt (6) erzeugte Unterdruck wirksam ist. Eine gute Verbrennung des Brennstoffes, die durch die Aufbereitung im Vergaser erreicht werden soll, ist nur in dem Bereich von $0{,}6 \leqslant \lambda \leqslant 1{,}2$ möglich.

Gemischbildung mittels Einspritzung

Neben der Gemischbildung im Vergaser erlangt heute die Gemischbildung durch Benzineinspritzung direkt in den Zylinder oder in den Ansaugkanal immer größere Bedeutung. Der Vorteil der Benzineinspritzung liegt darin, daß sie eine *genaue Dosierung der Brennstoffmenge* ermöglicht, d.h., die Brennstoffmenge kann genau dem jeweiligen Betriebszustand angepaßt werden. Dadurch wird die Brennstoffenergie besser genutzt, die Verbrennung ist vollständiger und daraus resultierend die Luftverschmutzung geringer. Dies sind letztlich wichtige Gründe für den vermehrten Einsatz der Einspritzung bei Ottomotoren. Beim Dieselmotor ist sie vom Verfahren her zwangsweise erforderlich.

Die Steuerung der erforderlichen Brennstoffmenge kann mechanisch oder elektrisch erfolgen.

Es gibt sehr unterschiedliche Systeme der Benzineinspritzung. Sie unterscheiden sich vor allem durch

- Art der Dosierung,
- Art der Verteilung auf die Zylinder bei Mehrzylinder-Motoren,
- Art der Druckerzeugung

voneinander. Es haben sich folgende Einspritzsysteme durchgesetzt:

- Mehrkolbeneinspritzpumpen,
- Systeme mit einem Verteilerkolben,
- kontinuierliche Einspritzung,
- elektronische Einspritzung.

Es würde im Rahmen dieses Buches zu weit führen, wenn man alle diese verschiedenen Systeme beschreiben wollte. Daher wird nur auf das am meisten verbreitete System von Bosch mit *Mehrkolben-Einspritzpumpe* eingegangen. Bild 6.10 zeigt die prinzipielle Darstellung dieses Einspritzsystems.

Die mit der halben Motordrehzahl umlaufende Nockenwelle (6) bewegt den Kolben (4) und fördert damit den von der Vordruckpumpe in den Zylinder gedrückten Kraftstoff (1) gegen den Druck des Rückschlagventiles (8) durch die Leitung (9) in die Druckkammer (10) der Einspritzdüse (3). Durch den Druck hebt sich der Kolben (11) an und gibt die Auslaßöffnungen (2) frei. Das Fördervolumen wird lastabhängig, d.h., vom Fahrpedal aus durch Bewegen der Zahnstange (5), die das Zahnrad (7) antreibt, gesteuert. Durch die Drehbewegung des Zahnrades, die auf den Kolben übertragen wird, verändert sich die Lage der schräglaufenden Kolbennut (12) zur Eintrittsöffnung. Dadurch wird der Förderhub je nach Drehrichtung vergrößert oder verkleinert.

Bei der Mehrkolben-Einspritzpumpe versorgt je ein Kolben einen Motorzylinder mit Brennstoff. Um eine gute Gemischbildung im Zylinder zu erreichen, muß der eingespritzte Brennstoff mit der Luft stark verwirbelt werden. Die Verwirbelung ist sehr stark von der Form des Brennraumes abhängig. Auf spezielle Brennraumformen wird im Abschnitt 6.2.7 (Die-

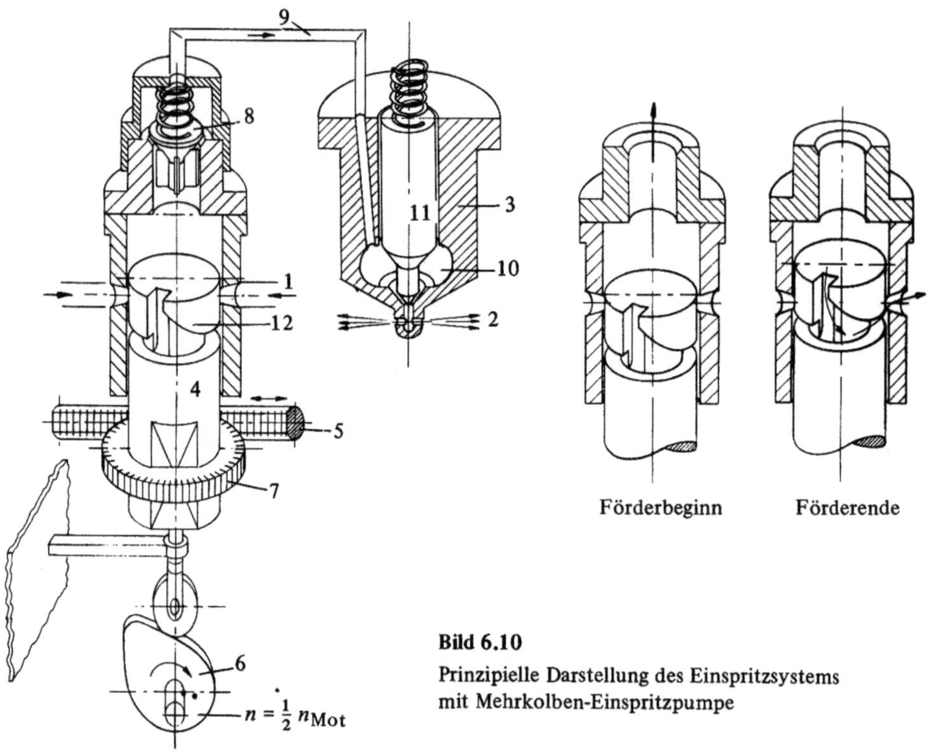

Bild 6.10
Prinzipielle Darstellung des Einspritzsystems mit Mehrkolben-Einspritzpumpe

1 Kraftstoffzuführung, 2 Auslaßöffnungen, 3 Einspritzdüse, 4 Kolben, 5 Zahnstange, 6 Nockenwelle, 7 Zahnrad, 8 Rückschlagventil, 9 Leitung, 10 Druckkammer, 11 Kolben, 12 Kolbennut

selmotoren) näher eingegangen. Beim Ottomotor erfolgt die Einspritzung vor dem Einlaßventil oder in den Ansaughub, um noch eine einwandfreie Gemischbildung (Vergasung) zu erreichen. Im Gegensatz zum Dieselmotor ist daher weniger die Brennraumform als vielmehr die Lage des Ansaugkanals (z.B. tangential) wegen der Luftverwirbelung entscheidend.

Schichtladung

Es sei hier auf die bei modernen Motoren oft eingesetzte Schichtladung eingegangen. Durch gerichtete Strömung der Ladung wird eine *geordnete* und damit *kraftstoffunempfindliche* Verbrennung erreicht. Geeignet sind:

a) *Das Texaco-Verfahren*
Dabei ist der Brennraum so gestaltet, daß die einströmende Frischluft in dem kreisrunden Brennraum rotiert. Der Kraftstoffstrahl tritt in Richtung des Luftwirbels ein. Er wird unmittelbar nach Einspritzbeginn gezündet. Die Zündkerze befindet sich am Rand der Kolbenmulde. Das Texaco-Verfahren wurde im Audi-Mitteldruckmotor verwendet.

b) *Das MAN-FM-Verfahren*
Der Kraftstoff wird an die Wand der Brennraummulde in Luftwirbelrichtung eingespritzt. Im Leitkanal bildet sich ein zündfähiges Gemisch, das durch die Zündkerze gezündet wird. Die Leistung wird nur über die Kraftstoffmenge geregelt. Bei den außerordentlich hohen Verdichtungsverhältnissen von ϵ = 14 ... 17 ist der Kraftstoffverbrauch sehr niedrig ($b_{min} \approx$ 230 g/kWh).

Bei diesen Verfahren kann mit erheblichem Luftüberschuß (λ sehr groß) gearbeitet werden, so daß eine praktisch vollständige Verbrennung erreicht wird.

6.1.8 Zündung und Verbrennung

Beim fremdgezündeten Ottomotor spielt der Zündzeitpunkt für den gesamten Verbrennungsvorgang die entscheidende Rolle. Der *Zündzeitpunkt* muß im günstigsten Falle so gewählt sein, daß bei Erreichen des oberen Totpunktes die Verbrennung erfolgt. Die Verbrennung findet jedoch nicht schlagartig statt, sondern sie hat eine Geschwindigkeit von 15 ... ... 30 m/s, die im wesentlichen von der Drehzahl, der Brennraumform und dem Luftverhältnis abhängig ist. Aus diesem Grunde muß die Zündung vor Erreichen des oberen Totpunktes erfolgen. Je nach Betriebszustand und Motorausführung erfolgt die Zündung ca. 0° ... 40° Kurbelwinkel vor der oberen Totlage.

Bei *falschem Zündzeitpunkt* wird der *Wirkungsgrad erniedrigt*. Bei vorzeitiger Zündung wird die Kolbenbewegung stark abgebremst. Bei verspäteter Zündung wird infolge Raumvergrößerung durch Kolbenabwärtsbewegung der Betriebsdruck nicht mehr erreicht.

Der im Ottomotor verwendete Brennstoff ist meist Benzin, das durch die Destillation und Veredelung von Erdöl gewonnen wird. Die wichtigsten Eigenschaften eines für einen modernen Motor geeigneten Benzines seien im folgenden kurz beschrieben.

Siedebereich

Der Siedebereich soll zwischen 30 °C und 200 °C liegen, damit sich vor allem bei sommerlichen Betriebsbedingungen keine *Dampfblasen* in der Kraftstoffleitung bilden, die zu Aussetzern führen. Andererseits verbrennen oberhalb von 200 °C verdampfende Brennstoffanteile nicht mehr rückstandsfrei. Bei niedrigen Temperaturen kondensieren diese Anteile und verdünnen das Schmieröl, was zu einem *Absinken der Schmierfähigkeit* führt.

Klopffestigkeit

Von der Zündkerze ausgehend, breitet sich die Flammfront mit einer Geschwindigkeit von ca. 15 ... 30 m/s im Brennraum aus. Wird durch die Erwärmung und Druckerhöhung des bereits verbrannten Gases der noch unverbrannte Teil des Brennstoffes vor der Flammfront soweit verdichtet, daß er sich bis über seine Zündtemperatur erwärmt und dadurch plötzlich von selbst entzündet, dann ist die Folge davon eine schlagartige Druckerhöhung. Durch diese Explosion – *Klopfen* genannt – wird eine Gasschwingung angeregt, die den Wärmeübergang erheblich vergrößert. Die *Folgen des Klopfens* sind sowohl *mechanische* als auch *thermische Überlastungen*. Der Brennstoff darf also nur eine geringe Neigung zum Selbstzünden haben, damit der Zeitpunkt der schlagartigen Restverbrennung möglichst weit hinausgezögert wird.

es gibt verschiedene Möglichkeiten, die Klopffestigkeit von Benzin zu erhöhen:

1. auf chemischem Wege z.B. durch Zugabe von Bleitetraäthyl und
2. durch Zusatz besonders klopffester Brennstoffkomponenten wie Benzol und Alkohol.

Die Meßzahl für die Klopffestigkeit ist die in einem Prüfmotor durch Vergleich mit der Mischung aus Iso-Oktan und Normal-Heptan gefundene *Oktanzahl.* Je nach den Versuchsbedingungen unterscheidet man Research-Oktan-Zahl (ROZ) und Motor-Oktanzahl (MOZ). ROZ > MOZ. ROZ hat sich in der Praxis durchgesetzt.

6.1.9 Steuerung

Die Steuerung eines Motors hat erheblichen Einfluß z.B. auf die Leistung, die Geräusche, die Herstellungskosten und die Betriebssicherheit.

Bei Viertakt-Ottomotoren ist die *Ventilsteuerung* üblich, wobei das Einlaßventil möglichst viel Frischgas in den Zylinder hinein und das Auslaßventil möglichst viel Abgas herauslassen soll.

Die Ventile, speziell die Auslaßventile, gehören zu den thermisch und mechanisch am höchsten beanspruchten Motorteilen. Seine Dichtungseigenschaften verdankt das Ventil hauptsächlich dem hohen Gasdruck, der es auf seinen Sitz preßt.

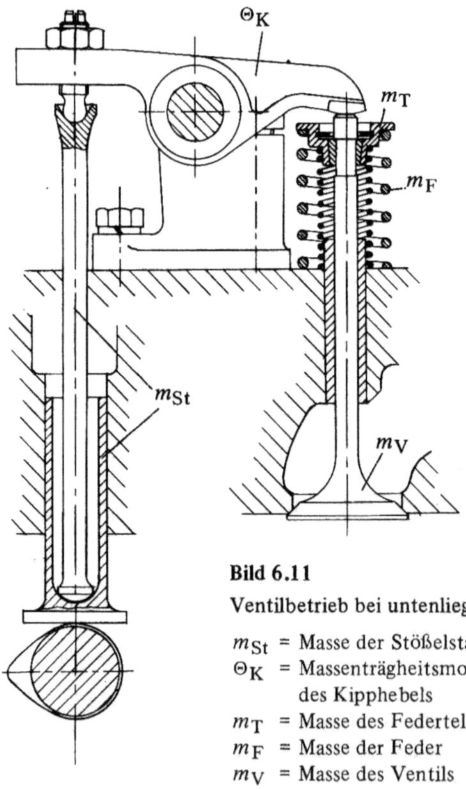

Bild 6.11

Ventilbetrieb bei untenliegender Nockenwelle

m_{St} = Masse der Stößelstange
Θ_K = Massenträgheitsmoment des Kipphebels
m_T = Masse des Federtellers
m_F = Masse der Feder
m_V = Masse des Ventils

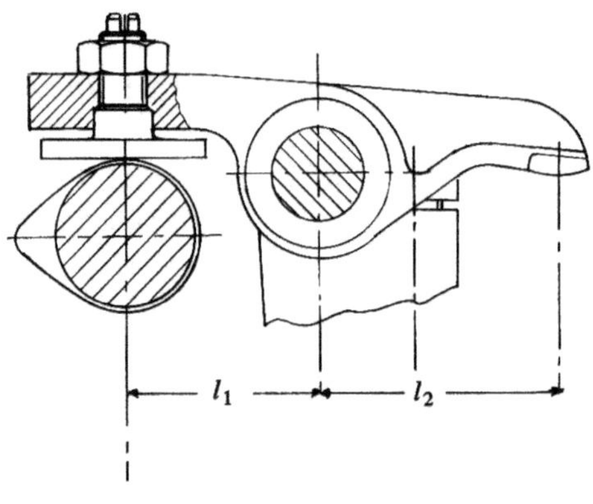

Bild 6.12 Ventiltrieb bei obenliegender Nockenwelle

Die thermische Belastung versucht man durch guten Kontakt zur Dichtfläche und durch gute Wärmeleitung zum Ventilschaft zu mildern. Leichte Ventile mit hohlem Schaft, der zur besseren Wärmeleitung teilweise mit Natrium gefüllt wird, vermindern die durch hohe Beschleunigungen bewirkten mechanischen Belastungen. Außerdem verwendet man sogenannte *ruckfreie Nocken*, die die auftretenden Beschleunigungen verhältnismäßig klein halten.

Die bewegten Massen des Ventiltriebes sollen möglichst klein sein. Bei der in Bild 6.11 gezeigten Anordnung, *untenliegende Nockenwelle*, sind die bewegten Massen groß und nachgiebig. Es sind keine großen Beschleunigungen (Drehzahlen) zulässig und die Beherrschung des Ventilspiels kann schwierig werden. Besser ist es, wie in Bild 6.12, die Nockenwelle nach oben zu verlegen (ohc = overhead camshaft), da dann die bewegten Massen kleiner und steifer werden.

In der Entwicklung der letzten Jahre, mit dem Trend zu immer höheren Drehzahlen, wurde die *obenliegende Nockenwelle* immer häufiger benutzt und mit immer einfacheren und billigeren Antriebselementen versehen. Speziell der Zahnriemenantrieb (Kunststoff mit Stahldrahteinlage), der bei ruhigem Lauf annehmbare Lebensdauern erreicht, hat sich durchgesetzt.

6.1.10 Beurteilungsgrößen

Spezifischer Kraftstoffverbrauch b_e

Zur Beurteilung der *Güte* eines Verbrennungsmotors ist der spezifische Kraftstoffverbrauch gut geeignet. Er gibt an, wieviel Kraftstoff der Motor zur Erbringung von einer Kilowattstunde benötigt. Bei Ottomotoren ist $b_e \approx 250 \dots 400$ g/kWh.

Drehzahl n

Die auftretenden Gleitgeschwindigkeiten und damit der Verschleiß sind der Drehzahl direkt proportional. Außerdem sind Massenkräfte aufgrund von Beschleunigungen des Kolbens, des Pleuels und auch der Ventile und anderer Steuerungselemente stark von der Drehzahl abhängig, so daß ein Motor immer auch nach seiner Drehzahl zu beurteilen ist. Als Beispiel seien übliche Größen für verschiedene Einsatzfälle von Ottomotoren gegeben:

Krafträder	$n_{max} \approx 5500 \dots 9000$ min^{-1}
Personenkraftwagen	$n_{max} \approx 4000 \dots 7000$ min^{-1}
Lastkraftwagen	$n_{max} \approx 3500 \dots 5000$ min^{-1}.

Hubraumleistung P_h

Eine häufig herangezogene Größe zum Vergleich von Motoren untereinander ist die Hubraumleistung, die angibt, welche Nennleistung aus einem Kubikdezimeter Hubraum herausgeholt wird. Übliche Werte sind:

Krafträder	$P_h \approx 40 \dots 65$ kW/dm^3
Personenkraftwagen	$P_h \approx 25 \dots 45$ kW/dm^3
Lastkraftwagen	$P_h \approx 20 \dots 35$ kW/dm^3

Verdichtungsverhältnis ϵ

Zur Beurteilung eines Ottomotors kann auch sein Verdichtungsverhältnis dienen (s. auch Abschnitt 6.1.4). Übliche Verdichtungsverhältnisse liegen heute bei $\epsilon \approx 6 \dots 11$. Mit ϵ steigt degressiv auch der Wirkungsgrad. Erhöht sich ϵ von 6 auf 7 steigt η um ca. 2,5 %, bei ϵ von 11 auf 12 steigt η nur um 1 %.

6.1.11 Kennlinien

Bild 6.13 zeigt qualitativ das *Drehmoment-Drehzahl-Verhalten*. Die an die Kurven geschriebenen Zahlen geben die Öffnung der Drosselklappe an. Dabei bedeutet 1/1 = Vollast oder vollständig geöffnete Drosselklappe. Bei unveränderter Klappenstellung nimmt das Drehmoment zunächst etwas zu und fällt nach Erreichen des Maximalwertes wieder etwas ab. Dieser Abfall ist bei Ottomotoren stärker ausgeprägt als bei Dieselmotoren.

Der Anstieg des Drehmomentes folgt aus der mit steigender Drehzahl besser werdenden Gemischbildung. Bei weiter steigender Drehzahl steigen dann auch mit zunehmender Einströmgeschwindigkeit die Drosselverluste, wodurch der Liefergrad und damit auch das Drehmoment absinken.

Bild 6.14 zeigt den Verlauf des *spezifischen Kraftstoffverbrauches* über der Drehzahl, ebenfalls in Abhängigkeit von der Drosselklappenstellung. Dabei ist gut zu sehen, daß der Verbrauch dann am günstigsten ist, wenn der Motor im Bereich des maximalen Drehmomentes betrieben wird.

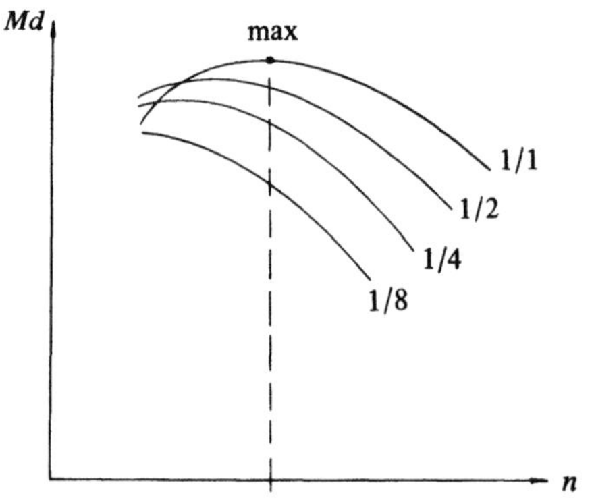

Bild 6.13

Drehmoment-Drehzahl-Verhalten eines Ottomotors

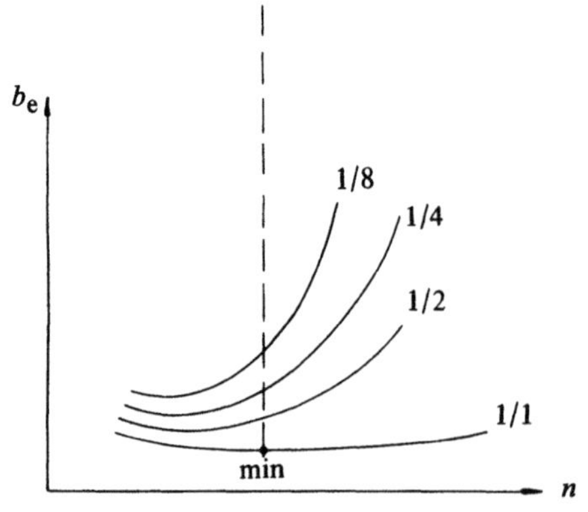

Bild 6.14

Spezifischer Kraftstoffverbrauch eines Ottomotors

Die in den Bildern 6.13 und 6.14 gezeigten Kurven sind vor allem bei Fahrzeugmotoren von Interesse. Aus den Kurven läßt sich unschwer ablesen, wie durch eine geeignete Wahl der Motordrehzahl – möglichst im Bereich des maximalen Drehmomentes bei vollständig geöffneter Drosselklappe – die optimale Beschleunigung bei minimalem Brennstoffbedarf (spezifisch!) erzielt werden kann. In der Fahrpraxis kann dies natürlich nur durch ein optimal abgestimmtes Getriebe und geeignete Wahl der Fahrgeschwindigkeit erreicht werden.

6.2 Viertakt-Dieselmotor

Die ersten, um 1898 entwickelten Dieselmotoren arbeiteten nach dem Viertaktverfahren. Das bedeutet, daß eine ganze Umdrehung für den Ladungswechsel benötigt wird und damit nicht zur Energieumwandlung zur Verfügung steht.

Viertakt-Dieselmotoren werden heute für die verschiedensten Einsatzgebiete und in den unterschiedlichsten Größen gebaut, z.B. als Antrieb für Kraftfahrzeuge, Schiffe, Generatoren, Pumpen und Schienenfahrzeuge.

6.2.1 Der grundsätzliche Aufbau des Viertakt-Dieselmotors

Bild 6.15 zeigt den grundsätzlichen Aufbau des Viertakt-Dieselmotors.

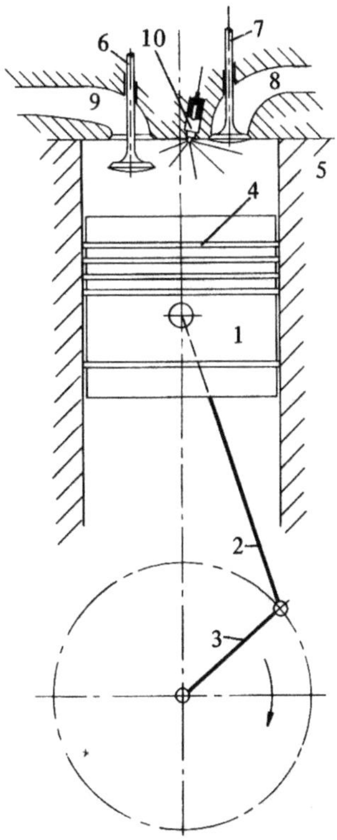

Bild 6.15

Grundsätzlicher Aufbau eines Viertakt-Dieselmotors
1 Kolben,
2 Pleuelstange,
3 Kurbelwelle,
4 Kolbenring,
5 Zylinderwand,
6 Einlaßventil,
7 Auslaßventil,
8 Auslaßkanal,
9 Einlaßkanal,
10 Einspritzdüse

6.2.2 Arbeitsweise des Viertakt-Dieselmotors

Beim Dieselmotor wird Frischluft in den Zylinder gesaugt und so weit verdichtet, daß die sich dabei einstellende Verdichtungsendtemperatur höher ist als die Selbstzündungstemperatur des Brennstoffes. Kurz vor Abschluß der Verdichtung wird der Brennstoff in den Arbeitszylinder oder in einen mit diesem verbundenen Raum eingespritzt. Damit sich nun innerhalb kürzester Zeit ein zündfähiges Brennstoff-Luft-Gemisch bildet, muß für eine möglichst feine Zerstäubung und eine sehr starke Verwirbelung gesorgt werden. Die Verbrennung beginnt dann mit der *Selbstentzündung* des Brennstoffes. Ein definierter Zündzeitpunkt ergibt sich beim Dieselmotor durch den *Zeitpunkt der Einspritzung*. Der Brennstoff muß kurz vor dem beabsichtigten Zündzeitpunkt eingespritzt werden, weil vom Beginn der Einspritzung bis zur Selbstzündung noch eine kurze Verzugszeit besteht. Dieser *Zündverzug* ist von der Dichte und Flüchtigkeit des Brennstoffes und von der Drehzahl des Motors abhängig und beträgt ungefähr 0,0007 ... 0,003 s. Die weiteren Takte verlaufen im Prinzip wie beim Viertakt-Ottomotor. So erhält man folgendes Bild

1. Takt: Ansaugen der Frischluft
2. Takt: Verdichten der Frischluft
3. Takt: Arbeitstakt (Verbrennung und Expansion),
4. Takt: Ausschieben des Restgases.

Die Arbeitsweise des Viertakt-Dieselmotors läßt sich auch am p-V-Diagramm (*Indikatordiagramm*) zeigen.

6.2.3 Das Indikatordiagramm

Bild 6.16 zeigt das prinzipielle Indikatordiagramm des Viertakt-Dieselmotors. Es ist ganz ähnlich dem des Viertakt-Ottomotors, lediglich der maximal auftretende Druck, der fast den doppelten Wert erreicht, springt zunächst ins Auge. Die eingezeichneten Punkte haben fast die gleiche Bedeutung wie beim Viertakt-Ottomotor.

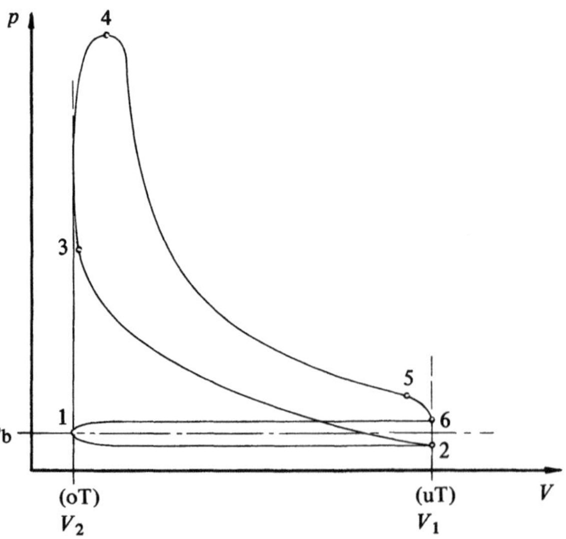

Bild 6.16
Das Indikatordiagramm des Viertakt-Dieselmotors

1. Hub, von 1 nach 2:

kurz vor 1:	Öffnungsbeginn des Einlaßventiles
kurz nach 1:	Auslaßventil schließt
1 nach 2:	Ansaugen der Frischluft, Unterdruck im Zylinder aufgrund der Drosselverluste am Einlaßventil

2. Hub, von 2 nach 3:

2 nach 3:	Verdichten der Frischluft
kurz vor 3:	Beginn der Kraftstoffeinspritzung
3:	Selbstzündung

3. Hub, von 3 nach 6:

3 nach 4:	Verbrennung des Brennstoffes und Druckanstieg im Zylinder
kurz vor 4:	Ende des Einspritzvorganges
4 nach 5:	Expansion der Verbrennungsgase
5:	Öffnen des Auslaßventiles
5 nach 6:	Ausströmen der Abgase

4. Hub, von 6 nach 1:

6 nach 1:	Ausschieben der Abgase bei kleinem Überdruck aufgrund des Drosselwiderstandes am Auslaßventil.

6.2.4 Kennzeichnende Merkmale

Wichtige kennzeichnende Merkmale sind:

- das Verdichtungsverhältnis,
- die zwangsgesteuerten Ventile,
- die Selbstzündung,
- die Art des Brennstoffes.

Das *Verdichtungsverhältnis* (s. auch 6.1.4) liegt für langsam bis mittelschnell laufende Motoren bei $\epsilon \approx 12 \ldots 15$ und bei schnellaufenden Motoren bei $\epsilon \approx 15 \ldots 25$. Im Vergleich zum Ottomotor lassen sich dadurch auch die höheren Kompressionsenddrücke erklären.

Die *zwangsgesteuerten Ventile* sind für den beim Viertaktmotor stattfindenden Ablauf von Ansaugen-Verdichten-Expandieren-Ausschieben, und die dadurch bedingte Art des Ladungswechsels in zwei Hüben (Ausschieben und Ansaugen) erforderlich.

Die *Selbstzündung* liegt in der beim Dieselmotor verwendeten Brennstoffart begründet, d.h. die Zündtemperatur muß niedriger sein als die Verdichtungsendtemperatur.

6.2.5 Konstruktion

Bild 6.17 zeigt einen 6 ... 9-Zylinder-Reihenmotor mit einer über Zahnräder angetriebenen obenliegenden Nockenwelle und Direkteinspritzung, Hubvolumen 117 dm^3 je Zylinder und Leistung 775 kW je Zylinder (gebaut von der Firma MAN als Schiffshauptmotor).

Als Vergleich dazu wird in Bild 6.18 ein Motor mit anderer Zylinderanordnung (V-Form) gezeigt. Es handelt sich hier um einen 10 ... 18-Zylinder-V-Motor von MAN mit gleichem Zylindervolumen und gleicher Zylinderleistung wie der des Bildes 6.17.

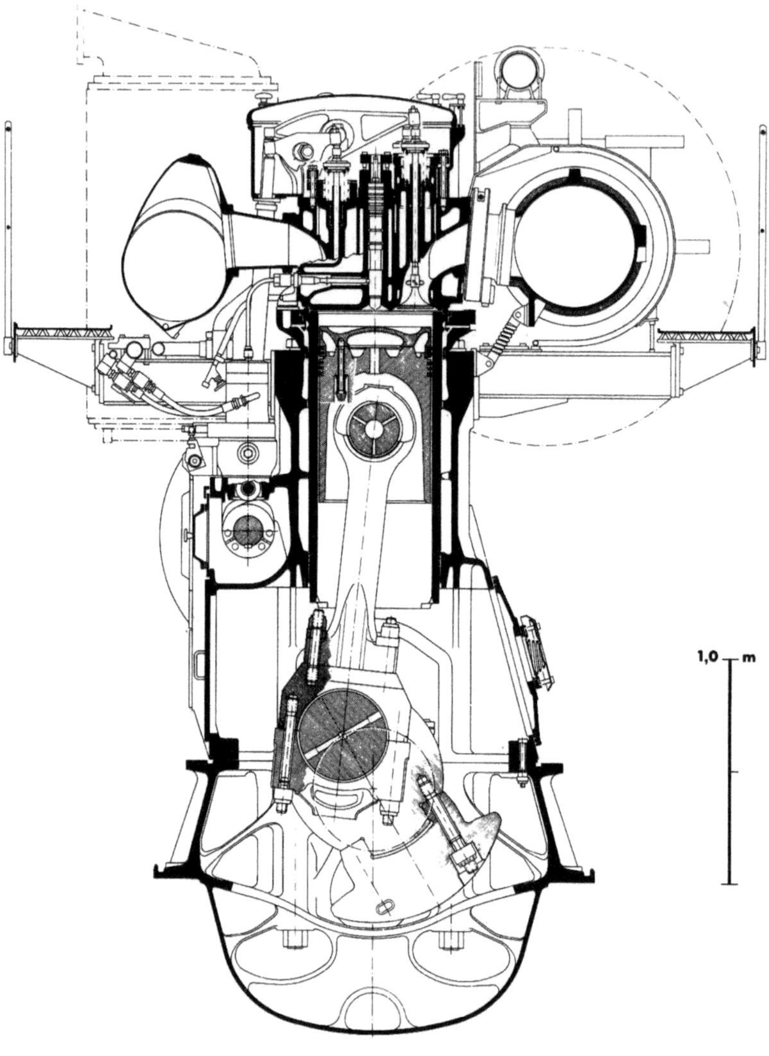

Bild 6.17 Schnitt durch einen 6 ... 9-Zylinder-Reihenmotor

Obwohl auf die Problematik der Anordnung der Zylinder bei Mehr-Zylinder-Motoren erst in einem späteren Kapitel eingegangen wird, sei hier bereits auf einige entscheidende Vor- bzw. Nachteile der V-Form gegenüber der Reihenform hingewiesen:

Vorteile: bei gleicher Zylinderzahl kürzere Baulänge, Leistungsgewicht in kg/kW um ca. 20 % niedriger;
Nachteile: größerer technischer Aufwand, z.B. zwei Nockenwellen, zwei Abgas- und Frischluftzuführungen usw.

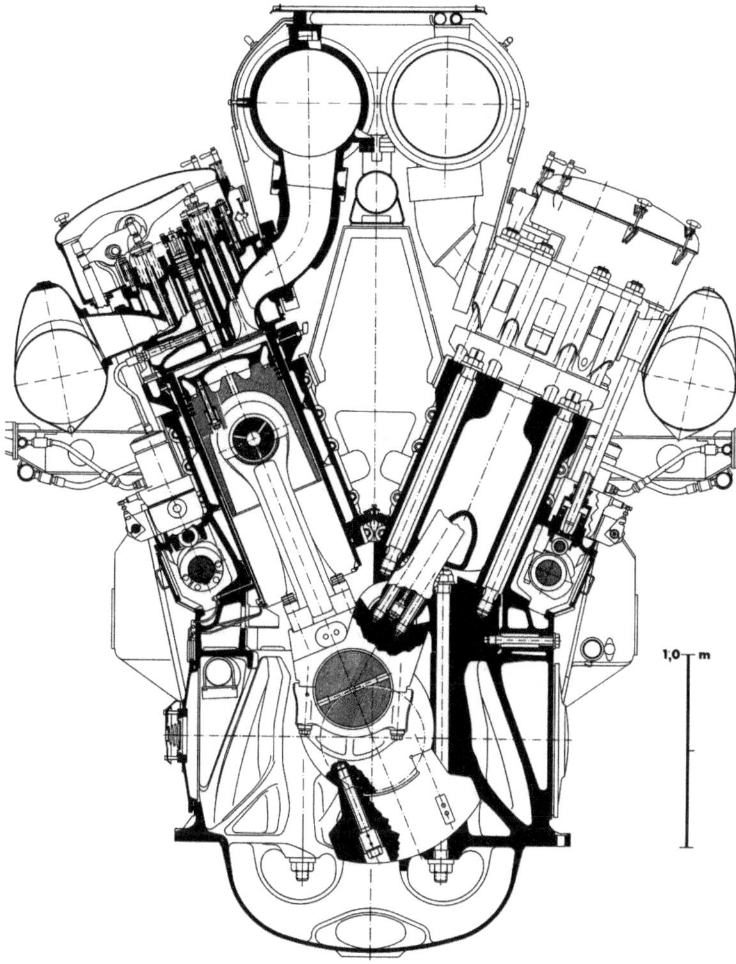

Bild 6.18 Schnitt durch einen 10 ... 18-Zylinder-V-Motor

Die Konstruktionsanforderungen an einen schnellaufenden Dieselmotor sind grundsätzlich die gleichen, wie die bei schnellaufenden Ottomotoren. Es müssen jedoch die fast doppelt so hohen Maximaldrücke im Zylinder durch entsprechende Maßnahmen berücksichtigt werden, d.h., Kolben, Zylinderwände, Zylinderkopfschrauben und Lager müssen gegenüber denen beim Ottomotor verstärkt werden. Das hat zur Folge, daß Dieselmotoren in der Regel ein etwas *ungünstigeres Leistungsgewicht* haben.

Bei den Dieselmotoren größerer Leistung (bis zu 35 000 kW und mehr) muß man, um bei den großen Kolbenhüben (bis zu 2 m und mehr) nicht zu hohe mittlere Kolbengeschwindigkeiten zu erhalten, mit der Drehzahl erheblich heruntergehen. Das Einsatzgebiet der großen Leistungen ist also den langsam- (n ≈ 100^{-1}) bis mittelschnell- (n ≈ 500 min^{-1}) laufenden Motoren vorbehalten.

Wegen der geringeren Drehzahlen sind die Probleme der Steuerung und des Ladungswechsels bei solchen Motoren relativ leicht zu lösen, während eine Verbesserung des Leistungsgewichtes durch Drehzahlerhöhung fast ausgeschlossen ist. Hier sind Verbesserungen nur durch Änderungen bei der Zylinderanordnung, bei der Materialauswahl und durch Aufladung möglich.

Es sei noch bemerkt, daß das Gebiet der sehr großen Leistungen heute eindeutig von dem Zweitaktverfahren beherrscht wird.

6.2.6 Wichtige Bauteile

Da die Bauteile, wie Zylinderkopf, Kurbelgehäuse, Schmierung, Kühlung, Kolben, Pleuelstange und Kurbelwelle im Prinzip den in Abschnitt 6.1.6 beschriebenen entsprechen, sei hier im Besonderen auf die für alle Dieselmotoren unabdingbare *Einspritzanlage* eingegangen. Bild 6.19 zeigt das Schema einer Einspritzanlage mit Förderpumpe. Sie besteht im wesentlichen aus den im Folgenden beschriebenen Teilen.

Förderpumpe für den Dieselkraftstoff

Der Brennstoff muß der Einspritzpumpe unter einem Druck von etwa 1 bar zugeführt werden, da sonst keine ausreichende Menge gefördert würde. Ein Tank mit Falleitung kann nur

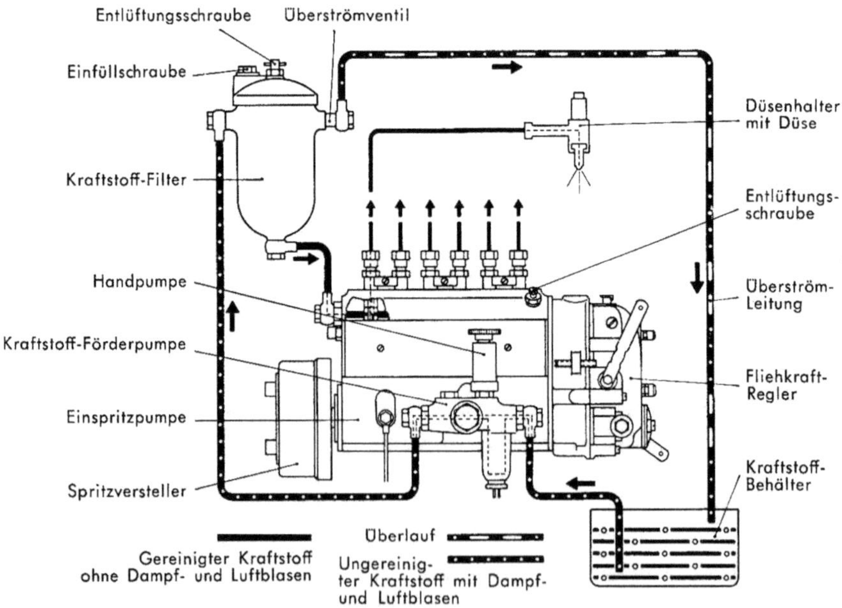

Bild 6.19 Einspitzanlage mit Förderpumpe

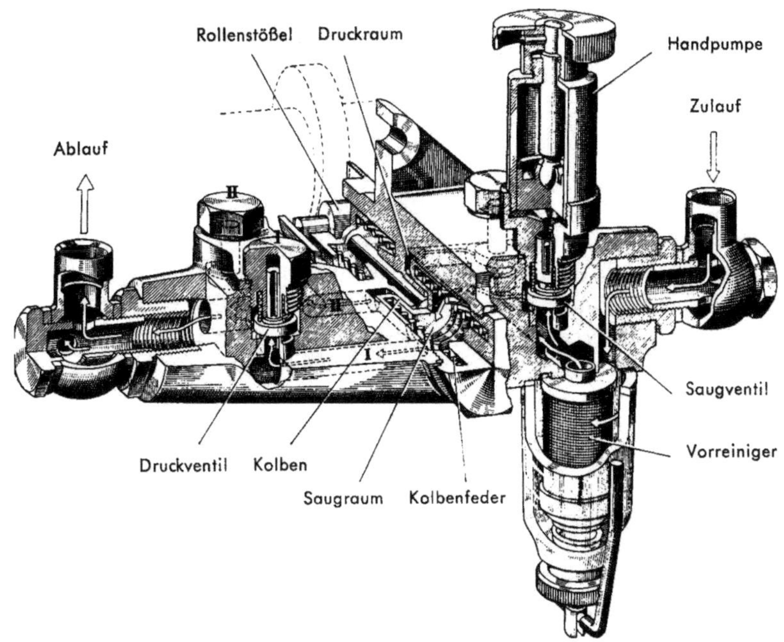

Bild 6.20 Förderpumpe

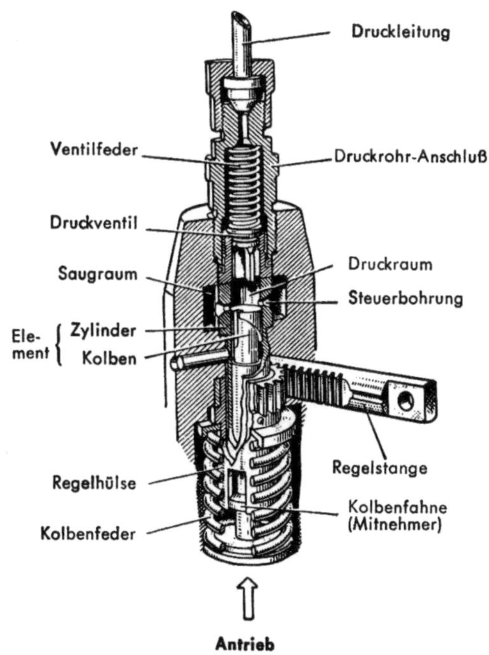

Bild 6.21

Pumpenelement einer Einspritzpumpe

bei ortsfesten Motoren hoch genug angebracht werden, um einen ausreichenden Druck zu erhalten. Daher müssen praktisch alle Fahrzeugdieselmotoren mit einer Förderpumpe ausgerüstet sein. Diese werden als einfach- oder doppeltwirkende Kolbenpumpen ausgeführt. Bild 6.20 zeigt den Schnitt durch eine solche Förderpumpe.

Einspritzpumpe

Bild 6.21 zeigt ein *Pumpenelement* einer Einspritzpumpe. Für jeden Motorzylinder ist ein solches Pumpenelement, bestehend aus Förderkolben und Zylinder, vorzusehen. Der Hub des Förderkolbens ist konstant. Die Variation der Fördermenge wird durch das Verdrehen des Kolbens (siehe auch Abschnitt 6.1.7) erreicht. Der Kolbenkopf ist nach einer Schraubenlinie bzw. einer Geraden ausgefräst, die entstandene Kante wird *Schräge Steuerkante*

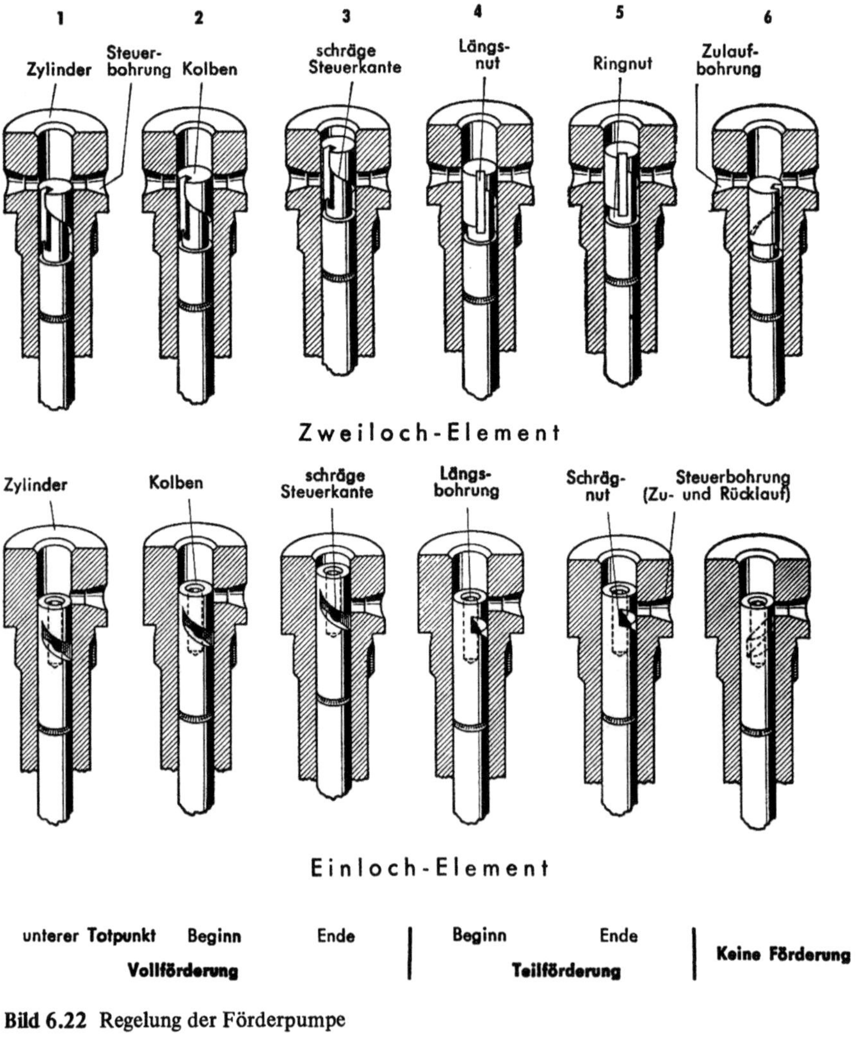

Bild 6.22 Regelung der Förderpumpe

genannt, sie beendet die Förderung. Der Zylinder hat bei der Ausführung als *Zweilochelement* zwei sich gegenüberliegende, radiale Bohrungen (Zulauf- und Steuerbohrung). Es gibt jedoch auch sogenannte *Einlochelemente*, die nur eine seitliche Bohrung haben. Bild 6.22 zeigt die Regelung der Fördermenge durch Verdrehen des Kolbens beim Zweiloch und beim Einlochelement.

Einspritzdüse und Düsenhalter

Die Einspritzdüsen werden als *Zapfen-* oder als *Mehrlochdüsen* ausgeführt. Sie werden vom Kraftstoffdruck gesteuert. Bild 6.23 zeigt den Aufbau einer Zapfen- und einer Lochdüse ohne Düsenhalter.

Die Düse steuert die Gemischbildung (s. Abschnitt 6.2.7) im Verbrennungsraum und beeinflußt dadurch maßgebend den Verbrennungsablauf.

Bild 6.24 zeigt eine Mehrlochdüse mit Düsenhalter. Je nach der Einstellung der Druckfeder im Düsenhalter wird der von der Einspritzpumpe mit einem Druck von 80 ... 300 bar kommende Brennstoff im Brennraum räumlich und zeitlich richtig verteilt.

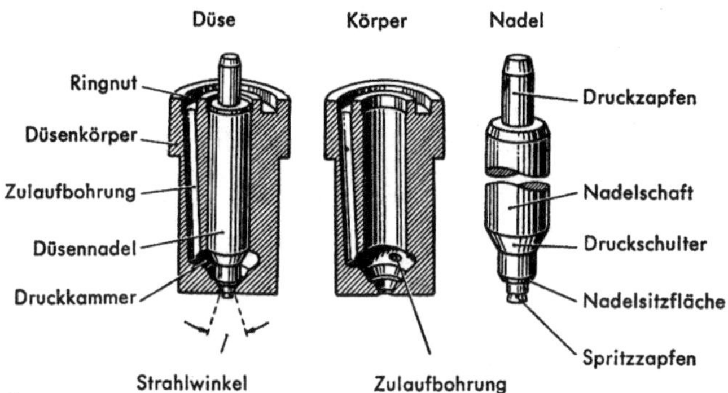

a)

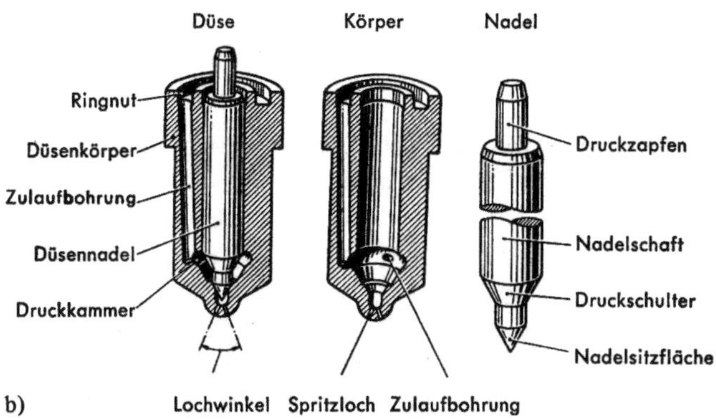

b)

Bild 6.23
Zapfendüse (a) und Lochdüse (b) ohne Düsenhalter

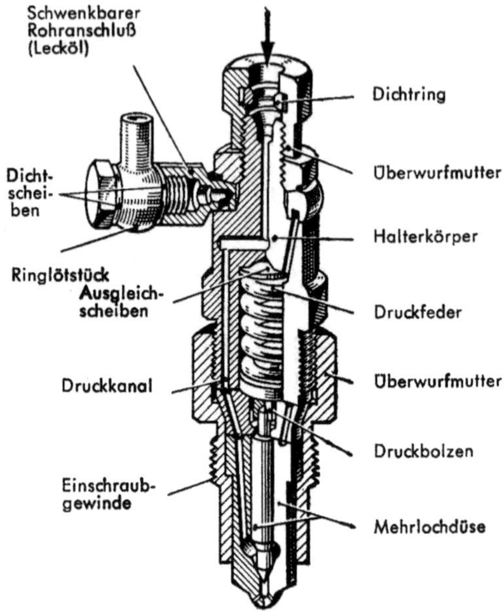

Bild 6.24
Mehrlochdüse mit Düsenhalter

Brennstoffilter

Um Schäden an den sehr genau gearbeiteten Kolben und Zylindern der Einspritzpumpe und Verstopfungen der Düsenöffnungen zu vermeiden muß der Brennstoff einen Filter durchlaufen. Wie Bild 6.19 zeigt, wird der Filter zwischen Förder- und Einspritzpumpe gesetzt.

6.2.7 Gemischbildung

Wie bereits in Abschnitt 6.1.7 erwähnt, kann ein guter Wirkungsgrad vor allem durch eine vollständige Ausnutzung der Energie des zugeführten Brennstoffes erreicht werden. Zur vollständigen Verbrennung muß eine Sauerstoffmenge, die mindestens dem stöchiometrischen Verhältnis zum Brennstoff entspricht, vorhanden sein. Dies erreicht man dadurch, daß man Dieselmotoren mit $\lambda > 1$ betreibt. Übliche Werte für λ sind:

langsam- bis mittelschnellaufende Großmotoren $\lambda \approx 1{,}6 - 1{,}8$
schnellaufende Kleinmotoren $\lambda \approx 1{,}3 - 1{,}5$.

Um eine gute Vermischung zwischen Brennstoff und Luft zu erreichen, sind verschiedene Möglichkeiten erprobt worden.

Die Konstrukteure von Dieselmotoren waren zunächst vor allem bestrebt, die Form des Brennraumes an die Form des zerstäubten Brennstoffstrahles anzupassen. Außerdem versuchte man den Brennstoff in möglichst kleine Tröpfchen zu zerstäuben. Das hat den Vorteil, daß die Tröpfchen wegen ihrer im Verhältnis zum Volumen größeren Oberfläche schneller vergasen und so den Zündverzug verringern.

Diese Entwicklung stieß jedoch schon bald an ihre Grenzen. Durch die feine Zerstäubung wurde zwar ein schneller Temperaturanstieg auf die Zündtemperatur erreicht, die chemische Reaktion jedoch kaum beeinflußt. Die Folge davon war, daß bei schnellaufenden Motoren der während des Zündverzuges einströmende Brennstoff bei Erreichen der Zündtemperatur *schlagartig* verbrannte. Diesen Vorgang nennt man *Dieselklopfen*. Man stellte fest, daß bei noch feinerer Zerstäubung dieser Vorgang nicht etwa vermieden, sondern stärker wurde. In der Folge wurde nun ein Verfahren gesucht, das eine kontinuierliche Verbrennung gewährleistete. Das von Meurer (MAN) entwickelte *M-Verfahren* basiert nicht mehr auf der guten Zerstäubung des Brennstoffes, sondern auf einer möglichst *kontinuierlichen* Verbrennung.

Im Folgenden seien einige wichtige Verfahren zur Gemischbildung und Verbrennung bei Dieselmotoren beschrieben.

Diesel

Rudolf Diesel gelang die Gleichdruckverbrennung bei ca. 40 bar. Er erreichte mittels Preßluft von ca. 80 bar eine ausreichende Zerstäubung und Gemischbildung. Die Preßluft wurde über ein nockengesteuertes Nadelventil in den Brennraum geblasen. Die Preßluft nahm den der Düse vorgelagerten dosierten Brennstoff mit und zerstäubte ihn im Brennraum.

Dieses Verfahren hatte einen entscheidenden Nachteil. Zur Erzeugung der Preßluft von 80 bar gingen etwa 15 % der Motorleistung verloren.

Später gelang es, die Pumpendrücke auf 40 ... 80 MPa zu erhöhen und so eine Einspritzung ohne Preßluft zu bauen. Da außerdem die Nockensteuerung des Ventils durch eine Feder ersetzt werden konnte, war es möglich, eine einfache *Direkteinspritzung* zu konstruieren.

Direkteinspritzung

Ein Nachteil der Direkteinspritzung sei vorab erwähnt. Der Beginn der Einspritzung ist stark von der Einstellung der Feder an der Einspritzdüse abhängig: Das führt bei ungenauer Einstellung oder Ermüdung der Feder zu falschen Zündzeitpunkten und Leistungsverlusten.

Vor allem bei Motoren mit Zylinderdurchmessern größer als 150 mm und Drehzahlen kleiner als 750 min^{-1} hat sich die Direkteinspritzung durchgesetzt.

Die *Düsenform* richtet sich nach der Brennraumform. Dabei kommt vor allem die *Lochdüse*, zumeist als *Mehrlochdüse*, zum Einsatz. Die einzelnen Strahlen treten unter einem Winkel aus, der der Brennraumform angepaßt ist. Bild 6.25a – e zeigt verschiedene Brennraumformen die Verwendung finden.

Vorkammermotor

Um bessere Zündbedingungen zu haben und um einen weicheren Verbrennungsbeginn zu erreichen, als dies bei Direkteinspritzung der Fall ist, ist dem eigentlichen Zylinderraum eine *Vorkammer* mit einem engen Übergangskanal zum Zylinderraum vorgeschaltet. Der Brennstoff wird in diese Vorkammer eingespritzt.

Bild 6.26 zeigt einen Schnitt durch einen Vorkammermotor. Während des Verdichtungshubes strömt die Frischluft durch den Übergangskanal in die Vorkammer (5); kurz vor Erreichen des oberen Totpunktes wird der Brennstoff in die Vorkammer eingespritzt. Die dann erfolgende Selbstzündung leitet nur eine *Teilverbrennung* des Brennstoffes ein. Durch die infolge der Verbrennung erfolgte Druckerhöhung strömt das Gemisch in den Hauptzylinderraum. Dadurch wird eine starke Verwirbelung und damit eine gute Gemischbildung zur weiteren Verbrennung hervorgerufen.

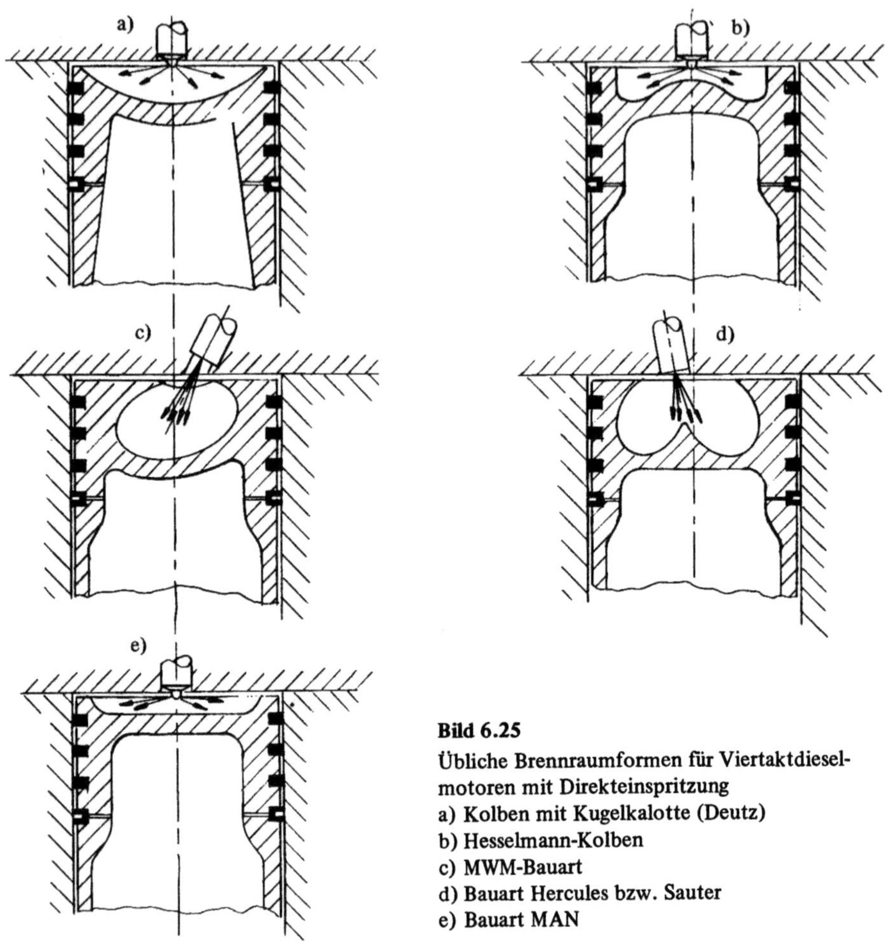

Bild 6.25
Übliche Brennraumformen für Viertaktdieselmotoren mit Direkteinspritzung
a) Kolben mit Kugelkalotte (Deutz)
b) Hesselmann-Kolben
c) MWM-Bauart
d) Bauart Hercules bzw. Sauter
e) Bauart MAN

Luftspeichermotor

Auch beim Luftspeichermotor (*Lanova-Verfahren*) erfolgt die Einspritzung kurz vor Erreichen des oberen Totpunktes. Der Brennstoffstrahl (6) ist auf den Eingangskanal der Luftdüse des Luftspeichers (5) gerichtet, so daß der eingespritzte Brennstoff von der in die Vorkammer einströmenden Luft mitgerissen wird (Bild 6.27). Die Zündung setzt in der Vorkammer ein, es findet wieder eine Teilverbrennung und das Überströmen, verbunden mit starker Verwirbelung, in den Hauptzylinderraum statt. Durch die Ausbildung der Kammern und der Verbindungskanäle ist die Verwirbelung und der Verbrennungsablauf bestimmt.

Wirbelkammermotor

Durch die Luftführung in der Wirbelkammer wird eine gute Gemischbildung erreicht. Der Brennstoff wird tangential in Wirbelrichtung eingespritzt (Bild 6.28). Zeitpunkt der Einspritzung, Zündung und Ablauf der Verbrennung sind so wie beim Vorkammermotor.

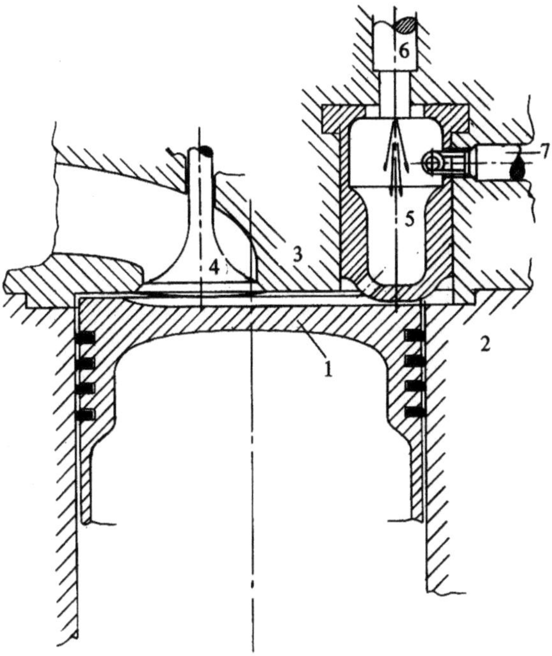

Bild 6.26

Schnitt durch einen Vorkammermotor
1 Kolben,
2 Zylinderwand,
3 Zylinderdeckel,
4 Ventil,
5 Vorkammer,
6 Einspritzdüse,
7 Glühkerze

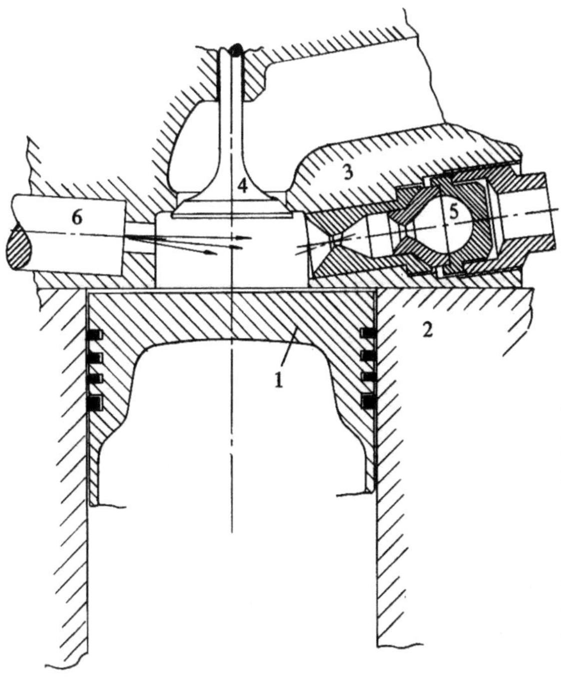

Bild 6.27

Schnitt durch einen Luftspeichermotor
1 Kolben,
2 Zylinderwand,
3 Zylinderdeckel,
4 Ventil,
5 Luftspeicher,
6 Einspritzdüse

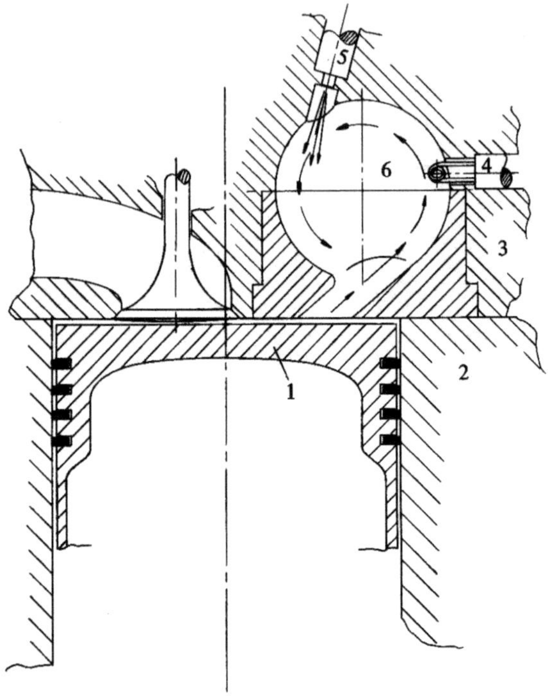

Bild 6.28

Schnitt durch einen Wirbelkammermotor
1 Kolben,
2 Zylinderwand,
3 Zylinderdeckel,
4 Glühkerze,
5 Einspritzdüse,
6 Wirbelkammer (nach Ricardo)

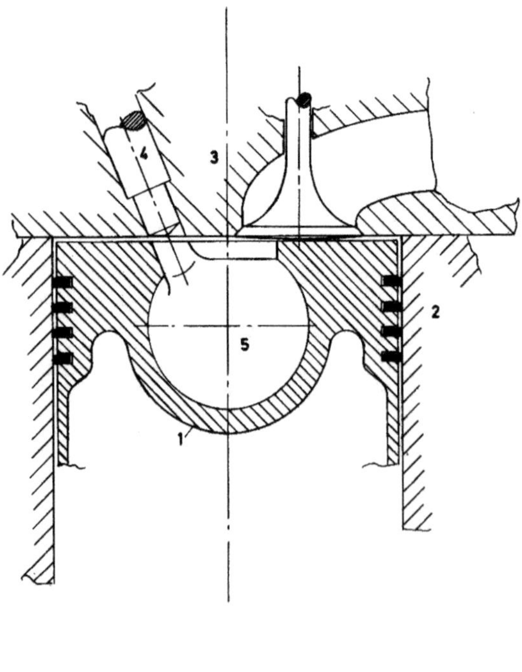

Bild 6.29

Schnitt durch einen nach dem M-Verfahren arbeitenden Motor
1 Kolben,
2 Zylinderwand,
3 Zylinderdeckel,
4 Einspritzdüse,
5 Brennraum

Das M-Verfahren

Das MAN-M-Verfahren ist durch die typische Ausbildung des Kolbens mit dem eingearbeiteten Brennraum gekennzeichnet (Bild 6.29). Durch die spezielle Gestaltung des Einlaßkanals wird ein Luftwirbel erzeugt. Der Brennstoff wird so eingespritzt, daß er sich zu etwa 95 % zunächst an der Hohlraumwandlung als Film niederschlägt. Die Zündung erfolgt mit der geringen Restmenge des Brennstoffes, die bereits mit der Luft ein Gemisch gebildet hat. Nun verdampft der auf die heiße Brennraumoberfläche aufgespritzte Brennstoff und mischt sich kontinuierlich dem Luftwirbel zu. Es läuft eine *sehr weiche* und *sehr vollständige Verbrennung* ab.

Das M-Verfahren zeichnet sich durch einen sehr ruhigen Lauf und weitgehende Unempfindlichkeit gegen die Verschiedenartigkeit von Brennstoffen aus. Es ist sogar schon gelungen klopffeste Ottobrennstoffe zu verarbeiten.

6.2.8 Selbstzündung und Verbrennung

Wie bereits vorher erwähnt, wird beim Dieselmotor der Verbrennungsbeginn durch den Zeitpunkt der Einspritzung definiert. Dabei muß der Brennstoff kurz vor dem beabsichtigten Zündzeitpunkt eingespritzt werden, da vom Beginn der Einspritzung bis zur Zündung eine bestimmte Zeit vergeht. Diese sogenannte *Zündungsverzugszeit* hängt hauptsächlich vom Brennstoff ab. Dabei sind vor allem seine Dichte und Flüchtigkeit von Bedeutung. Der Zündverzug beträgt etwa 0,0007 ... 0,003 s.

Die Selbstzündung des Brennstoffes kann natürlich nur dann erfolgen, wenn die im Zylinder herrschende Temperatur oberhalb der Zündtemperatur des Brennstoffes liegt. Deshalb benötigen Dieselmotoren besondere *Starthilfen*, z.B. die *Glühkerze*, die die Luft in der Vorkammer so weit aufheizt, daß bereits bei den ersten Verdichtungshüben die Selbstzündung eintritt.

Bei Motoren mit *Direkteinspritzung* (es handelt sich dabei in der Hauptsache um Großmotoren) kann man durch Anpassen des Brennstoffstrahles an die Brennraumform und wegen des großen Luftüberschusses ($\lambda \approx 1{,}6 \ldots 1{,}8$) befriedigende, vollständige Verbrennung erreichen.

Bei Kraftfahrzeugen ist jedoch ein günstigeres Leistungsgewicht erforderlich. Deshalb werden diese mit kleinerem Luftüberschuß ($\lambda \approx 1{,}3 \ldots 1{,}5$) und mit wesentlich höheren Drehzahlen gefahren. Unter den dabei auftretenden Bedingungen reicht die vom Einspritzpumpenkolben auf den Brennstoff übertragene Energie nicht mehr aus, um eine befriedigende Gemischbildung und daraus resultierend eine gute Verbrennung zu erreichen. Aus diesem Grunde wird zur Gemischbildung entweder die thermische Energie bereits verbrannter Brennstoffteile oder die mechanische Energie des Kolbens benutzt. Typische Vertreter mit Ausnutzung der thermischen Energie sind die *Vorkammermotoren*, während die *Wirbelkammermotoren* die mechanische Energie des Motorkolbens zur besseren Verwirbelung und Verbrennung nutzen.

Vorkammermotoren

Gegen Ende des Verdichtungshubes wird ein Teil der Verbrennungsluft in die Vorkammer (Bild 6.26, Pos. 5) gedrückt. Gleichzeitig tritt aus der Einlochdüse (Pos. 6) ein Brennstoffstrahl aus, der sofort zündet und durch Teilverbrennung einen Überdruck erzeugt. Das brennende Gemisch tritt bei beginnender Kolbenabwärtsbewegung mit starker Verwirbelung in den Hauptbrennraum ein und verbrennt dort mit dem ausreichend vorhandenen Sauerstoff vollständig.

Die Vorkammermotoren haben Luftzahlen von $\lambda \approx 1{,}3 \ldots 1{,}5$ und Verdichtungsverhältnisse von $\epsilon \approx 16 \ldots 20$. Als Starthilfe benötigen sie eine Glühkerze.

Wirbelkammer- und Luftspeichermotoren

Die Besonderheit dieser Motoren liegt darin, daß bei ihnen die mechanische Energie des Kolbens zur Verwirbelung des Brennstoffluftgemisches stärker genutzt wird. Wegen der größeren Verbreitung sei hier nur auf die Wirbelkammermotoren eingegangen. Die Wirbelkammer (Bild 6.28, Pos. 6) enthält bei Erreichen des oberen Totpunktes fast die gesamte Verbrennungsluft, (während sich in der Vorkammer nur einen Teil – $\approx 1/3$ – befindet). Die Luft wird, wie Bild 6.28 deutlich zeigt, während der Aufwärtsbewegung des Kolbens tangential in die Wirbelkammer eingeleitet, dadurch in eine starke *Rotation* versetzt. In diesen rotierenden Luftstrom wird der Brennstoff eingespritzt. Die Richtung des Brennstoffstrahles wird so gewählt, daß nach dem Mischen bei abwärtsgehendem Kolben das brennende Gemisch leicht aus der Wirbelkammer austreten kann. Der Austrittsquerschnitt ist erheblich größer als bei der Vorkammer und daraus folgend sind die Drosselverluste geringer. Die Wirbelkammermotoren benötigen als Starthilfe ebenfalls eine Glühkerze.

6.2.9 Steuerung

Die für Viertakt-Dieselmotoren übliche Steuerung ist die *Ventilsteuerung*. Diese Art der Steuerung ist bereits im Abschnitt 6.1.9 beschrieben. Da beim Dieselmotor grundsätzlich die gleichen Steuerungsprobleme auftreten, sei hier auf eine eingehendere Betrachtung verzichtet.

Die *Unterschiede* gegenüber der Steuerung bei Viertakt-Ottomotoren bestehen in den meist etwas niedrigeren Drehzahlen und in den höheren Drücken. Die niedrigeren Drehzahlen haben zur Folge, daß die Massenkräfte geringer sind und daher seltener obenliegende Nockenwellen verwendet werden. Die höheren Drücke erfordern kräftigere Ventilteller und breitere Dichtflächen.

Ein weiterer Unterschied zwischen Viertakt-Otto- und Dieselmotoren ist bei den Steuerzeiten festzustellen. Bild 6.30 zeigt die Öffnungsquerschnitte einer Ventilsteuerung als Funktion des Kurbeldrehwinkels und das dazugehörige Steuerdiagramm. Tabelle 6.1 gibt einige Werte für die Steuerzeiten an.

Während der Ventilüberschneidung $\varphi_ü$ sind sowohl das Einlaß- als auch das Auslaßventil geöffnet. Bei nicht aufgeladenen Motoren wird $\varphi_ü$ klein gehalten. Werte von 15 ... 45 °KW (Grad Kurbelwinkel) sind üblich. Bei aufgeladenen Motoren (s. auch Abschnitt 6.7) wird $\varphi_ü \approx 100 \ldots 140$ °KW gewählt, damit das Restgas gut ausgespült wird. Bei Aö ist der Druck im Zylinder wesentlich höher als in der Abgasleitung. Damit bei Beginn des Ausschubtaktes der Druck im Zylinder möglichst weit abgesunken ist, muß Aö vor uT liegen. Das Ausschieben soll bei einem Druck, der nur wenig über dem der Abgasleitung liegt, stattfinden. Es soll so weit nach uT liegen, daß am Ende des Ansaugtaktes keine zu starke Drosselung und damit Verminderung der Füllung durch das sich schließende Einlaßventil eintritt. Liegt Es zu weit nach uT, so wird durch das noch geöffnete Einlaßventil bei Beginn des Verdichtungshubes Frischladung zurückgeschoben. Dies bedeutet ebenfalls einen Füllungsverlust. Die günstigsten Steuerzeiten werden durch Ladungswechselberechnungen festgelegt und durch Versuche am Motor überprüft.

Tabelle 6.1 Steuerzeiten von Viertaktmotoren
Angaben in °KW (Grad Kurbelwinkel)

	Eö in °KW vor oT	Es in °KW nach uT	Aö in °KW vor uT	As in °KW nach oT
Ottomotoren	10 ... 20	35 ... 45	45 ... 55	5 ... 15
Dieselmotoren, schnellaufend	15 ... 30	30 ... 50	30 ... 55	5 ... 30
langsamlaufend	5 ... 30	30 ... 50	30 ... 50	5 ... 30
mit Abgasturbo-aufladung	50 ... 80	30 ... 50	45 ... 70	50 ... 70

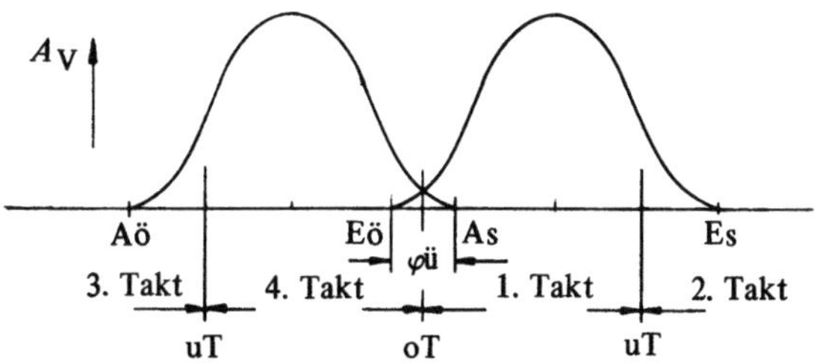

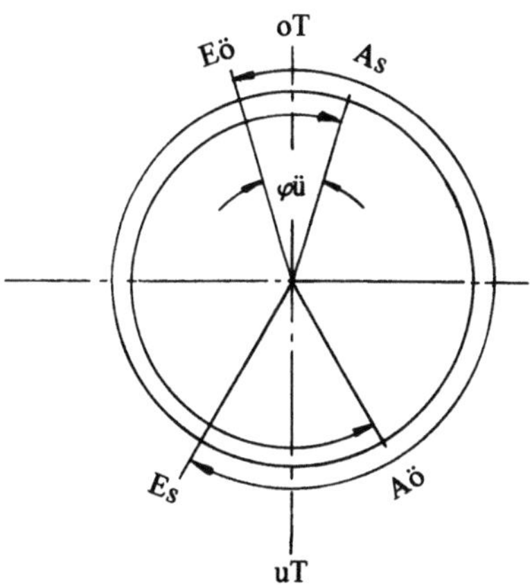

Bild 6.30
Ventilöffnungsquerschnitt als Funktion des Kurbeldrehwinkels und Steuerdiagramm
A_V – Ventilöffnungsquerschnitt
Eö – Einlaß öffnet
Es – Einlaß schließt
Aö – Auslaß öffnet
As – Auslaß schließt
oT – oberer Totpunkt
uT – unterer Totpunkt
φü – Winkel der Ventilüberschneidung

6.2.10 Beurteilungsgrößen

Spezifischer Kraftstoffverbrauch b_e

Zur Beurteilung eines Verbrennungsmotors ist der Verbrauch eine wichtige Größe. Der spezifische Kraftstoffverbrauch b_e gibt an, wieviel Kraftstoff der Motor für eine Kilowattstunde benötigt. b_e erreicht etwa folgende Werte:

Großdieselmotoren $b_e \approx$ 200 ... 240 g/kWh
Kleindieselmotoren $b_e \approx$ 240 ... 280 g/kWh.

Drehzahl n

Eine weitere wichtige Größe zur Beurteilung gerade von Dieselmotoren ist die Drehzahl. Wie bereits im Abschnitt 6.1.10 erwähnt, sind Verschleiß und Massenkräfte stark von den auftretenden Geschwindigkeiten und Beschleunigungen und damit von der Drehzahl abhängig. Im Folgenden seien einige übliche Drehzahlen für verschiedene Dieselmotoren angegeben.

Schnellaufende Viertakt-Dieselmotoren
in Personenkraftwagen: $n_{max} \approx 3500 \dots 4500 \text{ min}^{-1}$
in Lastkraftwagen: $n_{max} \approx 2000 \dots 4000 \text{ min}^{-1}$

mittelschnellaufende Dieselmotoren
für Leistungen bis ca. 400 kW pro Zylinder in Schiffen und Pumpenstationen usw.
$n_{max} \approx 250 \dots 1000 \text{ min}^{-1}$,
langsamlaufende Dieselmotoren mit $n_{max} \approx 120 \text{ min}^{-1}$
werden in der Regel als Zweitaktmotoren ausgeführt.

Hubraumleistung P_h

Eine häufig herangezogene Größe zum Vergleich von Verbrennungsmotoren ist die Hubraumleistung, die angibt, welche Nennleistung aus einem Kubikdezimeter Hubraum herausgeholt wird. Übliche Werte sind:

Personenkraftwagen $P_h \approx 18 \dots 20 \text{ kW/dm}^3$
Lastkraftwagen $P_h \approx 10 \dots 20 \text{ kW/dm}^3$
Schiffsdiesel $P_h \approx 6 \dots 12 \text{ kW/dm}^3$

Verdichtungsverhältnis ϵ

Gerade auch bei Dieselmotoren ist das Verdichtungsverhältnis eine wichtige Größe, die bei den verschiedenen Bauarten von Dieselmotoren sehr unterschiedliche Werte annehmen kann.

langsam- bis mittelschnellaufende Dieselmotoren $\epsilon \approx 12 \dots 15$
schnellaufende Dieselmotoren $\epsilon \approx 15 \dots 22$.

Mittlere Kolbengeschwindigkeit C_m

Wenn Aussagen über zu erwartendes Verschleißverhalten von Kolbenringen und Zylindern gemacht werden sollen, wird häufig die mittlere Kolbengeschwindigkeit dazu herangezogen. Es ist naheliegend anzunehmen, daß zwischen der Kolbengeschwindigkeit und dem Verschleißvolumen ein Zusammenhang besteht. Übliche Werte bei Dieselmotoren sind in Abhängigkeit vom Hub s:

Hub $s \leqslant 250$ mm $\rightarrow$ mittlere Kolbengeschwindigkeit $C_m \approx 9 \dots 11$ m/s
Hub $s \geqslant 250$ mm $\rightarrow$ mittlere Kolbengeschwindigkeit $C_m \approx 6 \dots 9$ m/s.

Die verschiedenen Gemischbildungsverfahren haben erheblichen Einfluß auf die Kennwerte eines Dieselmotors. Darum sind in Tabelle 6.2 die Kennwerte von Dieselmotoren bei verschiedenen Gemischbildungsverfahren wiedergegeben.

Tabelle 6.2 Kennwerte von Dieselmotoren bei verschiedenen Gemischbildungsverfahren

	Direkteinspritzung	Unterteilter Brennraum	MAN-M-Verfahren
Verdichtungsverhältnis ϵ	12 ... 15 15 ... 22	– 12 ... 15	– a) 18 ... 22 b)
Spez. Brennstoffverbrauch b_E in g/kWh	210 ... 240	230 ... 300	230 ... 240
Luftüberschußzahl λ	1,5 ... 2,0	1,3 ... 1,6	1,1
Nutzdruck p_e in kPa	550 ... 700	650 ... 800	750 ... 900

a) Großmotoren, b) Schnelläufer

6.2.11 Kennlinien

Im Folgenden seien zwei Kennlinien von Dieselmotoren beschrieben.

Das Drehmoment-Drehzahl-Verhalten von Dieselmotoren

Bei gleichbleibender Fahrhebelstellung nimmt mit steigender Drehzahl das Drehmoment zunächst etwas zu und fällt danach wieder etwas ab. Dieser Abfall ist beim Ottomotor ausgeprägter als beim Dieselmotor. Das Ansteigen des Drehmomentes folgt aus der mit wachsender Drehzahl besser werdenden Gemischbildung, bis schließlich mit zunehmender Einströmgeschwindigkeit die Drosselverluste stark anwachsen, wodurch die Gemischmenge, die in den Zylinder gelangt, kleiner wird und damit auch das Drehmoment absinkt. Beim Dieselmotor ist eine günstige Anpassung der eingespritzten Brennstoffmenge an die zur Verfügung stehende Verbrennungsluft möglich, so daß sich sehr flache Drehmomentkurven ergeben.

Der Verlauf des spezifischen Brennstoffverbrauches über der Drehzahl

Bei gleichbleibender Fahrhebelstellung nimmt mit steigender Drehzahl der spezifische Brennstoffbedarf zunächst etwas ab und steigt danach, vor allem nach dem Überschreiten der Drehzahl mit dem höchsten Drehmoment, wieder an. Der spezifische Brennstoffbedarf beim Dieselmotor ist bei weitem nicht so stark von der Drehzahl abhängig wie beim Ottomotor. Dies liegt vor allem an der bereits erwähnten günstigen Anpassung der Brennstoffmenge an die Verbrennungsluftmenge.

Auf die Bilder 6.13 und 6.14, die qualitativ das Drehmoment-Drehzahl- und das spezifische Brennstoffverbrauch-Drehzahl-Verhalten des Ottomotors zeigen, sei hier hingewiesen. Entsprechende Diagramme für den Dieselmotor haben lediglich einen etwas flacheren (weniger gekrümmten) Verlauf.

6.3 Zweitakt-Ottomotor

Ein wesentlicher Nachteil des Viertaktmotors ist die Tatsache, daß bei zwei Umdrehungen nur ein Arbeitshub stattfindet. Es lag nahe, ein Verfahren zu entwickeln, bei dem bei jeder Umdrehung ein Arbeitshub anfällt. Dieses Verfahren ist das *Zweitaktverfahren*, bei dem die Dauer eines Arbeitsspieles mit Expansion, Ladungswechsel und Verdichtung nur *eine* Umdrehung umfaßt. Bei gleicher Kurbelwellendrehzahl ist also die Anzahl der Arbeitshübe doppelt so groß wie beim Viertaktverfahren. Es liegt daher nahe zu vermuten, daß auch die Leistung des Zweitakt-Ottomotors sich gegenüber dem Viertakt-Ottomotor verdoppelt. Das ist jedoch nicht der Fall, weil ein erheblicher Teil des Kolbenhubes (ca. 20 ... 25 %) für den Ladungswechsel benötigt wird. Somit beträgt das Leistungsverhältnis zwischen beiden Verfahren nur ca. 1,6 bei sonst gleichen Motoren (Volumen gleich, Drehzahl gleich).

6.3.1 Der grundsätzliche Aufbau des Zweitakt-Ottomotors

Bild 6.31 zeigt den grundsätzlichen Aufbau eines Zweitakt-Ottomotors.

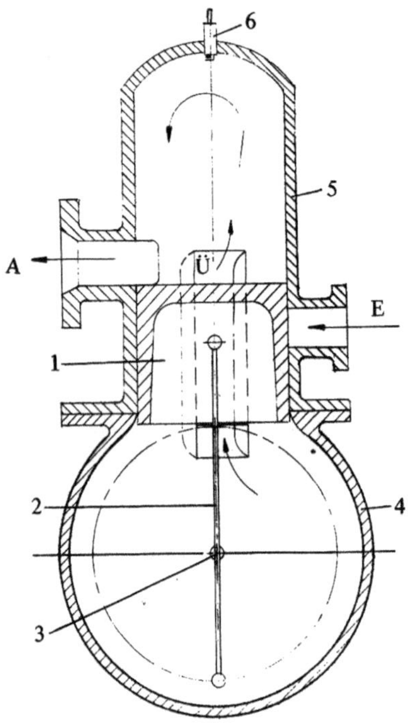

Bild 6.31
Prinzipieller Aufbau eines Zweitakt-Ottomotors
1 Kolben,
2 Pleuelstange,
3 Kurbelwelle,
4 Kurbelgehäusewandung,
5 Zylinderwandung
6 Zündkerze,
E Einlaßkanal vom Vergaser,
Ü Überströmkanal vom Kurbelgehäuse,
A Auslaßkanal zum Auspuff

6.3.2 Die Arbeitsweise des Zweitakt-Ottomotors

Ein Arbeitsspiel des Zweitakt-Ottomotors vollzieht sich während einer Umdrehung in zwei Takten.

1. Takt: Der Kolben bewegt sich von uT nach oT. Zu Beginn dieses Taktes wird noch durch die offenen Überströmkanäle aus dem Kurbelgehäuse Frischladung in den Zylinder hineingedrückt. Dieser Vorgang hat bereits im letzten Teil des vorherigen Taktes begonnen. Die Frischladung verdrängt die noch im Zylinder befindliche verbrannte Restladung, die durch den Auslaßkanal zum Auspuff strömt. Die obere Kolbenkante verschließt zunächst die Überströmkanäle und danach die Auslaßkanäle. Erst wenn alle Schlitze (Überström- und Auslaßkanäle) verschlossen sind, beginnt die Verdichtung. Kurz vor oT erfolgt dann die Zündung.

2. Takt: Zunächst *Arbeitstakt* mit der Verbrennung und Ausdehnung der Ladung, bei gleichzeitiger Kolbenbewegung von oT nach uT. Vor Erreichen von uT werden zuerst die Auslaßschlitze freigegeben, wodurch die verbrannte Ladung entweichen kann und daher der Druck im Zylinder stark abfällt. Kurz danach werden die Überströmschlitze freigegeben und die durch den heruntergehenden Kolben vorverdichtete Frischladung kann einströmen.

6.3.3 Das Indikatordiagramm

Bild 6.32 zeigt das prinzipielle Indikatordiagramm eines Otto-Zweitakt-Motors. Arbeitsweise und Indikatordiagramm sind hier am Beispiel eines Zweitakt-Ottomotors mit *Umkehrspülung* erklärt (Spülverfahren siehe Abschnitt 6.3.6).

1. Hub, von 1 nach 2:

1:	Verschließen des Auslaßschlitzes
1 nach 2:	Verdichten
2:	Zünden (kurz vor dem oberen Totpunkt)

2. Hub, von 2 nach 1:

2 nach 3:	Verbrennung und Expansion
3:	Öffnen des Auslaßschlitzes
3 nach 4:	Auspuffen und Druckabfall im Zylinder
4:	Öffnen der Überströmschlitze
4 nach 5:	Spülen
5 nach 4:	Spülen
4:	Schließen des Überströmschlitzes
4 nach 1:	Druckabfall durch weiteres Ausströmen aus dem Auslaßschlitz.

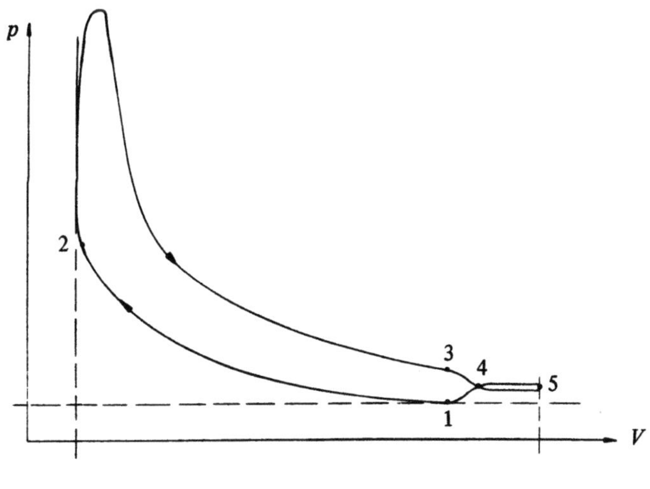

Bild 6.32 Vereinfachtes Indikatordiagramm eines Zweitakt-Ottomotors mit Umkehrspülung

6.3.4 Kennzeichnende Merkmale

Kennzeichnende Merkmale des Zweitakt-Ottomotors sind zunächst die gleichen wie beim Viertakt-Ottomotor, nämlich

- das Verdichtungsverhältnis,
- die Fremdzündung,
- die Art des Brennstoffes.

Ein besonderes Kennzeichnen des Zweitakt-Ottomotors ist das *Fehlen zwangsgesteuerter Auslaßventile*. Bei den meisten heute verwendeten Motoren dieser Art fehlen auch die Einlaßventile, so daß sowohl der Einlaß von Frischladung, als auch der Auslaß von verbranntem Gas über *Schlitze* erfolgt. Bild 6.33 zeigt das Prinzip eines Zweitaktmotors mit Einlaßventil.

Da der Zweitakt-Ottomotor üblicher Bauart völlig auf Ventile und damit auf Nockenwellen usw. verzichtet, ist er im Aufbau *wesentlich einfacher* als der Viertaktmotor.

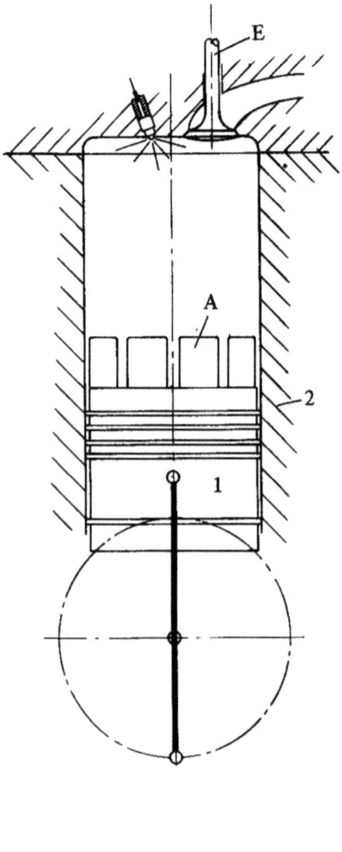

Bild 6.33
Zweitaktmotor mit Einlaßventil
1 Kolben,
2 Zylinderwand,
A Auslaßschlitze,
E Einlaßvetil

6.3.5 Konstruktion

Die Forderungen, die an die Konstruktion der wichtigen Bauteile wie Zylinderkopf, Kurbelgehäuse, Schmierung, Kühlung, Kolben, Pleuelstange, Kurbelwelle usw. zu richten sind, sind grundsätzlich die gleichen wie beim Viertakt-Ottomotor (s. auch Abschnitte 6.1.5 und 6.1.6).

Die Konstruktion eines Zweitakt-Ottomotors ohne Ventilsteuerung ist natürlich erheblich einfacher als die eines Viertaktmotors. Mit Ausnahme der Zündanlage entfallen alle für die Steuerung benötigten bewegten Teile wie Ventile, Kipphebel, Ventilfedern, Stößelstangen, Nockenwellen, Zahnriemen oder Zahnräder usw. Diese Teile werden durch die Überström- und Auslaßschlitze und die Kanäle ersetzt. Die Ausbildung eben dieser Kanäle ist für den Motor jedoch von erheblicher Bedeutung, da durch entsprechende Gestaltung sowohl die Steuerung, als auch die Drosselverluste und die Füllung des Zylinders mit Frischgas stark beeinflußt werden.

So sind durch die Höhe der Schlitze (s. auch Bild 6.32) die Steuerzeiten bestimmt. Durch den Querschnitt und die Form der Schlitze und Kanäle werden die Füllung und die Drosselung erhöht oder vermindert, je nachdem ob man die Querschnitte vergrößert oder verkleinert und viele oder wenige Wirbelkanten in den Kanälen beläßt.

Wesentlich wird die Konstruktion auch durch die Wahl des Verfahrens, das für die *Spülung* gewählt wird, beeinflußt.

6.3.6 Spülverfahren und Steuerung

Für das Ausschieben bzw. Auspuffen verbrannten Gases und das Aufnehmen frischer Ladung ist beim Zweitaktmotor wesentlich weniger Zeit vorhanden als beim Viertaktmotor, da dieser eine volle Umdrehung für den Vorgang zur Verfügung hat. In der Kürze der Zeit für den *Ladungswechsel* liegen erhebliche Probleme für den Zweitaktmotor. Es ist unbedingt erforderlich, die im Zylinder verbliebenen Restgase vor jeder Neufüllung durch einen Spülstrom auszuspülen, um ein möglichst großes Volumen mit Frischgas füllen zu können. Ein wesentlicher Gesichtspunkt bei der Gestaltung des Brennraumes und des Kolbens ist daher die Wahl eines geeigneten *Spülverfahrens*.

Zum Spülen braucht der Zweitaktmotor vorverdichtete Spülluft, um je nach Art der Spülung die Abgase mittels Frischluft bzw. Gemisch zu verdrängen. Die Spülluft wird beispielsweise mit einem besonderen Verdichter (Kolbenverdichter oder Radialverdichter) vorverdichtet. Bei kleineren Motoren wendet man auch oft die sogenannte *Kurbelkastenspülung* an. Dabei wird das Kurbelgehäuse möglichst klein gebaut und abgedichtet. Die auf- und abgehenden Kolben werden mit ihrer Unterseite zum Verdichten der Spülluft benutzt.

Die Abstimmung von Spulluftmenge und -druck und die Schlitzabmessungen sind wichtige Probleme, deren Behandlung jedoch den Rahmen dieses Buches sprengen würden.

Insbesondere bei Vergaser-Zweitakt-Ottomotoren muß erreicht werden, daß möglichst wenig des für die Spülung verwendeten Gemisches bereits mit den auszuspülenden Abgasen den Zylinder *unverbrannt* verläßt und damit den Brennstoffverbrauch unnötig erhöht.

Im Laufe der Entwicklungsgeschichte der Zweitaktmotoren sind mehrere Spülverfahren mit verschiedenen spezifischen Vor- und Nachteilen entwickelt worden. Die Bilder 6.34 bis 6.37 zeigen die vier gebräuchlichsten Spülverfahren.

Gleichstromspülung, Bild 6.34

Bild 6.34a zeigt die Gleichstromspülung mit einem Kolben. Die Abgase und die Spülluft durchströmen den Zylinder *in einer Richtung.*

Bild 6.34b zeigt die Gleichstromspülung mit Doppelkolben. Diese Anordnung bringt einen ausgezeichneten Spülerfolg. Die Kolbenanordnung kann auch mit Kurbelversetzung erfolgen, so daß der Auslaß vor dem Einlaß öffnet und schließt. Die Strömungswiderstände sind gering, allerdings ist die Konstruktion mechanisch sehr aufwendig.

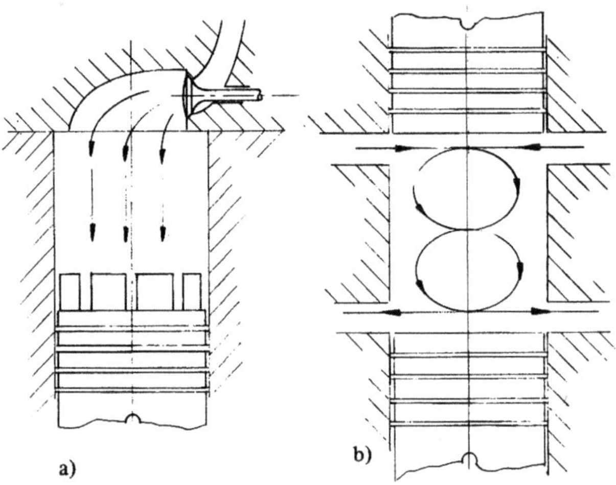

Bild 6.34
Gleichstromspülung
a) mit einem Kolben
b) mit Doppelkolben

Umkehrspülung, Bild 6.35

Bild 6.35a zeigt die Umkehrspülung nach *Schnürle.* Die Einlaßschlitze liegen seitlich neben den Auslaßschlitzen. Die Spülluft strömt schräg von unten durch die Einlaßschlitze in den Zylinder und drückt von der Rückwand des Zylinders her die Abgase durch die Auspuffschlitze.

Bild 6.35b zeigt die *MAN-Umkehrspülung.* Die Ein- und Auslaßschlitze liegen übereinander. Dadurch müssen sie flacher gestaltet werden, was einen höheren erforderlichen Spüldruck zur Folge hat. Dadurch, daß die eintretende kühle Frischluft über den Kolben streicht, erreicht man bei diesem Spülverfahren eine gute Kolbenkühlung.

U-Zylinder mit zwei Kolben, Bild 6.36

Bild 6.36 zeigt den U-Zylinder mit zwei Kolben. Es handelt sich dabei um eine Abwandlung des Verfahrens der Gleichstromspülung mit Doppelkolben (Versetzung eines Kolbens um 180°). Der Spülerfolg dieses Verfahrens ist gut und der Kurbeltrieb ist einfacher als beim Doppelkolben. Allerdings ist der Druckbedarf für die Spülluft wegen des erhöhten Strömungswiderstandes (Umlenkung des Luftstromes um 180°) größer.

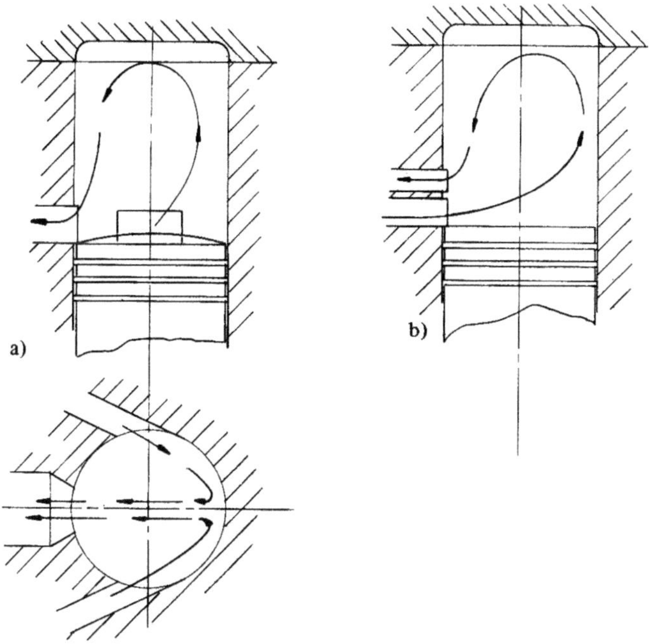

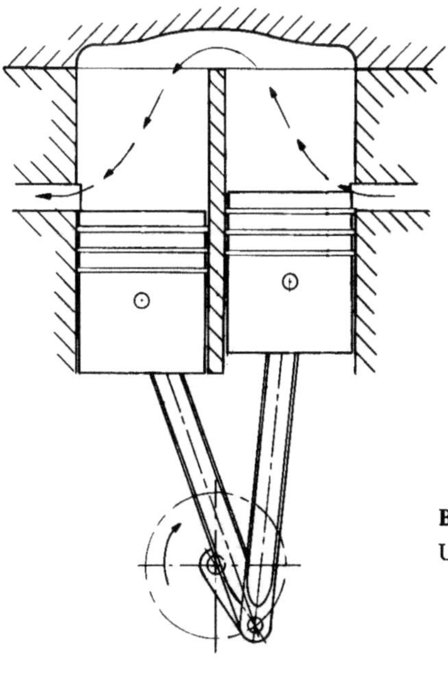

Bild 6.36
U-Zylinder mit zwei Kolben

Querspülung, Bild 6.37

Bild 6.37a zeigt die Querspülung mit Nasenkolben. Diese Art der Spülung hat einige Nachteile. Im Zentrum des Zylinders entsteht eine Wirbelwalze, die am Stoffaustausch nur wenig teilnimmt. Die Kolbennase ist sehr hoch temperaturbelastet.

Bild 6.37b zeigt die Querspülung mit flachem Kolbenboden. Die Kühlung des Kolbenbodens ist besser als beim Nasenkolben. Es treten keine ausgeprägten Temperaturspitzen auf. Der Spülerfolg ist allerdings geringer als bei der Ausspülung mit Nasenkolben.

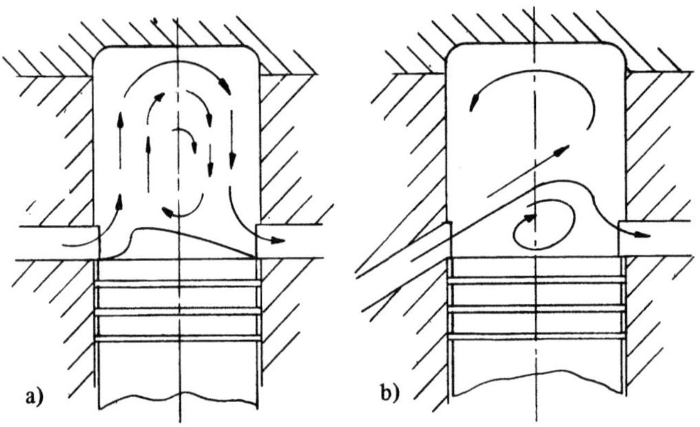

Bild 6.37
Querspülung
a) mit Nasenkolben
b) mit flachem Kolbenboden

Die *Steuerung der Zweitakt-Ottomotoren* erfolgt, wie bereits erwähnt, in den meisten Fällen über Schlitze. Bild 6.32 zeigt ein vereinfachtes Indikatordiagramm. Es ist zu sehen, daß die Höhe der Ein- und Auslaßschlitze wichtige Punkte im Indikatordiagramm bedeuten. So legt die Höhe des Auslaßschlitzes den Beginn der Verdichtung bei Kolbenaufwärtsbewegung und den Beginn des Ausschiebens bei Kolbenabwärtsbewegung fest.

Die Höhe des Einlaß- bzw. Überströmschlitzes legt Beginn und Ende des Spülvorganges fest. Der Öffnungswinkel der Auslaßschlitze beträgt etwa 150 ... 135 °KW, derjenige der Einla- bzw. Überströmschlitze etwa 110 ... 120 °KW.

6.3.7 Beurteilungsgrößen und Kennlinien

Spezifischer Brennstoffverbrauch b_e

Für den Zweitakt-Ottomotor ergeben sich gegenüber dem Viertakt-Ottomotor keine signifikanten Abweichungen. Er liegt bei $b_e \approx$ 300 ... 400 g/kWh.

Drehzahl n

Die Drehzahlen sind in der Regel etwas niedriger als bei Viertakt-Ottomotoren. Dies hängt mit der für den Ladungswechsel erforderlichen Zeit zusammen. Extrem hohe Drehzahlen haben extrem kurze Spülzeiten zur Folge, die wiederum sehr hohe Spüldrücke bzw. großflächige Schlitze erfordern. Mit den hohen Spüldrücken und großen Schlitzen wird relativ viel Frischgas schon gegen Ende des Spülvorganges den Zylinder unverbrannt verlassen können. Außerdem ist es sehr schwierig, die verbrannten Restgase vollständig auszuspülen.

Durch den Austritt von unverbranntem Gas wird der spezifische Brennstoffverbrauch stark erhöht und durch das Verbleiben von Restgas wird die Füllung verschlechtert. Ein weiterer Grund für die etwas niedrigeren Drehzahlen ist darin zu sehen, daß beim Zweitaktverfahren mit relativ großem Kolbenhub gearbeitet wird. Der Hub wird wegen der Höhe der Schlitze vergrößert. Dadurch steigt jedoch die Kolbengeschwindigkeit und damit auch der Verschleiß. Diesen Nachteil kann man nur durch eine Verminderung der Drehzahl wieder ausgleichen.

Übliche Drehzahlen für Zweitakt-Ottomotoren sind:

Krafträder $n \approx 4000 \ldots 7000\ \text{min}^{-1}$,
Personenwagen $n \approx 3500 \ldots 5500\ \text{min}^{-1}$.

Hubraumleistung P_h

Wie bereits vorher erwähnt, ist das Zweitaktverfahren theoretisch für wesentlich höhere Hubraumleistungen geeignet (bis zum ca. 1,6-fachen derjenigen des Viertaktverfahrens). Vergleicht man jedoch die in der Praxis erreichten Werte, so lassen sich keine eindeutig höheren Werte finden. Dies liegt darin begründet, daß das Drehzahlniveau in der Regel etwas niedriger liegt und so der Vorteil der doppelt so häufigen Arbeitshübe zum Teil preisgegeben wird.

Übliche Werte für die Hubraumleistung sind:

Krafträder $P_h \approx 25 \ldots 55\ \text{kW/dm}^3$
Personenwagen $P_h \approx 30 \ldots 50\ \text{kW/dm}^3$.

Verdichtungsverhältnis ϵ

Die bei Zweitakt-Ottomotoren erreichten Verdichtungsverhältnisse liegen wie beim Viertaktmotor bei $\epsilon \approx 6 \ldots 11$.

Kennlinien

Die in den Bildern 6.13 bis 6.16 gezeigten Kennlinien gelten auch für die Zweitakt-Ottomotoren, so daß auf eine nochmalige Darstellung und Erläuterung verzichtet wird (siehe Abschnitt 6.1.11).

6.4 Zweitakt-Dieselmotor

Bei den sehr großen Motoreinheiten, wie *Schiffsmotoren* und *stationäre Kraftwerksmotoren*, haben sich langsamlaufende Zweitakt-Dieselmotoren mit Leistungen bis zu 35 000 kW durchgesetzt. Dabei werden Zylinderleistungen von annähernd 3000 kW erreicht.

6.4.1 Aufbau und Arbeitsweise des Zweitakt-Dieselmotors

Es würde zu weit führen, alle Konstruktionsprinzipien und Arbeitsweisen hier zu beschreiben. Der Vollständigkeit halber seien jedoch einige Varianten des Zweitaktdieselverfahrens gezeigt:

- Zweitakt-Dieselmotor mit Gleichstromspülung (Bild 6.38),
- Zweitakt-Gegenkolbenmotor mit zwei Kurbelwellen (Bild 6.39),
- Doppeltwirkende Großdieselmaschine mit Kreuzkopf (Bild 6.40).

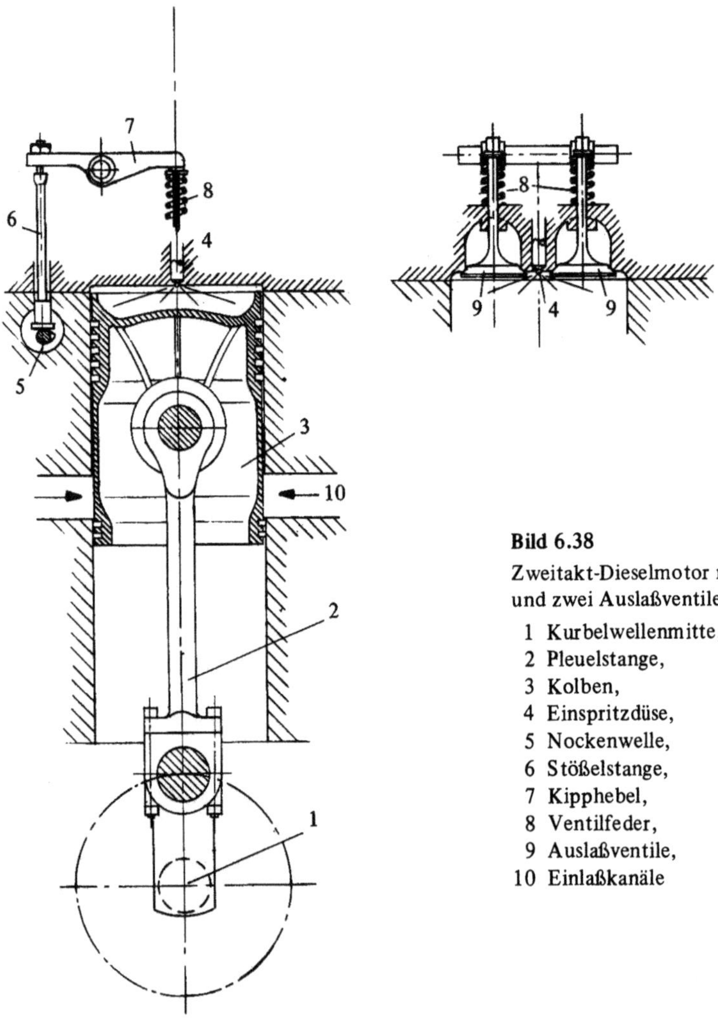

Bild 6.38

Zweitakt-Dieselmotor mit Gleichstromspülung und zwei Auslaßventilen (Querschnitt)

1 Kurbelwellenmitte,
2 Pleuelstange,
3 Kolben,
4 Einspritzdüse,
5 Nockenwelle,
6 Stößelstange,
7 Kipphebel,
8 Ventilfeder,
9 Auslaßventile,
10 Einlaßkanäle

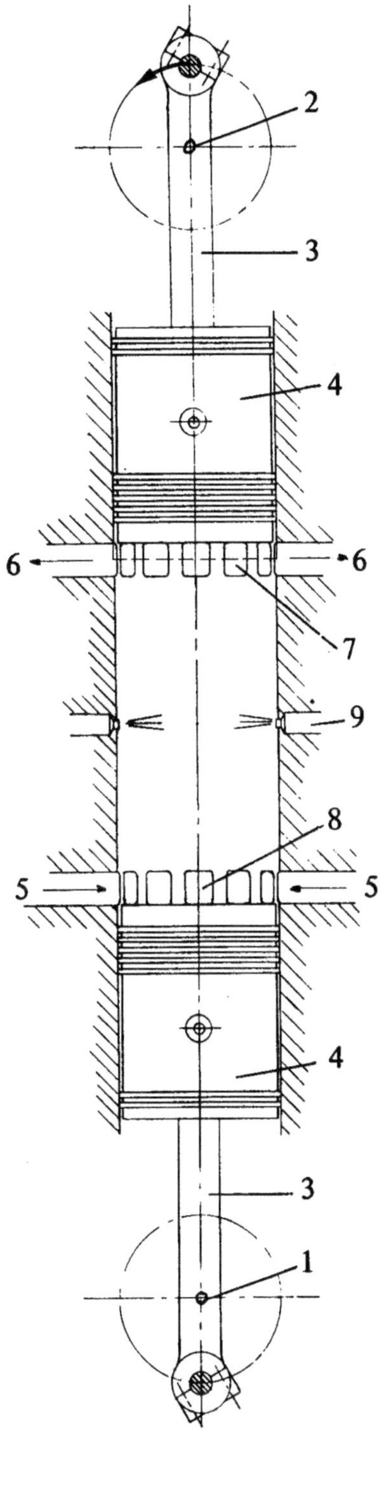

Bild 6.39

Prinzip des Zweitaktgegenkolbenmotors mit zwei Kurbelwellen

1 Kurbelwelle 1,
2 Kurbelwelle 2,
3 Pleuelstangen,
4 Kolben,
5 Einlaßkanäle,
6 Auslaßkanäle,
7 Auslaßschlitze,
8 Einlaßschlitze,
9 Einspritzventile

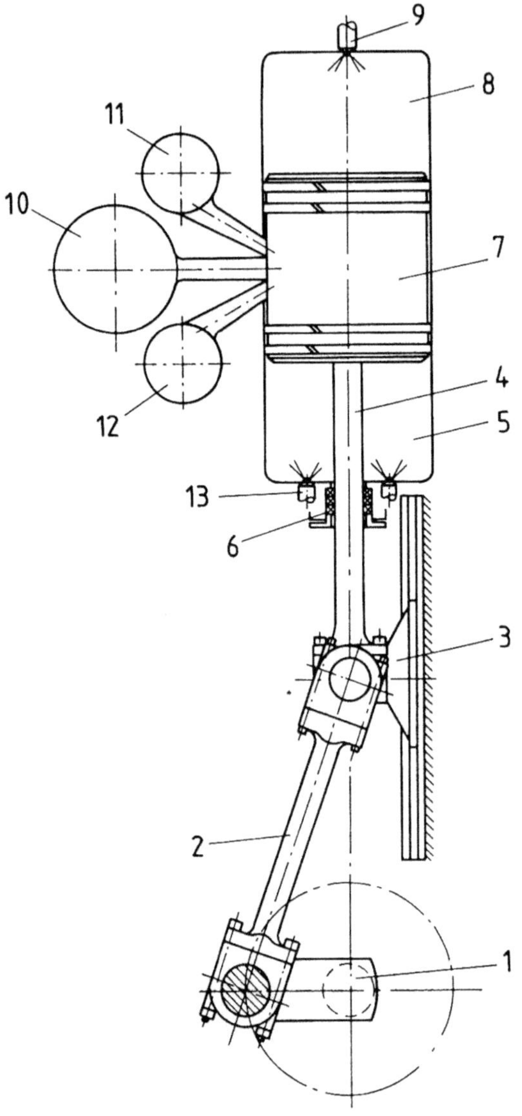

Bild 6.40

Doppelwirkende Großmaschine mit Umkehrspülung

1 Kurbelwelle,
2 Pleuelstange,
3 Gleitschuh
4 Kolbenstange,
5 Unterer Zylinder,
6 Stopfbuchsendichtung,
7 Kolben,
8 Oberer Zylinder,
9 Obere Einspritzdüse,
10 Spülluftsammler,
11 Oberer Abgassammler,
12 Unterer Abgassammler
13 Untere Einspritzdüse

6.4.2 Kennzeichnende Merkmale, Indikatordiagramm

Wichtige kennzeichnende Merkmale des Zweitakt-Dieselmotors sind

- das Verdichtungsverhältnis,
- die Art der Steuerung und Spülung,
- die Selbstzündung,
- die Art des Brennstoffes.

Das *Verdichtungsverhältnis* (siehe auch die Abschnitte 6.1.4 und 6.2.4), bei dem in der Regel als langsamlaufende Großmotoren ausgeführten Zweitakt-Dieselverfahren, liegt bei ca. 12 ... 15.

Die *Art der Steuerung und Spülung* ist gegenüber dem Viertakt-Dieselverfahren aber auch gegenüber dem Zweitakt-Ottoverfahren verschieden. Die Motoren sind in der Regel umsteuerbar, d.h., sie können sowohl rechts als auch links herum laufen. Bei Verwendung der Gleichstromspülung werden häufig Auslaßventile verwendet, im Gegensatz zum Zweitakt-Ottomotor, bei dem – wenn überhaupt – Einlaßventile verwendet werden. Es wird praktisch ausschließlich die Direkteinspritzung eingesetzt. Die Ladeluft wird hoch vorgespannt (Aufladung siehe Abschnitt 6.7.3), um trotz der relativ niedrigen Verdichtungsverhältnisse auf hohe Verdichtungsenddrücke zu kommen.

Die *Selbstzündung* hängt von der Art des verwendeten Brennstoffes ab. Der am meisten eingesetzte Brennstoff ist gerade bei Schiffshauptmotoren das Schweröl oder auch Rohöl. Diese Motoren sind daher unabhängig von den in Raffinerien destillierten teureren Leichtölen, die bei den schnellaufenden kleinen Viertakt-Dieselmotoren benötigt werden.

Bild 6.41 zeigt das *prinzipielle Indikatordiagramm* eines Zweitakt-Ottomotors mit Umkehrspülung. Im wesentlichen gleicht es dem des Zweitakt-Ottomotors, jedoch liegen die Verbrennungsenddrücke wesentlich höher als bei dem letztgenannten.

1: Schließen der Auslaßschlitze,
1 nach 2: Verdichten der Frischluft,
kurz vor 2: Beginn der Einspritzung,

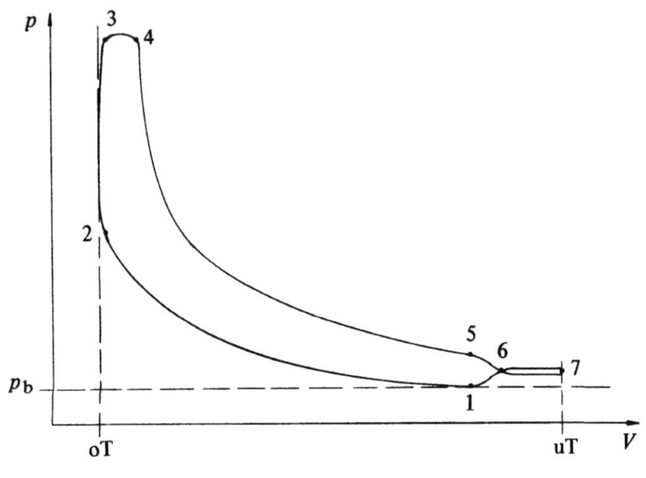

Bild 6.41
Indiktordiagramm eines Zweitakt-Dieselmotors

2:	Selbstzündung,
2 nach 3:	Verbrennung des Brennstoffes und Druckanstieg im Zylinder bei fast konstantem Volumen,
3 nach 4:	Verbrennung des restlichen Brennstoffes ohne weiteren Druckanstieg bei wachsendem Volumen,
4 nach 5:	Expansion der Verbrennungsgase,
5:	Öffnen der Auslaßschlitze
5 nach 6:	Auspuffen der Abgase und Druckabfall,
6:	Öffnen der Einlaßschlitze,
6 nach 7:	Spülen,
7 nach 6:	Spülen,
6:	Schließen der Einlaßschlitze,
6 nach 1:	Druckabfall durch weiteres Ausströmen aus den Auslaßschlitzen.

6.4.3 Beurteilungsgrößen und Kennlinien

Spezifischer Brennstoffverbrauch b_e

Beim spezifischen Brennstoffverbrauch ergeben sich für den Zweitakt-Dieselmotor gegenüber dem Viertakt-Dieselmotor keine signifikanten Abweichungen: $b_e \approx 200 \ldots 240$ g/kWh (siehe auch Abschnitt 6.1.10).

Drehzahl n

Für Großmotoren mit Zylinderleistungen von mehreren tausend kW liegen die Drehzahlen zwischen $n \approx 100 \ldots 200 \text{ min}^{-1}$. Die dabei erreichten mittleren Kolbengeschwindigkeiten liegen bei $c_m \approx 6 \ldots 7$ m/s.

Zylinderleistung

Eine häufig herangezogene Beurteilungsgröße für Großdieselmaschinen ist die Zylinderleistung. Sie beträgt heute ca. 2700 kW/Zylinder.

Im übrigen gelten für Zweitakt-Dieselmotoren dieselben Beurteilungsgrößen wie die im Abschnitt 6.1.10 für Viertakt-Dieselmotoren genannten.

Kennlinien

Die in dem Abschnitt 6.2.11 beschriebenen Kennlinien gelten auch für die Zweitakt-Dieselmotoren, so daß auf eine nochmalige Darstellung und Erläuterung verzichtet wird.

6.5 Kreiskolbenmotor von Wankel

Die weitere Entwicklung der Hubkolbenmotoren wird durch einige *Nachteile* entscheidend behindert.

1. Die auftretenden Massenkräfte der hin- und hergehenden Massen wie Kolben, Kolbenringe, Kolbenbolzen und Pleuelstange sind nicht in jeder Größe beherrschbar. Den entscheidenden Einfluß haben dabei Drehzahl und Hub.

2. Die maximal erreichbare Leistung wird auch dadurch begrenzt, daß sich weder das Verdichtungsverhältnis, noch der Hubraum beliebig vergrößern lassen.
3. Die mittleren Kolbengeschwindigkeiten sind wegen der starken Verschleißabhängigkeit auch nicht beliebig steigerbar. Hinzu kommt noch das Problem der endlichen Verbrennungsgeschwindigkeiten, die die absolute Kolbengeschwindigkeit während der Verbrennung begrenzen.

Aus diesen Gründen hat es in der Vergangenheit nicht an Versuchen gefehlt, von dem Konstruktionsprinzip des Hubkolbenmotors abzugehen und sich solchen zuzuwenden, wie sie auch bei mit rotierendem Verdrängerkolben arbeitenden Pumpen und Verdichtern üblich sind. Die Bemühungen, einen *Rotationskolbenmotor* zu entwickeln, zeigten 1960 mit der Vorstellung des nach seinem Erfinder genannten *Wankelmotors* Erfolg.

6.5.1 Konstruktion und Arbeitsweise

Bild 6.42 zeigt den Schnitt durch einen Wankelmotor. Er hat einen *dreieckförmigen Kolben* (1) mit gebogenen Seiten, der sich in einem unrunden, achtförmigen Gehäuse (3) so dreht, daß seine drei Kanten ständig die Gehäuseinnenwand (3) berühren. Im Zentrum des Kolbens befindet sich eine Bohrung, die die *Exzenterwelle* aufnimmt, deren Drehachse genau in der Gehäusemitte liegt. Die Drehbewegung des Kolbens kommt so zustande, daß die am Kolben zentrisch angeordnete Innenverzahnung (8) – Planetenrad – auf der mit dem Gehäuse fest verbundenen, zentrisch angeordneten Außenverzahnung (9) – Sonnenrad – abwälzt. Der Kolben macht also eine Planetenbewegung um die Drehachse der Exzenterwelle auf einer Bahn, deren Radius gleich der Exzentrizität ist, wobei er sich gleichzeitig um die eigene Achse dreht. Aus diesem Bewegungsablauf ergibt sich die Bahn der Kolbenkan-

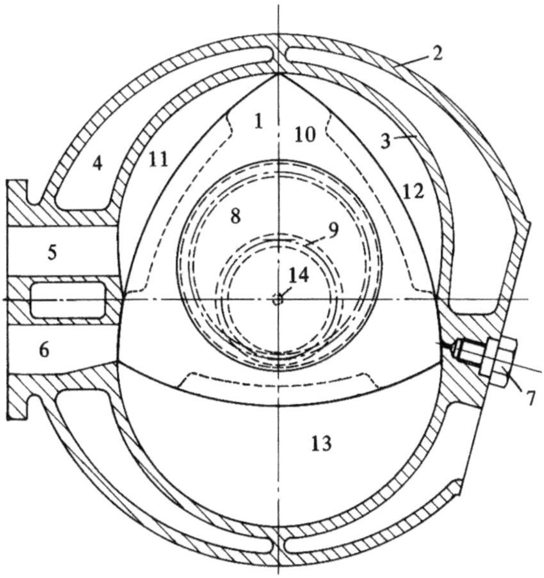

Bild 6.42
Schnitt durch einen Wankelmotor
1 Kolben,
2 Gehäuseaußenwandung,
3 Gehäuseinnenwandung,
4 Kühlwasser,
5 Einlaßkanal,
6 Auslaßkanal,
7 Zündkerze,
8 Innenverzahnung (Planetenrad),
9 Außenverzahnung (Sonnenrad),
10 Gleitfläche des Exzenters,
11 Ansaugen,
12 Verdichten,
13 Expandieren,
14 Motorwellenmitte

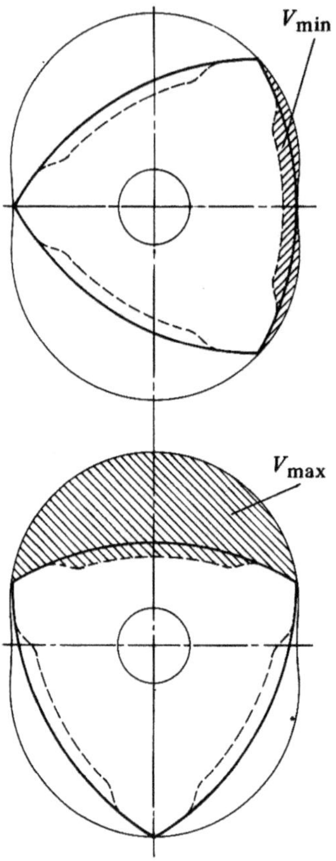

Bild 6.43
Volumen-Maximum und -Minimum

ten als *Epitrochoide.* Sie ist zugleich die Innenkontur des Gehäuses. Das Übersetzungsverhältnis zwischen Sonnenrad (9) und Planetenrad (8) ist 2 : 3. Daraus ergibt sich, daß bei drei Umdrehungen der Exzenterwelle der Kolben sich einmal im Gehäuse dreht, denn er hat sich relativ zur Exzenterwelle zweimal zurückgedreht. Zwischen Kolben (1) und Gehäuse (3) befinden sich drei Kammern (11, 12 und 13), die bei jeder Umdrehung des Kolbens je zweimal ihr Volumen von V_{min} auf V_{max} ändern (Bild 6.43). Damit kann in jeder Kammer bei einer Kolbenumdrehung ein vollständiges Viertakt-Arbeitsspiel ablaufen. Demnach arbeitet der Wankelmotor also dem *Viertaktverfahren*, wobei der Ladungswechsel über Öffnungen in der Gehäusewand erfolgt. Der Hubraum ergibt sich aus

$$V_{KH} = V_{max} - V_{min}$$

zu

$$V_H = 3 \cdot V_{KH} .$$

Die *Motordrehzahl* ergibt sich zu

$$n = 2/3\ n_E .$$

Darin ist n_E die Drehzahl der Exzenterwelle.

Der 1960 vorgestellte Wankelmotor arbeitete nach dem Ottoverfahren und hatte folgende Daten:

$$V_{KH} = 125 \text{ cm}^3$$

$$\epsilon = \frac{V_{max}}{V_{min}} = 8{,}5$$

$$n_e = 9000 \text{ min}^{-1}$$

$$P_e = 14 \text{ kW}.$$

Der im NSU-Ro 80 verwendete Motor war mit zwei um 180° versetzt angeordneten Scheiben versehen. Seine Leistung lag bei ca. 75 kW.

6.5.2 Vor- und Nachteile

Vorteile: Keine hin- und hergehenden Massen, daher kleine Beschleunigungskräfte.
Sehr einfacher Aufbau – keine Ventile und keine Nockenwelle usw.
Günstiges Leistungsgewicht – kleines Volumen.
Sehr gutes Drehmoment-Drehzahlverhalten, weil bei jeder Umdrehung des Kolbens drei Expansionen erfolgen.

Nachteile: Hohe Abgastemperaturen.
Dichtungsprobleme an den Kanten. Ungünstige Brennraumform.
Keine Kühlung des Brennraumes durch Frischladung wie beim Hubkolbenmotor, daher hohe thermische Belastung des Gehäuses im Brennraum.

6.6 Mehrzylindermotoren

Um dem Wunsch nach größerer Leistung zu entsprechen, aber auch, um die Ungleichförmigkeit des anfallenden Drehmomentes zu vermindern, baute man schon früh Mehrzylindermotoren in den verschiedensten Formen.

Der *Einzylindermotor* braucht – besonders beim Viertaktverfahren – eine besonders große Schwungscheibe, um den Nachteil, daß nur bei jeder zweiten Umdrehung ein Arbeitshub erfolgt, auszugleichen. Dabei wirkt die einmal in Bewegung gesetzte Scheibe als ein Energiespeicher.

6.6.1 Lage und Anordnung der Zylinder

Je nach der Lage der Zylinderachsen unterscheidet man drei verschiedene Arten von Motoren. Wie Bild 6.44 zeigt, sind dies der *stehende,* der *schrägstehende* und der *liegende* Motor.

Der schrägstehende Motor benötigt nicht die Einbauhöhe eines stehenden Motors; allerdings ist sein Platzbedarf in der Breite größer. Man findet ihn häufig in Kraftfahrzeugen. Der liegende Motor mit seiner kleinen Einbauhöhe wird häufig als *Unterflurmotor* in Bussen oder Schienenfahrzeugen eingebaut. Mehrzylindermotoren in Einreihenausführung werden in den oben beschriebenen Lagen eingebaut. Es gibt jedoch auch Mehrreihenmotoren, bei denen die verschiedenen Lagen der Zylinderreihen gleichzeitig auftreten können.

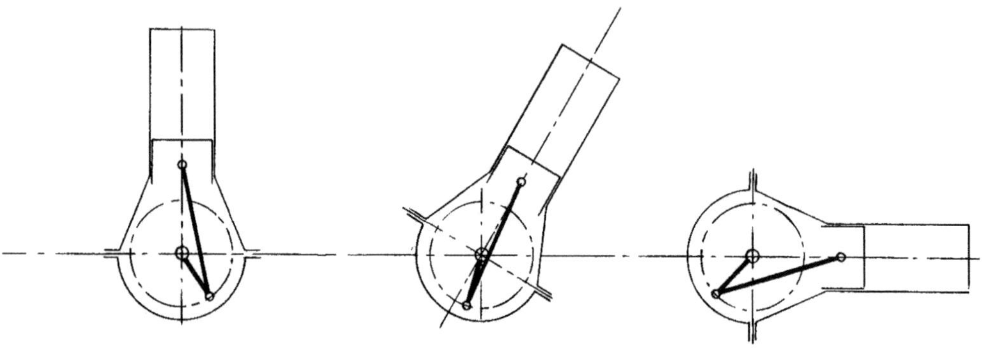

Bild 6.44 Lage der Zylinder von Motoren

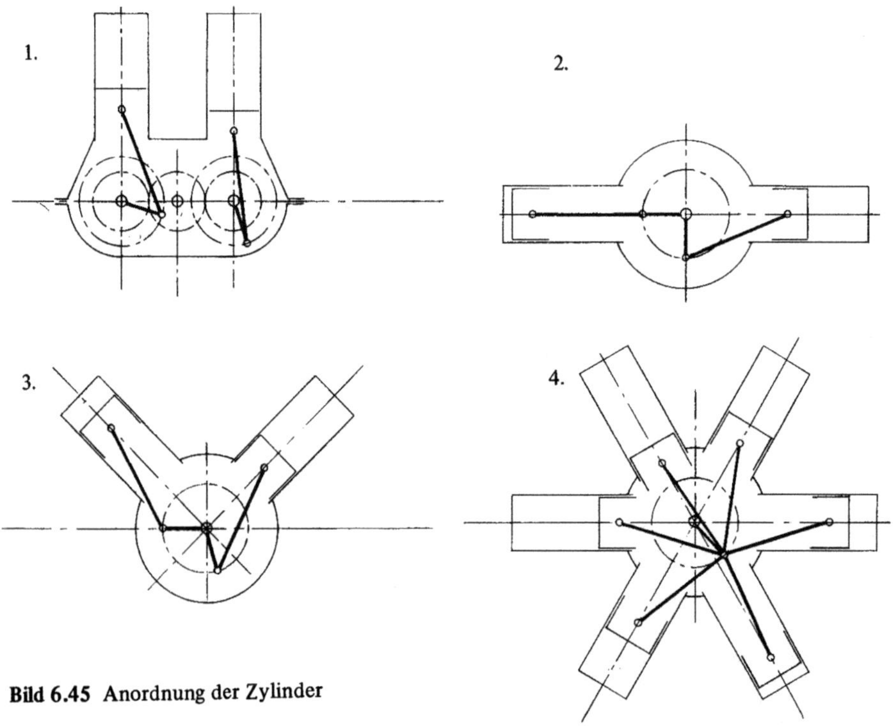

Bild 6.45 Anordnung der Zylinder

Bild 6.45 zeigt einige der Möglichkeiten:

1. Doppel-Reihenmotor,
2. Boxermotor,
3. V-Motor,
4. Sternmotor.

Der *Doppel-Reihenmotor* hat im Gegensatz zum *Boxermotor* und *V-Motor* zwei Kurbelwellen, jede der beiden senkrecht stehenden Zylinderreihen hat eine eigene Kurbelwelle, die durch Stirnräder miteinander verbunden sind. Bei neueren Motoren wurde die Doppelreihenausführung von der V- und Boxeranordnung fast vollständig verdrängt. Als Flugzeugmotor wurde häufig der *Sternmotor* eingesetzt. Bei diesem sind die Zylinder in einer oder in mehreren Ebenen sternförmig um die Kurbelwelle angeordnet.

6.6.2 Das Ansaug- und Auspuffverhalten

Der Bau von Mehrzylindermotoren hat erhebliche Folgen für das Ansaug- und Auspuffverhalten.

Das *Ansaugverhalten* bei Motoren mit Gemischbildung im Vergaser zeigt folgende Besonderheiten: Bei Verwendung nur eines Vergasers verbessert sich mit der Anzahl der Zylinder auch die Kontinuität des Strömungsvorganges im Vergaser, weil häufiger, d.h. in kürzeren zeitlichen Abständen, ein Saughub erfolgt. Es ist allerdings kaum möglich, die Länge und Form der Ansaugleitungen (und damit auch die Drosselverluste) vom Vergaser zum jeweiligen Zylinder genau gleich zu machen, dies wäre aber im Sinne einer gleichmäßigen Auslastung der Zylinder sehr wünschenswert. Wegen langer Saugleitungen und damit verbundener hoher Drosselverluste verwendet man häufig Doppelvergaser oder auch mehrere Einzelvergaser, je nach Anzahl und Anordnung der Zylinder. Als Extremfall mag ein 12-Zylinder-Rennmotor gelten, bei dem jeder Zylinder mit einem eigenen Vergaser versehen wurde!

Es ist naheliegend, daß hier die Vorteile einer besseren Füllung und Verbrennung durch geringere Drosselverluste wegen der enormen Einstellschwierigkeiten nicht zum Tragen kommen. In der Regel werden heute Motoren mit bis zu vier Zylindern mit nur einem Vergaser oder einem Doppelvergaser bestückt.

Für Motoren mit *Einspritzung* ergeben sich keine besonderen Probleme, da z.B. von einer Mehrkolbeneinspritzpumpe entweder direkt in den Zylinder oder in das Saugrohr kurz vor dem Einlaßventil Brennstoff in genau dosierter Menge eingespritzt wird.

Die Ausbildung der *Abgasleitungen* ist für das Leistungsvermögen von Mehrzylindermotoren ebenfalls von großer Bedeutung. Die theoretisch denkbare günstigste Lösung, jeden Zylinder mit einer eigenen, vollständig glatten, nicht gekrümmten Abgasleitung in optimaler Länge zu versehen, ist sicher nicht praktikabel. Aus Gründen der Schalldämpfung und der Kostenminimierung werden Abgasleitungen soweit möglich zusammengefaßt. Dabei ist folgendes zu beachten: Jede Erhöhung der Auslaßwiderstände vermindert die Leistung des Motors. Die Zylinder, deren Abgasleitungen zusammengefaßt werden, müssen so gesteuert sein, daß auf keinen Fall heiße Abgase mit zündfähigem Frischgas zusammenkommen können. Diese Gefahr besteht vor allem während der Zeit der Ventilüberschneidung (Ventilüberschneidung = Zeitraum, in dem sowohl Einlaß-, als auch Auslaßventil geöffnet sind).
In der Praxis hat sich gezeigt, daß beim Viertaktverfahren bis zu vier Abgasleitungen schon kurz nach dem Brennraum zusammengefaßt werden können. Dies entspricht einem Zündabstand von 180 °KW zwischen den einzelnen Zylindern.

6.6.3 Massenkräfte und Massenausgleich

Massenkräfte

Bei allen Motoren mit Kurbeltrieb ist die Kolbengeschwindigkeit in den beiden Totpunkten Null. Aus der Kolbenbeschleunigung, z.B. im oberen Totpunkt, ergibt sich eine Massenkraft, die entgegen der Bewegungsrichtung des Kolbens wirkt. Da die oszillierenden (hin- und hergehenden) Massen konstant sind, ist der Verlauf der Massenkraft gleich dem der Beschleunigung.

Die sich ständig in Größe und Richtung ändernde *Massenkraft* bewirkt sowohl positive, als auch negative *Drehmomente* und außerdem *Motorkippmomente*. Die aus den Massenkräften entstandenen Drehmomente können die aus dem Arbeitsverfahren folgenden unterschiedlichen Winkelgeschwindigkeiten zum Teil ausgleichen. Allerdings fehlt beim Anfahren zunächst diese ausgleichende Wirkung der Massenkräfte. Die Massenkräfte wirken auch auf die Motorfundamente, wenn sie nicht durch den Massenausgleich innerhalb der Maschine ausgeglichen werden. Allerdings wird auch bei vollständigem Ausgleich die Kurbelwelle und das Gehäuse durch *Wechselbiegemomente* belastet, wenn Massenkräfte an verschiedenen Stellen der Kurbelwelle angreifen.

Zu den *oszillierenden Massen* gehören: Kolben, Kolbenringe, der oszillierende Anteil der Pleuelstange, Kolbenbolzen oder Kolbenstange sowie der Kreuzkopf. Diese Massen denkt man sich im Kolbenbolzen oder im Kreuzkopf vereinigt.

Für die Massenkraft gilt folgende bereits vereinfachte Gleichung:

$$F_m = m_o \cdot r \cdot \omega^2 \left[\cos\alpha + \left(\lambda + \frac{\lambda^3}{4}\right)\cos 2\alpha - \left(\frac{\lambda^3}{4} + 3\frac{\lambda^5}{16}\right)\cdot \cos 4\alpha\right]. \tag{6.2}$$

F_m Massenkraft
m_o Summe der oszillierenden Massen
r Kurbelradius
ω Winkelgeschwindigkeit
α Kurbelwinkel
λ Pleuelstangenverhältnis $= \frac{\text{Kurbelradius}}{\text{Pleuellänge}}$.

Bild 6.46 zeigt den Verlauf der Massenkraft über eine Umdrehung. Außerdem sind die aus Gl. (6.2) sich ergebenden verschiedenen Anteile aufgetragen.

Es sind dies

Massenkraft

1. Ordnung

$$F_1 = m_o \cdot r \cdot \omega^2 \cdot \cos\alpha \tag{6.3}$$

F	m	r	ω	α	λ
N	kg	m	$\frac{1}{s^2}$	rad, °	1

Massenkraft

2. Ordnung

$$F_2 = m_o \cdot r \cdot \omega^2 \left(\lambda + \frac{\lambda^3}{4}\right)\cos 2\alpha \tag{6.4}$$

Bild 6.46
Verlauf der Massenkraft und ihrer Einzelanteile 1., 2. und 4. Ordnung über eine Umdrehung für λ = 0,25

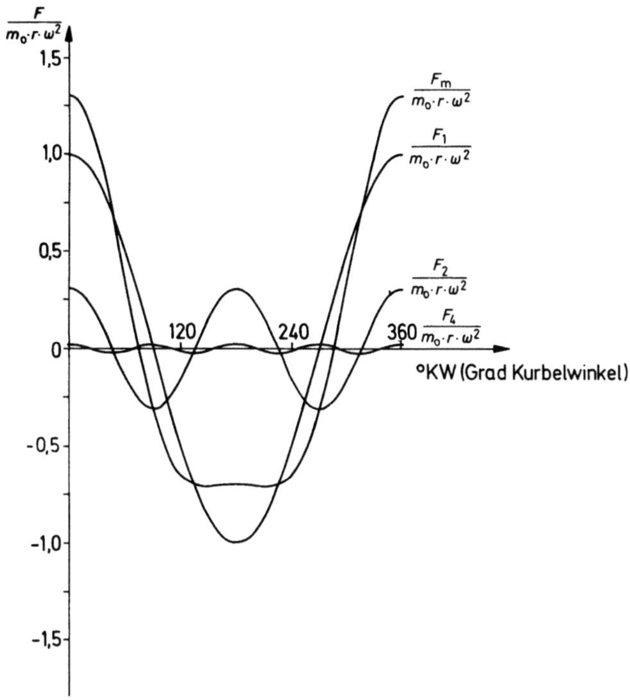

Massenkraft
4. Ordnung

$$F_4 = -m_o \cdot r \cdot \omega^2 \left(\frac{\lambda^3}{4} + \frac{3\,\lambda^5}{16}\right) \cos 4\,\alpha. \qquad (6.5)$$

Wie man aus Bild 6.46 sieht, ist der Anteil der Massenkraft 4. Ordnung, gemessen an denen 1. und 2. Ordnung, sehr klein, so daß er zumeist vernachlässigt werden kann.

Außer den oszillierenden Massenkräften treten auch noch *rotierende Massenkräfte* auf. Jede umlaufende Einzelmasse wird bei konstanter Winkelgeschwindigkeit aufgrund eines bestehenden Abstandes zwischen Drehachse und Schwerpunkt eine Massenkraft als *Fliehkraft* erzeugen.

$$F_z = m_z \cdot r_z \cdot \omega^2. \qquad (6.6)$$

F	m	r	ω	λ	α
N	kg	m	$\frac{1}{s^2}$	1	rad, °

F_z Fliehkraft
m_z exzentrisch umlaufende Masse
r_z Schwerpunktabstand des Kurbelzapfens
ω Winkelgeschwindigkeit der Kurbelwelle.

Einzelmassen, deren Schwerpunktabstand ein anderer ist als r_s, werden auf den Kurbelzapfenmittelpunkt umgerechnet. Es handelt sich dabei in der Hauptsache um die *Kurbelwangen.*

$$m_{wr} = m_w \cdot \frac{r_s}{r}. \qquad (6.7)$$

m	r
kg	m

m_w Masse der Kurbelwangen
m_{wr} Masse der Kurbelwangen, bezogen auf den Kurbelzapfen
r_s Schwerpunktabstand der Kurbelwange
r Kurbelhalbmesser.

Damit ergibt sich die gesamte Massenkraft aus der Summe der Einzelmassen zu

$$F_m = m \cdot r \cdot \omega^2 . \tag{6.8}$$

F	m	r	ω
N	kg	m	$\frac{1}{s^2}$

F_m gesamte rotierende Massenkraft
m Summe der Einzelmassen unter Berücksichtigung unterschiedlicher Radien nach (6.7)
r Kurbelradius
ω Winkelgeschwindigkeit der Kurbelwelle.

Diese Massenkraft läßt sich durch Gegenmassen an den Kurbelwangen vollständig ausgleichen. Dabei muß gelten

$$m_A \cdot r_A = m \cdot r. \tag{6.9}$$

m	r
kg	m

Um die Massen m_A klein zu halten, wird dabei der Schwerpunktabstand r_A möglichst groß gewählt.

Massenausgleich

Der Massenausgleich soll hier nur am Beispiel des Reihenmotors gezeigt werden. Für andere Motorkonfigurationen wird auf die einschlägige Literatur verwiesen.

Hauptanliegen des Massenausgleiches ist es, die die Fundamente belastenden *Massenkräfte möglichst klein* zu halten. D.h., die Kurbelwelle ist so zu gestalten, daß die Summe der Massenkräfte gleicher Ordnung möglichst klein oder besser noch Null wird. Dabei ist wegen der Größe der Kräfte der Ausgleich der Massenkräfte 1. Ordnung besonders wichtig. Die günstigsten Möglichkeiten bieten die sogenannten *homogenen Maschinen* mit gleichen Abständen der Zylinder. Außerdem ist anzustreben, die oszillierenden Teile, wie Kolben und Pleuelstangen, an einem Motor mit möglichst gleicher Masse auszuführen.

Um einen gleichmäßigen Drehmomentenverlauf zu erzielen, werden bei allen homogenen Viertaktmotoren mit ungerader Zylinderzahl und allen homogenen Zweitaktmotoren die Kurbelzapfen gleichmäßig verteilt. Bei Zweizylindermotoren mit 180° Kurbelwinkel zwischen den Kurbelzapfen ergibt sich dabei ein Kraftvektor 2. Ordnung. Bei einer Zylinderanzahl größer als zwei werden ohne zusätzliche Ausgleichsmaßnahmen die rotierenden und die sozillierenden Massenkräfte 1. und 2. Ordnung Null.

Das bedeutet jedoch nicht, daß keine Massenmomente auftreten. Diese Momente kommen durch die Zylinderabstände in Längsrichtung des Motors zustande. D.h., der Betrag eines solchen Massenmomentes hängt von der Kurbelanordnung in Längsrichtung ab. Bild 6.47 zeigt Kurbelanordnungen für den bestmöglichen Momentenausgleich der oszillierenden Massenkräfte 1. Ordnung bei gleichmäßig verteilten Kurbelzapfen. Dabei zeigt a) die Anordnung für einen Fünfzylindermotor und b) die Anordnung für einen Zweitakt-Sechszylindermotor. Die auch bei diesen Anordnungen noch auftretenden Momente lassen sich zum Teil durch ungleiche Zylinderabstände ausgleichen.

Um bei homogenen Viertaktmotoren mit gerader Zylinderzahl einen möglichst gleichmäßigen Drehmomentenverlauf zu erhalten, müssen jeweils zwei Kurbelzapfen die gleiche Winkellage haben. Dabei können Massenmomente durch eine längssymmetrische Anordnung vermieden werden. Bei einem *Zweizylindermotor* ist ein Massenkräfteausgleich der oszil-

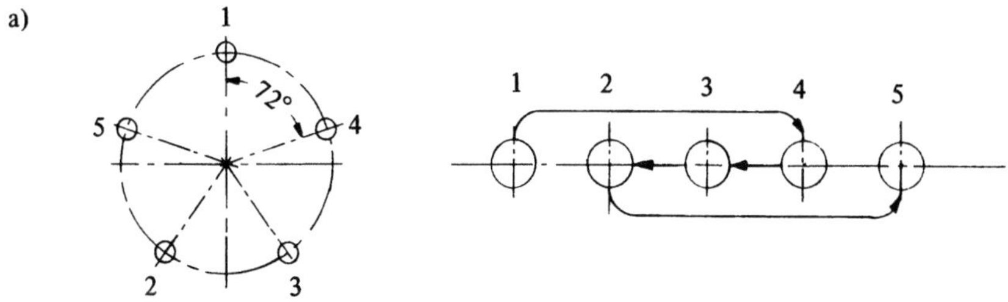

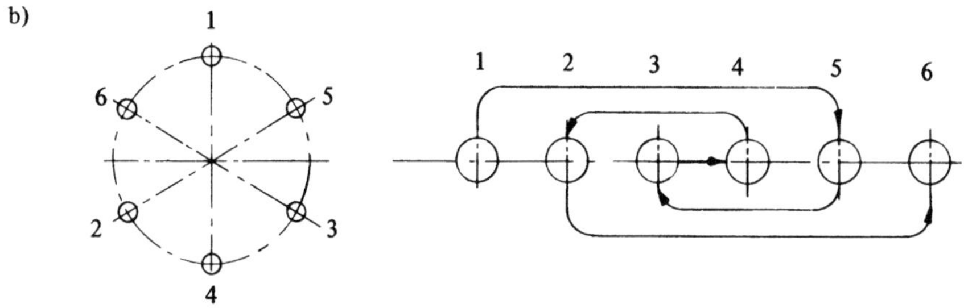

Bild 6.47 Kurbelanordnung für bestmöglichen Momentausgleich
a) Fünfzylindermotor b) Zweitakt-Sechszylinder-Motor

lierenden Massen ohne die Anordnung zusätzlicher Kurbeln weder in der 1. noch in der 2. Ordnung möglich. Beim *Vierzylindermotor* ist lediglich ein Ausgleich der rotierenden sowie der oszillierenden Massenkräfte 1. Ordnung möglich. Das hat zumeist einen etwas unruhigen Lauf zur Folge. Wie bereits erwähnt, treten dabei Massenmomente bei symmetrischer Anordnung nicht auf. Ab der *Zylinderzahl sechs* wird auch beim Viertaktmotor ein vollständiger Ausgleich der rotierenden Massenkräfte, der oszillierenden Massenkräfte 1. und 2. Ordnung und der Massenmomente bei längssymmetrischer Anordnung nach Bild 6.48 erreicht. Ein solcher Motor zeichnet sich durch einen ruhigen, schwingungsarmen Lauf aus. Der Momenten- und Massenkräfteausgleich bedeutet aber keineswegs, daß nicht *innerhalb der Maschine erhebliche Massenkräfte und -momente* auf die Kurbelwelle wirken. Aus diesem Grunde werden bei sehr schnellaufenden Maschinen an jeder Kurbelwange Gegengewichte angebracht, um bereits dort die Massenkräfte erheblich zu vermindern.

Beispiel 6.1: Es ist die gesamte rotierende Massenkraft zu ermitteln. Außerdem sollen die erforderlichen Gegenmassen bei aus den Abmessungen gegebenen maximalem Schwerpunktabstand r_A berechnet werden.

Gegebene Werte:

Masse der Kurbelwangen m_W
Schwerpunktabstand der Wangen r_S
Masse des Kurbelzapfens m_Z
Schwerpunktabstand des Kurbelzapfens r_Z

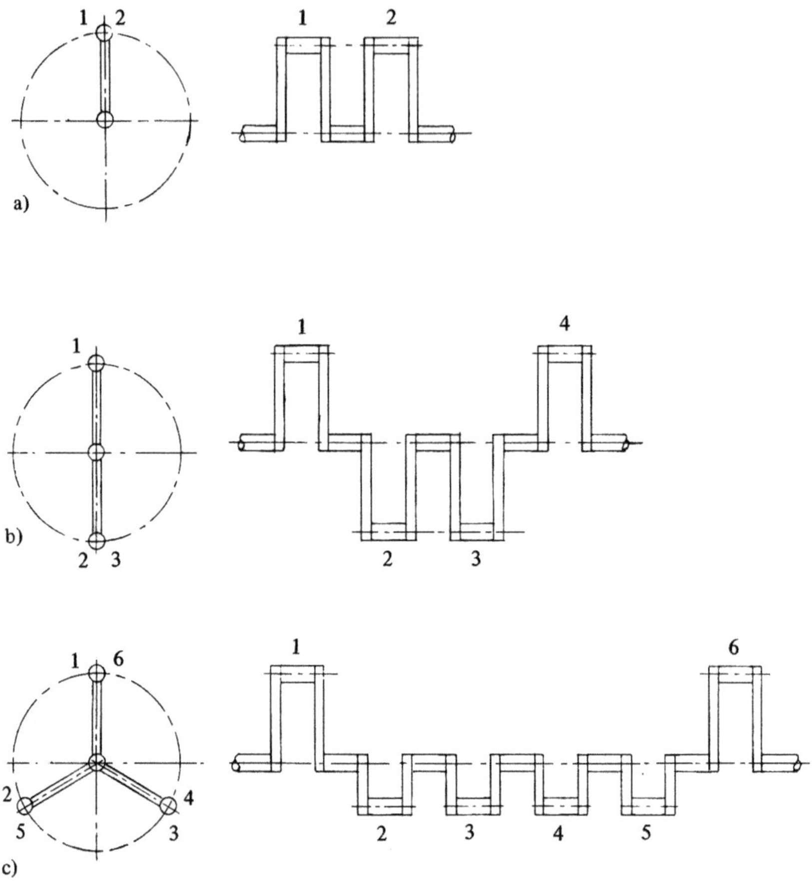

Bild 6.48 Kurbelanordnung bei Viertaktmotoren mit gerader Zylinderzahl
a) Zweizylindermotor b) Vierzylindermotor c) Sechszylindermotor

Gleichungen

$$m_{\mathrm{wr}} = m_{\mathrm{w}} \cdot \frac{r_{\mathrm{s}}}{r} \tag{6.7}$$

$$F_{\mathrm{m}} = m \cdot r_{\mathrm{z}} \cdot \omega^2 \tag{6.8}$$

$$m_{\mathrm{A}} \cdot r_{\mathrm{A}} = m \cdot r_{\mathrm{z}}. \tag{6.9}$$

Lösung: Mit Hilfe der Gl. (6.8) läßt sich F_{m} bestimmen. Zuvor muß jedoch die Masse m ermittelt werden. Dazu wird Gl. (6.7) benutzt. Dann ergibt sich die sogenannte reduzierte Kurbelwangenmasse zu

$$m_{\mathrm{wr}} = m \cdot \frac{r_{\mathrm{s}}}{r_{\mathrm{z}}},$$

r_{z} = Kurbelradius (sowie Schwerpunktabstand des Kurbelzapfens).

Mit dem so erhaltenen Wert läßt sich die gesamte rotierende Masse bestimmen.

$$m = m_{\mathrm{z}} + m_{\mathrm{wr}}.$$

Dann kann durch Einsetzen in Gl. (6.8) F_m bestimmt werden.

$$F_m = (m_z + m_{wr}) \cdot r_z \cdot \omega^2 .$$

Die erforderliche Masse der Ausgleichsgewichte kann bei gegebenem Radius r_A mit Hilfe der Gl. (6.9) bestimmt werden:

$$m_A \cdot r_A = m \cdot r_z$$

$$m_A = m \cdot \frac{r_z}{r_A}$$

$$m_A = (m_z + m_{wr}) \cdot \frac{r_z}{r_A} .$$

Damit wäre die erforderliche Ausgleichsmasse für die rotierende Massenkraft bestimmt. Auf eine vollständige Berechnung des Massenausgleiches wird hier wegen des Umfanges verzichtet.

6.7 Aufladung

Will man an einem bestehenden Verbrennungsmotor ohne Veränderung der geometrischen Abmessungen die Leistung steigern, so hat man dabei zwei Möglichkeiten:

1. Durch Erhöhung der Drehzahl und
2. durch Aufladung.

Die *Drehzahl* kann aus Gründen der Werkstoffestigkeit nicht beliebig weit erhöht werden, außerdem sinkt oberhalb der optimalen Motordrehzahl der Wirkungsgrad ab. Dann bleibt als Möglichkeit der Leistungssteigerung nur noch die *Aufladung*. Unter Aufladung versteht man das Erhöhen der Frischladung eines Motors durch Vorverdichten der Ladung. Durch das Vorverdichten erreicht man eine Vergrößerung der zugeführten Luftmenge und dementsprechend der Brennstoffmenge.

Zu diesem leistungssteigernden Effekt, der proportional zu dem Verhältnis p_1/T_1 erfolgt, treten noch weitere Erscheinungen auf, die ebenfalls eine Leistungserhöhung zur Folge haben. Der Index 1 weist darauf hin, daß es sich um Parameter der angesaugten Ladung handelt.

Restgasverdichtung

Dadurch, daß Ladung mit einem höheren als dem Umgebungsdruck einströmt, wird das im Zylinder verbleibende Restgas verdichtet. Das Restgas nimmt dann ein kleineres Volumen ein. Diese Volumenverminderung ist ein Raumgewinn für das Frischgas, d.h., es kann etwas mehr Frischgas einströmen und daraus folgt eine kleine Leistungssteigerung gegenüber dem nichtaufgeladenen Motor.

Gaswechselarbeit

Beim nicht aufgeladenen Motor liegt der Ansaugdruck p_s unter dem Auspuffgegendruck p_A. Zum Gaswechsel muß also Arbeit zugeführt werden. Beim aufgeladenen Motor liegt der Ansaugdruck p_s meist über dem Auspuffgegendruck p_A, so daß beim Gaswechsel Arbeit gewonnen werden kann (Bild 6.49).

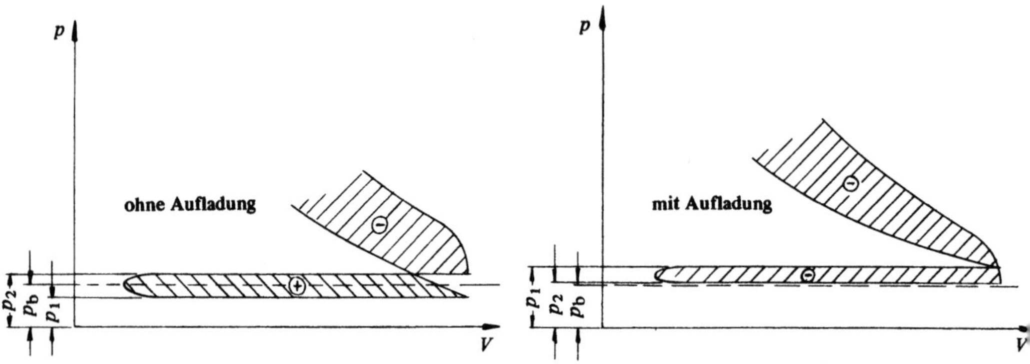

Bild 6.49 Gaswechselarbeit

Reibungsverluste

Beim Kolbenmotor treten natürlich Reibungsverluste auf. Diese sind jedoch kaum leistungsabhängig, zumindest was die Leistungssteigerung durch Aufladung betrifft. Bezogen auf die höhere Leistung ergibt sich also ein relativ kleinerer Verlust und damit ein besserer Wirkungsgrad.

6.7.1 Aufladeverfahren

Die Aufladeverfahren lassen sich nach der Art des Verdichterantriebes einteilen.

Fremdaufladung

Die Verdichterleistung wird bei diesem Verfahren einer fremden Quelle entnommen, d.h., Verdichter und Antriebsaggregat werden getrennt vom aufzuladenden Motor aufgestellt. Es werden Verdränger- oder Kreiselverdichter verwendet. Die praktische Bedeutung dieses Verfahrens ist wegen seiner Nachteile, wie Regelung, Raumbedarf, Wartungs- und Bedienungsaufwand, sehr gering. Allerdings wird die Fremdaufladung bei Versuchen an neuentwickelten aufgeladenen Motoren wegen der Einstellbarkeit des Ladedrucks verwendet.

Mechanische Aufladung

Die Antriebsleistung des Verdichters wird über ein Getriebe von der Kurbelwelle des Motors abgenommen. Infolgedessen muß die durch Aufladung erzielte Mehrleistung um den Betrag der Verdichterantriebsleistung vermindert werden. Da die Verdichterdrehzahl unabhängig von der eigentlichen Motorbelastung synchron zur Motordrehzahl ist, kommt es besonders im Teillastbereich zu erhöhtem Kraftstoffverbrauch. Es ist also zweckmäßig, den Verdichterantrieb so zu gestalten, daß im Teillastbereich keine Aufladung erfolgt und erst bei größerer Belastung die Aufladung einsetzt. Aufgrund der genannten Nachteile wird die mechanische Aufladung nur selten eingesetzt.

Abgasturboaufladung

Die Antriebsleistung des Verdichters wird bei diesem Verfahren von einer durch die ansonsten nicht nutzbaren Abgase beaufschlagten Turbine erzeugt. Die Abgasturbine und der Verdichter sind auf einer Welle angeordnet. Diese in sich geschlossene Einheit wird *Abgasturbolader* genannt. Die Nachteile der mechanischen Aufladung werden vermieden, weil der Abgasturbolader nicht mechanisch mit dem Motor gekoppelt ist, durch die Nutzung der Abgasenergie ein besserer Wirkungsgrad erzielt wird und außerdem der Abgasturbolader sich auf veränderte Motorbelastung einstellt. Bei Teillast sinkt die Laderdrehzahl, auch wenn die Motordrehzahl konstant bleibt.

Die Abgasturboaufladung wird vor allem bei stationären Großdieselmotoren und Schiffsmaschinen eingesetzt. In letzter Zeit werden auch Ottomotoren in Pkw's mitunter mit Abgasturboaufladung versehen. Bild 6.50 zeigt das Schema der Abgasturboaufladung.

Wegen der geringen Bedeutung der Fremdaufladung und der mechanischen Aufladung soll hier nur auf die Abgasturboaufladung näher eingegangen werden.

6.7.2 Der Abgasturbolader

Der Abgasturbolader (siehe auch Bild 6.50) besteht aus einem *Radialverdichter* und einer *Axial-* oder *Radialturbine.* Das Verdichterlaufrad wird meist als halboffenes Laufrad mit radial endenden Schaufeln ausgeführt. Das Turbinengehäuse hat ein bis vier Eintrittsstutzen,

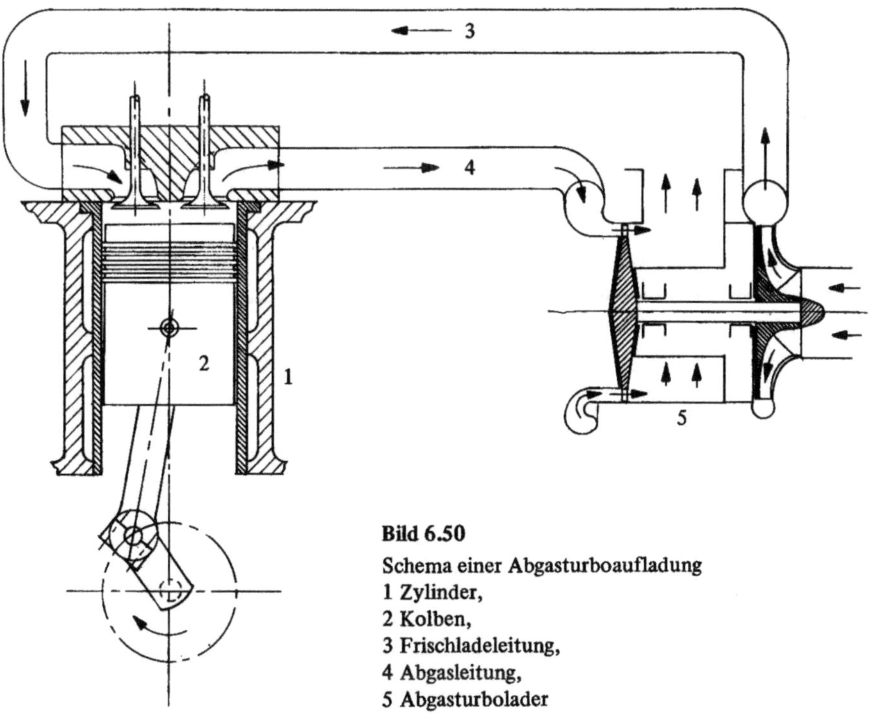

Bild 6.50

Schema einer Abgasturboaufladung
1 Zylinder,
2 Kolben,
3 Frischladeleitung,
4 Abgasleitung,
5 Abgasturbolader

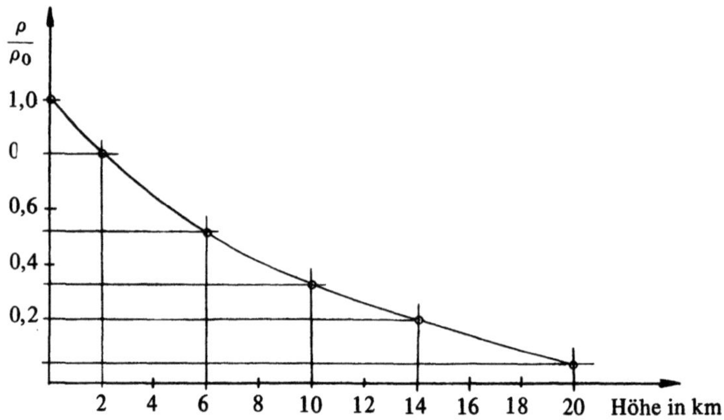

Bild 6.51 Das Luftdichteverhältnis in Abhängigkeit von der geodätischen Höhe

damit je nach der Art der Abgasführung die einzelnen Abgasleitungen bis zum Turbinenleitapparat getrennt geführt werden können. Axialturbinen bei Abgasturboladern werden meist für Luftdurchsätze $> 1\ m^3/s$ gebaut. Bei kleineren Luftdurchsätzen ergibt die Radialturbine bessere Wirkungsgrade. Die Anforderungen an die Lagerung der Läuferwelle sind sehr hoch, da die Drehzahlen zwischen 5000 und 100000 min^{-1} liegen.

Die zulässigen Abgastemperaturen für kleine und mittlere Abgasturbolader liegen bei 650...750 °C und bei großen Abgasturboladern für langsamlaufende Großmaschinen bei 450...500 °C. Die maximalen Luftdurchsätze betragen ca. 15 m^3/s und die üblichen Verdichterdruckverhältnisse liegen bei ca. 3,5 für einstufige Ausführungen. (Verdichterdruckverhältnis $= p_2/p_1$, p_1 = Druck vor dem Verdichter, p_2 = Druck nach dem Verdichter.)

Ein spezielles Anwendungsgebiet für aufgeladene Motoren ist der Einsatz als *Flugmotoren* in großen Höhen. Mit zunehmender Höhe, d.h. mit abnehmender Luftdichte, nimmt die Leistung eines Verbrennungsmotors ab. Wie groß dieser Leistungsabfall ist, zeigt ungefähr Bild 6.51, in dem das Luftdichteverhältnis ρ/ρ_0 über der geodätischen Höhe aufgetragen ist. Mit der empirischen Formel von Gagg und Farrar kann die Leistung P' eines Motors in dünner Luft ermittelt werden, der auf Nullniveau eine bestimmte Leistung P_0 erbringt.

$$P' = P_0 \cdot \left[\frac{\rho}{\rho_0} - \left(\frac{1 - \rho/\rho_0}{7{,}55} \right) \right]. \qquad (6.10)$$

P	ρ
W, kW	$\frac{kg}{m^3}$

Danach bringt ein Motor in 4 km Höhe nur noch 62,5 % und in 10 km Höhe nur noch 24,9 % seiner Leistung auf Nullniveau.

Beispiel 6.2: Wie groß ist der Leistungsverlust eines Motors in % in 2000 m Höhe, wenn seine Leistung auf Meereshöhe 100 % beträgt?

Gleichung:

$$P' = P_0 \cdot \left[\rho/\rho_0 - \frac{1 - \rho/\rho_0}{7{,}55} \right]$$

Lösung: Mit Hilfe der Gl. (6.10) kann die verminderte Leistung P' in % ermittelt werden.

$$\frac{P'}{P_0} = \rho/\rho_0 - \frac{1-\rho/\rho_0}{7{,}55}$$

Das Verhältnis ρ/ρ_0 kann Bild 6.51 entnommen werden. Bei $H = 2000$ m beträgt $\rho/\rho_0 \approx 0{,}8$. Mit diesem Wert ergibt sich

$$\frac{P'}{P_0} = 0{,}8 - \frac{1-0{,}8}{7{,}55} \cdot 100\,\% = 77{,}35\,\%$$

Daraus ergibt sich der Leistungsverlust $1 - \frac{P'}{P_0}$ zu $\underline{\underline{22{,}65\,\%}}$.

6.7.3 Berechnung der Leistungssteigerung durch Aufladung

Da die Leistungssteigerung durch verschiedene Effekte zustande kommt ist es zweckmäßig, bei der Berechnung die einzelnen Komponenten getrennt zu erfassen und dann zu überlagern.

Erhöhung der Dichte

Geht man zunächst vom nicht aufgeladenen Motor aus, so ergibt sich die angesaugte Luftmenge pro Hub zu:

$$m = \rho_1 \cdot V_H \cdot \lambda_L = \frac{p_1 \cdot V_H \cdot \lambda_L}{T_1 \cdot R}. \qquad (6.11)$$

m	V	λ	P	T	R
kg	m^3	1	Pa	K	$\frac{J}{kgK}$

m angesaugte Luftmenge je Hub,
V_H Hubvolumen,
λ_L Liefergrad = Verhältnis zwischen tatsächlich angesaugter Luftmenge zur theoretisch möglichen Luftmenge.

Für den aufgeladenen Motor ergibt sich die Luftmenge nach Gl. (6.12) entsprechend.

$$m^* = \rho_1^* \cdot V_H \cdot \lambda_L^* = \frac{p_1^* \cdot V_H \cdot \lambda_L^*}{T_1^* \cdot R} \qquad (6.12)$$

*Kennzeichen für den aufgeladenen Motor.

Die Leistungen des nicht aufgeladenen und des aufgeladenen Motors verhalten sich (bei gleichem Luftverhältnis λ) wie die angesaugten Luftmengen.

$$\frac{P^*}{P} = \frac{m^*}{m} = \frac{p_1^*}{p_1} \frac{T_1}{T_1^*} \cdot \frac{\lambda_L^*}{\lambda_L} \qquad (6.13)$$

Die Leistung nimmt also proportional mit dem Ladedruck zu. Zur Temperatur verhält sie sich umgekehrt proportional. Die Temperatur nimmt im Lader natürlich immer höhere Werte an als beim nicht aufgeladenen Motor.

Änderung des Liefergrades

Durch die Temperaturerhöhung des angesaugten Gases wird die angesaugte Gasmenge kleiner, d.h., der Liefergrad wird verschlechtert. Beim aufgeladenen Motor wird also der Liefergrad durch die Druckerhöhung verbessert und durch die Temperaturerhöhung im Lader wieder etwas verschlechtert.

Die Veränderung des Liefergrades bei Aufladung läßt sich mit der empirischen Gl. (6.14) bestimmen.

$$\frac{\lambda_L^*}{\lambda_L} = \left(\frac{T_1^*}{T_1}\right)^{1-m} \quad \text{mit } m \approx 0{,}75 \tag{6.14}$$

λ, m	T
1	K

Setzt man diese Gleichung in (6.13) ein, so ergibt sich Gl. (6.15).

$$\frac{P_i^*}{P_i} = \frac{p_1^*}{p_1} \cdot \frac{T_1}{T_1^*} \cdot \left(\frac{T_1^*}{T_1}\right)^{1-m} = \frac{p_1^*}{p_1}\left(\frac{T_1}{T_1^*}\right)^{m} \tag{6.15}$$

P	p	T	m
W	Pa	K	1

Restgasverdichtung

Die bereits vorher erwähnte Restgasverdichtung ist nur dann von Bedeutung, wenn die Öffnungszeiten von Einlaß- und Auslaßventil keine große Überschneidung haben und das Restgas nicht ausgespült wird.

Die Verdichtung des Restgases durch den höheren Druck der vorverdichteten Ladung ergibt eine Mehrfüllung des Arbeitszylinders und damit eine Leistungssteigerung. Mit anderen Worten: Durch den höheren Druck wird bei aufgeladenen Motoren das theoretische Ansaugvolumen auf das tatsächliche Ansaugvolumen vergrößert.

Da die Berechnung der Vorgänge sehr kompliziert ist, wird unter Vernachlässigung weniger bedeutender Einflüsse ein *Mehrfüllungsfaktor* nach Gl. (6.16) bestimmt. Der Mehrfüllungsfaktor ist das Verhältnis von tatsächlicher Zylinderfüllung zur Zylinderfüllung ohne Restgasverdichtung.

$$C = 1 + \frac{1}{\epsilon - 1} \cdot \frac{1}{\kappa_L}\left(1 - \frac{p_G}{p_1^*}\right) \tag{6.16}$$

C, ϵ, κ	p
1	Pa

C Mehrfüllungsfaktor, ϵ Verdichtungsverhältnis,
κ_L Isentropenexponent, p_G Auspuffgegendruck,
p_1^* Ansaugdruck.

Die Gleichung gilt nur für Druckverhältnisse $p_1^*/p_G < 2$.

Gaswechselperiode

Der Arbeitsgewinn während der Gaswechselperiode läßt sich als eine Erhöhung des mittleren Innendruckes Δp_i darstellen. Im Vergleich zum mittleren Innendruck des nichtaufgeladenen Motors ist er ein Maß für die gewonnene Arbeit. Die Differenz läßt sich nach der empirischen Gl. (6.17) berechnen.

$$\boxed{\Delta(\Delta p_i) = \varphi(p_1^* - p_G)} \quad \text{mit} \quad \varphi \approx 0{,}7 \ldots 0{,}8 \qquad (6.17)$$

Damit ergibt sich der Gesamtvergleichsdruck:

$$\boxed{\Delta p_1^* = \Delta p_i \frac{p_1^*}{p_1} \cdot \left(\frac{T_1}{T_1^*}\right)^m \cdot C + \varphi(p_1^* - p_G).} \qquad (6.18)$$

P	T	C, φ, m
Pa	K	1

Beispiel 6.3: Ein Dieselmotor mit der inneren Leistung von $P_i = 60$ kW soll mit dem Druckverhältnis von $p_1^*/p_1 = 1{,}25$ aufgeladen werden. Die Eintrittstemperatur T_1 beim nichtaufgeladenen Motor beträgt 298 K. Durch die Verwendung eines Laders steigt die Ansaugtemperatur um 10 °C. Der durch Restgasverdichtung entstandene Mehrfüllungsfaktor betrage $C = 1{,}04$. Der Arbeitsgewinn während der Gaswechselperiode sei vernachlässigbar klein. Wie groß wird die Leistung des aufgeladenen Motors?

Lösung: Mit Gl. 6.18 wird unter Berücksichtigung von C:

$$\frac{P_i^*}{P_i} = \frac{p_1^*}{p_1} \cdot \left(\frac{T_1}{T_1^*}\right)^m \cdot C$$

Umgestellt nach P_i^* ergibt sich:

$$P_i^* = P_i \cdot \frac{p_1^*}{p_1} \cdot \left(\frac{T_1}{T_1^*}\right)^m \cdot C$$

$$P_i^* = 60 \text{ kW} \cdot 1{,}25 \cdot \left(\frac{300 \text{ K}}{310 \text{ K}}\right)^{0{,}75} \cdot 1{,}04$$

$$\underline{\underline{P_i^* = 76{,}1 \text{ kW}.}}$$

6.8 Ermittlung von Leistung und Wirkungsgrad

6.8.1 Die Ermittlung der Leistung

Das *Indikatordiagramm* eines Verbrennungsmotors ist am besten geeignet, die Leistung zu ermitteln. Dieses Diagramm entsteht dadurch, daß über dem Hub, der ja proportional zum Hubvolumen ist, der jeweilige Druck aufgetragen wird (Bild 6.52). Die im Verbrennungsmotor gewonnene Arbeit entspricht der Summe der Flächen innerhalb des geschlossenen Kurvenzuges. Dabei muß die Vorzeichenregel – verrichtete Arbeit negativ und zugeführte Arbeit positiv – berücksichtigt werden.

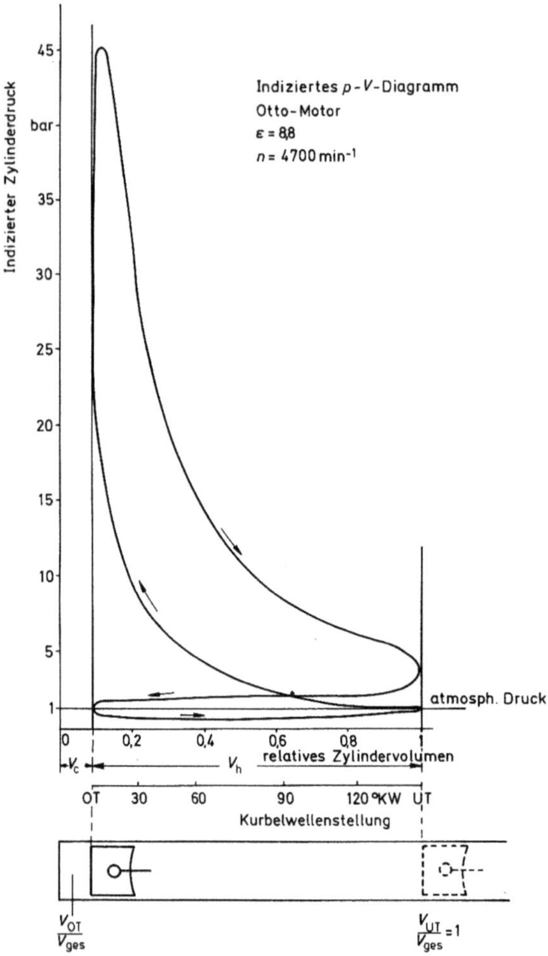

Bild 6.52

Indikatordiagramm eines Viertakt-Ottomotors, $\epsilon = 8{,}8$, $n = 470\ \text{min}^{-1}$

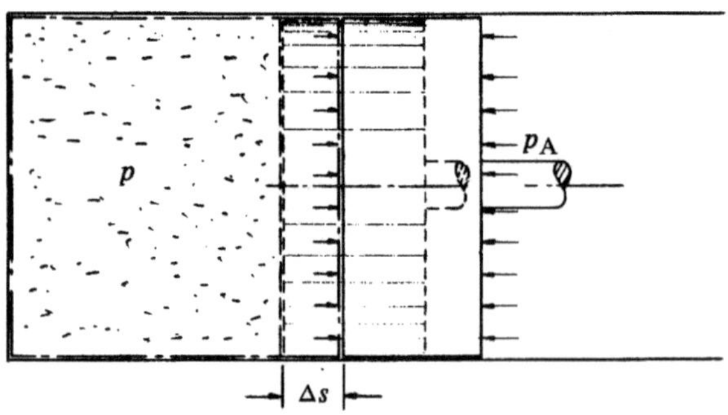

Bild 6.53

System Kolben und Zylinder

Die Arbeit des bewegten Kolbens ergibt sich aus der Differenz zwischen der Volumenänderungsarbeit des Systems und derjenigen der Außenwelt. Nach Bild 6.53 ergibt sich:

$$\Delta W_i = p \cdot \Delta V - p_A \cdot \Delta V = (p - p_A)\,\Delta V \tag{6.19}$$

ΔW_i Kolbenarbeit, p Druck im Zylinder,
ΔV Volumenänderung, p_A Außendruck.

Die Volumenänderung ΔV ergibt sich aus Gl. 6.20:

$$\Delta V = A \cdot \Delta s \tag{6.20}$$

W	p	V	A	s
J	Pa	m^3	m^2	m

Darin bedeutet A die Kolbenfläche und Δs den Kolbenweg. Setzt man Gl. (6.20) in Gl. (6.19) ein, so erhält man die Kolbenarbeit ΔW_i für einen kleinen Kolbenweg Δs:

$$\Delta W_i = (p - p_A) \cdot A \cdot \Delta s \tag{6.21}$$

Die gesamte innere Arbeit einer Arbeitsperiode ergibt sich dann als Summe aller Kolbenarbeiten $\Delta W_i\ (\Delta s)$ über den gesamten Kolbenweg s:

$$W_i = \Sigma\,(p - p_A) \cdot A \cdot \Delta s \tag{6.22}$$

In der Praxis würde die Berechnung nach Gl. 6.22 erhebliche Schwierigkeiten machen, da für jedes kleine Wegelement Δs eine andere Druckdifferenz gelten müßte. Zur Vereinfachung wird daher mit einer mittleren indizierten Innendruckdifferenz Δp_i gerechnet, deren Wert über den gesamten Weg s konstant angenommen wird. Mit dieser Annahme ergibt sich:

$$W_i = -\,\Delta p_i \cdot A \cdot s \tag{6.23}$$

Danach ist $-\,\Delta p_i = \dfrac{\Sigma\,(p - p_A) \cdot \Delta s}{s}$. Die Größe von Δp_i muß so gewählt sein, daß die wirkliche verrichtete Arbeit einer gesamten Arbeitsperiode dem Produkt aus Δp_i und dem Hubvolumen $A \cdot s$ entspricht. Zur Verdeutlichung sei auf Bild 6.54 hingewiesen. Die innere Leistung P_i berechnet sich dann aus dem Produkt aus innerer Arbeit und der Anzahl der Arbeitsperioden pro Zeiteinheit. Die Anzahl der Arbeitsperioden ergibt sich aus der Drehzahl und der Anzahl der Umdrehungen pro Arbeitsspiel.

$$P_i = W_i \cdot \frac{n}{n_z} \tag{6.24}$$

P	W	n
W	J	1

n_z ist die Anzahl der Umdrehungen pro Arbeitsspiel. $n_z = 1$ beim Zweitaktverfahren und $n_z = 2$ beim Viertaktverfahren. Setzt man Gl. (6.23) in Gl. (6.24) ein, so ergibt sich für die innere Leistung:

$$P_i = -\frac{\Delta p_i \cdot A \cdot s \cdot n}{n_z} \tag{6.25}$$

P	p	A	s	n
W	Pa	m^2	m	1

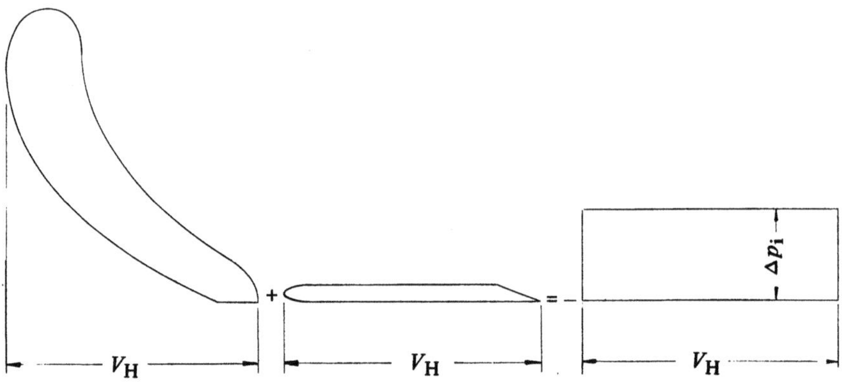

Bild 6.54 Der mittlere indizierte Innendruck am Beispiel eines Viertaktmotors

Durch Einsetzen des Hubvolumens $V_H = A \cdot s$ erhält man:

$$P_i = -\frac{\Delta p_i \cdot V_H \cdot n}{n_z} \qquad (6.26)$$

P	p	V	n
W	Pa	m³	1

Aufgrund mechanischer Verluste wird nicht die gesamte innere Leistung wirksam werden können. Sie muß zur Ermittlung der effektiven Leistung P_e um die mechanische Verlustleistung P_m vermindert werden.

$$P_e = P_i + P_m \qquad (6.27)$$

Die Gl. (6.27) gilt nur bei Berücksichtigung der Vorzeichen von P_e, P_i und P_m.

$P_e < 0, P_i < 0$ und $P_m > 0$.

Beispiel 6.4: Bei einem Motor sollen P_i, P_e und P_m bestimmt werden. Gegeben sind:

Δp_i = 1,0 MPa (mittlere indizierte Innendruckdifferenz)
V_H = 4,8 dm³ (Hubvolumen)
n = 5000 min⁻¹ (Drehzahl)
n_z = 2 (Viertaktverfahren)
M_d = 350 Nm (gleichzeitig gemessenes Drehmoment).

Lösung: Aus den gegebenen Werten läßt sich mit Gl. (6.26) P_i ermitteln.

$$P_i = -\frac{\Delta p_i \cdot V_H \cdot n}{n_z}$$

$$P_i = -\frac{1{,}0\ \text{MPa} \cdot 4{,}8\ \text{dm}^3 \cdot 5000\ \text{min}^{-1}}{2} \cdot \frac{10^6\ \text{N}}{\text{MPa m}^2} \cdot \frac{\text{m}^3}{10^3\ \text{dm}^3} \cdot \frac{\text{min}}{60\ \text{s}}$$

$$P_i = -2 \cdot 10^5\ \text{W}$$

$$\underline{\underline{P_i = -200\ \text{kW}}}.$$

Aus dem bei 5000 min^{-1} gemessenen Drehmoment folgt

$$P_e = -M \cdot \omega$$

$$P_e = -350\ \text{Nm} \cdot 2\pi \cdot 5000\ \text{min}^{-1} \cdot \frac{\text{min}}{60\ \text{s}}$$

$$\underline{\underline{P_e = -183{,}5\ \text{kW}}}\,.$$

Nach Gl. (6.30) gilt

$$P_e = P_i + P_m$$

$$P_m = P_e - P_i$$

$$P_m = -183{,}5\ \text{kW} + 200\ \text{kW}$$

$$\underline{\underline{P_m = 16{,}5\ \text{kW}}}\,.$$

6.8.2 Wirkungsgrade

Durch den Leistungsvergleich zwischen einem optimal arbeitenden Motor und einem wirklichen, ausgeführten Motor kann dieser beurteilt werden. Ein solcher Vergleichsmotor ist der *vollkommene Motor*, der die gleichen geometrischen Abmessungen wie der wirkliche Motor besitzt und dessen Zustandsgrößen sich mit Hilfe bestimmter Vereinbarungen bestimmen lassen.

1. Die Ladung des Arbeitszylinders ist vollständig, d.h. es sind keine Restgase darin.
2. Das Luftverhältnis ist das gleiche wie beim wirklichen Motor.
3. Der Brennstoff wird vollständig verbrannt.
4. Die Verbrennung erfolgt nach der vorgegebenen Gesetzmäßigkeit.
5. Die Wandungen werden wärmedicht angenommen, adiabate Zustandsänderungen.
6. Es treten keine Leck- und Strömungsverluste auf.

Der Wirkungsgrad des vollkommenen Motors

Der Wirkungsgrad des vollkommenen Motors η_V ist als der Quotient aus der Leistung des vollkommenen Motors und der Wärmemenge des zugeführten Brennstoffs pro Zeiteinheit definiert. Dabei stellt die Wärmeenergie den Aufwand dar und die Leistung den Nutzen. Bei der Wärmemenge wird diejenige eingesetzt, die dem Heizwert entspricht. Es wird also ein *energetischer Wirkungsgrad* ermittelt. Grundsätzlich ist es auch möglich, einen *exergetischen Wirkungsgrad* zu definieren, d.h., die Leistung des vollkommenen Motors müßte auf die Exergie des Brennstoffes bezogen werden. Dabei stellt ja die Exergie die maximal umwandelbare Arbeit gegenüber der Umgebung dar. Daraus folgt, daß gerade der exergetische Wirkungsgrad geeignet ist, verschiedene Energieumwandlungsverfahren miteinander zu vergleichen.

Wegen der hohen Abgastemperaturen von ca. 650 °C wird auch die Kondensationswärme des Wassers, das beim Verbrennungsvorgang entsteht, normalerweise nicht genutzt. Aus diesem Grunde kann man ohne weiteres den unteren Heizwert in die Berechnungen einführen. Der untere Heizwert unterscheidet sich vom oberen ja gerade um die zusätzlich anfallende Kondensationswärme. Damit ergibt sich der *Wirkungsgrad des vollkommenen Motors:*

$$\boxed{\eta_V = \frac{|P_V|}{\dot{m}_B\, \Delta h_u}} \qquad (6.28)$$

$|P_V|$ Betrag der Leistung des vollkommenen Motors,
$\dot{m}_B$ Brennstoffmasse pro Zeit und
Δh_u spezifischer unterer Heizwert des Brennstoffes.

Der Gütegrad

Der Gütegrad η_G ist als das *Leistungsverhältnis* zwischen tatsächlichem Motor und vollkommenem Motor definiert.

$$\boxed{\eta_G = \frac{P_i}{P_V}} \qquad (6.29)$$

η	P	$\dot{m}$	h
1	W	$\frac{kg}{s}$	$\frac{J}{kg}$

P_i innere Leistung des tatsächlichen Motors,
P_V Leistung des vollkommenen Motors.

Der innere Wirkungsgrad

Zur Kennzeichnung eines Motors sind neben dem Wirkungsgrad des vollkommenen Motors η_V und dem Gütegrad η_G noch weitere Größen üblich: Der innere Wirkungsgrad η_i stellt das Verhältnis der inneren Leistung P_i zur zugeführten Wärmemenge dar. Die zugeführte Wärmemenge ergibt sich, wie bereits erwähnt, aus dem zugeführten Brennstoffstrom, multipliziert mit dem unteren Heizwert des Brennstoffs.

$$\boxed{\eta_i = \frac{P_i}{\dot{m}_B \cdot \Delta h_u}} \qquad (6.30)$$

Multipliziert man Gl. (6.30) mit $1 = \frac{P_V}{P_V}$, so ergibt sich:

$$\eta_i = \frac{P_i}{\dot{m}_B \cdot \Delta h_u} \cdot \frac{P_V}{P_V}.$$

Darin ist

$$\boxed{\frac{P_V}{\dot{m}_B \cdot \Delta h_u} = \eta_V} \qquad (6.28)$$

und

$$\boxed{\frac{P_i}{P_V} = \eta_G} \qquad (6.29)$$

η	P	$\dot{m}$	h
1	W	$\frac{kg}{s}$	$\frac{J}{kg}$

Dann ergibt sich der innere Wirkungsgrad η_i durch Einsetzen der Gln. (6.28) und (6.29) in Gl. (6.30) zu:

$$\boxed{\eta_i = \eta_V \cdot \eta_G} \qquad (6.31)$$

Der mechanische Wirkungsgrad

Der mechanische Wirkungsgrad stellt das Verhältnis der effektiven zur inneren Leistung dar. Die innere Leistung P_i ist diejenige Leistung, die der tatsächliche Motor ohne mechanische Verluste erbringen kann, d.h., die Leistung, die am Abtriebszapfen des Motors anfällt, nämlich die effektive Leistung P_e, ist um die mechanische Verlustleistung niedriger als die innere Leistung P_i.

$$\eta_m = \frac{P_e}{P_i} \tag{6.32}$$

Beispiel 6.5: Es ist mit den Werten des Beispieles 6.4 der mechanische Wirkungsgrad zu ermitteln.

Gegebene Gleichung: $\eta_m = \frac{P_e}{P_i}$. (6.32)

Lösung:

$$\eta_m = \frac{P_e}{P_i}$$

$$\eta_m = \frac{-183{,}5\ \text{kW}}{-200\ \text{kW}}$$

$$\underline{\underline{\eta_m = 91{,}75\ \%.}}$$

Der effektive Wirkungsgrad

Zur Beurteilung des effektiven Nutzens hinsichtlich des gesamten Aufwandes eines Motors ist vor allem der effektive Wirkungsgrad von Bedeutung. Er gibt an, wieviel von der eingesetzten Wärmemenge ($\dot{m}_B \cdot \Delta h_u$) in effektive Leistung umgesetzt wird.

$$\eta_e = \frac{P_e}{\dot{m}_B \cdot \Delta h_u} \tag{6.33}$$

Multipliziert man diese Gleichung mit $\frac{P_V}{P_V} = 1$ und mit $\frac{P_i}{P_i} = 1$, so ergibt sich:

$$\eta_e = \frac{P_e}{\dot{m}_B \cdot \Delta h_u} \cdot \frac{P_V}{P_V} \cdot \frac{P_i}{P_i}$$

η	P	$\dot{m}$	h
1	W	$\frac{\text{kg}}{\text{s}}$	$\frac{\text{J}}{\text{kg}}$

Darin sind enthalten:

$$\frac{P_V}{\dot{m}_B \cdot \Delta h_u} = \eta_V, \quad \frac{P_i}{P_V} = \eta_G \quad \text{und} \quad \frac{P_e}{P_i} = \eta_m$$

Daraus folgt:

$$\eta_e = \eta_V \cdot \eta_G \cdot \eta_m \tag{6.34}$$

Mit $\eta_i = \eta_V \cdot \eta_G$ (s. Gl. 6.31) wird:

$$\eta_e = \eta_i \cdot \eta_m \tag{6.35}$$

Beispiel 6.6: Wie groß ist der effektive Wirkungsgrad, wenn die effektive Leistung 183,5 kW, die Brennstoffmenge 16,6 g/s und der Heizwert (Δh_u) 42 300 kJ/kg betragen?

Gleichung:

$$\eta_e = \frac{P_e}{\dot{m}_B \cdot \Delta h_u} \tag{6.33}$$

Lösung:

$$\eta_e = \frac{183{,}5\ \text{kW}}{16{,}6\ \text{gs}^{-1}\ 42\,300\ \text{kJ kg}^{-1}} \cdot \frac{10^3\ \text{g}}{\text{kg}} \cdot \frac{\text{kJ}}{\text{kWs}}$$

$$\underline{\underline{\eta_e = 26{,}1\ \%}}\ .$$

Dies ist ein für einen Ottomotor üblicher Wert. Der effektive Wirkungsgrad beträgt für Ottomotoren etwa 21...28 %, für Groß-Dieselmotoren etwa 36...41 % und für Klein-Dieselmotoren etwa 31...36 %.

Der spezifische Brennstoffverbrauch

Zur Beurteilung der Wirtschaftlichkeit von Motoren kann vor allem der in den vorstehenden Abschnitten bereits erläuterte spezifische Brennstoffverbrauch dienen. Er stellt neben den verschiedenen Wirkungsgraden eine wichtige, auf die Leistung bezogene Kenngröße dar. Dabei unterscheidet man den *effektiven spezifischen Brennstoffverbrauch* b_e und den *inneren spezifischen Brennstoffverbrauch* b_i

$$\boxed{b_e = \frac{\dot{m}_B}{P_e}} \tag{6.36}$$

b	$\dot{m}$	P
$\frac{\text{kg}}{\text{Ws}}$, $\frac{\text{g}}{\text{kWh}}$	$\frac{\text{kg}}{\text{s}}$, $\frac{\text{g}}{\text{h}}$	W, kW

$$b_i = \frac{\dot{m}_B}{P_i}$$

Übliche Werte für Fahrzeugmotoren sind: Ottomotoren $b_e \approx 320$ g/kWh
Dieselmotoren $b_e \approx 240$ g/kWh.

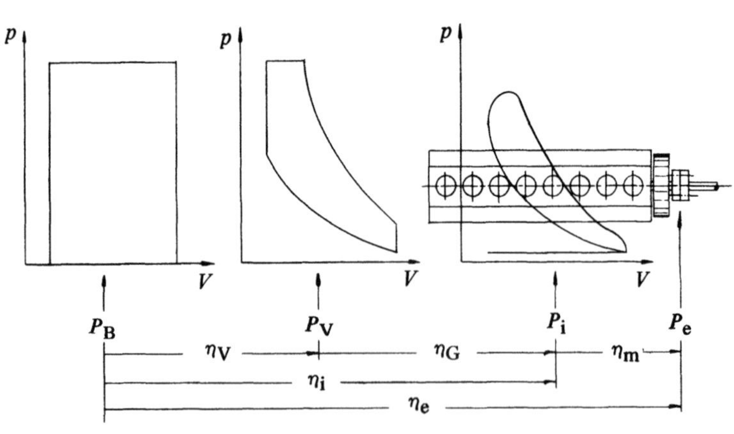

Bild 6.55 Zusammenhänge zwischen den verschiedenen Wirkungsgraden bzw. Leistungen

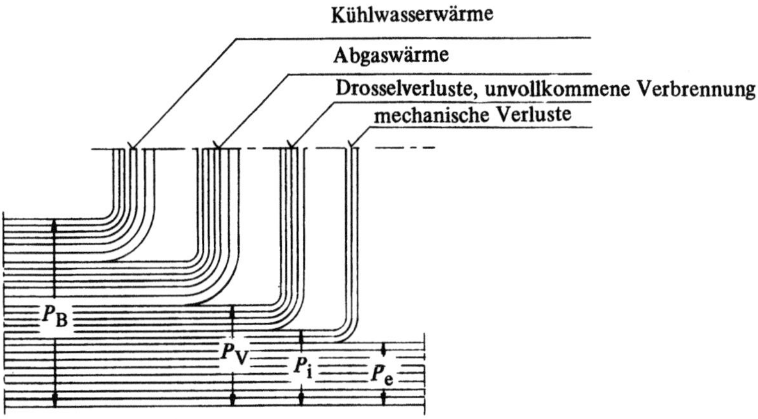

Bild 6.56 Sankey-Diagramm bzw. Energiestrombild eines Verbrennungsmotors

Man kann die Zusammenhänge zwischen den verschiedenen Wirkungsgraden und Leistungen in einer einfachen Darstellung (Bild 6.55) verdeutlichen. Darüber hinaus kann man die Energieverluste in einem Verbrennungsmotor in einem sogenannten *Sankey-Diagramm* (Bild 6.56) darstellen. Obwohl Bild 6.56 nur eine qualitative Darstellung ist, kann man erkennen, daß nur ein kleiner Teil der zugeführten Gesamtenergie in effektive Leistung umgesetzt wird.

6.9 Idealisierte Vergleichsprozesse für Verbrennungsmotoren

Wegen der komplizierten Gleichungen, nach denen die Vorgänge je nach der Art der Steuerung ablaufen, hat es sich als zweckmäßig erwiesen, nicht den tatsächlichen Kreisprozeß eines Verbrennungsmotors zu berechnen, sondern von idealisierten Vergleichsprozessen auszugehen. Dabei werden zunächst die grundsätzlichen physikalischen Unterschiede der unterschiedlichen Prozeßführungen herausgestellt. Folgende vereinfachende Voraussetzungen werden für die idealisierten Vergleichsprozesse getroffen:

a) Die *spezifischen Wärmekapazitäten* (c_v bzw. c_p) werden als *konstant* angenommen. Bei den im Prozeß auftretenden Temperaturen von 800 K ist das im wirklichen Prozeß keineswegs der Fall.

b) Der *Massenstrom* sei bei der Verdichtung und bei der Entspannung *gleich.*

c) Die *Gaszusammensetzung* sei vor und nach der Verbrennung *gleich*. Die Zufuhr von Wärme über den Brennstoff wird wie ein Wärmeaustausch behandelt, so daß auch das Luftverhältnis λ keine Rolle spielt.

d) Die *thermische Dissoziation* bleibt *unberücksichtigt.*

Der Vergleichsprozeß für den Ottomotor ist der Gleichraumprozeß, für den Dieselmotor der Gleichdruckprozeß oder eine Kombination der beiden Vergleichsprozesse. Diese sollen zunächst behandelt werden.

6.9.1 Der Gleichraumprozeß

Bild 6.57 zeigt den *Gleichraumprozeß nach Witz.* Er dient im wesentlichen dem Ottomotor als Vergleichsprozeß. Der Witzsche Prozeß ist durch eine isentrope Verdichtung von 1 nach 2, eine isochore Wärmezufuhr von 2 nach 3, eine isentrope Entspannung von 3 nach 4 und eine isochore Wärmeabfuhr von 4 nach 1 gekennzeichnet.

Nach der für ein System festgelegten Vorzeichenregel, wonach eine zugeführte Wärmemenge positiv und eine abgeführte Wärmemenge negativ ist, ergibt sich für den Wirkungsgrad η_{Witz}:

$$\boxed{\eta_{Witz} = \frac{Q_{zu} + Q_{ab}}{Q_{zu}}} \tag{6.37}$$

η	Q
1	J

Mit den Gln. (6.38) und (6.39), eingesetzt in Gl. (6.37), ergibt sich:

$$\boxed{q_{zu} = c_V \cdot (T_3 - T_2)} \tag{6.38}$$

$$\boxed{q_{ab} = c_V \cdot (T_1 - T_4)} \tag{6.39}$$

q	c	T	η
$\frac{J}{kg}$	$\frac{J}{kgK}$	K	1

$$\boxed{\eta_{Witz} = \frac{c_V \cdot (T_3 - T_2) + c_V\,(T_1 - T_4)}{c_V \cdot (T_3 - T_2)}} \tag{6.40}$$

$$\eta_{Witz} = \frac{T_3 - T_2}{T_3 - T_2} - \frac{T_4 - T_1}{T_3 - T_2}$$

$$\boxed{\eta_{Witz} = 1 - \frac{T_4 - T_1}{T_3 - T_2} = 1 - \frac{\frac{T_4}{T_3}\,T_3 - \frac{T_1}{T_2}\,T_2}{T_3 - T_2}} \tag{6.41}$$

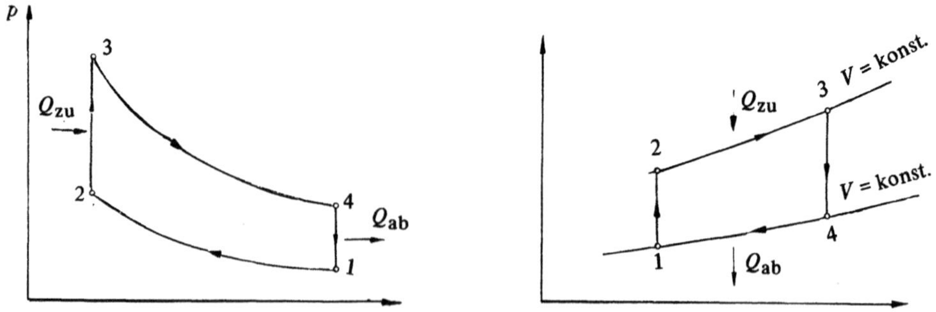

Bild 6.57 Der Gleichraumprozeß nach Witz im *p-V-* und im *T-S*-Diagramm

Für die isentrope Zustandsänderung gelten die Gln. (6.42) und (6.43):

$$\frac{T_1}{T_2} = \left(\frac{V_2}{V_1}\right)^{\kappa - 1} \tag{6.42}$$

T	V	κ, ϵ
K	m^3	1

$$\frac{T_4}{T_3} = \left(\frac{V_3}{V_4}\right)^{\kappa - 1} \tag{6.43}$$

Wegen der Gleichheit von V_3 und V_2, sowie von V_4 und V_1 gilt auch:

$$\frac{T_4}{T_3} = \left(\frac{V_2}{V_1}\right)^{\kappa - 1} \tag{6.44}$$

Führt man das Verdichtungsverhältnis $\frac{V_1}{V_2} = \epsilon$ ein, so ergibt sich:

$$\frac{T_1}{T_2} = \frac{T_4}{T_3} = \left(\frac{1}{\epsilon}\right)^{\kappa - 1} \tag{6.45}$$

Führt man diese Beziehung in die Gleichung 6.41 ein, so erhält man schließlich eine sehr einfache Beziehung für den Witzschen Wirkungsgrad.

$$\eta_{\text{Witz}} = 1 - \frac{\left(\frac{1}{\epsilon}\right)^{\kappa - 1} \cdot (T_3 - T_2)}{T_3 - T_2}$$

$$\eta_{\text{Witz}} = 1 - \left(\frac{1}{\epsilon}\right)^{\kappa - 1} \tag{6.46}$$

η, ϵ, κ
1

Aus dieser Gleichung ist leicht zu ersehen, daß der Wirkungsgrad für Gase mit gleichem Isentropenexponenten nur vom Verdichtungsverhältnis ϵ abhängt. Um die Verbesserung des Wirkungsgrades η_{Witz} bei Vergrößerung von ϵ zu zeigen, ist ein Gleichraumprozeß mit verschiedenen Verdichtungsverhältnissen in Bild 6.58 dargestellt. Das Verdichtungsverhältnis $\frac{V_1}{V_2^*} = \epsilon^*$ ist größer als das Verdichtungsverhältnis $\frac{V_1}{V_2} = \epsilon$. Bei der Voraussetzung, daß $Q_{zu}^* = Q_{zu}$ ist, ergibt sich $Q_{ab}^* < Q_{ab}$. Wenn $Q_{ab}^* < Q_{ab}$, dann muß nach der Definition für η_{Witz} nach Gl. 6.37 gelten $\eta_{\text{Witz}} < \eta_{\text{Witz}}^*$.

$$\eta_{\text{Witz}} = \frac{Q_{zu} + Q_{ab}}{Q_{zu}} < \eta_{\text{Witz}}^* = \frac{Q_{zu} + Q_{ab}^*}{Q_{zu}} \tag{6.47}$$

η	Q
1	J

Vorzeichenregel: (Q_{zu} = positiv, Q_{ab} = negativ).

Wegen der zu Beginn getroffenen vereinfachenden Vereinbarungen errechnet sich gegenüber dem wirklichen Prozeß ein zu großer Wirkungsgrad. Eine quantitative Bestimmung für den

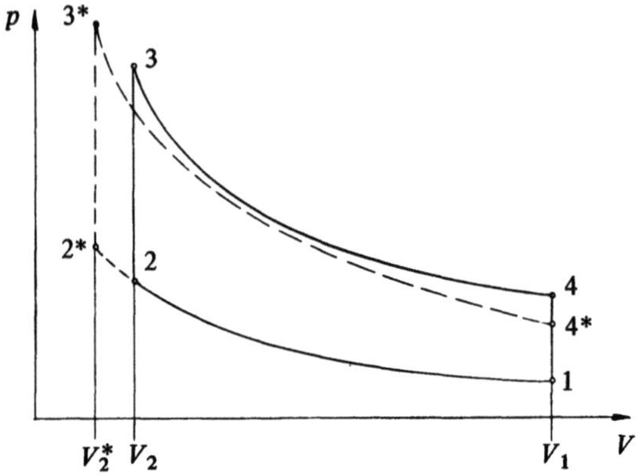

Bild 6.58
Der Gleichraumprozeß nach Witz bei verschiedenen Verdichtungsverhältnissen

Wirkungsgrad des wirklichen Motors muß daher von wirklichkeitsnäheren Bedingungen ausgehen. Für eine solche Rechnung wird der sogenannte vollkommene Motor (s. Abschnitt 6.10) zugrunde gelegt.

6.9.2 Der Gleichdruckprozeß

Wegen der hohen Verdichtungsenddrücke beim Dieselmotor, die wegen der Selbstzündung erforderlich sind, mußte ein Verfahren gefunden werden, bei dem keine weiteren Drucksteigerungen und damit höhere mechanische Belastungen auftreten. Ein solches Verfahren stellt das *Gleichdruckverfahren* dar. Der daraus entwickelte theoretische Gleichdruckprozeß hat daher für Dieselmotoren als Vergleichsprozeß eine gewisse Bedeutung erlangt.

Bild 6.59 zeigt den Gleichdruckprozeß im p-V-Diagramm. Hierbei findet die Wärmezufuhr vom Punkt 2 nach 3 längs einer Isobaren statt. Es ist leicht erkennbar, daß der Abstand der Punkte 2 und 3 für den Wirkungsgrad von erheblicher Bedeutung ist, wenn man davon

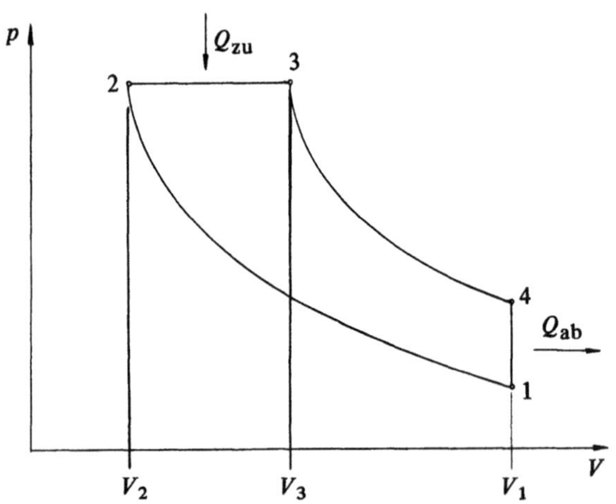

Bild 6.59
Der Gleichdruckprozeß im p-V-Diagramm

ausgeht, daß Krümmung und Steigung der Verdichtungs- und der Entspannungslinie nicht beeinflußbar sind. Man führt daher das sogenannte Einspritzverhältnis ρ ein.

$$\boxed{\rho = \frac{V_3}{V_2}} \tag{6.48}$$

ρ	V
1	m^3

Da es sich um eine isobare Zustandsänderung handelt, ist $\frac{V}{T}$ konstant. Damit ergibt sich:

$$\boxed{\rho = \frac{V_3}{V_2} = \frac{T_3}{T_2}} \tag{6.49}$$

ρ	V	T
1	m^3	K

Der Wirkungsgrad ist nach Gl. (6.37):

$$\boxed{\eta_{\text{Gleichdr.}} = \frac{Q_{zu} + Q_{ab}}{Q_{zu}} = 1 + \frac{Q_{ab}}{Q_{zu}}} \tag{6.50}$$

η	Q
1	J

Vorzeichenregel!

Die zugeführte Wärmemenge bei konstantem Druck berechnet sich aus:

$$\boxed{q_{zu} = c_p\,(T_3 - T_2)} \tag{6.51}$$

Durch Ausklammern von T_2 erhält man:

$$\boxed{q_{zu} = c_p \cdot T_2 \left(\frac{T_3}{T_2} - 1\right)} \tag{6.52}$$

q	c	T
$\frac{J}{kg}$	$\frac{J}{kgK}$	K

Mit Gl. (6.53) für die isentrope Zustandsänderung ergibt sich Gl. (6.54) für die zugeführte Wärmemenge.

$$\frac{T_2}{T_1} = \left(\frac{V_1}{V_2}\right)^{\kappa-1} = \epsilon^{\kappa-1} \tag{6.53}$$

$$T_2 = T_1 \cdot \epsilon^{\kappa-1}$$

$$q_{zu} = c_p \cdot T_1 \cdot \epsilon^{\kappa-1}\left(\frac{T_3}{T_2} - 1\right). \tag{6.54}$$

Mit

$$\frac{T_3}{T_2} = \frac{V_3}{V_2} = \rho \quad \text{wird:}$$

$$\boxed{q_{zu} = c_p \cdot T_1 \cdot \epsilon^{\kappa-1}\,(\rho - 1)} \tag{6.55}$$

q	c	T	ϵ, κ, ρ
$\frac{J}{kg}$	$\frac{J}{kgK}$	K	1

Für die abgegebene Wärmemenge gilt bei konstantem Volumen:

$$q_{ab} = c_V (T_1 - T_4) = c_V T_1 \left(1 - \frac{T_4}{T_1}\right) \qquad (6.56)$$

Es soll nun das Temperaturverhältnis $\frac{T_4}{T_1}$ eliminiert werden. Zunächst wird $\frac{T_4}{T_1}$ mit $\frac{T_3}{T_3}$ und $\frac{T_2}{T_2}$ erweitert.

$$\frac{T_4}{T_1} = \frac{T_4}{T_3} \cdot \frac{T_3}{T_2} \cdot \frac{T_2}{T_1}. \qquad (6.57)$$

q	c	T	V	κ, ϵ
$\frac{\text{J}}{\text{kg}}$	$\frac{\text{J}}{\text{kgK}}$	K	m^3	1

Darin ist:

$$\frac{T_4}{T_3} = \left(\frac{V_3}{V_4}\right)^{\kappa-1} = \left(\frac{V_3}{V_1}\right)^{\kappa-1} = \left(\frac{V_3}{V_2} \cdot \frac{V_2}{V_1}\right)^{\kappa-1} = \left(\rho \cdot \frac{1}{\epsilon}\right)^{\kappa-1} \qquad (6.58)$$

$$\frac{T_3}{T_2} = \rho \qquad (6.59)$$

$$\frac{T_2}{T_1} = \epsilon^{\kappa-1} \qquad (6.60)$$

Durch Einsetzen ergibt sich:

$$\frac{T_4}{T_1} = \frac{\rho^{\kappa-1}}{\epsilon^{\kappa-1}} \cdot \rho \cdot \epsilon^{\kappa-1} = \rho^{\kappa} \qquad (6.61)$$

Eingesetzt in Gl. (6.56) erhält man:

$$Q_{ab} = c_V \cdot T_1 (1 - \rho^{\kappa}) = -c_V \cdot T_1 (\rho^{\kappa} - 1) \qquad (6.62)$$

Dann wird nach Gl. (6.55):

$$\eta_{\text{Gleichdr.}} = 1 - \frac{c_V \cdot T_1 (\rho^{\kappa} - 1)}{c_p \cdot T_1 \, \epsilon^{\kappa-1} (\rho - 1)} \qquad (6.63)$$

$$\eta_{\text{Gleichdr.}} = 1 - \frac{\rho^{\kappa} - 1}{\kappa \, \epsilon^{\kappa-1} (\rho - 1)}. \qquad (6.64)$$

η, ρ, κ
1

Nach Gl. (6.64) hängt also der *Wirkungsgrad* des Gleichdruckprozesses sowohl vom *Verdichtungsverhältnis* ϵ als auch vom *Einspritzverhältnis* ρ ab. Die Gleichung zeigt außerdem, daß $\eta_{\text{Gleichdr.}}$ mit steigendem ϵ größer wird. Dieser Zusammenhang ist der gleiche wie beim Wirkungsgrad des Witzschen Gleichraumprozesses. Im Unterschied dazu spielt, wie bereits erwähnt, das Einspritzverhältnis noch eine Rolle. Je größer ρ wird, desto kleiner wird $\eta_{\text{Gleichdr.}}$. Z.B. beträgt $\eta_{\text{Gleichdr.}} = 0{,}62$ für $\rho = 1{,}5$ und $\eta_{\text{Gleichdr.}} = 0{,}546$ für $\rho = 3{,}0$ ($\epsilon = 14$ und $\kappa = 1{,}4$).

6.9.3 Der kombinierte Gleichraum-Gleichdruckprozeß

Bild 6.60 zeigt einen Vergleich zwischen dem Gleichraum- und dem Gleichdruckprozeß im *p*-*V*-Diagramm. Die Gleichraumverbrennung bietet den Vorteil der geringeren abgeführten Wärmemenge $Q_{ab}^* < Q_{ab}$. Unter Beachtung der Vorzeichenregel erkennt man mit Hilfe der Gleichung für den Wirkungsgrad, daß dadurch der Wirkungsgrad beim Gleichraumverfahren günstiger ist als beim Gleichdruckverfahren.

$$\boxed{\eta_{\text{Witz}} = \frac{Q_{zu} + Q_{ab}^*}{Q_{zu}} > \eta_{\text{Gleichdr.}} = \frac{Q_{zu} + Q_{ab}}{Q_{zu}}} \qquad (6.65)$$

η	Q
1	J

Dadurch, daß im Laufe der Zeit Werkstoffe mit höherer Warmfestigkeit zum Einsatz kamen, konnte man auch bei Dieselmotoren höhere Drücke und Temperaturen zulassen. Es wurde also möglich, den günstigen Wirkungsgrad des Gleichraumprozesses auch für Dieselmotoren zu nutzen. Dies geschieht in der Form, daß zu Beginn des Verbrennungsvorganges zunächst eine Gleichraumverbrennung stattfindet, die mit einem Druckanstieg verbunden ist. Erst danach geht der Prozeß in eine Gleichdruckverbrennung über, d.h., das Dieselverfahren in seiner heutigen Form stellt eine Kombination von Gleichraum- und Gleichdruckprozeß dar. Diese Kombination wird *Seiligerprozeß* genannt. Bild 6.61 zeigt einen solchen Prozeß im *p*-*V*- und im *T*-*s*-Diagramm.

Der Seiligerprozeß läuft also so ab, daß zunächst nach der Selbstzündung eine Gleichraumverbrennung stattfindet und daran anschließend die Gleichdruckverbrennung, die über die Einspritzung gesteuert wird. Der Seiligerprozeß ist ein Kompromiß zwischen thermodynamischer und mechanischer Optimierung.

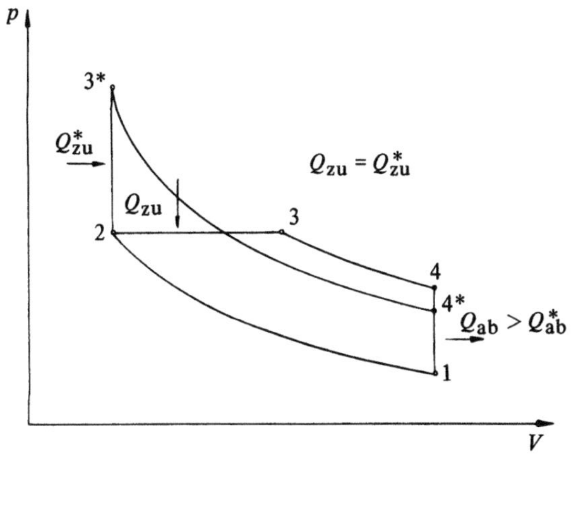

Bild 6.60
Vergleich zwischen Gleichraum- und Gleichdruckprozeß im *p*-*V*-Diagramm. Die zugeführte Wärmemenge sei in beiden Prozessen gleich

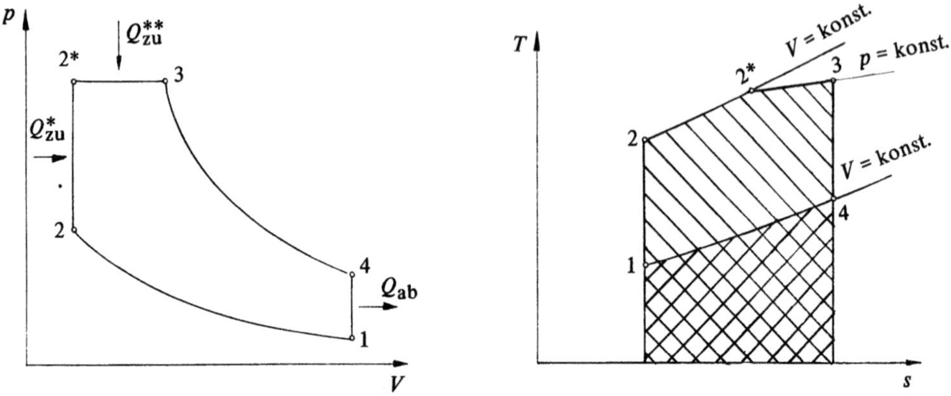

Bild 6.61 Der Seiligerprozeß im p-V- und im T-S-Diagramm

Um den Wirkungsgrad dieses Prozesses bestimmen zu können, muß neben dem Verdichtungsverhältnis ϵ und dem Einspritzverhältnis ρ noch das Drucksteigerungsverhältnis ξ benutzt werden. Das Drucksteigerungsverhältnis ξ ist als der Quotient aus dem Höchstdruck und dem Verdichtungsenddruck definiert.

$$\xi = \frac{p_2^*}{p_2} = \frac{T_2^*}{T_2} \qquad (6.66)$$

ζ	p	T
1	Pa	K

Gl. (6.66) gilt wegen $V_2 = V_2^*$. Mit den Gleichungen für ϵ und ρ kann man dann analog zu η_{Witz} und $\eta_{\text{Gleichdr.}}$ den Wirkungsgrad η_{Seil} ableiten. Man geht dabei von Gl. 6.67 aus:

$$\eta_{\text{Seil}} = 1 + \frac{Q_{ab}}{Q_{zu}{}^* + Q_{zu}{}^{**}} \qquad (6.67)$$

$$Q_{zu}{}^* = c_V \cdot (T_2^* - T_2) \qquad (6.68)$$

$$Q_{zu}{}^{**} = c_p \cdot (T_3 - T_2^*) \qquad (6.69)$$

$$Q_{ab} = c_V \cdot (T_1 - T_4) \qquad (6.70)$$

$\eta, \rho, \kappa, \zeta, \epsilon$
1

$$\eta_{\text{Seil}} = 1 - \frac{\rho^\kappa \cdot \xi - 1}{\epsilon^{\kappa - 1}\,[\xi - 1 + \kappa \cdot \xi \cdot (\rho - 1)]} \qquad (6.71)$$

Setzt man das Einspritzverhältnis $\rho = 1$, so geht der Seiligerprozeß in einen Gleichraumprozeß über. Setzt man das Drucksteigerungsverhältnis $\xi = 1$, so geht er in den Gleichdruckprozeß über.

Die vereinfachenden Annahmen für den Seiligerprozeß sind die gleichen, die auch für den Gleichraum- und den Gleichdruckprozeß galten. Der Seiligerprozeß macht also Aussagen über die Einflüsse aus dem Verdichtungsverhältnis ϵ, dem Einspritzverhältnis ρ und dem Drucksteigerungsverhältnis ξ.

So wie beim Gleichraumprozeß nimmt der Wirkungsgrad η_{Seil} mit wachsendem Verdichtungsverhältnis ϵ zu. Eine Erhöhung des Drucksteigerungsverhältnisses ξ bedingt ebenso eine Verbesserung des Wirkungsgrades. Im Gegensatz dazu bedingt eine Vergrößerung des Einspritzverhältnisses ρ eine Verminderung des Wirkungsgrades.

Wie der Witzsche Gleichraumprozeß für den Ottomotor, ist auch der Seiligerprozeß für den Dieselmotor zwar zur qualitativen Beurteilung geeignet, er gestattet jedoch keine brauchbare quantitative Berechnung, d.h., als Berechnungsgrundlage muß sowohl für den Diesel- als auch für den Ottomotor der bereits mehrfach erwähnte sogenannte vollkommene Motor dienen. Dieses Berechnungsverfahren ermöglicht dann die Erfassung der Einflüsse aus den in den vereinfachenden Annahmen genannten Größen.

6.10 Der wirkliche Verbrennungsmotor

Die verschiedenen Vergleichsprozesse und die Prozesse im vollkommenen Motor werden benutzt, um die grundlegenden Vorgänge in den wirklichen Verbrennungsmotoren zu erfassen und zu beschreiben.

Die entscheidenden Unterschiede liegen jedoch darin, daß der wirkliche Prozeß ein mit weiteren *Verlusten* behafteter Prozeß ist, für den das idealisierte Verhalten nicht zutrifft, sondern nur mehr oder weniger gut angenähert werden kann. Die vollständige Ausnutzung des Brennstoffes ist zunächst auch beim vollkommenen Motor nicht möglich. Darüber hinaus treten beim wirklichen Motor gegenüber dem vollkommenen weitere Verluste auf. Aus den gemachten Erfahrungen heraus kann man sagen, daß ca. 50 ... 75 % der gesamten Brennstoffenergie durch Verluste verloren gehen. Von diesen 50 ... 75 % entfallen nur etwa 10 % auf die beeinflußbaren Verluste des wirklichen Motors.

6.10.1 Die Verluste des vollkommenen Motors

Der weitaus größte Teil der Verluste ist durch das motorische Verfahren bedingt und daher eigentlich nicht beeinflußbar. Bild 6.62 zeigt die Verluste des vollkommenen Motors als

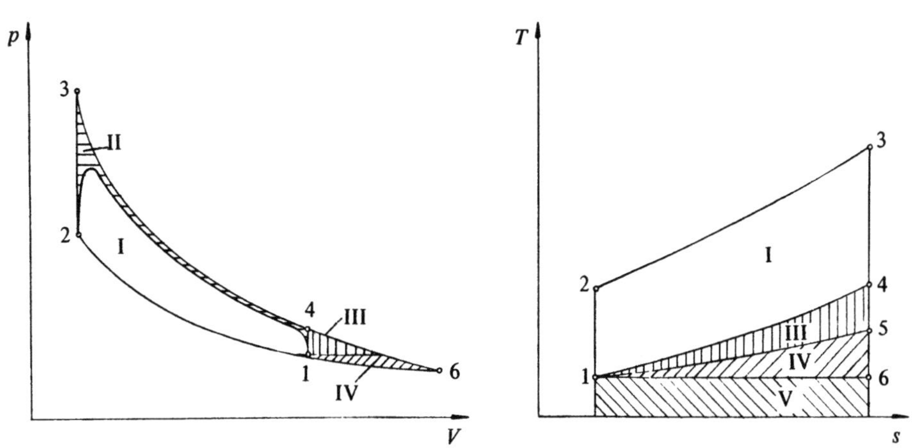

Bild 6.62 Die Verluste des realen Motors im p-V- und im T-S-Diagramm

Flächen im *p-V*- und *T-s*-Diagramm. Der Prozeß im vollkommenen Motor liefert als nutzbare Energie lediglich die Fläche I. Während die Flächen III, IV und V Verluste des vollkommenen Motors darstellen, ist die Fläche II ein Maß für die Verluste des wirklichen Motors.

Fläche III

Die Expansion endet beim Druck p_4 und nicht bei p_1, dadurch entsteht ein Verlust. Bedingt sind diese Verluste durch die begrenzte Zylinderlänge, die eine weitere Entspannung unmöglich macht. Die Energie könnte nur durch weiteres Entspannen in einer Abgasturbine genutzt werden. Der Verlust beträgt ca. 13 %.

Fläche IV

Bei der Entspannung bis zum Druck p_1 ist zwar das Druckgefälle genutzt worden, jedoch hat das Gas noch eine erhöhte Temperatur T_5. Die darin enthaltene Restenergie ist heute technisch noch nicht nutzbar zu machen. Der Verlust beträgt ca. 22 %.

Fläche V

Dieser Fläche im *T-s*-Diagramm entspricht der Verlust, der durch nicht umkehrbare Verbrennung unvermeidbar ist. Der Verlust beträgt ca. 25 %.

Durch Anhebung des Temperaturniveaus sind alle diese Verluste relativ zu vermindern. Allerdings bestehen dabei natürliche Grenzen durch die maximal mögliche Verbrennungstemperatur und durch die Werkstoffeigenschaften. *Die gesamten Verluste des vollkommenen Motors betragen ca. 60 %.*

6.10.2 Verluste des wirklichen Motors

Mit den Verlusten des wirklichen Motors sind die Verluste gemeint, die über diejenigen des vollkommenen Motors hinausgehen. Sie sind im *p-V*-Diagramm als Fläche II gekennzeichnet.

Gründe für diese Verluste sind:

a) *Endliche Verbrennungsgeschwindigkeit*
Die Verbrennungsgeschwindigkeit beträgt ca. 15 ... 30 m/s und setzt etwa 25 ... 30 °K vor oT ein. Dadurch findet natürlich keine Gleichraumverbrennung statt. Außerdem werden die theoretisch möglichen Drücke nicht erreicht und die Ecken des *p-V*-Diagramms werden abgerundet. Beim Dieselmotor kann dies durch die Einspritzung etwas beeinflußt werden, dadurch wird der Druckanstieg dort etwas steiler.

b) *Drosselverluste*
Durch das Aus- und Einströmen entstehen Drosselverluste, die abgerundete Kennlinien im *p-V*-Diagramm bewirken. Diese Verluste sind in der Regel sehr klein.

c) *Wärmeverluste durch Wandungen*
Dadurch, daß die Wandungen nicht wärmedicht sind, kann der Motor nicht adiabat arbeiten. Deshalb sind die erreichbaren Temperaturen und Drücke kleiner als theoretisch möglich.

Der Anteil der Verluste durch a), b) und c) beträgt ca. 5 %.

d) *Mechanische Verluste*

Wenn man bedenkt, daß die *mechanischen Verluste nur etwa 4 %* betragen, wird sofort klar, daß eine Verbesserung der nutzbaren Energie dort kaum nennenswerten Erfolg bringen kann. Der Motor kann also nur innerhalb des Bereiches von 5 % (siehe Gründe a), b) und c) verbessert werden. Die Entwicklung geht vor allem dahin, eine Verbesserung der Gemischbildung und Verbrennung zu erreichen. Die Möglichkeit der Wirkungsgradverbesserung durch Aufladung ist natürlich grundsätzlich immer gegeben.

7 Kolbenverdichter

Zur Verdichtung von Gasen auf hohe Enddrücke werden vielfach Kolbenverdichter eingesetzt. Dabei handelt es sich nicht nur um *Hubkolbenverdichter*, sondern auch um *Drehkolbenverdichter* verschiedener Bauarten. Die Verdichter können sowohl *ein-* als auch *mehrstufig* sein. Bei mehrstufigen Verdichtern wird häufig zur Verbesserung des Wirkungsgrades zwischengekühlt, d.h., das zu verdichtende Gas wird nach Verlassen einer Verdichterstufe, in der es sowohl verdichtet, als auch erwärmt wurde, abgekühlt und erst dann der nächsten Verdichterstufe zugeleitet.

7.1 Konstruktion und Arbeitsweise

7.1.1 Hubkolbenverdichter

Zum Erreichen besonders hoher Verdichtungsenddrücke – Drücke von mehr als 3000 bar sind keine Seltenheit – werden zumeist Hubkolbenverdichter verwendet. Diese haben zwar den Nachteil der Diskontinuität, aber den Vorteil sehr hoher Verdichtungsverhältnisse.

Bild 7.1 zeigt zwei übliche Bauarten von Hubkolbenverdichtern a) in *Boxerbauart* und b) in *stehender Bauart*, wie er häufig auch als einstufiger Verdichter verwendet wird. Grundsätzlich sind natürlich alle Bauarten, wie bei den Verbrennungsmotoren Kapitel 6, auch ohne Kreuzkopf möglich.

An einigen wichtigen Bauteilen seien nun die Konstruktion und, soweit nötig, die Funktion erläutert.

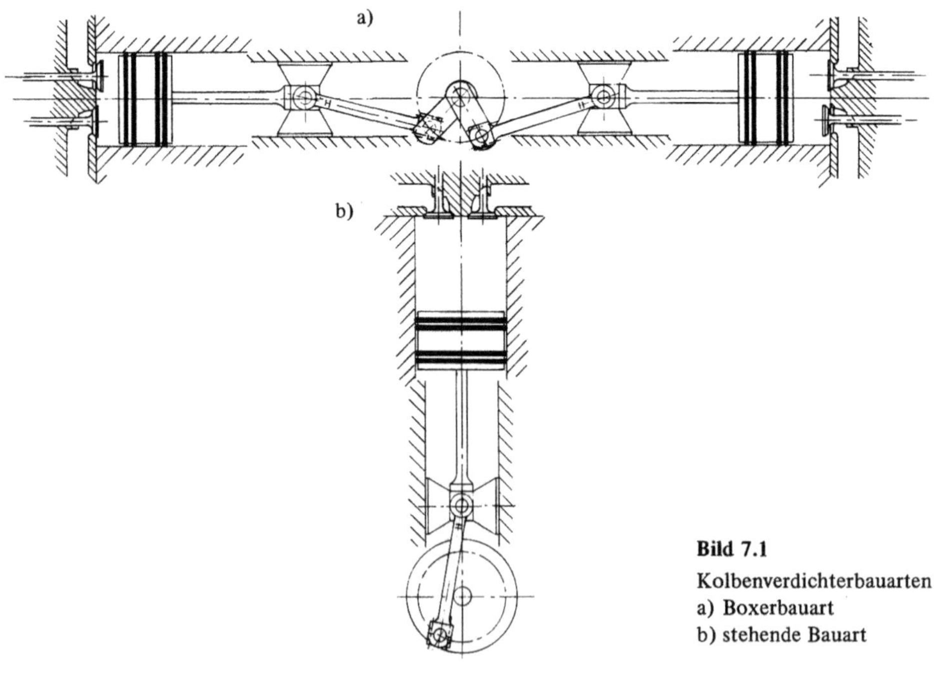

Bild 7.1
Kolbenverdichterbauarten
a) Boxerbauart
b) stehende Bauart

Triebwerkgehäuse

Das am häufigsten verwendete Material ist Grauguß. Es ist bei kleineren Einheiten ungeteilt. Bei größeren Mehrkurbelmaschinen ist in der Kurbelwellenmitte eine Trennfuge vorgesehen. Im oberen Teil des Triebwerkgehäuses befinden sich die Gleitbahnen für die Kreuzköpfe. Im unteren Teil ist die Kurbelwelle gelagert. Die nach oben weitergehende Kolbenstange wird durch entsprechende Ölabstreifringe nach oben hin abgedichtet. Um ein Hochkriechen des auf der Stange befindlichen Ölfilmes zu vermeiden, kann noch ein Ölschirm an der Kolbenstange angebracht werden.

Oben ist das Triebwerksgehäuse durch Zwischenstücke abgeschlossen, die die Verbindung zum Arbeitszylinder herstellen. Diese Zwischenstücke werden, wenn ein giftiges oder explosives Gas es erfordert, gasdicht verschlossen.

Kurbelwelle

Die Kurbelwellen sind in der Regel aus Stahl. Sie werden zumeist aus einem Stück geschmiedet und anschließend normalisierend geglüht. Die Kurbelwangen sind wegen der hohen Belastungen sehr kräftig ausgebildet. Außerdem muß für große Übergangsradien gesorgt werden. Das Anbringen von Gegengewichten ist für den Massenausgleich von erheblicher Bedeutung.

Treibstangen

Auch die Treibstangen bestehen häufig aus normalisiertem geschmiedetem Stah.. Der Kopf wird üblicherweise für die Aufnahme des Kurbelzapfens geteilt ausgeführt. Die Verbindung wird durch Dehnschrauben zusammengehalten.

Kreuzköpfe

Die Laufflächen der zumeist aus Stahlguß hergestellten Kreuzköpfe muß aus einem gleitfähigen Lagermetall bestehen (z.B. Weißmetall). Kolbenstange und Kreuzkopf müssen wegen der auftretenden hohen Kräfte großzügig dimensioniert sein.

Zylinder

Für die Zylinder werden je nach dem Einsatzbereich unterschiedliche Werkstoffe eingesetzt. Im Niederdruckbereich bis ca. 50 bar wird häufig Grauguß verwendet, während bei höheren Drücken häufiger Sphäroguß, Stahlguß oder geschmiedeter Stahl zu finden ist. Die Wahl des Werkstoffes ist vor allem vom Betriebsdruck und vom Zylinderdurchmesser abhängig. Die Laufbuchsen der Stahl- und Stahlgußzylinder sind im allgemeinen aus perlitischem Grauguß oder legiertem Guß.

Ventile

Je nach den Bedingungen bzw. Baugrößen werden gleitend oder reibungsfrei geführte, selbstätig öffnende und schließende *Plattenventile* verwendet. Sie müssen sich durch einen geringen Widerstand auszeichnen, Hub, Federung und Dämpfung der Ventilplatten müssen genau auf den Betriebszustand abgestimmt sein.

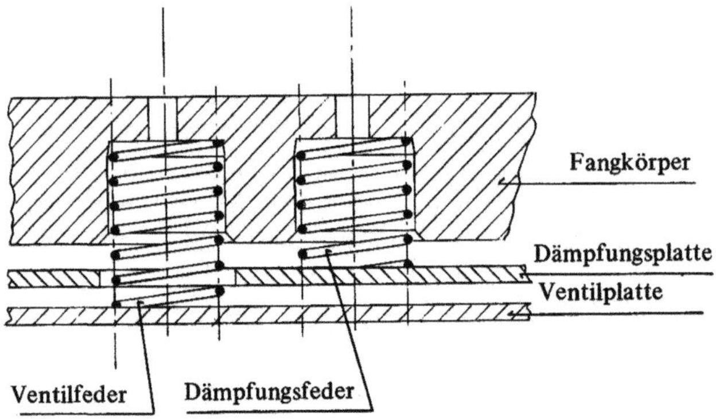

Bild 7.2
Der prinzipielle Aufbau eines Ventils

Die Anordnung der Ventile sollte so erfolgen, daß Kondensat und Schmieröl aus dem Arbeitszylinder abfließen können. Bei aggressiven, feuchten Medien müssen nichtrostende Werkstoffe verwendet werden. Bild 7.2 zeigt den prinzipiellen Aufbau eines Ventiles.

Kolben

Ein Konstruktionsmerkmal der Kolben ist ihr geringes Gewicht und häufig bei mehrkurbeligen Maschinen wegen des Ausgleichs der Massenmomente Gewichtsgleichheit. Werkstoff für kleinere Kolben ist Grauguß, für größere geschweißter Stahl. Häufig wird wegen des geringen Gewichtes auch Aluminium verwendet, bei der Verdichtung von Sauerstoff auch Bronze.
Je nach der Druckdifferenz zwischen Ober- und Unterseite des Kolbens muß eine mehr oder weniger große Anzahl von *Kolbenringen* angebracht werden. Bei Maschinen mit Schmierung sind diese aus Sandguß, bei den sogenannten Trockenläufern, die keine Schmierung haben, sind sie häufig aus Teflonmischungen.

Kolbenstangen

Werkstoffe sind geschmiedeter und, wenn erforderlich, oberflächengehärteter Stahl. Bei höheren Beanspruchungen bevorzugt man die Nitrierhärtung. Bei aggressiven Gasen und Dämpfen muß die Oberfläche mit einem entsprechenden Korrosionsschutz versehen werden. Die Laufflächen der Kolbenstange müssen feinstbearbeitet sein.

Lager

Es werden zumeist zweiteilige Gleitlager in Dreistoff-Ausführung verwendet. Die Stützschalen sind aus Stahl, dann folgt eine Zwischenschicht aus Bleibronze, auf der sich dann als eigentliches Laufmaterial Weißmetall befindet.

Stopfbüchsen

Als Packungen dienen je nach der Art des Gases und der Höhe des Druckes bewegliche Dichtungselemente aus Weißmetall, Teflon, Bronze oder Grauguß. Bei Trockenläufern und bei hohen Drücken werden die Stopfbüchspackungen durch Wasser gekühlt.

Schmierung

Alle gleitenden Teile des Triebwerkes werden durch eine *Druckumlaufschmierung* mit Öl versorgt. Den Versorgungsdruck hält eine von der Kurbelwelle oder von einem Elektromotor angetriebene Pumpe aufrecht. Das Schmieröl führt die Reibungswärme von den Lagern und den gleitenden Teilen ab, dabei wird es sehr stark erhitzt. Ein Ölkühler entzieht die Wärme und beim Durchlaufen eines Filters wird das Öl von metallischem Abrieb gereinigt. Zur Wiederverwendung wird es anschließend in der Kurbelwanne aufgefangen und gesammelt.

7.1.2 Membranverdichter

Eine Sonderform des Verdichters ist der Membranverdichter. Als Verdränger wird eine elastische Stahlmembran verwendet, die fest eingespannt ist. Die Stahlmembran wird hydraulisch über einen Tauchkolben mit Kurbeltrieb in den linsenförmigen Arbeitsraum gedrückt. Der Hubraum des Ölzylinders ist ein wenig kleiner als der Arbeitsraum zwischen der Stahlmembran und dem Gehäuse. Der Verdichter arbeitet nur einwandfrei, wenn der Hydraulikraum vollständig entlüftet ist.

7.1.3 Umlaufkolbenverdichter

Umlaufkolbenverdichter arbeiten mit einem umlaufenden Verdränger. Sie benötigen keine Ventile. Durch einen oder mehrere spielfreie Verdränger wird der Arbeitsraum auf der Saugseite stetig vergrößert und auf der Druckseite stetig verkleinert. Dadurch wird eine nahezu stetige Förderung erreicht.

Kreiskolbenverdichter

Bild 7.3 zeigt das Prinzip der beiden wichtigsten Bauarten von Kreiskolbenverdichtern. Bild 7.3a zeigt einen *Roots-Verdichter* und Bild 7.3b einen Verdichter der *Bauart Jäger*.

Bei den gezeigten Verdichtern rotieren zwei Drehkolben berührungsfrei im Gehäuse. Um den Formschluß zu erhalten und ein Klemmen zu vermeiden werden sie durch Gleichlaufzahnräder angetrieben.

Die Arbeitsräume zwischen den gegenläufigen Kolben und Gehäusen werden wechselnd mit dem Saugstutzen verbunden. Das am Saugstutzen angesaugte Volumen wird zum Druckstutzen befördert. Mit der Drucksteigerung des zu fördernden Mediums tritt auch eine starke Temperatursteigerung ein. Folge der Temperatursteigerung ist eine Verminderung des Spiels zwischen den Drehkolben untereinander und zum Gehäuse. Dadurch wird die Dichtwirkung verbessert. Bei zu großem Temperaturanstieg muß allerdings gekühlt werden.

Schraubenverdichter

Schraubenverdichter haben zwei schraubenförmige Verdränger (Bild 7.4). Der eine Verdränger, der sogenannte *Hauptläufer*, ist angetrieben, er hat an seinem Umfang meist halbkreisförmige Zahnprofile. Das entsprechende Gegenprofil hat dann der *Nebenläufer*. Das zu verdichtende Gas wird axial in die freien schraubenförmigen Arbeitsräume eingesaugt. Bei weiterer Drehung wird es dann verdichtet und weiterbefördert. Durch den allmählichen

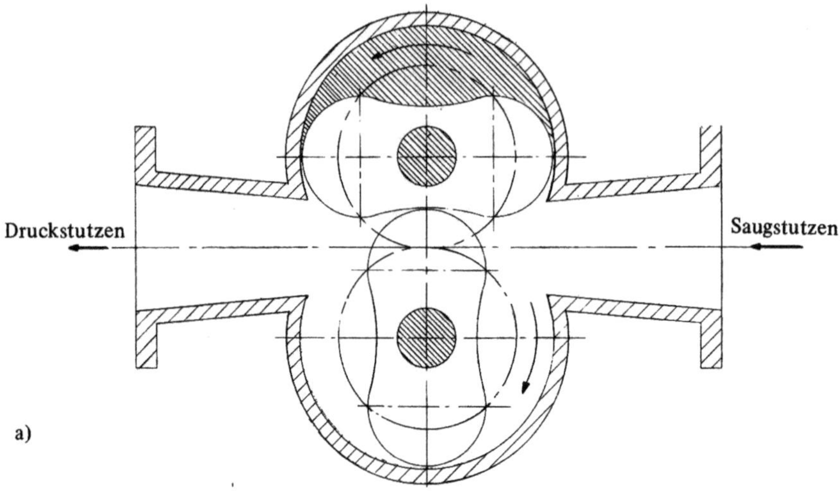

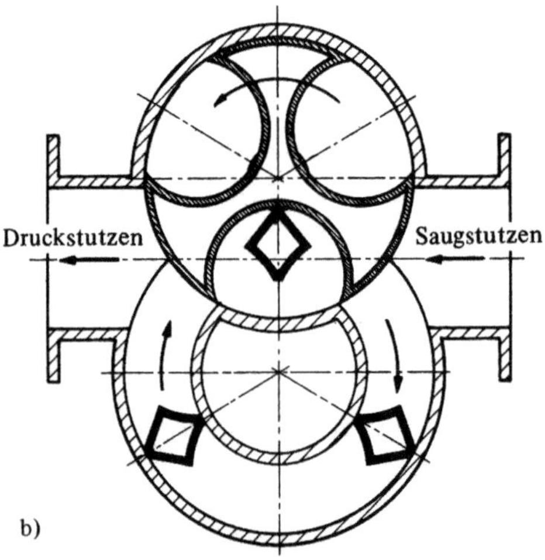

Bild 7.3
Kreiskolbenverdichter
a) Bauart Roots
b) Bauart Jäger

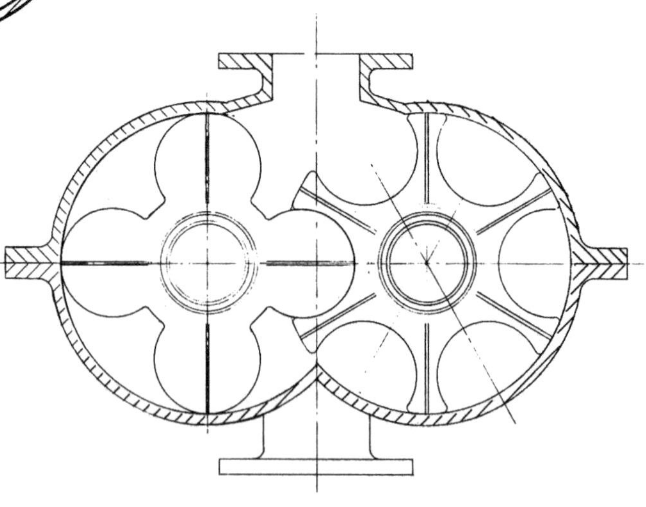

Bild 7.4
Schnitt durch einen Schraubenverdichter

Eingriff der Profile wird der Arbeitsraum kontinuierlich verkleinert, dadurch kommt es zur Verdichtung und zum Gasaustritt auf der Druckseite des Verdichters. Der synchrone Lauf der Schrauben wird durch ein außenliegendes Zahnradpaar erreicht.

Zellenverdichter

Beim Vielzellenverdichter läuft in einem Gehäuse ein Rotor exzentrisch um (Bild 7.5). Die die Zellen voneinander trennenden Schieber werden im Rotor in Schlitzen aufgenommen. Durch die Fliehkräfte werden sie bei ansteigenden Drehzahlen nach außen an die Gehäusewandung gedrückt und dichten so die verschiedenen Kammern gegeneinander ab. Durch die Exzentrizität des Rotors nimmt das Volumen einer jeden Kammer vom Ansaug- zum Druckstutzen hin kontinuierlich ab, so daß es dabei zur Verdichtung des Mediums kommt.

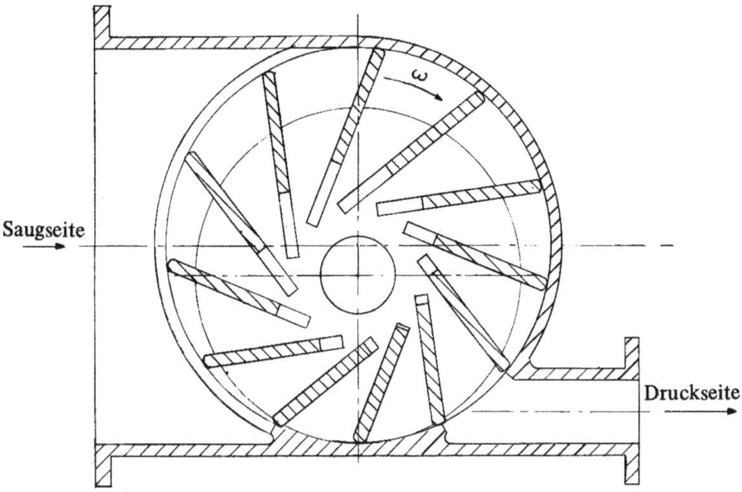

Bild 7.5 Schnitt durch einen Zellenverdichter

Flüssigkeitsringverdichter

Im Gegensatz zu den bei Zellenverdichtern nach außen (an der Gehäusewand) dichtenden Schiebern wird bei dem Flüssigkeitsringverdichter die Dichtung durch einen konzentrischen Flüssigkeitsring erreicht. Dieser dichtende Ring entsteht dadurch, daß man in einem teilweise gefüllten Gehäuse einen exzentrisch gelagerten, mit feststehenden Schaufeln versehenen Rotor laufen läßt. Durch die auf die Flüssigkeit wirkenden Fliehkräfte bildet sich an der Gehäusewandung ein Flüssigkeitsring von konstanter Dicke und dadurch entstehen am Rotor ungleich große Kammern zur Aufnahme eines Gases (Bild 7.6). Sieht man im Innern des Rotors an geeigneten Stellen Zu- und Ableitungen bzw. Kammern vor, so kann man mit einem solchen Verdichter erhebliche Drucksteigerungen erreichen.

Bild 7.6
Schnitt durch einen Flüssigkeitsringverdichter

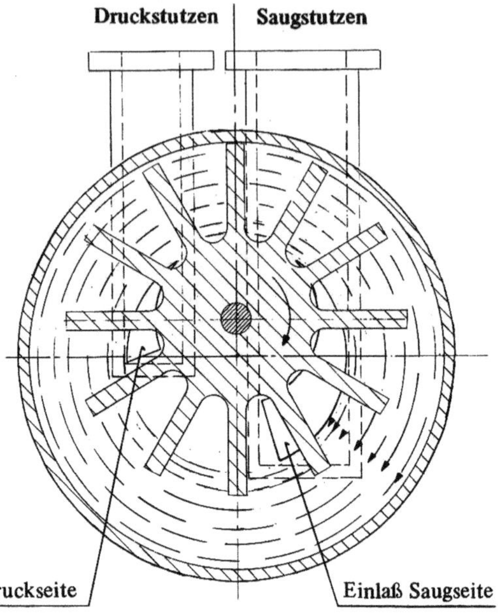

Drehschieberverdichter

Auch der Drehschieberverdichter verdankt seine Wirkung letztendlich der exzentrischen Anordnung eines Rotors in einem Gehäuse. Wie Bild 7.7 zeigt, trägt der Rotor zwei ständig an der Gehäusewandung anliegende Schieber. Diese Schieber schaffen zwei Arbeitsräume. Dort, wo der Arbeitsraum bei Drehung des Rotors vergrößert wird, wird das Gas durch den Saugstutzen angesaugt. Dies geschieht so lange, bis die Saugöffnung durch den anderen Schieber verschlossen wird. Danach beginnt mit der Verkleinerung des Arbeitsraumes die eigentliche Verdichtung und das Ausschieben über das druckseitige Ventil.

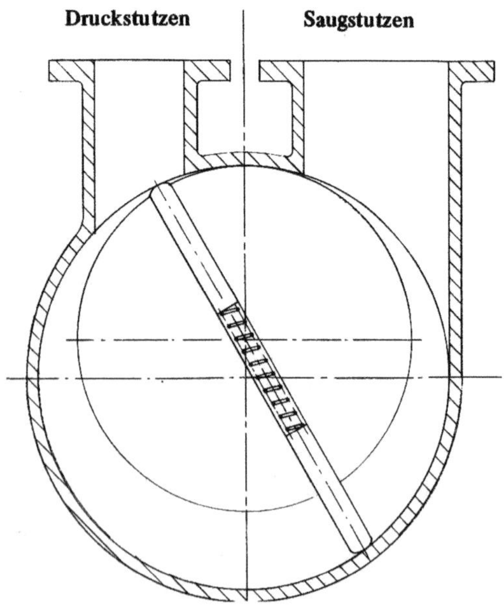

Bild 7.7
Drehschieberverdichter

7.2 Der Kreisprozeß im Kolbenverdichter

Der Kreisprozeß des Kolbenverdichters soll hier am Beispiel eines Hubkolbenverdichters gezeigt werden. Am anschaulichsten kann man diesen Prozeß im p-V-Diagramm darstellen. Zur Vereinfachung soll zunächst der theoretische Prozeß eines einstufigen Verdichters behandelt werden.

7.2.1 Theoretischer Arbeitsablauf eines einstufigen Hubkolbenverdichters

Bild 7.8 zeigt den theoretischen Arbeitsablauf mit verschiedenen möglichen Zustandsänderungen. Man geht davon aus, daß bei Erreichen des oberen Totpunktes zwischen dem Zylinderdeckel und dem Kolben kein Restgas vorhanden ist, d.h., die gesamte zu verdichtende Gasmenge hat den Arbeitszylinder durch das Auslaßventil verlassen.

Bewegt sich der Kolben vom oberen Totpunkt zum unteren, so strömt durch das geöffnete Ansaugventil Gas in den Arbeitszylinder ein. Im Bild 7.9 ist dies durch die Linie von 4 nach 1 dargestellt. Bei Erreichen von Punkt 1 schließt das Ansaugventil und danach beginnt die Verdichtung. Im Bild 7.8 sind für die Verdichtung zwei verschiedene Linienzüge eingezeichnet. Sie stellen zwei von den vielen möglichen Zustandsänderungen, nach denen die Verdichtung ablaufen kann, dar. Die Linie von 1 nach 2 soll der isentropen und adiabaten Verdichtung entsprechen. Es ist dies diejenige Zustandsänderung, bei der die Entropie konstant

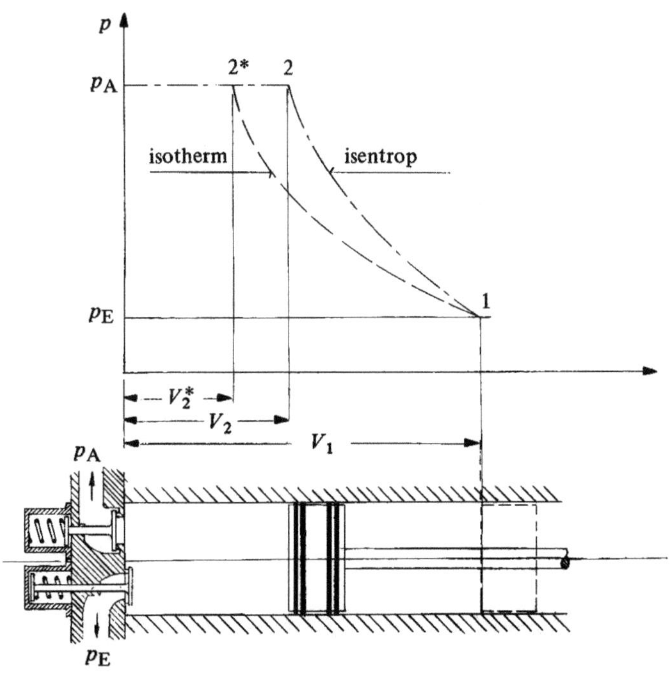

Bild 7.8 p-V-Diagramm eines Hubkolbenverdichters mit theoretischem Arbeitsablauf

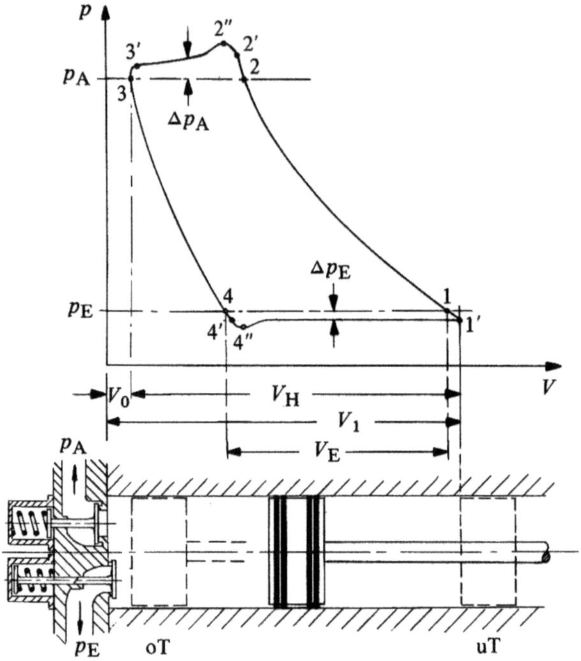

Bild 7.9
Indikatordiagramm eines Hubkolbenverdichters

bleibt und die Wandungen als wärmedicht angenommen werden. Dies ist in der Praxis sicher nicht ganz zu verwirklichen, kann jedoch bei ausreichend schnellen Vorgängen mit genügender Genauigkeit angenommen werden. Der andere Extremfall einer Verdichtung ist der durch die Linie 1 nach 2* als isotherme dargestellte. Dieser Fall ist sicher nur dann als praktisch realisierbar anzusehen, wenn dem zu verdichtenden Gas durch Kühlung verzögerungsfrei dieselbe Wärmemenge entzogen werden könnte, die der Temperaturerhöhung bei der Verdichtung entspricht. Daraus folgt, daß eine isotherme Verdichtung nur bei sehr langsam laufenden Kolben annähernd zu verwirklichen ist. Daher wird die wirkliche Zustandsänderung je nach der Wärmeabfuhr *zwischen* den beiden beschriebenen Zustandsänderungen liegen.

Den Unterschied zwischen isothermer und isentroper Verdichtung soll das folgende Beispiel zeigen.

Beispiel: Luft soll verdichtet werden, und zwar 1. isentrop und 2. isotherm. Vergleichen Sie die spezifischen Verdichtungsarbeiten.

Ausgangszustand: $p_1 = 100$ kPa
$t_1 = 18$ °C
Enddruck: $p_2 = 1400$ kPa

Luft hat eine spezifische Wärme $c_p = 1 \frac{\text{kJ}}{\text{kgK}}$ und $\kappa = 1{,}4$.

1. Isentrope Verdichtung von 1 nach 2 im Bild 7.8.

Lösung:

$$T_2 = T_1 \left(\frac{p_2}{p_1}\right)^{\frac{\kappa - 1}{\kappa}} \tag{7.1}$$

T	p	κ
K	Pa	1

$$T_2 = 291\ \text{K} \left(\frac{1400}{100}\right)^{\frac{1,4-1}{1,4}}$$

$$T_2 = 618{,}53\ \text{K}\,.$$

Dann ergibt sich die Verdichtungsarbeit:

$$w_t = c_p\,(T_2 - T_1) \tag{7.2}$$

W	c	T
$\frac{\text{J}}{\text{kg}}$	$\frac{\text{J}}{\text{kgK}}$	K

$$w_t = 1\ \frac{\text{kJ}}{\text{kgK}}\,(618{,}53 - 291)\,\text{K}$$

$$w_t = 327{,}53\ \text{kJ/kg}\,.$$

2. Isotherme Verdichtungsarbeit von 1 nach 2* im Bild 7.8.

$$w_t^* = R \cdot T_1 \cdot \ln \frac{p_2}{p_1} \tag{7.3}$$

w	R	T	p
$\frac{\text{J}}{\text{kg}}$	$\frac{\text{J}}{\text{kgK}}$	K	Pa

$$w_t^* = 0{,}287\ \frac{\text{kJ}}{\text{kgK}} \cdot 291\ \text{K} \cdot \ln 14$$

$$w_t^* = 220{,}41\ \text{kJ/kg}\,.$$

Die Differenz zwischen beiden Verdichtungsarbeiten beträgt:

$$\Delta w_t = w_t - w_t^* \tag{7.4}$$

$$\Delta w_t = (327{,}53 - 220{,}41)\,\text{kJ/kg}$$

$$\Delta w_t = 107{,}12\ \text{kJ/kg}\,.$$

Daraus folgt, daß die aufzuwendende Verdichterarbeit bei isentroper Verdichtung in diesem Falle um 48,5 % größer ist als bei isothermer Verdichtung. Dieser Nachteil läßt sich dadurch teilweise ausgleichen, daß man mit kleineren Druckverhältnissen, mehrstufig und mit Zwischenkühlung arbeitet (siehe Abschnitt 7.4).

7.2.2 Der wirkliche Arbeitsablauf in einem einstufigen Hubkolbenverdichter

Bild 7.9 zeigt das p-V-Diagramm eines einstufigen Hubkolbenverdichters. Die im Bild angezogenen Punkte haben folgende Bedeutung:

1′	Ansaugventil schließt,
1′ nach 2′	Gas wird verdichtet,
2′ nach 2″	Druckventil öffnet,
2′ nach 3′	Gas wird ausgeschoben,
3′ nach 4′	im Totraum verbliebenes Gas expandiert,
3′	Druckventil schließt,
4′ nach 4″	Saugventil öffnet.

Dieses wirkliche Diagramm zeigt den Druckverlauf im Arbeitszylinder über eine volle Arbeitsperiode.

Während der Kolben sich auf den Punkt 1′ zubewegt, strömt durch das geöffnete Einlaßventil Gas ein; da dies weder verzögerungsfrei, noch ohne Drosselverluste geschieht, liegt dabei der Druck etwas unterhalb von p_E. Bei diesem Druck beginnt dann die Verdichtung, die theoretisch bei Punkt 2 beendet sein müßte. Da aber das Druckventil nicht verzögerungsfrei arbeitet, schreitet die Verdichtung zunächst bis zum Punkt 2′, dem Beginn der Ventilöffnung, fort. Auch danach ist bis zum Punkt 2″ noch eine Drucksteigerung zu erkennen, die dadurch entsteht, daß das Ventil eine endliche Öffnungsgeschwindigkeit hat und erst bei Erreichen von 2″ ganz geöffnet ist, d.h., der Fördervorgang beginnt bei Punkt 2′ und endet beim Schließen des Druckventiles (Punkt 3 bzw. 3′). Bei Punkt 3′ beginnt das Druckventil zu schließen, um bei Punkt 3 ganz geschlossen zu sein. Wäre das Ventil bei Punkt 3 nicht geschlossen, so würde mit sinkendem Druck im Arbeitszylinder gerade gefördertes Gas zurückströmen. Bei einem realen Verdichter bleibt bei Erreichen des oberen Totpunktes immer ein kleines Restvolumen im Arbeitszylinder. In diesem Restvolumen V_0 befindet sich verdichtetes Gas mit dem Druck p_A. Aufgrund seiner Konstruktion bleibt nun das Einlaßventil solange geschlossen, bis der Druck im Arbeitszylinder kleiner als p_E ist (siehe Punkt 4′). Da das Ventil nicht verzögerungsfrei und verlustlos arbeitet, liegt 4′ unterhalb vom theoretischen Öffnungspunkt 4. Ganz geöffnet ist das Ventil erst bei Punkt 4″. Da beim voll geöffneten Ventil die Verluste kleiner sind als beim teilgeöffneten sich bewegenden Ventil, nähert sich der Druckverlauf dann dem theoretischen Druck.

Der wesentlichste *Unterschied* zwischen dem *theoretischen* und *realen* Indikatordiagramm besteht in der *Rückexpansionslinie* (von 3 nach 4) sowie in den abweichenden Ansaug- und Ausschublinien.

Einflüsse, die im Indikatordiagramm weniger stark zur Geltung kommen, sind:

1. Ventilschwingungen,
2. Druckschwankungen außerhalb des Arbeitszylinders,
3. Undichtheiten
4. Wärmeaustausch zwischen Fluid, Kolben und Zylinderwandung.

Im folgenden soll vor allem die *Rückexpansion* behandelt werden. Durch die Rückexpansion des im Volumen V_0 vorhandenen Gases ist ein Verdichter denkbar, der kein verdichtetes Gas mehr liefert, weil das gesamte verdichtete Gas in V_0 Platz hat. Man nennt daher diesen Raum auch *schädlichen Raum* oder *Totraum*. Ob dieser Fall eintritt, wird vor allem von der Größe des schädlichen Raumes und vom Druckverhältnis bestimmt, d.h., es ist bei gegebenen geometrischen Abmessungen ein Druckverhältnis denkbar, bei dem der Verdichter kein verdichtetes Gas mehr liefert. Wenn man im Indikatordiagramm nach Bild 7.9 z.B. den schädlichen Raum gedanklich vergrößert, so wird irgendwann die Linie 3 – 4 mit der Linie 2 – 1 deckungsgleich sein. Dann ist zwar eine Verdichtung möglich, es wird aber weder verdichtetes Gas gefördert, noch frisches Gas angesaugt.

Für diesen Fall kann ein *Grenzdruckverhältnis* bestimmt werden. Das Verhältnis von angesaugtem Volumen V_E zum Hubvolumen V_H wird als sogenannter *volumetrischer Wirkungsgrad* oder als *Liefergrad* bezeichnet.

$$\boxed{\eta_V = \frac{V_E}{V_H}} \qquad \begin{array}{|c|c|} \eta & V \\ \hline 1 & m^3 \end{array} \qquad (7.5)$$

Für ideale Gase kann man das Volumen V_4 aus der Gleichung für eine isentropische Zustandsänderung ermitteln.

$$V_4 = V_0 \cdot \left(\frac{p_A}{p_E}\right)^{\frac{1}{\kappa}} \tag{7.6}$$

Setzt man das Druckverhältnis

$$\frac{p_A}{p_E} = \pi \tag{7.7}$$

so gilt

V	p	κ, π
m^3	Pa	1

$$V_4 = V_0 \cdot \pi^{1/\kappa} \tag{7.8}$$

Geht man davon aus, daß die Punkte 1' und 1 im Indikatordiagramm nur um einen vernachlässigbar kleinen Betrag voneinander entfernt sind, so kann man mit der folgenden einfachen Beziehung weiterrechnen.

$$V_E = V_1 - V_4 \tag{7.9}$$

$$V_1 = V_H + V_0 \tag{7.10}$$

$$V_E = V_H + V_0 - V_4 \tag{7.11}$$

Setzt man nun Gl. (7.8) in Gl. (7.11) ein, so folgt:

$$V_E = V_H + V_0 - V_0 \cdot \pi^{1/\kappa} \tag{7.12}$$

$$V_E = V_H - V_0(\pi^{1/\kappa} - 1) \tag{7.13}$$

Wenn man nun noch $\frac{V_0}{V_H}$ als *relativen Schadraum* definiert, kann man Gl. (7.13) weiter vereinfachen:

$$\epsilon = \frac{V_0}{V_H}$$

$$V_0 = \epsilon \cdot V_H \tag{7.14}$$

$$V_E = V_H - \epsilon V_H(\pi^{1/\kappa} - 1) \tag{7.15}$$

$$V_E = V_H \cdot [1 - \epsilon(\pi^{1/\kappa} - 1)]. \tag{7.16}$$

Setzt man diese Beziehung in Gl. (7.5) ein, so wird:

$$\eta_V = \frac{V_E}{V_H} = \frac{V_H[1 - \epsilon(\pi^{1/\kappa} - 1)]}{V_H}$$

$$\eta_V = 1 - \epsilon(\pi^{1/\kappa} - 1) \tag{7.17}$$

$\eta, \epsilon, \pi, \kappa$
1

Will man nun das Druckverhältnis π_{max} ermitteln, bei dem der Verdichter kein Gas mehr liefert, so braucht man nur davon auszugehen, daß der volumetrische Wirkungsgrad und damit auch das Volumen V_4 Null wird.

$$\eta_V = 0$$

$$0 = 1 - \epsilon(\pi^{1/\kappa} - 1)$$

$$1 = \epsilon(\pi^{1/\kappa} - 1)$$

$$\frac{1}{\epsilon} + 1 = \pi^{1/\kappa}$$

$$\boxed{\pi_{max} = (\frac{1}{\epsilon} + 1)^{\kappa}} \qquad (7.18)$$

η, ϵ, κ
1

Der Wert für den relativen Schadraum schwankt bei ausgeführten Verdichtern je nach der Ventilanordnung und der Zylinderkopfform zwischen 0,05 und 0,15.

Beispiel: $p_2/p_1 = 8$; $\epsilon = 0{,}08$; $\kappa_{Luft} = 1{,}4$.

a) Wie groß ist der volumetrische Wirkungsgrad?

b) Wie groß ist das Grenzdruckverhältnis π_{max} bei dem η_V zu Null wird?

Lösung: a) Nach Gl. (7.17) gilt:

$$\eta_V = 1 - \epsilon(\pi^{1/\kappa} - 1)$$

$$\eta_V = 1 - 0{,}08(8^{1/1{,}4} - 1)$$

$$\underline{\underline{\eta_V = 0{,}73.}}$$

b) Nach Gl. (7.18) gilt:

$$\pi_{max} = \left(\frac{1}{\epsilon} + 1\right)^{\kappa}$$

$$\pi_{max} = \left(\frac{1}{0{,}08} + 1\right)^{1{,}4}$$

$$\underline{\underline{\pi_{max} = 38{,}24.}}$$

Außer dem volumetrischen Wirkungsgrad η_V und dem Grenzdruckverhältnis sind für die Beurteilung eines Kolbenverdichters die indizierte und die effektive Leistung sowie die entsprechenden Wirkungsgrade von ausschlaggebender Bedeutung.

Die *indizierte Arbeit* stellt sich im Indikatordiagramm Bild 7.9 als die Fläche innerhalb des geschlossenen Kurvenzuges dar. Im Gegensatz dazu ist die isentrope Arbeit diejenige, die nach oben durch den Druck p_A und nach unten durch den Druck p_E begrenzt wird. Das Verhältnis von isentroper Arbeit zu indizierter Arbeit ist als *indizierter Wirkungsgrad* definiert.

$$\boxed{\eta_i = \frac{W_{isentr.}}{W_{indiz.}}} \qquad (7.19)$$

η	W
1	J

Die *isentrope Arbeit* errechnet sich aus der Differenz von Verdichtungsarbeit und der Rück-expansionsarbeit.

$$W_{\text{isentr.}} = \frac{\kappa}{\kappa - 1} \cdot p_E \cdot V_E \left[\pi^{\frac{\kappa-1}{\kappa}} - 1\right] \tag{7.20}$$

Die *Verlustarbeit*, die vor allem durch die Widerstände der Ventile entsteht, ergibt sich *näherungsweise* aus der Gleichung

$$W_V = 1{,}2 \cdot V_E \cdot \Delta p \left[1 + \left(\frac{1}{\pi}\right)^{1/\kappa}\right] \tag{7.21}$$

Diese Gleichung gilt nur mit der *Einschränkung*, daß

$$\Delta p_A \approx \Delta p_E \approx \Delta p\,!$$

Der *indizierte Wirkungsgrad* berechnet sich dann zu:

$$\eta_i = \frac{W_{\text{isentr.}}}{W_{\text{indiz.}}} \tag{7.19}$$

W	κ, π, η	p	V
J	1	Pa	m^3

$$W_{\text{indiz.}} = W_{\text{isentr.}} + W_V \tag{7.22}$$

$$\eta_i = \frac{W_{\text{isentr.}}}{W_{\text{isentr.}} + W_V} \tag{7.23}$$

$$\eta_i = \frac{1}{1 + W_V / W_{\text{isentr.}}} \tag{7.24}$$

Setzt man die Gl. (7.20) und (7.21) in die Gl. (7.24) ein, so erhält man als Gleichung für den indizierten Wirkungsgrad:

$$\eta_i = \frac{1}{1 + \dfrac{1{,}2 \cdot V_E \cdot \Delta p \left[1 + \left(\frac{1}{\pi}\right)^{1/\kappa}\right]}{\dfrac{\kappa}{\kappa - 1} \cdot p_E \cdot V_E \left[\pi^{\frac{\kappa-1}{\kappa}} - 1\right]}}$$

$$\eta_i = \frac{1}{1 + \dfrac{\kappa - 1}{\kappa} \cdot 1{,}2 \cdot \dfrac{\Delta p}{p_E} \cdot \dfrac{1 + \left(\frac{1}{\pi}\right)^{1/\kappa}}{\pi^{\frac{\kappa-1}{\kappa}} - 1}} \tag{7.25}$$

η, κ, π	p
1	Pa

Beispiel: Ein einstufiger Kolbenverdichter habe folgende Werte: $p_A = 600\,\text{kPa}$; $p_E = 100\,\text{kPa}$; $\kappa = 1{,}4$; $\Delta p = 0{,}04\ p_E$. Wie groß ist der indizierte Wirkungsgrad?

Lösung: Nach Gl. (7.25) wird:

$$\eta_i = \frac{1}{1 + \frac{\kappa - 1}{\kappa} \cdot 1{,}2 \cdot \frac{\Delta p}{p_E} \cdot \frac{1 + \left(\frac{1}{\pi}\right)^{1/\kappa}}{\pi^{\frac{\kappa-1}{\kappa}} - 1}}$$

$$\eta_i = \frac{1}{1 + \frac{1{,}4 - 1}{1{,}4} \cdot 1{,}2 \cdot 0{,}04 \cdot \frac{1 + (1/6)^{1/1{,}4}}{6^{\frac{1{,}4-1}{1{,}4}} - 1}}$$

$\eta_i = 0{,}974.$

Die *indizierte Leistung* läßt sich mit Hilfe des gefundenen indizierten Wirkungsgrades und der Drehzahl des Verdichters aus der isentropen Arbeit bestimmen.

$$W_{\text{isentr.}} = \frac{\kappa}{\kappa - 1} \cdot p_E \cdot V_E \cdot \left(\pi^{\frac{\kappa-1}{\kappa}} - 1\right) \tag{7.20}$$

$$\eta_i = \frac{W_{\text{isentr.}}}{W_{\text{indiz.}}} \tag{7.19}$$

$$W_{\text{indiz.}} = \frac{W_{\text{isentr.}}}{\eta_i} \tag{7.26}$$

W	κ, π, η, n	p	V
J	1	Pa	m^3

$$W_{\text{indiz.}} = \frac{\frac{\kappa}{\kappa - 1} \cdot p_E \cdot V_E \cdot \left(\pi^{\frac{\kappa-1}{\kappa}} - 1\right)}{\eta_i} \tag{7.27}$$

Mit $V_E = \eta_V \cdot V_H$ aus Gl. (7.5) wird:

$$W_{\text{indiz.}} = \frac{\kappa}{\kappa - 1} \cdot p_E \cdot V_H \cdot \frac{\eta_V}{\eta_i} \cdot \left(\pi^{\frac{\kappa-1}{\kappa}} - 1\right) \tag{7.28}$$

Außerdem gilt:

$$P_i = W_{\text{indiz.}} \cdot n \tag{7.29}$$

$$P_i = n \cdot \frac{\kappa}{\kappa - 1} \cdot p_E \cdot V_H \cdot \frac{\eta_V}{\eta_i} \cdot \left(\pi^{\frac{\kappa-1}{\kappa}} - 1\right) \tag{7.30}$$

Der *mechanische Wirkungsgrad* berücksichtigt nun noch die mechanischen Verluste des Verdichters. Er ist definiert als:

$$\eta_m = \frac{P_i}{P_e} \tag{7.31}$$

η	P
1	W

η_m liebt bei ausgeführten Verdichtern zwischen 90 % und 95 %. Mit bekanntem (oder geschätztem) Wirkungsgrad läßt sich dann P_e nach Umstellen der Gl. (7.31) leicht ermitteln.

$$P_e = \frac{P_i}{\eta_m} \tag{7.32}$$

Beispiel: Ein Kompressor für Luft mit folgenden Werten ist gegeben:

Kolbendurchmesser	$d = 120$ mm
Kolbenhub	$s = 200$ mm
Drehzahl	$n = 1460\ \text{min}^{-1}$
relativer Schadraum	$\epsilon = 0{,}1$
Isentropenexponent	$\kappa = 1{,}4$
Eintrittsdruck	$p_E = 100$ kPa
Eintrittstemperatur	$T_E = 290$ K
Druckverhältnis	$\pi_0 = 6$
mechan. Wirkungsgrad	$\eta_m = 0{,}93$
Druckdifferenz	$\Delta p = 0{,}04\ p_E$

Folgende Werte sind gesucht:

a) der Gasdurchsatz in m^3/h und in kg/h,
b) die indizierte Leistung,
c) die effektive Leistung.

Lösung: a) Gasdurchsatz

$$\dot{V} = V_E \cdot n \tag{7.33}$$

$$V_E = \eta_V \cdot V_H \tag{7.5}$$

$$V_H = \frac{d^2 \cdot \pi}{4} \cdot s \tag{7.34}$$

$$\eta_V = 1 - \epsilon(\pi^{1/\kappa} - 1) \tag{7.17}$$

$$\boxed{\dot{V} = n \cdot \left[1 - \epsilon(\pi^{1/\kappa} - 1)\right] \cdot \frac{d^2 \cdot \pi}{4} \cdot s} \tag{7.35}$$

$$\dot{V} = 1460\ \text{min}^{-1}\ [1 - 0{,}1\ (6^{1/1{,}4} - 1)] \cdot \frac{0{,}12^2\ \text{m}^2\ \pi}{4} \cdot 0{,}2\ \text{m} \cdot 60\ \frac{\text{min}}{\text{h}}$$

$$\dot{V} = 146{,}55\ \text{m}^3/\text{h}\ .$$

Der Gasdurchsatz hat den Eintrittszustand $p_E = 100$ kPa und $T_E = 290$ K.

$$\dot{m} = \rho_E \cdot \dot{V} \tag{7.36}$$

$$\rho_E = \frac{p_E}{R \cdot T_E} \tag{7.37}$$

$$\boxed{\dot{m} = \frac{p_E}{R \cdot T_E} \cdot \dot{V}} \tag{7.38}$$

$\dot{V}$	$\dot{m}$	n, ϵ, π, κ	d, s	p	R	T
$\frac{\text{m}^3}{\text{s}}$	$\frac{\text{kg}}{\text{s}}$	1	m	Pa	$\frac{\text{J}}{\text{kgK}}$	K

$$\dot{m} = \frac{1 \cdot 10^5\ \text{Nm}^{-2}}{287\ \frac{\text{J}}{\text{kgK}} \cdot \frac{\text{Nm}}{\text{J}}\ 290\ \text{K}} \cdot 146{,}55\ \text{m}^3 \cdot \text{h}^{-1}$$

$$\underline{\underline{\dot{m} = 176{,}08\ \text{kg/h}}}\ .$$

b) indizierte Leistung

$$P_i = n \cdot \frac{\kappa}{\kappa - 1} \cdot p_E \cdot V_H \cdot \frac{\eta_V}{\eta_i} \cdot (\pi^{\frac{\kappa-1}{\kappa}} - 1) \tag{7.30}$$

$$P_i = 1460\ \text{min}^{-1} \cdot \frac{1{,}4}{1{,}4-1} \cdot 100\ \text{kPa} \cdot \frac{10^3\ \text{Pa}}{\text{kPa}} \cdot \frac{\text{N}}{\text{m}^2\ \text{Pa}} \cdot \frac{\text{m}^3}{10^3\ \text{dm}^3} \cdot 2{,}26\ \text{dm}^3 \cdot \frac{0{,}74}{0{,}974} \cdot \left(6^{\frac{1{,}4-1}{1{,}4}} - 1\right) \cdot \frac{\text{min}}{60\ \text{s}}$$

$$\underline{\underline{P_i = 9{,}776\ \text{kW}}}\ .$$

c) effektive Leistung

$$P_e = \frac{P_i}{\eta_m} \tag{7.32}$$

P	n, κ, η, π	p	V
W	1	Pa	m^3

$$P_e = \frac{9{,}776\ \text{kW}}{0{,}93}$$

$$\underline{\underline{P_e = 10{,}51\ \text{kW}}}\ .$$

7.3 Der mehrstufige Verdichter mit Zwischenkühlung

Wegen des *Grenzdruckverhältnisses* und der hohen Verdichterausgangstemperaturen können die Drucksteigerungen in einstufigen Kompressoren nicht beliebig groß gemacht werden. Außerdem muß man versuchen, eine möglichst isotherme Verdichtung anzustreben, um die Verdichterarbeit möglichst klein zu halten. Als eine wirksame Möglichkeit dazu hat sich der mehrstufige Verdichter mit Zwischenkühlung erwiesen.

Bei dieser Art der Verdichtung wird das Gesamtdruckverhältnis p_A/p_E gleichmäßig auf Einzelstufen verteilt. Nach Verlassen der jeweiligen Stufe wird das Gas vor Eintritt in die nächstfolgende Stufe zwischengekühlt. Im günstigsten Fall erreicht man dabei die ursprüngliche Eingangstemperatur.

Bild 7.10 zeigt den Prozeß im mehrstufigen Verdichter und zum Vergleich den einstufigen im p-V- und T-s-Diagramm. Die kleinste technische Verdichtungsarbeit ergibt sich bei *isothermer Verdichtung*. Es ist dies die Fläche $1 - 2 - 3 - p_3 - p_1$ im p-V-Diagramm des Bildes 7.10. Die entsprechende Fläche im T-s-Diagramm ist durch die Punkte $1 - 2 - 3 - s_3 - s_1$ aufgespannt.

Die *isentrope Verdichterarbeit* wird im p-V-Diagramm durch die Punkte $1 - 2' - 3' - p_3 - p_1$ aufgespannt, sie ist um die Fläche $1 - 2' - 3' - 3 - 2 - 1$ größer als die für die isotherme Verdichtung.

Will man nun einen Verdichter an den günstigen Fall der isothermen Verdichtung annähern, so kann man die Verdichtung auf mehrere Stufen verteilen und durch Zwischenkühlung die Anfangstemperatur der jeweiligen Stufe vermindern. Wählt man die Kühlung so, daß die Anfangstemperatur der 2. Stufe gleich der der 1. Stufe wird, so ergibt sich der Kurvenverlauf, der im p-V-Diagramm der isothermen nahekommt. Folglich ist auch die Verdichterarbeit zwar größer als bei isothermer, aber kleiner als bei isentroper Verdichtung. Ein Zahlenbeispiel soll dies verdeutlichen.

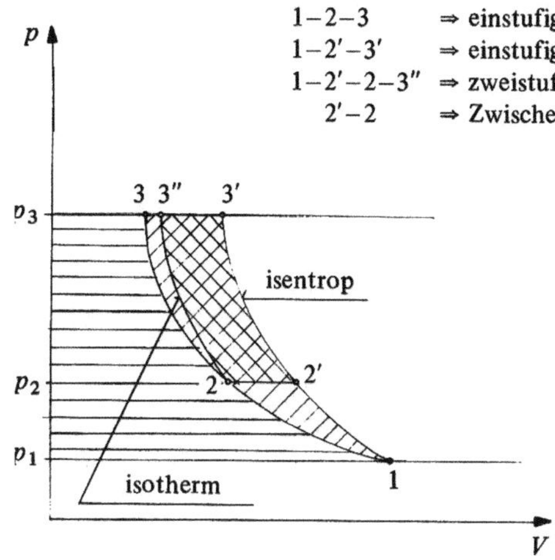

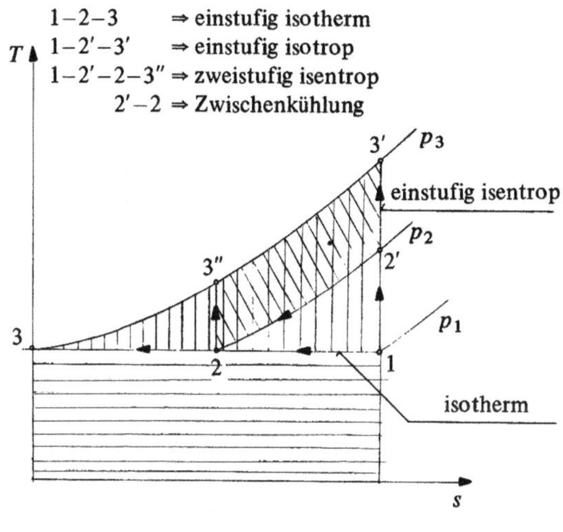

Bild 7.10
Vergleich einer zweistufigen Verdichtung mit Zwischenkühlung und einer einstufigen Verdichtung
a) im *p*-*V*-Diagramm,
b) im *T*-*s*-Diagramm

Beispiel: Mit den Werten des Beispiels aus Abschnitt 7.2.1 ergab sich

a) für die isentrope Verdichterarbeit:
$W_t = 327{,}53$ kJ/kg,

b) für die isotherme Verdichterarbeit:
$W_t^* = 220{,}41$ kJ/kg,

c) für die Verdichterarbeit bei zweistufiger isentroper Verdichtung mit Zwischenkühlung: Um eine gleichmäßige Leistungsnutzung in allen Stufen zu erhalten, muß das Druckverhältnis in jeder Stufe gleich sein.

$$\boxed{\frac{p_2}{p_1} = \frac{p_3}{p_2}} \qquad \left| \frac{p}{\text{Pa}} \right| \tag{7.33}$$

$$\boxed{\frac{p_2}{p_1} = \sqrt{\frac{p_3}{p_1}}} \tag{7.34}$$

$$\frac{p_2}{p_1} = \sqrt{14}$$

$$\frac{p_2}{p_1} = \underline{3{,}74}$$

p	n
Pa	1

Allgemein gilt für n Stufen das Druckverhältnis für die Einzelstufe:

$$\boxed{\frac{p_i}{p_{i-1}} = \sqrt[n]{\frac{p_{max}}{p_1}}} \quad \text{für } i \text{ von 2 bis } n\,. \tag{7.35}$$

Bei gleichem Druckverhältnis und gleicher Anfangstemperatur in jeder Stufe gilt:

$$\boxed{T_2' = T_3' = T_1 \left(\frac{p_2}{p_1}\right)^{\frac{\kappa - 1}{\kappa}}} \tag{7.36}$$

T	p	κ
K	Pa	1

$$T_2' = T_3' = 291\ \text{K}\ (3{,}74)^{\frac{1{,}4-1}{1{,}4}}$$

$$T_2' = T_3' = 424{,}20\ \text{K}\,.$$

Daraus ergibt sich die Verdichterarbeit für jede Stufe zu:

$$\boxed{W_{Stufe} = W_I = W_{II} = c_p\,(T_2 - T_1)} \tag{7.37}$$

W	c	T
J	$\frac{\text{J}}{\text{kgK}}$	K

$$W_{Stufe} = 1{,}0\,\frac{\text{kJ}}{\text{kgK}} \cdot (424{,}20 - 291)\ \text{K}$$

$$W_{Stufe} = 133{,}2\ \text{kJ/kg}.$$

Die gesamte Verdichterarbeit berechnet sich zu:

$$\boxed{W = \sum^{i} W_i} \quad i \text{ Stufenzahl} \tag{7.38}$$

$$W = (133{,}2 + 133{,}2)\ \text{kJ/kg}$$

$$\underline{\underline{W = 266{,}4\ \text{kJ/kg.}}}$$

Dies bedeutet gegenüber der einstufigen Verdichtung eine erhebliche Ersparnis. Es sei jedoch darauf hingewiesen, daß weder der Betrieb eines Zwischenkühlers, noch die mehrfache Aus- und Einleitung des Gases verlustfrei ist und somit einen Teil der Ersparnis an Verdichterarbeit aufbrauchen.

Übliche Stufenzahlen sind in Abhängigkeit vom *Gesamtdruckverhältnis*:

$$\frac{p_{max}}{p_1} = 10 \longrightarrow 100 \longrightarrow 1000$$

$$i = 1 \ldots 2 \longrightarrow 3 \ldots 4 \longrightarrow 5.$$

Daraus ergeben sich *Stufendruckverhältnisse* von ca. $3 \leqslant \frac{p_2}{p_1} \leqslant 6$.

7.4 Einsatz und Größenordnung

Hubkolbenverdichter

Für kleine bis mittlere Volumenströme werden Verdichter in stehender Bauart, die meist direkt durch einen Motor angetrieben werden, eingesetzt. Für große Volumenströme wird der doppeltwirkende oder die Boxerbauart verwendet. Übliche Drücke für ein- bzw. mehrstufige, mehrkurbelige Hubkolbenverdichter lieben bei 200 kPa $\leqslant p \leqslant$ 100 MPa. Die Volumenströme betragen $0{,}04 \frac{m^3}{s} \leqslant \dot{V} \leqslant 7 \frac{m^3}{s}$.

Es werden vor allem folgende Medien verdichtet: Luft, Stickstoff, Helium, Wasserstoff, Kohlendioxid, Ammoniak, Synthesegas, Erdgas, Methan, Äthan, Propan, Äthylen, Chlorgas und andere technische und petrochemische Gase.

Hubkolbenverdichter kommen auf folgenden Gebieten zum Einsatz: Ammoniak-, Harnstoff- und Methanolsynthese, Kälteprozesse, Raffinerien, petrochemische Anlagen, Erdgas-Verflüssigungsanlagen.

Kreiskolbenverdichter

Übliche Druckverhältnisse liegen bei: $\frac{p_2}{p_1} \approx 2$. Die Volumenströme betragen $0{,}005 \frac{m^3}{s} \leqslant \dot{V} \leqslant 4{,}5 \frac{m^3}{s}$.

Kreiskolbenverdichter werden vor allem zum Fördern von ölfreier Luft und technischen Gasen eingesetzt.

Schraubenverdichter

Übliche Druckverhältnisse liegen bei ein- bzw. mehrstufiger Ausführung bei: $2 \leqslant \frac{p_{max}}{p_1} \leqslant 18$.
Die Volumenströme betragen: $0{,}15 \frac{m^3}{s} \leqslant \dot{V} \leqslant 6 \frac{m^3}{s}$.

Schraubenverdichter werden für die Verdichtung von Luft und allen technischen Gasen verwendet. Die Einsatzgebiete sind in der chemischen Industrie, in Stahlwerken, in der Nahrungsmittelindustrie, in der Druckluft- und Stadtgasversorgung sowie beim pneumatischen Transport.

Zellenverdichter

Übliche Enddrücke betragen bei ein- bzw. mehrstufiger Ausführung 400 kPa $\leqslant p_{max} \leqslant$ 900 kPa.

Die Volumenströme liegen bei $\dot{V}_{max} \approx 1{,}5 \frac{m^3}{s}$ für einstufige und $\dot{V}_{max} \approx 0{,}5 \frac{m^3}{s}$ für zweistufige Verdichter.

Zellenverdichter werden für Luft und alle technischen Gase verwendet. Ihre Einsatzgebiete haben sie in der Gasindustrie, in der chemischen und in der Stahlindustrie sowie in Gießereien, Walzwerken, Schmieden, Textilwerken, Pumpwerken, pneumatischen Förderanlagen und Druckluftzentralen.

Flüssigkeitsringverdichter

Übliche Enddrücke betragen $p_{max} \approx 400$ kPa. Die Volumenströme liegen bei ca. $0{,}04 \frac{m^3}{s} \leqslant \dot{V} \leqslant 0{,}8 \frac{m^3}{s}$.

Die Einsatzgebiete des Flüssigkeitsringverdichters sind besonders die chemische Industrie, Großvakuum- und Ansauganlagen, Nahrungsmittelindustrie und pneumatischer Transport sowie die Förderung von Luft, Chlorgas, Kohlensäure und Azetylen. Die Flüssigkeitsfüllung richtet sich nach dem zu fördernden Medium: Wasser, Säuren, Laugen oder Salzlösungen. Der Flüssigkeitsringverdichter hat einige ganz spezifische Vor- und Nachteile:

Vorteile: Staub- und Ölfreiheit, hohe Betriebssicherheit bei geringem Wartungsaufwand.
Nachteile: hohe Feuchtigkeit des Gases, Mitnahme von Flüssigkeit in die Druckleitung, hoher Leistungsbedarf.

Drehschieberverdichter

Drehschieberverdichter werden vor allem in ein- oder zweistufiger Ausführung als Vakuumverdichter eingesetzt. Bei Anfangsdrücken um 100 kPa erreichen sie im Feinvakuumgebiet Enddrücke von 10 mPa. Die Volumenströme erreichen Werte von $0{,}003 \frac{m^3}{s} \leqslant \dot{V} \leqslant 0{,}3 \frac{m^3}{s}$.

Bevorzugte Einsatzgebiete sind: Vakuumtechnik für Luft, nichtagressive Gase, Gas-Dampf-Gemische, Destillation, Sublimation, Entgasung, Trockung in der Metallurgie und in der Elektroindustrie.

Ihr besonderer Vorzug besteht darin, daß sie auf der Saugseite Drücke von 10 mPa aufweisen bei Atmosphärendruck auf der Druckseite.

8 Kolbenpumpen

Zur Förderung von flüssigen Medien werden häufig Kolbenpumpen eingesetzt. Man kann sie in zwei Gruppen einteilen, und zwar in *Hubkolbenpumpen*, die mit periodischer Verdrängung arbeiten und *Umlaufkolbenpumpen*, bei denen eine stetige Verdrängung vorliegt. Eine Unterscheidung nach Saug- und Druckpumpen wird nicht vorgenommen, da schließlich jede Pumpe eine Saug- und eine Druckseite hat und lediglich die Höhe der Drücke variiert.

8.1 Einfachwirkende Hubkolbenpumpen

Die Funktion der nach dem *Verdrängerprinzip* arbeitenden Kolbenpumpen soll am Prinzip der einfachwirkenden Hubkolbenpumpe gezeigt werden.

8.1.1 Wirkungsweise

Bild 8.1 zeigt das Prinzip einer *einfachwirkenden* Hubkolbenpumpe. Sie stellt die wohl älteste Bauart dar und wird dennoch auch heute noch oft eingesetzt (z.B. zur Ölförderung). Bei Aufwärtsbewegung des mit einem Druckventil (2) versehenen Kolbens (1) wird wegen des entstehenden Unterdrucks im Zylinder (3) Flüssigkeit durch das Saugventil (4) ange-

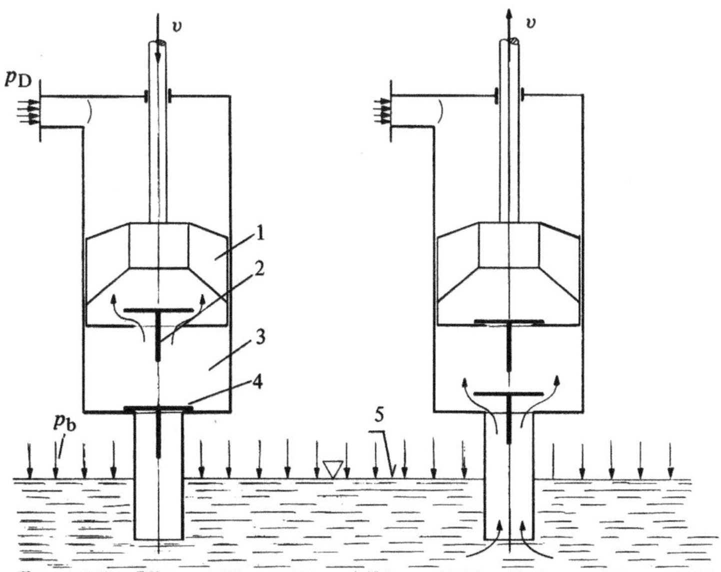

Bild 8.1 Prinzip einer einfachwirkenden Hubkolbenpumpe
1 Kolben, 2 Druckventil, 3 Zylinder, 4 Saugventil, 5 Unterpegel

saugt. Dies geschieht allerdings nur dann, wenn der auf dem Unterpegel (5) lastende Druck – normalerweise atmosphärischer Luftdruck – groß genug ist. Zur gleichen Zeit wird das oberhalb des Kolbens befindliche Fluid in die Druckleitung befördert. Dies ist nur dann möglich, wenn entsprechende Dichtungen vorhanden sind. Bei der Abwärtsbewegung des Kolbens bleibt das Saugventil geschlossen und das Druckventil öffnet sich, da das im Zylinder befindliche Fluid einen entsprechenden Druck aufbaut, d.h., die Flüssigkeitssäule in einer Pumpe bleibt während der Abwärtsbewegung konstant, wenn keine Undichtheiten vorhanden sind.

Bei größeren Kolbenpumpen wird der Kolben häufig als *Plunger* (*Tauchkolben*) ausgeführt. Dadurch braucht der Kolben nicht mehr vom Fluid durchströmt zu werden und das Druckventil erhält einen festen Platz außerhalb des Kolbens. Bild 8.2 zeigt eine solche Kolbenanordnung. Hierbei sind sowohl ein *Saugwindkessel* (7), als auch ein *Druckwindkessel* (8) vorgesehen. Die Funktion der Windkessel wird später eingehend beschrieben.

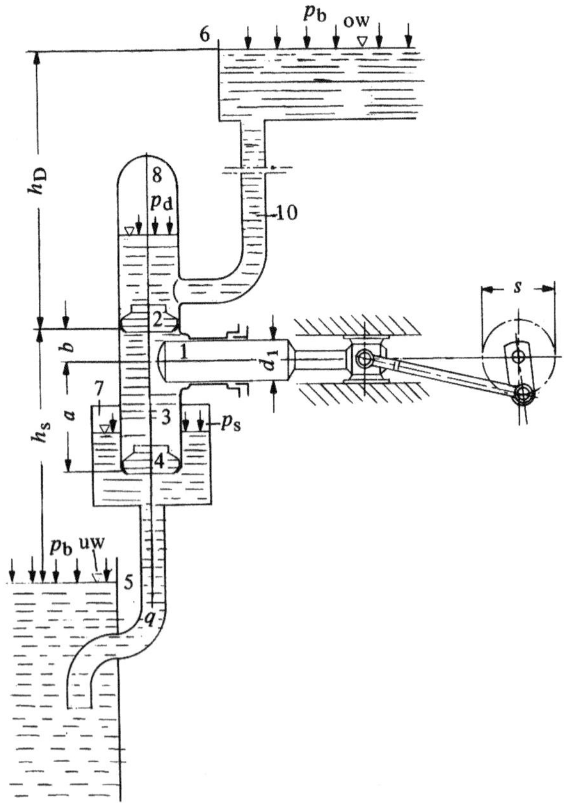

Bild 8.2
Liegende einfachwirkende Hubkolbenpumpe mit Windkessel
1 Kolben
2 Druckventil
3 Zylinder
4 Saugventil
5 Unterpegel
6 Oberpegel
7 Saugwindkessel
8 Druckwindkessel
9 Saugleitung
10 Druckleitung
d_1 Kolbendurchmesser
s Kolbenweg
h_s Saughöhe
h_D Druckhöhe
ow Oberwasserspiegel
uw Unterwasserspiegel
q Saugrohrquerschnitt

Fördervolumen

Das Fördervolumen der im Bild 8.2 dargestellten Pumpe läßt sich mit der Annahme völliger Inkompressibilität und totaler Dichtheit leicht bestimmen.

$$\dot{V}_{th} = \frac{d_1^2 \cdot \pi}{4} \cdot s \cdot n \cdot z \qquad (8.1)$$

$\dot{V}$	d, s	n, z
$\frac{m^3}{s}$	m	1

$\dot{V}_{th}$ theoretisch mögliches Fördervolumen,
d_1 Tauchkolbendurchmesser,
s Kolbenhub,
n Drehzahl der Kurbel,
z Anzahl der Tauchkolben (im Bild 8.2 ist $z = 1$).

Weil die oben getroffenen Annahmen von einer realen Pumpe nicht erfüllt werden, wird das so errechnete Fördervolumen in der Praxis nicht erreicht. Das hat seine Gründe darin, daß weder totale Dichtheit, noch völlige Inkompressibilität vorliegen. Die Stopfbuchsen und auch die Ventile einer Pumpe werden niemals als völlig dicht über den gesamten Hub s anzusehen sein. Die Ventile z.B. werden wegen ihrer Masse nicht verzögerungsfrei öffnen und schließen, so daß zu Beginn des Saug- und des Druckhubes Fluid aus- bzw. einströmen kann. Außerdem kann z.B. Wasser als Fördermedium je nach Temperatur und Druck mehr oder minder große Mengen an Gasen aus der Luft lösen. Diese Gasanteile sind, wenn sie durch den Unterdruck beim Saughub aus der Lösung austreten, als Gas kompressibel. Der Unterschied zwischen dem realen Fördervolumen und dem theoretischen Fördervolumen wird durch den *Liefergrad* oder den *volumetrischen Wirkungsgrad* berücksichtigt.

$$\eta_V = \frac{\dot{V}}{\dot{V}_{th}} \qquad (8.2)$$

η	$\dot{V}$
1	$\frac{m^3}{s}$

Übliche Liefergrade bei Kolbenpumpen liegen zwischen 95 % und 98 %.

Saughöhe

Bei der Anordnung einer Pumpe nach Bild 8.2 spielt die Saughöhe eine erhebliche Rolle. Theoretisch ist es möglich, den atmosphärischen Druck, der auf dem Unterpegel lastet, *vollständig* für die Saughöhe zu verwenden, d.h., bei einem Luftdruck von 1,013 bar und dem Fördermedium Wasser mit $\rho = 1$ kg/dm^3 betrüge die mögliche Saughöhe 10,33 m. In Wirklichkeit erreichen aber auch sehr gute Pumpen nur Saughöhen von etwa 7 m. Das hat mehrere Gründe.

- Die Strömung des Mediums durch die Saugleitung und durch die Ventile ist verlustbehaftet,
- die Wassersäule muß beim Hub beschleunigt werden,
- der Sättigungsdruck des Wassers muß von der Saughöhe abgezogen werden.

Bild 8.3 zeigt den ungefähren Verlauf des Sättigungsdruckes über der Temperatur. Der Sättigungsdruck wird häufig auch als *Dampfbildungsdruck* bezeichnet, weil sich bei Unterschreitung Dampfblasen bilden.

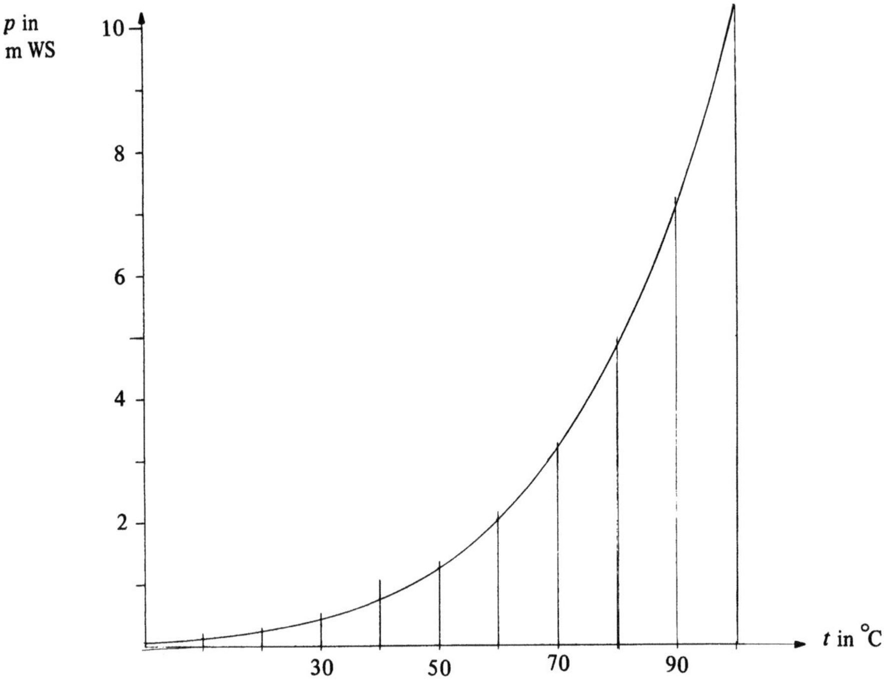

Bild 8.3 Der Sättigungsdruck umgerechnet in m WS (Meter-Wassersäule) in Abhängigkeit von der Temperatur

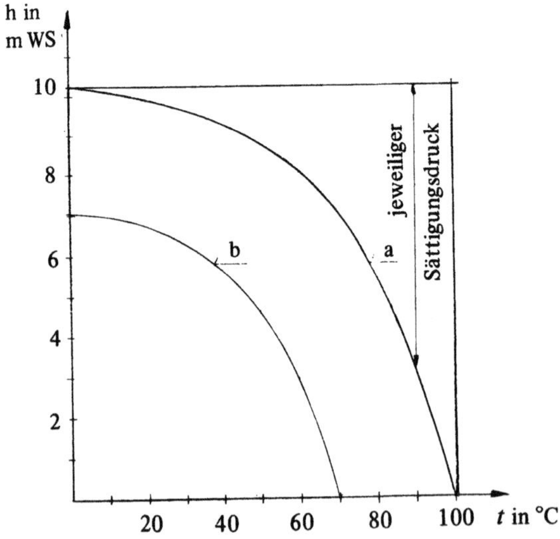

Bild 8.4
Die Saughöhe in Abhängigkeit von der Temperatur a) theoretisch, b) real bei Außenluftdruck von 100 kPa

Bild 8.4 zeigt den Verlauf der *praktisch realisierbaren Saughöhen* ebenfalls in Abhängigkeit von der Temperatur des Wassers. Bei einer Temperatur von etwa 10 °C ist also eine Saughöhe von ca. 7 m möglich, während bei ca. 70 °C Wasser nicht mehr angesaugt wird. Man müßte also bei Temperaturen von 70 °C an aufwärts das Wasser der Pumpe zulaufen lassen.

Saugwindkessel

Bei einer Kolbenpumpe muß beim Saughub die gesamte im Saugrohr befindliche Flüssigkeitsmenge *beschleunigt* werden. Somit muß der über eine Kurbel angetriebene Kolben erhebliche Beschleunigungskräfte aufbringen. Wegen der Größe der Beschleunigungen kann es bei Beginn des Saughubes zur Dampfblasenbildung kommen. Am Ende des Saughubes wird die Flüssigkeitssäule mit dem gleichen Beschleunigungswert verzögert.

Für die Beschleunigung am Anfang des Saughubes wird von der theoretischen Saughöhe ein erheblicher Teil benötigt, so daß dadurch die mögliche Saughöhe stark vermindert wird. Welche Werte dabei die Beschleunigungshöhen erreichen, wird im folgenden ermittelt: Die in der Saugleitung befindliche Masse ergibt sich aus dem Querschnitt der Rohrleitung, ihrer Länge und der Dichte des Mediums.

$$\boxed{m_s = A_s \cdot l_s \cdot \rho} \qquad (8.3)$$

m	A	l	ρ
kg	m^2	m	$\frac{kg}{m^3}$

Dann wird die zur Beschleunigung erforderliche Kraft

$$\boxed{F = m_s \cdot a_s} \qquad (8.4)$$

F	m	a
N	kg	$\frac{m}{s^2}$

Darin ist a_s die Beschleunigung der Wassersäule in der Saugleitung. Geht man davon aus, daß das Wasser inkompressibel ist und sich keine Dampfblasen bilden, so gilt die *Kontinuitätsgleichung.*

$$A_s \cdot c_s = A_k \cdot c_k \qquad (8.5)$$

$$\boxed{A_s \cdot a_s = A_k \cdot a_k} \qquad (8.6)$$

A	a
m^2	$\frac{m}{s^2}$

Gl. (8.6) ergibt sich, wenn man Gl. (8.5) durch die Beschleunigungszeit dividiert und annimmt, daß die Beschleunigung für diese Zeit konstant ist. Will man nun a_s bestimmen, so stellt man Gl. (8.6) um:

$$\boxed{a_s = \frac{A_k}{A_s} \cdot a_k} \qquad (8.7)$$

In dieser Gleichung sind sowohl die Kolbenfläche A_k als auch A_s bekannt. Für a_k – die Kolbenbeschleunigung – gilt folgendes:

- Die Kolbenbeschleunigung hat im Totpunkt ihr Maximum.
- Bei einem Kurbeltrieb ist die Maximalbeschleunigung

$$\boxed{a_{max} = (1 + \lambda) r \cdot \omega^2} \qquad (8.8)$$

a	λ	r	ω
$\frac{m}{s^2}$	1	m	$\frac{1}{s}$

λ Kurbelverhältnis = $\frac{\text{Kurbelradius}}{\text{Pleuelstangenlänge}}$

r Kurbelradius

ω Winkelgeschwindigkeit

Setzt man Gl. (8.3) in Gl. (8.4) ein, so erhält man:

$$F = A_s \cdot l_s \cdot \rho \cdot a_s \qquad (8.9)$$

F	A	l	ρ	a
N	m^2	m	$\frac{kg}{m^3}$	$\frac{m}{s^2}$

Durch Einsetzen von Gl. (8.7) erhält man:

$$F = A_s \cdot l_s \cdot \rho \cdot \frac{A_k}{A_s} \cdot a_k \qquad (8.10)$$

und durch Einsetzen von Gl. (8.8):

$$F = A_s \cdot l_s \cdot \rho \cdot \frac{A_k}{A_s} \cdot (1 + \lambda) \cdot r \cdot \omega^2 \qquad (8.11)$$

λ	r	ω
1	m	$\frac{1}{s^2}$

Will man den Anteil für die Beschleunigung als Höhe erhalten, so kann man die Kraft F durch eine Wassersäule mit dem Querschnitt A_s, der Dichte ρ und der Höhe h_B ersetzen.

$$F = m \cdot g \qquad (8.12)$$

$$F = A_s \cdot h_B \cdot \rho \cdot g \qquad (8.13)$$

F	m	g	A	h	ρ
N	kg	$\frac{m}{s^2}$	m^2	m	$\frac{kg}{m^3}$

Setzt man Gl. (8.13) in Gl. (8.11) ein und löst sie nach der für die Beschleunigung benötigte Druckhöhe h_B auf, so ergibt sich:

$$h_B = \frac{l_s}{g} \cdot \frac{A_k}{A_s} (1 + \lambda) r \cdot \omega^2 \qquad (8.14)$$

Beispiel 8.1: Wie groß ist die für die Beschleunigung der Wassersäule im Saugrohr benötigte Höhe h_B?

Gegebene Werte:

Saugrohrhöhe	l_s	= 7 m
Kurbelradius	r	= 0,12 m
Kurbelverhältnis	λ	= 0,25
Drehzahl	n	= 120 min^{-1}
Kolbenfläche	A_k	= 200 cm^2
Saugrohrfläche	A_s	= 210 cm^2

Lösung: Nach Gl. (8.14) wird mit Einsetzen von $\omega = 2\,\pi\,n$:

$$h_B = \frac{l_s}{g} \cdot \frac{A_k}{A_s} (1 + \lambda)\, r \cdot (2\,\pi \cdot n)^2 \qquad (8.15)$$

h, l, r	g	λ	n
m	$\frac{m}{s^2}$	1	$\frac{1}{s}$

$$h_B = \frac{7\ m\ S^2}{9{,}81\ m} \cdot \frac{2{,}0}{2{,}1} \cdot (1 + 0{,}25) \cdot 0{,}12\ m \cdot (2 \cdot \pi \cdot 2)^2\ S^{-2}$$

$$\underline{\underline{h_B = 16{,}097\ m}}$$

Diese Höhe ist als Druckhöhe aus dem Luftdruck gar nicht vorhanden. (Dem Luftdruck entspricht eine Höhe von ca. 10 m.)

Um von solchen Beschleunigungshöhen wegzukommen, muß man vor allen Dingen die Länge der Saugrohrleitung verringern. Dies ist aber häufig aus geometrischen Gründen nicht machbar. Es hat sich eine andere Möglichkeit als sehr nützlich erwiesen, und zwar der Einbau von *Saugwindkesseln.* Ein solcher nicht mit Wasser gefüllter Hohlraum hat einen entscheidenden Vorteil. Die Länge der zu beschleunigenden Wassersäule kann je nach der Lage des Saugwindkessels sehr klein gehalten werden. Im Bild 8.2 entspricht sie dann ungefähr dem Maß a. Durch die ausgleichende Wirkung des Polsters im Windkessel wird die Geschwindigkeit im eigentlichen Saugrohr nahezu konstant, d.h., die Strömung geht vom instationären in einen fast stationären Zustand über.

Zur erforderlichen *Größe der Saugwindkessel* können folgende ungefähre Angaben gemacht werden. Die Differenz zwischen maximalem und minimalem Volumen muß betragen:

$V \approx 0{,}50\ V_H$ bei einfachwirkenden Kolbenpumpen,
$V \approx 0{,}20\ V_H$ bei doppeltwirkenden Kolbenpumpen,
$V \approx 0{,}01\ V_H$ bei Drillingspumpen.

Es ist naheliegend, daß bei Drillingspumpen auf Windkessel verzichtet werden kann.

Um auf der Druckseite den gleichen günstigen Effekt wie auf der Saugseite zu erhalten, wird dort der *Druckwindkessel* angeordnet. Dieser hat vor allem die Aufgabe, eine *kontinuierliche* Förderung zu erreichen. Bild 8.5 zeigt den Fördervorgang bei einer einfach wirkenden Hubkolbenpumpe.

Durch das Saugrohr strömt mit annähernd konstanter Geschwindigkeit das Fluid in den Saugwindkessel. Von Punkt A bis Punkt B saugt der Kolben mehr an, als dem Kessel zufließen kann, d.h., während dieser Zeit wird Fluid dem Kessel entnommen. Von B bis A fließt dann mehr in den Kessel hinein als der Kolben ansaugt. Von 180° KW bis 360° KW

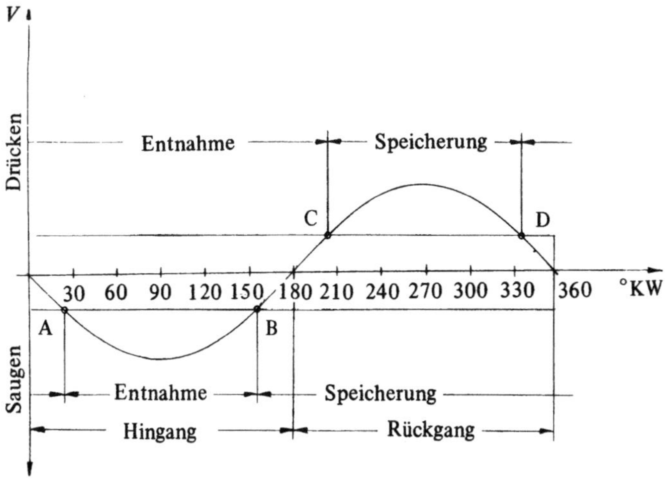

Bild 8.5 Fördervorgang bei einer einfachwirkenden Hubkolbenpumpe mit Windkessel

wird nicht gesaugt, so daß die gesamte zuströmende Menge im Kessel gespeichert wird. Bei Punkt A hat der Saugwindkessel also seinen höchsten Wasserstand und bei B seinen niedrigsten.

Beim Druckwindkessel fördert der Kolben von C nach D mehr, als durch die Druckleitung weggehen kann, so daß der Druckwindkessel gefüllt wird (Speicherung). Bei D hat der Kessel sein maximales und bei C sein minimales Wasservolumen. Von Punkt D nach C zwischen 180° und 360° KW fördert der Kolben weniger als der durch die Druckleitung entweichenden Menge entspricht, dadurch wird dem Windkessel Wasser entnommen. Zwischen 0 und 180° KW fördert der Kolben gar nicht, so daß die entsprechende Menge dem Druckwindkessel entnommen wird.

8.1.2 Arbeitsdiagramm

Bild 8.6 zeigt das theoretische und das wirkliche Arbeitsdiagramm einer Hubkolbenpumpe. Der gestrichelte Kurvenzug stellt das theoretische und der durchgehende Kurvenzug das wirkliche Diagramm dar.

Der Arbeitsprozeß in Bild 8.6 läßt sich durch folgende vier Arbeitsabläufe beschreiben:

1. *Ansaugen:* Die Bewegung des Kolbens von 4 bzw. 4′ nach 1 stellt eine Raumvergrößerung dar. Der Druck, mit dem angesaugt wird, ist nicht konstant, sondern er schwankt um einen mittleren Druck.
2. *Verdichten:* Die Bewegung von 1 nach 2 stellt eine Raumverkleinerung dar. Der Kolben verkleinert den Raum zunächst bei geschlossenen Ventilen, dadurch wird die im Arbeitsraum befindliche Flüssigkeit unter Druck gesetzt.

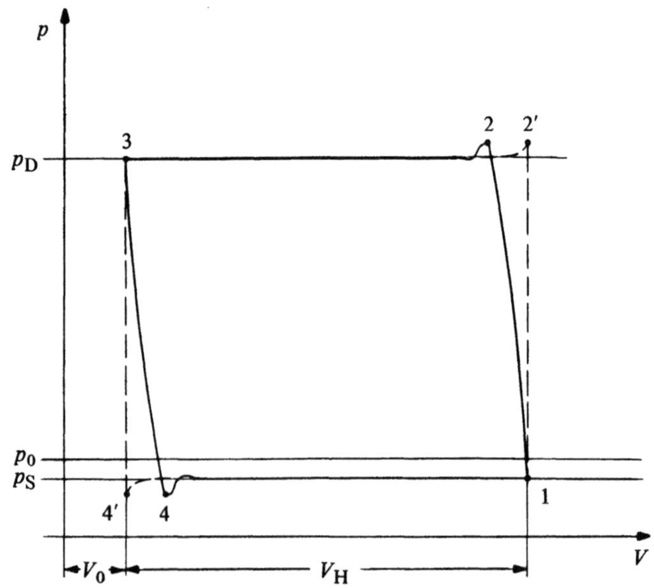

Bild 8.6 Das wirkliche und das theoretische Arbeitsdiagramm einer Hubkolbenpumpe

3. *Ausschieben:* Nach Erreichen des entsprechenden Druckes im Druckstutzen öffnet das Druckventil (Punkt 2 bzw. 2′) und das Medium wird bei schwankendem Druck etwas oberhalb p_D ausgeschoben. Dies geschieht solange, bis der obere Totpunkt erreicht ist. Bei Erreichen der oberen Totlage schließt das Druckventil.
4. *Rückexpansion:* Der nicht ausgeschobene Rest des zu fördernden Mediums – *schädlicher Raum* – expandiert bis zum Saugdruck. Dadurch wird das Saugventil nicht in der Totlage, sondern erst nach Erreichen von p_s öffnen.

Bei der Förderung völlig inkompressibler Medien steigt der Druck in der Kurbeltotlage sprunghaft von p_s auf p_D an und wird in der oberen Totlage ebenso sprunghaft von p_D auf p_s abfallen. Damit ergibt sich das theoretische Diagramm im p-V-Diagramm als Rechteck (gestrichelter Linienzug im Bild 8.6). Im wirklichen Prozeß ist aber, wie bereits erwähnt, völlige Inkompressibilität und Dichtheit nicht zu erreichen. Durch im Fluid gelöstes Gas und kleine Undichtigkeiten erstreckt sich die Drucksteigerung und die Drucksenkung über einen endlichen, wenn auch kleinen Kolbenweg. Durch die Öffnungswiderstände von Saug- und Druckventil ergeben sich Druckänderungen, die über dem Förderdruck und unter dem Saugdruck liegen. Aus den vorgenannten Gründen weicht daher das wirkliche Diagramm (durchgezogener Kurvenzug) vom theoretischen ab.

8.2 Ermittlung der Antriebsleistung

Die Ermittlung der Antriebsleistung ist mit Hilfe von Gl. (8.16) möglich.

$$P = \frac{P_N}{\eta} \qquad (8.16)$$

P	η
W	1

P Antriebsleistung
P_N Nutzleistung
η Gesamtwirkungsgrad.

Nutzleistung P_N

Die Nutzleistung P_N ist aus der Menge des geförderten Fluids und aus der effektiven gewonnenen Druckhöhe recht einfach zu ermitteln. Wenn man davon ausgeht, daß man ein bestimmtes Fördervolumen V in einer bestimmten Zeit t auf eine größere Höhe bzw. auf einen höheren Druck bringen will, so gilt ganz allgemein:

$$W_1 + \Delta W = W_2 \qquad (8.17)$$

W_1 Energie des Mediums vor dem Fördervorgang,
W_2 Energie des Mediums nach dem Fördervorgang

$$\Delta W = P_N \cdot t \qquad (8.18)$$

W	P	t
J	W	s

Stellt man Gl. (8.17) nach ΔW um und setzt Gl. (8.18) in Gl. (8.17) ein, so ergibt sich:

$$\boxed{P_N \cdot t = W_2 - W_1} \qquad (8.19)$$

P	t	W
W	s	J

Durch Umstellen erhält man die Gleichung für die Nutzleistung P_N.

$$\boxed{P_N = \frac{W_2 - W_1}{t}} \qquad (8.20)$$

Beispiel 8.2: Eine Hubkolbenpumpe fördert Wasser mit $\rho = 1\ \mathrm{kg/dm^3}$ von der Höhe 62 m über NN auf die Höhe von 89 m über NN. Wie groß ist die Nutzleistung der Pumpe, wenn pro Stunde 10000 $\mathrm{m^3}$ gefördert werden?

Lösung: Durch einen Vergleich der potentiellen Energie vor und nach der Pumpe erhält man nach Gl. (8.20):

$$P_N = \frac{W_2 - W_1}{t} \qquad (8.20)$$

Darin ist:

$$W_1 = m \cdot g \cdot h_1 \qquad (8.21)$$

$$W_2 = m \cdot g \cdot h_2 \qquad (8.22)$$

$$m = V \cdot \rho \qquad (8.23)$$

$$P_N = \frac{V \cdot \rho \cdot g\,(h_2 - h_1)}{t} \qquad (8.24)$$

Mit

$$\frac{V}{t} = \dot{V}$$

wird

$$P_N = \dot{V} \cdot \rho \cdot g \cdot (h_2 - h_1) \qquad (8.25)$$

$$P_N = \frac{10000\ \mathrm{m^3}}{3600\ \mathrm{s}} \cdot 1\ \frac{\mathrm{kg}}{\mathrm{dm^3}} \cdot 9{,}81\ \frac{\mathrm{m}}{\mathrm{s^2}} \cdot (89 - 62)\ \mathrm{m} \cdot \frac{10^3\ \mathrm{dm^3}}{\mathrm{m^3}}$$

$$\underline{\underline{P_N = 735\,750\ \mathrm{W} \mathrel{\hat{=}} 735{,}75\ \mathrm{kW}}}\,.$$

Beispiel 8.3: Eine Hubkolbenpumpe bringt einen Volumenstrom von 120 $\mathrm{dm^3/s}$ von $p_1 = 100$ kPa auf $p_2 = 1600$ kPa. Wie groß ist die Nutzleistung P_N?

Lösung:

$$P_N = \frac{W_2 - W_1}{t} \qquad (8.20)$$

$$W_1 = V \cdot p_1 \qquad (8.26)$$

$$W_2 = V \cdot p_2 \qquad (8.27)$$

$$\dot{V} = \frac{V}{t} \qquad (8.28)$$

$$P_N = \dot{V}\,(p_2 - p_1) \qquad (8.29)$$

$$P_N = 120\ \frac{\mathrm{dm^3}}{\mathrm{s}} \cdot (1600 - 100) \cdot 10^3\ \mathrm{Pa} \cdot \frac{\mathrm{N}}{\mathrm{m^2\,Pa}} \cdot \frac{\mathrm{m^3}}{10^3\ \mathrm{dm^3}}$$

$$\underline{\underline{P_N = 180\,000\ \mathrm{W} \mathrel{\hat{=}} 180\ \mathrm{kW}.}}$$

Gesamtwirkungsgrad η

Zur Ermittlung des Gesamtwirkungsgrades η ist zunächst der bereits erwähnte *volumetrische Wirkungsgrad* η_V von Bedeutung.

$$\boxed{\eta_V = \frac{\dot{V}}{\dot{V}_{th}}} \tag{8.2}$$

η	$\dot{V}$
1	$\frac{m^3}{s}$

Neben der nicht vollkommenen Ausnutzung des Hubvolumens, die durch η_V berücksichtigt wird, treten jedoch noch andere Verluste bzw. Wirkungsgrade auf.

Hydraulischer Wirkungsgrad η_h

Der *hydraulische Wirkungsgrad* ist das Verhältnis von Nutzförderhöhe zur Gesamtförderhöhe. Er gilt entweder für die gesamte Pumpenanlage, d.h. einschließlich Rohrleitungen, oder nur für die Pumpe. Er gibt also Aufschluß über die gesamten hydraulischen Verluste einer Anlage. Es sind dies vor allem die Strömungswiderstände der Ventile und der Rohrleitungen. Den Einfluß der Strömungswiderstände auf den hydraulischen Wirkungsgrad soll ein kleines Zahlenbeispiel zeigen:

Beschränkt man sich einmal auf den hydraulischen Wirkungsgrad der Pumpe, so kann man sagen, daß die Widerstände als Höhe ausgedrückt sicher nicht kleiner als ca. 2 m werden können. Bei einer Nutzförderhöhe der Pumpe von H = 8 m wird dann

$$\eta_{h\ Pumpe} = \frac{H_N}{H} = \frac{8\ m}{(8+2)\ m} = 0{,}8 \tag{8.30}$$

Hingegen bei H_N = 98 m:

$$\eta_{h\ Pumpe} = \frac{98\ m}{(98+2)\ m} = 0{,}98$$

Daraus wird sehr deutlich, daß die Wirtschaftlichkeit von Kolbenpumpen bei kleinen Förderhöhen wegen der konstruktiven hydraulischen Verlusthöhen wesentlich schlechter ist als bei großen Förderhöhen. Daraus folgen schließlich die Grenzen der Einsetzbarkeit von Kolbenpumpen.

Mechanischer Wirkungsgrad η_m

Schließlich treten in der Pumpe auch noch mechanische, d.h. *Reibungsverluste* auf. Diese Verluste sind z.B. bei liegenden Pumpen größer als bei stehenden. Die Werte für η_m liegen zwischen 88 % und 95 %.

Für den *Gesamtwirkungsgrad* ergibt sich demnach folgende Gleichung:

$$\boxed{\eta = \eta_V \cdot \eta_h \cdot \eta_m} \tag{8.31}$$

η
1

Übliche Werte für η liegen zwischen 80 % und 90 %. In extrem günstigen Fällen mit unmittelbar gekoppelten Antriebsmaschinen sind auch Werte größer als 90 % möglich.

8.3 Bauarten

Neben der einfach wirkenden Hubkolbenpumpe, die zwar einfach und daher billig ist, leider aber den Nachteil hoher Ungleichförmigkeit der Lieferung und sehr großer Windkesselräume hat, haben sich vor allem *mehrfachwirkende* Hubkolbenpumpen durchgesetzt.

8.3.1 Mehrfachwirkende Hubkolbenpumpen

Hierunter fallen nicht die von einer Kurbelwelle angetriebenen Zwillings- und Drillingspumpen, die ja lediglich eine Vervielfachung der einfachwirkenden Hubkolbenpumpe sind. Es sind vielmehr die Stufenkolbenpumpe (Differentialkolben) und die doppeltwirkende Pumpe mit *je einem Kolben* gemeint.

Stufenkolben (Differentialkolben)

Zur Verdeutlichung der Funktion einer Stufenkolbenpumpe (Bild 8.7) seien die Vorgänge beim *Hin-* und *Rückgang* kurz erläutert.

Hingang

Der Kolben bewegt sich von links nach rechts. Durch das Saugventil (6) wird dabei das Volumen V_s angesaugt.

$$V_s \approx \frac{D^2 \cdot \pi}{4} \cdot s \qquad (8.32)$$

V	D, s
m³	m

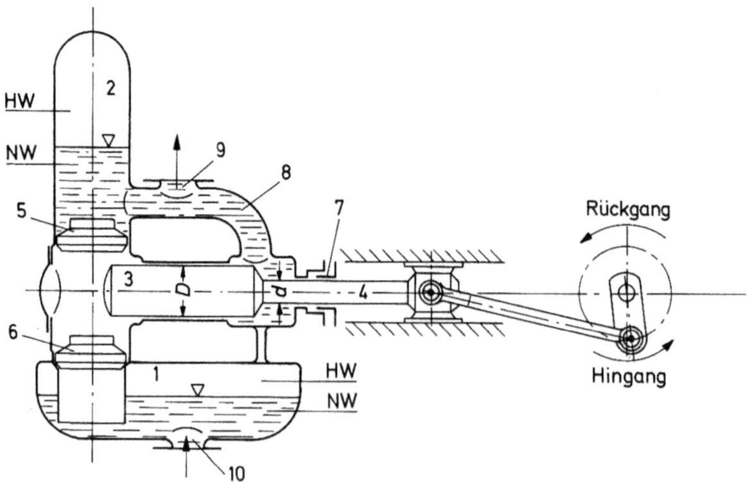

Bild 8.7 Schema einer Stufenkolbenpumpe
1 Saugwindkessel, 2 Druckwindkessel, 3 Kolben mit Durchmesser D, 4 Kolben mit Durchmesser d, 5 Druckventil, 6 Saugventil, 7 Stopfbuchse, 8 Verbindungsrohr, 9 Druckstutzen, 10 Saugstutzen

Gleichzeitig wird auf der Druckseite das Volumen V_D durch das Verbindungsrohr (8) zum Druckstutzen (9) befördert.

$$\boxed{V_D \approx \frac{(D^2 - d^2) \cdot \pi}{4} \cdot s} \qquad \begin{array}{c|c} V & d, D, s \\ \hline \mathrm{m}^3 & \mathrm{m} \end{array} \tag{8.33}$$

Rückgang

Der Kolben bewegt sich von rechts nach links. Das Druckventil (5) öffnet sich und läßt das Volumen V'_D hindurch.

$$\boxed{V'_D \approx \frac{D^2 \cdot \pi}{4} \cdot s} \tag{8.34}$$

Gleichzeitig strömt das Volumen V' über das Verbindungsrohr (8) zur Rückseite des Kolbens, da dort eben dieses Volumen angesaugt wird. Daraus folgt, daß nun nur die *Differenz* zwischen V'_D und V' zum Druckstutzen gelangen kann.

Die Stufenkolbenpumpe fördert also sowohl beim Hingang, als auch beim Rückgang und erreicht dadurch eine bessere Kontinuität auf der Druckseite. Der *Ansaugvorgang* findet allerdings *nur beim Hingang* statt.

Wenn man aus Gründen möglichst hoher Kontinuität davon ausgeht, daß sowohl beim Hin- als auch beim Rückgang das gleiche Volumen gefördert werden soll, so muß gelten:

$$V_D = V'_D - V' \tag{8.35}$$

$$V_D = \frac{(D^2 - d^2)\pi}{4} \cdot s \tag{8.33}$$

$$V'_D = \frac{D^2 \cdot \pi}{4} \cdot s \tag{8.34}$$

$$V' = \frac{(D^2 - d^2)\pi}{4} \cdot s \tag{8.36}$$

$$\frac{(D^2 - d^2)}{4} \cdot \pi \cdot s = \frac{D^2 \cdot \pi}{4} \cdot s - \frac{(D^2 - d^2)\pi}{4} \cdot s \tag{8.37}$$

$$2\,(D^2 - d^2) = D^2$$

$$D^2 = 2\,d^2$$

$$\boxed{D = \sqrt{2}\,d} \qquad \begin{array}{c|} D, d \\ \hline \mathrm{m} \end{array} \tag{8.38}$$

Die Besonderheit der Stufenkolbenpumpe besteht also darin, daß sie *saugseitig einfachwirkend* und *druckseitig doppeltwirkend* ist.

Doppeltwirkende Hubkolbenpumpe

Bild 8.8 zeigt das Schema einer doppeltwirkenden Hubkolbenpumpe. Bei der dargestellten Bewegungsrichtung von rechts nach links (c_K) fördert die Pumpe das Volumen $V_D \approx \frac{D^2 \cdot \pi}{4} \cdot s$ und saugt durch das geöffnete Saugventil (6) das Volumen $V_s \approx (D^2 - d^2)\frac{\pi}{4} \cdot s$ an. Daraus folgt, daß die Förderung bei der umgekehrten Bewegungsrichtung nicht so groß ist wie bei der eingezeichneten. Dieser Nachteil wird jedoch durch die miteinander verbundenen (12) Druckwindkessel ausgeglichen.

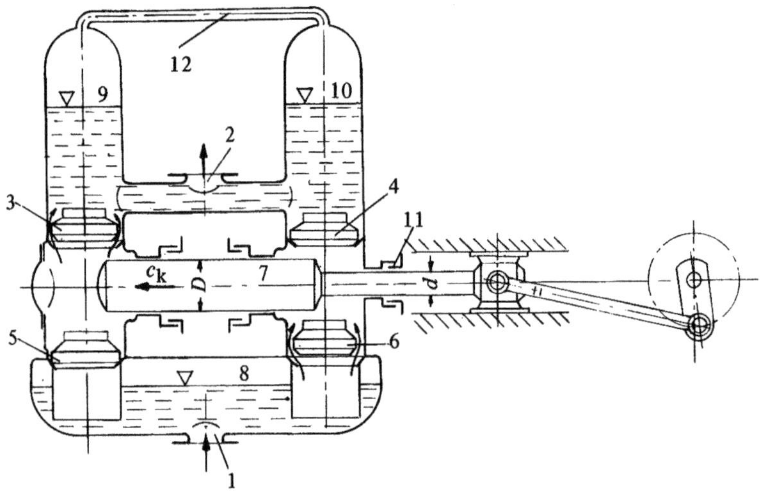

Bild 8.8 Schema einer doppeltwirkenden Hubkolbenpumpe
1 Saugstutzen, 2 Druckstutzen, 3 Druckventil (geöffnet), 4 Druckventil (geschlossen), 5 Saugventil (geschlossen), 6 Saugventil (geöffnet), 7 Kolben, 8 Saugwindkessel, 9 und 10 Druckwindkessel, 11 Stopfbuchse, 12 Verbindungsleitung

8.3.2 Membranpumpe

Bei Membranförderpumpen (Bild 8.9) ist die geförderte Flüssigkeit durch die Membran *hermetisch* abgeschlossen, so daß sie sich zur Förderung von Medien, die auf keinen Fall nach außen dringen dürfen, eignen. Diese Pumpenart hat den großen Vorteil, daß die bewegten, gleitenden Teile nicht mit dem Medium in Berührung kommen.

Bei der Stößelbewegung von rechts nach links wird die elastische Membran (1) verformt und der Arbeitsraum verkleinert. Das im Arbeitsraum befindliche Medium wird nach dem Öffnen des federbelasteten Druckventiles (6) aus dem Arbeitsraum gedrückt. Dabei lastet der Druck auf dem Saugventil (5) und verschließt es. Bei der umgekehrten Bewegung wird die Membran zurückverformt und der Arbeitsraum größer. Mit dem absinkenden Druck schließt sich das Druckventil (6) und bei Entstehen eines Unterdruckes öffnet sich das Saugventil.

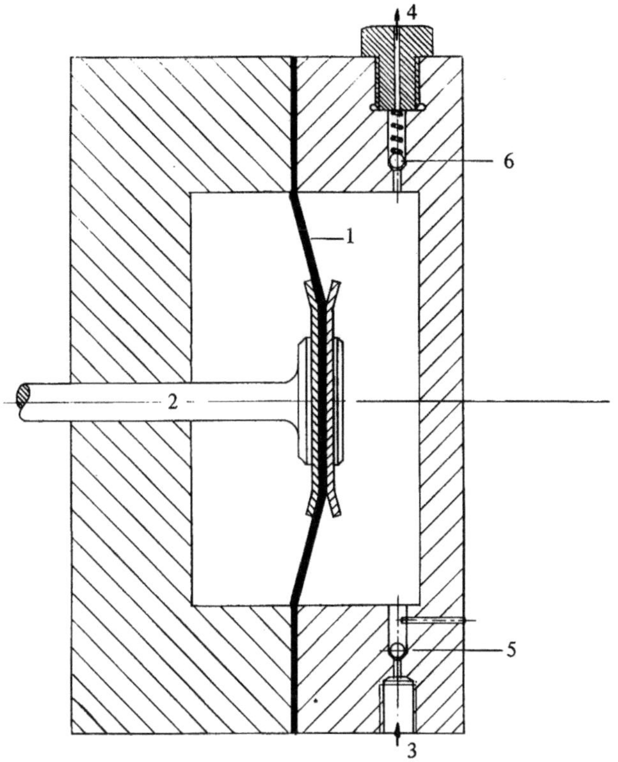

Bild 8.9
Prinzip einer Membranpumpe
1 Membran
2 Stößel
3 Saugstutzen
4 Druckstutzen
5 Saugventil
6 Druckventil

Das Fördervolumen ist ungefähr gleich dem Produkt aus Hub und Stößeltellerfläche. Dabei bleiben die Verformungen am Membranrand unberücksichtigt.

$$\boxed{V_D \approx A \cdot s}$$ (8.39)

V	A	s
m^3	m^2	m

A Stößeltellerfläche
s Hub des Stößels

8.3.3 Zahnradpumpe

Bei den in den vorhergehenden Abschnitten besprochenen Pumpen handelt es sich um Hubkolbenpumpen, bei denen oszillierende Bewegungen und diskontinuierliche Förderung die entscheidenden Mängel sind. Diese Mängel werden von *Drehkolbenpumpen* vermieden.

Eine der wichtigsten Drehkolbenpumpen ist die sehr häufig für selbstschmierende Medien eingesetzte *Zahnradpumpe* (Bild 8.10). In einem genau passenden Gehäuse dreht sich ein Zahnradpaar, das außen jeweils in den Zahnlücken das Fördermedium von der Saugseite auf die Druckseite befördert. Der Zahneingriff wirkt wie eine Dichtung zwischen Saug- und Druckseite. Das Fördervolumen pro Umdrehung entspricht etwa dem Zahnringraum. Jeweils ein Zahnrad befördert in seinen Zahnlücken eine Menge, die ungefähr dem halben

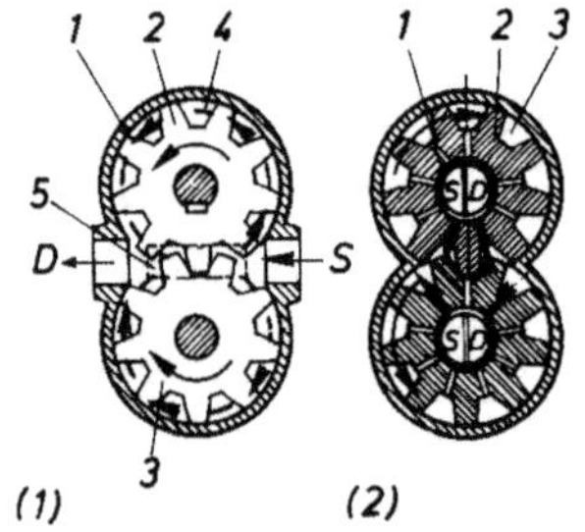

Bild 8.10

Prinzip einer Zahnradpumpe

(1) mit äußerer Beaufschlagung;
1 Pumpengehäuse; 2 treibendes Zahnrad; 3 getriebenes Zahnrad; 4 Zellvolumen; 5 Ölkanal für Quetschöl; S Saugleitung; D Druckleitung

(2) mit innerer Beaufschlagung;
1 Mittelzapfen mit Ölkanälen; 2 Ölkanäle zu jeder Zahnlücke (Zelle)

Zahnringraum entspricht. Da zwei Zahnräder fördern, läßt sich das *theoretische Fördervolumen* V_{th} bestimmen.

$$V_{th} \approx (d_k^2 - d_f^2) \cdot \frac{\pi}{4} \cdot b \qquad (8.40)$$

V	d, b
m^3	m

In der Gl. (8.40) stellt b die Breite der Zahnräder dar. Bei geeigneten Fördermitteln erreicht man mit Zahnradpumpen *volumetrische Wirkungsgrade* von 90 % und mehr, sowie Drücke von mehr als 100 bar.

Bild 8.11 zeigt ein besonderes Problem der Zahnradpumpe: die abgesperrte Zahnlücke. An den Berührungsstellen C_1 und C_2 ist der Raum praktisch abgedichtet. Die gezeichnete Stellung zeigt ein kleineres Volumen als zu Beginn des Eingriffs der Zahnlücke, d.h., das Fördermedium, das vorher eine größere Lücke ausfüllte, wird zusammengepreßt. Dabei können Drücke auftreten, die die Pumpe zerstören. Die Drücke sind um so größer, je genauer die Verzahnung gearbeitet ist. Man kann dieses Problem beispielsweise dadurch lösen, daß man entlang der Eingriffslinie E-E Nuten in die Gehäusestirnwand fräst.

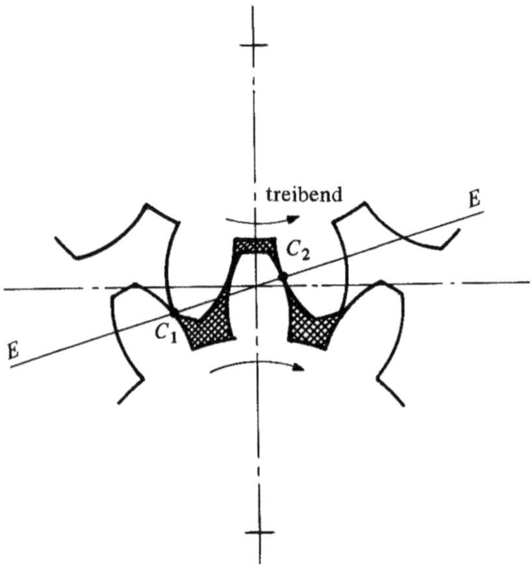

Bild 8.11

Die abgesperrte Zahnlücke

8.3.4 Flügelzellenpumpe

Wegen der Ähnlichkeit mit dem Flügelzellenverdichter wird auf eine bildliche Darstellung verzichtet. Zellenpumpen können *einfach-* oder *doppeltwirkend* ausgeführt werden.

Einfachwirkende Flügelzellenpumpe

Bei der einfachwirkenden Pumpe ist der Rotor exzentrisch in einem Gehäuse mit zylindrischer Bohrung angeordnet. In den radial angeordneten Längsschlitzen des Rotors gleiten Schieber, die bei der Rotation durch die Fliehkraft nach außen an die Gehäusewandung gedrückt werden und dadurch abgeschlossene Förderräume bilden. Das Volumen dieser Räume wird im Saugstutzenbereich von nahezu Null auf ein Maximum vergrößert und danach im Druckstutzenbereich verkleinert.

Doppeltwirkende Flügelzellenpumpe

Bei der doppeltwirkenden Zellenpumpe hat die Gehäusebohrung die Form einer Acht. Dadurch läuft der oben beschriebene Vorgang während einer Umdrehung zweimal ab. Das Fördervolumen läßt sich aus der Geometrie bestimmen. Für eine Umdrehung gilt:

$$V_{th} \approx 2 \cdot b \cdot \left[\pi \cdot (r_a^2 - r_i^2) - (r_a - r_i) \cdot \frac{z \cdot s}{\cos\beta}\right] \tag{8.41}$$

V	b, r, s	β
m^3	m	rad, °

b Läuferbreite,
r_a Gehäuseradius,
r_i Rotorradius,
z Schieberzahl,
s Schieberdicke,
β Winkel der Schieberneigung.

Unter Berücksichtigung des Liefergrades wird der *Nutzförderstrom*:

$$\dot{V} = 2 \cdot b \cdot n \cdot \eta_V \left[\pi(r_a^2 - r_i^2) - (r_a - r_i)\frac{s \cdot z}{\cos\beta}\right] \tag{8.42}$$

n	η, z
$\frac{1}{s}$	1

8.3.5 Schraubenpumpe

Mehrschraubenpumpen haben bis zu fünf Spindeln in einem Gehäuse. Die Spindeln stehen alle miteinander im Eingriff. Sie können mit den verschiedensten Gewinden, z.B. Flach-, Trapez-, Evolventenprofil- und Zykloidenprofilgewinde versehen sein.

Die Arbeit bei den Schraubenpumpen wird durch *Verdrängung* übertragen. Die Spindeln wirken dabei sowohl als Verdränger, als auch als Dichtungsglieder zwischen Saug- und Druckseite.

Der Förderstrom beträgt für eine *Dreischraubenpumpe*:

$$\dot{V} = \eta_V \cdot 2 \cdot \pi \cdot A_o \cdot r_m^3 \cdot \tan\gamma_m \, n \tag{8.43}$$

$A_o = \frac{A}{r_m^2}$ relative wirksame Förderfläche,
r_m Teilkreisradius der Treibspindel,
γ_m Steigungswinkel der Treibspindel.

$\dot{V}$	η, n	A	r	γ
$\frac{m^3}{s}$	1	m^2	m	rad, °

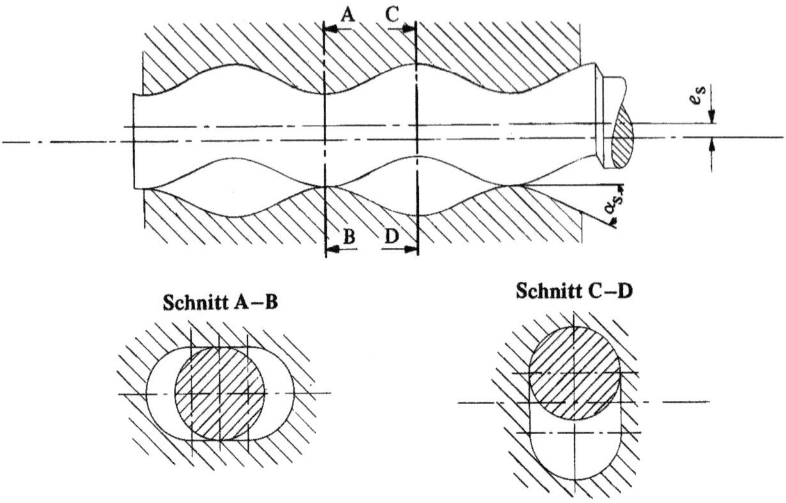

Bild 8.12 Prinzip der Einschraubenpumpe

Einschraubenpumpen haben einen Rotor mit einem Kordelgewinde, der sich exzentrisch in einem meist elastischen Gehäuse dreht (Bild 8.12).

Der Förderstrom bei der Einschraubenpumpe beträgt

$$\dot{V} = \eta_V \cdot 2 \cdot \pi^2 \cdot d_m^3 \cdot \tan^2 \gamma \cdot \tan\left(\frac{1}{2}\alpha_s\right) n \qquad (8.44)$$

$\dot{V}$	η, n	d	α, γ
$\frac{m^3}{s}$	1	m	rad, °

d_m^3 Mittenkreisdurchmesser der Spindel,

γ Steigungswinkel,

α_s Winkel des Profils im Wendepunkt zur Spindelachse (s. Bild 8.12).

8.4 Einsatzgebiete und Größenordnung

Hubkolbenpumpen

Die Hubkolbenpumpen fördern reine, verschmutzte, neutrale und aggressive Flüssigkeiten.

Volumenströme: $\dot{V} \approx 0{,}1 \ldots 400 \frac{m^3}{h}$,

Drücke: $p_D \approx 0{,}2 \ldots 500$ MPa.

Membranpumpen

Die Membranpumpen fördern aggressive, teure oder schwer abzudichtende Flüssigkeiten sowie Flüssigkeits-Feststoffgemische mit schmirgelnden Eigenschaften.

Volumenströme: $\dot{V} \approx 0{,}1 \ldots 50 \frac{m^3}{h}$,

Drücke: $p_D \approx 0{,}1 \ldots 4$ MPa.

Dosierpumpen bis 30 MPa.

Zahnradpumpen

Die Zahnradpumpen werden für schmierende Flüssigkeiten mit Innenlagerung und für nicht selbstschmierende Flüssigkeiten wie Wasser und Chemikalien mit Außenlagerung verwendet.

$$\text{Volumenströme: } \dot{V} \approx 0{,}1 \ldots 40 \frac{\text{m}^3}{\text{h}},$$

$$\text{Drücke: } p_\text{D} \approx 0{,}1 \ldots 16 \text{ MPa}.$$

Flügelzellenpumpen

Die Flügelzellenpumpen werden mit 2 ... 12 Schiebern gebaut und eignen sich sowohl für selbstschmierende als auch für nichtselbstschmierende Fördermedien. Für Medien mit schmirgelnden Eigenschaften sind sie nicht so geeignet.

$$\text{Volumenströme: } \dot{V} \approx \ldots 80 \frac{\text{m}^3}{\text{h}},$$

$$\text{Drücke: } p_\text{D} \approx \ldots 12 \text{ MPa}.$$

Schraubenpumpen

Die Schraubenpumpen sind für alle nicht schmirgelnden Flüssigkeiten einsetzbar.

$$\text{Volumenströme: } \dot{V} \approx \ldots 1000 \frac{\text{m}^3}{\text{h}},$$

$$\text{Drücke: } p_\text{D} \approx \ldots 4 \text{ MPa}.$$

9 Einführung in die Strömungslehre

9.1 Ein wenig Hydrostatik

Die Hydrostatik beschäftigt sich mit Flüssigkeiten, die sich nicht oder nur sehr langsam bewegen.

Obwohl die Moleküle einer Flüssigkeit durch Kohäsionskräfte zusammengehalten werden, lassen sie sich relativ leicht gegeneinander verschieben. Trotzdem kann man Flüssigkeiten fast nicht zusammendrücken, da sie weitgehend *volumenbeständig* oder *inkompressibel* sind. Ein Druck breitet sich daher in alle Richtungen gleichmäßig aus.

Die Oberfläche zu Gasen (z.B. zur Luft) wird in Zeichnungen durch ein aufgesetztes Dreieck gekennzeichnet.

Durch die Gewichtskraft höher liegender Teilchen wird mit zunehmender Eintauchtiefe ein immer größer werdender Überdruck erzeugt. Berechnen wir z.B. die Gewichtskraft der auf den Boden des Gefäßes (Bild 9.1) wirkenden Flüssigkeitssäule mit

$$\left.\begin{aligned} F_G &= m \cdot g \\ m &= \rho \cdot V \\ V &= h \cdot A \end{aligned}\right]$$

$$\boxed{F_G = \rho \cdot g \cdot A \cdot h} \qquad (9.1)$$

F_G	ρ	g	A	h
N	$\frac{kg}{m^3}$	$\frac{m}{s^2}$	m^2	m

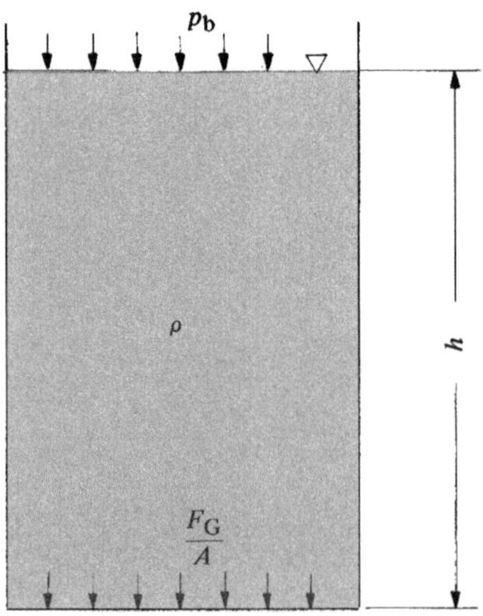

Bild 9.1
Flüssigkeitsbehälter

dann berechnet sich der Überdruck mit Gl. (2.23):

$$\left.\begin{array}{l} p_ü = \dfrac{F_G}{A} \\ F_G = \rho \cdot g \cdot A \cdot h \end{array}\right]$$

$$\boxed{p_ü = \rho \cdot g \cdot h}$$

$p_ü$	ρ	A	g	h
Pa	$\frac{kg}{m^3}$	m^2	$\frac{m}{s^2}$	m

(9.2)

Den Absolutdruck in nicht bewegten Flüssigkeiten mit freier Oberfläche berechnen wir mit Hilfe von Gl. (2.5):

$$\left.\begin{array}{l} p = p_b + p_ü \\ p_ü = \rho \cdot g \cdot h \end{array}\right]$$

$$\boxed{p = p_b + \rho \cdot g \cdot h}$$

p	ρ	g	h
Pa	$\frac{kg}{m^3}$	$\frac{m}{s^2}$	m

(9.3)

wenn h der senkrechte Abstand zur Flüssigkeitsoberfläche ist.

Beispiel 9.1: Ein Tank enthalte Benzol. In 2,3 m Tiefe ist ein Manometer angeschlossen. Der Luftdruck wird mittels eines Barometers zu 976 hPa gemessen. Berechnet werden soll:

a) die Manometeranzeige und
b) der Absolutdruck an der betrachteten Stelle.

Lösung: a) Ein Manometer zeigt den Überdruck an.

$$p_ü = \rho \cdot g \cdot h$$
$$= 879\ \frac{kg}{m^3} \cdot 9{,}81\ \frac{m}{s^2} \cdot 2{,}3\ m \cdot \frac{N\,s^2}{kg\,m} \cdot \frac{Pa\,m^2}{N}$$
$$\underline{\underline{p_ü = 19\,833\ Pa.}} \qquad (\rho \text{ aus Tabelle A3.1.4})$$

b) Der Absolutdruck ist die Summe aus Bezugsdruck und Überdruck:

$$p = p_b + p_ü$$
$$= 976\ hPa \cdot \frac{kPa}{10\ hPa} + 19\,833\ Pa \cdot \frac{kPa}{10^3\ Pa}$$
$$\underline{\underline{p = 117{,}4\ hPa.}}$$

9.2 Grundbegriffe zur Kennzeichnung von Strömungen

Es gibt Flüssigkeits- und Gasströmungen. Beide verhalten sich im wesentlichen gleich und werden von uns auch zunächst gemeinsam unter der Bezeichnung *Fluidströmung* betrachtet. Unterschiede ergeben sich,

a) weil Gase zusammendrückbar (kompressibel) sind, was besonders bei großen Druckunterschieden wichtig ist und
b) weil Flüssigkeiten bei kleinen Drücken verdampfen.

Dargestellt wird ein strömendes Fluid durch *Stromlinien* innerhalb einer Stromröhre. Stromlinien sind die sichtbar gemachten Wege der Fluidteilchen. (Praktisch geschieht dies z.B. durch dünne Farbfäden oder kleine feste Teilchen, die man mitschwimmen läßt.)

Die *Stromröhre* ist die äußere Fläche um die Strömung, die nicht von Stromlinien durchbrochen wird. Vereinfachend kann man sich die Stromröhre als Wandung einer Rohrleitung vorstellen.

Um die Strömungen möglichst einfach behandeln zu können, betrachten wir nur stationäre Strömungen, bei denen die Strömungsgeschwindigkeiten an allen Stellen konstant sind, sich also mit der Zeit nicht ändern. Wir interessieren uns dagegen nicht für instationäre, also beschleunigte Strömungen, wie sie z.B. bei Anlaufvorgängen auftreten. Auch werden wir die Strömung zunächst nicht insgesamt betrachten, sondern immer nur bestimmte Stellen herausgreifen und miteinander vergleichen.

Wegen der Wandreibung ist die Geschwindigkeit in der Mitte einer Stromröhre am größten und fällt an den Rändern bis auf den Wert Null ab (Wandhaftung). Die in Bild 9.2 eingezeichneten Geschwindigkeiten c_1 und c_2 an den Stellen 1 und 2 der Stromröhre stehen senkrecht auf den zugehörigen Flächen A_1 und A_2 und sind bereits über diese Querschnitte gemittelt.

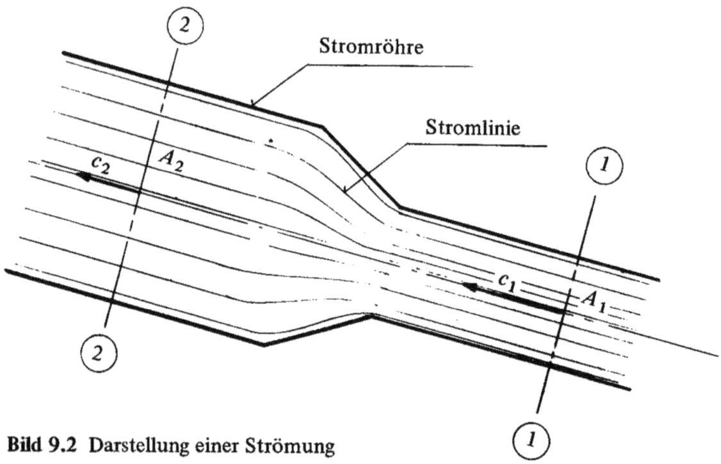

Bild 9.2 Darstellung einer Strömung

9.3 Kontinuitätsgesetz

> **Satz 9.1:** Ein System, über dessen Systemgrenze Masse transportiert werden kann, heißt *offenes System* (auch: Kontrollraum).

Wir erhalten ein solches offenes System, indem wir unsere zwei betrachteten Stellen 1 und 2 durch eine Systemgrenze verbinden (Bild 9.3). Setzen wir voraus, daß es

a) nicht möglich ist, zusätzliche Massen im Inneren des Systems zu speichern (m_{System} = konstant) und daß

b) nach Satz 2.2 Masse weder hergestellt noch vernichtet werden kann,

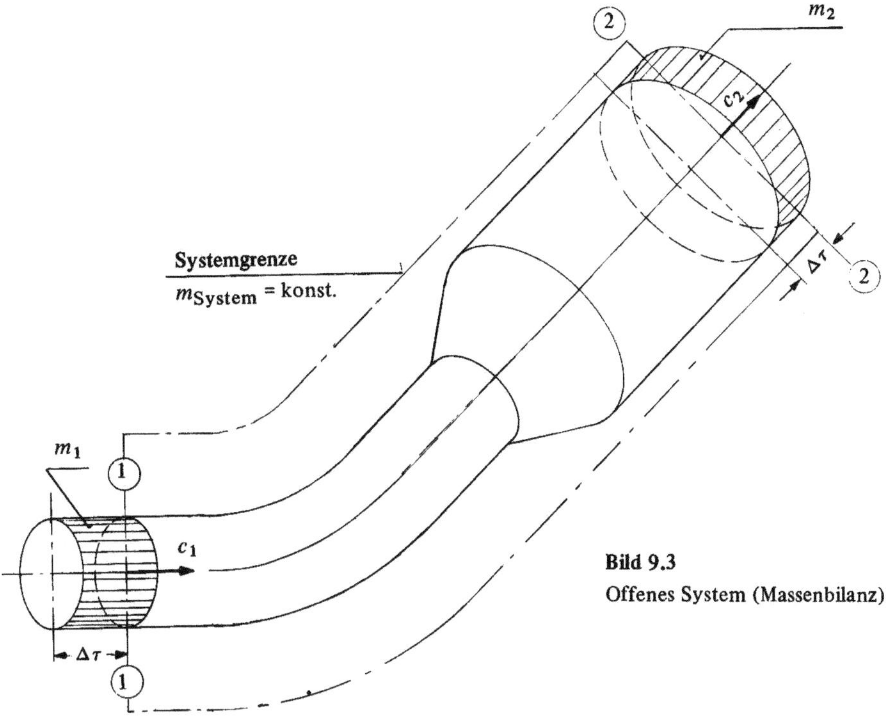

Bild 9.3
Offenes System (Massenbilanz)

dann muß die während eines beliebigen Zeitabschnitts $\Delta\tau$ in das System hineingedrückte Masse m_1 genauso groß sein wie die zu demselben Zeitabschnitt $\Delta\tau$ an der Stelle 2 herauskommende Masse m_2. Damit gilt:

$$\left.\begin{aligned} m_1 &= m_2 \\ \dot{m}_1 &= \frac{m_2}{\Delta\tau} \\ \dot{m}_2 &= \frac{m_2}{\Delta\tau} \end{aligned}\right]$$

$$\dot{m}_1 = \dot{m}_2$$

oder

$$\boxed{\dot{m} = \text{konstant}} \qquad (9.4)$$

m	$\dot{m}$	τ
kg	$\frac{\text{kg}}{\text{s}}$	s

Diese Gleichung heißt *Kontinuitätsgesetz.*

> **Satz 9.2:** Das *Kontinuitätsgesetz* besagt, daß bei einem offenen System die Summe aller eintretenden Massenströme genauso groß ist wie die Summe aller gleichzeitig austretenden Massenströme.

Andere Schreibweisen ergeben sich mit Hilfe der Beziehungen:

$$\rho = \frac{m}{V} \cdot \frac{\Delta\tau}{\Delta\tau} \qquad V = A \cdot s$$

$$= \frac{m}{\Delta\tau} \cdot \frac{\Delta\tau}{V} \qquad \frac{V}{\Delta\tau} = A \cdot \frac{s}{\Delta\tau}$$

$$\rho = \frac{\dot{m}}{\dot{V}} \qquad \dot{V} = A \cdot \dot{s}$$

$$\dot{m} = \rho \cdot \dot{V} \qquad \dot{s} = c$$

$$\dot{V} = A \cdot c \qquad \dot{V} = A \cdot c$$

$$\boxed{\dot{m} = A \cdot c \cdot \rho = \text{konstant}}$$

$\dot{m}$	A	c	ρ
$\frac{\text{kg}}{\text{s}}$	m^2	$\frac{\text{m}}{\text{s}}$	$\frac{\text{kg}}{\text{m}^3}$

(9.5)

Nur für inkompressible Medien (Flüssigkeiten) gilt:

$$\rho = \text{konst.}$$

und damit

$$\boxed{A \cdot c = \dot{V} = \text{konst.}}$$ [1]

A	c	$\dot{V}$
m^2	$\frac{\text{m}}{\text{s}}$	$\frac{\text{m}^3}{\text{s}}$

(9.6)

Satz 9.3: Das Kontinuitätsgesetz darf nur dann angewendet werden, wenn Querschnittsfläche und Geschwindigkeit senkrecht aufeinander stehen!

Beispiel 9.2: Ein Eimer wird solange mit Wasser gefüllt, bis die Waage im Gleichgewicht steht (Bild 9.4). Bei einem Innendurchmesser des Einlaufrohres von d = 0,8 cm wird dazu eine Zeit von $\Delta\tau$ = 34 s benötigt. Gesucht ist die Austrittsgeschwindigkeit des Wassers aus dem Einlaufrohr!

Lösung:

$$\dot{m} = \frac{m}{\Delta\tau} = \frac{5\ \text{kg}}{34\ \text{s}}$$

$$\dot{m} = 0{,}1471\ \text{kg/s.}$$

$$A = \frac{d^2 \cdot \pi}{4} = \frac{0{,}8^2\,\text{cm}^2\,\pi}{4}$$

$$A = 0{,}503\ \text{cm}^2.$$

$$\dot{m} = A \cdot c \cdot \rho$$

$$\rho = 1\ \frac{\text{kg}}{\text{dm}^3} \quad \text{(auswendig oder aus Tabelle A3.1.4)}$$

$$c = \frac{\dot{m}}{A \cdot \rho}$$

$$= \frac{0{,}1471\ \text{kg} \cdot \text{dm}^3}{\text{s} \cdot 0{,}503\ \text{cm}^2 \cdot 1\ \text{kg}} \cdot \frac{10^4\,\text{cm}^2}{\text{m}^2} \cdot \frac{\text{m}^3}{10^3\,\text{dm}^3}$$

$$c = 2{,}93\ \text{m/s.}$$

[1] Dieses Gesetz wird bei normalen Rohrleitungen ohne allzu große Druckschwankungen oft auch für Gase benutzt.

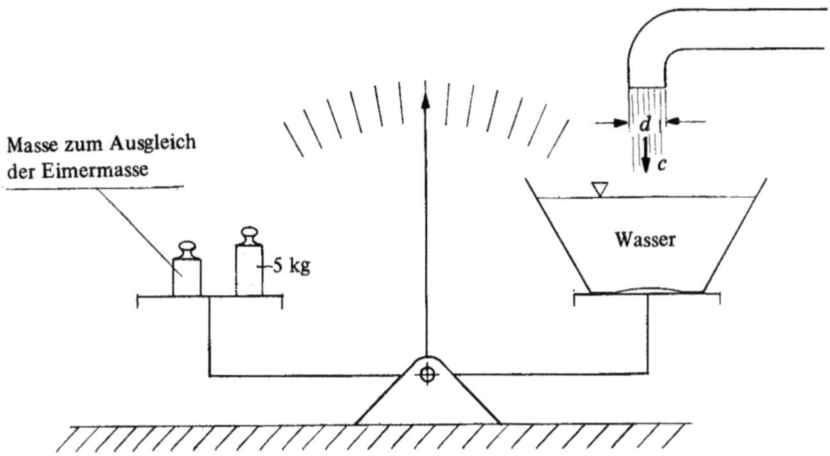

Bild 9.4 Füllen eines Wassereimers

9.4 Der erste Hauptsatz für offene Systeme

Das typische offene System, das zum Aufstellen einer Energiebilanz geeignet ist, zeigt Bild 9.5. An zwei Stellen der Systemgrenze kann Masse über die Systemgrenze geschoben werden. Entsprechend der gewählten Durchflußrichtung bezeichnen wir die Eintrittsstelle mit 1 und die Austrittsstelle mit 2. Gleichzeitig mit der Masse wird die in ihr enthaltene Energie über die Systemgrenze befördert.

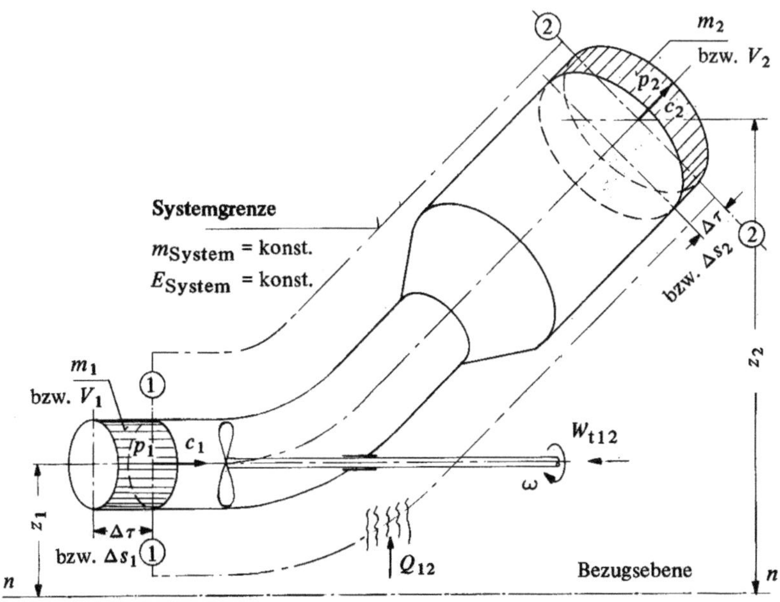

Bild 9.5 Offenes System (Energiebilanz)

9.4.1 Stoff- und nicht-stoffgebundene Energieformen

Energiearten, die stoffgebunden die Systemgrenze überschreiten, sind z.B. potentielle Energie, kinetische Energie, Verschiebungsenergie und innere Energie. Andere stoffgebundene Energiearten wie z.B. die Bindungsenergie der Atomkerne sind am Prozeß nicht beteiligt und werden daher auch nicht betrachtet. Alle oben genannten Energiearten sind vom Zustand des transportierten Stoffes abhängig und daher *Zustandsgrößen.*

Nicht stoffgebunden überschreitet die Energie die Systemgrenze in Form von Wärme und von Wellen- oder technischer Arbeit. Beide Größen sind nicht an die Zustände des transportierten Stoffes gebunden und deshalb *Prozeßgrößen*.

Zur Vereinfachung unserer Betrachtung nehmen wir an, daß Wärme und technische Arbeit nur auf dem Wege von 1 nach 2 zugeführt werden können. Obwohl wir bei allen Untersuchungen nur von zugeführter Wärme bzw. technischer Arbei sprechen, soll der Fall der Wärmeabfuhr oder der Entnahme von technischer Arbeit mit berücksichtigt sein. Das Vorzeichen der eingeführten Größen kehrt sich dann um. Es heißt z.B.: $Q_{12} = +7$ MJ bei Wärmezufuhr und $Q_{12} = -7$ MJ bei Wärmeabfuhr.

Für die stoffgebundenen Energieformen gelten folgende Sätze:

Satz 9.4: *Potentielle Energie* ist diejenige Energie, die ein Stoff aufgrund seiner Lage im Schwerfeld der Erde in bezug auf eine frei wählbare, waagerechte *Bezugsebene* hat. Der senkrechte Abstand zur Bezugsebene, die während einer Aufgabe beibehalten werden muß, hat den Formelbuchstaben z.

$$\left.\begin{aligned} E_{pot} &= F_G \cdot z \\ F_G &= m \cdot g \end{aligned}\right]$$

$$\boxed{E_{pot} = m \cdot g \cdot z} \qquad (9.7)$$

E	F	z	m	g
J	N	m	kg	$\frac{m}{s^2}$

Satz 9.5: *Kinetische Energie* ist diejenige Energie, die ein Stoff aufgrund seiner Geschwindigkeit gegenüber einer als stillstehend angenommenen Umgebung hat.

$$\boxed{E_{kin} = m \cdot \frac{c^2}{2}} \qquad (9.8)$$

E	m	c
J	kg	$\frac{m}{s}$

Satz 9.6: *Verschiebungsenergie* ist diejenige Energie, die ein Stoff braucht, um sich gegen den jeweils herrschenden Druck p weiterbewegen zu können.

Um beispielsweise die Masse m_1 gegen den Druck p_1 an der Stelle 1 in das offene System hineinschieben zu können, ist eine Kraft

$$F_1 = p_1 \cdot A_1$$

notwendig. Während der Zeit $\Delta\tau$ wird der Stoff um den Weg Δs_1 weiterbewegt, um das Volumen $V_1 = A_1 \cdot \Delta s_1$ der Masse m_1 im System unterbringen zu können. Da Arbeit gleich Kraft mal Weg ist, berechnen wir die Verschiebungsenergie an der Stelle 1:

$$\left.\begin{aligned} E_{\mathrm{Sch}} &= F_1 \cdot \Delta s_1 \\ F_1 &= p_1 \cdot A_1 \\ \Delta s_1 &= \frac{V_1}{A_1} \end{aligned}\right]$$

$$E_{\mathrm{Sch}} = p_1 \cdot V_1$$

oder allgemein:

$$E_{\mathrm{Sch}} = p \cdot V$$

und mit:

$$V = m \cdot v$$

$$\boxed{E_{\mathrm{Sch}} = m \cdot p \cdot v} \qquad (9.9)$$

E	m	p	v
J	kg	Pa	$\frac{\mathrm{kg}}{\mathrm{m}^3}$

Die innere Energie (siehe Satz 2.7 und Gl. (2.8)) berechnen wir mit:

$$U = m \cdot c_V \cdot t$$

oder

$$\boxed{U = m \cdot u} \qquad (9.10)$$

U	m	u
J	kg	$\frac{\mathrm{J}}{\mathrm{kg}}$

9.4.2 Anwendung des Energieerhaltungssatzes

Im Gegensatz zum geschlossenen System soll im offenen System keine zusätzliche Energie gespeichert werden können, die Energie des Systems also konstant bleiben. Nach dem Energieerhaltungssatz (Satz 2.11) gilt dann, daß die Summe aller zugeführten Energien genauso groß ist wie die Summe aller abgeführten Energien.

$$E_{\mathrm{zugeführt}} = E_{\mathrm{abgeführt}}$$

oder:

$$E_{\mathrm{pot}_1} + E_{\mathrm{kin}_1} + E_{\mathrm{Sch}_1} + U_1 + Q_{12} + W_{\mathrm{t}_{12}} = E_{\mathrm{pot}_2} + E_{\mathrm{kin}_2} + E_{\mathrm{Sch}_2} + U_2 ,$$

somit

$$mgz_1 + m\frac{c_1^2}{2} + mp_1 v_1 + mu_1 + Q_{12} + W_{t_{12}} = mgz_2 + m\frac{c_2^2}{2} + mp_2 v_2 + m \cdot u_2 .$$

Teilen wir die gesamte Gleichung durch die Masse m, ergibt sich mit $w_{t_{12}} = \frac{W_{t_{12}}}{m}$

und $q_{12} = \frac{Q_{12}}{m}$

$$gz_1 + \frac{c_1^2}{2} + p_1 v_1 + u_1 + q_{12} + w_{t_{12}} = gz_2 + \frac{c_2^2}{2} + p_2 v_2 + u_2 .$$

Umgestellt erhalten wir so den

1. Hauptsatz der Wärmelehre für offene Systeme:

$$q_{12} + w_{t_{12}} = g(z_2 - z_1) + \frac{c_2^2 - c_1^2}{2} + p_2 v_2 - p_1 v_1 + u_2 - u_1 . \tag{9.11}$$

q, w	g	z	c	p	v	u
$\frac{\text{J}}{\text{kg}}$	$\frac{\text{m}}{\text{s}^2}$	m	$\frac{\text{m}}{\text{s}}$	Pa	$\frac{\text{m}^3}{\text{kg}}$	$\frac{\text{J}}{\text{kg}}$

oder in anderer Schreibweise unter Benutzung von Satz 2.19 und Gl. (2.27):

$$h_1 = u_1 + p_1 v_1 - p_n v_n$$
$$h_2 = u_2 + p_2 v_2 - p_n v_n$$

$$h_2 - h_1 = u_2 - u_1 + p_2 v_2 - p_1 v_1 \tag{9.12}$$

h, u	p	v
$\frac{\text{J}}{\text{kg}}$	Pa	$\frac{\text{m}^3}{\text{kg}}$

1. Hauptsatz der Wärmelehre für offene Systeme:

$$q_{12} + w_{t_{12}} = g(z_2 - z_1) + \frac{c_2^2 - c_1^2}{2} + h_2 - h_1 \tag{9.13}$$

q	w	g	z	c	h
$\frac{\text{J}}{\text{kg}}$	$\frac{\text{J}}{\text{kg}}$	$\frac{\text{m}}{\text{s}^2}$	m	$\frac{\text{m}}{\text{s}}$	$\frac{\text{J}}{\text{kg}}$

9.4.3 Berechnungsbeispiel

Beispiel 9.3: Für das offene System von Bild 9.6, das ein Abflußrohr eines großen Wasserbehälters darstellen soll, sind für alle Stellen 1 bis 6 die Lagen, Geschwindigkeiten, Drücke und Überdrücke zu bestimmen. Die noch fehlende Stelle 4 soll dort liegen, wo die Rohrleitung angebohrt werden könnte, ohne daß Wasser aus- oder Luft einträte.

(Dieses Beispiel ist bewußt etwas länger, um zu zeigen, daß der relativ umfangreiche 1. Hauptsatz für offene Systeme nach immer wiederkehrendem Schema durch ein vorangestelltes Gleichungssystem vereinfacht werden kann. Auch soll gezeigt werden, wie relativ komplizierte Rechnungen in einfachere Teilaufgaben zerlegt werden können.)

Lösung: Zuerst wird die Lage der ***Bezugsebene*** möglichst zweckmäßig gewählt und durch die Buchstaben ***n*** ... ***n*** in die Zeichnung ***eingetragen!*** Jetzt kann die Lage der meisten Stellen bestimmt werden.

$$z_1 = h_1 + h_2 + h_3$$
$$= (0{,}5 + 19 + 3{,}5)\,\text{m}$$
$$\underline{\underline{z_1 = 23\,\text{m.}}}$$

$$z_2 = h_2 + h_1$$
$$= (0{,}5 + 19)\,\text{m}$$
$$\underline{\underline{z_2 = 19{,}5\,\text{m.}}}$$

$$z_3 = z_2$$
$$\underline{\underline{z_3 = 19{,}5\,\text{m.}}}$$
$$z_5 = h_1$$
$$\underline{\underline{z_5 = 0{,}5\,\text{m.}}}$$
$$\underline{\underline{z_6 = 0.}}$$

Alle Geschwindigkeiten sind senkrecht von oben nach unten gerichtet. Die dazugehörigen Querschnittsflächen liegen dann nach Satz 9.3 alle waagerecht. Die Querschnittsflächen A_1 und A_2 sind laut Aufga-

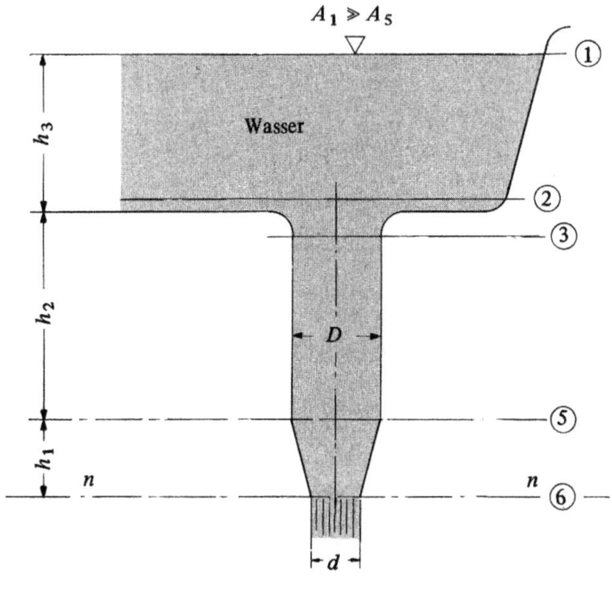

Bild 9.6
Beispiel für ein offenes System
Gegeben:
$h_1 = 0{,}5$ m $d = 9$ cm
$h_2 = 19$ m $D = 12$ cm
$h_3 = 3{,}5$ m $p_b = 110$ kPa
An den Stellen 2 und 3 soll weder deren Abstand voneinander noch sollen die Einströmverhältnisse berücksichtigt werden.
Die Wasseroberfläche A_1 ist wesentlich größer als die größte Rohrquerschnittsfläche.
Reibung und Temperaturdifferenzen treten nicht auf.

benstellung sehr groß. Wenn also der Volumenstrom entsprechend der Kontinuitätsgleichung (9.6) $\dot{V} = A \cdot c$ ist, dann müssen zwangsläufig die Geschwindigkeiten an diesen Stellen sehr klein sein. Wir können hier mit genügender Genauigkeit annehmen:

$$\underline{\underline{c_1 = 0.}} \quad \Big| \quad \underline{\underline{c_2 = 0.}}$$

Das bedeutet aber auch, daß im oberen Teil der Anlage ein statisches System vorliegt, das nach den Regeln der Hydrostatik berechnet werden kann.

$$p_1 = p_b$$

$$\underline{\underline{p_1 = 110 \text{ kPa}}}$$

$$p_2 = p_b + \rho \cdot g \cdot h_3$$

$$= 110 \text{ kPa} + 1 \frac{\text{kg}}{\text{dm}^3} \cdot 9{,}81 \frac{\text{m}}{\text{s}^2} \cdot 3{,}5 \text{ m} \cdot \frac{10^3 \text{ dm}^3}{\text{m}^3} \cdot \frac{\text{N} \cdot \text{s}^2}{\text{kg} \cdot \text{m}} \cdot \frac{\text{kPa} \cdot \text{m}^2}{10^3 \text{ N}}$$

$$\underline{\underline{p_2 = 144{,}3 \text{ kPa.}}}$$

$$\left.\begin{array}{l} p_1 = p_b + p_{ü1} \\ p_1 = p_b \end{array}\right] \qquad p_2 = p_b + p_{ü2}$$

$$p_{ü2} = p_2 - p_b$$

$$\underline{\underline{p_{ü1} = 0.}} \qquad = (144{,}3 - 110) \text{ kPa}$$

$$\underline{\underline{p_{ü2} = 34{,}3 \text{ kPa.}}}$$

An der Stelle 4 muß der Innendruck gleich dem Außendruck sein, ebenso wie an der Stelle 6. Wäre der Druck an der Stelle 6 größer, so müßte der austretende Strahl auseinanderfliegen, also explodieren. Die Kraft, die man spürt, wenn man z.B. mit der Hand einen freien Wasserstrahl abbremst, ist eine Folge der kinetischen Energie des Wassers, also seiner Geschwindigkeit.

$$p_4 = p_b \quad \Big| \quad p_6 = p_b$$

$$\underline{\underline{p_4 = 110 \text{ kPa}}} \quad \Big| \quad \underline{\underline{p_6 = 110 \text{ kPa}}}$$

$$\left.\begin{array}{l} p_4 = p_b + p_{ü4} \\ p_4 = p_b \end{array}\right] \quad \Big| \quad \left.\begin{array}{l} p_6 = p_b + p_{ü6} \\ p_6 = p_b \end{array}\right]$$

$$\underline{\underline{p_{ü4} = 0.}} \quad \Big| \quad \underline{\underline{p_{ü6} = 0.}}$$

Damit sind diejenigen Größen bestimmt, die sich mehr oder weniger durch bloßes Nachdenken einfach ermitteln lassen.

Bei der nun notwendigen Anwendung des ersten Hauptsatzes für offene Systeme muß man sich klarmachen, daß mit ihm lediglich zwei beliebig zu wählende Stellen miteinander verglichen werden. Anstelle von 1 und 2 könnte man z.B. auch die Stellen 17 und 144 wählen.

Da uns mit dem ersten Hauptsatz für offene Systeme aber nur eine Gleichung zur Verfügung steht, sollten diese beiden Stellen so gewählt werden, daß beim Einsetzen von Werten nicht mehr als eine unbekannte Größe übrig bleibt. In unserem Beispiel eignen sich also die Stellen 3, 4 und 5 nicht für einen solchen Vergleich, weil die Größen c_3, p_3; z_4, c_4 oder p_5, c_5 jeweils unbekannt sind. Von den Stellen 1 oder 2 können beide gewählt werden, weil jeweils Lage, Druck und Geschwindigkeit bekannt sind. Wir wählen die Stelle 1 und vergleichen mit der Stelle 6, an der die Geschwindigkeit c_6 noch unbekannt ist. Die Prozeßgrößen q_{16} und $w_{t_{16}}$ können gleich Null gesetzt werden, weil in Bild 9.6 weder eine Welle, die für die Zu- oder Abfuhr von technischer Arbeit notwendig wäre, eingezeichnet ist, noch eine Erwärmung oder Abkühlung der Anlage erwähnt ist.

Für den Vergleich der Stelle 1 mit der Stelle 6 verändern wir also in Gl. (9.11) die Indizes. Um die Rechnung einfach zu halten, beginnen wir außerdem nicht mit einer Ausgangsgleichung, sondern mit einem Ausgangsgleichungssystem!

$$\left.\begin{aligned}
q_{16} + w_{t_{16}} &= g(z_6 - z_1) + \frac{c_6^2 - c_1^2}{2} + p_6 v_6 - p_1 v_1 + u_6 - u_1 \\
q_{16} &= 0 \\
w_{t_{16}} &= 0 \\
z_6 &= 0 \\
c_1 &= 0 \\
p_6 &= p_1 \\
v_1 &= v_6 \rightarrow \left(= 1\,\frac{\text{dm}^3}{\text{kg}} \text{ bei Wasser}\right) \\
u_1 &= c_V \cdot t_1 \\
u_6 &= c_V \cdot t_6 \\
t_1 &= t_6
\end{aligned}\right]$$

$$0 = g(-z_1) + \frac{c_6^2}{2}$$

$$\frac{c_6^2}{2} = g \cdot z_1$$

$$c_6 = \sqrt{2 \cdot g \cdot z_1}\;{}^{1)}$$

$$= \sqrt{2 \cdot 9{,}81\,\frac{\text{m}}{\text{s}^2} \cdot 23\ \text{m}}$$

$$\underline{\underline{c_6 = 21{,}24\ \text{m/s.}}}$$

Alle anderen Geschwindigkeiten können jetzt leicht mit Hilfe des Kontinuitätsgesetzes (9.6) ermittelt werden.

$$A \cdot c = \text{konstant}$$

$$\left.\begin{aligned}
A_6 \cdot c_6 &= A_5 \cdot c_5 \\
A_6 &= \frac{d^2 \cdot \pi}{4} \\
A_5 &= \frac{D^2 \cdot \pi}{4}
\end{aligned}\right]$$

$$\frac{d^2 \pi}{4} \cdot c_6 = \frac{D^2 \cdot \pi}{4} \cdot c_5$$

$$c_5 = \left(\frac{d}{D}\right)^2 \cdot c_6$$

$$= \left(\frac{9}{12}\right)^2 \cdot 21{,}24\,\frac{m}{s}$$

$$\underline{\underline{c_5 = 11{,}95\ \text{m/s.}}}$$

$$\left.\begin{aligned}
A_3 \cdot c_3 &= A_5 \cdot c_5 \\
A_3 &= A_5
\end{aligned}\right]$$

$$c_3 = c_5$$

$$\underline{\underline{c_3 \stackrel{!}{=} 11{,}95\ \text{m/s.}}}$$

$$\left.\begin{aligned}
A_4 \cdot c_4 &= A_5 \cdot c_5 \\
A_4 &= A_5
\end{aligned}\right]$$

$$c_4 = c_5$$

$$\underline{\underline{c_4 = 11{,}95\ \text{m/s.}}}$$

1) Diese Gleichung entspricht der Gleichung für den freien Fall. Ohne Reibung ist es also gleich, ob das Wasser frei fällt oder durch eine Rohrleitung fließt. Diese Gleichung läßt sich daher auch direkt aus Gl. (9.14) herleiten.

Die noch fehlenden Größen ermitteln wir wieder über den 1. Hauptsatz:

$$q_{13} + w_{t13} = g(z_3 - z_1) + \frac{c_3^2 - c_1^2}{2} + p_3 v_3 - p_1 v_1 + u_3 - u_1$$

$$q_{13} = 0$$

$$w_{t13} = 0$$

$$c_1 = 0$$

$$v_3 = v_1 \equiv v$$

$$u_3 = u_1$$

$$0 = g(z_3 - z_1) + \frac{c_3^2}{2} + v(p_3 - p_1)$$

$$p_{ü3} = p_3 - p_b$$

$$p_1 = p_b$$

$$v \cdot p_{ü3} = -g(z_3 - z_1) - \frac{c_3^2}{2}$$

$$p_{ü3} = \frac{1}{v}\left[g(z_1 - z_3) - \frac{c_3^2}{2}\right]$$

$$\rho = \frac{1}{v}$$

$$p_{ü3} = \rho\left[g(z_1 - z_3) - \frac{c_3^2}{2}\right]$$

$$= 1\,\frac{\mathrm{kg}}{\mathrm{dm}^3}\left[9{,}81\,\frac{\mathrm{m}}{\mathrm{s}^2}(23 - 19{,}5)\,\mathrm{m} - \frac{11{,}95^2\,\mathrm{m}^2}{\mathrm{s}^2 \cdot 2}\right]\frac{10^3\,\mathrm{dm}^3}{\mathrm{m}^3}$$

$$= -37060\,\frac{\mathrm{kg}}{\mathrm{m} \cdot \mathrm{s}^2} \cdot \frac{\mathrm{N} \cdot \mathrm{s}^2}{\mathrm{kg} \cdot \mathrm{m}} \cdot \frac{\mathrm{m}^2 \cdot \mathrm{kPa}}{1000\,\mathrm{N}}$$

$$\underline{\underline{p_{ü3} = -37{,}1\ \mathrm{kPa}.}}$$

$$p_3 = p_b + p_{ü3}$$

$$= [110 + (-37{,}1)]\ \mathrm{kPa}$$

$$\underline{\underline{p_3 = 72{,}9\ \mathrm{kPa}.}}$$

Über ein ähnliches Gleichungssystem für den Vergleich der Stellen 1 und 5 ermitteln wir die Gleichung:

$$p_{ü5} = \rho\left[g(z_1 - z_5) - \frac{c_5^2}{2}\right]$$

$$= \frac{1000\ \mathrm{kg}}{\mathrm{m}^3}\left[9{,}81\,\frac{\mathrm{m}}{\mathrm{s}^2}(23 - 0{,}5)\,\mathrm{m} - \frac{11{,}95^2\,\mathrm{m}^2}{\mathrm{s}^2 \cdot 2}\right] \cdot \frac{\mathrm{N} \cdot \mathrm{s}^2}{\mathrm{kg} \cdot \mathrm{m}}$$

$$= 149300\,\frac{\mathrm{N}}{\mathrm{m}^2} \cdot \frac{\mathrm{m}^2 \cdot \mathrm{kPa}}{1000\,\mathrm{N}}$$

$$\underline{\underline{p_{ü5} = 149{,}3\ \mathrm{kPa}.}}$$

$$p_5 = p_b + p_{ü5}$$

$$= (110 + 149{,}3)\ \mathrm{kPa}$$

$$\underline{\underline{p_5 = 259\ \mathrm{kPa}.}}$$

Auch die noch unbekannte Lage der Stelle 4 läßt sich ähnlich ermitteln.

$$q_{14} + w_{t_{14}} = g(z_4 - z_1) + \frac{c_4^2 - c_1^2}{2} + p_4 v_4 - p_1 v_1 + u_4 - u_1$$

$$q_{14} = 0$$

$$w_{t_{14}} = 0$$

$$c_1 = 0$$

$$v_4 = v_1$$

$$p_4 = p_1$$

$$u_4 = u_1$$

$$0 = g(z_4 - z_1) + \frac{c_4^2}{2}$$

$$-g(z_4 - z_1) = \frac{c_4^2}{2}$$

$$z_4 - z_1 = -\frac{c_4^2}{2 \cdot g}$$

$$z_4 = z_1 - \frac{c_4^2}{2 \cdot g}$$

$$= 23\ \text{m} - \frac{11{,}95^2\ \text{m}^2 \text{s}^2}{\text{s}^2 \cdot 2 \cdot 9{,}81\ \text{m}}$$

$$\underline{\underline{z_4 = 15{,}72\ \text{m}.}}$$

Die Stelle 4 befindet sich also 15,72 m über der Bezugsebene zwischen den Stellen 3 und 5.

Obwohl die Aufgabe damit gelöst ist, wollen wir uns die Lösung durch Darstellung der beiden wichtigsten Größen, *Druck* und *Geschwindigkeit*, veranschaulichen (Bild 9.7):

Da im System keine Wärme, technische Arbeit oder Änderung der inneren Energie eine Rolle spielen, bleiben für eine Betrachtung nur noch die Änderung der

potentiellen Energie:

$$e_{pot} = g \cdot z$$

charakteristische Größe: z, da g = konst.,

kinetischen Energie:

$$e_{kin} = \frac{c^2}{2}$$

charakteristische Größe: c,

Verschiebungsenergie:

$$e_{Sch} = p \cdot v$$

charakteristische Größe: p, da v = konst.

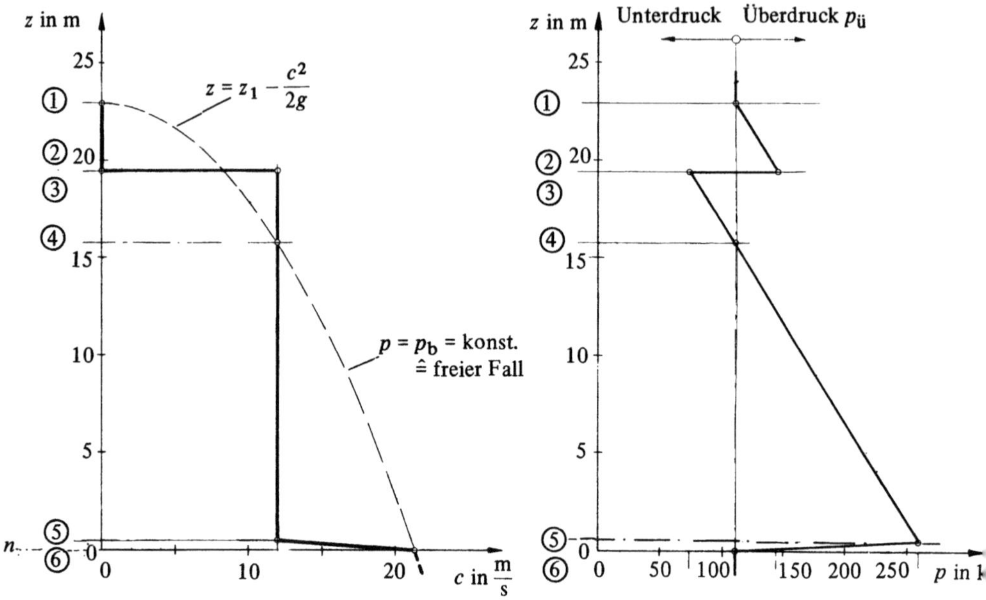

Bild 9.7 maßstäbliche Darstellung des Druck- und Geschwindigkeitsverlaufs in der Rohrleitungsanlage von Bild 9.6

Nach dem Energiehaltungssatz (Satz 2.11) muß in unserem System die Summe dieser drei Energiearten konstant bleiben.

- In den Bereichen, in denen die Geschwindigkeit konstant bleibt, steigt mit kleiner werdendem z der Druck p gleichmäßig an.
- Steigt die Geschwindigkeit an, wird immer auch gleichzeitig der Druck kleiner.
- Bliebe der Druck konstant ($= p_b$), dann ergäbe sich ein gleichmäßiger Geschwindigkeitsanstieg entsprechend der Gleichung für den freien Fall:

$$\boxed{c = \sqrt{-2g \cdot \Delta z}} \qquad (\Delta z \text{ negativ!}) \qquad (9.14)$$

c	g	z
$\frac{m}{s}$	$\frac{m}{s^2}$	m

$$-2g\Delta z = c^2$$

$$\Delta z = \frac{-c^2}{2g}$$

$$\Delta z = z - z_1$$

$$\boxed{z = z_1 - \frac{c^2}{2g}} \qquad (9.15)$$

z	c	g
m	$\frac{m}{s}$	$\frac{m}{s^2}$

Gl. (9.15) ist in Bild 9.7 als gestrichelte Linie eingezeichnet.

Energiebetrachtung:

Wir berechnen zunächst einige typische Werte für die spezifische Energie, die von der Strömung mittransportiert wird.

$$e_{pot_1} = g \cdot z_1$$
$$= 9{,}81 \frac{m}{s^2} \cdot 23\,m \cdot \frac{Ns^2}{kgm} \cdot \frac{J}{Nm}$$
$$e_{pot_1} = 226 \frac{J}{kg}.$$

$$e_{ges} = e_{pot_1} + e_{kin_1} + e_{Sch_1}$$ [1]
$$= (226 + 0 + 110)J$$
$$e_{ges} = 336 \frac{J}{kg}.$$

$$e_{kin_1} = \frac{c_1^2}{2}$$
$$e_{kin_1} = 0.$$

$$e_{Sch_1} = p_1 v$$
$$= 110\,kPa \cdot 1 \frac{dm^3}{kg} \cdot \frac{m^3}{10^3\,dm^3} \cdot \frac{J}{N \cdot m} \cdot \frac{1000\,N}{m^2 \cdot kPa}$$
$$e_{Sch_1} = 110 \frac{J}{kg}.$$

$$e_{Sch_6} = p_6 \cdot v$$
$$e_{Sch_1} = p_1 \cdot v$$
$$p_1 = p_6$$
$$e_{Sch_6} = e_{Sch_1}$$
$$e_{Sch_6} = 110 \frac{J}{kg}.$$

$$e_{kin_3} = \frac{c_3^2}{2}$$
$$= \frac{11{,}95^2\,m^2}{s^2\,2} \cdot \frac{N\,s^2}{kg \cdot m} \cdot \frac{J}{Nm}$$
$$e_{kin_3} = 71{,}4 \frac{J}{kg}.$$

Diese Angaben genügen bereits, um die Energieverteilung entlang des Weges darzustellen, wobei allerdings zur Berechnung von e_{ges} die innere Energie u nicht berücksichtigt wurde. Nehmen wir an, das Wasser hätte nur eine Temperatur von 20 °C, dann ermitteln wir:

$$u = c_V \cdot t \qquad (c_V \text{ aus Tabelle A3.1.4})$$
$$= 4183 \left(\frac{J}{kgK} \cdot 20\,°C \right)$$
$$u = 83\,660\ J/kg.$$

Wir sehen, daß der Wert der spezifischen inneren Energie selbst bei nur 20 °C ein Vielfaches der anderen Werte annimmt und eine Berücksichtigung durch Messung der Temperatur wegen der dann notwendigen Genauigkeit und der auftretenden zusätzlichen Einflüsse wie Reibung oder Wärmeabfuhr praktisch keinen Sinn hat.

[1] Für e_{ges} muß die betrachtete Stelle nicht gekennzeichnet werden, da die Gesamtenergie sich mit der Höhe nicht verändert.

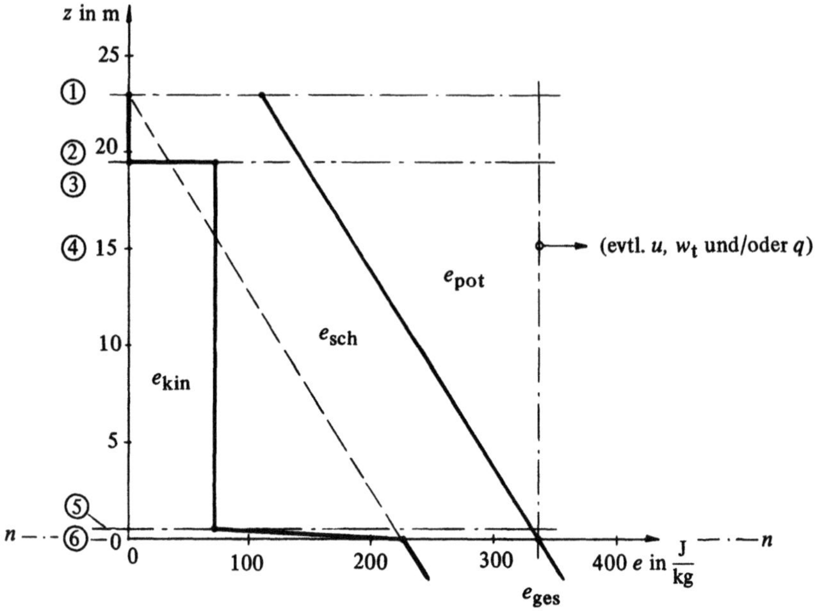

Bild 9.8 Energieverteilung zur Aufgabe von Bild 9.6 (maßstäblich)

Den Bildern 9.7 und 9.8 ist deutlich zu entnehmen, daß die kinetische Energie sich zwischen den Stellen 2 und 3 auf Kosten der Verschiebungsenergie aufbaut. Dies ist aber nur soweit möglich, wie überhaupt Verschiebungsenergie vorhanden ist.

Wird eine zu große Geschwindigkeit angestrebt, ohne daß ein entsprechender Druck abgebaut werden kann, so reißt die Strömung an dieser Stelle ab und geht in den freien Fall über. Außerdem tritt Kavitation auf (siehe Abschnitt 9.6.2).

Übungsaufgabe 9.1:

a) Kreuzen Sie in der Tabelle des Bildes 9.9 unter Berücksichtigung des Kontinuitätsgesetzes und des 1. Hauptsatzes für offene Systeme diejenigen Lösungen an, die zutreffen könnten.

b) Berechnen Sie für alle Stellen 1 bis 12:
- die Höhenlage z
  (= senkrechter Abstand zu einer von Ihnen zu wählenden waagerecht liegenden Bezugsebene!),
- die Geschwindigkeit c,
- den Druck p und
- den Überdruck $p_ü$!

Diese Aufgabe ist umfangreich, da 48 Ergebnisse berechnet werden müssen. Sie bringt Ihnen aber gerade deshalb die Routine und Sicherheit, die Sie zum Lösen derartiger Aufgaben benötigen.

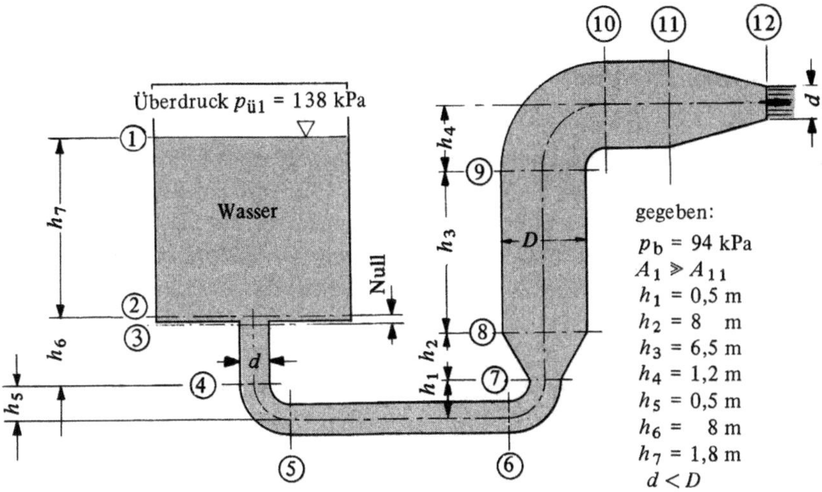

von – bis	Druck steigt	Druck bleibt konst.	Druck fällt	Geschwindigkeit wird größer	Geschwindigkeit bleibt unverändert	Geschwindigkeit wird kleiner
1 → 2						
2 → 3						
3 → 4						
4 → 5						
5 → 6						
6 → 7						
7 → 8						
8 → 9						
9 → 10						
10 → 11						
11 → 12						

Bild 9.9 Beispiel 2 für ein offenes System

An den Stellen 2 und 3 soll weder der Abstand voneinander noch sollen die Einströmverhältnisse berücksichtigt werden. Die Wasseroberfläche A_1 ist wesentlich größer als die größte Rohrquerschnittsfläche. Reibung und Temperaturdifferenzen treten nicht auf.

9.5 Strömungsverluste

9.5.1 Fluidreibung, Zähigkeit

Ein Standardversuch der Strömungslehre (Bild 9.10) besteht darin, daß eine Platte über eine Ebene gezogen wird, die bis zu einer gewissen Schichtdicke mit einem Fluid bedeckt ist. Dabei kann festgestellt werden, daß die Reibungskraft F_R, die zur Fortbewegung der Platte notwendig ist, mit der Geschwindigkeit und der Plattengröße zu-, mit der Schichtdicke d aber abnimmt. Wegen der Wandhaftung kann angenommen werden, daß direkt an einer Wandung liegende Flüssigkeitsteilchen deren Geschwindigkeit haben. Es gilt also:

$$F_R \sim \frac{A \cdot c}{d}$$

Der Proportionalitätsfaktor in dieser Beziehung ist eine von dem verwendeten Fluid abhängige Konstante und heißt *dynamische Viskosität* oder *dynamische Zähigkeit* η:

$$F_R = \eta \cdot \frac{A \cdot c}{d}$$

$$\boxed{\eta = \frac{F_R}{A} \cdot \frac{d}{c}} \qquad (9.16)$$

η	F_R	A	d	c
$\frac{\mathrm{Ns}}{\mathrm{m}^2}$	N	m^2	m	$\frac{\mathrm{m}}{\mathrm{s}}$

Die Einheit der dynamischen Zähigkeit ergibt sich direkt aus der Definitionsgleichung (9.16) mit

$$[\eta] = \frac{\mathrm{N} \cdot \mathrm{m} \cdot \mathrm{s}}{\mathrm{m}^2 \cdot \mathrm{m}} = \frac{\mathrm{N} \cdot \mathrm{s}}{\mathrm{m}^2}.$$

Mehr gebraucht als die dynamische Zähigkeit η wird allerdings ihr Verhältnis zur Dichte, nämlich die *kinematische Viskosität* oder *kinematische Zähigkeit* ν:

$$\boxed{\nu = \frac{\eta}{\rho}} \qquad (9.17)$$

ν	η	ρ
$\frac{\mathrm{m}^2}{\mathrm{s}}$	$\frac{\mathrm{Ns}}{\mathrm{m}^2}$	$\frac{\mathrm{kg}}{\mathrm{m}^3}$

$$[\nu] = \frac{\mathrm{N} \cdot \mathrm{s} \cdot \mathrm{m}^3}{\mathrm{m}^2 \cdot \mathrm{kg}} \cdot \frac{\mathrm{kg} \cdot \mathrm{m}}{\mathrm{N} \cdot \mathrm{s}^2} = \frac{\mathrm{m}^2}{\mathrm{s}}$$

Die in der Viskositätsvergleichstabelle A1.2.3 benutzte Einheit $\frac{\mathrm{mm}^2}{\mathrm{s}}$ hat den gleichen Wert wie die veraltete Einheit cSt.

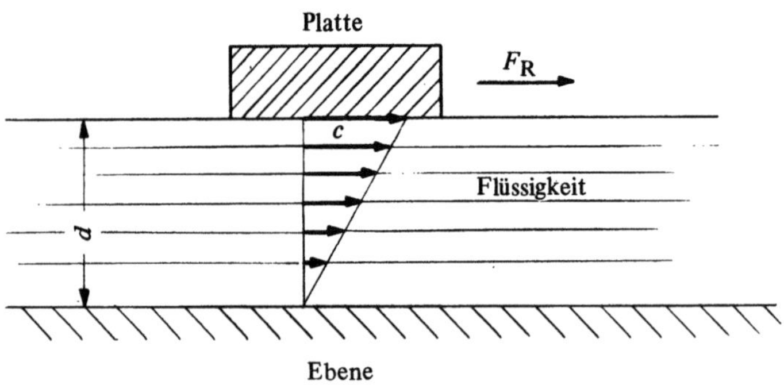

Bild 9.10
Versuch zur Bestimmung der dynamischen Flüssigkeitszähigkeit

9.5.2 Strömungsformen

Bis jetzt haben wir die Geschwindigkeit c von Fluiden in einer Rohrleitung über den Querschnitt A als konstant angenommen. In Wirklichkeit aber ist sie aufgrund der Reibungsverhältnisse ungleichmäßig. Man kann grundsätzlich zwei verschiedene Strömungsarten unterscheiden, die laminare (Bild 9.11a) und die turbulente (Bild 9.11b) Strömung.

Laminare Strömung tritt bei kleinen Rohrquerschnitten, langsamer Strömung und zähen Fluiden auf, z.B. in Kappilargefäßen, Gleitlagerschmierfilmen und Ölleitungen. Der Geschwindigkeitsverlauf ist parabelförmig und die maximale Geschwindigkeit c_{max} ist doppelt so groß wie die mittlere Geschwindigkeit c_m.

Turbulente Strömung ist die häufigste Strömungsform. Aufgrund von Massenträgheitskräften bewegen sich Fluidteilchen nicht nur in wohlgeordneten axialen Bahnen, sondern zusätzlich quer zur Strömungsrichtung. Schnelle und langsame Fluidteilchen gleichen hierbei ihre Geschwindigkeit einander an und das Geschwindigkeitsprofil verändert sich in die in Bild 9.11b gezeigten Form. Die maximale Geschwindigkeit c_{max} übersteigt dann die mittlere Geschwindigkeit nur noch um 10 ... 25 %.

Die Art der Strömungsform kann rechnerisch über die *Reynoldssche Zahl* bestimmt werden.

$$Re = \frac{c \cdot d}{\nu} \qquad (9.18)$$

Re	c	d	ν
1	$\frac{m}{s}$	m	$\frac{m^2}{s}$

Die Ableitung der Gl. (9.18) erfolgt über Ähnlichkeitsbetrachtungen, auf die hier aus Platzgründen nicht eingegangen werden kann.

Das Maß d ist eine charakteristische Größe zur Kennzeichnung der Rohrleitungsabmessung und ist bei kreisrunden Rohren identisch mit dem Innendurchmesser. Bei anders geformten Rohren ermittelt man d über die Gleichung

$$d = \frac{4 \cdot A}{U} \qquad (9.19)$$

d, U	A
m	m^2

mit A als Querschnittsfläche und U als deren Umfang.

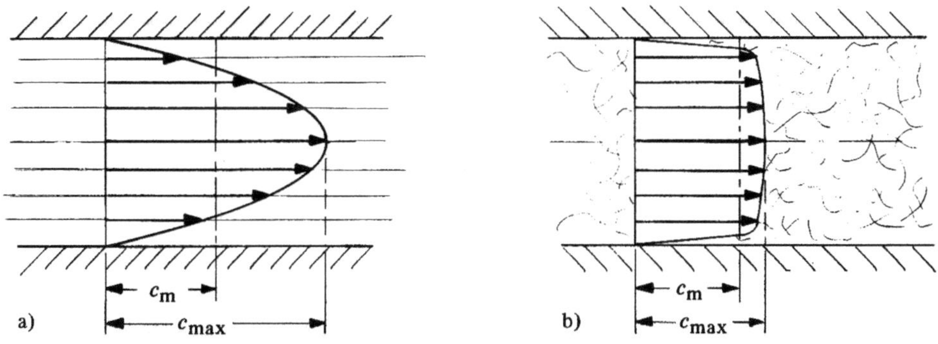

Bild 9.11 Strömungsformen
a) laminare Strömung, b) turbulente Strömung

Den Übergang von der laminaren Strömung zur turbulenten kennzeichnet die *kritische* Reynoldssche Zahl:

$$Re_{\text{krit}} = 2320$$

Re
1

(9.20)

Unter besonderen Bedingungen ist es technisch aber auch schon gelungen, laminare Strömung noch bei Reynoldsschen Zahlen über 100 000 aufrecht zu halten.

9.5.3 Rohrleitungsverluste

Dissipation (siehe Satz 2.29) einer Strömung hat im wesentlichen zwei Ursachen, aus denen sich auch die Berechnungsgleichungen herleiten:

a) den Massenträgheitskräften der sich wirbelnd bewegenden Fluidteilchen, die von deren jeweiligen kinetischen Energie abhängig sind, und

b) den bei größeren Geschwindigkeiten auftretenden Fluidscherspannungen an der Rohrwandung, die von deren Oberflächenbeschaffenheit (Rauhheit) und dem Geschwindigkeitsanstieg in Nähe der Rohrwandung abhängig sind. Der Geschwindigkeitsanstieg ist allerdings nur bei turbulenter Strömung so groß, daß sich eine Berücksichtigung lohnt. Zur Berechnung der Dissipation ist dann noch ein Proportionalitätsfaktor erforderlich, die *Widerstandszahl* ζ

$$j_R = \Sigma\zeta \cdot \frac{c^2}{2}$$

j	ζ	c
$\frac{J}{kg}$	1	$\frac{m}{s}$

(9.21)

Der Tabelle A3.3.3 kann man Widerstandszahlen für die meisten Rohrleitungseinbauten entnehmen. Oft werden diese Zahlen aber auch vom Hersteller des betreffenden Bauteils angegeben.

Die Widerstandszahl von geraden Rohrleitungsabschnitten muß berechnet werden, da der Rohrwiderstand mit der Länge zu-, mit größer werdendem Durchmesser dagegen abnimmt. Der Proportionalitätsfaktor heißt in diesem Fall *Rohrreibungszahl* λ und kann in Abhängigkeit von der Reynoldschen Zahl und, bei turbulenter Strömung, von dem Durchmesser-Rauhigkeitsverhältnis (Tabelle A3.3.4) dem Diagramm A3.3.2 entnommen werden.

$$\zeta_R = \lambda \frac{l}{d}$$

ζ, λ	l	d
1	m	m

(9.22)

9.5.4 Reversible Strömungsarbeit; Wirkungsgrad

Die Bilder 2.14 und 2.34 stellen die technische Arbeit als Fläche im p-V-Diagramm dar. Dies ist allerdings nur unter Vernachlässigung der potentiellen und kinetischen Energie sowie der Dissipation richtig.

Satz 9.7: Derjenige Anteil der technischen Arbeit, der reversibel zwischen einem strömenden Fluid und einer Welle übertragen wird, und der sich über die Druck- und Volumenänderung als Fläche neben der Kurve in einem p-V-Diagramm berechnen läßt, heißt *reversible Strömungsarbeit Y*. Die ebenfalls reversibel übertragbare kinetische und potentielle Energie zählt ebenso wie die Dissipation nicht zur reversiblen Strömungsarbeit.

Damit ergeben sich zwei Gleichungen für die reversible Strömungsarbeit:

$$Y = V_m \cdot \Delta p \qquad \text{und} \qquad Y = W_{t12} - \Delta E_{kin} - \Delta E_{pot} - J$$

oder spezifisch geschrieben:

$$y = v_m \cdot \Delta p \tag{9.23}$$

$$y = w_{t12} - \frac{c_2^2 - c_1^2}{2} - g(z_2 - z_1) - j. \tag{9.24}$$

j, y, w	z	v	p	g	c
$\frac{J}{kg}$	m	$\frac{m^3}{kg}$	Pa	$\frac{m}{s^2}$	$\frac{m}{s}$

Das Bild 9.12 veranschaulicht diesen grundsätzlichen Zusammenhang sowohl für Strömungskraft- wie für Strömungsarbeitsmaschinen. Ist die Zustandsänderung bei Gasen isochor, isotherm, isobar oder isentrop, dann kann y mit den Gleichungen berechnet werden, die in Tabelle A2.1.1 für die technische Arbeit angegeben sind.

Ist die Zustandsänderung von 1 nach 2 bekannt, kann normalerweise die Dissipation mit Hilfe der Gln. (9.23) und (9.24) ermittelt werden.

$$v_m \cdot \Delta p = w_{t12} - \frac{c_2^2 - c_1^2}{2} - g(z_2 - z_1) - j$$

$$\Delta p = p_2 - p_1$$

$$j = w_{t12} - \frac{c_2^2 - c_1^2}{2} - g(z_2 - z_1) - v_m(p_2 - p_1). \tag{9.25}$$

j, w	c	g	z	v	p
$\frac{J}{kg}$	$\frac{m}{s}$	$\frac{m}{s^2}$	m	$\frac{m^3}{kg}$	Pa

Für den reinen Strömungsprozeß von Flüssigkeiten ergibt sich dann mit $w_{t12} = 0$ und $v_m = \frac{1}{\rho}$ = konstant die (um j) *erweiterte Bernoullische Gleichung*:

$$g(z_2 - z_1) + \frac{c_2^2 - c_1^2}{2} + \frac{p_2 - p_1}{\rho} + j = 0. \tag{9.26}$$

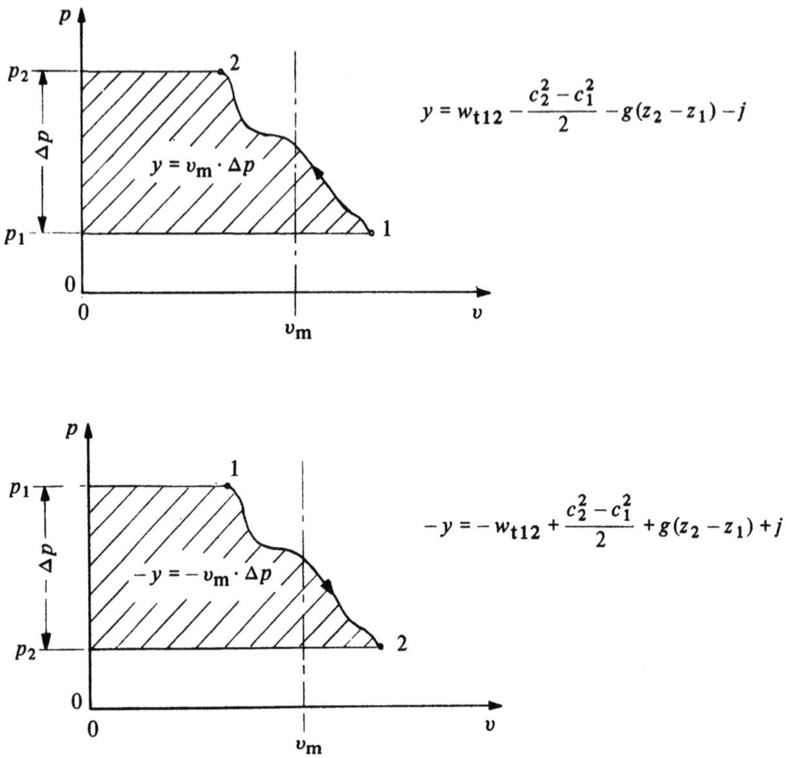

Bild 9.12 Darstellung der reversiblen Strömungsarbeit y
a) im Arbeitsmaschinenprozeß b) im Kraftmaschinenprozeß

Da für solche Systeme die potentielle Energie durch die Lage der Rohrleitung und die kinetische Energie durch die Rohrquerschnitte über das Kontinuitätsgesetz festgelegt sind, kann die Dissipation j_{12} zwischen beliebigen Stellen einer Rohrleitung durch Messen der jeweiligen Druckdifferenz bestimmt werden.

Bezeichnen wir das Verhältnis der abgeführten mechanischen Energie zur insgesamt zugeführten mechanischen Energie nach Gl. (9.24) als inneren Wirkungsgrad, so ergibt sich bei zugeführter Wellenarbeit (Pumpen- oder Verdichterbetrieb) und abgeführten Energien auf der Strömungsseite:

$$\eta_{iP} = \frac{y + \frac{c_2^2 - c_1^2}{2} + g(z_2 - z_1)}{w_{t_{12}}} . \tag{9.27}$$

Anmerkung:
Mit $w > 0$ folgt $\eta < 1$!

$$\eta_{iP} = \frac{w_{t_{12}} - j}{w_{t_{12}}} . \tag{9.28}$$

Und bei abgeführter Wellenarbeit (Turbinenbetrieb) und zugeführten Energien auf der Strömungsseite:

$$\eta_{iT} = \frac{w_{t_{12}}}{y + \frac{c_2^2 - c_1^2}{2} + g(z_2 - z_1)} \; . \qquad (9.29)$$

Anmerkung:
Mit $w < 0$ folgt $\eta < 1$!

$$\eta_{iT} = \frac{w_{t_{12}}}{w_{t_{12}} - j} \qquad (9.30)$$

η	y, w, j	c	g	z
1	$\frac{\text{J}}{\text{kg}}$	$\frac{\text{m}}{\text{s}}$	$\frac{\text{m}}{\text{s}^2}$	m

Obwohl die Gln. (9.27) bis (9.30) allgemein gelten, werden sie doch praktisch nie auf Rohrleitungsanlagen insgesamt angewendet, sondern lediglich auf die Pumpe, den Verdichter oder die Turbine zwischen Ein- und Austrittsstutzen, während die Verluste in den Rohrleitungen stets getrennt nach Gl. (9.26) ermittelt werden.

Bezeichnen wir η_{iP} als innere Pumpen- oder Verdichterwirkungsgrad und η_{iT} als inneren Turbinenwirkungsgrad, so wäre eine andere Betrachtungsweise gegenüber der Maschine auch unfair, da diese ja für Leitungsverluste nichts kann. Es ist also z.B. notwendig, die Dissipation in den Rohrleitungen (j_R) und in der Maschine (j_P oder j_T) auseinanderzuhalten.

Die Berechnung erfolgt üblicherweise so, daß die Rohrleitungsanlage von der Maschine getrennt betrachtet wird. Die reversible Strömungsarbeit kann dann mit umgekehrtem Vorzeichen in die Rechnung für den anderen Teil der Anlage eingesetzt werden.

Für die Wellenleistung gilt:

$$P = \dot{m} \cdot w_t \, . \qquad (9.31)$$

P	$\dot{m}$	w
W	$\frac{\text{kg}}{\text{s}}$	$\frac{\text{J}}{\text{kg}}$

Es ist darauf zu achten, daß zwecks Bestimmung der Kupplungsleistung P_K zusätzlich zum inneren auch der mechanische Wirkungsgrad (z.B. wegen der Lagerreibung) berücksichtigt wird.

$$\eta_T = \eta_{iT} \cdot \eta_m \qquad (9.32)$$

$$\eta_P = \eta_{iP} \cdot \eta_m \qquad (9.33)$$

η
1

9.5.5 Berechnungsbeispiel

Beispiel 9.4: Durch das Rohrleitungssystem von Bild 9.13 sollen in jeder Stunde 12 m³ Spindelöl von $t = 70$ °C in den oberen Druckbehälter gepumpt werden. Wie groß ist die hierzu notwendige Antriebsleistung für die Pumpe, die an der Kupplung zugeführt werden muß? (Die in Bild 9.13 verwendeten Zeichensymbole entnehmen Sie bitte der Tabelle A3.2.7.)

Lösung: Bevor wir die reversible Strömungsarbeit y ermitteln, die zwischen Druck und Saugflansch übertragen wird, müssen die Exergieverluste in Saug- und Druckleitung berechnet werden.

Doch zunächst einige Nebenrechnungen:

$$A_S = \frac{d_S^2 \cdot \pi}{4} = \frac{4^2 \text{cm}^2 \pi}{4}$$

$$\underline{\underline{A_S = 12{,}57 \text{ cm}^2.}}$$

$$\dot{V} = \text{konst.}$$

$$\dot{V} = A_S \cdot c_S$$

$$\dot{V} = A_D \cdot c_D$$

$$A_S c_S = A_D \cdot c_D$$

$$A_S = \frac{d_S^2 \pi}{4}$$

$$A_D = \frac{d_D^2 \pi}{4}$$

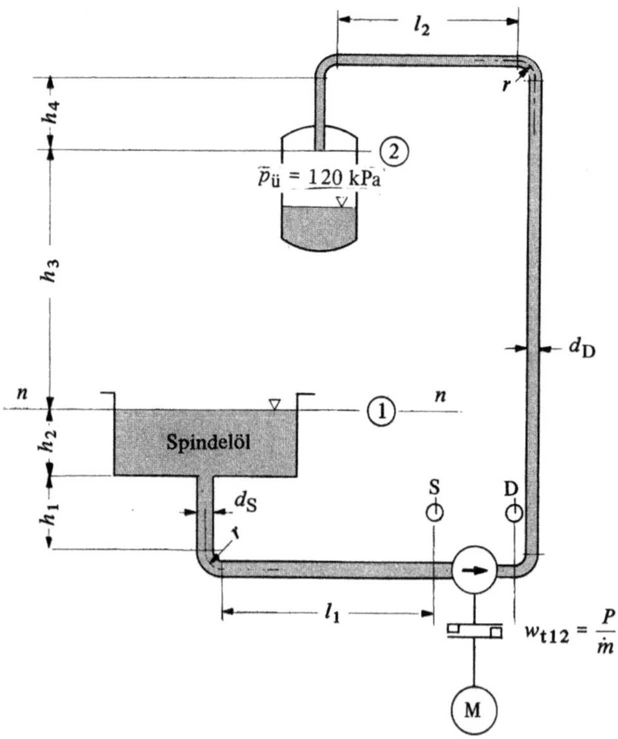

Bild 9.13
Rohrleitungssystem zur Förderung von Spindelöl

Bekannte Größen:

p_b = 96 kPa
h_1 = 2 m
h_2 = 2 m
h_3 = 8 m
h_4 = 1,5 m
l_1 = 40 m
l_2 = 20 m
η_m = 0,97
η_{iP} = 75 %
$r \approx 2d$
d_S = 4 cm
d_D = 3 cm
$A_1 \gg A_S$

Indizes:

S = Saugseite
D = Druckseite

$$\dot V = A_S \cdot c_S$$

$$c_S = \frac{\dot V}{A_S} = \frac{12\ \mathrm{m}^3}{\mathrm{h}\cdot 12{,}57\ \mathrm{cm}^2}\cdot\frac{10^4\mathrm{cm}^2}{\mathrm{m}^2} = \frac{120000\ \mathrm{m}}{12{,}57\ \mathrm{h}}\cdot\frac{\mathrm{h}}{3600\ \mathrm{s}}$$

$$\underline{\underline{c_S = 2{,}65\ \mathrm{m/s}.}}$$

$$d_S^2 \cdot c_S = d_D^2 \cdot c_D$$

$$c_D = \left(\frac{d_S}{d_D}\right)^2 c_S = \left(\frac{4}{3}\right)^2 \cdot 2{,}65\ \frac{\mathrm{m}}{\mathrm{s}}$$

$$\underline{\underline{c_D = 4{,}72\ \mathrm{m/s}.}}$$

$$c_2 = c_D$$

$$\underline{\underline{c_2 = 4{,}72\ \mathrm{m/s}.}}$$

Die Strömungsform muß wegen der unterschiedlichen Rohrleitungsdurchmesser in Saug- und Druckteil der Anlage getrennt ermittelt werden. Die kinematische Zähigkeit von Spindelöl bei $t = 70\ °\mathrm{C}$ ist nach Diagramm A3.3.1:

$$\underline{\underline{\nu = 4\ \mathrm{mm}^2/\mathrm{s}.}}$$

$$Re_S = \frac{c_S \cdot d_S}{\nu} = \frac{2{,}65\ \mathrm{m}\cdot 4\ \mathrm{cm}\cdot\mathrm{s}}{\mathrm{s}\cdot 4\ \mathrm{mm}^2}\cdot\frac{\mathrm{m}}{100\ \mathrm{cm}}\cdot\frac{10^6\mathrm{mm}^2}{\mathrm{m}^2}$$

$$\underline{\underline{Re_S = 26\,500}} > Re_{krit} = 2320$$

$$Re_D = \frac{c_D \cdot d_D}{\nu} = \frac{4{,}72\ \mathrm{m}\cdot 3\ \mathrm{cm}\cdot\mathrm{s}}{\mathrm{s}\cdot 4\ \mathrm{mm}^2}\cdot\frac{\mathrm{m}}{100\ \mathrm{cm}}\cdot\frac{10^6\mathrm{mm}^2}{\mathrm{m}^2}$$

$$\underline{\underline{Re_D = 35\,400}} > Re_{krit} = 2320$$

Die Strömung ist also in beiden Fällen mit Sicherheit turbulent, so daß der Einfluß der Wandrauhigkeit berücksichtigt werden muß. Unter Benutzung von Tabelle A3.3.4 schätzen wir diese für gebrauchte, geschweißte Stahlrohre handelsüblicher Güte auf $k = 0{,}2$ mm. Mit

$$\underline{\underline{\left(\frac{d}{k}\right)_S = 200}} \quad \text{und} \quad \underline{\underline{\left(\frac{d}{k}\right)_D = 150}}$$

erhalten wir aus Diagramm A3.3.2:

$$\underline{\underline{\lambda_S = 0{,}0335}} \quad \text{und} \quad \underline{\underline{\lambda_D = 0{,}0355.}}$$

Die gerade Rohrleitungslänge ist:

$$l_S = h_1 + l_1 = (3{,}5 + 40)\ \mathrm{m}$$

$$\underline{\underline{l_S = 43{,}5\ \mathrm{m}}}$$

und

$$l_D = h_1 + h_2 + h_3 + h_4 + l_2 + h_4 = (3{,}5 + 2 + 8 + 1{,}5 + 20 + 1{,}5)\ \mathrm{m}$$

$$\underline{\underline{l_D = 36{,}5\ \mathrm{m}}}$$

Wir erhalten die Rohrleitungswiderstandszahlen mit:

$$\zeta_{RS} = \lambda_S \cdot \frac{l_S}{d_S} = 0{,}0335 \cdot \frac{43{,}5\ \mathrm{m}}{0{,}04\ \mathrm{m}}$$

$$\underline{\underline{\zeta_{RS} = 36{,}4}}$$

$$\zeta_{RD} = \lambda_D \frac{l_D}{d_D} = 0{,}0355 \cdot \frac{36{,}5\ \mathrm{m}}{0{,}03\ \mathrm{m}}$$

$$\underline{\underline{\zeta_{RD} = 43{,}2}}$$

Die Summe aller Widerstandszahlen ist:

$$\Sigma\zeta_S = \zeta_E + \zeta_{RS} + \zeta_K = 0{,}5 + 36{,}4 + 0{,}51$$

$$\underline{\underline{\Sigma\zeta_S = 37}}$$

$$j_S = \Sigma\zeta_S \cdot \frac{c_S^2}{2} = 37 \cdot \frac{2{,}65^2\,\text{m}^2}{\text{s}^2 \cdot 2}$$

$$\underline{\underline{j_S = 131\ \text{m}^2/\text{s}^2}}$$

$$\Sigma\zeta_P = \zeta_{RD} + 3\zeta_K = 43{,}2 + 3 \cdot 0{,}51 \quad \text{(s. Tabelle A3.3.3)}$$

$$\underline{\underline{\Sigma\zeta_P = 45}}$$

$$j_D = \Sigma\zeta_P \cdot \frac{c_D^2}{2} = 45 \cdot \frac{4{,}72^2\,\text{m}^2}{\text{s}^2 \cdot 2}$$

$$\underline{\underline{j_D = 498\ \text{m}^2/\text{s}^2}}$$

Für die Pumpe kann jetzt eine Energiebilanz entsprechend Bild 9.14 aufgestellt werden. Bei beliebig gewählter Bezugsebene $n-n$ (in Bild 9.13 bereits eingezeichnet) folgt aus Gleichung (9.24):

$$y_S = w_{t\,1S} - \frac{c_S^2 - c_1^2}{2} - g(z_S - z_1) - j_S$$

$$w_{t_{1S}} = 0$$

$$c_1 = 0$$

$$z_1 = 0$$

$$z_S = -h_2 - h_1 - r$$

$$\underline{\underline{y_S = -\frac{c_S^2}{2} + g(h_1 + h_2 + r) - j_S}}$$

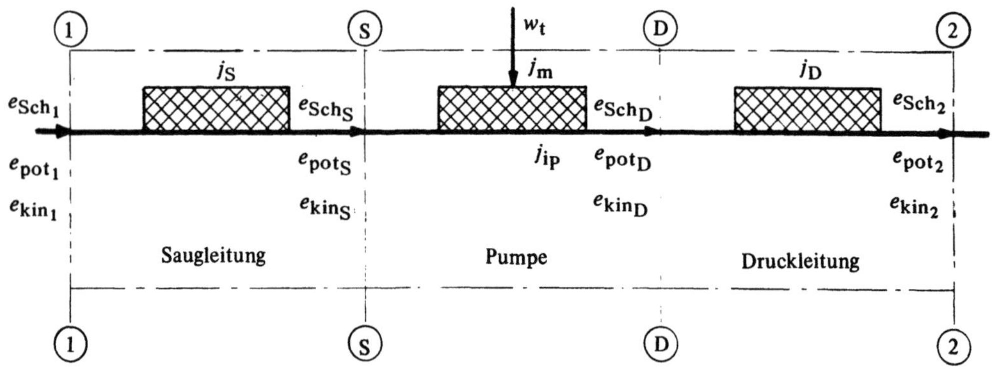

Bild 9.14 Energieübertragung im Rohrleitungssystem von Bild 9.13

$$w_{t_{rev}} = \Delta e_{pot_{SD}} + \Delta e_{kin_{SD}} + \Delta e_{Sch_{SD}}$$

$$= \Delta e_{pot_{12}} + \Delta e_{kin_{12}} + \Delta e_{Sch_{12}} + j_S + j_D$$

$$w_t = w_{t_{rev}} + j_{iP} + j_m$$

$$w_t = \frac{w_{t_{rev}}}{\eta_{iP} \cdot \eta_m}$$

Das Saugrohrsystem wird in seinem Fließbestreben durch die potentielle Energie (+) unterstützt. Kinetische Energie verläßt (–) das System an der Stelle S. Die Dissipation versucht, die Fließbewegung zu verlangsamen (–). Die reversible Strömungsarbeit $y_S = v_m \cdot \Delta p$ müßte dem System entweder aufgrund eines Druckgefälles von 1 nach S oder über eine Welle übertragen werden. Machen Sie sich bitte klar, daß diese reversible Strömungsarbeit unter entsprechenden Bedingungen auch entnommen werden könnte!

Ähnliche Überlegungen gelten auch druckseitig.

$$y_D = w_{tD2} - \frac{c_2^2 - c_D^2}{2} - g(z_2 - z_D) - j_D$$

$$w_{tD2} = 0$$

$$c_2 = c_D$$

$$z_D = -h_2 - h_1 - r$$

$$z_2 = h_3$$

$$y_D = -g(h_1 + h_2 + h_3 + r) - j_D \, .$$

Gleichzeitig läßt sich die reversible Strömungsarbeit $y = v_m \cdot \Delta p$ aber auch dem p-V-Diagramm entnehmen, die bei Flüssigkeiten wegen $v_m = \frac{1}{\rho}$ = konstant stets einer Rechteckfläche entspricht. Die Drücke an Saug- und Druckflansch der Pumpe ergeben sich somit zu

$$y_S = \frac{p_S - p_1}{\rho}$$

$$y_S = -\frac{c_S^2}{2} + g(h_1 + h_2 + r) - j_S$$

$$p_S = \rho\left[g(h_1 + h_2 + r) - \frac{c_S^2}{2} - j_S\right] + p_1$$

und

$$y_D = \frac{p_2 - p_D}{\rho}$$

$$y_D = -g(h_1 + h_2 + h_3 + r) - j_D$$

$$p_D = \rho\left[g(h_1 + h_2 + h_3 + r) + j_D\right] + p_2 \, .$$

Die dem Pumpensystem zuzuführende reversible Strömungsarbeit y ergibt sich somit zu:

$$y = \frac{p_D - p_S}{\rho}$$

$$p_D = \rho[g(h_1 + h_2 + h_3 + r) + j_D] + p_2$$

$$p_S = \rho[g(h_1 + h_2 + r) - \frac{c_S^2}{2} - j_S] + p_1$$

$$y = gh_3 + j_D + \frac{c_S^2}{2} + j_S + \frac{p_2 - p_1}{\rho}$$
$$p_{ü_2} = p_2 - p_1$$

$$y = gh_3 + j_D + j_S + \frac{c_S^2}{2} + \frac{p_{ü_2}}{\rho}.$$

Mit Gl. (9.27) können wir jetzt die gesuchte technische Arbeit berechnen:

$$w_{t_{SD}} = \frac{y + \frac{c_D^2 - c_S^2}{2} + g(z_D - z_S)}{\eta_{iP}}$$
$$z_S = z_D$$
$$y = gh_3 + j_S + j_D + \frac{c_S^2}{2} + \frac{p_{ü_2}}{\rho}$$

$$w_{t_{SD}} = \frac{1}{\eta_{iP}}\left[gh_3 + j_S + j_D + \frac{c_D^2}{2} + \frac{p_{ü_2}}{\rho}\right]$$
$$= \frac{100\,\%}{75\,\%}\left\langle\left\{\left[9{,}81\,\frac{\text{m}}{\text{s}^2}\cdot 8\,\text{m} + (131 + 498)\,\frac{\text{m}^2}{\text{s}^2} + \frac{4{,}72^2\,\text{m}^2}{2\cdot\text{s}^2}\right]\frac{\text{N}\,\text{s}^2}{\text{kg}\,\text{m}}\cdot\frac{\text{J}}{\text{N}\,\text{m}}\right\} + \frac{120\,\text{kPa}\cdot\text{m}^3}{845\,\text{kg}}\cdot\frac{1000\,\text{N}}{\text{kPa}\cdot\text{m}^2}\right\rangle$$
$$= \frac{4}{3}\left[(78{,}5 + 629 + 11{,}1)\,\frac{\text{J}}{\text{kg}} + 142\,\frac{\text{Nm}}{\text{kg}}\cdot\frac{\text{J}}{\text{Nm}}\right] \quad \text{(mit } \rho \text{ aus Tabelle A3.1.4)}$$
$$= \frac{4\cdot\text{J}}{3\cdot\text{kg}}(78{,}5 + 629 + 11{,}1 + 142)$$
$$= \frac{4\cdot 861\,\text{J}}{3\cdot\text{kg}}$$
$$w_{t_{SD}} = 1148\,\text{J/kg}.$$

$$w_{t_{12}} = w_{t_{SD}}$$
$$w_{t_{12}} = 1148\,\text{J/kg}.$$

Einfacher und schneller wäre der direkte Vergleich der Stellen 1 und 2 gewesen. Nachdem j_S und j_D bestimmt sind, können wir mit Gl. (9.28) rechnen:

$$\eta_{iP}\cdot w_{t_{12}} = w_{t_{12}} - j_P$$
$$\eta_{iP}\cdot w_{t_{12}} - w_{t_{12}} = -j_P$$
$$w_{t_{12}}(\eta_{iP} - 1) = -j_P$$
$$j_P = w_{t_{12}}(1 - \eta_{iP})$$
$$y = w_{t_{12}} - \frac{c_2^2 - c_1^2}{2} - g(z_2 - z_1) - j$$
$$j = j_S + j_P + j_D$$
$$y = \frac{p_2 - p_1}{\rho}$$

$$\frac{p_2 - p_1}{\rho} = w_{t_{12}} - \frac{c_2^2 - c_1^2}{2} - g(z_2 - z_1) - j_S - j_D - w_{t_{12}}(1 - \eta_{iP})$$
$$j_R = j_S + j_D$$

$$w_{t_{12}}\cdot\eta_{iP} = \frac{p_2 - p_1}{\rho} + \frac{c_2^2 - c_1^2}{2} + g(z_2 - z_1) + j_R$$

Damit gilt bei Flüssigkeitsförderung:

$$w_{t_{12}} = \frac{1}{\eta_{ip}}\left[\frac{p_2 - p_1}{\rho} + \frac{c_2^2 - c_1^2}{2} + g(z_2 - z_1) + j_R\right] \quad (9.34)$$

j, w	η	p	c	g	z
$\frac{J}{kg}$	1	Pa	$\frac{m}{s}$	$\frac{m}{s^2}$	m

Die zuzuführende Leistung errechnet man mit Hilfe des Massenstroms $\dot{m}$:

$$P = \dot{m} \cdot w_t = 2{,}82\,\frac{kg}{s} \cdot 1139\,\frac{J}{kg} \cdot \frac{W \cdot s}{J} \cdot \frac{kW}{10^3 W}$$

$$\underline{\underline{P = 3{,}23\ kW.}}$$

$$\dot{m} = \rho \cdot \dot{V} = \frac{845\ kg}{m^3} \cdot 12\,\frac{m^3}{h} \cdot \frac{h}{3600\ s}$$

$$\underline{\underline{\dot{m} = 2{,}82\,\frac{kg}{s}}}$$

$$P_K = \frac{P}{\eta_m} = \frac{3{,}23\ kW}{0{,}97}$$

$$\underline{\underline{P_K = 3{,}33\ kW.}}$$

Der Elektromotor muß also an der Kupplung eine Leistung von $P_K = 3{,}33$ kW an die Pumpe abgeben.

Übungsaufgabe 9.2: Wie groß ist die in Bild 9.15 an der Kupplung zu übertragende Leistung P_K, wenn der Wasserspiegel an der Stelle 2 des kreisrunden Behälters in jeder Minute um 5 cm ansteigt?

Abmessungen

a = 1,2 m	r = 17,1 m
b = 0,5 m	s = 0,2 m
c = 1,8 m	t = 1,1 m
d = 2,4 m	u = 0,6 m
e = 0,2 m	v = 1,4 m
f = 3,4 m	w = 3,6 m
g = 0,6 m	t = 10 °C
h = 2,7 m	$p_ü$ = 50 kPa
i = 0,3 m	p_b = 105 kPa
j = 2,9 m	$A_1 \gg A_S$
k = 0,1 m	$A_2 \gg A_S$
l = 2,1 m	η_m = 0,96
m = 0,3 m	η_{iP} = 0,72
o = 97 m	
p = 0,2 m	
q = 3,3 m	

Rohrleitungsdurchmesser D = 3 cm

$\zeta_{Filter} = 6$
$\zeta_{Klappe} = 4$
$\zeta_{Einlauf} = 5$

Die Stahlrohrleitung ist gezogen und hat eine geschlichtete Oberfläche

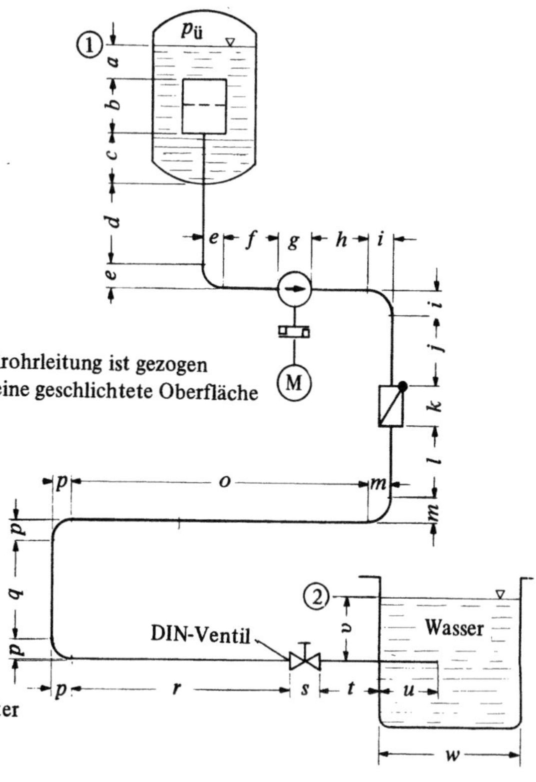

Bild 9.15
Förderung von Wasser in einen Auffangbehälter

9.5.6 Rohrleitungskennlinie

Die Rohrleitungskennlinie stellt anschaulich dar, wie die Energieanteile in einer Rohrleitung aufgeteilt sind. Im Beispiel 9.4 wurden sie zum Schluß addiert. Es ergaben sich:

$$\Delta e_{pot} = 78{,}5 \frac{J}{kg}$$

$$\Delta e_{kin} = 11{,}1 \frac{J}{kg}$$

$$\Delta e_{Sch} = 142 \frac{J}{kg}$$

und

$$j_R = 629 \frac{J}{kg}.$$

Die Abhängigkeit dieser Größen von der Fließgeschwindigkeit und damit vom Volumenstrom $\dot{V} = A \cdot c$, der bei inkompressiblen Fluiden der Fließgeschwindigkeit proportional ist, ergibt sich aus den Gln. (9.7), (9.8), (9.9) und (9.21):

$$\Delta e_{pot} = g(z_2 - z_1)$$

$$\underline{\underline{\Delta e_{pot} \sim 1.}}$$

$$\Delta e_{kin} = \frac{c_2^2 - c_1^2}{2}$$

$$\underline{\underline{\Delta e_{kin} \sim \dot{V}^2.}}$$

$$\Delta e_{Sch} = \frac{p_2 - p_1}{\rho}$$

$$\underline{\underline{\Delta e_{Sch} \sim 1.}}$$

$$j_R = \Sigma\zeta \frac{c^2}{2}$$

$$\underline{\underline{j_R \sim \dot{V}^2.}}$$

Unter Beachtung dieses grundsätzlichen Zusammenhanges und der Zahlenwerte von Beispiel 9.2 erhält man für die Rohrleitungskennlinie das Bild 9.16, das den Verlauf des reversibel an die Strömung abzugebenden Wellenarbeitsanteils über dem Volumenstrom zeigt.

$$\boxed{w_{t_{rev}} = \Delta e_{pot} + \Delta e_{kin} + \Delta e_{Sch} + j_R.} \qquad \frac{w, j, e}{\frac{J}{kg}} \qquad (9.35)$$

Die Gesamtströmungsarbeit kann in einen statischen, der nicht, und in einen dynamischen, der von der Größe der Fließgeschwindigkeit abhängt, aufgeteilt werden.

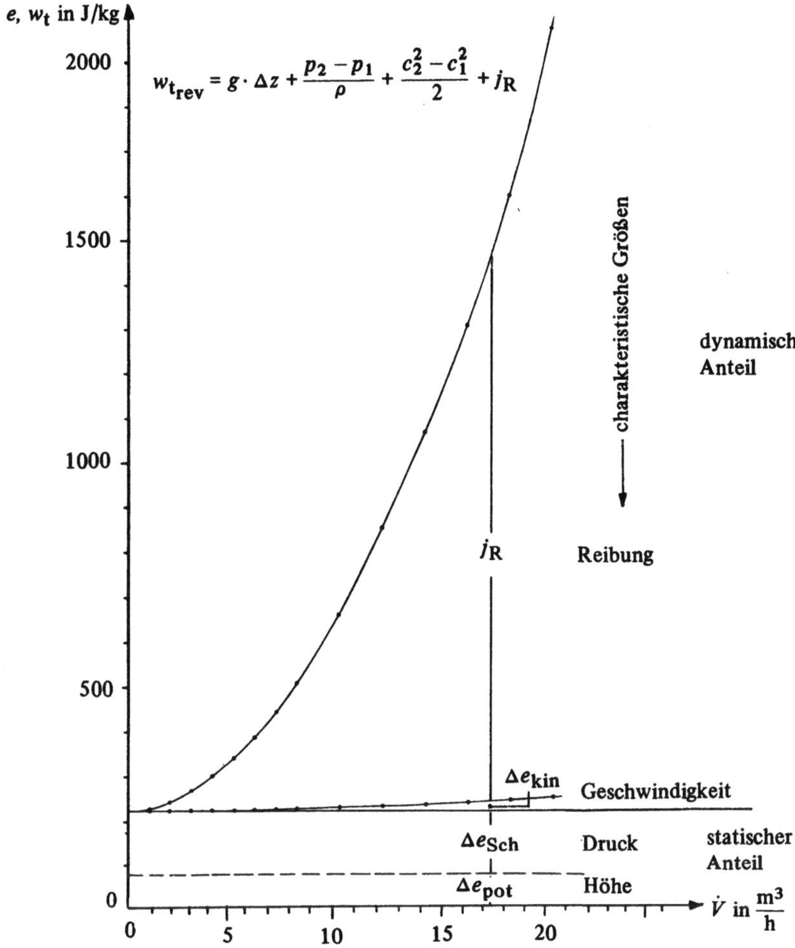

Bild 9.16 Rohrleitungslinie für das Rohrleitungssystem von Bild 9.13

9.6 Strömungstechnische Besonderheiten

9.6.1 Messungen

Um die stoffgebundenen Energieformen einer Strömung (siehe Abschnitt 9.4.1) bestimmen zu können, benötigt man verschiedene Meßgeräte.

a) *Thermometer*
Bei bekannter Temperatur kann mittels Gleichung $u = c_V \cdot t$ die spezifische innere Energie bestimmt werden.

b) *Längenmeßstab*
Mit bekanntem senkrechten Abstand zu einer Bezugsebene läßt sich die spezifische potentielle Energie $e_{pot} = g \cdot z$ berechnen.

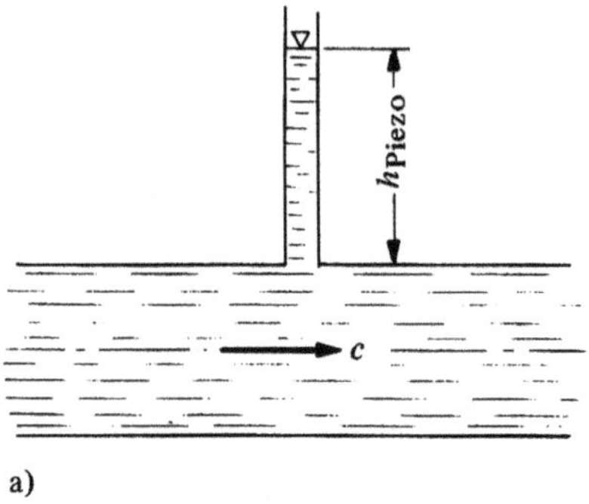

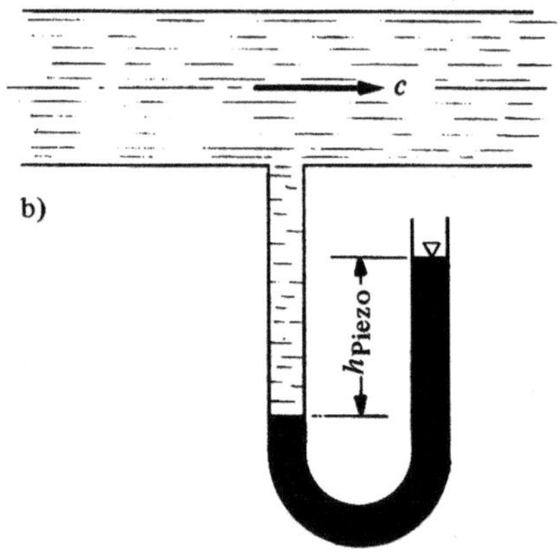

Bild 9.17
Piezometer
a) für Flüssigkeitsströmung, b) für Gasströmung

c) *Piezometer* (Bild 9.17)
Ein Piezometer ist ein Manometer, das aus einem Röhrchen besteht. Es wird strömungsseitig vom dort herrschenden Druck p, umgebungsseitig vom Druck p_b beaufschlagt, so daß mit Gl. (9.2) der jeweilige Überdruck festgestellt werden kann.

$$g \cdot h_{\text{Piezo}} = \frac{p_{\ddot{u}}}{\rho}$$

$$\boxed{p_{\ddot{u}} = \rho \cdot g \cdot h_{\text{Piezo}}.} \qquad (9.36)$$

p	ρ	h	g
Pa	$\frac{\text{kg}^3}{\text{m}^3}$	m	$\frac{\text{m}}{\text{s}^2}$

Zur Bestimmung der spezifischen Verschiebungsenergie $e_{\text{Sch}} = p \cdot v = \frac{p}{\rho}$ wäre also entsprechend Gl. (9.3) zusätzlich eine Barometermessung des Umgebungsdrucks erforderlich. Bei Gasen ließe sich die Dichte z.B. nach einer zusätzlichen Temperaturmessung ermitteln.

d) *Pitot-Rohr* (Bild 9.18)
An der Spitze des umgebogenen Röhrchens staut sich die Strömung ($c = 0$), so daß zusätzlich zu der Verschiebungsenergie noch die kinetische Energie gemessen wird.

$$g h_{\text{Pitot}} = \frac{p_{\ddot{u}}}{\rho} + \frac{c^2}{2}$$

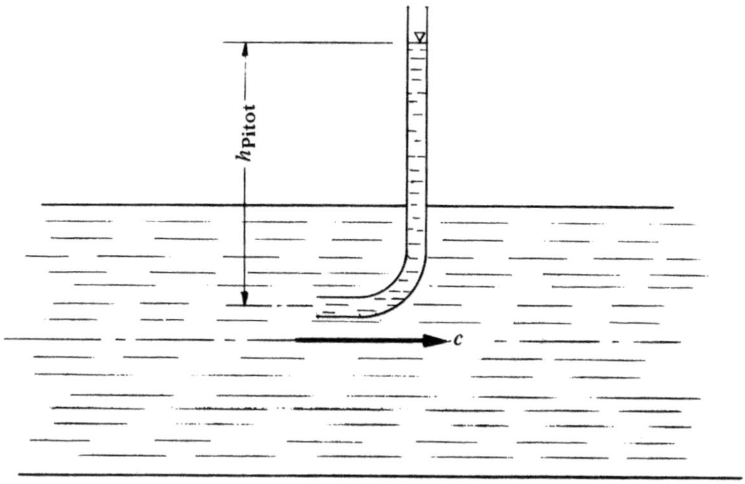

Bild 9.18 Pitotrohr

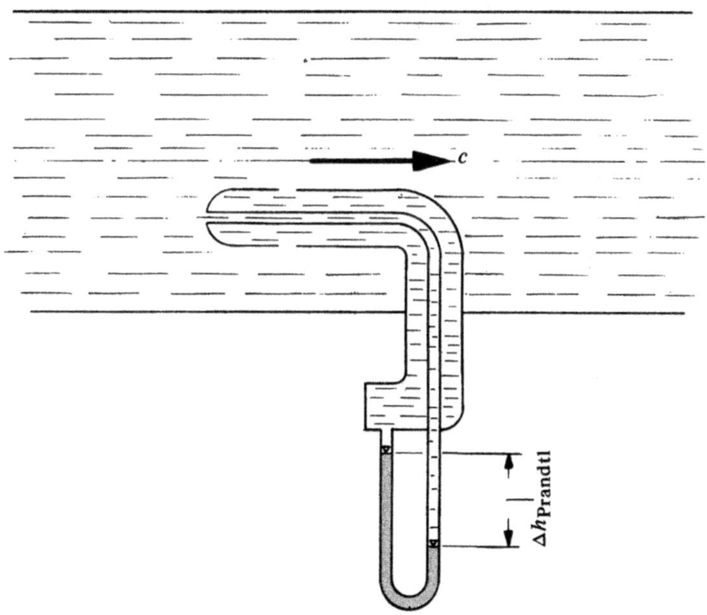

Bild 9.19 Prandtlsches Staurohr

e) *Prandtlsches Staurohr* (Bild 9.19)
Bei gleichzeitiger Piezo- und Pitot-Messung kann die Strömungsgeschwindigkeit ermittelt werden.

$$\Delta h_{\text{Prandtl}} = h_{\text{Pitot}} - h_{\text{Piezo}}$$

$$h_{\text{Pitot}} = \left(\frac{p_{ü}}{\rho} + \frac{c^2}{2}\right)\frac{1}{g}$$

$$h_{\text{Piezot}} = \frac{p_{ü}}{g \cdot \rho}$$

$$\Delta h_{\text{Prandtl}} = \frac{c^2}{2g}$$

$$\boxed{c = \sqrt{2g \cdot \Delta h_{\text{Prandtl}}}} \qquad (9.37)$$

c	g	h
$\frac{\text{m}}{\text{s}}$	$\frac{\text{m}}{\text{s}^2}$	m

$\Delta h_{\text{Prandtl}}$ wird deshalb auch *Geschwindigkeitshöhe* genannt.

f) *Venturi-Rohr* (Bild 9.20)
Das Venturi-Rohr ist eine kurze Rohrverengung, die so geformt ist, daß die Dissipation möglichst klein bleibt. Schließt man an den Stellen 1 und 2 Druckmeßgeräte an, so kann wieder die Strömungsgeschwindigkeit ermittelt werden.

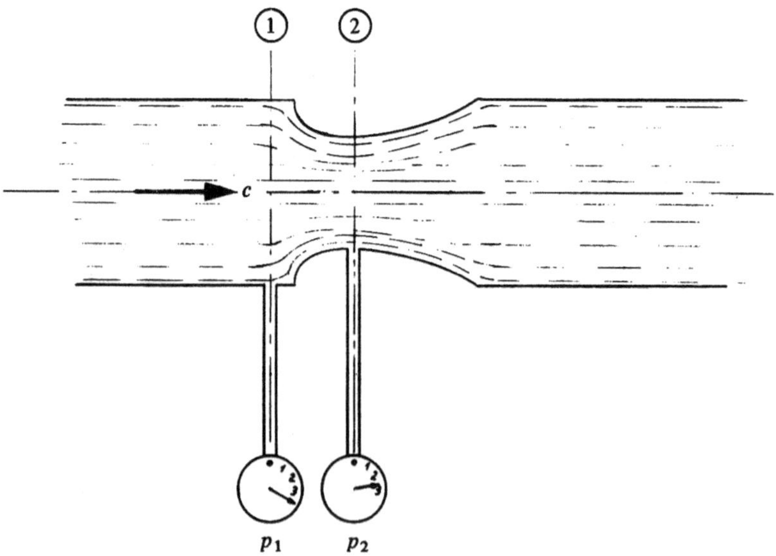

Bild 9.20 Venturi-Rohr

$$q_{12} + w_{t_{12}} = g(z_2 - z_1) + \frac{c_2^2 - c_1^2}{2} + p_2 v_2 - p_1 v_1 + u_2 - u_1$$
$$q_{12} + w_{t_{12}} = 0$$
$$z_1 = z_2$$
$$u_1 = u_2$$

$$\frac{c_1^2 - c_2^2}{2} = p_2 v_2 - p_1 v_1$$
$$v_1 = v_2 \equiv \frac{1}{\rho} \qquad \text{(für Flüssigkeitsströmung)}$$
$$A_1 c_1 = A_2 c_2 \qquad \text{(Kontinuitätsgesetz)}$$

$$c_1^2 - \left(\frac{c_1 A_1}{A_2}\right)^2 = 2 \cdot \frac{1}{\rho}(p_2 - p_1)$$
$$\Delta p = p_2 - p_1$$

$$c_1^2 \left[1 - \left(\frac{A_1}{A_2}\right)^2\right] = \frac{2}{\rho} \cdot \Delta p$$
$$c_1 = \sqrt{\frac{-2 \cdot \Delta p}{\rho\left[\left(\frac{A_1}{A_2}\right)^2 - 1\right]}}$$

Führt man zur Vereinfachung dieses Ausdrucks noch das Querschnittsverhältnis m ein, so ergibt sich:

$$m = \frac{A_2}{A_1}$$
$$c_1 = \frac{\frac{A_2}{A_1}}{\sqrt{\left(\frac{A_2}{A_1}\right)^2\left[\left(\frac{A_1}{A_2}\right)^2 - 1\right]}} \cdot \sqrt{\frac{-2 \cdot \Delta p}{\rho}}$$

$$\boxed{c_1 = \frac{m}{\sqrt{1 - m^2}} \cdot \sqrt{\frac{-2\Delta p}{\rho}}\,.} \qquad (9.38)$$

m	c	p	ρ
1	$\frac{\text{m}}{\text{s}}$	Pa	$\frac{\text{kg}}{\text{m}^3}$

In DIN 1952 wird der Nenner des vor der Wurzel stehenden Ausdrucks durch eine experimentell ermittelte Durchflußzahl α ersetzt, in der Reibungs- und Einschnürungseinfluß enthalten sind (Tabelle A3.3.5). Bei Gasen muß zusätzlich noch eine Expansionszahl ϵ eingeführt werden, die deren Kompressibilität berücksichtigt (Tabelle A3.3.6).

$$c_1 = \alpha \cdot \epsilon \cdot m \cdot \sqrt{-\frac{2\,\Delta p}{\rho_1}} \qquad (9.39)$$

α, ϵ, m	p	ρ
1	Pa	$\frac{\text{kg}}{\text{m}^3}$

(Δp negativ!)

Neben Venturi-Rohren setzt man zur Messung der Strömungsgeschwindigkeit auch Normdüsen und Normblenden (Bild 9.21) ein. Ist die Strömungsgeschwindigkeit bekannt, können Volumen- und Massenstrom berechnet werden.

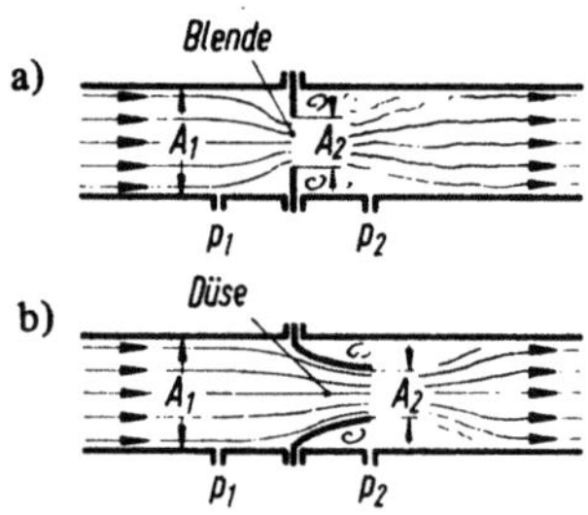

Bild 9.21
a) Blende, b) Düse

9.6.2 Kavitation

Die Siedetemperatur aller Elemente (siehe auch Kapitel 13) ist nicht nur von der Temperatur, sondern auch vom Druck abhängig. So siedet z.B. Wasser bei einem kleinen Druck von $p = 25$ hPa bereits bei einer Temperatur von $t_S = 21{,}1$ °C. Tabelle A3.2.3 zeigt, daß Druck und Siedetemperatur direkt einander zugeordnet sind.

Sinkt nun in einer Rohrleitung der Druck, ähnlich wie es in den Bildern 9.6 und 9.7 zwischen den Stellen 2 und 3 der Fall ist, dann kann es vorkommen, daß der zu der jeweiligen Flüssigkeitstemperatur gehörende Siededruck unterschritten wird. Es bilden sich Dampfbläschen, die von der Strömung mitgerissen werden. Sobald der Druck aber wieder steigt, kondensiert dieser Dampf wieder zu Flüssigkeit und zurück bleibt ein „Loch", also nichts. Bitte vergegenwärtigen Sie sich hierzu anhand der Tabelle A3.2.3, daß z.B. Wasserdampf von 21,1 °C das 54126-fache (!) Volumen (v'') von reinem Wasser (v') hat.

Das „Loch" wird von der Umgebung sehr schnell ausgefüllt. Findet diese Implosion, die wegen der Inkompressibilität von Flüssigkeiten praktisch ungedämpft ist, in der Nähe fester Bauteile oder Wandungen statt, dann führt das nach einiger Zeit zu Verschleiß bis hin zur völligen Zerstörung.

Diese Strömungserscheinung heißt *Kavitation* und kann sich z.B. durch Veränderung des Fließgeräusches oder durch Vibrationen bemerkbar machen.

9.6.3 Mündung, Düse, Diffusor

Aus dem ersten Hauptsatz der Wärmelehre für offene Systeme (9.13) und der Definitionsgleichung der reversiblen Strömungsarbeit (9.24) kann ein Vergleich von mechanischer und thermischer Energie hergeleitet werden.

$$\left.\begin{aligned} q_{12} + w_{t_{12}} &= g(z_2 - z_1) + \frac{c_2^2 - c_1^2}{2} + h_2 - h_1 \\ w_{t_{12}} &= y + \frac{c_2^2 - c_1^2}{2} + g(z_2 - z_1) + j \end{aligned}\right] \quad (-)$$

$$q_{12} = h_2 - h_1 - y - j$$

$$\boxed{h_2 - h_1 = q_{12} + y + j.} \qquad \begin{array}{|c|} h, q, y, j \\ \hline \frac{\mathrm{J}}{\mathrm{kg}} \end{array} \qquad (9.40)$$

Für das System von Bild 9.22 lautet der 1. Hauptsatz für offene Systeme:

$$0 = \frac{c_2^2}{2} + h_2 - h_1$$

$$\boxed{c_2 = \sqrt{-2(h_2 - h_1)}} \qquad (9.41a)$$

($h_1 > h_2$!)
oder, unter Benutzung von Gl. (9.40) für ein adiabates System:

$$\boxed{h_2 - h_1 = y + j} \qquad (9.41b)$$

$$\boxed{c_2 = \sqrt{-2(y + j)}} \qquad \begin{array}{|c|c|} c & y, j \\ \hline \frac{\mathrm{m}}{\mathrm{s}} & \frac{\mathrm{J}}{\mathrm{kg}} \end{array} \qquad (9.41c)$$

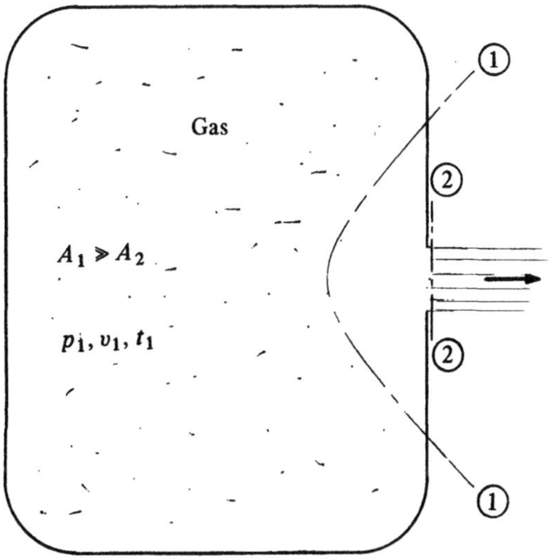

Bild 9.22
Großer Behälter mit Mündung

Die Dissipation j läßt sich auch durch die Durchflußzahl α (Tabelle A3.3.5) und die reversible Strömungsarbeit durch eine Gleichung nach Tabelle A2.1.1 ersetzen:

$$\boxed{c_2 = \alpha\sqrt{-2y}}$$

c	y	α
$\frac{\text{m}}{\text{s}}$	$\frac{\text{J}}{\text{kg}}$	1

(9.41d)

$$y = \kappa \cdot \frac{p_1 v_1}{\kappa - 1} \cdot \left[\left(\frac{p_2}{p_1}\right)^{\frac{\kappa-1}{\kappa}} - 1\right]$$

$$c_2 = \alpha\sqrt{\frac{-2\kappa}{\kappa - 1} \cdot p_1 v_1 \left[\left(\frac{p_2}{p_1}\right)^{\frac{\kappa-1}{\kappa}} - 1\right]}.$$

Diese Gleichung benötigt man, um den Massenstrom bestimmen zu können, der durch die Öffnung A_2 strömt.

$$\dot{m} = A_2 c_2 \rho_2$$

$$\rho_2 = \frac{1}{v_2}$$

$$p_2 v_2^{\kappa} = p_1 v_1^{\kappa}$$

$$\dot{m} = \frac{A_2 c_2}{v_1\left(\frac{p_1}{p_2}\right)^{\frac{1}{\kappa}}}$$

$$\dot{m} = \frac{A_2}{v_1} \cdot \left(\frac{p_2}{p_1}\right)^{\frac{1}{\kappa}} \cdot c_2$$

$$c_2 = \alpha\sqrt{\frac{-2\kappa}{\kappa - 1} \cdot p_1 v_1 \left[\left(\frac{p_2}{p_1}\right)^{\frac{\kappa-1}{\kappa}} - 1\right]}$$

$$\dot{m} = \alpha \cdot A_2 \sqrt{\frac{2\kappa}{1-\kappa} \cdot \frac{p_1}{v_1} \cdot \left(\frac{p_2}{p_1}\right)^{\frac{2}{\kappa}} \left[\left(\frac{p_2}{p_1}\right)^{\frac{\kappa-1}{\kappa}} - 1\right]}$$

$$\dot{m} = \alpha \cdot A_2 \sqrt{\frac{2p_1}{v_1} \cdot \frac{\kappa}{1-\kappa} \cdot \left[\left(\frac{p_2}{p_1}\right)^{\frac{\kappa+1}{\kappa}} - \left(\frac{p_2}{p_1}\right)^{\frac{2}{\kappa}}\right]}.$$

Es ist üblich, denjenigen Teil dieser Gleichung, der nicht durch die Ausgangssituation festgelegt ist, als *Ausflußfunktion* ψ zu bezeichnen.

$$\boxed{\psi = \sqrt{\frac{\kappa}{1-\kappa} \cdot \left[\left(\frac{p_2}{p_1}\right)^{\frac{\kappa+1}{\kappa}} - \left(\frac{p_2}{p_1}\right)^{\frac{2}{\kappa}}\right]}.}$$

ψ, π	p
1	Pa

(9.42)

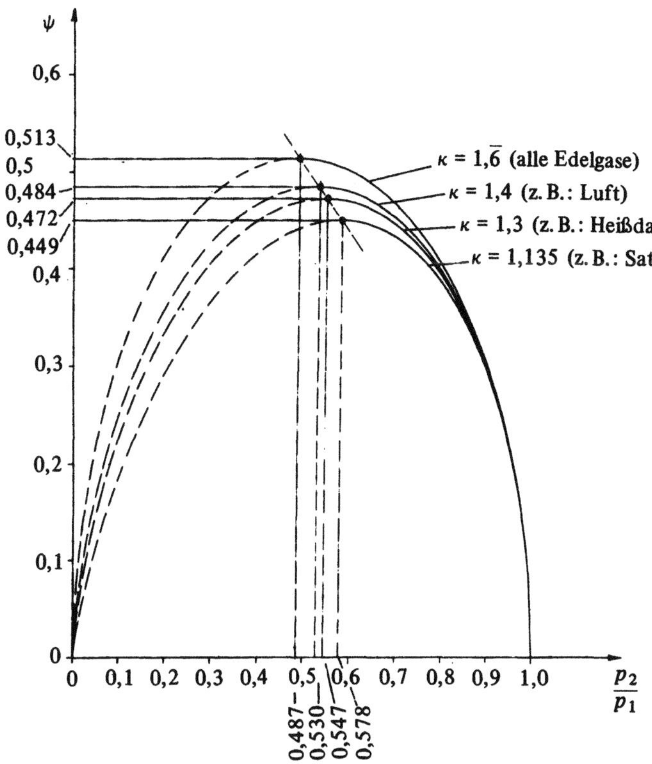

Bild 9.23
Ausflußfunktion $\psi = f\left(\kappa; \frac{p_2}{p_1}\right)$

Die Gleichung zur Berechnung des *Massenstroms* vereinfacht sich damit zu

$$\dot{m} = \alpha \cdot A_2 \cdot \psi \cdot \sqrt{\frac{2p_1}{v_1}}. \tag{9.43}$$

$\dot{m}$	α, ψ	A	p	v
$\frac{\text{kg}}{\text{s}}$	1	m^2	Pa	$\frac{\text{kg}}{\text{m}^3}$

Bild 9.23 zeigt den Verlauf der Ausflußfunktion in Abhängigkeit von der Art des Gases und vom Druckverhältnis. Ganz offensichtlich kann diese Funktion im linken Teil nicht stimmen, da mit sinkendem Außendruck $p_1 \to 0$ der Massenstrom sicherlich nicht kleiner werden wird. Versuche haben gezeigt, daß lediglich der rechte Teil dieser Funktion richtig ist. Sinkt der Außendruck auf einen kritischen Wert, der etwa halb so groß wie der Innendruck ist, so erreicht der Massenstrom einen Maximalwert, der auch durch weiteres Absenken des Umgebungsdruckes nicht mehr zu vergrößern ist, sondern konstant bleibt. Die dabei im engsten Querschnitt A_2 auftretende Geschwindigkeit ist die Schallgeschwindigkeit.

Für Luft erhalten wir beispielsweise mit:

$$c_2 = \alpha \sqrt{\frac{-2\kappa}{\kappa - 1} \cdot p_1 v_1 \left[\left(\frac{p_2}{p_1} \right)^{\frac{\kappa - 1}{\kappa}} - 1 \right]}$$

$$p_1 v_1 = R T_1$$

$$c_2 = \alpha\sqrt{\frac{-2\kappa}{\kappa-1}\cdot R\cdot T_1\left[\left(\frac{p_2}{p_1}\right)^{\frac{\kappa-1}{\kappa}}-1\right]} \qquad (\alpha \approx 1 \text{ nach A3.3.5})$$

$$= 1\sqrt{\frac{-2\cdot 1{,}4}{1{,}4-1}\cdot 287\,\frac{\text{J}}{\text{kg}\cdot\text{K}}(20+273)\text{K}\left[0{,}53^{\frac{1{,}4-1}{1{,}4}}-1\right]}$$

$$c_2 = \sqrt{-7\cdot 287\cdot 293\,\frac{\text{J}}{\text{kg}}\cdot\frac{\text{Nm}}{\text{J}}\cdot\frac{\text{kgm}}{\text{N}\cdot\text{s}^2}\left[0{,}53^{0{,}286}-1\right]}$$

$\underline{\underline{c_2 = 312{,}5 \text{ m/s.}}}$ (Schallgeschwindigkeit von Luft bei 20 °C)

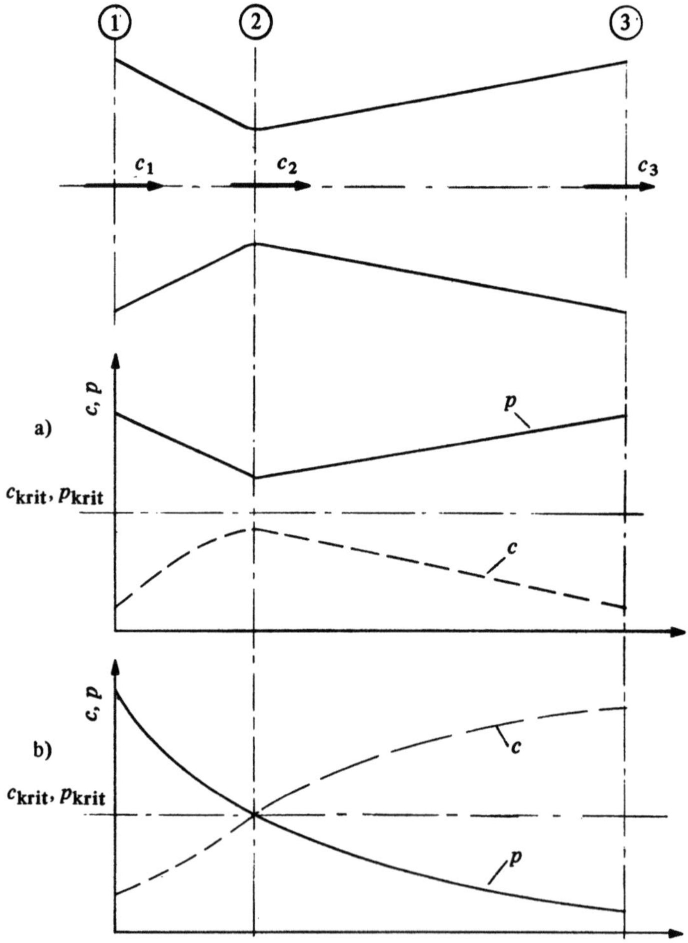

Bild 9.24 Druck- und Geschwindigkeitverlauf in einer Laval-Düse
a) unterkritischer Bereich $p_2 < p_{krit}$; $c_3 < c_{krit}$ b) überkritischer Bereich $p_2 = p_{krit}$; $c_3 > c_{krit}$

Düsen ($\alpha \approx 0{,}98$) unterscheiden sich von den scharfkantigen Mündungen ($\alpha \approx 0{,}65$) lediglich durch die gleichmäßigere Querschnittsabnahme auf den kleinsten Querschnitt A_2, so daß die gleichen Überlegungen richtig sind.

> **Satz 9.8:** In Düsen oder Mündungen kann der Druck im kleinsten Querschnitt auch dann nicht unter den kritischen Druck absinken, wenn man den Außendruck beliebig klein macht. Der Massenstrom kann einen Maximalwert nicht überschreiten.

Man unterscheidet somit zwei Fälle:

1. Der Außendruck ist *größer* als der *kritische Druck.*
   Der Druck im kleinsten Querschnitt ist mit dem Außendruck identisch. Der Strahl tritt gerichtet aus und könnte seine kinetische Energie z.B. in einem nachgeschalteten Schaufelrad abgeben.
2. Der Außendruck ist *kleiner* als der *kritische Druck.*
   Der Druck im austretenden Strahl ist größer als der Außendruck. Sofort nach Verlassen der Düse oder Mündung explodiert er also, die Strömung ist dann ungerichtet und könnte zu einer Arbeitsentnahme praktisch nicht herangezogen werden.

Der schwedische Ingenieur *De Laval* zeigte, daß auch der restliche Anteil der zur Verfügung stehenden Energie noch ausgenutzt werden kann, wenn an den Düsen-Teil noch ein erweiterter Expansionsteil angeschlossen wird (Bild 9.24). In dieser *Laval-Düse* kann dann auch Überschallgeschwindigkeit erzeugt werden. Der Erweiterungswinkel sollte, um Ablösungserscheinungen und damit Verluste an der Wandung zu vermeiden, kleiner als ca. 10° gehalten werden.

10 Strömungsmaschinen

10.1 Der Geschwindigkeitsplan

10.1.1 Komponenten

Bezogen auf eine Drehachse kann jede Geschwindigkeit in drei Komponenten zerlegt werden: die *radiale*, die *axiale* und die *tangentiale* oder *Umfangskomponente*.

Beispiel 10.1: Ein dicht über der Erdoberfläche fliegendes Flugzeug überfliegt gerade den dreißigsten nördlichen Breitengrad in nordöstlicher Richtung mit einer Geschwindigkeit von $w = 900 \frac{\text{km}}{\text{h}}$. Wie groß sind die einzelnen Komponenten dieser Geschwindigkeit, wenn die Erdachse als Drehachse angesehen werden soll?

Lösung: Da es sich um ein räumliches Problem handelt, empfiehlt es sich, in den betrachteten Punkt (Flugzeug) ein räumliches Koordinatensystem mit drei senkrecht aufeinander stehenden Achsen a (axial), r (radial) und u (Umfangsrichtung) zu legen (Bild 10.1). Damit kann die Geschwindigkeit w in drei jeweils senkrecht aufeinander stehende Komponenten w_a, w_r und w_u aufgeteilt werden (Bild 10.2). Da die Erdoberfläche an der betrachteten Stelle um 30° zur Erdachse geneigt ist, ist es zweckmäßig, die

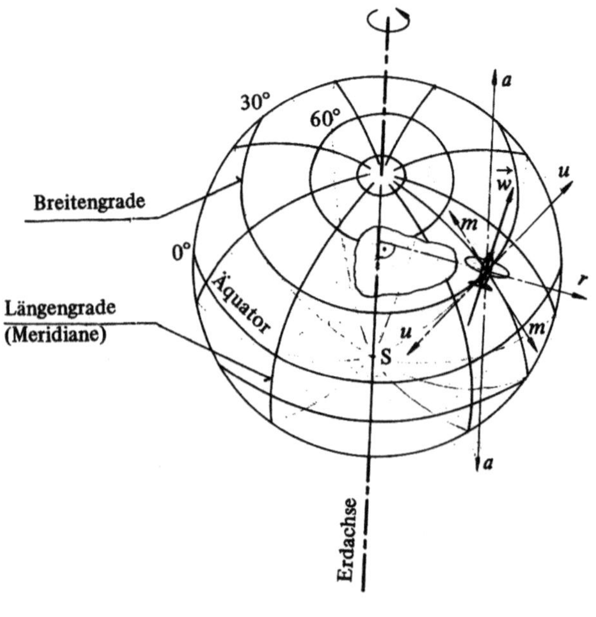

Bild 10.1
Flugzeug am 30. nördlichen Breitengrad mit nordöstlicher Flugrichtung

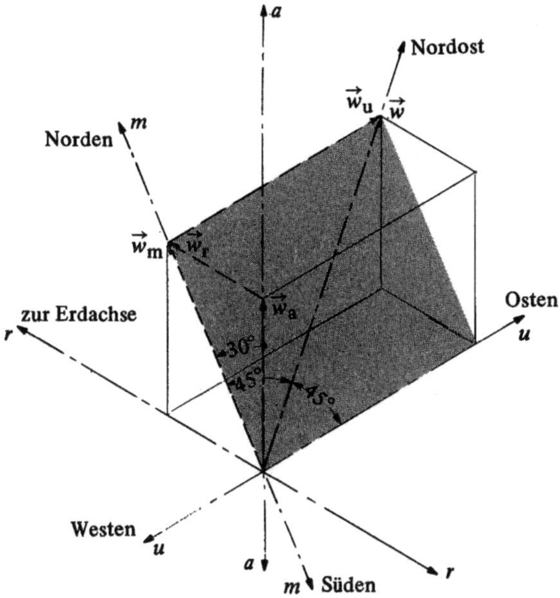

Bild 10.2
Geschwindigkeitszerlegung (räumlich)

Axial- und die Radialkomponente zur *Meridiankomponente* zusammenzufassen. Dem Bild 10.2 kann man folgende Gleichungen direkt entnehmen:

$\vec{w} = \vec{w}_a + \vec{w}_r + \vec{w}_u$	w	(10.1)
$\vec{w}_m = \vec{w}_a + \vec{w}_r$	$\frac{m}{s}$	(10.2)
$\vec{w} = \vec{w}_m + \vec{w}_u$		(10.3)

Indizes:

a Axialanteil m Meridiananteil
r Radialanteil u Umfangsanteil

Die Pfeile über den Formelbuchstaben bedeuten, daß hier Vektoren addiert werden.

Satz 10.1: Ein *Vektor* ist eine Größe, bei der nicht nur der Betrag, sondern auch die Richtung beachtet werden muß.

Über Formelbuchstaben, die einen Vektor darstellen sollen, wird deshalb ein nach rechts gerichteter Pfeil gesetzt. Ohne Pfeil hat der Formelbuchstabe nur die Bedeutung des Betrages. Häufig werden in der Literatur Vektoren auch fett gedruckt, z.B. **w**.

Satz 10.2: Eine *Vektoraddition* wird am einfachsten zeichnerisch oder entsprechend einer vorher gezeichneten Skizze durchgeführt. Dabei werden die zu addierenden Vektoren möglichst maßstäblich und in ihrer richtigen Richtung aneinandergereiht aufgezeichnet. Die Verbindungslinie vom Anfang des ersten bis zum Ende des letzten Vektors stellt dann den *Summenvektor* dar.

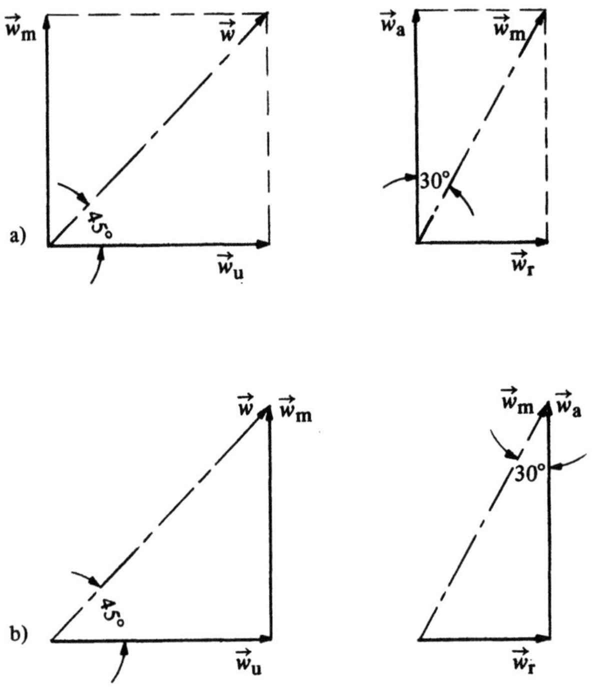

Bild 10.3
Geschwindigkeitszerlegung (eben)
a) in Parallelogrammdarstellung
b) in Vieleckdarstellung
(hier: Dreiecksdarstellung)

Da die Nord-Ost-Richtung den rechten Winkel zwischen Norden und Osten halbiert, können wir also unter Beachtung der Richtungsgeometrie (Bilder 10.2 und 10.3) rechnen:

$$\sin 45° = \frac{w_u}{w} \qquad \cos 45° = \frac{w_m}{w}$$

$$w_u = w \cdot \sin 45° \qquad w_m = w \cdot \cos 45°$$

$$= 900 \frac{\text{km}}{\text{h}} \cdot \sin 45° \qquad = 900 \frac{\text{km}}{\text{h}} \cdot \cos 45°$$

$$\underline{\underline{w_u = 636{,}4 \text{ km/h.}}} \qquad \underline{\underline{w_m = 636{,}4 \text{ km/h.}}}$$

$$\sin 30° = \frac{w_r}{w_m} \qquad \cos 30° = \frac{w_a}{w_m}$$

$$w_r = w_m \cdot \sin 30° \qquad w_a = w_m \cdot \cos 30°$$

$$= 636{,}4 \frac{\text{km}}{\text{h}} \cdot \sin 30° \qquad = 636{,}4 \frac{\text{km}}{\text{h}} \cdot \cos 30°$$

$$\underline{\underline{w_r = 318{,}2 \text{ km/h.}}} \qquad \underline{\underline{w_a = 551{,}1 \text{ km/h.}}}$$

10.1.2 Relativ- und Systemgeschwindigkeit

Die im Beispiel 10.1 angenommene Geschwindigkeit des Flugzeugs von $w = 900 \frac{\text{km}}{\text{h}}$ kann von der Erdoberfläche aus beobachtet werden. Ein außenstehender Beobachter allerdings, für den die Erdoberfläche nicht stillstände, sondern sich bei einer angenommenen Drehzahl von $n = \frac{1}{24\ \mathrm{h}}$ am 30. Breitengrad mit $u = 1443\ \frac{\mathrm{km}}{\mathrm{h}}$ weiterbewegte, hätte ein anderes Bild vor Augen. Er sähe zusätzlich zur Fluggeschwindigkeit w noch die Erdoberflächengeschwindigkeit u.

> **Satz 10.3:** Jede Geschwindigkeit, die in einem bewegten System stattfindet, kann man sich aus der Geschwindigkeit u des betrachteten Systems und der Geschwindigkeit, die relativ zu diesem bewegten System existiert, zusammengesetzt denken. In drehenden Systemen ist die Systemgeschwindigkeit mit der Umfangsgeschwindigkeit identisch. Unter Beachtung der Richtungen gilt also:
> *Absolutgeschwindigkeit = Systemgeschwindigkeit + Relativgeschwindigkeit*

$$\vec{c} = \vec{u} + \vec{w} \qquad c, u, w \;\Big|\; \frac{\mathrm{m}}{\mathrm{s}} \tag{10.4}$$

Zeichnerisch wird dieser Zusammenhang im Geschwindigkeitsplan dargestellt, der alle Geschwindigkeiten enthält (siehe Bilder 10.2 und 10.4), die sich in der Ebene (im Bild 10.2 grau) befinden, die von der Meridianachse (m) und der Systemachse (u) gebildet wird. Von allen Komponenten wird nur die System-(Umfangs-)Komponente beeinflußt, so daß auch bei reiner Betragsrechnung gilt:

$$\vec{c}_u = \vec{u} + \vec{w}_u \tag{10.5}$$

$$\vec{c}_r = \vec{w}_r \qquad c, u, w \;\Big|\; \frac{\mathrm{m}}{\mathrm{s}} \tag{10.6}$$

$$\vec{c}_a = \vec{w}_a \tag{10.7}$$

$$\vec{c}_m = \vec{w}_m \tag{10.8}$$

Bild 10.4 zeigt, daß zu einem Geschwindigkeitsplan stets die sieben Größen u, w, c, c_m, c_u, α und β gehören. Die Systemgeschwindigkeit wird stets waagerecht nach rechts zeigend, alle anderen Größen nach oben angetragen.

> **Satz 10.4:** α ist der Winkel zwischen der Absolut- und der Systemgeschwindigkeit. β ist der Winkel zwischen der Relativ- und der negativen Systemgeschwindigkeit.

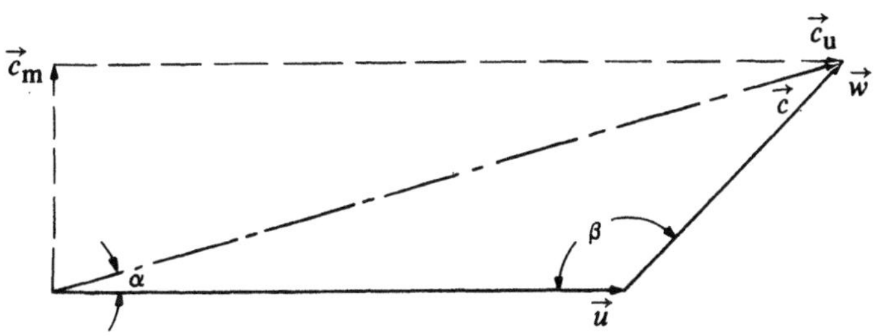

Bild 10.4
Geschwindigkeitsplan (Dreiecksdarstellung)

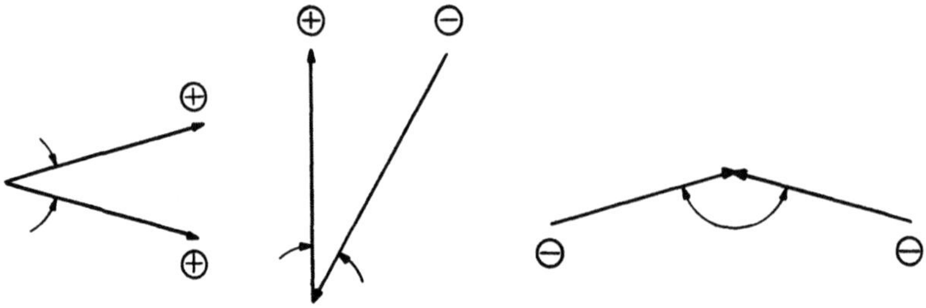

Bild 10.5 Geschwindigkeitsvektorvorzeichendefinition

Da es die negative Systemgeschwindigkeit nicht gibt, konstruieren wir uns eine solche, indem wir u im Geschwindigkeitsparallelogramm entgegengesetzt auftragen. In der Dreieckdarstellung denkt man sich vom Scheitel des Winkels wegzeigende Geschwindigkeitsvektoren als positiv, daraufzeigende negativ (Bild 10.5).

Beispiel 10.2: Wie groß sind alle für den Geschwindigkeitsplan von Beispiel 10.1 erforderlichen Größen?

Lösung (siehe Bild 10.4):

$$\left.\begin{array}{l} \underline{\underline{u = 1443 \text{ km/h.}}} \\ \underline{\underline{w = 900 \text{ km/h.}}} \\ \beta = 180° - 45° \\ \underline{\underline{\beta = 135°.}} \end{array}\right\} \text{ aus der Aufgabenstellung}$$

$$c_m = w_m \qquad\qquad c_u = u + w_u$$

$$\underline{\underline{c_m = 636 \text{ km/h}}} \qquad\qquad = (1443 + 636) \text{ km/h}$$

$$\underline{\underline{c_u = 2079 \text{ km/h.}}}$$

$$c = \sqrt{c_m^2 + c_u^2} \qquad\qquad \sin\alpha = \frac{c_m}{c}$$

$$= \frac{\text{km}}{\text{h}}\sqrt{636^2 + 2079^2} \qquad\qquad \alpha = \arcsin\frac{c_m}{c}$$

$$\underline{\underline{c = 2175 \text{ km/h.}}} \qquad\qquad = \arcsin\frac{636}{2175}$$

$$\underline{\underline{\alpha = 17°.}}$$

Übungsaufgabe 10.1: Ein Rasensprengrohr (Bild 10.6) dreht sich in der Minute 22 mal um seine Drehachse. Der Wasserzufluß wurde mit 30 $\frac{\text{cm}^3}{\text{s}}$ gemessen. Der Ausfluß ist axial-tangential gerichtet.

Zeichnen Sie den dazugehörigen Geschwindigkeitsplan und berechnen Sie alle hierzu erforderlichen Größen!

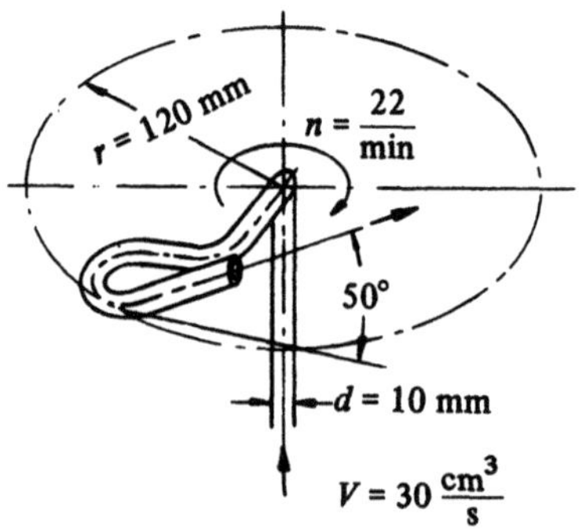

Bild 10.6 Rasensprengrohr

10.2 Impulsübertragung

10.2.1 Impulssatz

Wirkt eine Kraft (Bild 10.7) auf eine Masse, dann verändert sich die Geschwindigkeit dieser Masse solange, wie die Kraft angreift.

> **Satz 10.5:** Der *Impulssatz* sagt aus, daß das Produkt aus Kraft und Einwirkungsdauer gleich dem Produkt aus Masse und Geschwindigkeitsänderung ist.

$$F \cdot \Delta\tau = m \cdot \Delta c \qquad (10.9)$$

F	τ	m	c
N	s	kg	$\frac{\text{m}}{\text{s}}$

Nach Division durch die Zeit ergibt sich so für Strömungen:

$$F = \dot{m} \cdot (c_2 - c_1) \qquad (10.10)$$

F	$\dot{m}$	c
N	$\frac{\text{kg}}{\text{s}}$	$\frac{\text{m}}{2}$

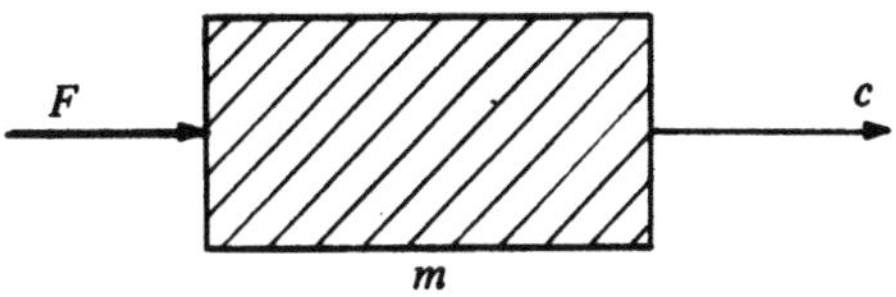

Bild 10.7
Wirkung einer Kraft auf eine Masse

10.2.2 Eulersche Turbinen- und Hauptgleichung

Soll die Impulsänderung eines Fluidstroms in einer Strömungsmaschine zur Arbeitsübertragung genutzt werden (Bild 10.8), dann braucht man lediglich die Kraft- und Bewegungskomponenten in Umfangsrichtung zu betrachten. Arbeitsübertragung in radialer oder in axialer Richtung ist nicht möglich, weil z.B. Lagerungen Wege der Übertragungsbauteile verhindern (Arbeit = Kraft mal Weg). Gl. (10.10) verändert sich dann zu:

$$F_u = \dot{m}(c_{2u} - c_{1u})$$

und mit

$$T = F_u \cdot r$$

$$\underline{\underline{T = \dot{m} \cdot r(c_{2u} - c_{1u}).}}$$

Beachten wir noch, daß der Radius am Strömungseintritt r_1 mit dem Radius des Strömungsaustritts r_2 nicht übereinstimmen muß, dann erhalten wir zur Berechnung des übertragbaren Drehmomentes die *Eulersche Turbinengleichung:*

$$T = \dot{m}(r_2 \cdot c_{2u} - r_1 \cdot c_{1u}) \qquad (10.11)$$

T	$\dot{m}$	r	c
Nm; J	$\frac{\text{kg}}{\text{s}}$	m	$\frac{\text{m}}{\text{s}}$

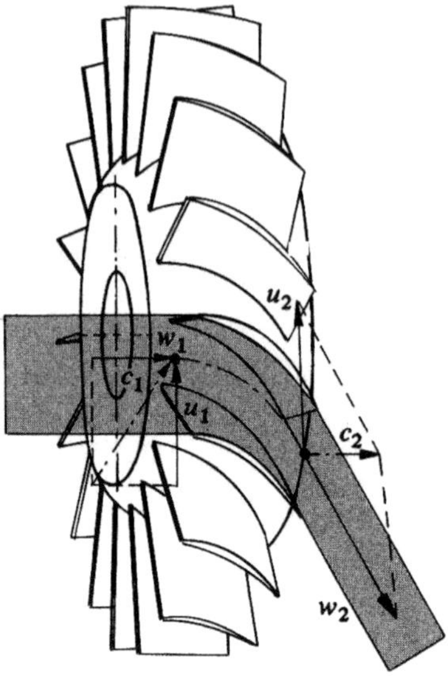

Bild 10.8
Ausnutzung der Richtungs- (Impuls-) änderung einer Strömung

Die Wellenarbeit berechnet sich allgemein über die Leistung:

$$P = T \cdot \omega$$
$$P = \dot{m} \cdot w_t$$

$$w_t = \frac{T \cdot \omega}{\dot{m}}$$

und mit Gl. (10.11)

$$T = \dot{m}(r_2 c_{2u} - r_1 c_{1u})$$

$$w_t = \omega(r_2 c_{2u} - r_1 c_{1u})$$
$$u_2 = \omega \cdot r_2$$
$$u_1 = \omega \cdot r_1$$

$$\boxed{w_t = u_2 \cdot c_{2u} - u_1 \cdot c_{1u}} \qquad (10.12)$$

w	u, c
$\frac{\text{J}}{\text{kg}}$	$\frac{\text{m}}{\text{s}}$

Diese Gleichung ist als *Eulersche Hauptgleichung* bekannt.

10.3 Das Enthalpie-Entropie-Diagramm

Für adiabate Strömungsvorgänge von Gasen in Verdichtern und Turbinen kann die Änderung der potentiellen Energie normalerweise vernachlässigt werden. Aus dem ersten Hauptsatz für offene Systeme erhalten wir dann:

$$q_{12} + w_{t_{12}} = g(z_2 - z_1) + \frac{c_2^2 - c_1^2}{2} + h_2 - h_1$$

$$q_{12} = 0$$

$$z_2 - z_1 = 0$$

$$\boxed{w_{t_{12}} = h_2 - h_1 + \frac{c_2^2 - c_1^2}{2}} \qquad (10.13)$$

w, h	c
$\frac{\text{J}}{\text{kg}}$	$\frac{\text{m}}{\text{s}}$

Zwecks Auswertung der Gl. (10.13) haben sich Enthalpie-Entropie-Diagramme bewährt, da in diesen auch Dissipation (Entropieerzeugung) einfach darstellbar ist. Energieumwandlungsvorgänge können also nicht nur aufgetragen, sondern auch direkt bewertet werden.

A3.2.5 zeigt ein solches *h-s*-Diagramm für Wasserdampf. Für genauere Betrachtungen sollte man dieses Diagramm in vergrößertem Maßstab benutzen und darauf achten, daß Linien gleichen spezifischen Volumens eingetragen sind, da man diese für Berechnungen oft benötigt.

Wegen $\Delta h = c_p \cdot \Delta t$ ähneln diese Diagramme im Gasbereich ($c_p \approx$ konstant) sehr den *T-s*-Diagrammen (z.B.: A3.2.6), die wir im Kapitel 2 bereits kennenlernten. Vorteilhafter aber ist, daß alle Energiewerte nicht mehr als Flächen, sondern als Strecken dargestellt sind und damit viel einfacher ermittelt werden können. Ein spezieller Maßstab ermöglicht das direkte Auftragen der kinetischen Energie, wenn die Geschwindigkeit bekannt ist.

Bild 10.9 zeigt die adiabate Entspannung eines Gases in einer Turbine, die bei gegebenen Anfangs- und Endzuständen durch eine gerade Linie angenähert werden kann. Wir erkennen:

$$-\Delta h_{\text{ad}}, -\Delta h_{\text{is}}, \Delta s_{\text{irr}}, -w_{t_{12}}, \frac{c_1^2}{2}, \frac{c_2^2}{2}.$$

Der *innere Wirkungsgrad* ergibt sich so zu:

$$\boxed{\eta_i = \frac{-w_{t_{12}}}{-w_{t_{12\,\text{rev}}}}} \qquad (10.14)$$

η	w
1	$\frac{\text{J}}{\text{kg}}$

für *Turbinen* und entsprechend Bild 10.10 für *Verdichter*:

$$\boxed{\eta_i = \frac{w_{t_{12\,\text{rev}}}}{w_{t_{12}}}} \qquad (10.15)$$

η	w
1	$\frac{\text{J}}{\text{kg}}$

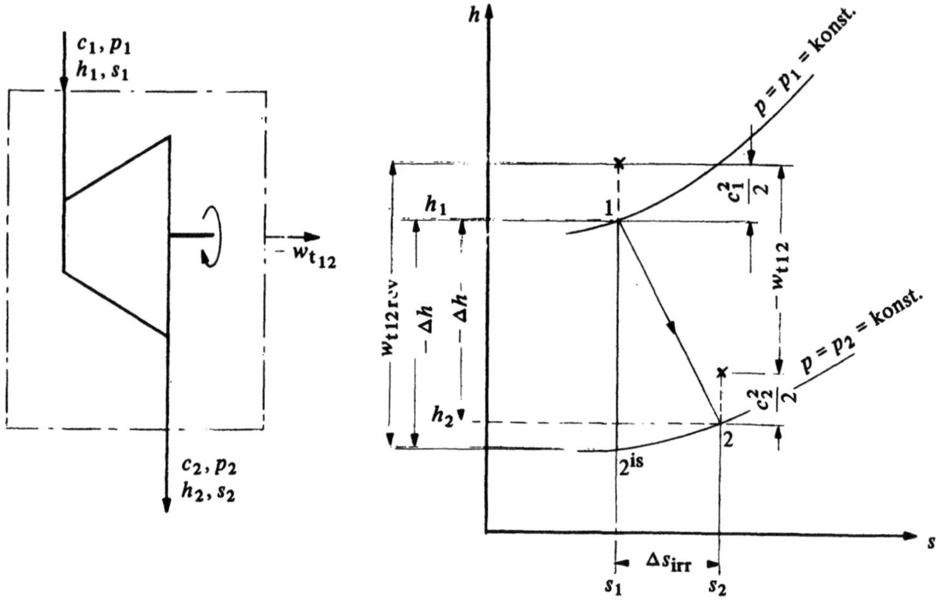

Bild 10.9 Adiabate Expansion in einer Turbine

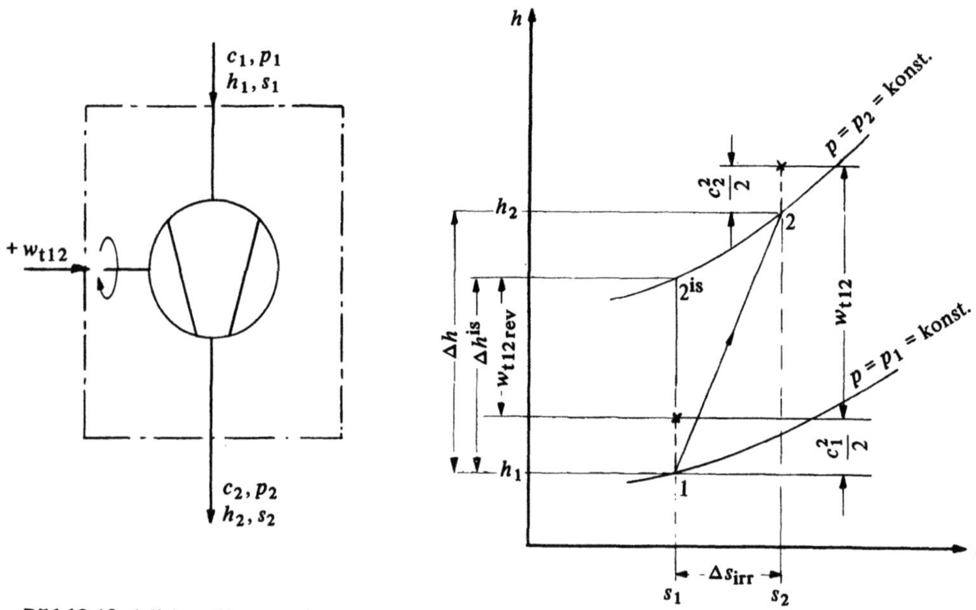

Bild 10.10 Adiabate Kompression in einem Verdichter

Oft vernachlässigt man aber auch die im Vergleich mit den Enthalpiedifferenzen kleinen kinetischen Energien und berechnet anstelle des inneren den *isentropen Wirkungsgrad*:

$$\eta_T^{is} = \frac{-\Delta h}{-\Delta h^{is}} \approx \eta_{iT} \qquad (10.16)$$

$$\eta_P^{is} = \frac{\Delta h^{is}}{\Delta h} \approx \eta_{iP} \qquad (10.17)$$

η	h
1	$\frac{J}{kg}$

10.4 Vergleich zu Kolbenmaschinen

Die Leistung aller Maschinen berechnet sich als Produkt einer Kraftgröße mit einer Bewegungsgröße.

$$P = T \cdot \omega$$

$$\omega = 2\pi n$$

$$P = 2\pi T n \qquad (10.18)$$

oder:

$$P = F_u \cdot u \qquad (10.19)$$

P	ω, n	T	F	u
W	$\frac{1}{s}$	Nm	N	$\frac{m}{s}$

Diesen Gleichungen kann man entnehmen, daß eine Leistungssteigerung entweder erfolgen kann über

- das Drehmoment bzw. die Umfangskraft

oder

- die Drehzahl bzw. die Umfangsgeschwindigkeit.

Die Vergrößerung des Drehmomentes erreicht man im wesentlichen durch *Vergrößern der Bauteile*. Wegen der periodisch und mit Bewegungsumkehr arbeitenden Kolbenmaschinen zwingen die ebenfalls vergrößerten *Massenträgheitskräfte* bei größeren Maschinen zur Drehzahlverringerung.

Da bei Kolbenmaschinen der eigentliche Arbeitsraum geschlossen ist, sind *Ventile* notwendig. Es ergeben sich kleinere Ein- und Austrittsquerschnitte als bei Strömungsmaschinen, die keine Ventile benötigen, und damit auch *kleinere Massenströme*.

$$P = \dot{m} \cdot w_t \qquad (10.20)$$

P	$\dot{m}$	w_t
W	$\frac{kg}{s}$	$\frac{J}{kg}$

Die Massenströme sind bei Kolbenmaschinen durch Hub, Kolbendurchmesser und Drehzahl, bei Strömungsmaschinen durch Raddurchmesser und Schaufellängen begrenzt. Insbesondere im Niederdruckteil kann das Energiegefälle bei thermischen Strömungskraftmaschinen noch bis zu tiefen Drücken und Temperaturen ausgenutzt werden.

Die Schaufeln werden durch *Fliehkräfte* auf *Zug* und durch *Umlenkungskräfte* auf *Biegung* beansprucht. In Resonanzbereichen kann es Schwingungsprobleme geben. Die Spiele zwischen feststehenden und rotierenden Teilen ermöglichen es dem Arbeitsmedium, sich einer Energieaufnahme oder -abgabe zu entziehen, wodurch sich der Wirkungsgrad verringert. Ist das Arbeitsmedium gleichzeitig auch Verbrennungsgas, wird die höchsterreichbare Temperatur durch die Brennraumwände und Schaufelmaterialien der ersten Stufen begrenzt, da diese kontinuierlich immer mit dieser höchsten Temperatur beansprucht werden. In den periodisch arbeitenden Kolbenmaschinen wechselt der heiße Abgasstrom ständig mit dem kalten Frischgasstrom, so daß eine direkte innere Kühlung vorhanden ist.

Ist das Arbeitsmedium nicht auch gleichzeitig das Verbrennungsgas, z.B. bei Gasturbinen, dann können minderwertigere Brennstoffe verbraucht werden. Allerdings ist dann eine besondere Verbrennungs- und Wärmetauschanlage mit entsprechend großen Exergieverlusten erforderlich.

11 Kreiselpumpen

Kreiselpumpen sind *hydraulische Strömungsmaschinen*, bei denen die Flüssigkeit einem Rotor zuströmt. Während bei Kolbenpumpen eine gewünschte Drucksteigerung durch direkte Druckeinwirkung des Kolbens auf die Flüssigkeit erzielt wird, muß bei Kreiselpumpen der Umweg – mechanische Arbeit – Geschwindigkeitsenergie – Druckenergie – durchlaufen werden.

11.1 Aufbau einer Kreiselpumpe

Bild 11.1 zeigt eine Kreiselpumpe im Schnitt. Die Flüssigkeit strömt dem Rotor (Laufrad) axial (4) zu und wird vom Laufrad radial (5) umgelenkt. Die von den Laufschaufeln auf die Flüssigkeit übertragene mechanische Arbeit wird bei der Rotation des Rades zum Teil in Druck- und zum Teil in Geschwindigkeitsenergie umgewandelt. Die Energiezufuhr ist beendet, sobald die Flüssigkeit das Laufrad verläßt.

Die Drucksteigerung wird hervorgerufen durch die Wirkung der Zentrifugalkräfte und gegebenenfalls der verzögerten Relativgeschwindigkeit beim Durchströmen der Laufradkanäle. Da auch mit einer Kreiselpumpe nur eine Druck- und im allgemeinen keine Geschwindigkeitssteigerung erreicht werden soll, muß der Zuwachs der Geschwindigkeitsenergie nachträglich in Druckenergie umgewandelt werden. Dies geschieht in einem sich erweiternden Kanal – *Spiralgehäuse* – (Bild 11.1 Punkt 1) oder in einem Ring mehrerer sich erweiternder Kanäle – *Leitapparat* – (Bild 11.2).

Durch das Verdrängen der Flüssigkeit an der Austrittsseite aus dem Laufrad entsteht an der Eintrittsseite des Laufrades eine Saugwirkung, die das gleiche Volumen hier wieder eintreten läßt und damit eine kontinuierliche Förderung ermöglicht. Laufrad und Leitapparat bzw. Spiralgehäuse bilden zusammen eine Stufe.

Mit zunehmender Förderarbeit bzw. erforderlichem Enddruck müssen Drehzahl oder/und Raddurchmesser der Pumpe zunehmen. Dabei werden jedoch Grenzen erreicht, ab denen es notwendig wird, mehrere Stufen hintereinanderzuschalten. Die Flüssigkeit durchfließt dann nacheinander die einzelnen Stufen, wobei der erreichte Enddruck sich als Summe der einzelnen Stufendrücke ergibt. Derartige Pumpen werden als *mehrstufig* bezeichnet (Bild 11.3).

Mit größer werdendem Förderstrom ist es möglich, daß dieser nicht mehr von einem Laufrad aufgenommen werden kann. In einem solchen Fall werden zwei Räder parallel geschaltet, d.h., Rücken an Rücken. Es entsteht dann ein *zweiflutiges Laufrad*. Derartige Pumpen werden als *mehrflutig* bezeichnet (Bild 11.4).

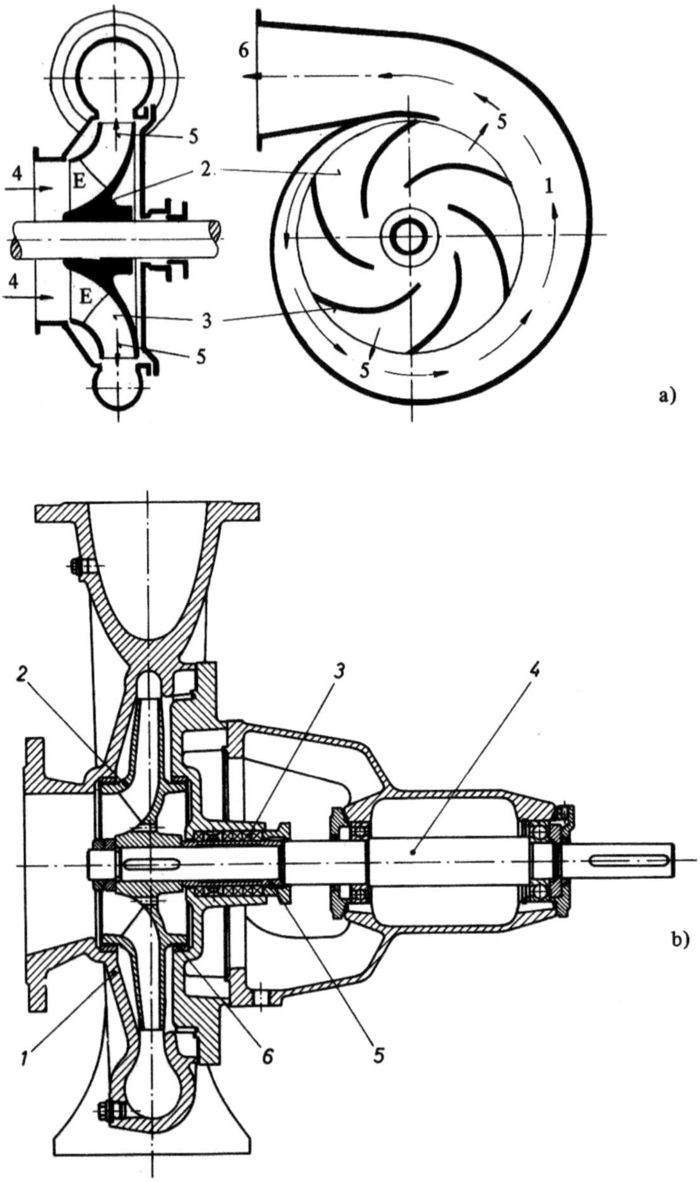

Bild 11.1 Kreiselpumpe mit Spiralgehäuse

a) schematisch	b) ausgeführt
1 Spiralgehäuse,	1 Gehäuse,
2 Laufrad,	2 Laufrad,
3 Laufschaufeln,	3 Packung,
4 Mediumeintritt,	4 Welle,
5 radiale Umlenkung,	5 Wellenschutzhülse,
6 Mediumaustritt	6 Spaltringe

Bild 11.2
Leitapparat
1 Leitapparat,
2 Laufrad mit Laufschaufeln

a)

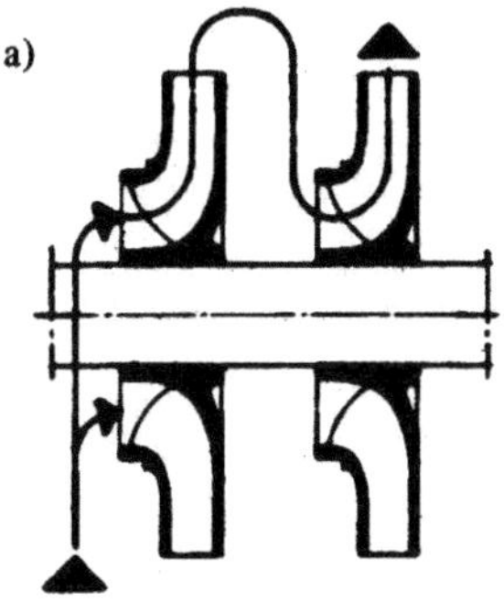

zweistufig – schematisch

b)

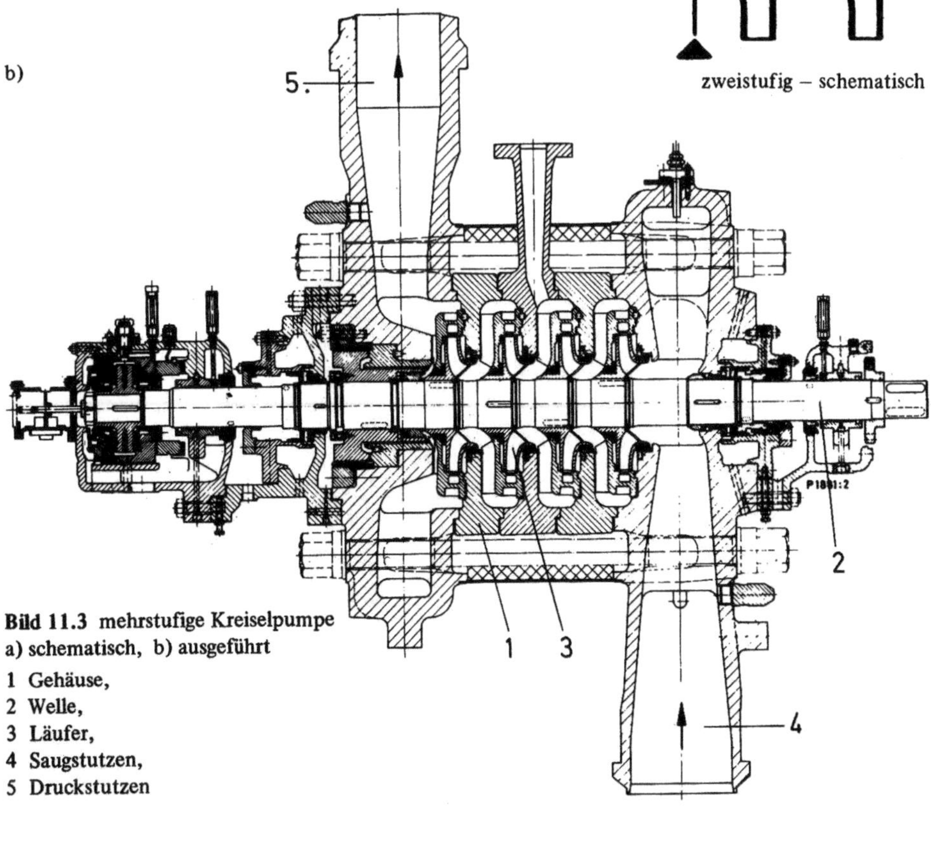

Bild 11.3 mehrstufige Kreiselpumpe
a) schematisch, b) ausgeführt
1 Gehäuse,
2 Welle,
3 Läufer,
4 Saugstutzen,
5 Druckstutzen

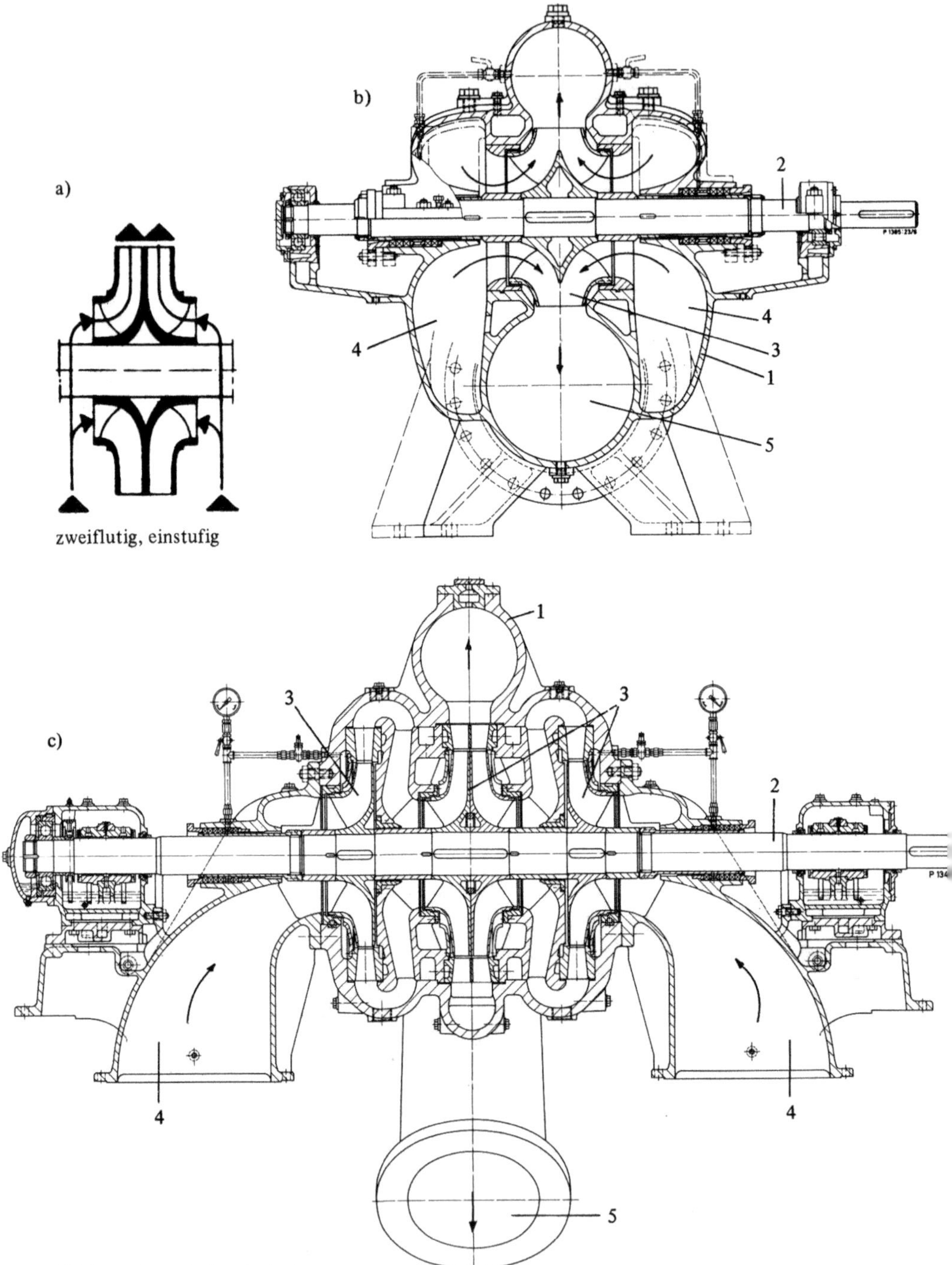

Bild 11.4 Mehrflutige Kreiselpumpe

a) schematisch, b) ausgeführt, c) ausgeführt zweiflutig, zweistufig

1 Gehäuse, 2 Welle, 3 Läufer, 4 Saugstutzen, 5 Druckstutzen

11.2 Strömung im Laufrad

Um bei einem Laufrad die auf die Flüssigkeit übertragene spezifische Schaufelarbeit $y_{sch\,\infty}$, d.h., die Arbeit, die von den Laufschaufeln auf 1 kg Flüssigkeit übertragen wird, bestimmen zu können, sind die absoluten und relativen Bewegungen am Schaufelein- (Index 1) und -austritt (Index 2) zu betrachten.

Tritt die Flüssigkeit bei Punkt E (Bild 11.1) mit der Absolutgeschwindigkeit c_1 in das Laufrad ein, so ergibt sich für sie relativ zum umlaufenden Rad eine Geschwindigkeit w_1. Sie bildet zusammen mit der Umfangsgeschwindigkeit u_1 die Resultierende c_1 (vgl. Abschnitt 10.1). Diese Relativgeschwindigkeit w_1 muß zur Vermeidung von Stößen gegen die Schaufelwände tangential in die Schaufelkanäle einmünden. Erreichbar ist dies bei konstanter Antriebsdrehzahl jedoch nur beim Nennvolumenstrom der Pumpe und bei unendlich vielen, unendlich dünnen Schaufeln. Bei gleichbleibender Antriebsdrehzahl bleibt auch die Umfangsgeschwindigkeit u_1 konstant. Da auch die Schaufeleintrittsfläche

$$A_1 = 2 \cdot r_1 \cdot \pi \cdot b_1$$

r_1 Abstand der Schaufeleintrittskante zum Drehpunkt
b_1 Länge der Schaufeleintrittskante

konstant ist und nach dem Kontinuitätsgesetz

$$\dot{V} = A_1 \cdot c_1 = \text{konstant}$$

(vgl. Abschnitt 9.3), ist auch c_1 = konstant. Folglich ist mit u_1 und c_1 auch der Schaufeleintrittswinkel β_1 festgelegt. Der Schaufelaustrittswinkel β_2 ist dagegen frei wählbar (Bild 11.5):

(1) rückwärts gekrümmt $\beta_2 < 90°$
(2) radial endend $\beta_2 = 90°$
(3) vorwärts gekrümmt $\beta_2 > 90°$.

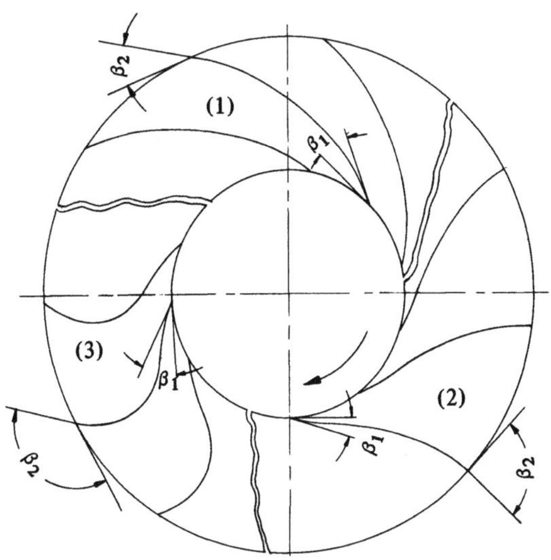

Bild 11.5
Mögliche Schaufelformen

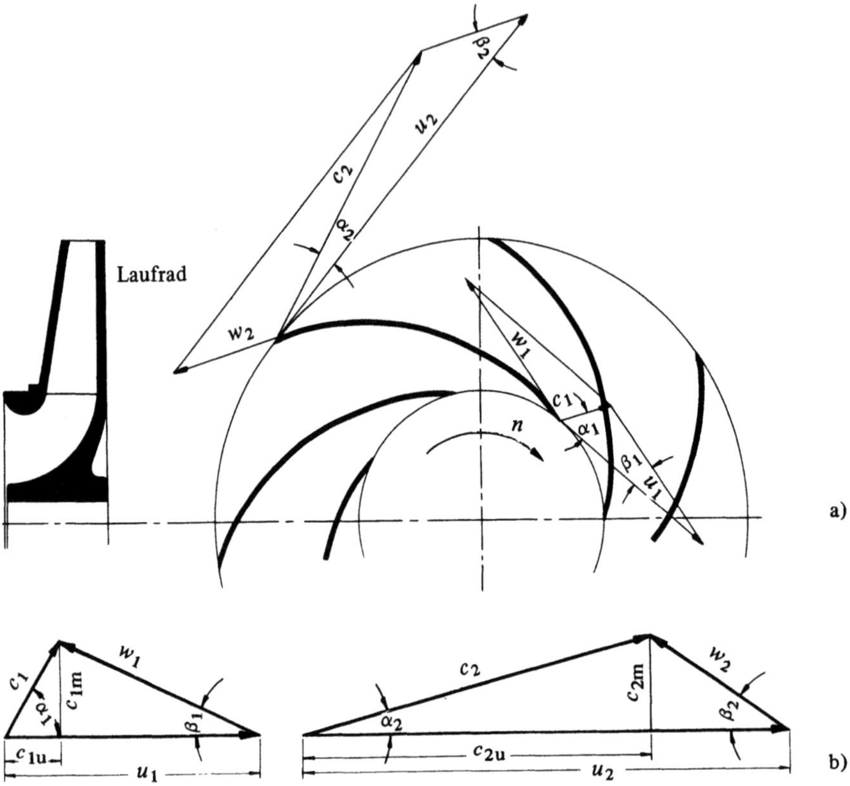

Bild 11.6 Geschwindigkeiten am Ein- und Austritt vom Laufrad
a) Verhältnisse am Laufrad, b) Geschwindigkeitsdreiecke

Da in den sich erweiternden Schaufelkanälen die Relativgeschwindigkeit abnimmt, während gleichzeitig die Umfangsgeschwindigkeit am Schaufelaustritt größer als am Schaufeleintritt ist, ergibt sich eine starke Zunahme der Absolutgeschwindigkeit c_2 (Bild 11.6).

Unter Berücksichtigung des 1. Hauptsatzes für offene Systeme (vgl. Abschnitt 9.4) würde sich der Energiezuwachs aus der Energiedifferenz zwischen Laufradein- und -austritt ergeben, wobei sich die Lageenergie in einer Kreiselpumpe nicht ändert. Die Zunahme der Druckenergie erfolgt teilweise aus der Erhöhung der Fliehkraft, teilweise aus der abnehmenden Relativgeschwindigkeit. Der Energiezuwachs entspricht somit der spezifischen Schaufelarbeit

$$y_{\text{sch}\,\infty} = \frac{(u_2^2 - u_1^2) + (w_1^2 - w_2^2) + (c_2^2 - c_1^2)}{2} \qquad (11.1)$$

y	u, w, c
$\frac{\text{J}}{\text{kg}}$	$\frac{\text{m}}{\text{s}}$

$\frac{u_2^2 - u_1^2}{2}$ Fliehkrafteinfluß

$\frac{w_1^2 - w_2^2}{2}$ Einfluß der sich erweiternden Schaufelkanäle

$\frac{c_2^2 - c_1^2}{2}$ Einfluß der kinetischen Energie.

Mit Hilfe des Kosinussatzes lassen sich die Relativgeschwindigkeiten w durch die Umfangs- u und die Absolutgeschwindigkeiten c ersetzen.

$$w_1^2 = u_1^2 + c_1^2 - 2 \cdot u_1 \cdot c_1 \cdot \cos\alpha_1$$
$$w_2^2 = u_2^2 + c_2^2 - 2 \cdot u_2 \cdot c_2 \cdot \cos\alpha_2 .$$

Dadurch ergibt sich die spezifische Schaufelarbeit bei unendlicher Schaufelzahl

$$y_{\mathrm{sch}\infty} = u_2 \cdot c_2 \cdot \cos\alpha_2 - u_1 \cdot c_1 \cdot \cos\alpha_1 . \qquad (11.2)$$

Setzt man

$$c \cdot \cos\alpha = c_{\mathrm{u}} , \qquad (11.3)$$

y	u, c	α
$\frac{\mathrm{J}}{\mathrm{kg}}$	$\frac{\mathrm{m}}{\mathrm{s}}$	rad, °

ergibt sich

$$y_{\mathrm{sch}\infty} = u_2 \cdot c_{2\mathrm{u}} - u_1 \cdot c_{1\mathrm{u}} \qquad (11.4)$$

(vgl. Abschnitt 10.2).

Die Zuströmung erfolg in der Regel drallfrei, also mit $\alpha_1 = 90°$; das bedeutet, daß für die Flüssigkeit vor dem Eintritt in das Laufrad keine Führungsschaufeln vorgesehen sind. Daraus folgt

$$c_{1\mathrm{u}} = c_1 \cdot \cos\alpha_1 = 0 .$$

Somit bleibt

$$y_{\mathrm{sch}\infty} = u_2 \cdot c_{2\mathrm{u}} . \qquad (11.5)$$

Vergleicht man die Geschwindigkeitsdreiecke (Bild 11.7a) miteinander, dann zeigt sich, daß mit größer werdendem Winkel β_2 auch die Absolutgeschwindigkeit c_2 stark ansteigt. Diese muß größtenteils anschließend im Leitrad oder im Ringgehäuse in Druckenergie umgesetzt werden. Außerdem ergeben große Winkel β_2 sehr stark gekrümmte Kanäle (Bild 11.5) mit einer starken Erweiterung in Strömungsrichtung, bei denen die Gefahr besteht, daß die Strömung nicht den Schaufelkonturen folgen kann und sich von den Wänden ablöst. Hierdurch könnte der Aufbau einer stabilen Strömung behindert werden.

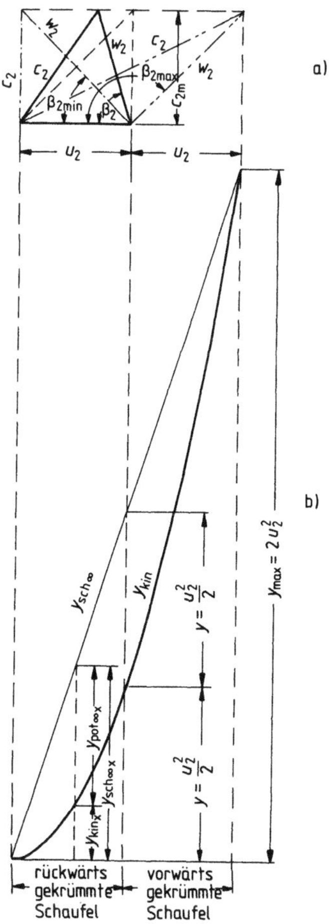

Bild 11.7

Zusammenhang zwischen den Geschwindigkeiten am Radaustritt, der Schaufelarbeit und dem Austrittswinkel β_2

a) Geschwindigkeiten am Radaustritt bei verschiedenen Austrittswinkeln β_2

b) Schaufelarbeit in Abhängigkeit von der Umfangsgeschwindigkeit

Ein kleiner Austrittswinkel β_2 bedeutet kleinere Absolutgeschwindigkeit c_2, d.h., es braucht weniger Geschwindigkeitsenergie in Druckenergie umgewandelt zu werden; kleinere β_2 führen außerdem zu einem besseren hydraulischen Wirkungsgrad. Die Nachteile gegenüber großen Austrittswinkeln – größere Umfangsgeschwindigkeit bei gleicher Förderarbeit, größere Reibungs- und andere Verluste – können den Vorteil nicht schmälern. Bewährt haben sich in der Praxis Austrittswinkel $\beta_2 = 20° \ldots 40°$.

Durch die endliche Schaufelzahl sinkt die spezifische Schaufelarbeit $y_{sch\infty}$ um 25 % bis 60 % [1] auf die spezifische Schaufelarbeit y_{sch}. Dieser hierdurch bedingte Leistungsabfall kann durch einen Minderleistungsfaktor p berücksichtigt werden.

$$y_{sch\infty} = p \cdot y_{sch}. \tag{11.6}$$

Dieser Minderleistungsfaktor errechnet sich nach Pfleiderer [2]

$$p = \frac{8}{3} \cdot \frac{\psi'}{z} \tag{11.7}$$

p, ψ', z
1

ψ' Minderleistungsbeiwert

z Schaufelzahl

Der Minderleistungsbeiwert ist ein Erfahrungswert, dessen genaue Bestimmbarkeit noch durch Versuche geklärt werden muß. Die bisherigen Versuche haben nach Pfleiderer eine brauchbare Näherungsgleichung erbracht. Hiernach gilt:

- bei Verwendung eines beschaufelten Leitrades

$$\psi' = 0{,}6 \cdot \left(1 + \frac{\beta_2}{60}\right), \tag{11.8}$$

ψ'	β
1	°

- bei Verwendung eines Spiralgehäuses als einziger Leitvorrichtung

$$\psi' = (0{,}65 \ldots 0{,}85) \cdot \left(1 + \frac{\beta_2}{60}\right), \tag{11.9}$$

- bei Verwendung eines glatten Leitringes als einziger Leitvorrichtung

$$\psi' = (0{,}85 \ldots 1{,}0) \cdot \left(1 + \frac{\beta_2}{60}\right). \tag{11.10}$$

Hierbei ist der Winkel β_2 in Grad einzusetzen.

Wegen dieser Schwierigkeiten wird in der Praxis zunehmend mit dem Finite-Elemente-Verfahren oder ähnlichen Verfahren gearbeitet.

---

[1] nach KSB-Pumpenlexikon

[2] *C. Pfleiderer*, Die Kreiselpumpen für Flüssigkeiten und Gase, 5. Aufl., Berlin/Göttingen/Heidelberg 1961

11.3 Spezielle Kennziffern

Um in der Praxis die unterschiedlichen Pumpenarten miteinander vergleichen zu können, sind verschiedene spezielle Kennziffern bestimmt worden. Das gilt auch für Modelle, die geometrisch und physikalisch ihrem Original ähnlich sind, um Versuche damit zu fahren, wenn das Original selbst dafür ungeeignet oder erst zu erstellen ist. Mit den speziellen Kennziffern lassen sich dann Rückschlüsse von einer Pumpe zu einer anderen ähnlichen Pumpe ziehen.

11.3.1 Abhängigkeit der spezifischen Förderarbeit bzw. Förderhöhen von der Drehzahl und dem Laufraddurchmesser

Unter der Annahme verlustfreier Umsetzung und drallfreier Zuströmung und der spezifischen Schaufelarbeit $y_{sch\,\infty}$ in die spezifische Förderarbeit y gilt

$$y = g \cdot H = u_2 \cdot c_{2u}. \tag{11.11}$$

Trägt man in einem Diagramm (Bild 11.7b) über der Umfangsgeschwindigkeit u sowohl die spezifische verlustlose Schaufelarbeit $y_{sch\,\infty} = u_2 \cdot c_{2u}$ (Gl. (11.5)) als auch die kinetische Förderarbeit $y_{kin} = c_{2u}^2/2$ (vgl. Abschnitt 9.4) auf, so zeigt sich, daß bei größer werdendem Austrittswinkel β_2 die Umfangskomponente c_{2u} maximal die doppelte Umfangsgeschwindigkeit erreichen kann:

$$c_{2u_{max}} = 2 \cdot u. \tag{11.12}$$

Damit wird

$$y_{max} = g \cdot H_{max} = 2 \cdot u_2^2. \tag{11.13}$$

y	g	H	u, c
$\frac{J}{kg}$	$\frac{m}{s^2}$	m	$\frac{m}{s}$

Mit $u = \pi \cdot D \cdot n$ ergibt sich

$$2 \cdot u_2^2 = 2 \cdot (\pi \cdot D)^2 \cdot n^2 = g \cdot H.$$

Somit ist

$$n = \frac{1}{2 \cdot \pi \cdot D} \cdot \sqrt{g \cdot H}$$

oder

$$\frac{n_1}{n_2} = \frac{2 \cdot \pi \cdot D_2 \cdot \sqrt{g \cdot H_1}}{2 \cdot \pi \cdot D_1 \cdot \sqrt{g \cdot H_2}} \tag{11.14}$$

n	D, H	g	y
$\frac{1}{s}$	m	$\frac{m}{s^2}$	$\frac{J}{kg}$

bzw.

$$\frac{H_1}{H_2} = \frac{y_1}{y_2} = \frac{n_1^2 \cdot D_1^2}{n_2^2 \cdot D_2^2}. \tag{11.15}$$

Bei D = konstant ist

$$\frac{H_1}{H_2} = \frac{y_1}{y_2} = \frac{n_1^2}{n_2^2}. \tag{11.16}$$

11.3.2 Abhängigkeit des Förderstromes von der Drehzahl und vom Laufraddurchmesser

Der Förderstrom $\dot{V}$ ändert sich proportional mit dem durchströmten Querschnitt und der Strömungsgeschwindigkeit. Daher ist es bei Modellversuchen zulässig, vergleichbare Querschnitte und Geschwindigkeiten am Modell und Original frei zu wählen. Weil im Pumpenbau der Laufraddurchmesser und die Drehzahl zu den wichtigsten Kenngrößen gehören, sei hier die Umfangsgeschwindigkeit des Laufrades und ein Kreisquerschnitt, gebildet aus dem Laufraddurchmesser gewählt.

Somit ist

$$\dot{V} = A \cdot u. \tag{11.17}$$

$\dot{V}$	A	u	D	n
$\frac{m^3}{s}$	m^2	$\frac{m}{s}$	m	$\frac{1}{s}$

Mit $u = \pi \cdot D \cdot n$ und $A = \pi \cdot D^2/4$ ergibt sich

$$\dot{V} = \frac{\pi \cdot D^2 \cdot \pi \cdot D \cdot n}{4} = \frac{\pi^2 \cdot D^3 \cdot n}{4} \tag{11.18}$$

oder

$$\frac{\dot{V}_1}{\dot{V}_2} = \frac{\pi^2 \cdot D_1^3 \cdot n_1 \cdot 4}{4 \cdot \pi^2 \cdot D_2^3 \cdot n_2} = \frac{n_1 \cdot D_1^3}{n_2 \cdot D_2^3}. \tag{11.19}$$

Bei D = konstant und ρ = konstant ist $\dot{V} \sim \dot{m} \sim n \sim \sqrt{H}$ oder

$$\frac{\dot{V}_1}{\dot{V}_2} = \frac{n_1}{n_2}. \tag{11.20}$$

11.3.3 Abhängigkeit der Leistung von der Drehzahl und dem Laufraddurchmesser

Die Leistung ändert sich proportional mit dem Förderstrom und der spezifischen Förderarbeit. Es gilt

$$P_N = \dot{V} \cdot \rho \cdot y. \tag{11.21}$$

P	$\dot{V}$	ρ	y	D	n
W	$\frac{m^3}{s}$	$\frac{kg}{m^3}$	$\frac{J}{kg}$	m	$\frac{1}{s}$

Mit

$$\dot{V} = \frac{\pi^2 \cdot D^3 \cdot n}{4} \quad \text{(vgl. Gl. (11.18))}$$

und

$$y = g \cdot H \quad \text{(vgl. Gl. (11.11))}$$

ergibt sich

$$\frac{P_{N1}}{P_{N2}} = \frac{\pi^2 \cdot D_1^3 \cdot n_1 \cdot \rho \cdot g \cdot H_1 \cdot 4}{4 \cdot \pi^2 \cdot D_2^3 \cdot n_2 \cdot \rho \cdot g \cdot H_2}, \tag{11.22}$$

wobei

$$\frac{H_1}{H_2} = \frac{n_1^2 \cdot D_1^2}{n_2^2 \cdot D_2^2} \quad \text{(vgl. Gl. (11.15))}$$

ist, und damit

$$\frac{P_{N1}}{P_{N2}} = \frac{\pi^2 \cdot D_1^5 \cdot n_1^3 \cdot g \cdot \rho \cdot 4}{4 \cdot \pi^2 \cdot D_2^5 \cdot n_2^3 \cdot g \cdot \rho} = \frac{n_1^3 \cdot D_1^5}{n_2^3 \cdot D_2^5}. \tag{11.23}$$

Bei D = konstant ist $P_N \sim n^3 \sim \sqrt{H^3}$ oder

$$\frac{P_{N1}}{P_{N2}} = \frac{n_1^3}{n_2^3}. \tag{11.24}$$

P	n
W	$\frac{1}{s}$

11.3.4 Spezifische Drehzahl

Die spezifische Drehzahl n_q ist eine pumpentypische Kennzahl, die die Schnelläufigkeit jeder Laufradart kennzeichnet, d.h., jeder Laufradart ist eine bestimmte *spezifische Drehzahl* zu eigen.

Bei der Ermittlung dieser spezifischen Drehzahlen wird die Drehzahl einer reellen Pumpe zu der Drehzahl einer ideellen Pumpe ins Verhältnis gesetzt, die bei einer spezifischen Förderarbeit y_q = 1 Nm/kg einen Förderstrom V_q = 1 m³/s liefert.

Nach den Gln. (11.15) und (11.19) gilt

$$\frac{y_1}{y_q} = \frac{n_1^2 \cdot D_1^2}{n_q^2 \cdot D_q^2}$$

und

$$\frac{\dot{V}_1}{\dot{V}_q} = \frac{n_1 \cdot D_1^3}{n_q \cdot D_q^3}.$$

Durch Einsetzen ergibt sich

$$\frac{y_1}{y_q} = \frac{n_1^2}{n_q^2} \cdot \left(\frac{\dot{V}_1}{\dot{V}_q}\right)^{2/3} \cdot \left(\frac{n_q}{n_1}\right)^{2/3} = \left(\frac{n_1}{n_q}\right)^{4/3} \cdot \left(\frac{\dot{V}_1}{\dot{V}_q}\right)^{2/3}.$$

y	n	$\dot{V}$
$\frac{J}{kg}$	$\frac{1}{s}$	$\frac{m^3}{s}$

Somit folgt

$$n_q = n_1 \cdot \frac{\left(\frac{\dot{V}_1}{\dot{V}_q}\right)^{1/2}}{\left(\frac{y_1}{y_q}\right)^{3/4}} \quad \text{und} \quad n_q = n_1 \cdot \frac{(\dot{V}_1)^{1/2}}{(y_1)^{3/4}}. \tag{11.25}$$

Eine Zuordnung von spezifischer Drehzahl und Laufradform ergibt:

Radialräder	n_q = 12 ... 35 min^{-1}
Halbaxialräder	n_q = 35 ... 160 min^{-1}
Axialräder	n_q = 160 ... 400 min^{-1}

(Bild 11.8).

Da der Wirkungsgrad sehr wesentlich von der spezifischen Drehzahl beeinflußt wird, er steigt mit n_q (Bild 11.9), sollten extrem niedrige spezifische Drehzahlen vermieden und ab ca. n_q = 14 min^{-1} auf mehrstufige Bauarten übergegangen werden.

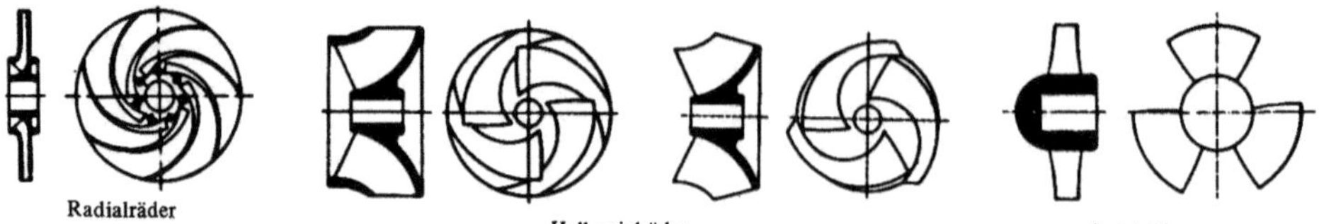

Bild 11.8 Laufradformen und deren Schnelläufigkeit

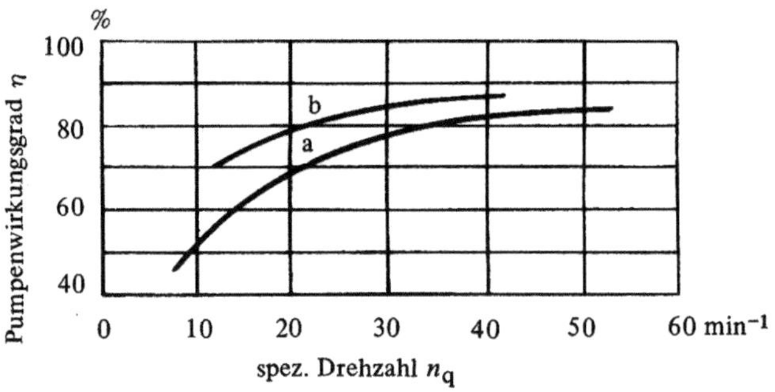

Bild 11.9
Abhängigkeit des Pumpenwirkungsgrades von der spezifischen Drehzahl

Kurve a für einstufige Spiralgehäusepumpen ohne Leitrad, Kurve b für solche mit Leitrad

11.4 Entstehung der Drosselkurve

Unter der Voraussetzung reibungsfreier Strömung und stoßfreien Eintritts in die Lauf- und Leitradkanäle würde sich bei konstanter Drehzahl zwischen dem Förderstrom $\dot{V}$ und der Schaufelarbeit $y_{sch\infty}$ folgende Beziehungen ergeben.

$$y_{sch\infty} = u_2 \cdot c_{2u} \quad \text{(vgl. Gl. (11.5))}$$

$$\dot{V} = A_2 \cdot c_{2m} = \pi \cdot D_2 \cdot b_2 \cdot c_{2m} \tag{11.26}$$

$$c_{2u} = u_2 - c_{2m} \cdot \cot\beta_2 \quad \text{(Bild 11.6b)} \tag{11.27}$$

$$c_{2u} = u_2 - \frac{\dot{V} \cdot \cot\beta_2}{\pi \cdot D_2 \cdot b_2}$$

$$y_{sch\infty} = u_2 \cdot \left(u_2 - \frac{\dot{V} \cdot \cot\beta_2}{\pi \cdot D_2 \cdot b_2}\right). \tag{11.28}$$

y	u, c	$\dot{V}$	D, b	β
$\frac{J}{kg}$	$\frac{m}{s}$	$\frac{m^3}{s}$	m	rad, °

$\cot\beta_2$ wechselt bei Durchgang durch $\beta_2 = 90°$ sein Vorzeichen. Dadurch entstehen die in Bild 11.10 gezeigten Kurvenverläufe, wobei der Kurvenursprung bei $y_{sch\infty} = u_2^2$ liegt, da bei $\beta_2 = 90°$ $\cot\beta_2 = 0$ ist.

Im Nachfolgenden ist nur auf die in Abschnitt 11.2 erwähnten ausgeführten Austrittswinkel β_2 Bezug genommen.

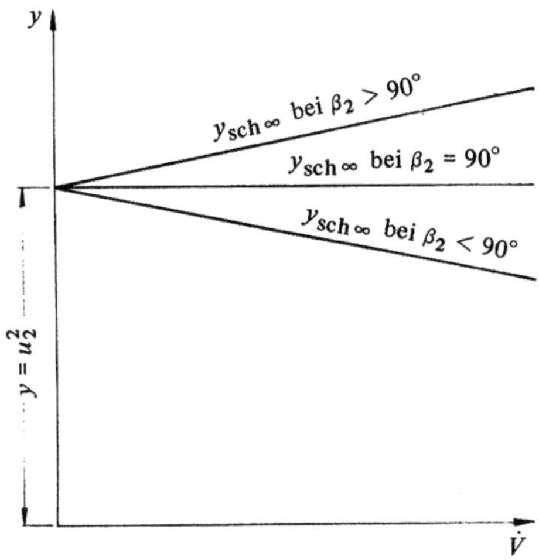

Bild 11.10
Abhängigkeit der Schaufelarbeit vom Förderstrom bei konstanter Drehzahl

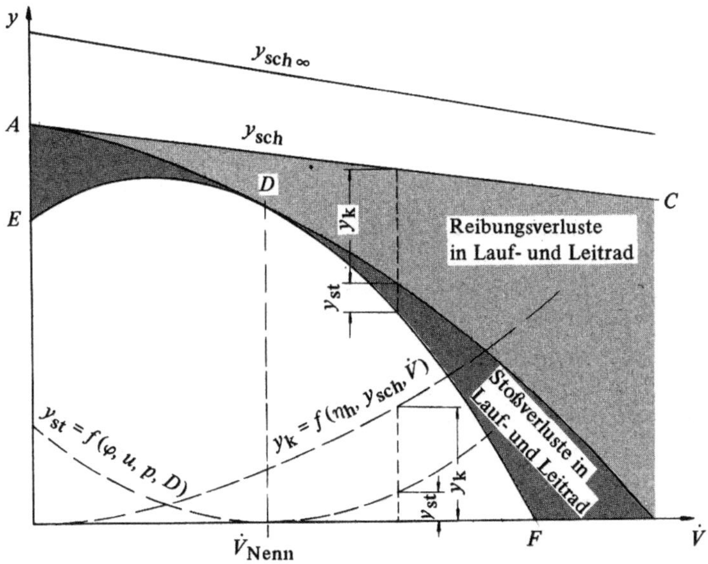

Bild 11.11 Entstehung der Pumpenkennlinie
φ Stoßbeiwert, p Minderleistungsfaktor, η_h hydraulischer Wirkungsgrad

Bei endlicher Schaufelanzahl ergibt sich ebenfalls eine Gerade $\overline{AC}$ für die Schaufelarbeit y_{sch} (Bild 11.11), die auf dem Versuchswege ermittelt werden kann. Diese Gerade $\overline{AC}$ verläuft im allgemeinen flacher als die Gerade für $y_{sch\infty}$. Eine Berechnung der Geraden $\overline{AC}$ ist nur bei Schätzung ihrer Neigung möglich, da nur ein Punkt der Kurve bestimmbar ist (bei Nennförderstrom $\dot{V}$).

In der Praxis sind jedoch Reibungs- und Stoßverluste vorhanden. Der *Reibungsverlust* steigt mit dem Quadrat der Geschwindigkeit. Es entsteht eine Parabel mit dem Scheitel im Koordinatenursprung. Die *Stoßverluste* steigen ebenfalls mit dem Quadrat der Geschwindigkeit und ergeben ebenfalls eine Parabel. Deren Scheitel liegt jedoch beim Nennförderstrom $\dot{V}$, da nur an dieser Stelle eine stoßfreie, d.h. tangentiale Einströmung erzielt werden kann.

Der Verlauf beider Parabeln ist in Bild 11.11 dargestellt. Werden die Ordinaten dieser Parabeln von den Ordinaten der Geraden $\overline{AC}$ abgezogen, so ergibt sich die Kurve *EDF* als eine Kennlinie der Pumpe, die als *Drosselkurve* bezeichnet wird und eine Parabel darstellt. Sie gibt die Abhängigkeit der Förderarbeit y und des Förderstromes $\dot{V}$ bei n = konstant wieder. Auf einem Prüfstand erhält man diese Kennlinie direkt, wenn bei konstanter Drehzahl der Förderstrom durch verschiedene Einstellungen eines in die Druckleitung eingebauten Drosselschiebers verändert wird.

Für verschiedene Drehzahlen liefert dieselbe Pumpe verschiedene Drosselkurven. Trägt man diese Kennlinien in ein Diagramm ein und verbindet die Punkte gleichen Wirkungsgrades miteinander, so erhält man das *Kennfeld einer Pumpe* (*Muscheldiagramm*) (Bild 11.12).

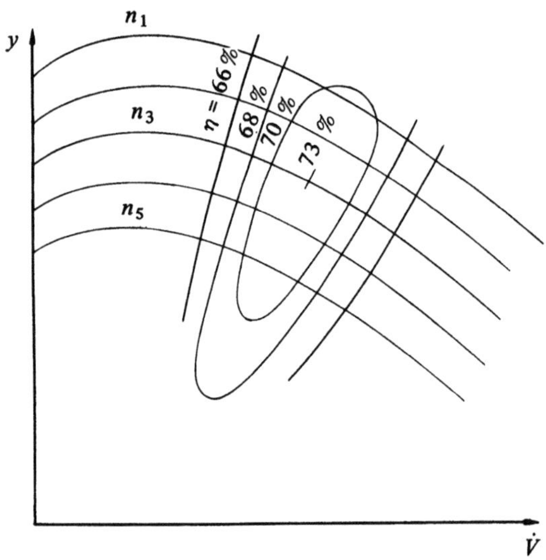

Bild 11.12
Kennfeld einer Pumpe (Muscheldiagramm)

Beim Vorhandensein einer Kennlinie sind alle anderen Kennlinien nach dem Affinitätsgesetz zu errechnen. Danach gelten folgende Beziehungen:

$$\frac{\dot{V}_1}{\dot{V}_2} = \frac{n_1}{n_2}; \quad \frac{y_1}{y_2} = \frac{n_1^2}{n_2^2}; \quad \frac{P_1}{P_2} = \frac{n_1^3}{n_2^3} \qquad \text{(vgl. Gln. (11.16), (11.20), (11.24)).}$$

Bei der Berechnung der Kennlinie für eine andere Drehzahl stellt man fest, daß sich die Koordinaten der zugeordneten Punkte in der Abszisse linear, in der Ordinate quadratisch ändern. Diese Punkte liegen auf Parabeln, die durch geometrisch ähnliche Geschwindigkeitsverhältnisse gekennzeichnet sind und ihren Scheitelpunkt im Koordinatenursprung haben

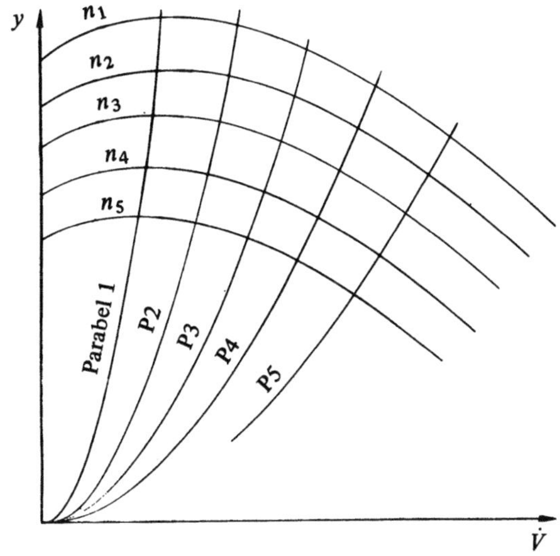

Bild 11.13
Bestimmung verschiedener Kennlinien einer Pumpe

(Bild 11.13). Somit liegen auch die Scheitelpunkte der einzelnen Kennlinienparabeln auf einer gemeinsamen Parabel. Aus dieser Tatsache und aus der Gleichung für die Kennlinienparabeln ist folgender Satz ableitbar:

> **Satz 11.1**: Die Drosselkurven einer Pumpe sind für alle Drehzahlen kongruent.

Außerdem ergibt sich bei der Ermittlung der Kennlinien einer Pumpe die Feststellung, daß der Verlauf der Kennlinien um so steiler ist, je schnelläufiger die Pumpe ist.

11.5 Bestimmung des Betriebspunktes

Betrachtet man das Rohrleitungssystem, in das die Pumpe eingebaut ist, so stehen auch hier die spezifische Förderarbeit bzw. die Förderhöhe und der Förderstrom in einem Verhältnis zueinander. Dabei teilt sich die Förderarbeit in einen potentiellen und einen kinetischen Teil auf (vgl. Abschnitt 9.5). Trägt man die nach Abschnitt 9.5 erhaltene Rohrleitungskennlinie und die Kennlinie einer Pumpe zusammen in ein Diagramm ein, so ergibt sich ein Schnittpunkt beider Kennlinien, der *Betriebspunkt B* der Pumpe (Bild 11.14). Auf diesen Punkt stellt sich eine Pumpe selbsttätig ein, da hier die von der Pumpe aufgebrachte Förderarbeit der von der Rohrleitung geforderten Förderarbeit entspricht.

Werden Pumpen auf einer Rohrleitung parallel geschaltet, so muß vor der Bestimmung des Betriebspunktes zuerst eine gemeinsame Pumpenkennlinie bestimmt werden. Dies erfolgt durch Addition der Förderströme der einzelnen Pumpen bei der gleichen Förderarbeit (an der Vereinigungsstelle der einzelnen Förderströme muß jede Pumpe den gleichen Druck erreicht haben). Der Betriebspunkt ist der Schnittpunkt der gemeinsamen Pumpenkennlinie mit der Rohrleitungskennlinie (Bild 11.15a bis c).

Analog ist zu verfahren, wenn eine Pumpe mit mehreren Rohrleitungen zusammengeschaltet ist (Bild 11.16).

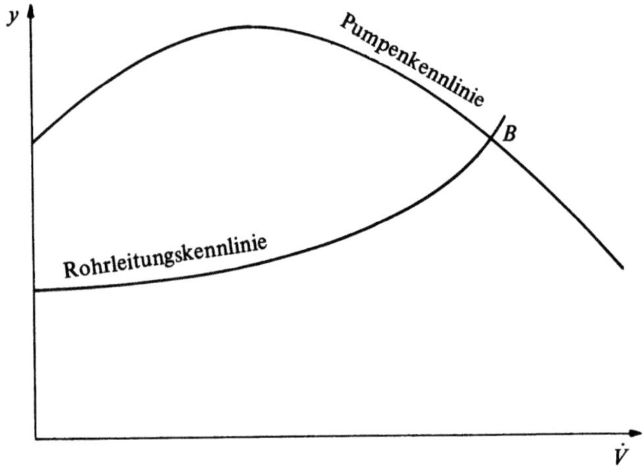

Bild 11.14
Entstehung des Betriebspunktes B einer Pumpe

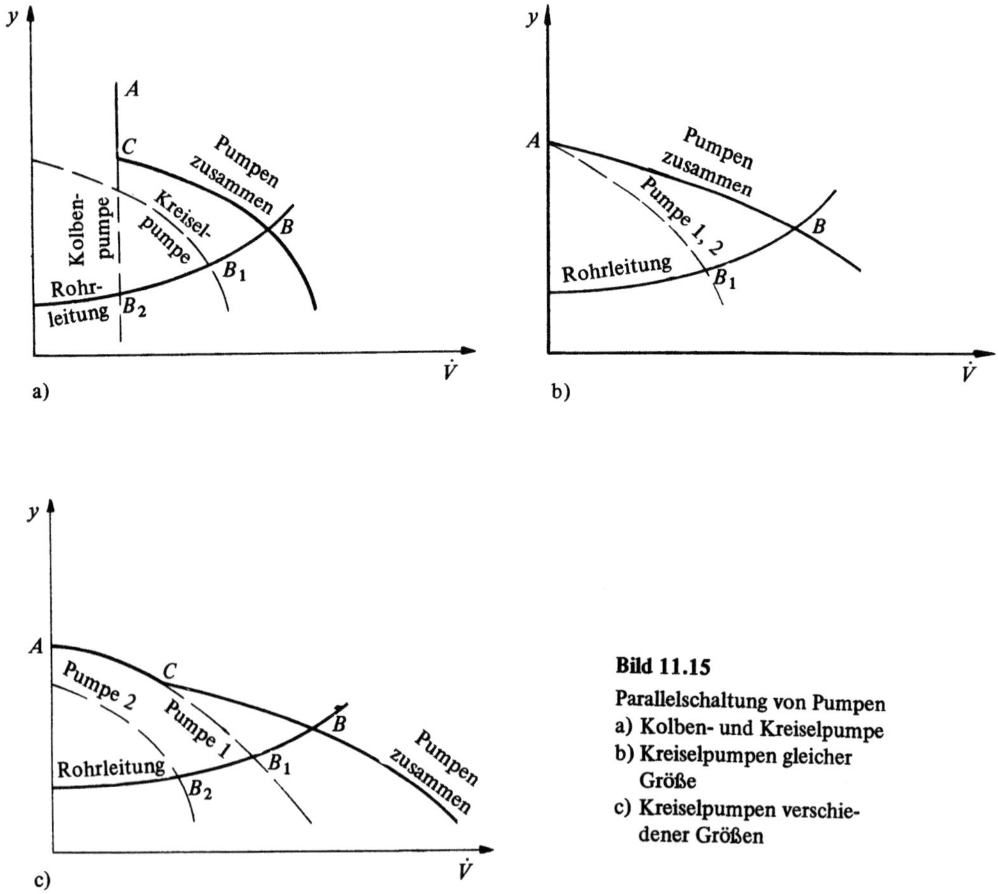

Bild 11.15
Parallelschaltung von Pumpen
a) Kolben- und Kreiselpumpe
b) Kreiselpumpen gleicher Größe
c) Kreiselpumpen verschiedener Größen

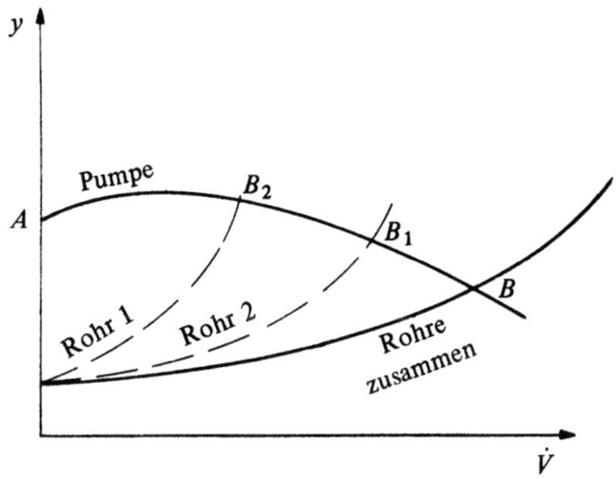

Bild 11.16
Parallelschaltung von Rohrleitungen auf eine Pumpe

11.6 Regelung

Regeln heißt, die Pumpe dem augenblicklichen Bedarf anzupassen.

11.6.1 Drosselregelung

Eine Anlage läuft im Betriebspunkt B mit dem Förderstrom $\dot{V}$ und der Förderarbeit $y = y_{stat} + y_{dyn}$. Soll der Förderstrom auf $\dot{V}_1$ reduziert werden, so sinkt die von der Rohrleitung geforderte Förderarbeit auf Punkt 1 mit $y_1 = y_{stat} + y_{dyn\,1}$, während die Pumpe in der Lage wäre, die Förderarbeit y_2 aufzubringen, d. h., die Pumpe leistet mehr, als die Rohrleitung verlangt (Bild 11.17).

Der Gleichgewichtszustand zwischen Rohrleitungs- und Pumpenkennlinie muß jetzt dadurch wiederhergestellt werden, daß in der Rohrleitung zusätzliche Widerstände (Drosselventile) wirksam werden. Hierdurch wird die Rohrleitungskennlinie so weit angehoben,

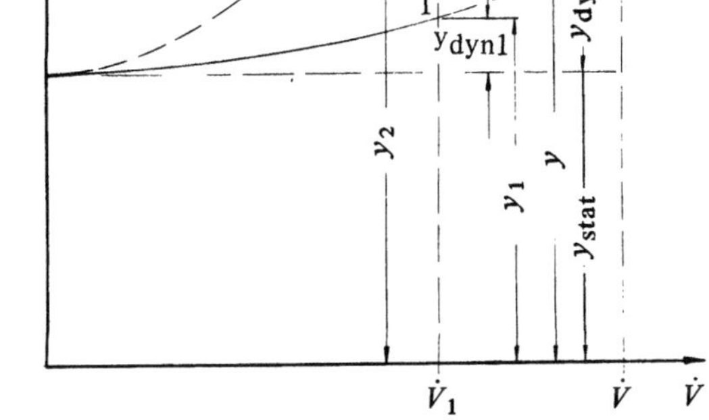

Bild 11.17 Drosselregelung

daß sich der neue Betriebspunkt 2 ergibt. Die zusätzlich zwischenzuschaltenden Widerstände müssen um so größer sein, je steiler die Pumpenkennlinie verläuft.

Drosselregelungen sollten, um Kavitation (vgl. Abschnitt 9.6) in der Pumpe zu vermeiden, möglichst nur auf der Druckseite durchgeführt werden. Diese Regelung ist mit geringen Investitions-, aber mit hohen Betriebskosten verbunden, da ein Teil der aufgenommenen Energie in nicht nutzbare Energie umgewandelt wird.

Auch Inkrustierungen, d.h. Krustenbildung in den Rohrleitungen, haben derartige Drosselwirkungen und damit eine Abnahme des Förderstromes zur Folge.

11.6.2 Drehzahlregelung

Jede Veränderung des Förderstromes $\dot{V}$ hat eine Veränderung der Förderarbeit $y = y_{stat} + y_{dyn}$, die das Rohrleitungssystem fordert, zur Folge. Bei Veränderung des Förderstromes $\dot{V}$ wandert der Bezugspunkt 1 auf der Rohrleitungskennlinie nach 2.

Mit der Pumpe wird angestrebt, nur soviel Förderarbeit y zu erzeugen, wie von der Rohrleitungskennlinie gefordert wird. Dies wird durch Veränderung der Drehzahl der Pumpe erreicht – *Drehzahlregelung*. Da jeder Drehzahl eine Pumpenkennlinie zugeordnet ist, wird somit diejenige Drehzahl gesucht, deren Kennlinie ebenfalls durch den Bezugspunkt 2 verläuft, so daß sich hier der neue Betriebspunkt ergibt. Drosselverluste werden dabei vermieden. Diese Regelungsart setzt ein Antreibsaggregat voraus, dessen Drehzahl stufenlos regelbar ist, z.B. den Gleichstrommotor.

Die Drehzahlregelung ist wirtschaftlich in den Betriebskosten, rationell im Energieverbrauch und schonend in der Pumpenbeanspruchung (Bild 11.18).

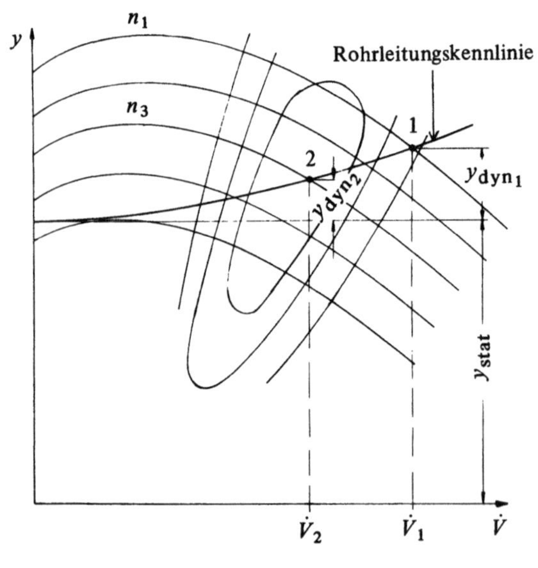

Bild 11.18 Drehzahlregelung

11.7 Stabile und labile Förderung

Wie in Abschnitt 11.5 beschrieben, hat jede Pumpenanlage im allgemeinen einen Betriebspunkt. Er stellt sich als Schnittpunkt der Pumpen- und der Rohrleitungskennlinie stets selbst ein, da hier Gleichgewicht herrscht zwischen der Förderarbeit, die das Rohrleitungssystem fordert, und der Förderarbeit, die die Pumpe aufbringt. Es gibt jedoch auch Fälle, bei denen sich zwei Schnittpunkte ergeben, also auch zwei Betriebspunkte in Frage kommen. Beide Möglichkeiten sollen anhand von Beispielen erläutert werden.

11.7.1 Stabile Förderung

Das Rohrleitungssystem weist eine konstante statische Förderarbeit $y_{stat} < y_L$ und zusätzlich eine dynamische Förderarbeit y_{dyn} auf. Dabei ergibt sich der Betriebspunkt B. Durch Drosseln wandert der Betriebspunkt von B über A nach C. Es ist jedoch nur ein Betriebspunkt zur Zeit möglich, die Förderung ist stets *stabil* (Bild 11.19).

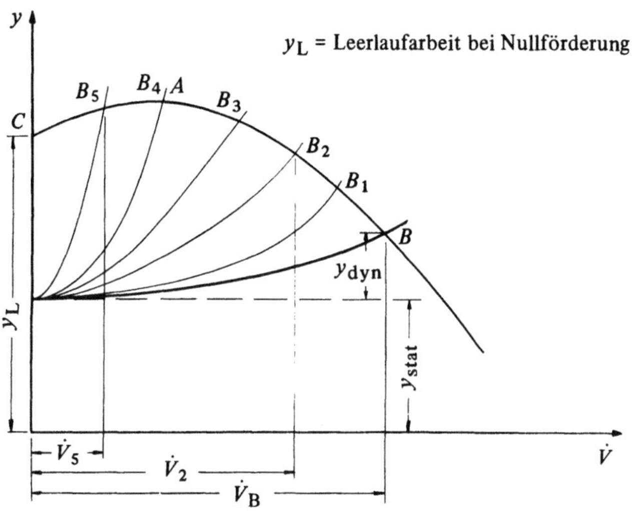

Bild 11.19
stabile Förderung

11.7.2 Labile Förderung

Weist das Rohrleitungssystem eine variable statische Förderarbeit y_{stat} auf, z. Druckkessel, elastisch verlegte Druckleitungen usw. und ist die Entnahme gegenüber dem Förderstrom der Pumpe gering, so steigt die statische Förderarbeit auf Werte $y_{stat} > y_L$..

Von $y_{stat} = y_L$ ab ergeben sich zwischen den Kennlinien zwei Schnittpunkte, zwischen denen der Förderstrom hin- und herspringen kann. In der Druckleitung treten in einem solchen Fall starke Schwingungen des Förderstromes auf. Steigt die statische Förderarbeit so weit an, daß die Rohrleitungskennlinie die Pumpenkennlinie nur noch in D berührt, so setzt die Förderung aus, weil die Pumpe eine größere Förderarbeit nicht überwinden kann. Eine derartige Förderung nennt man *labil*, da der Förderstrom schwankt (Bild 11.20).

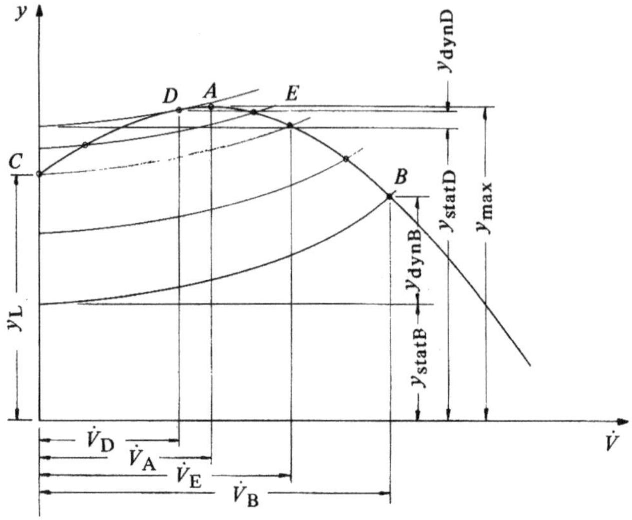

Bild 11.20
labile Förderung

11.8 Wirkungsgrade

11.8.1 Hydraulischer Wirkungsgrad

In Punkt 1 (Bild 11.21) verrichtet das Laufrad die spezifische Schaufelarbeit $y_{sch} = g \cdot H_{th}$. Durch Reibung in den Lauf- und Leitradkanälen, Richtungs- und Querschnittsveränderungen sowie durch Stöße kann das Laufrad nur einen Teil hiervon, die spezifische Förderarbeit $y = g \cdot H$, übertragen. Das Verhältnis dieser beiden spezifischen Arbeiten ergibt den *hydraulischen Wirkungsgrad*

$$\eta_h = \frac{y}{y_{sch}} = \frac{H}{H_{th}} \qquad (11.29)$$

η	y	H
1	$\frac{J}{kg}$	m

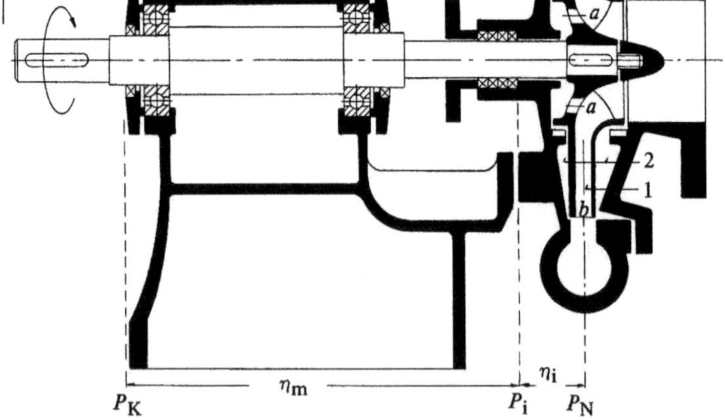

Bild 11.21
Leistungen und Wirkungsgrade

Der hydraulische Wirkungsgrad $\eta_h = 0{,}8 \ldots 0{,}9$ ist in seiner Größe von Form und Größe der Lauf- und Leitradkanäle, Zähigkeit der zu fördernden Flüssigkeit, spezifischen Drehzahl, Oberflächenrauhigkeit und dem Anteil des Leitrades an der Druckerzeugung abhängig. Je geringer dieser letztere Anteil ist, desto höher liegt der Wirkungsgrad, da erfahrungsgemäß bei der Umwandlung von Geschwindigkeitsenergie in Druckenergie stets größere Verluste eintreten.

11.8.2 Liefergrad, volumetrischer Wirkungsgrad

Da im allgemeinen der Druck an der Eintrittsseite (a) der Schaufel kleiner ist als an der Austrittsseite (b) (Bild 11.22) werden kleinere Mengen der geförderten Flüssigkeit, sogenannte *Spaltverluste* $\dot{V}_{sp}$, durch die baulich bedingten Zwischenräume zwischen Laufrad und Gehäuse (2) zur Eintrittsseite zurückfließen, so daß der effektive Förderstrom $\dot{V}$ geringer ist als der aus dem Laufrad austretende $\dot{V}_{th}$. Das Verhältnis dieser Förderströme zueinander ergibt den *Liefergrad*

$$\eta_L = \frac{\dot{V}}{\dot{V}_{th}} = \frac{\dot{V}}{\dot{V} + \dot{V}_{sp}} \,. \qquad (11.30)$$

η	$\dot{V}$
1	$\frac{m^3}{s}$

Der Liefergrad bewegt sich bei Kreiselpumpen in den Grenzen $\eta_L = 0{,}98 \ldots 0{,}85$.

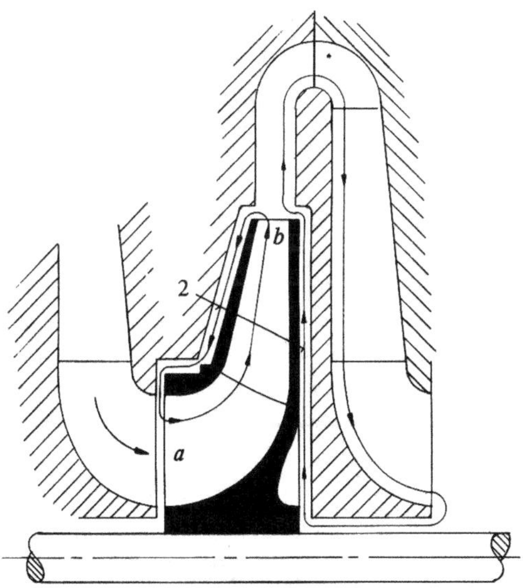

Bild 11.22
Spaltverluste

11.8.3 Radseitenreibung und innerer Wirkungsgrad

Die Reibung an der Radaußenseite, zwischen der Radwand und dem zurückfließenden $\dot{V}_{sp}$ erfordert eine Mehrleistung des Pumpenantriebes (Bild 11.21 und 11.22 Punkt 2).

Wegen der jeweils voneinander abweichenden Einbauverhältnisse ist eine genaue Erfassung der *Radseitenreibung* sehr schwierig. Die davon abhängige und somit ebenfalls schwer er-

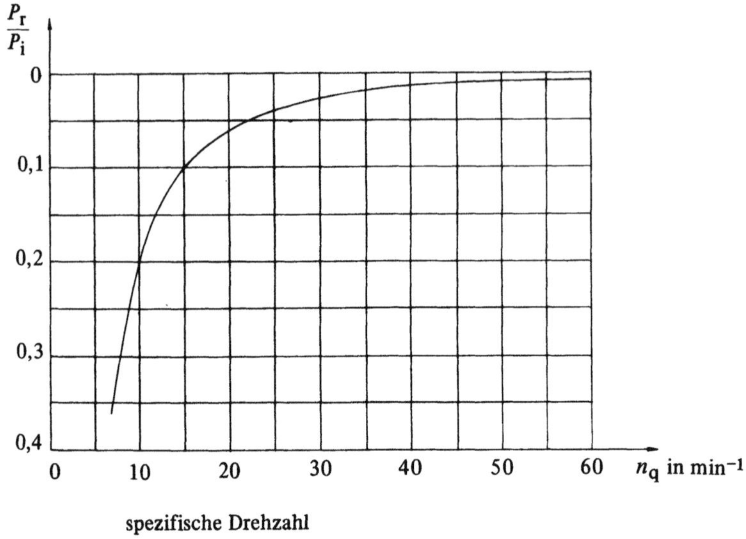

Bild 11.23 Verlustleistung durch Radseitenreibung in Abhängigkeit von der spezifischen Drehzahl

faßbare Mehrleistung wird im allgemeinen als Verhältnis zur inneren Leistung angegeben. Aus dem Diagramm (Bild 11.23) läßt sich die Abhängigkeit P_r/P_i von der spezifischen Drehzahl n_q bestimmen. Das Verhältnis P_r/P_i findet zusammen mit dem hydraulischen Wirkungsgrad η_h und dem Liefergrad η_L Eingang in den *inneren Wirkungsgrad* einer Pumpe

$$\eta_i = \eta_h \cdot \eta_L \cdot \left(1 - \frac{P_r}{P_i}\right). \qquad \begin{array}{c|c} \eta & P \\ \hline 1 & \mathrm{W} \end{array} \qquad (11.31)$$

11.8.4 Mechanischer Wirkungsgrad

Ein weiterer Verlust an Antriebsleistung ist die Reibung in den Lagern zwischen Antriebsmotor und Pumpenlaufrad. Dieser Verlust wird durch den *mechanischen Wirkungsgrad* berücksichtigt (Bild 11.21)

$$\eta_m = \frac{P_i}{P_K}. \qquad \begin{array}{c|c} \eta & P \\ \hline 1 & \mathrm{W} \end{array} \qquad (11.32)$$

Der mechanische Wirkungsgrad von Kreiselpumpen liegt bei $\eta_m = 0{,}96 \ldots 0{,}99$.

11.9 Antriebsleistung

Man unterscheidet in der Pumpentechnik ebenfalls mehrere Arten von Leistungen.

11.9.1 Nutzleistung

Unter *Nutzleistung* versteht man die Leistung, die unmittelbar nutzbringend an die Flüssigkeit abgegeben wird (Bild 11.21)

$$P_N = \dot{V} \cdot \rho \cdot g \cdot H = \dot{V} \cdot \rho \cdot y. \qquad (11.33)$$

P	$\dot{V}$	ρ	g	H	y
W	$\frac{m^3}{s}$	$\frac{kg}{m^3}$	$\frac{m}{s^2}$	m	$\frac{J}{kg}$

11.9.2 Innere Leistung

Unter *innerer Leistung* versteht man die Leistung, die vom Antrieb an das Pumpenlaufrad abgegeben wird. Hierbei sind die Verluste, die innerhalb der Pumpe auftreten, zu berücksichtigen, da diese einen Mehrleistungsbedarf ausmachen (Bild 11.21)

$$P_i = \dot{V}_{th} \cdot \rho \cdot y_{sch} + P_r \qquad (11.34)$$

$$P_i = \dot{V}_{th} \cdot \rho \cdot g \cdot H_{th} + P_r \qquad (11.35)$$

$$P_i = \frac{\dot{V} \cdot \rho \cdot y}{\eta_h \cdot \eta_L} + P_r \qquad (11.36)$$

$$P_i = \frac{\dot{V} \cdot \rho \cdot g \cdot H}{\eta_h \cdot \eta_L} + P_r. \qquad (11.37)$$

P	$\dot{V}$	ρ	y	g	η
W	$\frac{m^3}{s}$	$\frac{kg}{m^3}$	$\frac{J}{kg}$	$\frac{m}{s^2}$	1

11.9.3 Kupplungsleistung

Unter *Kupplungsleistung* ist die Leistung zu verstehen, die von der Antriebsmaschine abzugeben ist, d.h., hier sind auch die mechanischen Reibungsverluste zu berücksichtigen (Bild 11.21)

$$P_K = \frac{P_i}{\eta_m}. \qquad (11.38)$$

P	η
W	1

11.10 Selbstansaugung

Kreiselpumpen von normaler Bauart können, da sie keine Verdränger sind, die Saugleitung und das Pumpeninnere nicht selbst entlüften und deshalb nicht selbst ansaugen.

Für Pumpen, die im Dauerbetrieb arbeiten oder deren Gehäuse und die Saugleitung bei Stillstand der Pumpe vollständig gefüllt bleiben, bleibt dieses ohne Bedeutung. Transportable Pumpenaggregate wie z.B. Feuerlöschpumpen und Pumpen zur Grundwasserabsenkung machen jedoch ein häufiges Anfahren bei entleerter Saugleitung nötig. Hier bieten sich andere Pumpenarten wie Wasserringpumpe oder Seitenkanalpumpen an, die durch Verdrängung z.B. ihre Selbstansaugfähigkeit erhalten.

Bei Seitenkanalpumpen kann durch Impulsaustausch die Förderhöhe gegenüber einer vergleichbaren Kreiselpumpe erheblich größer sein und durch mehrstufige Bauart noch gesteigert werden.

Selbstansaugende Pumpen sollen jedoch nur bei reinen oder getrübten Flüssigkeiten eingesetzt werden. Verunreinigungen führen zu erhöhtem Verschleiß und damit zur Verringerung der Selbstansaugfähigkeit.

12 Wasserturbinen

Die ältesten *Wasserkraftmaschinen* sind die *Wasserräder*, bei denen Energie hauptsächlich aufgrund der Gewichtskraft des Wassers umgewandelt wird. Wegen schlechter Regelbarkeit, begrenzter Fallhöhen und Durchsatzmengen werden Wasserräder nur noch selten verwendet, so daß auf eine Behandlung in diesem Buche verzichtet werden kann.

Mit *Wasserturbinen* lassen sich bei gleichem Bauvolumen erheblich größere Energien umsetzen. Außerdem kann durch den Einsatz verschiedener noch zu beschreibender Turbinenarten praktisch jede vorkommende Fallhöhe und Wassermenge sinnvoll genutzt werden.

Bild 12.1 zeigt die Rotoren der verschiedenen Turbinenarten und ihre Einsatzbereiche. Die Einsatzbereiche sind gekennzeichnet

1. durch die zur Verfügung stehende *Fallhöhe* (die Fallhöhe zeigt Bild 12.3 sehr anschaulich),
2. durch die *spezifische Drehzahl.*

   Die spezifische Drehzahl ist ein Maß für die von einer Turbine aufgenommene Durchsatzmenge. So bedeutet eine kleine spezifische Drehzahl auch eine kleine Durchsatzmenge.

$$n_q = n \cdot \frac{\dot{V}^{0,5}}{H^{0,75}}$$

n	$\dot{V}$	H
$\frac{1}{s}$	$\frac{m^3}{s}$	m

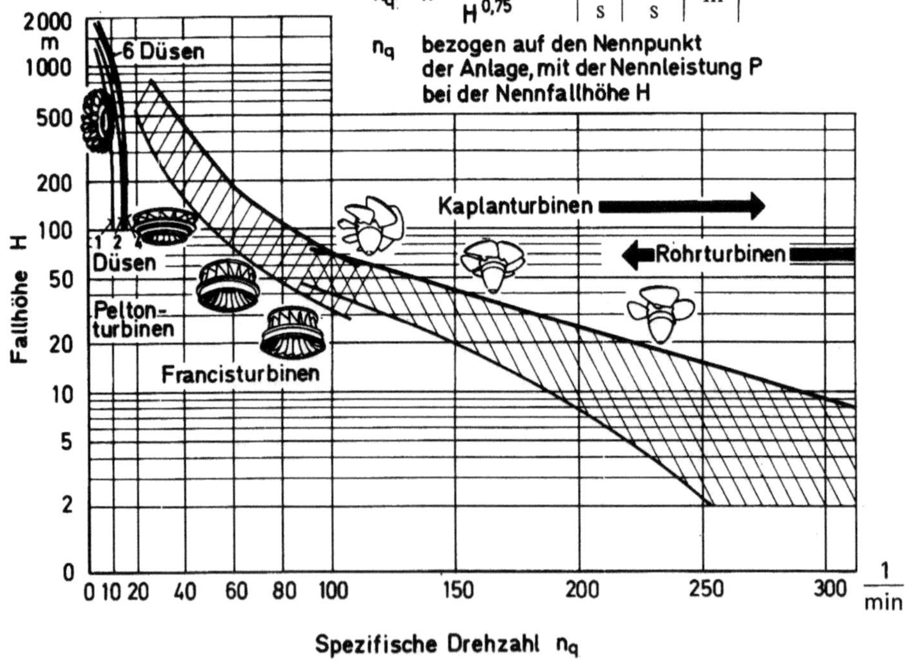

Bild 12.1 Anwendungsbereiche der verschiedenen Arten von Wasserturbinen

Man kann aus Bild 12.1 also erkennen, daß

- bei Fallhöhen von ca. 100 ... 2000 m und spezifischen Drehzahlen bis ca. 16/min *Peltonturbinen,*
- bei Fallhöhen von ca. 30 ... 800 m und spezifischen Drehzahlen von ca. 20 ... 120/min *Francisturbinen* und
- bei Fallhöhen von ca. 2 ... 70 m und spezifischen Drehzahlen von ca. 100 ... 300/min *Kaplanturbinen* eingesetzt werden.

Die drei hier erwähnten Turbinenarten werden im folgenden kurz beschrieben. Zunächst jedoch noch eine Vorbemerkung zu dem in Wasserturbinen wirksamen Prinzip der *Energieumwandlung*. Dieses Prinzip läßt sich durch die Aufteilung in drei Teilvorgänge darstellen.

- *Erzeugung von Geschwindigkeit* in Düsen oder Leitapparaten,
- *Impulsaustausch* zwischen Wasser und Laufradschaufeln,
- *Abnahme der kinetischen Energie* des Laufrades.

12.1 Peltonturbinen

Sie werden wegen ihres Einsatzes bei großen Fallhöhen auch *Hochdruckturbinen* und wegen des frei aus einer Düse austretenden Wasserstrahles auch *Freistrahlturbinen* genannt. Sie sind für kleine Wassermengen und große Fallhöhen geeignet.

Aufbau der Peltonturbinen

Im Bild 12.2 zeigen die Einzelbilder 7 und 8 jeweils eine Peltonturbine.

Die von einem Hochbehälter kommende Druckwasserleitung (1) endet in einer Düse oder nach entsprechenden Verzweigung in mehreren Düsen) (2). Dicht an den Düsen sitzt das im Gehäuse gelagerte Laufrad (3), das gegen axiales Verschieben durch ein Festlager gesichert ist. Am Durchtritt der Welle durch die Gehäusewandung sind Spritzringe, die den Austritt von Spritzwasser verhindern, angebracht. Unterhalb des Laufrades wird das herabfallende Wasser in einer Wanne gesammelt. Die Abnahme der Leistung der Turbine erfolgt von der Laufradwelle über eine Kupplung zu einer Arbeitsmaschine (z.B. Generator). Die Anordnung ist dann ähnlich der in Bild 12.2 Einzelbild 5.

Wirkungsweise der Peltonturbine

Die Erklärung der Wirkungsweise erfolgt anhand der bereits erwähnten Zerlegung des Prinzips der Energieumwandlung in drei Teilvorgänge.

1. Erzeugung der Geschwindigkeit in der Düse

Bei Annahme *verlustloser* Umwandlung von potentieller in kinetische Energie in der Düse ergibt sich aus der Energiegleichung die Austrittsgeschwindigkeit aus der Düse zu

$$\boxed{c_0 = \sqrt{-2\,g \cdot \Delta z}} \qquad (12.1)$$

c	g	z
$\frac{\text{m}}{\text{s}}$	$\frac{\text{m}}{\text{s}^2}$	m

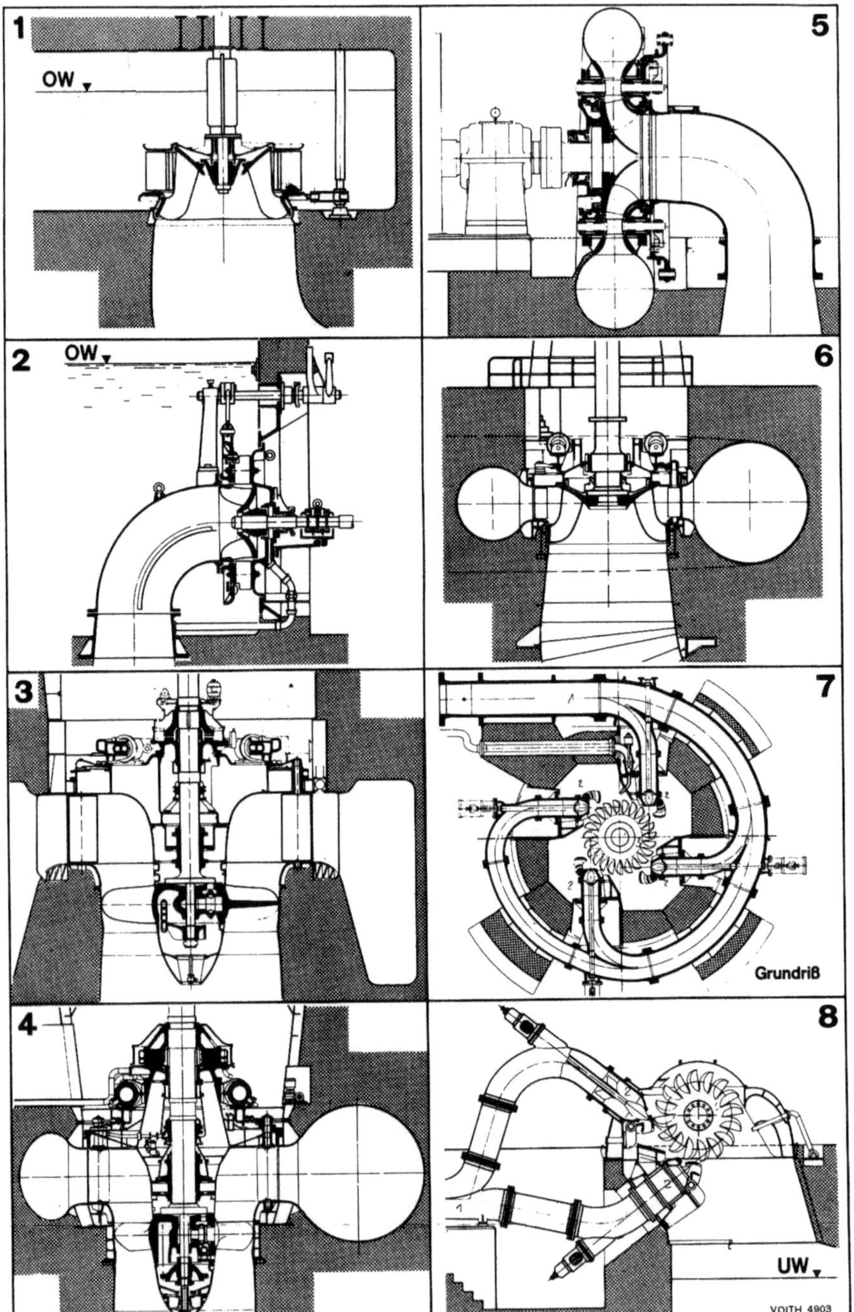

Bild 12.2 Bauarten von Wasserturbinen
Einzelbild
1 und 2 Francis-Schachtturbinen, 3 Kaplanturbine in Beton-Spiralgehäuse 4 Kaplanturbine in Stahlblech-Spiralgehäuse 5 und 6 Francis-Spiralturbinen 7 und 8 Freistrahlturbinen

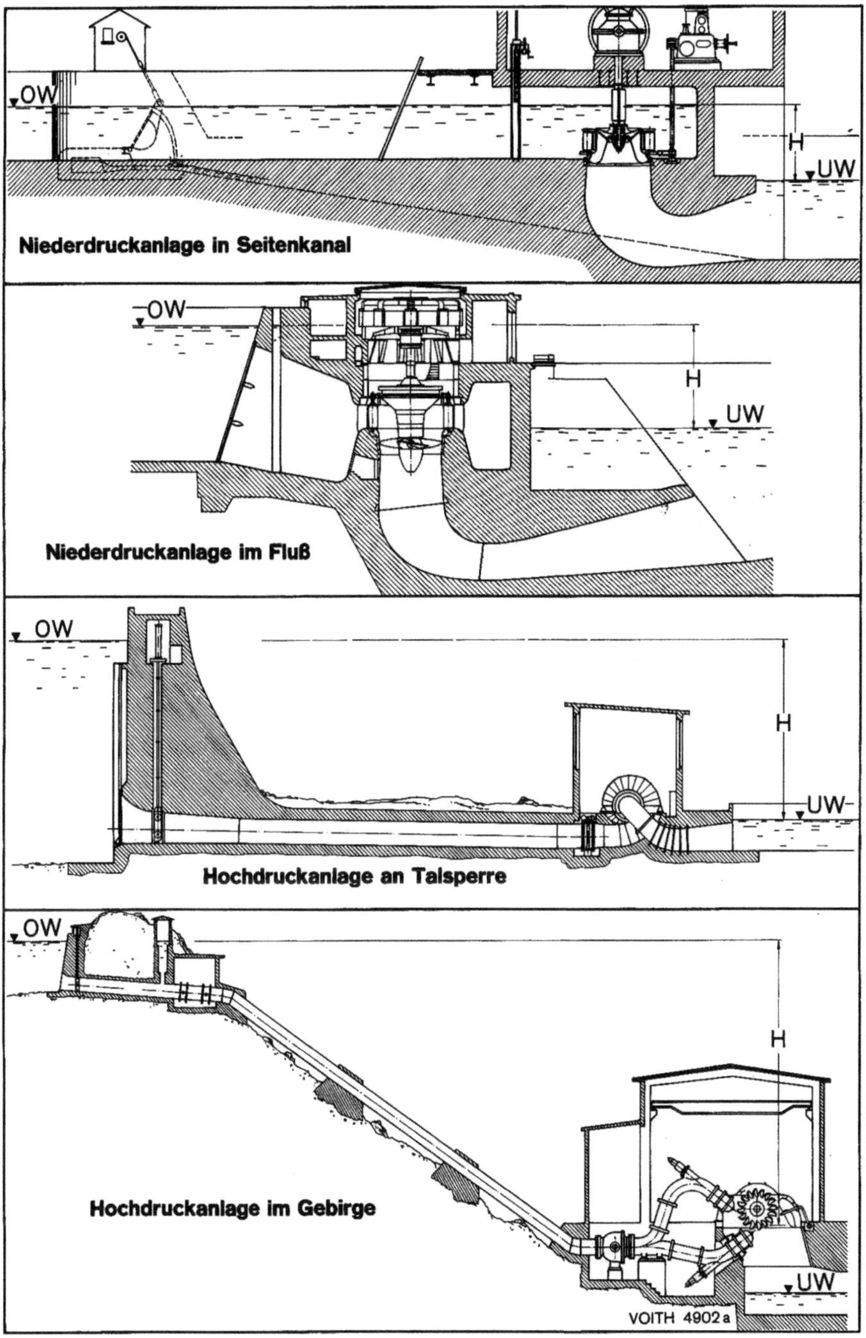

Bild 12.3 Ausbauformen von Wasserkraftanlagen

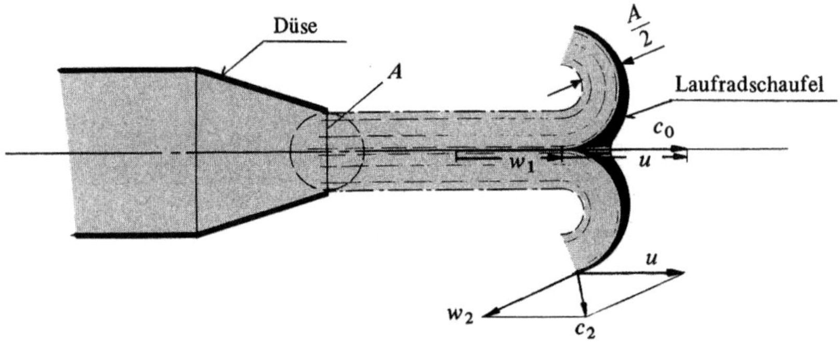

Bild 12.4 Düse und Laufradschaufel mit Ein- und Austrittsgeschwindigkeiten einer Peltonturbine

2. Impulsaustausch zwischen Wasser und Laufradschaufel

Der Impuls beträgt

$$\boxed{\dot{J} = \dot{m}\,(|c_1|\cos\alpha_1 - |c_2|\cos\alpha_2)} \quad \textit{Umfangskraft} \qquad (12.2)$$

α_1 Eintrittswinkel α_2 Austrittswinkel

$\dot{J}$	$\dot{m}$	c	α	ρ	A
N	$\frac{kg}{s}$	$\frac{m}{s}$	rad, °	$\frac{kg}{m^3}$	m^2

$$\boxed{\dot{m} = \rho \cdot A \cdot c} \quad \textit{Massenstrom} \qquad (12.3)$$

Aus Bild 12.4 ist ersichtlich, wie der auf die symmetrische Doppelschaufel treffende Wasserstrahl nach beiden Seiten umgelenkt wird. Es wird zunächst die *stillstehende* Schaufel betrachtet. Bei der Umlenkung des Strahles um 180° wird wegen der Gültigkeit der Kontinuitätsgleichung $|c_2| = |c_0|$. Mit $\alpha_1 = 0°$ und $\alpha_2 = 180°$ ist dann die auf die Schaufel wirkende Kraft

$$F = \dot{J} = \dot{m} \cdot c_0\,(\cos 0° - \cos 180°)$$

$$\boxed{F = \dot{J} = \rho \cdot A \cdot c_0^2 \cdot 2} \qquad (12.4)$$

Nimmt man nun an, daß sich die Schaufel während des Betriebes der Turbine mit der Umfangsgeschwindigkeit ***u bewegt***, so wird bei der Umlenkung von 180° wieder wegen der Gültigkeit der Kontinuitätsgleichung

$$|w_1| = |w_2|.$$

Dann gilt ähnlich Gl. (12.4)

$$F = \dot{J} = \rho \cdot A \cdot w_1^2 \cdot 2$$

$$\boxed{F = \dot{J} = 2\rho \cdot A\,(c_0 - u)^2.} \qquad (12.5)$$

$F, \dot{J}$	ρ	A	c, u
N	$\frac{kg}{m^3}$	m^2	$\frac{m}{s}$

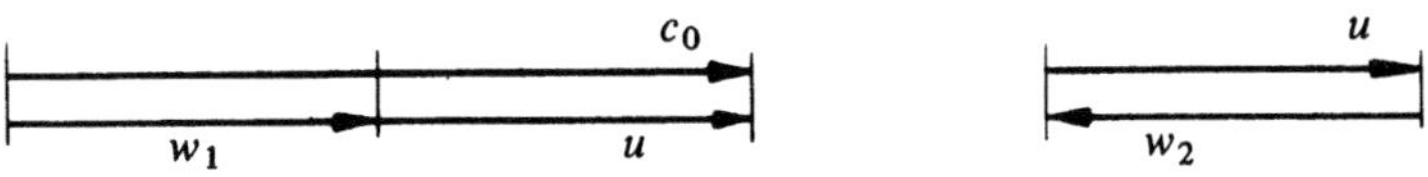

$\vec{c}_0 = \vec{w}_1 + \vec{u}$

$\vec{c}_2 = \vec{w}_2 + \vec{u}$

$\vec{w}_2 = -\vec{u}$

Bild 12.5 Ein- und Austrittsgeschwindigkeiten bei 180°-Umlenkung einer Peltonturbine

Denn nach Bild 12.5 ist $\vec{w}_1 = \vec{c}_0 - \vec{u}$. Mit $|w_1| = |w_2|$ und $u = c_0/2$ wird $|w_2| = |u|$ und somit $c_2 = 0$, d.h., die gesamte kinetische Energie des Wasserstrahles ist über den Impulsaustausch auf das Laufrad übertragen worden, also $\eta = 1$. Wie man im Bild 12.4 sieht, lenkt man den Strahl nicht um volle 180° um. Dadurch wird $c_2 \neq 0$ und ist von der Schaufel weggerichtet, d.h., der Wirkungsgrad wird < 1.

3. Kinetische Energie und Leistung des Laufrades

$$W = P \cdot t = T \cdot \omega \cdot t \qquad (12.6)$$

$$\boxed{T = F \cdot r = 2 \cdot \rho \cdot A\,(c_0 - u)^2 \cdot r} \qquad (12.7)$$

$$\boxed{W = 2 \cdot \rho \cdot A \cdot (c_0 - u)^2 \cdot r \cdot \omega \cdot t} \qquad (12.8)$$

$$\boxed{P = 2 \cdot \rho \cdot A\,(c_0 - u)^2 \cdot u.} \qquad (12.9)$$

T	F	r	ρ	A
J	N	m	$\frac{kg}{m^3}$	m^2

c, u	ω	t	P
$\frac{m}{s}$	$\frac{1}{s}$	s	W

Die Leistung P wird für $u = c_0/2$ ein Maximum, P wird 0 für $u = c_0$ (Leerlauf) und P wird ebenso 0 für $u = 0$ (Stillstand).

Beispiel: Eine Freistrahlturbine soll im günstigsten Betriebspunkt ($u = c_0/2$) folgende Werte haben: $P = 400$ kW, $n = 3000\ \text{min}^{-1}$, Laufradradius $r_m = 0{,}3$ m, $\alpha_1 - \alpha_2 \approx 180°$ und $\eta \approx 100\,\%$. Wie groß muß die Fallhöhe, die sekundliche Durchsatzmenge und der Öffnungsquerschnitt der Düse sein?

Lösung: Wir benutzen folgende Gleichungen

1. $P = 2 \cdot \rho \cdot A\,(c_0 \cdot u)^2$
2. $c_0 = \sqrt{2 \cdot gh} = 2u$
3. $\dot{V} = c_0 \cdot A$
4. $u = \omega \cdot r = 2 \cdot \pi \cdot n \cdot r$

4. $u = 2 \cdot \pi \cdot n \cdot r$

$= 2 \cdot \pi \cdot 3000\ \text{min}^{-1} \cdot 0{,}3$ m

$\underline{\underline{u = 94{,}2\ \text{m/s}.}}$

2. $\sqrt{2gh} = 2u$

$h = \dfrac{4u^2}{2g}$ ($g \approx 10$ m/s^2

$= \dfrac{2 \cdot 94{,}2^2\ \text{m}^2\ \text{s}^{-2}}{10\ \text{m/s}^{-2}}$

$\underline{\underline{h = 1775\ \text{m}.}}$

1. $P = 2 \cdot \rho \cdot A\,(c_0 - u)^2 \cdot u$

$$A = \frac{8 \cdot P}{2 \cdot \rho \cdot c_0^3}$$

$$= \frac{4 \cdot 400\ \text{kW}}{10^3\ \text{kg m}^{-3} \cdot 188{,}4^3\ \text{m}^3\ \text{s}^{-3}}$$

$$\underline{\underline{A = 2{,}38\ \text{cm}^2}}.$$

3. $\dot{V} = c_0 \cdot A$

$$= 188{,}4\ \text{m/s} \cdot 2{,}38\ \text{cm}^2$$

$$\underline{\underline{\dot{V} = 44{,}84\ \text{dm}^3/\text{s}}}.$$

Regelung der Peltonturbine

Die Regelung der Peltonturbine ist eine Mengenregelung. Bei mehrdüsigen Anlagen kann dies durch Zu- und Abschalten einzelner Düsen geschehen. Bei Einzeldüsen kann man die Menge durch Querschnittsverminderung mit Hilfe einer kegeligen Düsennadel kombiniert mit Strahlabweisung (s. Bild 12.2, Einzelbild 8) regeln.

12.2 Francisturbinen (Überdruckturbinen)

Bei mittleren Fallhöhen und mittleren Durchsatzmengen verwendet man die radial- und axialdurchströmten Francisturbinen (s. Bild 12.1).

Bild 12.6 zeigt den prinzipiellen Aufbau einer Francisturbine. Im Bild 12.2 zeigen die Einzelbilder 5 und 6 jeweils eine Francisturbine.

Vom Oberwasser kommend wird das Wasser zunächst im Leitapparat seinen Druck je nach Stellung der Leitschaufeln (3) in Geschwindigkeit umwandeln. Danach durchströmt das Wasser den drehbar gelagerten Rotor (1) in radial-axialer Richtung. Das Saugrohr (4) nimmt das Wasser auf, vermindert seine Austrittsgeschwindigkeit durch Erweiterung und leitet es zum Unterwasser.

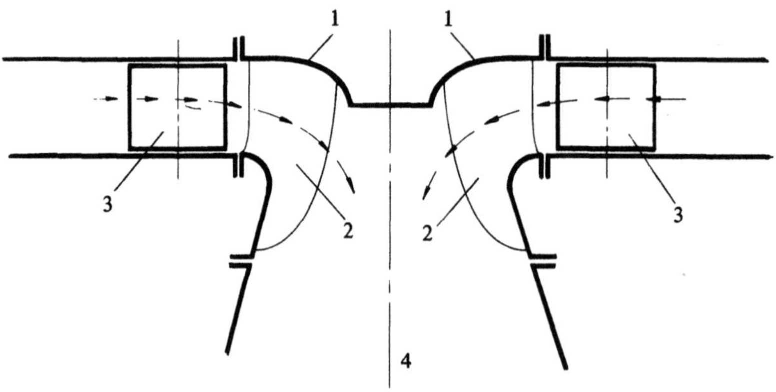

Bild 12.6 Prinzip des Aufbaus einer Francisturbine
1 Rotor, 2 Schaufeln, 3 Leitapparat (verstellbar), 4 Saugrohr

Wirkungsweise der Francisturbinen

Der Meridianschnitt durch Leit- und Laufrad ergibt den Schaufelplan, wie ihn Bild 12.7 zeigt. Sowohl im Leitapparat (1), als auch im Laufrad (2) wird aufgrund der Querschnittsverminderung Druckenergie in Geschwindigkeitsenergie umgewandelt. Wegen der Gültigkeit der Kontinuitätsgleichung ist $|w_2| > |w_1|$ und daher $p_1 > p_2$, d.h., im Spalt zwischen Leit- und Laufrad herrscht ein *Überdruck*. Dieser Überdruck ist ein Maß für den sogenannten *Reaktionsgrad*, der angibt, welcher Anteil des Gesamtdruckes im Laufrad (2) in Geschwindigkeit umgesetzt wird. Der im Bild 12.7 dargestellte Winkel α_0 des Leitapparates ist verstellbar. Damit ist auch der freie Querschnitt zwischen zwei Leitschaufeln veränderbar, d.h., man kann die Francisturbine an verschiedene Betriebszustände anpassen.

Bild 12.8 zeigt den Geschwindigkeitsplan am Eintritt des Laufrades für Winkel $\beta_1 < 90°$.

$$u_1 = c_{1u} + \frac{c_{1m}}{\tan\beta_1}$$

$$u_1 = c_{1u} + \frac{c_{1u} \cdot \tan\alpha_1}{\tan\beta_1}$$

$$\boxed{u_1 = c_{1u}\left(1 + \frac{\tan\alpha_1}{\tan\beta_1}\right).} \qquad (12.10)$$

u, c	α, β
$\frac{\text{m}}{\text{s}}$	rad, °

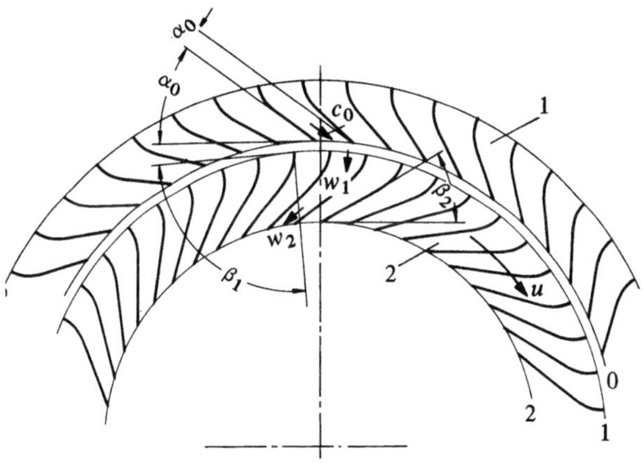

Bild 12.7
Schaufelplan einer Francisturbine
1 Leitapparat, 2 Laufrad, Winkel α_0 verstellbar

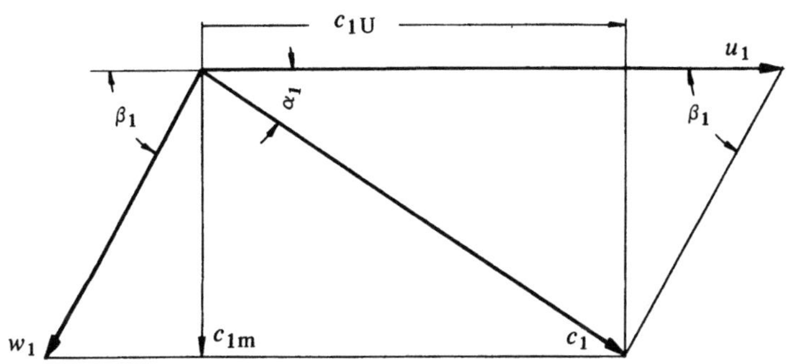

Bild 12.8
Geschwindigkeitsplan am Laufradeintritt ($\beta < 90°$) einer Francisturbine

Aus Gl. (12.10) kann man ersehen, daß durch die Wahl der Winkel α_1 und β_1 die *Schnellläufigkeit* als u_1/c_{1u} sowohl positiv als auch negativ beeinflußbar ist.

Bild 12.9 zeigt den Geschwindigkeitsplan am Austritt des Laufrades. Der hier gezeigte senkrechte Austritt von c_2 heißt *drallfreie Strömung*. Sie ist diejenige, die die Energie in Umfangsrichtung vollständig ausnutzt. Der Winkel β_2 ist also so zu wählen, daß c_2 radial gerichtet ist.

Nun soll der Zusammenhang zwischen Reaktionsgrad r, Geschwindigkeit c_1 und Winkel β_1 gezeigt werden. Bei der Betrachtung wird von einem konstanten Winkel α_1 (üblich ist $\alpha_1 \approx 26 \ldots 28°$) ausgegangen.

Reaktionsgrad: $r = \frac{h^*}{h}$

h^* Druckhöhe die im Laufrad umgesetzt wird

h Gesamtdruckhöhe

Geschwindigkeit: $c_1 = \sqrt{2g(h - h^*)}$ (12.11)

Mit $h^* = r \cdot h$ wird

$$\boxed{c_1 = \sqrt{2gh(1-r)}.} \quad (12.12)$$

c	g	h	r
$\frac{\text{m}}{\text{s}}$	$\frac{\text{m}}{\text{s}^2}$	m	1

Aus Gl. (12.12) kann man sehen, daß mit steigendem Reaktionsgrad die Geschwindigkeit c_1 kleiner wird. Die Gleichung hat die Extremwerte $c_1 = \sqrt{2gh}$ für $r = 0$, d.h., es würde sich um eine *reaktionslose Peltonturbine* handeln und $c_1 = 0$ für $r = 1$ daraus ergibt sich $c_{1u} = 0$ und $u = 0$ d.h. Stillstand.

Übliche Reaktionsgrade sind

- Langsamläufer: $0 < r < 0{,}4$
- Normalläufer: $0{,}4 < r < 0{,}6$
- Schnelläufer: $0{,}6 < r < 0{,}75$.

Gl. (12.10) zeigt den Zusammenhang zwischen u_1 und β_1. Durch Einführen von $c_{1u} = c_1 \cdot \cos\alpha_1$

$$u_1 = c_1 \cdot \cos\alpha_1 \left(1 + \frac{\tan\alpha_1}{\tan\beta_1}\right). \quad (12.13)$$

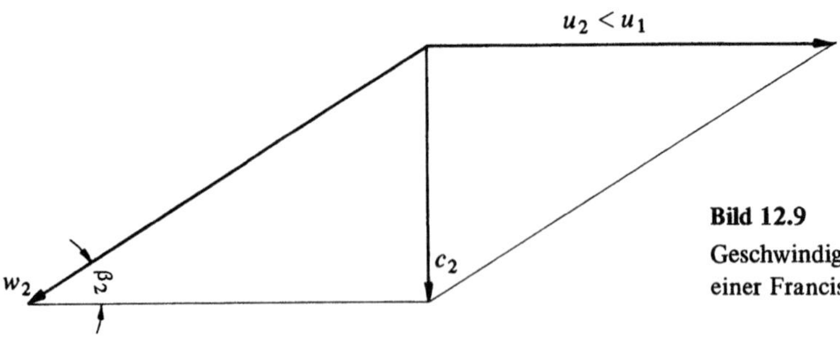

Bild 12.9
Geschwindigkeitsplan am Austritt einer Francisturbine

Aus Gl. (12.13) ersieht man, daß mit der Verringerung des Winkels β_1 die Umfangsgeschwindigkeit u ansteigt. Extremwerte der Gleichung sind:

für $\beta_1 = 90°$ (*drallfreie Zuströmung*) $u_1 = c_1 \cdot \cos\alpha_1 = c_{1u}$
für $\beta_1 \to 0°$ $u_1 \to \infty$
für $\beta_1 \to 180° - \alpha_1$ $u_1 \to 0.$

Der Reaktionsgrad und damit die Schnelläufigkeit haben großen Einfluß auf den Wirkungsgrad, d.h., bei großem r werden durch den großen Spaltüberdruck die Leckverluste groß und die Reibungsverluste durch niedrige Geschwindigkeiten klein.

Regelung der Francisturbine

Die Regelung der Francisturbine erfolgt bei kleinen Turbinen mit Hilfe von *Durchflußregelung* und bei großen Turbinen mit *Windkesselregelung*.

12.3 Kaplanturbinen (Propellerturbinen)

Durch immer stärkere Neigung (Verminderung des Winkels β_1) gelangt man schließlich zur Propellerturbine mit höchster Schnelläufigkeit. Diese Turbinenart ist besonders für kleine Gefällehöhen und große Durchsätze geeignet (s. auch Bild 12.1).

Aufbau der Kaplanturbine

Den Aufbau der Kaplanturbine zeigen Bild 12.2, Einzelbilder 3 und 4. Auch bei dieser Turbine hat man einen verstellbaren Leitapparat. Jedoch ist der Rotor propellerähnlich und er wird vornehmlich in axialer Richtung durchströmt. Die Kaplanturbine ist eine Propellerturbine, bei der der Schaufelwinkel den verschiedenen Strömungseintrittswinkeln angepaßt werden kann.

Wirkungsweise der Kaplanturbine

Das vom Oberwasser radial zufließende Wasser erhält im Leitapparat einen bestimmten Drall, der durch die Umlenkung der Strömung von radialer in axiale Richtung nur wenig beeinflußt wird. Am Laufrad (*Propeller*) wird die Energie des Wassers umgesetzt.

Bild 12.10 zeigt den Geschwindigkeitsplan am Laufradeintritt und -austritt. Aus diesem Geschwindigkeitsplan kann man leicht sehen, daß durch die Veränderung des Winkels β_1

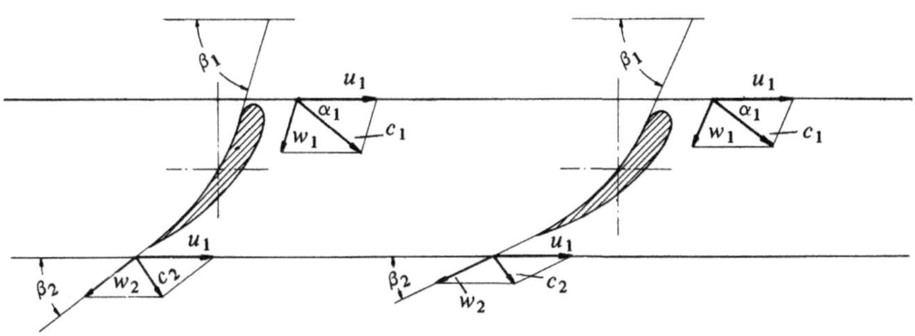

Bild 12.10 Geschwindigkeitsplan am Laufradein- und -austritt einer Kaplanturbine

(Laufschaufelverstellung) zwangsläufig der Winkel β_2 geändert wird. Dies hat zur Folge, daß die Austrittsgeschwindigkeit c_2 nicht mehr, wie vor der Verstellung, genau axial gerichtet ist. Es wird also nicht die gesamte Energie im Laufrad ausgenutzt.

Regelung der Kaplanturbinen

Kaplanturbinen brauchen außer der Durchfluß- und Windkesselregelung zusätzlich die Möglichkeit der Schaufelverstellung. Diese wird so vorgenommen, daß in jedem Betriebszustand der bestmögliche Wirkungsgrad erreicht wird.

12.4 Einige Kenngrößen der Wasserturbinen

Zur Beurteilung und Entwicklung von Turbinen werden häufig besondere Kenngrößen herangezogen. Im Folgenden sollen nun einige dieser Kenngrößen beschrieben werden.

1. Die Abhängigkeit der Drehzahl vom Gefälle

Mit der Turbinengleichung (Annahme, die gesamte Energie werde in technische Arbeit umgewandelt, $c_{2u} = 0$)

$$\boxed{g \cdot h = w_t = u_2 \cdot c_{2u} - u_1 \cdot c_{1u}} \tag{12.14}$$

g	h	w	u, c
$\frac{\text{m}}{\text{s}^2}$	m	$\frac{\text{J}}{\text{kg}}$	$\frac{\text{m}}{\text{s}}$

und

$$c_{1u} = c_1 \cdot \cos \alpha_1$$

wird für $\beta_1 = 90°$

$$c_{1u} = u_1$$

und daraus

$$u_1^2 = g \cdot h$$

und mit

$$u = 2 \cdot \pi \cdot n \cdot r$$

$$u_1^2 = (2\pi \cdot r)^2 \cdot n^2 = g \cdot h$$

$$n = \frac{1}{2\pi \cdot r} \cdot \sqrt{g \cdot h}.$$

Wenn r, β_1 und g konstant sind, wird $n \sim \sqrt{h}$. Von einem bekannten Drehzahlverhältnis kann also auf ein Höhenverhältnis und umgekehrt geschlossen werden.

$$\boxed{\frac{n}{n_1} = \sqrt{\frac{h}{h_1}}.} \tag{12.15}$$

n	h
$\frac{1}{\text{s}}$	m

2. Abhängigkeit des Massenstromes vom Gefälle

Mit

$$\dot{m} = \rho \cdot A \cdot c_1, \quad \text{wenn } c_1 \perp A\,,$$

sowie

$$c_1 = \frac{\sqrt{g \cdot h}}{\cos\alpha_1}, \quad \text{wenn } \beta_1 = 90^\circ\,,$$

wird

$$\dot{m} = \rho \cdot A \cdot \frac{1}{\cos\alpha_1} \cdot \sqrt{g \cdot h} \quad \text{oder} \quad \dot{m} \sim \sqrt{h}\,,$$

bei konstantem ρ, β und g. Es kann also von einem bekannten Höhenverhältnis auf ein Massenstromverhältnis und umgekehrt geschlossen werden.

$$\boxed{\frac{\dot{m}}{\dot{m}_1} = \sqrt{\frac{h}{h_1}}} \tag{12.16}$$

$\dot{m}$	h
$\frac{\text{kg}}{\text{s}}$	m

3. Abhängigkeit der Leistung vom Gefälle

Mit

$$P = \dot{m} \cdot g \cdot h$$

wird

$$\frac{P}{P_1} = \frac{\dot{m}}{\dot{m}_1} \cdot \frac{h}{h_1}$$

und durch Einsetzen der Gl. (12.16)

$$\frac{P}{P_1} = \sqrt{\frac{h}{h_1}} \cdot \frac{h}{h_1}\,.$$

Es kann also von einem bekannten Höhenverhältnis auf ein Leistungsverhältnis und umgekehrt geschlossen werden.

$$\boxed{\frac{P}{P_1} = \left(\frac{h}{h_1}\right)^{3/2}.} \tag{12.17}$$

P	h
W	m

4. Ähnlichkeitsgesetze für verschieden große Laufräder unter dem selben Gefälle

Aus

$$u = u_1 = u_2 \text{ (bei gleichem Winkel } \beta_1)$$

wird mit

$$u = 2 \cdot \pi \cdot n \cdot \frac{D}{2}, \quad 2 \cdot n_1 \cdot \frac{D_1}{2} = 2 \cdot n_2 \cdot \frac{D_2}{2}$$

und daraus

$$\boxed{\frac{n_1}{n_2} = \frac{D_2}{D_1}\,.}$$

n	D
$\frac{1}{\text{s}}$	m

(12.18)

Aus $A \sim D^2$ wird wegen

$$\dot{m}_1 = \rho \cdot A_1 \cdot c_1\,, \quad \frac{\dot{m}_1}{\dot{m}_2} = \frac{D_1^2}{D_2^2}$$

und daraus

$$\frac{n_2}{n_1} = \frac{\sqrt{\dot{m}_1}}{\sqrt{\dot{m}_2}} \quad \text{erweitert mit } \sqrt{g \cdot h}\,,$$

$$\frac{n_2}{n_1} = \frac{\sqrt{\dot{m}_1 \cdot g \cdot h}}{\sqrt{\dot{m}_2 \cdot g \cdot h}} = \frac{\sqrt{P_1}}{\sqrt{P_2}}$$

$$\boxed{\frac{n_2^2}{n_1^2} = \frac{P_1}{P_2}\,.}$$

n	P
$\frac{1}{\text{s}}$	W

(12.19)

5. Die spezifische Drehzahl bei $h = 1$ m und $P_2 = 1$ Nm/s

Aus

$$n_1 = \frac{n}{\sqrt{h}} \quad \text{und} \quad P_1 = \frac{P}{\sqrt{h^3}}$$

wird mit

$$n_2 = n_1 \cdot \sqrt{P_1}$$

und wegen

$$h = 1\ \text{m} \quad \text{und} \quad P_2 = 1\ \text{Nm/s}$$

wird

$$n_\text{s} = \frac{n}{\sqrt{h}} \cdot \frac{\sqrt{P}}{\sqrt[4]{h^3}}$$

$$\boxed{n_\text{s} = n \cdot \frac{\sqrt{P}}{h \cdot \sqrt[4]{h}}\,.}$$

n	P	h	m
$\frac{1}{\text{s}}$	W	m	$\frac{\text{kg}}{\text{s}}$

(12.20)

Mit der Voraussetzung $\dot{m}_2 = 1\ \text{m}^3/\text{s}$ ändert sich die spezifische Drehzahl zu

$$n_\text{q} = n_1 \cdot \sqrt{\dot{m}_1}$$

oder

$$\boxed{n_\text{q} = \frac{n \cdot \sqrt{\dot{m}_1}}{\sqrt[4]{h^3}}} \qquad \text{(siehe auch Bild 12.1)} \qquad (12.21)$$

12.5 Vergleich, Einsatz und Größenordnung

Die Bilder 12.1 und 12.3 lassen Rückschlüsse auf den Einsatz und die Größenordnung zu. Im Bild 12.1 sind die Rotoren der verschiedenen Turbinenarten in ihre durch Fallhöhe und Durchsatzmenge gekennzeichneten Einsatzgebiete eingezeichnet. Es sei hier noch einmal darauf hingewiesen, daß die spezifische Drehzahl u.a. ein Maß für die Durchsatzmenge ist. Es ist ganz deutlich zu sehen, daß Peltonturbinen bei kleinen Durchsatzmengen und großen Fallhöhen, Francisturbinen bei mittleren Durchsatzmengen und mittleren Fallhöhen und Kaplanturbinen bei großen Durchsatzmengen und kleinen Fallhöhen eingesetzt werden.

Bild 12.3 zeigt den Einsatz an vier Beispielen. Ganz oben eine Anlage mit einer Francisturbine mit relativ kleiner Fallhöhe. Das 2. Bild von oben zeigt eine ähnliche Anlage mit einer Kaplanturbine. Die Talsperrenanlage ist (erkennbar am Spiralgehäuse) mit einer Francisturbine und die Anlage mit dem größten Gefälle ist im Bild ganz unten mit einer Peltonturbine ausgestattet. In Tabelle 12.1 sind Einsatz und Größenordnung nach Fallhöhen und Durchsatzmengen aufgeführt.

Tabelle 12.1 Einsatz und Größenordnung der verschiedenen Turbinenarten

Fallhöhe h in m	Durchsatzmenge (Volumenstrom) $\dot{V}$ in m^3/s	Turbinenart
$1 \leqslant h \leqslant 6$	$0{,}5 \leqslant \dot{V} \leqslant 20$	Francisturbine in Betonkammer
$2 \leqslant h \leqslant 30$	$1 \leqslant \dot{V} \leqslant 320$	Kaplanturbine in Betonspirale
$20 \leqslant h \leqslant 40$	$3 \leqslant \dot{V} \leqslant 180$	Kaplanturbine in Stahlgehäuse
$8 \leqslant h \leqslant 20$	$0{,}1 \leqslant \dot{V} \leqslant 12$	Francisturbine in Gußspirale
$20 \leqslant h \leqslant 400$	$1 \leqslant \dot{V} \leqslant 250$	Francisturbine in Stahlgehäuse
$50 \leqslant h \leqslant 2000$	$0{,}01 \leqslant \dot{V} \leqslant 10$	Freistrahlturbine

12.6 Leistungsberechnung

Bei verlustloser Betrachtung und mit der Annahme, daß die Geschwindigkeiten vollständig ausgenutzt werden:

$$P^* = \dot{W} = \dot{m} \cdot g \cdot h \tag{12.22}$$

$P, \dot{W}$	$\dot{m}$	g	h	η
W	$\frac{kg}{s}$	$\frac{m}{s^2}$	m	1

Tatsächlich muß jedoch mit Wirkungsgraden von etwa 80 % gerechnet werden. Damit ändert sich Gl. (12.22) zu:

$$P = \dot{m} \cdot g^* \cdot h \cdot \eta. \tag{12.23}$$

12.7 Wasserkraftwerke

Man unterscheidet grundsätzlich Niederdruck- und Hochdruckanlagen (Grenze bei $h \approx 20$ m). Niederdruckanlagen sind zumeist Flußkraftwerke, die das Gefälle des Bettes nutzen (siehe Bild 12.3). Hochdruckanlagen liegen in der Regel unterhalb eines Gebirgssees oder einer Talsperre, wie man auch in Bild 12.3 sieht.

13 Der Aggregatzustand und seine Änderung

13.1 Begriffe

Bild 13.1 stellt die verschiedenen Stufen des Schmelz- und Verdampfungsvorgangs für ein Stück Eis bei konstantem Druck dar.

Die Wärmezufuhr bewirkt eine ständige Temperatursteigerung des Eises (a). Wie jeder feste Körper dehnt sich Eis aufgrund der zunehmenden Wärmebewegung der Moleküle aus. In der Nähe der Schmelztemperatur wandelt Eis aber gleichzeitig seine innere Struktur (*Kristallgitterumwandlung*), die bis in den flüssigen Bereich hinein andauert. So kommt es zu den bekannten Ausnahmeerscheinungen, daß sich Eis unterhalb der Schmelztemperatur nicht ausdehnt, sondern zusammenzieht und daß Wasser im flüssigen Aggregatzustand ein kleineres Volumen als Wasser im festen Aggregatzustand (Eis) hat.

Trotz weiterer Wärmezufuhr stoppt die Temperatursteigerung des Eises in dem Augenblick (b), in dem sich der erste Wassertropfen bildet. Solange, wie sich Eis und Wasser gleichzeitig im Behälter befinden (b, c und d), bleibt die Temperatur konstant. Erst nachdem auch das letzte Stückchen Eis geschmolzen ist, steigt die Temperatur wieder an (e). Der volumenverkleinernde Effekt der Gefügeumwandlung (Wasser hat bei diesen Temperaturen in Teilbereichen noch Kristallgitterstruktur) und der Wärmeausdehnungseffekt sind bei +4 °C gleich groß, so daß hier Wasser sein kleinstes Volumen hat. Darüber hinaus dehnt sich Wasser aufgrund der Wärmebewegung wie jeder andere Stoff auch bei Wärmezufuhr aus.

Wasser kann Gase, z.B. Luft, in sich lösen, und zwar besonders viel bei hohen Drücken und tiefen Temperaturen. Wir merken dies z.B. beim Öffnen einer Mineralwasserflasche (Druckverminderung) daran, daß aus dem Mineralwasser Kohlendioxid entweicht. Bei Temperatursteigerung merkt man dies an kleinen Gasbläschen, die bereits unterhalb der Siedetemperatur im Wasser hochsteigen..

Wasserdampf selbst entsteht erst bei Erreichen der Siedetemperatur (f), die solange konstant bleibt (g), bis auch das letzte Wassertröpfchen verdampft ist (h). Erst bei weiterer Erwärmung steigt dann die Temperatur wieder. Zur Bezeichnung der verschiedenen Zustände haben sich allgemein folgende Begriffe eingebürgert.

- *siedende Flüssigkeit*
  Der Aggregatzustand ist flüssig, aber die Temperatur ist gleich der Siedetemperatur, so daß jede noch so kleine Wärmezufuhr sofort Dampf erzeugen würde. Alle Zustandsgrößen werden mit einem Strich gekennzeichnet (z.B. v') [1].

[1] gesprochen: vau Strich

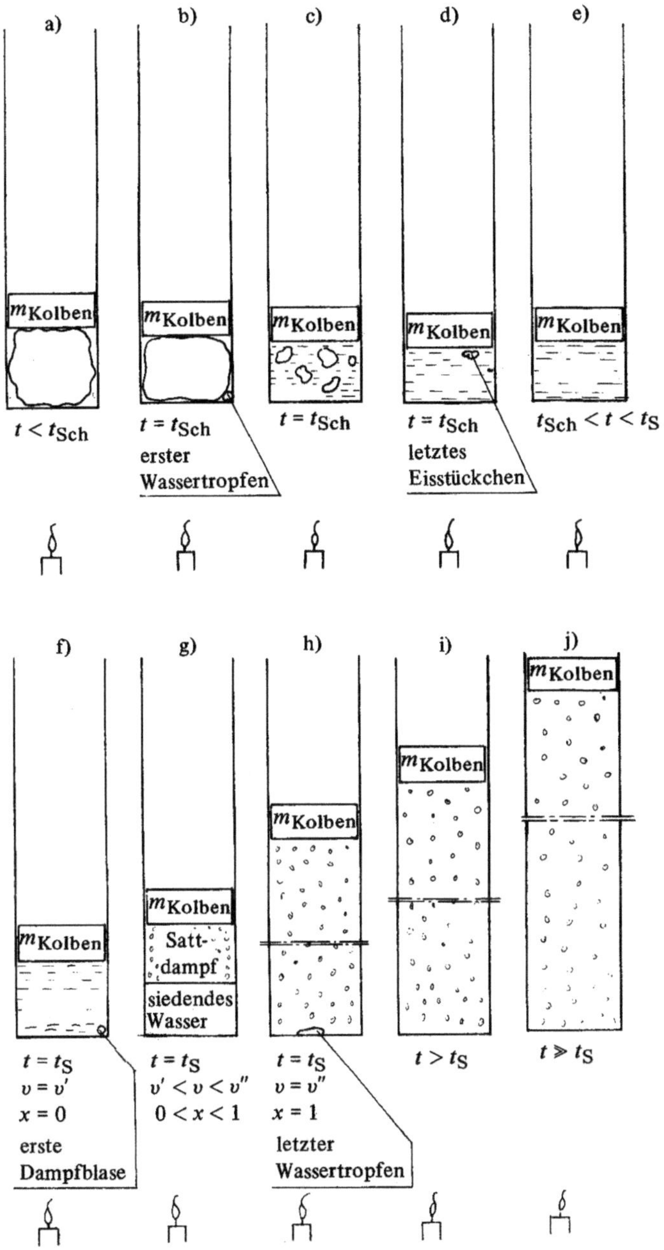

Bild 13.1 Stationen der isobaren Erwärmung von Wasser vom festen bis zum gasförmigen Aggregatzustand

a) Eis
b) schmelzendes Eis
c) Eiswasser
d) Schmelzwasser
e) Wasser
f) siedendes Wasser
g) Naßdampf
h) Sattdampf
i) Heißdampf oder überhitzter Dampf
j) Gas

- *Sattdampf oder trocken gesättigter Dampf*
  Der Aggregatzustand ist gasförmig, aber die Temperatur ist gleich der Siedetemperatur, so daß jede noch so kleine Wärmeabfuhr Flüssigkeitstropfen erzeugen würde. Alle Zustandsgrößen werden mit zwei Strichen gekennzeichnet (z.B. v'') [2].
- *Naßdampf*
  So heißt jede Mischung von siedender Flüssigkeit und Sattdampf, unabhängig davon, ob sich die Flüssigkeit am Boden eines Gefäßes, als Film an der Wand befindet oder als Tropfen in einer Sattdampfströmung schwebt.

Das Verhältnis der Sattdampfmasse m'' zur Gesamtmasse $m' + m''$ heißt *Dampfgehalt* x:

$$x = \frac{m''}{m' + m''} \tag{13.1}$$

x	m
1	kg

Siedendes Wasser hat demnach den Dampfgehalt $x = 0$ und Sattdampf $x = 1 = 100\,\%$.
Alle Zustandsgrößen von Naßdampf lassen sich damit in Anlehnung an Gl. (1.2) einfach interpolieren, wie

$$v = v' + (v'' - v')\,x \tag{13.2}$$

$$s = s' + (s'' - s')\,x \tag{13.3}$$

$$h = h' + (h'' - h')\,x \tag{13.4}$$

$$u = u' + (u'' - u')\,x \tag{13.5}$$

v	s	h, u	x
$\frac{m^3}{kg}$	$\frac{J}{kgK}$	$\frac{J}{kg}$	1

Die Zustandsgrößen des siedenden Wassers und des Sattdampfs entnimmt man zweckmäßig einer Naßdampftabelle (Tabelle A3.2.3).

- *Heißdampf oder überhitzter Dampf*
  Der Aggregatzustand ist gasförmig, die Temperatur größer als die Siedetemperatur, aber nicht so viel größer, daß sich Heißdampf ähnlich wie ein ideales Gas verhielte.

Der Zustand eines Gases läßt sich nämlich nur dann über das allgemeine Gasgesetz $p \cdot v = RT$ genügend genau berechnen, wenn die freie Weglänge zwischen den Molekülen ausreicht, um gasförmiges Verhalten ohne zusätzlichen Einfluß von Molekülanziehungskräften zuzulassen. Dies ist relativ genau nur bei sehr großen spezifischen Volumina und damit entsprechend $v = R \cdot T/p$ nur bei sehr großen Temperaturen und sehr kleinen Drücken der Fall.

Die Zustandsgrößen von Heißdampf lassen sich nur über relativ komplizierte Gleichungen, aus Tabellen (z.B. A3.2.4) oder Diagrammen (z.B. A3.2.5) bestimmen. Die Volumenausdehnungen sind vom Siedepunkt an so beträchtlich, daß sie in Bild 13.1 nicht mehr dargestellt werden konnten. Die strichpunktierten Linien deuten dies an.

---

[2] gesprochen: vau zwei Strich

13.2 Energiebilanz

Die oben beschriebene Erwärmung ist in Bild 13.2 abhängig von der Wärmezufuhr dargestellt. Diese erfolgt unter normalen atmosphärischen Bedingungen, also isobar, und kann demzufolge nach Satz 2.20 als Enthalpiezunahme aufgetragen werden.

In Anlehnung an Satz 2.7 merken wir uns zunächst den

Satz 13.1: Jede Wärmemenge, die einem Stoff zugeführt wird, kann zerlegt werden in

- die *fühlbare Wärme* $c_V \cdot \Delta t$, die sich als Temperaturänderung bemerkbar macht,
- die *innere Arbeit* φ, die bei Aggregatzustandsänderungen zur Auflockerung des Molekulargefüges dient und
- die *äußere Arbeit*, die mit der Volumenänderungsarbeit w identisch ist.

Die fühlbare Wärme und die innere Arbeit werden unter dem Begriff „Änderung der inneren Energie" zusammengefaßt.

$$\Delta u = c_V \cdot \Delta t + \varphi \qquad (13.6)$$

u, φ	c	t
$\frac{J}{kg}$	$\frac{J}{kgK}$	°C

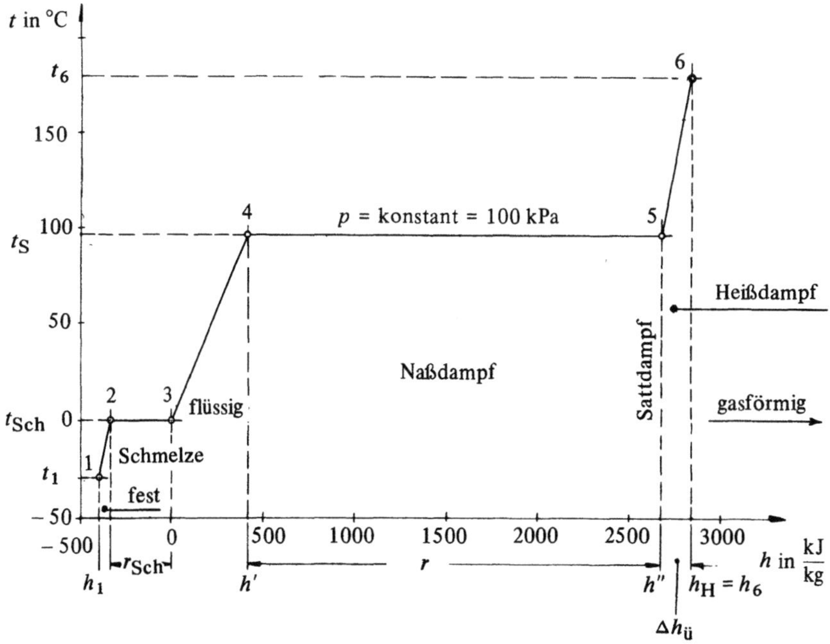

Bild 13.2 Isobare Erwärmung von Wasser bei $p = 100$ kPa im t-h-Diagramm

Beispiel 13.1: Für die in Bild 13.1 dargestellte isobare Erwärmung von $t_1 = -30\ °C ... t_6 = 180\ °C$ sollen alle Energieanteile bestimmt werden!

Lösung: Wir teilen zwecks besserer Überschaubarkeit die Gesamtzustandsänderung 1 → 6 in kleinere, möglichst einfache Teilzustandsänderungen auf.

Bereich 1 → 2:

Die Änderung der inneren Energie besteht nur aus fühlbarer Wärme; innere Arbeit ist nicht vorhanden, da der Aggregatzustand gleich bleibt. Die Volumenänderungen fester und flüssiger Körper sind, verglichen mit denen von Gasen, so klein, daß man deren Auswirkungen in Energieberechnungen praktisch immer vernachlässigt. Deshalb entfällt hier auch der Unterschied zwischen c_P und c_V, so daß als einzige Rechnung bleibt:

$$\Delta u_{12} = c \cdot (t_2 - t_1)$$

$$= 1{,}926\ \frac{\text{kJ}}{\text{kgK}} \cdot [0 - (-30)]\ °\text{C}$$ (c aus Tabelle A3.1.3; $t_2 = t_{Sch}$ aus Tabelle A3.1.4)

$$\underline{\underline{\Delta u_{12} = 58\ \text{kJ/kg}}}$$ (Anmerkung: c gilt genau nur bei 0 °C! Für exakte Berechnungen müßte man überprüfen, ob c zwischen −30 °C und 0 °C konstant ist.)

Bereich 2 → 3:

Da die Temperatur konstant bleibt, ist die fühlbare Wärme gleich Null. Da ebenso wie im Bereich 1 → 2 die Volumenänderung nur eine verschwindend kleine Energieänderung bewirkt, wird diese nicht berücksichtigt. Die gesamte Schmelzwärme r_{Sch} (s. Tabelle A3.1.4) besteht daher aus innerer Arbeit.

$$\underline{\underline{r_{Sch} = 333\ \text{kJ/kg}\ .}}$$

Bereich 3 → 4:

Auch hier wollen wir die äußere Arbeit vernachlässigen. Die innere Arbeit ist Null, da der Aggregatzustand sich nicht ändert. Ähnlich wie im Bereich 1 → 2 rechnen wir also mit $t_3 = t_2$:

$$\Delta u_{34} = c(t_4 - t_3)$$

$$= 4{,}183\ \frac{\text{kJ}}{\text{kgK}} (99{,}64 - 0)\ °\text{C}$$ (mit c und $t_4 = t_S$ aus A3.1.4 und A3.2.3)

$$\underline{\underline{\Delta u_{34} = 417\ \text{kJ/kg}\ .}}$$

Bereich 4 → 5:

Die Wärme, die zugeführt werden muß, um aus 100 % Flüssigkeit 100 % Dampf zu machen, heißt Verdampfungswärme r. Da es üblich ist, die innere und die äußere Arbeit während der Verdampfung als *innere* (φ) und *äußere* (ψ) *Verdampfungsarbeit* zu bezeichnen, ergeben sich für den Verdampfungsvorgang die Gleichungen:

$$\boxed{r = h'' - h'}$$

$$\boxed{r + \psi = \varphi}$$

r, h, ψ, φ
$\frac{\text{J}}{\text{kg}}$

(13.7)

wobei Gl. (13.8) auch als 1. Hauptsatz der Wärmelehre für den Verdampfungsvorgang bezeichnet werden könnte.

$$\psi = -p(v'' - v')$$

$$= -100\ \text{kPa}\ (1{,}694 - 0{,}001)\ \frac{\text{m}^3}{\text{kg}}$$

$$= -169{,}3\ \frac{\text{kPa} \cdot \text{m}^3}{\text{kg}} \cdot \frac{1000\ \text{N}}{\text{kPa} \cdot \text{m}^2} \cdot \frac{\text{kJ}}{\text{Nm} \cdot 1000}$$

$$\underline{\underline{\psi = -169\ \text{kJ/kg.}}}$$

(nach Anlehnung an Tabelle A2.1.1 für isobare Zustandsänderungen mit $p = p_m$ und $\Delta v = v'' - v'$ und v'' und v' nach Tabelle A3.2.3)

$$\underline{\underline{r = 2258 \text{ kJ/kg}}} \qquad \text{(nach Tabelle A3.2.3)}$$

$$\varphi = r + \psi$$
$$= (2258 - 169)\,\frac{\text{kJ}}{\text{kg}}$$
$$\underline{\underline{\varphi = 2089 \text{ kJ/kg}}}\,.$$

Interessant ist, daß trotz der gewaltigen Volumenausdehnung auf das 1694-fache (!) die äußere Verdampfungsarbeit lediglich einen Anteil von $169/2258 \cdot 100\,\% = 7{,}5\,\%$ der Gesamtverdampfungswärme r ausmacht. Die Vernachlässigung dieses Anteils im festen und flüssigen Bereich war also berechtigt.

Bereich 5 → 6:

Die Bestimmung der Heißdampfenthalpie $h_H = h_6$ und des spezifischen Volumens $v_H = v_6$ erfolgt entweder mittels einer Heißdampftabelle (A3.2.4) oder mittels des in Abschnitt 10.3 beschriebenen h-s-Diagramms (A3.2.5).

$$\underline{\underline{v_H = 2{,}078 \text{ m}^3/\text{kg}}} \qquad \underline{\underline{h_H = 2836 \text{ kJ/kg}}}\,.$$

Die zuzuführende Wärme heißt Überhitzungswärme und berechnet sich zu:

$$\Delta h_ü = h_H - h'' \qquad (h'' \text{ aus Tabelle A3.2.3})$$
$$= (2836 - 2675)\,\frac{\text{kJ}}{\text{kg}}$$
$$\underline{\underline{\Delta h_ü = 161 \text{ kJ/kg}}}\,.$$

Die äußere Arbeit ergibt sich aus:

$$w_{56} = -p\,(v_H - v'')$$
$$= -100 \text{ kPa}\,(2{,}078 - 1{,}694)\,\frac{\text{m}^3}{\text{kg}} \cdot \frac{1000 \text{ N}}{\text{kPa} \cdot \text{m}^2} \cdot \frac{\text{kJ}}{10^3 \text{ Nm}}$$
$$\underline{\underline{w_{56} = -38 \text{ kJ/kg}.}}$$

Die innere Arbeit ist Null, aber eine Änderung der inneren Energie ist wegen der Temperatursteigerung als fühlbare Wärme trotzdem vorhanden.

$$\Delta u_{56} = \Delta h_ü + w_{56}$$
$$= (161 - 38)\,\frac{\text{kJ}}{\text{kg}}$$
$$\underline{\underline{\Delta u_{56} = 123 \text{ kJ/kg}}}\,.$$

Die insgesamt zugeführte Wärmemenge ist also:

$$\left.\begin{aligned} q_{16} &= \Delta h_{12} + \Delta h_{23} + \Delta h_{34} + \Delta h_{45} + \Delta h_{56} \\ \Delta h_{12} &= \Delta u_{12} \\ \Delta h_{23} &= r_{Sch} \\ \Delta h_{34} &= \Delta u_{34} \\ \Delta h_{45} &= r \\ \Delta h_{56} &= \Delta h_ü \end{aligned}\right]$$

$$q_{16} = \Delta u_{12} + r_{Sch} + \Delta u_{34} + r + \Delta h_{ü}$$
$$= \frac{kJ}{kg} (58 + 333 + 417 + 2258 + 161)$$
$$\underline{\underline{q_{16} = 3227 \text{ kJ/kg}}} .$$

Die Änderung der inneren Energie ist:

$$\left.\begin{aligned} \Delta u_{16} &= \Delta u_{12} + \Delta u_{23} + \Delta u_{34} + \Delta u_{45} + \Delta u_{56} \\ \Delta u_{23} &= r_{Sch} \\ \Delta u_{45} &= \varphi \end{aligned}\right]$$

$$\Delta u_{16} = \Delta u_{12} + r_{Sch} + \Delta u_{34} + \varphi + \Delta u_{56}$$
$$= (58 + 333 + 417 + 2089 + 123) \frac{kJ}{kg}$$
$$\underline{\underline{\Delta u_{16} = 3020 \text{ kJ/kg}}} .$$

Die äußere Arbeit (Volumenänderungsarbeit) ist:

$$\left.\begin{aligned} w_{16} &= w_{12} + w_{23} + w_{34} + w_{45} + w_{56} \\ w_{12} &= 0 \\ w_{23} &= 0 \\ w_{34} &= 0 \\ w_{45} &= \psi \end{aligned}\right]$$

$$w_{16} = \psi + w_{56}$$
$$= (-169 - 38) \frac{kJ}{kg}$$
$$\underline{\underline{w_{16} = -207 \text{ kJ/kg}}} .$$

Als Energiebilanz ergibt sich so:

$$q_{16} + w_{16} = \Delta u_{16}$$
$$\underline{\underline{3227 \frac{kJ}{kg} + \left(-207 \frac{kJ}{kg}\right) = 3020 \frac{kJ}{kg}}} .$$

Von der insgesamt zugeführten Wärmemenge von 3227 kJ/kg dienten also 3020 kJ/kg entweder dazu, das Molekulargefüge aufzulockern, was sich nach außen durch Aggregatzustandsänderungen bemerkbar machte, oder dazu, die Schwingungsamplituden der Moleküle bei ihrer Wärmebewegung zu vergrößern, was sich nach außen durch Temperaturerhöhungen äußerte. Lediglich 207 kJ/kg waren notwendig, um das System von ca. 1 dm^3/kg auf das 2078-fache gegen den herrschenden Umgebungsdruck zu vergrößern.

Übungsaufgabe 13.1: Naßdampf mit einem Dampfgehalt von $x = 60$ % wird bei einem konstanten Druck von $p = 5$ MPa auf $t_H = 320$ °C erwärmt. Bestimme die Siedetemperatur, die innere und äußere Verdampfungswärme, die Überhitzungswärme, die Heiß- und Naßdampfenthalpie und stelle eine Energiebilanz im Sinne des 1. Hauptsatzes der Wärmelehre für geschlossene Systeme auf!

13.3 Das Druck-Volumen-Temperatur-Diagramm

Bild 13.3 zeigt die Abhängigkeit aller reinen Stoffe von den drei direkt meßbaren Zustandsgrößen Druck, Volumen und Temperatur am Beispiel von Kohlendioxid (CO_2). Um das Bild allgemein und überschaubar zu halten, ist das Volumen spezifisch und logarithmisch aufgetragen.

Man unterscheidet zunächst die drei Aggregatzustände fest, flüssig und gasförmig sowie die jeweiligen Übergangsgebiete der Schmelze, des Naßdampfes und der Sublimation.

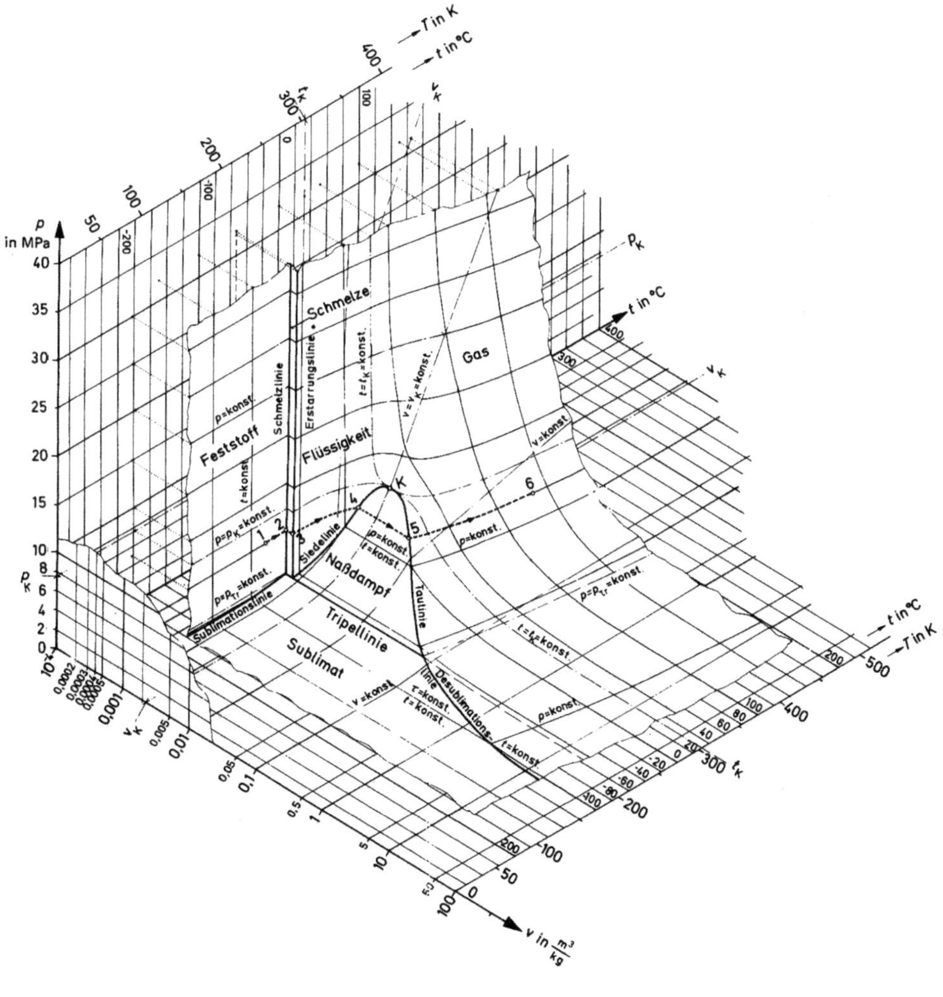

Bild 13.3 Die Zustände von Kohlendioxid im Druck-Volumen-Temperatur-Diagramm

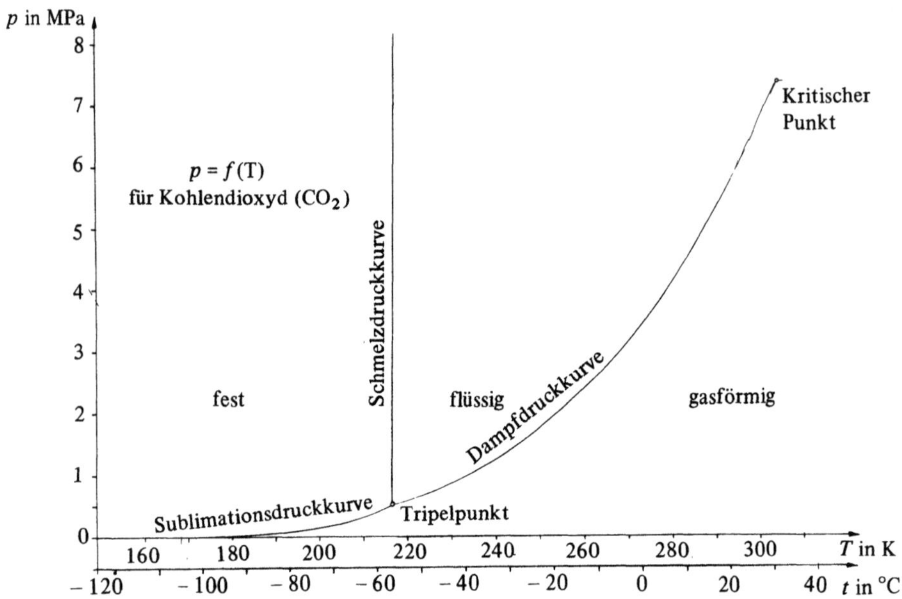

Bild 13.4 Das *p*-*t*-Diagramm von Kohlendioxid

Wir bezeichnen als

Schmelzen den Übergang	fest	→ flüssig
Erstarren den Übergang	flüssig	→ fest
Sieden den Übergang	flüssig	→ gasförmig
Tauen [1]) den Übergang	gasförmig	→ flüssig
Sublimieren den Übergang	fest	→ gasförmig
Desublimieren den Übergang	gasförmig	→ fest.

Anschaulich wird dieses Diagramm durch Linien gleichen Drucks (Isobaren) und Linien gleicher Temperatur (Isothermen), die in den drei Übergangsgebieten stets identisch sind. Als Beispiel ist wieder eine Erwärmung bei konstantem Druck von 1 ... 6 eingetragen. Bitte beachten Sie, daß durch das logarithmische Auftragen des Volumens dies im Gasbereich stark verkleinert, im Fest-Flüssig-Bereich stark vergrößert erscheint.

Weiteren Aufschluß über die möglichen Aggregatzustände gibt uns die Seitenansicht des räumlichen *p*-*v*-*t*-Diagramms, nämlich das *p*-*t*-Diagramm (Bild 13.4). Am Tripelpunkt *Tr*, der durch den Tripeldruck p_{Tr} und die Tripeltemperatur t_{Tr} festgelegt ist, können alle drei Aggregatzustände eines Stoffes gleichzeitig auftreten. Der Tripelpunkt von Wasser liegt beispielsweise bei 0,01 °C und 0,611 kPa, der von Kohlendioxid bei − 56,6 °C und 518 kPa.

Oberhalb des kritischen Punktes *K* ist es nicht mehr möglich, die Aggregatzustände flüssig und gasförmig zu unterscheiden oder den Übergang von einem in den anderen Aggregat-

[1]) Beachten Sie, daß es nach dieser Definition nicht Tau-, sondern „Schmelzwetter" heißen müßte.

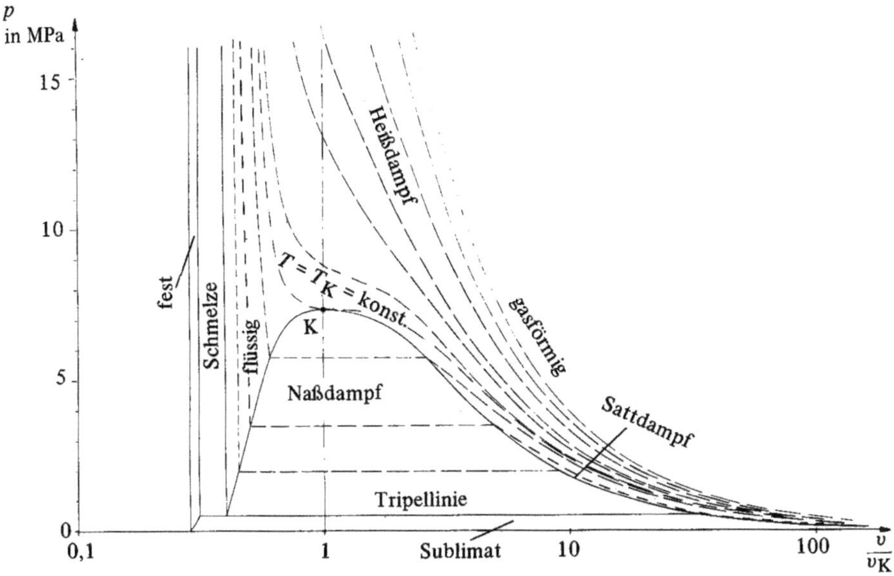

Bild 13.5 Das *p-v*-Diagramm von Kohlendioxid

zustand zu bemerken. Der kritische Punkt von Wasser liegt bei 374,15 °C und 22,12 MPa, der von Kohlendioxid bei 31 °C und 7,35 MPa. Ein ähnlicher Punkt beim Übergang von fest nach flüssig konnte bis heute noch bei keinem Stoff festgestellt werden.

Das *p-v*-Diagramm (Bild 13.5) stellt die Vorderansicht von Bild 13.3 dar. Deutlich ist zu sehen, daß der Ausdruck „Trockeneis" für festes Kohlendioxid richtig gewählt ist. Bei einer Sublimationstemperatur von $t_{Sub} = -79$ °C bei $p = 100$ kPa gibt es den flüssigen Aggregatzustand von CO_2 gar nicht. Trockeneis behält seine Temperatur solange bei, bis es vollständig sublimiert (vergast) ist.

Der Bereich direkt rechts neben der Ordinate entspricht nicht dem festen Aggregatzustand, sondern ist einfach nicht definiert. Selbst unter extremen Bedingungen behält jeder Körper ein bestimmtes Mindestvolumen, das nach auf der Erde gültigen Maßstäben nicht unterschritten werden kann.

13.4 Das *T-s-* und das *h-s-*Diagramm

Wärmemengen lassen sich besonders anschaulich im Temperatur-Entropie-Diagramm und besonders zweckmäßig im Enthalpie-Entropie Diagramm darstellen. Technisch interessant sind lediglich der Naßdampf- und der Dampf-(Gas-)Bereich, auf die man sich daher auch beschränkt. Der ausnutzbare Teil des Flüssigkeitsgebiets liegt selbst bei hohen Drücken noch so nah an der linken Grenzkurve des siedenden Wassers ($x = 0$), daß er mit dieser praktisch identisch ist.

Bild 13.6 zeigt das Temperatur-Entropie-Diagramm von Wasserdampf. Die getönte Fläche entspricht derjenigen Wärmemenge $q_{14} = \Delta h_{14}$, die isobar für eine Erwärmung vom flüs-

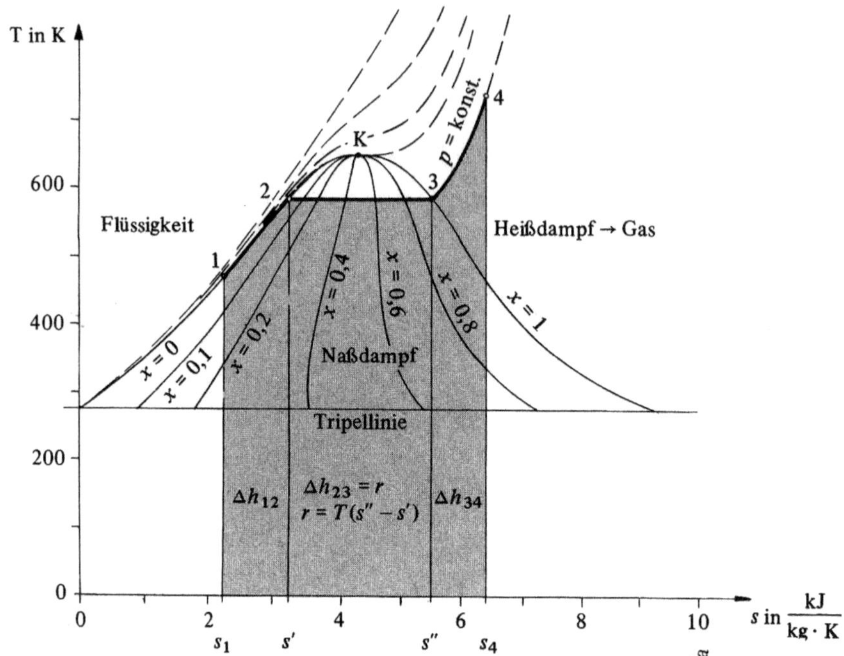

Bild 13.6 Das *T-s*-Diagramm von Wasserdampf

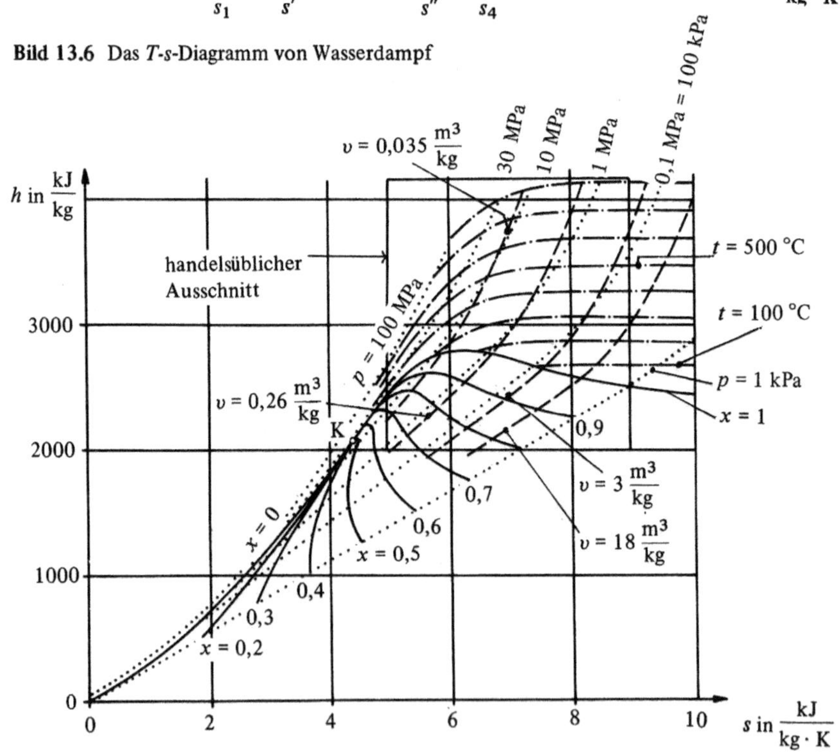

Bild 13.7 Das *h-s*-Diagramm von Wasserdampf

sigen bis zum gasförmigen Aggregatzustand zugeführt werden könnte. Wie immer sind im Naßdampfgebiet isobare und isotherme Linien identisch. Sie sind durch Linien gleichen Dampfgehaltes gleichmäßig unterteilt.

Im Enthalpie-Entropie-Diagramm (Bild 13.7, siehe auch Abschnitt 10.3) lassen sich besonders gut Enthalpiedifferenzen bei adiabaten Zustandsänderungen abgreifen. Da auch hier wieder im Naßdampfgebiet isotherme Linie isobare Linien sind, gilt für zugeführte Wärmemengen:

$$q_{12} = T_m \cdot \Delta s \quad \text{(allgemein)}$$

$$q_{12} = \Delta h \quad \text{(für } p = \text{konstant)}$$

$$T_m = T \quad \text{(für } T = \text{konstant)}$$

$$\Delta h = T \cdot \Delta s$$

$$T = \frac{\Delta h}{\Delta s} = \text{konstant.}$$

Dies bedeutet, daß die Temperatur ein Maß für die Steigung aller isobaren/isothermen Linien im Naßdampfgebiet ist und diese folglich nicht waagerecht, sondern schräg liegen.

Der Punkt mit der höchsten Naßdampftemperatur ist der kritische Punkt. Folglich liegt dieser jetzt an der Stelle der größten Steigung auf der linken Seite des Naßdampfgebietes. Außerhalb des Naßdampfgebietes steigen isobare Linien weiter an, während isotherme Linien nach einem Knick an der Sattdampflinie allmählich waagerecht werden.

13.5 Diagrammvergleiche

Die Lage der wichtigsten Linien im Naßdampf- und Gasbereich soll zum Schluß noch einmal in den wichtigsten Diagrammen gegenübergestellt sein (Bilder 13.8 ... 13.10).

Außer den Begrenzungslinien des Naßdampfgebietes ($x = 0$, $x = 1$ und der Tripellinie) sind als Linien eingetragen (soweit diese nicht Koordinaten sind):

gestrichelt:	Isochore	(v = konstant),
gepunktet:	Isobare	(p = konstant),
strichpunktiert:	Isotherme	(t = konstant),
mit Kreuzen:	Isentrope	(s = konstant),
mit Kreisen:	Isenthalpe	(h = konstant) und
dünn durchgezogen:	Linien gleichen Dampfgehaltes.	

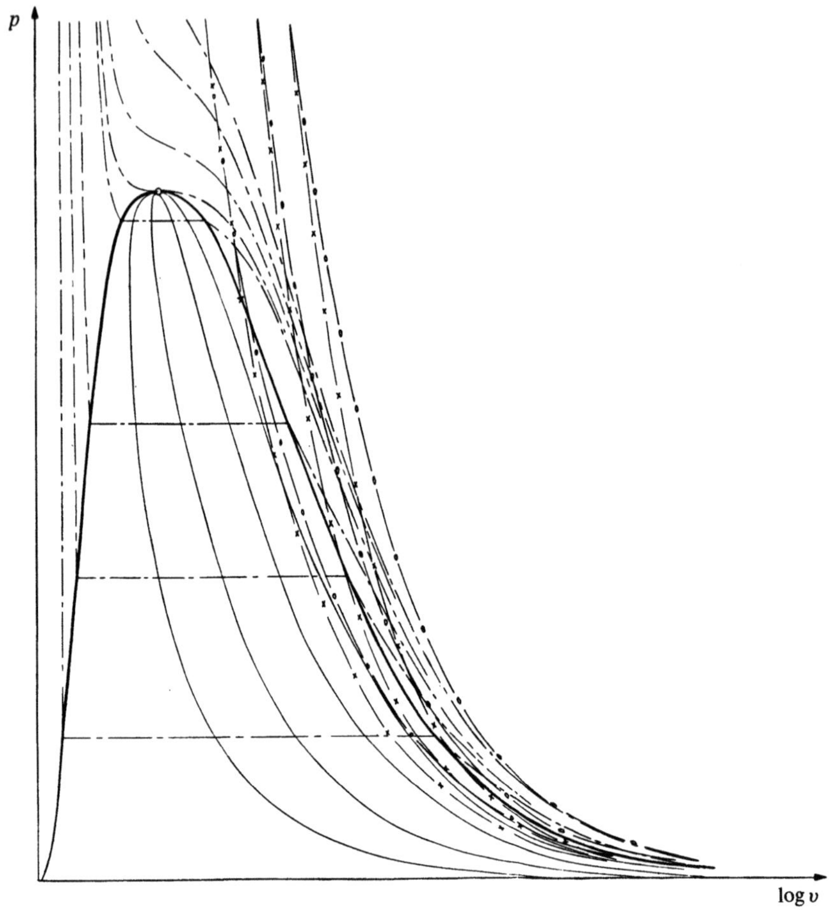

Bild 13.8 Die Lage der wichtigsten Linie im *p-log v*-Diagramm

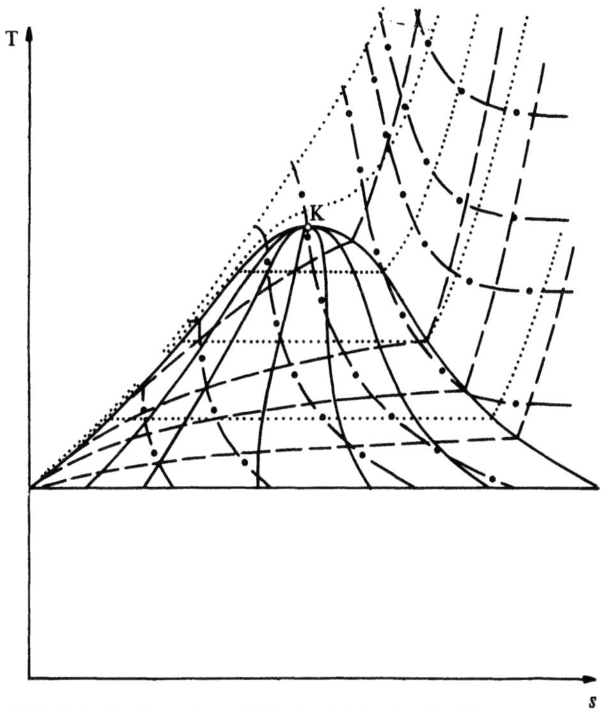

Bild 13.9 Die Lage der wichtigsten Linien im *T-s*-Diagramm

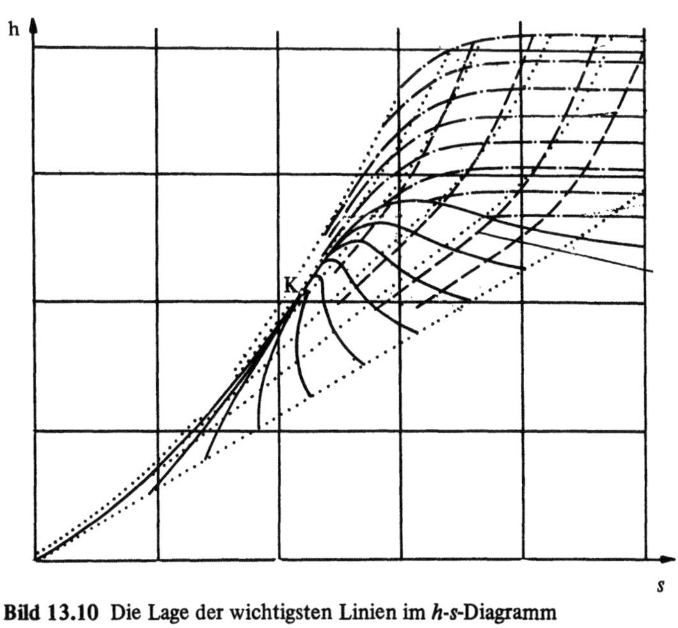

Bild 13.10 Die Lage der wichtigsten Linien im *h-s*-Diagramm

14 Die Dampferzeugung

14.1 Energieformen und -umwandlung

Der Mensch benötigt Energie nach Ort, Zeit und Art anders, als die Natur diese bereitstellt. Aufgabe aller Energieumwandlungsanlagen ist es, Energie in der benötigten Form am richtigen Ort zum gewünschten Zeitpunkt zu liefern.

Als Zwischenenergieform, die sozusagen auf Abruf ständig zur Verfügung steht, ohne daß bekannt sein muß, wozu sie benötigt wird, hat sich elektrische Energie bewährt, da sie

- aus reiner Exergie besteht und somit leicht in beliebige andere Energieformen umwandelbar ist und
- ohne unerträglich große Verluste auch über größere Entfernungen transportierbar ist.

Als Nachteil steht dem die

- völlig unzureichende Speichermöglichkeit

gegenüber, die die Verwendung von elektrischer Energie in größeren Mengen auf ortsfeste Anlagen beschränkt, da sie stets in dem Augenblick erzeugt werden muß, in dem sie entnommen wird.

Die Natur stellt Energien, die aus reiner Exergie bestehen, nicht in ausreichendem Maß zur Verfügung. Man benutzt als Primär- oder Rohenergie heute hauptsächlich Wärme, die aus chemischen, wie im Folgenden beschrieben, aber auch aus nuklearen Brennstoffen erzeugt werden kann.

Bild 14.1 zeigt prinzipiell die Energieumwandlungsvorgänge in einem Dampfkraftwerk üblicher Bauart, wie es schematisch in Bild 14.2 dargestellt ist.

Übungsaufgabe 14.1: Kennzeichnen Sie anhand der Tabelle A3.2.7 im Bild 14.2 jedes Symbol durch ein Stichwort, das dessen Bedeutung erklärt!

Grundsätzlich gibt es fünf Stoffströme, für die Transporteinrichtungen zur Verfügung gestellt werden müssen, nämlich

- den Brennstoff-Asche-Strom,
- den Luft-Verbrennungsgas(Rauchgas-, Abgas-,)-Strom bei Verwendung chemischer Brennstoffe,
- den Arbeitsmittel-Strom, der meistens aus Wasser und Wasserdampf besteht,
- den Kühlmittel-Strom und
- den elektrischen Strom.

Wichtigste Anlageteile (Bild 14.3) sind außer der Dampfturbine (Kapitel 15) und dem Stromerzeuger (Generator) der Dampferzeuger (Kessel) sowie der Kondensator. Besondere Maßnahmen zur Verbesserung des Wasserdampfkreisprozesses machen das Schaltbild komplizierter und sollen daher gesondert besprochen werden.

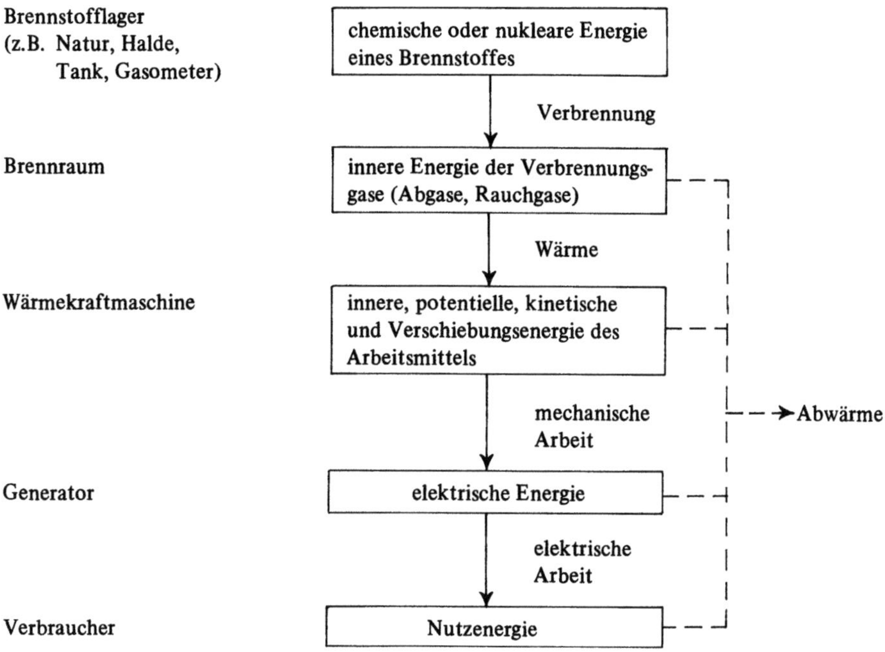

Bild 14.1 Energieumwandlungen im Dampfkraftwerk

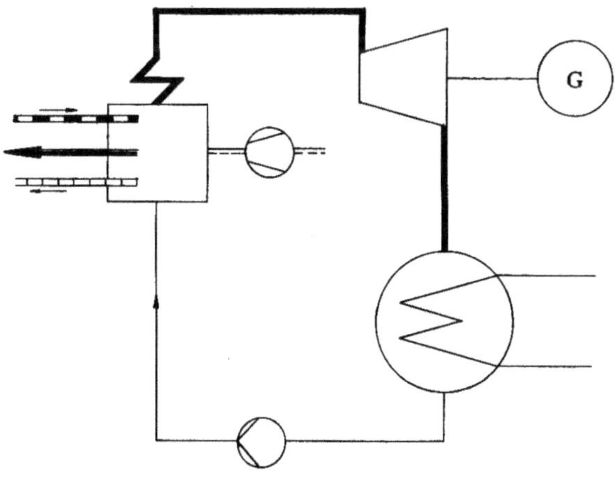

Bild 14.2 Einfache Dampfkraftanlage

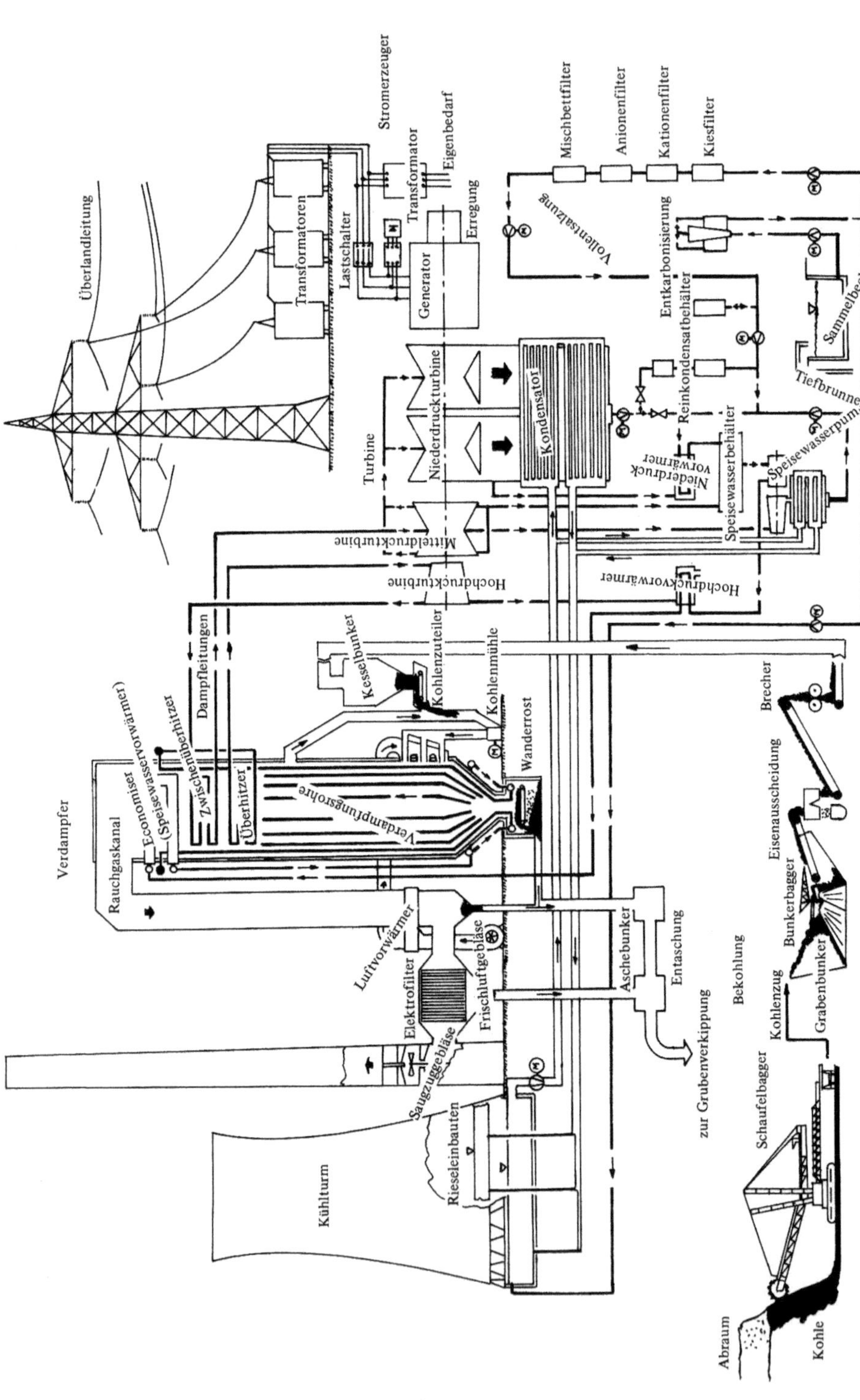

Bild 14.3 Kraftwerk schematisch

14.2 Dampferzeuger

Dampferzeuger oder Dampfkessel haben die Aufgabe, Wasser zu erwärmen, zu verdampfen und den entstandenen Wasserdampf weiter zu erhitzen. In einer Feuerung verbrennt man dazu feste, flüssige oder gasförmige Brennstoffe, deren Wärme möglichst vollständig und bei möglichst hoher Temperatur durch Wärmestrahlung und, beim Vorbeiströmen der Verbrennungsgase an Rohrwandungen, durch Konvektion übertragen werden soll.

14.2.1 Feuerung

Für die Verbrennung fester Brennstoffe, z. B. Kohle, sind Roste lange Zeit unentbehrlich gewesen. Der in Bild 14.4 gezeigte Planrost wurde im Laufe der Zeit durch fortschreitende Mechanisierung zum Wanderrost (Bild 14.5) verbessert. Schichthöhe, Transportgeschwindigkeit und Luftdurchsatz können dem Brennstoff- und Wärmebedarf angepaßt werden.

Wechselnden Betriebszuständen können die moderneren Kohlestaubfeuerungen (Bild 14.6), bei denen die Kohle zunächst zu Staub zermahlen und dann zusammen mit vorgewärmter Verbrennungsluft mit starkem Drall in den Brennraum geblasen wird, wesentlich schneller folgen. Bei einem größeren Anteil an Ballaststoffen (bis ca. 40 %) können diese, sofern sie einen Schmelzpunkt unter ca. 1600 °C haben, in sogenannten Schmelzkammerkesseln flüssig abgezogen werden.

Flüssige Brennstoffe verbrennt man ähnlich wie Kohlenstaub bei kleiner Teilchengröße (kleiner Tröpfchengröße nach vorheriger guter Zerstäubung) aufgrund der dann möglichen guten Vermischung mit der Verbrennungsluft bei kleinen Luftüberschüssen mit gutem Wirkungsgrad.

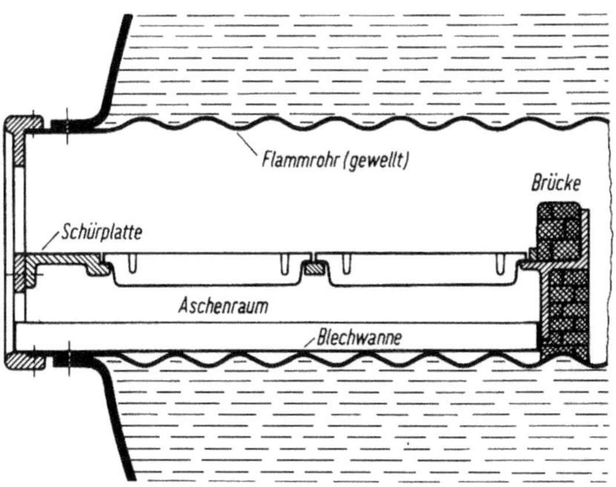

Bild 14.4
Flammrohrkessel mit Rostfeuerung

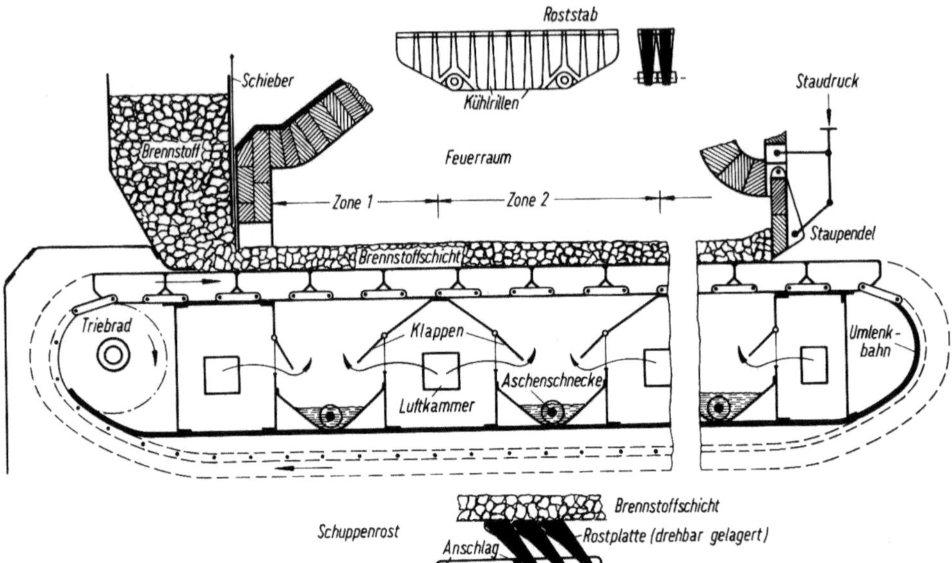

Bild 14.5 Wanderrostfeuerung

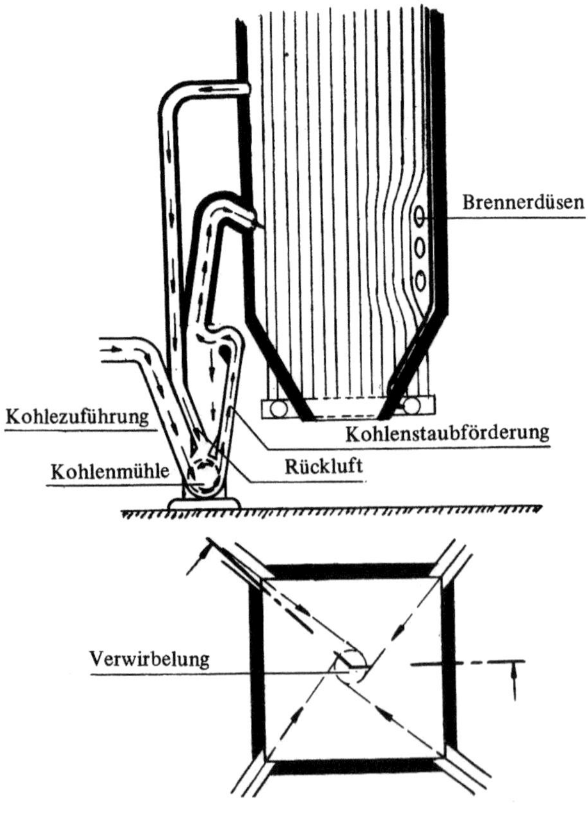

Bild 14.6
Kohlestaubfeuerung

14.2.2 Großwasserraumkessel

In Großwasserraumkesseln erfolgt der Wärmeübergang über *Flamm-* und/oder *Rauchrohre*. Flammrohre (Bild 14.4) liegen stets außermittig zum Gehäuse unter der Wasseroberfläche. Sie sind gewellt

- zum besseren Ausgleich von Wärmespannungen,
- aus Stabilitätsgründen gegen den Wasser- und Dampfdruck und
- wegen der größeren, wärmeabgebenden Oberfläche.

Aus den Flammrohren strömt das Rauchgas anschließend durch die Rauchrohre, in den es seine innere Energie weiter an Wasser und Wasserdampf abgeben kann. Sehr bekannt für diese Art der Wärmeausnutzung ist der *Dreizug-Kessel* (Bild 14.7), in dem die Rauchgase den Kessel dreimal in Längsrichtung durchströmen.

Solch ein Kessel liefert beispielsweise 10 t Dampf pro Stunde bei Überdrücken von 3 MPa und 400 °C Heißdampftemperatur.

14.2.3 Wasserrohrkessel

Anders als beim Flamm- oder Rauchrohrkessel strömt beim Wasserrohrkessel nicht Rauchgas, sondern Wasser in *Wasserrohren* durch den Kessel, die von außen geheizt sind (Bild 14.8). Wesentliche Vorteile (und Nachteile) dieses Prinzips sind:

- größere Dampfdrücke
  Bei gleichem Druck und gleicher Materialfestigkeit wächst die Wanddicke einer Rohrleitung mit ihrem Durchmesser. Da Wasserleitungen wesentlich kleiner sein können als Rauchgasrohre, ist die Beherrschung auch größerer Drücke möglich. Die notwendige Gesamtwärmeübergangsfläche kann über die Anzahl der Rohrleitungen leicht hergestellt werden.
- größere Wartungsintervalle
  Rauchgase verschmutzen die Wandungen von Rohrleitungen wesentlich schneller als Wasser. Allerdings muß das Speisewasser durch spezielle Anlagen so aufbereitet sein, daß Ablagerungen in den Rohrleitungen weitgehend vermieden werden. Großwasserraumkessel sind gegen schlechte Speisewasserqualität weit weniger empfindlich. Ablagerungen an den Rohrwänden behindern den Wärmeübergang und machen diesen ungleichmäßig, was z.B. Rohrreißer zur Folge haben kann.
- kleinere Anheizzeiten
  Wegen der kleineren Wanddicken und kleinerer Rohrdurchmesser können sich bei entsprechend elastischer Aufhängung Wärmespannungen besser und schneller ausgleichen. Die Folge ist eine erhöhte Betriebsbereitschaft. Statt eines halben Tages kann die Anheizzeit von Wasserrohrkesseln weniger als eine halbe Stunde betragen.
- geringere Explosionsgefahr – weniger elastisches Betriebsverhalten
  Anders als bei Wasserrohrkesseln ist das Wasservolumen von Großwasserraumkesseln größer als die stündliche Entnahmemenge an Wasserdampf. Außerdem befindet sich die gesamte Wassermenge in einem großen Raum. Ein Riß in der Wandung von Was-

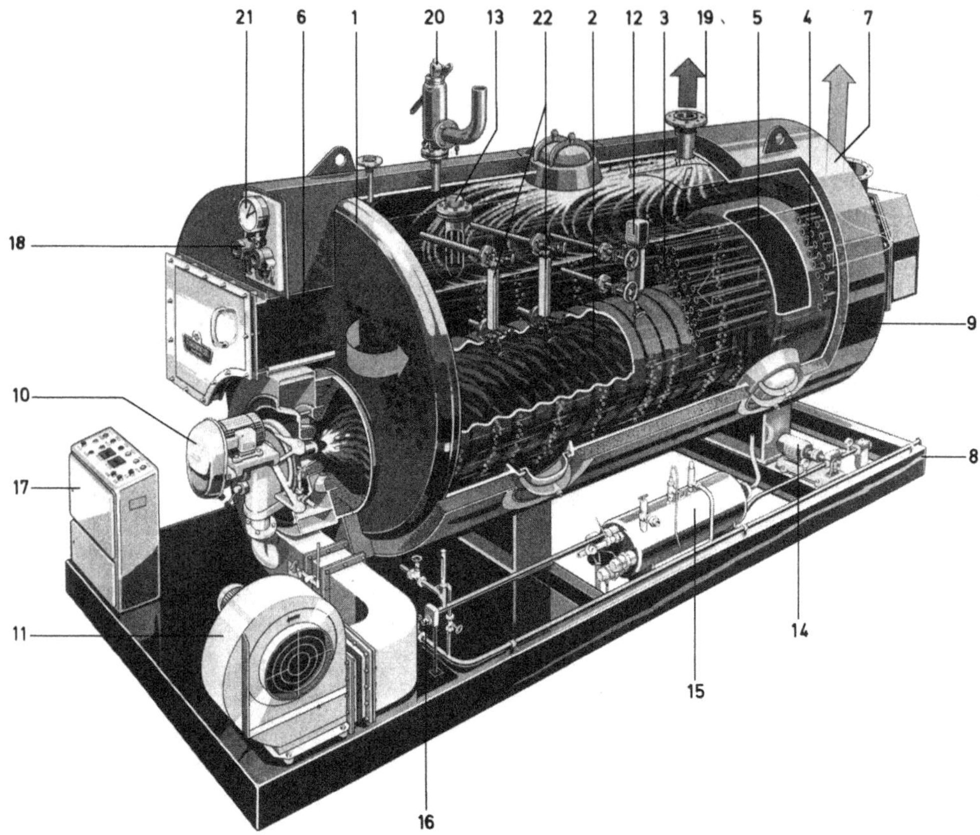

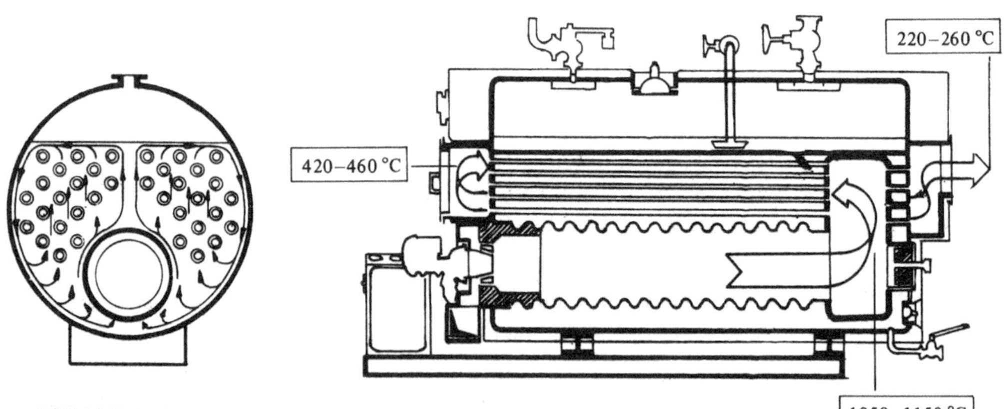

Bild 14.7 Dreizugkessel

1 Kesselkörper
2 Flammrohr
3 Rauchrohre 2. Zug
4 Rauchrohre 3. Zug
5 Wendekammer hinten wassergekühlt
6 Wendekammer vorne
7 Rauchabgang
8 Kesselrahmen
9 Isolierung
10 Brenner
11 Hauptluftgebläse
12 Speisepumpenschalter
13 Wasserstandbegrenzer
14 Heizölförderpumpe
15 Heizölvorwärmer
16 Viskositätskontrolle
17 Schaltpult
18 Druckregler
19 Dampfventil
20 Sicherheitsventil
21 Manometer
22 Wasserstände

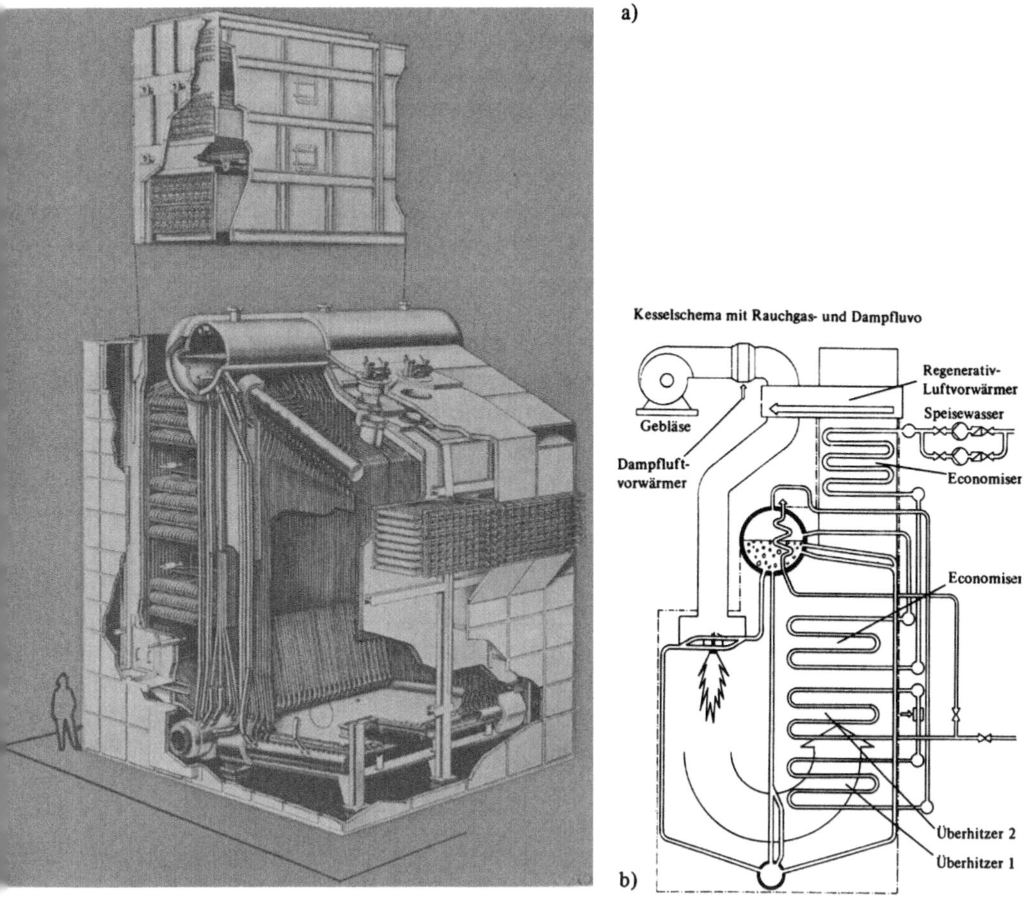

Bild 14.8 Schiffshauptkessel
a) perspektivisch, b) schematisch

serrohrkesseln läßt stets nur einen kleinen Teil des im Umlauf befindlichen Wassers austreten, während in Großwasserraumkesseln immer die gesamte Wassermenge beteiligt ist.

Siedendes Wasser hat bei höheren Drücken aufgrund der dann höheren Siedetemperatur eine größere innere Energie als siedendes Wasser bei niedrigeren Drücken. Bei einer Kesselexplosion, bei der der Kesseldruck sehr schnell bis auf den Umgebungsdruck sinkt, wirkt die Differenz der inneren Energien im Wasser wie eine entsprechend große zugeführte Wärmemenge, wodurch ebenso schnell zusätzlich große Mengen Wasserdampfes entstehen. Kesselexplosionen von Großwasserraumkesseln sind daher sehr gefürchtet.

Dieser Effekt kann bei betrieblich bedingtem Druckabfall, z. B. bei einem schnellen Öffnen der Dampfturbinenregelventile bei Belastungsanstieg, auch günstige Auswirkungen haben. Bei kurzzeitigem Ansteigen des Dampfverbrauchs bleibt Zeit, die Feuerung auf einen neuen Betriebszustand einzustellen. Man spricht von *Kesselelastizität*.

Die wegen des im Vergleich zur umgesetzten Dampfmenge kleinere Gesamtwassermenge von Wasserrohrkesseln führt zu unelastischem Betriebsverhalten, was trotz verbesserter Regelungseigenschaften der Feuerungsanlage nicht ganz ausgeglichen werden kann.

- größere Heizflächenbelastbarkeit
  Die Heizflächenbelastbarkeit ist gleich derjenigen Menge Dampf, die pro m^2 beheizter Fläche in einer Stunde erzeugt werden kann. Sie beträgt bei Großwasserraumkesseln ca. 20 kg Dampf/$m^2 \cdot h$, erreicht dagegen bei Wasserrohrkesseln Werte von 60 kg Dampf/$m^2 \cdot h$. Der Grund dafür sind die unterschiedlich großen Strahlungsteile der Kessel.

  Die Übertragung der Wärme durch die Rohrwandung an das Wasser erfolgt entweder als *Wärmedurchgang* (*Konvektion*)

$$\boxed{\dot{Q}_K = k \cdot A (t_A - t_B)} \qquad (14.1)^{1)}$$

$\dot{Q}$	k	A	t
W	$\frac{W}{K \cdot m^2}$	m^2	°C

oder als *Wärmestrahlung* entsprechend dem Stefan-Boltzmannschen Gesetz:

$$\boxed{\dot{Q}_S = C \cdot A (T_A^4 - T_B^4)} \qquad (14.2)^{1)}$$

$\dot{Q}$	C	T
W	$\frac{W}{m^2 \cdot K^4}$	K

Der Anteil der als Strahlung übertragenen Wärmemenge wächst also mit der 4. Potenz der Temperatur, während die über Berührung (Konvektion) übertragene Wärmemenge lediglich linear mit dieser ansteigt.

Dies bedeutet, daß der Wärmeaustausch bei hohen Feuerraumtemperaturen (ca. 1000 ... 1500 °C) in der Nähe der leuchtenden Flamme besonders intensiv ist. Erst bei niedrigeren Temperaturen (ca. 500 ... 800 °C) ist der Anteil der über Berührung übertragenen Wärmemenge gleich groß oder größer als der Strahlungsanteil.

Allgemein ist also festzustellen, daß die Heizflächenbelastbarkeit mit der Größe des als Strahlungsanteil ausbildbaren Kesselraumes ansteigt.

Werkstoffseitig sind Dampftemperaturen ab 550 °C kritisch, weil die Festigkeit ferritischer Stähle zwischen 500 °C und 600 °C stark abfällt. Austenitische Stähle mit hohen Anteilen an Chrom und Nickel für noch höhere Temperaturen (bis ca. 600 °C) sind teuer und gegen schnelle Temperaturänderungen empfindlich.

---

1) Auf die Bestimmung des Wärmedurchgangskoeffizienten k und der Strahlungszahl C soll hier aus Platzgründen nicht eingegangen werden. Sie kann in allen gängigen Wärmelehrelehrbüchern nachgelesen werden.

Bild 14.9 zeigt einen *Steilrohrkessel mit Naturumlauf.* Deutlich ist der besonders große Strahlungsteil (hier = Verdampferteil) zu erkennen, der aus gasdicht geschweißten Flossenrohrwänden besteht. Ein Teil der Siederohre der Seitenwände sind als Tragrohre für den darüberliegenden Speisewasservorwärmer und den Überhitzer ausgebildet, in dem Sattdampf zu Heißdampf überhitzt wird. Je weiter der Wasserdampf überhitzt wird, desto mehr baut man den Überhitzer in den Strahlungsteil des Kessels hinein, schon weil er gemessen an der Gesamtheizfläche immer größer wird.

Die Rohre sind bevorzugt senkrecht angeordnet, um einen genügend schnellen Kreislauf des Wassers gewährleisten zu können. Während der Verdampfung bilden sich Dampfbläschen, die wesentlich leichter sind als Wasser und darum schnell nach oben steigen. Das Wasser wird mitgezogen und fließt mit kleinerer Geschwindigkeit den Dampfblasen nach.

In der Trommel soll bei großer Wasseroberfläche die Austrittsgeschwindigkeit des Wasserdampfes klein sein, um ein Mitreißen von Wassertröpfchen möglichst zu vermeiden.

Außer dem Verdampfer, dem Überhitzer und einem eventuellen Zwischenüberhitzer (siehe nächsten Abschnitt) sind noch der *Speisewasservorwärmer* oder *Economiser* [1]) *(Eco)* und der *Luftvorwärmer (Luvo)* wichtige Kesselbauteile (Bild 14.8). Sie sollen mithelfen, die innere Energie der Rauchgase so weit wie möglich (bis ca. 100 °C) auszunutzen.

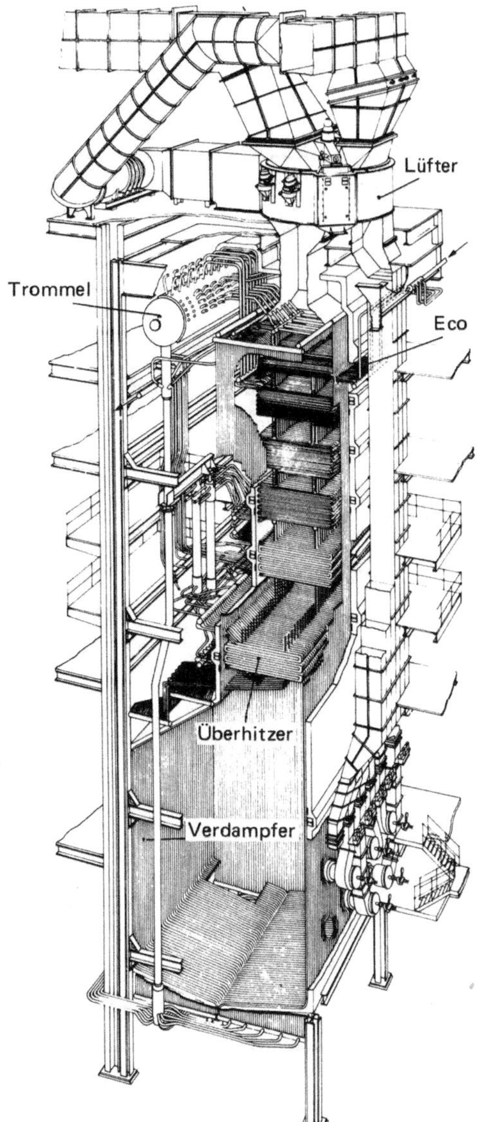

Bild 14.9 Naturumlaufkessel 200 t/h, 13,6 MPa, 535 °C

Da das Speisewasser oft sehr hoch mit Anzapfdampf vorgewärmt wird, ist der Luftvorwärmer meistens die letzte Stufe der Rauchgasausnutzung. Er erhöht die Temperatur der Verbrennungsluft je nach Brennstoff und Feuerungsart auf 150 °C ... 450 °C. Als Vorteil gelten unter anderem die hierdurch erreichbare bessere Zündgeschwindigkeit und die höhere Verbrennungstemperatur.

Sehr ähnlich arbeitet der *La-Mont-Kessel* oder *Zwangsumlaufkessel* (Bild 14.10). Der Umlauf wird diesmal nicht „natürlich", sondern über eine Pumpe erreicht. Die Festlegung der Rohrleitungslage ist damit freier und muß nicht mehr unbedingt nur steigend sein. Die um-

[1]) Sprich: ekonomaiser

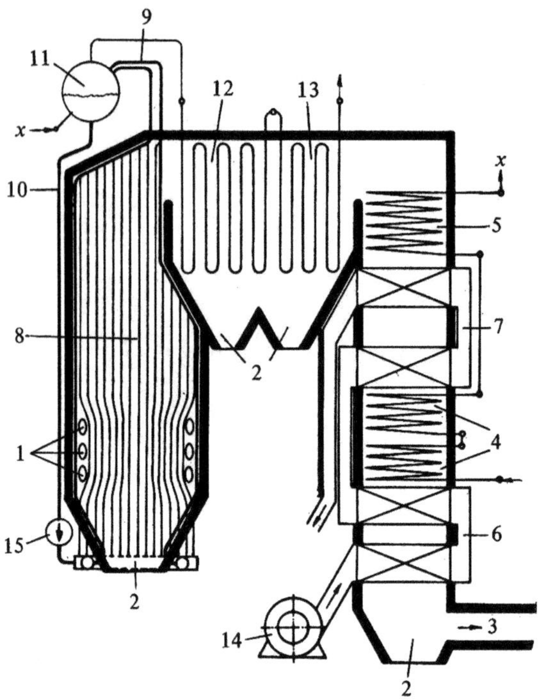

Bild 14.10

Zwangsumlaufkessel oder La Mont-Kessel

1	Brenner
2	Aschenfall
3	zum Fuchs
4, 5	Eco
6, 7	Luvo
8	Siederohre
9	Sammelrohre
10	Fallrohre
11	Trommel
12, 13	Überhitzer
14	Gebläse
15	Umwälzpumpe

a)

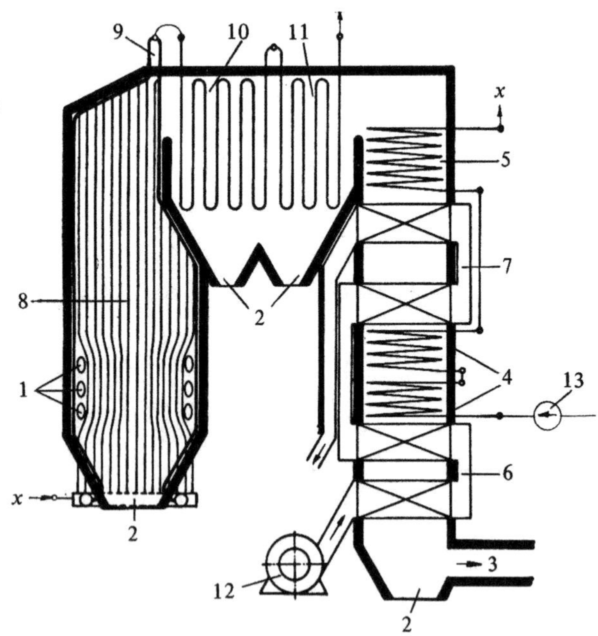

Bild 14.11

Zwangsdurchlaufkessel oder Benson-Kessel

a) schematisch, b) ausgeführt

1	Brenner
2	Aschenfall
3	zum Fuchs
4, 5	Eco
6, 7	Luvo
8	Siederohre
9	Sammelrohre
10, 11	Überhitzer
12	Gebläse
13	Kesselspeisepumpe

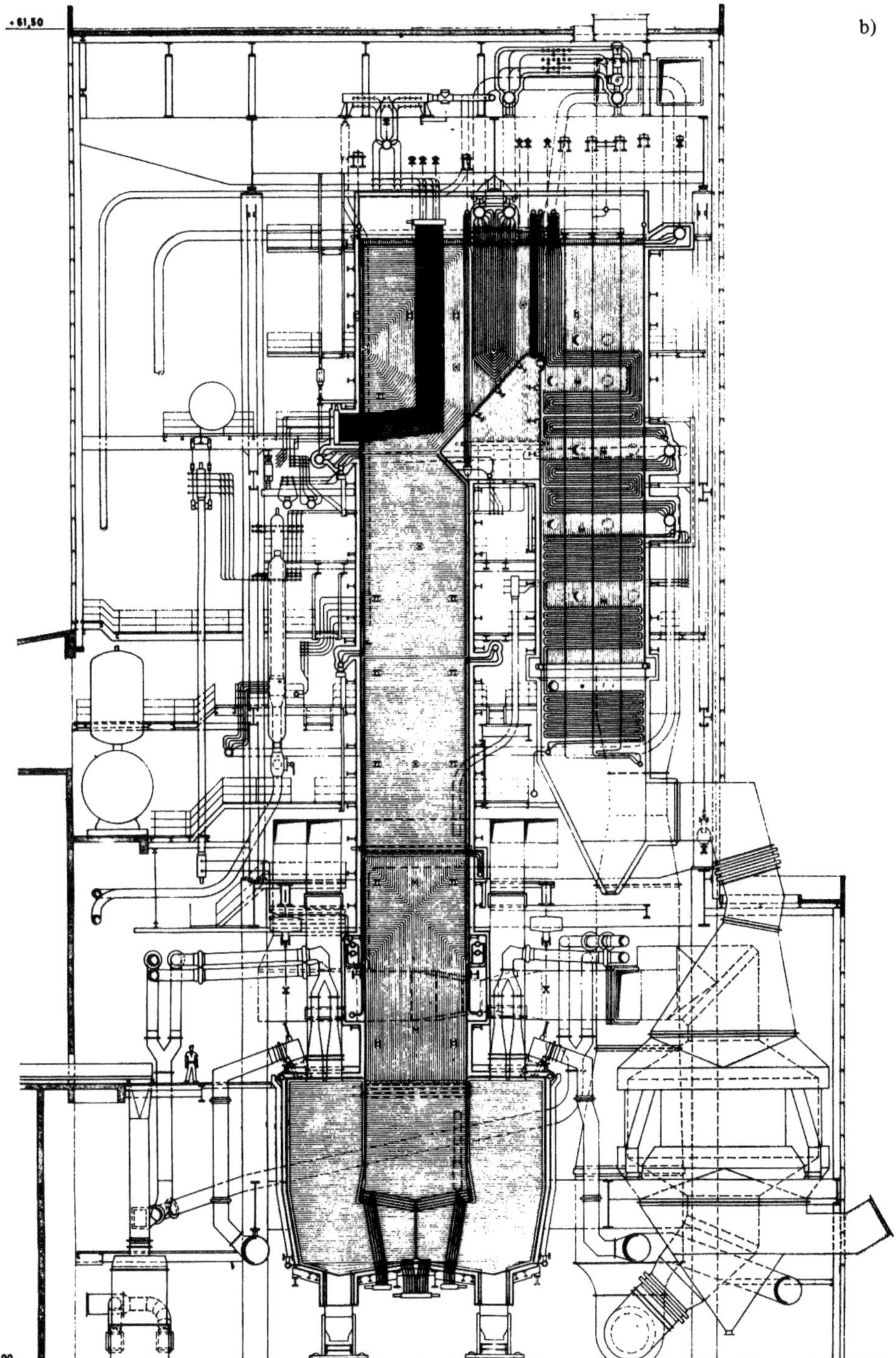

b)

laufende Wassermenge ist etwa drei- bis zehnmal so groß wie der pro Umlauf entnommene Wasserdampf.

Noch kleinere Wassermengen im Vergleich zur erzeugten Dampfmenge hat der ursprünglich nur für überkritische Drücke konzipierte *Benson*-Kessel (Bild 14.11) oder *Zwangsdurchlaufkessel*. Er besitzt weder Trommel noch Umlauf, weil bei überkritischen Drücken der Unterschied zwischen Wasser und Wasserdampf entfällt. Eine Pumpe drückt den Dampf in einem Durchgang durch alle Kesselteile. Da seine Elastizität bezüglich Entnahmeschwankungen besonders klein ist (warum?), ist es notwendig, auf eine besondere gute Feuerungsregelbarkeit zu achten. Für parallel liegende Rohrleitungszweige sichern kalibrierte Drosselstellen eine gleichmäßige Wasserstromverteilung.

14.3 Der Wasser-Wasserdampf-Kreisprozeß

Wärmekraftanlagen arbeiten nach dem *Clausius-Rankine-Kreisprozeß*, der sich aus

- einer adiabaten Druckerhöhung des Speisewassers durch die Speisewasserpumpe,
- einer weitgehend isobaren Erwärmung, Verdampfung und Überhitzung im Dampfkessel,
- einer adiabaten Expansion im Turbinenteil mit gleichzeitiger Arbeitsabgabe und
- einer isobaren Kondensation und Wärmeabfuhr an das Kühlwasser

zusammensetzt. Bild 14.12 stellt diesen Prozeß mit idealen Zustandsänderungen (Isentrope statt Adiabate mit Dissipation/$t_3 = t_U$) im T-s-Diagramm dar. Die Wärmezufuhr erfolgt

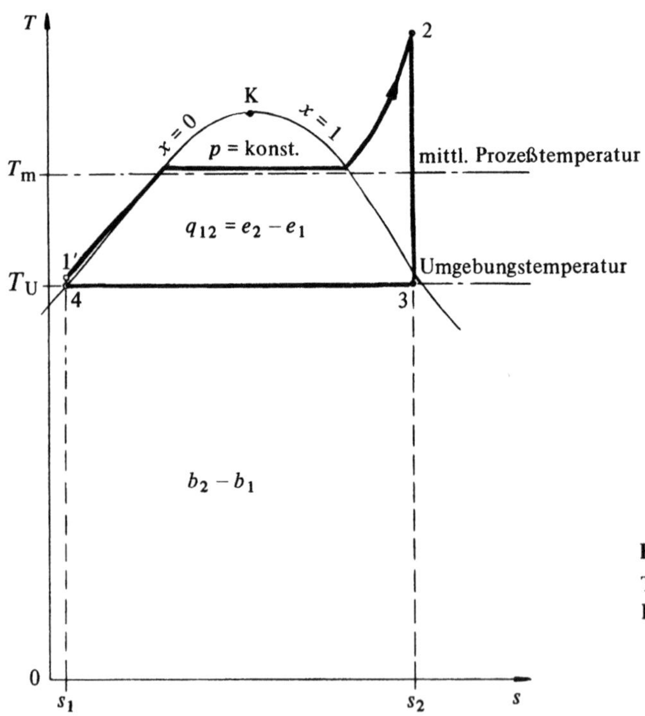

Bild 14.12

Theoretischer (idealer) Clausius-Rankine-Prozeß im T-sDiagramm

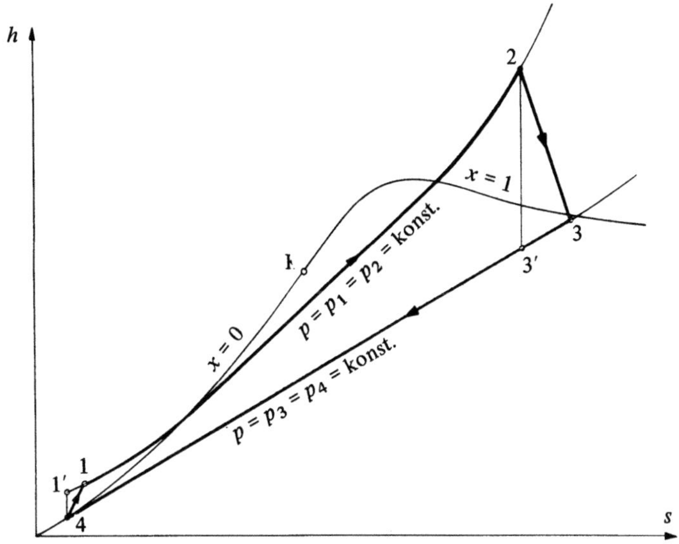

Bild 14.13 Tatsächlicher Clausius-Rankine-Prozeß im h-s-Diagramm

isobar und ist deshalb mit der Enthalpiedifferenz identisch,

$$q_{12} = h_2 - h_1 \tag{14.3}$$

q	h
$\frac{\text{J}}{\text{kg}}$	$\frac{\text{J}}{\text{kg}}$

die bei einer mittleren Temperatur von

$$T_\text{m} = \frac{h_2 - h_1}{s_2 - s_1} \tag{14.4}$$

T	h	s
K	$\frac{\text{J}}{\text{kg}}$	$\frac{\text{J}}{\text{kg K}}$

zugeführt wird.

Bild 14.13 zeigt den Clausius-Rankine-Prozeß im h-s-Diagramm entsprechend Bild 14.12 sowohl ohne Dissipation (dünn gezeichnet) als auch mit Berücksichtigung von Dissipation. Unmaßstäblich ist die Darstellung für beide Diagramme im Flüssigkeitsbereich, weil hier die Isobaren so dicht gedrängt liegen, daß im gezeichneten Maßstab keine Unterschiede mehr erkannt werden können.

14.3.1 Kesselwirkungsgrad

Aufgabe des Kessels ist es, die in Form von chemischer Energie des Brennstoffs zugeführte Energie möglichst exergieverlustarm in eine Enthalpiezunahme des Arbeitsmediums zu verwandeln. Der *Kesselwirkungsgrad* ist also:

$$\eta_\text{K} = \frac{\dot{m}(h_2 - h_1)}{\dot{m}_\text{B} \cdot \Delta h_\text{u}} \tag{14.5}$$

η	$\dot{m}$	h
1	$\frac{\text{kg}}{\text{s}}$	$\frac{\text{J}}{\text{kg}}$

während sich unter Berücksichtigung des zweiten Hauptsatzes und der Annahme, daß die chemische Energie des Brennstoffes fast ausschließlich aus Exergie besteht, der *exergetische Wirkungsgrad* zu

$$\boxed{\zeta_K = \frac{\dot{m}(e_2 - e_1)}{\dot{m}_B \cdot \Delta h_U}} \tag{14.6}$$

ζ	$\dot{m}$	e, h
1	$\frac{kg}{s}$	$\frac{J}{kg}$

ergibt. Führen wir noch (siehe Bild 14.12)

$$e_2 - e_1 = h_2 - h_1 - (b_2 - b_1)$$
$$b_2 - b_1 = T_U (s_2 - s_1)$$

$$\boxed{e_2 - e_1 = h_2 - h_1 - T_U(s_2 - s_1)} \tag{14.7}$$

e, h	T	s
$\frac{J}{kg}$	K	$\frac{J}{kg \cdot K}$

ein, dann folgt für den exergetischen Wirkungsgrad des Kessels:

$$\zeta_K = \frac{\dot{m}}{\dot{m}_B \cdot \Delta h_U} [h_2 - h_1 - T_U(s_2 - s_1)]$$

$$\eta_K = \frac{\dot{m}}{\dot{m}_B \cdot \Delta h_U} (h_2 - h_1)$$

$$\frac{\zeta_K}{\eta_K} = 1 - T_U \cdot \frac{s_2 - s_1}{h_2 - h_1}$$

und mit

$$T_m = \frac{h_2 - h_1}{s_2 - s_1} \tag{14.4}$$

$$\boxed{\zeta_K = \eta_K \left(1 - \frac{T_U}{T_m}\right)} \tag{14.8}$$

ζ, η	T
1	K

Bitte überzeugen Sie sich, daß der eingeklammerte Faktor mit dem *Carnot-Wirkungsgrad* entsprechend Gl. (4.5) identisch ist.

Selbst wenn also wie üblich die Wärmeisolierung des Kessels sehr gut ist und die innere Energie der Rauchgase weitgehend ausgenutzt wird ($\eta_K \approx 0{,}9$), dann ergibt sich für die übliche Frischdampftemperatur von $t_2 \approx 530$ °C ($\hat{=}\, T_{m2} \approx 550$ K) und einer angenommenen Umgebungstemperatur von $t_1 \approx 30$ °C ($\hat{=}\, T_{m1} \approx 300$ K) nur ein exergetischer Kesselwirkungsgrad von

$$\zeta_K = \zeta_K \left(1 - \frac{T_U}{T_m}\right)$$

$$= 0{,}9\left(1 - \frac{300}{550}\right) \cdot 100\ \%$$

$$\underline{\underline{\zeta_K = 36\ \%}}\,.$$

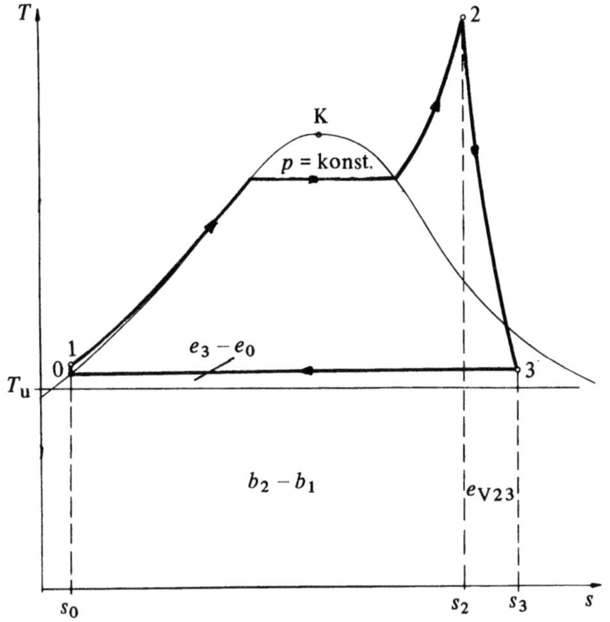

Bild 14.14
Exergie-Verluste des tatsächlichen Clausius-Rankine-Prozesses im *T*-*s*-Diagramm

Der erstaunliche Unterschied zwischen dem thermischen und dem exergetischen Wirkungsgrad des Kessels zeigt, daß eine alleinige Untersuchung aufgrund des ersten Hauptsatzes nicht ausreicht, da sich die großen Exergieverluste bei der Verbrennung und Wärmeübertragung nur bei Einbeziehung des zweiten Hauptsatzes sichtbar machen lassen. Bild 14.14 veranschaulicht diesen grundsätzlichen Zusammenhang.

14.3.2 Der Anlagenwirkungsgrad

Die Bilder 14.13 und 14.14 zeigen den wirklich ablaufenden Clausius-Rankine-Prozeß einer einfachen Dampfkraftanlage im *h*-*s*- und im *T*-*s*-Diagramm.

Außer bei der Wärmezufuhr im Dampfkessel von 1 nach 2 erkennt man weitere Exergieverluste in der Turbine von 2 nach 3, während der Wärmeabfuhr im Kondensator von 3 nach 4 und in der Speisewasserpumpe von 1 nach 2, wobei letztere aber wegen des insgesamt nur sehr kleinen Speisepumpenenergiebedarfs bedeutungslos sind.

Ohne Berechnung sei in Bild 14.15 das Exergie-Energie-Flußbild einer durchschnittlichen Dampfkraftanlage gezeigt. Ganz offensichtlich versprechen Verbesserungsmaßnahmen des einfachen Prozesses nur dann größeren Erfolg, wenn im Besonderen die Exergieverluste des Dampfkessels verringert werden.

Aufgabe des Kondensators (Bild 14.16) ist es, die während des Prozesses erzeugte Anergie in Form von Abwärme an die Umgebung abzuführen. Die Kondensatortemperatur sollte dabei so weit wie möglich bei der Umgebungstemperatur liegen, da der mit der Abwärme wegströmende Exergieanteil $e_3 - e_4$ nicht wiedergewonnen werden kann. Bild 14.3 zeigt u.a. den vom Dampfkreislauf streng getrennten Kühlwasserkreislauf, über den die Abwärme

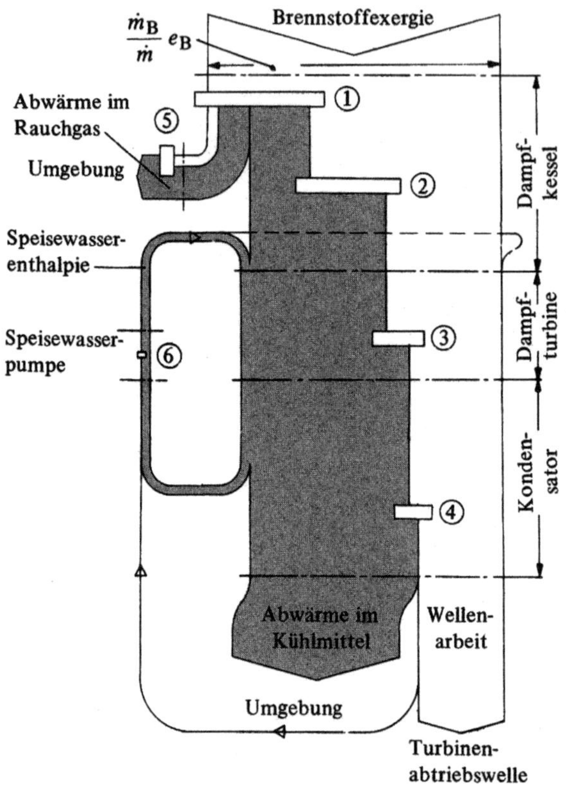

Bild 14.15
Exergie-Anergie-Flußbild einer einfachen Dampfkraftanlage
Exergieverlustquellen:
1 Verbrennung
2 Wärmeübergang: Rauchgas-Wasser/Wasserdampf
3 Turbinenverluste
4 Kondensatorverluste
5 Rauchgas
6 Speisewasserpumpe

zum Beispiel über Flußwasser oder, wie im Bild dargestellt, in Kühltürmen über die Luft an die Umgebung abgegeben wird.

Aus Tafel A3.2.3 entnimmt man beispielsweise für eine Kondensatortemperatur von 36 °C ein Dampfvolumen $v'' = 23{,}7\ m^3/kg$, das sich während der Kondensation auf $v' \approx 1/23700\ v''$ verkleinert. Dieser gewaltige Unterschied erklärt anschaulich, warum der Kondensatorausdruck nur 6 kPa beträgt (siehe Tafel A3.2.3).

Durch direktes Hintereinanderschalten der letzten Niederdruckstufe der Dampfturbine und des Kondensators (Bild 14.17) schafft man die Voraussetzung, daß dieser kleine Druck zur Ausnutzung der Dampfenthalpie zur Verfügung steht.

Wie bei allen Kreisprozessen muß zwecks Erreichen eines guten Gesamtwirkungsgrades die

- mittlere Temperatur während der Wärmezufuhr möglichst hoch und
- die mittlere Temperatur bei der Wärmeabfuhr möglichst niedrig gewählt werden.

Soll außerdem auch noch die Arbeitsabgabe

- bei möglichst gutem Turbinenwirkungsgrad, also möglichst isentrop

erfolgen, so ist die Durchführbarkeit des Prozesses durch die höchste zulässige Dampfnässe ($x_3 >$ ca. 0,9) in den letzten Turbinenstufen in Frage gestellt.

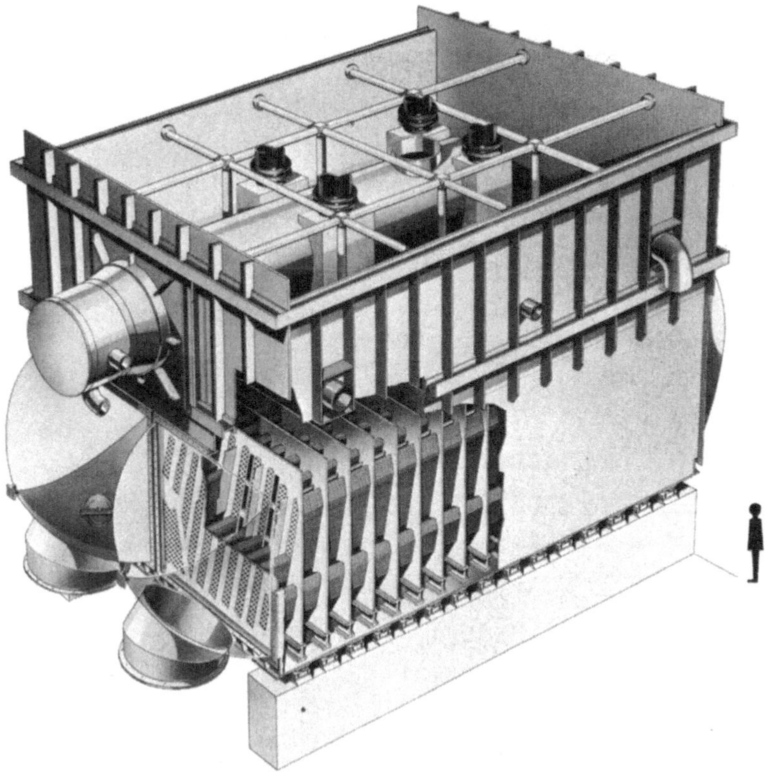

Bild 14.16 Oberflächenkondensator

Bild 14.18 zeigt, daß bei der aufgrund der Werkstoffestigkeit vorgegebener Frischdampftemperatur t_2 die mittlere Temperatur während der Wärmezufuhr mit zunehmendem Druckniveau steigt, während gleichzeitig die zu erreichende Endnässe des Dampfes auf unzulässige Werte abfällt.

Abhilfe schafft die in Bild 14.19 dargestellte *Zwischenüberhitzung* des bereits bis ca. $x = 1$ entspannten Dampfes, die außerdem aufgrund der hohen mittleren Temperatur während der Zwischenüberhitzung den Gesamtwirkungsgrad verbessert.

Die innere Energie der Rauchgase kann wirtschaftlich im *Luftvorwärmer* (Luvo) ausgenutzt werden. Die Temperatur der Verbrennungsluft wird dabei durch Wärmeübertragung von den Rauchgasen bereits vor Eintritt in den Brennraum auf ein höheres Niveau gebracht, ohne daß hierzu wertvolle Brennstoffexergie ausgenutzt werden müßte.

Einen weiteren positiven Einfluß auf die Verbesserung des Wirkungsgrades des Prozesses hat die *Speisewasservorwärmung durch Abzapfdampf*, da mit erhöhter Speisewassereintrittstemperatur t_1 auch die mittlere Temperatur während der Wärmezufuhr T_{m12} ansteigt.

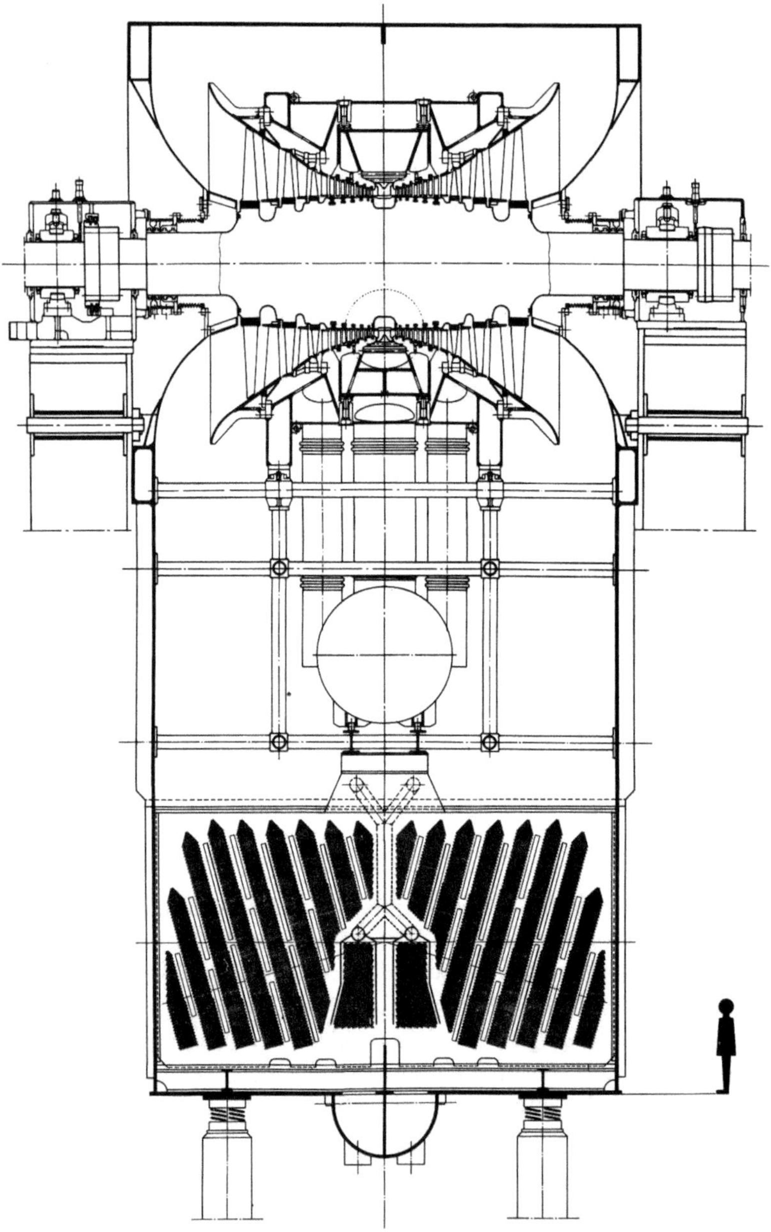

Bild 14.17 Schnitt durch eine Niederdruck-Turbine mit Kondensator

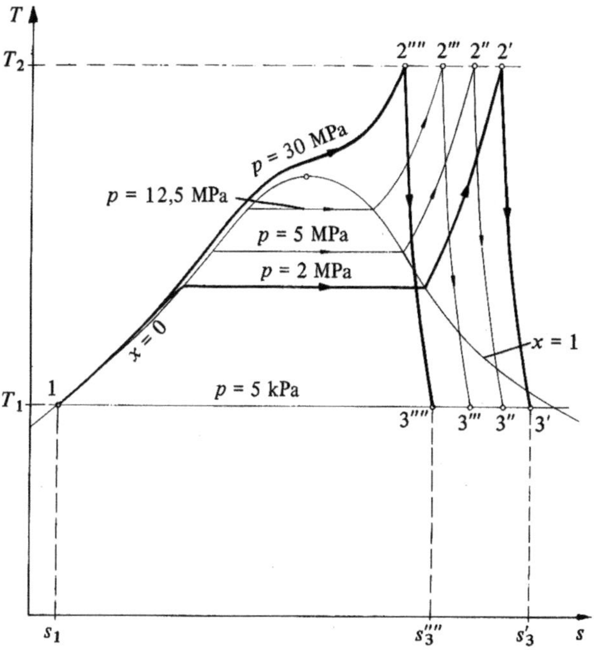

Bild 14.18
Abhängigkeit des ausnutzbaren Enthalpiegefälles vom Druckniveau

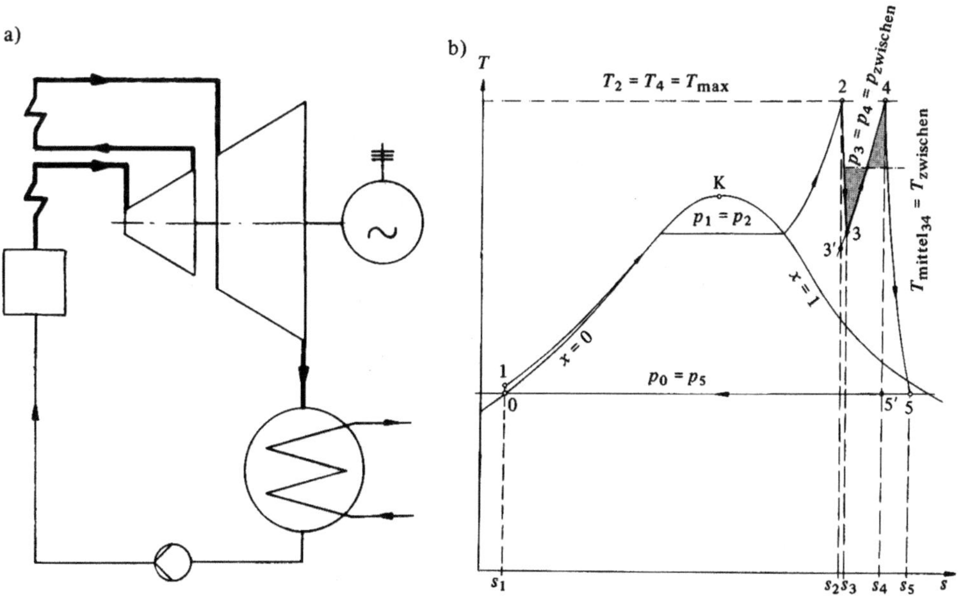

Bild 14.19 Anhebung des mittleren Temperaturniveaus durch Zwischenüberhitzung
a) Schaltbild b) *T*-*s*-Diagramm

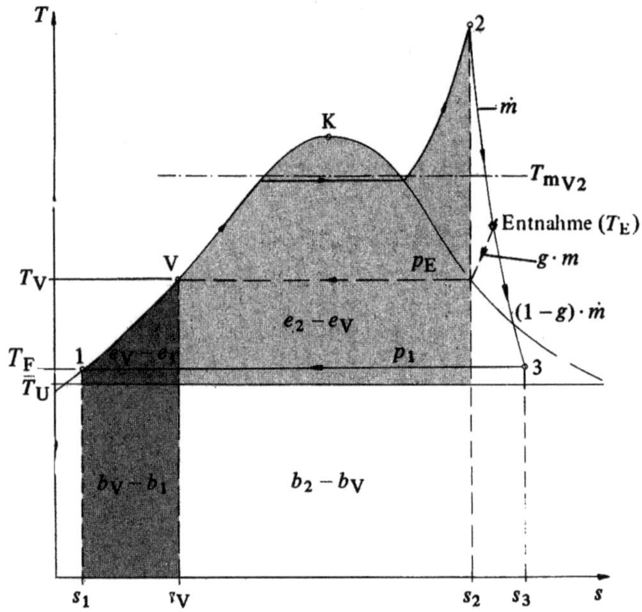

Bild 14.20
Speisewasservorwärmung durch Abzapfdampf

Bezeichnet man das Verhältnis einer Teilmasse i zur Gesamtmasse als Massenanteil g, dann gilt:

$$g = \frac{m_i}{m} = \frac{\dot{m}_i}{\dot{m}} \tag{14.9}$$

g	m	$\dot{m}$
1	kg	$\frac{\text{kg}}{\text{s}}$

Dem Gesamtdampfstrom $\dot{m}$ wird nach Durchströmen der ersten Turbinenstufen ein Teildampfstrom $g\dot{m}$ beim Entnahmedruck p_E entnommen und in einen Wärmetauscher geleitet. Das Speisewasser erwärmt sich dadurch von t_1 auf t_V, während sich der Entnahmedampf von t_E auf t_F abkühlt. Bild 14.20 zeigt die dabei ausgetauschten Enthalpieströme

$$\dot{m}(h_V - h_1) + g\dot{m}(h_F - h_E) = 0 \tag{14.10}$$

$\dot{m}$	h	g
$\frac{\text{kg}}{\text{s}}$	$\frac{\text{J}}{\text{kg}}$	1

als Flächen, die sich aber entsprechend Gl. (14.10) auf unterschiedliche Massenströme $\dot{m}$ und $g\dot{m}$ beziehen.

Die Wärmemenge $h_V - h_1$, die zum größten Teil aus Anergie besteht, liefert dabei der Entnahmedampf, während die Wärmemenge $h_2 - h_V$ mit großem Exergiegehalt im Dampfkessel bei entsprechend erhöhter Mitteltemperatur zugeführt wird.

Um die Exergieverluste im Vorwärmer, die mit der Größe der Differenztemperatur im Wärmetauscher ansteigen, klein zu halten, hat es sich allerdings als notwendig erwiesen,

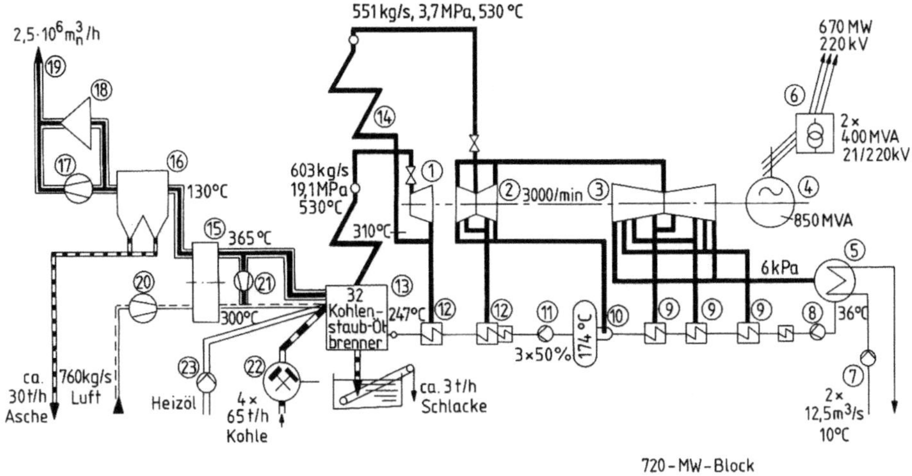

Bild 14.21 Schaltbild einer ausgeführten Dampfkraftanlage

1 Hochdruckturbine
2 Mitteldruckturbine
3 Niederdruckturbine
4 Generator
5 Kondensator
6 Transformator
7 Kühlwasserpumpe

8 Hauptkondensatpumpe
9 Niederdruckvorwärmer
10 Speisewasserbehälter u. Entgaser
11 Kesselspeisepumpe
12 Hochdruckvorwärmer
13 Dampfkessel, Bauart Benson
14 Zwischenüberhitzer
15 Luftvorwärmer

16 Elektrofilter
17 Saugzuggebläse
18 Rauchgasentschwefelung
19 Schornstein
20 Frischluftgebläse
21 Rauchgaszirkulationsgebläse
22 Kohlemühle
23 Heizölpumpe

Anzapfvorwärmung nur stufenweise zu betreiben, da sonst die Wirkungsgradverbesserung durch die Exergieverluste in den Vorwärmern wieder aufgezehrt würde. Die Temperatur des Entnahmedampfes muß also zur Temperatur des Speisewassers passen, weshalb Vorwärmung stets nur in mehreren Stufen betrieben wird.

Eine ausgeführte Anlage mit Zwischenüberhitzung und Entnahmedampfvorwärmung zeigt Bild 14.21, das im Prinzip auch für alle anderen Kondensationswärmekraftanlagen richtig ist.

15 Dampfturbinen

15.1 Allgemeiner Aufbau und Wirkungsweise

Dampfturbinen nutzen die Enthalpie eines Wasserdampfstromes aus, die diesem im Dampfkessel in Form von Wärme zugeführt wurde. Als Zwischenform der Energie wird die kinetische Energie benutzt, deren Größe über die Gl. (9.41a)

$$c_2 = \sqrt{-2 \cdot \Delta h}$$

berechnet werden kann, da die Voraussetzungen des Bildes 9.22 (adiabates System, Anfangsgeschwindigkeit im Vergleich zu den umgesetzten Enthalpiedifferenzen unbedeutend) für Dampfturbinen normalerweise genügend genau zutreffen. Gl. (10.13)

$$-\Delta h = -w_{t12} + \frac{c_2^2 - c_1^2}{2}$$

c	h, w
$\frac{\text{m}}{\text{s}}$	$\frac{\text{J}}{\text{kg}}, \frac{\text{m}^2}{\text{s}^2}$

läßt außerdem erkennen, daß eine möglichst kleine Austrittsgeschwindigkeit c_2 eine wichtige Voraussetzung für eine möglichst große an die Welle abzugebende Arbeit $-w_{t12}$ ist. Für vereinfachte Berechnungen kann aber durchaus anstelle des exakteren Bildes 10.9 eine Darstellung ähnlich dem Bild 15.1 für den Verlauf der Zustandsänderung gewählt werden.

Bild 15.2 zeigt den Weg, den der Dampf dabei grundsätzlich nimmt. Nach Passieren einer Schnellschlußvorrichtung, die im Notfall von Hand oder automatisch betätigt wird, gelangt der Frischdampf nach einem oder mehreren Regelventilen in eine Ringleitung und von dort durch Düsen, in denen er hoch beschleunigt wird, auf die Laufschaufeln, über die er seine kinetische Energie an die Turbinenwelle abgibt.

Die Strömungsrichtung ist dabei durch *Druckdifferenzen* vorgegeben, die an allen Düsen der Turbine immer wieder für eine erneute Beschleunigung des Dampfstroms sorgen. Der

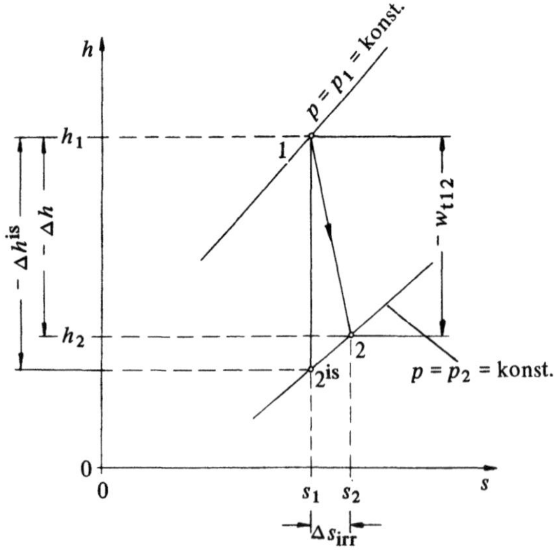

Bild 15.1
Adiabate Zustandsänderung mit Dissipation

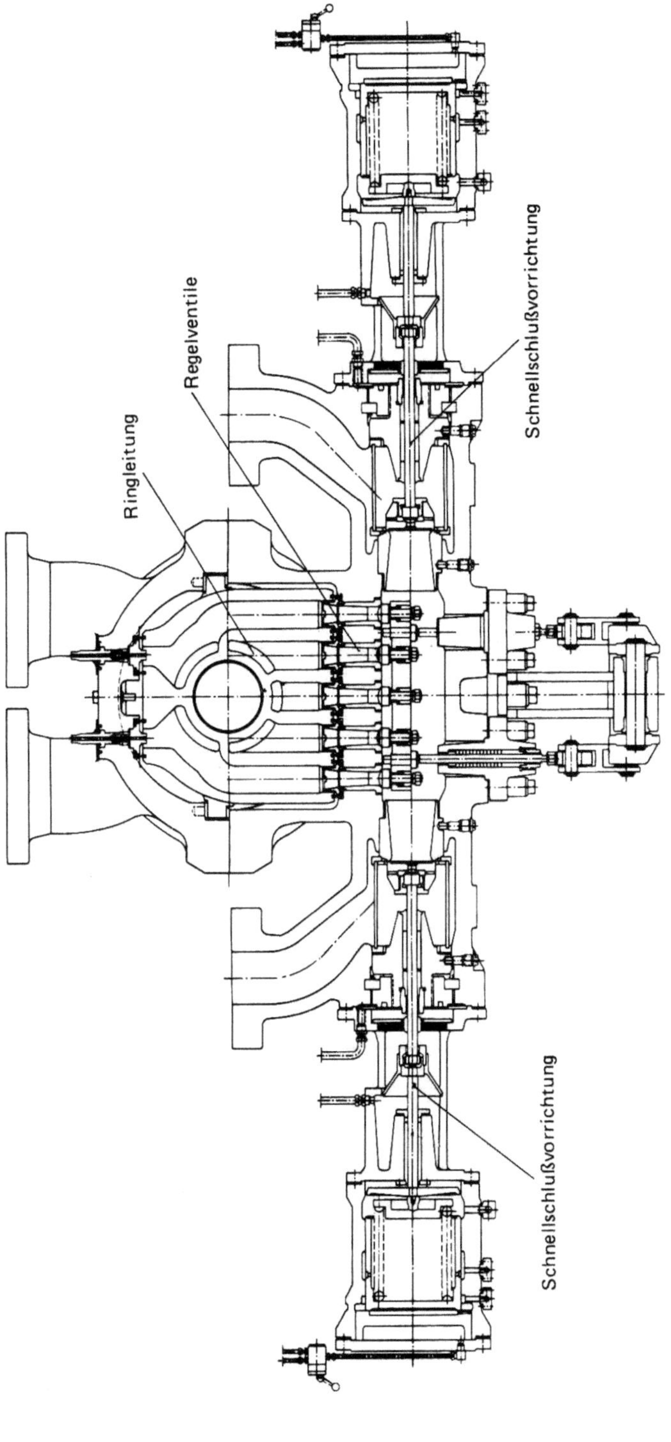

Bild 15.2 Frischdampfzufuhreinrichtung einer Dampfturbine

Geschwindigkeitserzeugung in den Leitschaufeln sind dadurch Grenzen gesetzt, daß die Laufschaufeln, die durch den Dampfstrom auf Biegung und wegen der hohen Wellendrehzahl durch Zentrifugalkräfte auf Zug beansprucht werden, maximale Umfangsgeschwindigkeiten von ca. 400 m/s vertragen. Man teilt deshalb alle größeren Dampfturbinen in *Stufen* ein, von denen jede nur einen Teil des gesamten Enthalpiegefälles zu verarbeiten hat.

Eine Stufe besteht aus mehreren, üblicherweise in Segmenten zusammengefaßten und im Gehäuse befestigten Düsen, deren Wandungen auch *Leitschaufeln* genannt werden, sowie den umlaufenden, an der drehenden Welle befestigten *Laufschaufeln*, von denen je zwei einen *Schaufelkanal* begrenzen. Die bewegten Laufschaufeln bewegen sich also während des Betriebes ständig mit hoher Geschwindigkeit an den im Gehäuse befestigten Leitschaufeln vorbei.

Die Bewegungsverhältnisse studiert man zweckmäßig am *Meridianschnitt*, der parallel zur Strömungsrichtung des Dampfes verläuft. Wenn, wie üblich, der Dampf parallel zur Achse strömt, ist der Meridianschnitt mit einem Kreiszylinderschnitt mit entsprechender Abwicklung identisch.

Nach ihren Erfindern unterscheidet man vier unterschiedliche Arten der Enthalpieausnutzung und -aufteilung, die im Folgenden grundsätzlich beschrieben sein sollen.

15.2 Laval-Turbine

Laval-Turbinen (Bild 15.3) arbeiten bei überkritischen Druckverhältnissen, so daß das Leitrad aus *Lavaldüsen* (siehe Abschnitt 9.6.3) zusammengesetzt werden muß. Außer der besonderen Düsenform ist die *Gleichdruckbeschaufelung* wesentliches Kennzeichen der Laval-Turbine.

15.2.1 Die Gleichdruck-Beschaufelung

Der Druck an der Eintrittsstelle 1 des Dampfes in das Laufrad ist genauso groß wie an der Austrittsstelle 2 (Bild 15.3b). Dies ist nur möglich, wenn die Geschwindigkeiten (entsprechend dem 1. Hauptsatz für offene Systeme) und damit auch die Schaufelkanalquerschnitte (entsprechend dem Kontinuitätsgesetz) gleich bleiben (*Beachte:* Für p = konstant gilt auch ρ = konstant). Die Gesetzmäßigkeiten lassen sich am besten anhand einer Schaufelkonstruktion erklären, wobei Reibungsverluste unberücksichtigt sein sollen.

Beispiel 15.1: Eine Dampfkesselanlage liefert Heißdampf von 280 °C und 1000 kPa, der in einer Laval-Turbine auf einen Gegendruck von 200 kPa entspannt wird. Wie sehen der Beschaufelungs- und Geschwindigkeitsplan aus, wenn von der gesamten Enthalpiedifferenz nach Berücksichtigung aller Strömungsverluste 78 % in kinetische Energie umgewandelt werden können?

Das Ausströmen des Dampfes aus den Düsen bzw. das Einströmen in die Beschaufelung erfolgt aus konstruktiven Gründen unter $\alpha_1 = 16°$. Die Schaufelbreite soll mit b = 24 mm, die Schaufelteilung mit t_S = 14 mm gewählt sein.

Lösung: Dem *h-s*-Diagramm entnimmt man für verlustlose (isentrope) Energieausnutzung eine Enthalpiedifferenz von $\Delta h^{is} = -\ 336$ kJ/kg. Nach Abzug der Verluste erhalten wir so (Bild 15.4):

$$\Delta h = 0{,}78 \cdot \Delta h^{is}$$

$$= 0{,}78 \left(-\ 336\ \frac{\text{kJ}}{\text{kg}}\right)$$

$$\underline{\underline{\Delta h = -\ 262\ \text{kJ/kg}}}$$

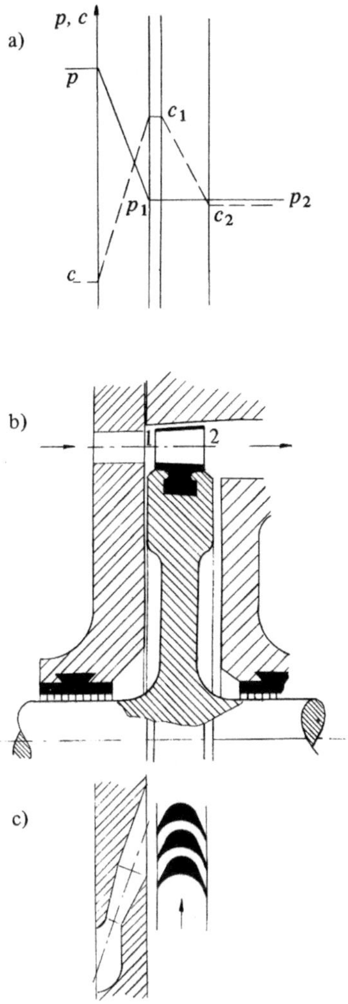

Bild 15.3 Laval-Turbine
a) Druck- und Geschwindigkeitsverlauf
b) Längsschnitt
c) Meridianschnitt

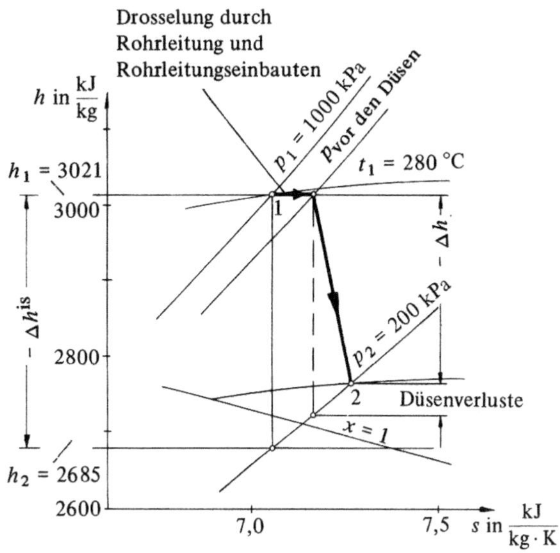

Bild 15.4 Zustandsänderung mit Verlusten

und mit Gl. (9.41a) als Düsenaustrittsgeschwindigkeit:

$$c_1 = \sqrt{-2 \cdot \Delta h}$$

$$= \sqrt{2 \cdot 262 \frac{\text{kJ}}{\text{kg}} \cdot \frac{1000 \text{ Nm}}{\text{kJ}} \cdot \frac{\text{kg} \cdot \text{m}}{\text{N} \cdot \text{s}^2}}$$

$$\underline{\underline{c_1 = 724 \text{ m/s.}}}$$

Alle anderen Größen können dann zeichnerisch aus einer Geschwindigkeitsbetrachtung abgeleitet werden.

Geschwindigkeitsparallelogramme (Bild 15.5a)

Nach Festlegung der Schaufelbreite b durch die Eingangs- und Austrittsstellen 1 und 2 kann unter dem Winkel α_1 die Geschwindigkeit c_1 einschließlich ihrer Komponenten in Umfangs- und Meridianrichtung maßstäblich gezeichnet werden. Abgesehen von einem Abzug für die Dicke der Schaufelkanten kann man Ein- und Austrittsquerschnitt als kreisringförmig ansehen. Setzen wir voraus, daß sich

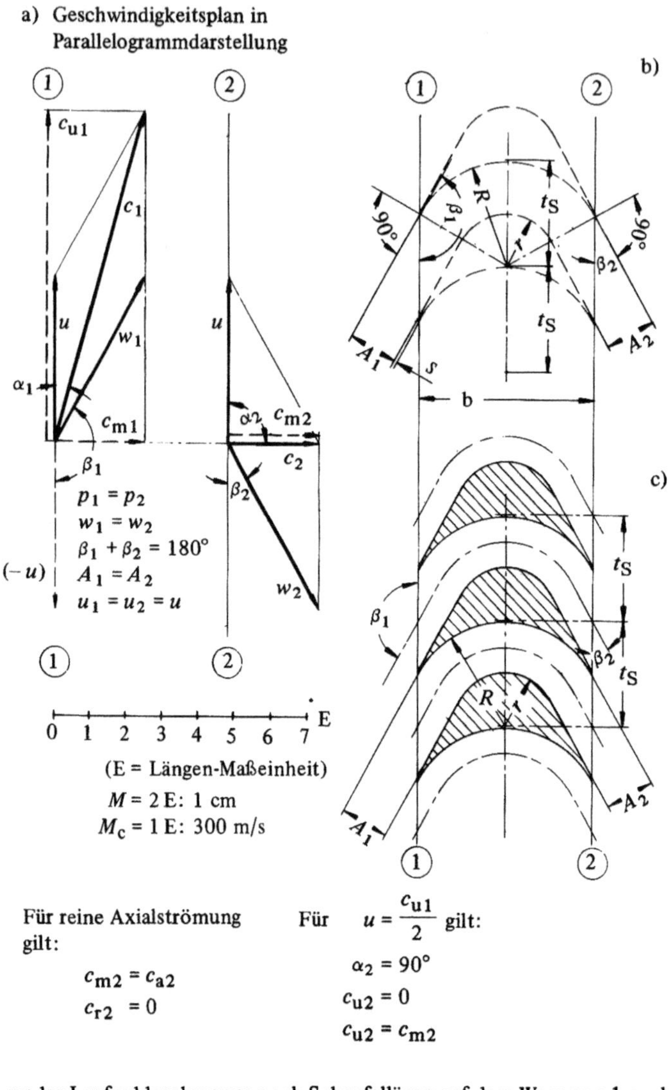

Bild 15.5
Konstruktion einer Gleichdruckbeschaufelung
a) Geschwindigkeits- und Winkelermittlung
b) Vorgehensweise
c) Beschaufelungsplan

Für reine Axialströmung gilt:

$$c_{m2} = c_{a2}$$
$$c_{r2} = 0$$

Für $u = \frac{c_{u1}}{2}$ gilt:

$$\alpha_2 = 90°$$
$$c_{u2} = 0$$
$$c_{u2} = c_{m2}$$

weder Laufraddurchmesser noch Schaufellänge auf dem Wege von 1 nach 2 ändern, dann müssen die senkrecht (Bedingung für die Anwendung des Kontinuitätsgesetzes!) auf diesen stehenden Geschwindigkeitskomponenten c_{m1} und c_{m2} gleich groß sein.

Damit entsprechend der Gl. (10.12)

$$-w_{t12} = u_1 c_{1u} - u_2 c_{2u}$$

im Sinne einer guten Energieausnutzung der Umfangsanteil an der Absolutgeschwindigkeit c_{2u} möglichst gleich Null wird, muß die Relativgeschwindigkeit an der Stelle 1 unter dem gleichen Winkel zur Drehrichtung zeigen, wie die Relativgeschwindigkeit an der Stelle 2 entgegen zur Drehrichtung gerichtet ist. Es gilt also $\beta_1 + \beta_2 = 180°$. Zusätzlich muß noch erfüllt sein:

$$u = \frac{c_{1u}}{2} \quad \text{und} \quad w_{1u} = w_{2u} \text{ (mit entgegengesetzter Richtung).}$$

Auf diese Weise erhalten wir u, w_1 und w_2 und alle anderen Größen des Geschwindigkeitsplans.

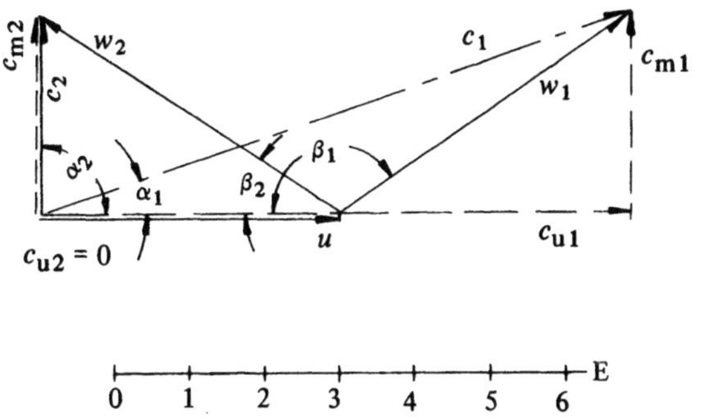

(E = Längen-Maßeinheit)

$M_c = 1\,\text{E} : 300\,\frac{\text{m}}{\text{s}}$

Bild 15.6
Geschwindigkeitsplan einer im Auslegungspunkt arbeitenden Gleichdruck-Turbinen-Stufe (hier: Laval-Turbine)

Beschaufelungsplan (Bilder 15.5b und c)

Für die Schaufelkonstruktion ist wesentlich, daß die Ein- und Austrittskanten die Richtung der Relativgeschwindigkeit haben, also nach den Winkeln β_1 und β_2 ausgerichtet sind. Im rechten Winkel zu diesen findet man den Kreisbogenmittelpunkt M, von dem aus direkt die Schaufelrückseite mit dem Radius R gezeichnet werden kann.

Die Schaufelvorderseite beginnt, nach Berücksichtigung einer geringen Materialdicke $s < 0{,}5$ mm (Bild 15.5a) zunächst geradlinig ebenfalls unter dem Winkel β_1 und geht, damit die Schaufelkanalbreite konstant bleibt, in einen Kreisbogen mit dem Radius r über.

Nach Vervollständigung und Wiederholung dieser Schritte mit einem Abstand t_S entsteht so der Beschaufelungsplan (Bild 15.5c).

Geschwindigkeitsplan (Bild 15.6)

Der Geschwindigkeitsplan gibt entsprechend den Regeln, die in Abschnitt 10.1.2 entwickelt wurden, die wichtigsten Größen wieder, die die Bewegungsverhältnisse an Schaufelein- und -austrittskante beschreiben.

Man kann erkennen, daß bei gleichem Druck und ρ = konstant auch für die Querschnitte A_1 und A_2 (Bild 15.5c) die senkrecht auf diesen stehenden Geschwindigkeiten w_1 und w_2 gleich groß sind. Das Kontinuitätsgesetz gilt also für diese Art der Betrachtungsweise.

15.3 Curtis-Turbine

Curtis-Turbinen arbeiten ähnlich wie Laval-Turbinen bei *überkritischen Druckverhältnissen* und mit *Gleichdruckbeschaufelung*. Es werden allerdings so große Enthalpiedifferenzen verarbeitet und in den Düsen in kinetische Energie umgewandelt, daß mindestens zwei Schaufelreihen (2-C-Rad) vorgesehen werden müssen (Bild 15.7). Zwischen den beiden Laufschaufelreihen befinden sich Leitschaufeln, deren Aufgabe es ist, den mit hoher Geschwindigkeit „nach rückwärts" austretenden Dampf wieder „nach vorwärts" umzuleiten.

Übungsaufgabe 15.1: Zeichnen Sie einen vollständigen Geschwindigkeitsplan (2 × 14 = 28 Größen) für die über den Beschaufelungsplan (Bild 15.8) skizzierte Curtisturbine!

Welche Bedingung müßte erfüllt sein, um die zur Verfügung stehende kinetische Energie vollständig auszunutzen?

Nach Art der Energieumsetzung heißt die Curtis-Turbine auch *Gleichdruck-Turbine mit Geschwindigkeitsstufung*.

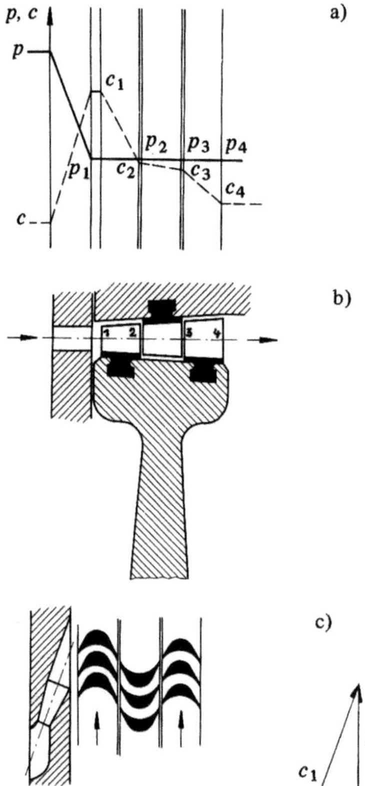

Bild 15.7
Zweistufige Curtis-Turbine
a) Druck- und Geschwindigkeitsverlauf
b) Längsschnitt
c) Meridianschnitt

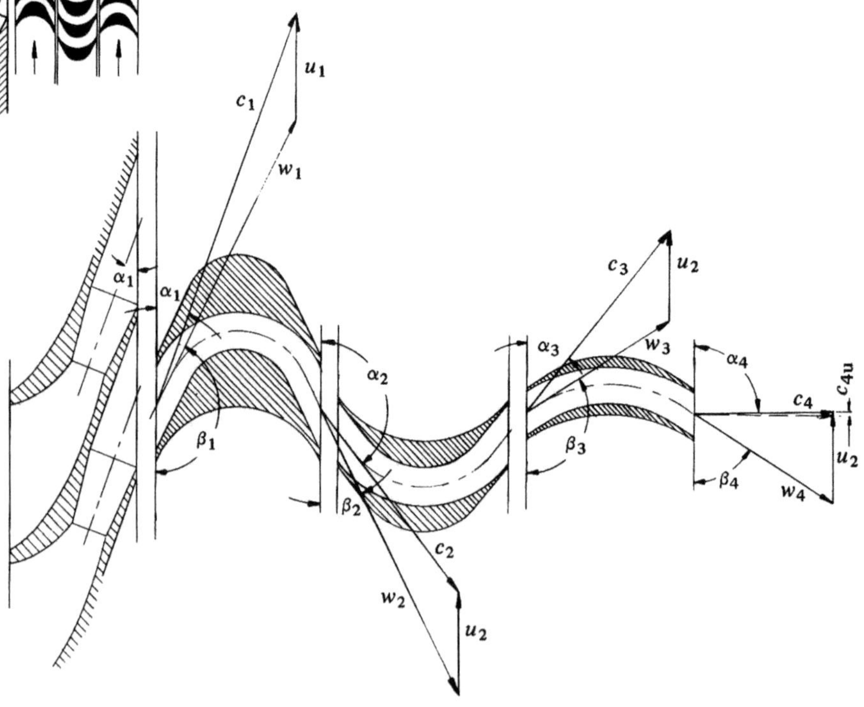

Bild 15.8 Beschaufelungs- und Geschwindigkeitsplan (Parallelogrammdarstellung) einer zweistufigen Curtis-Turbine

15.4 Zoelly-Turbine

Die Zoelly-Turbine ist eine *Gleichdruck-Turbine*, die nur bei *unterkritischen Druckverhältnissen* arbeitet und darum auch lediglich mit verjüngten Düsen ausgestattet ist. Da die in einer Stufe umgesetzten Energiemengen kleiner sind, teilt man das Enthalpiegefälle möglichst gleichmäßig (Bild 15.9) unter Benutzung der Beziehung (9.41b)

$$y = \Delta h - j$$

auf mehrere Stufen auf. Die Zoelly-Turbine heißt deshalb auch *Gleichdruck-Turbine mit Druckstufung*.

Dissipation äußert sich fast immer als Druckverlust. Bild 15.10 zeigt, daß sich diese Verluste im Hochdruckteil einer Turbine viel weniger auswirken als im Niederdruckteil. Letzterer muß deshalb auch besonders sorgfältig ausgelegt und gefertigt werden.

a) 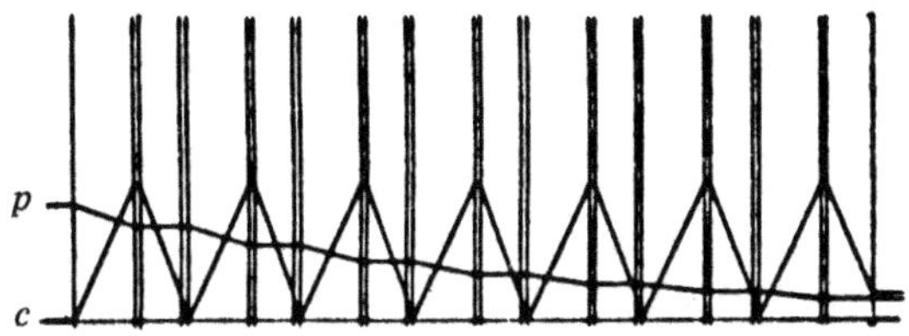

b) 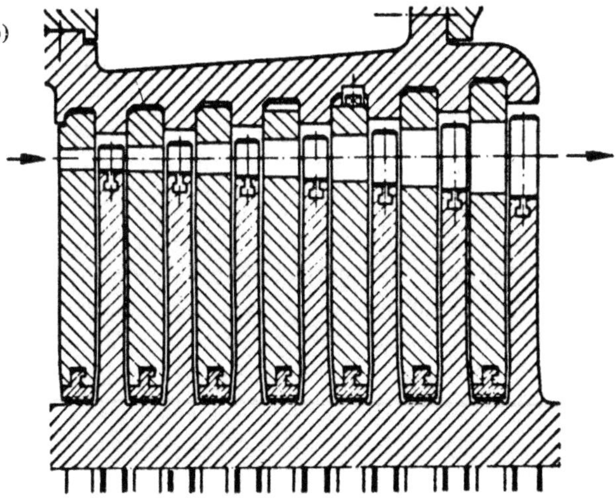

c) 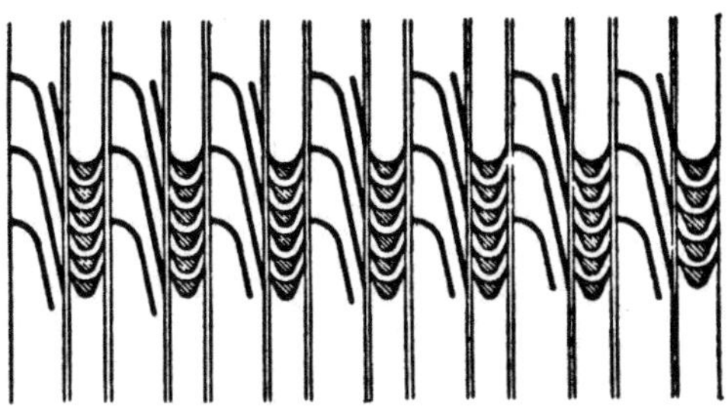

Bild 15.9
Zoelly-Turbine
a) Druck- und Geschwindigkeitsverlauf
b) Längsschnitt
c) Meridianschnitt

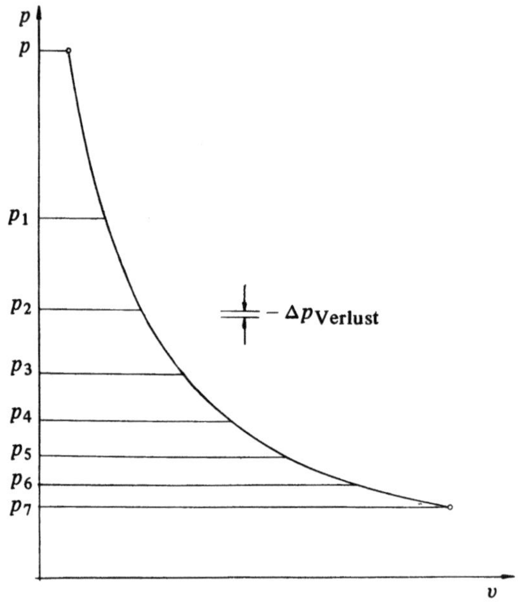

Bild 15.10
Druckstufung bei Ausnutzung jeweils gleich großer Enthalpiedifferenzen

Die Dissipation wird mit dem Quadrat der Strömungsgeschwindigkeit (vgl. mit Gl. (9.21), aber nur linear mit der Länge des zurückzulegenden Weges größer (vgl. mit Gl. (9.22)). Der Wirkungsgrad von Zoelly-Turbinen ist demzufolge besser als der von Laval- oder Curtis-Turbinen, die dagegen bei gleicher Enthalpiedifferenz mit weniger Stufen auskommen und damit leichter, kleiner und billiger sind.

Aufgrund der Druckdifferenz zwischen Düseneintritt und -austritt hat der Dampf das Bestreben, jeden nur möglichen Weg, also nicht nur den durch die Leitkanäle, auszunutzen. Daher müssen die Leiträder gegen die Welle abgedichtet werden.

Bild 15.9 zeigt, daß das Gehäuse zu diesem Zweck weit nach innen gezogen ist (Zwischenböden), um den Dichtspalt so kurz wie möglich zu machen (*Kammerbauweise*). Da die Umfangsgeschwindigkeiten hoch sind, können im Interesse eines ungestörten Betriebs nur berührungsfreie Labyrinthdichtungen (Bild 15.11) eingesetzt werden. Spaltverluste kann man auf diese Weise zwar nicht ganz vermeiden, aber doch stark reduzieren. Besonders zu beachten sind sie allerdings nur im Hochdruckteil einer Turbine, weil sich das Dampfvolumen im Niederdruckteil bereits so stark vergrößert hat, daß der Anteil des durch den Spalt strömenden Dampfes im Verhältnis zum Gesamtvolumen nur noch klein ist.

15.5 Parsons-Turbine

Satz 15.1: Das Verhältnis der im Laufrad in kinetische Energie umgewandelten isentropen Enthalpiedifferenz $\Delta h^{is}_{Laufrad}$ zum gesamten Stufengefälle Δh^{is}_{Stufe} heißt *Reaktionsgrad r*.

$$r = \frac{\Delta h^{is}_{Laufrad}}{\Delta h^{is}_{Stufe}} \qquad (15.1)$$

r	h
1	$\frac{J}{kg}$

a)

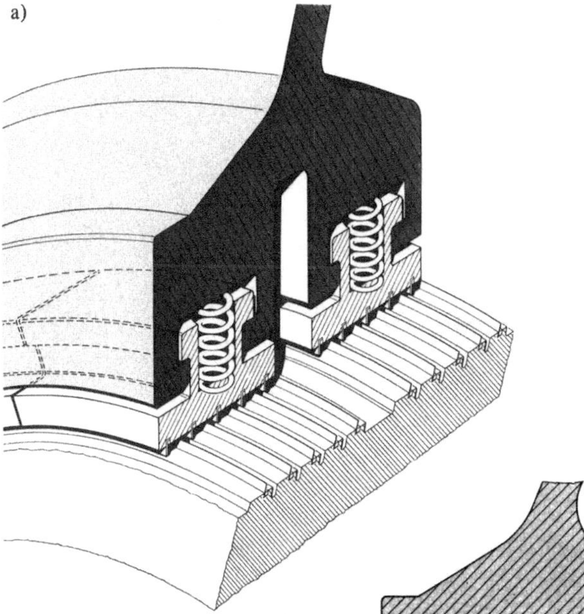

Bild 15.11
Labyrinthdichtung
a) federnde Dichtungsringe (Ausschnitt)
b) Wellendichtung der H- und M-Teilturbinen (Ausschnitt)
c) Wellendichtung der N-Teilturbine
H = Hochdruck;
M = Mitteldruck;
N = Niederdruck

b)

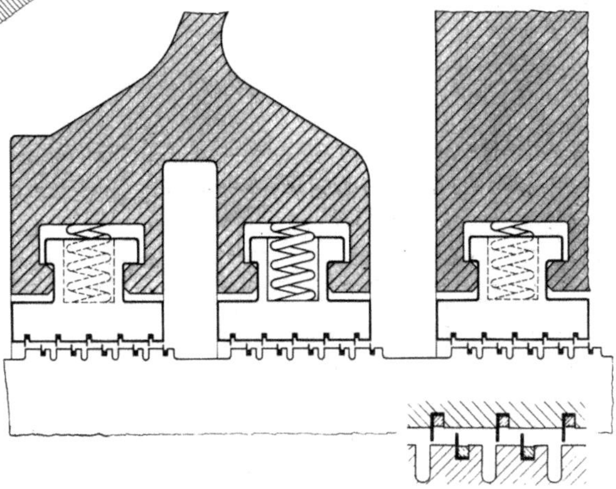

c)

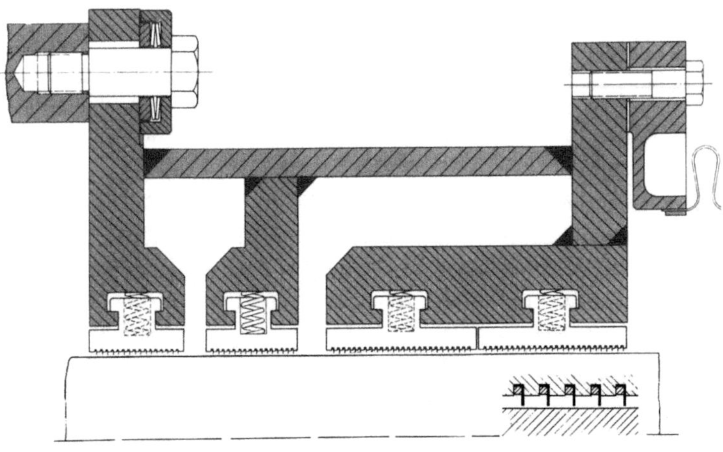

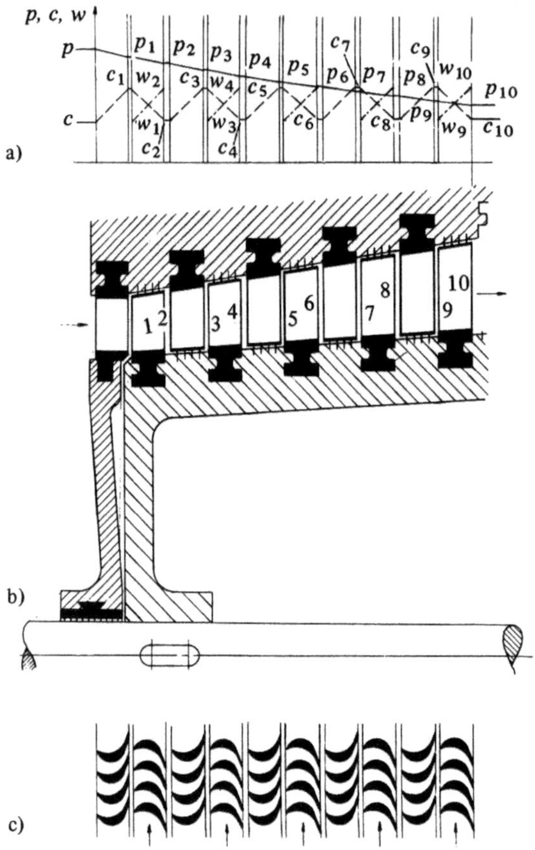

Bild 15.12
Parsons-Turbine
a) Druck- und Geschwindigkeitsverlauf
b) Längsschnitt
c) Meridianschnitt

Gleichdruckturbinen haben einen Reaktionsgrad $r = 0$. Die Parsons-Turbine ist eine Turbine mit Reaktion (üblich ist $r = 0{,}5$), in der das zur Verfügung stehende Druckgefälle nicht alleine im Leitrad, sondern ebenso im Laufrad ausgenutzt wird. Dies erreicht man dadurch, daß man die Laufschaufelkanäle ebenso wie die Leitschaufelkanäle als Düsen ausbildet, so daß $w_2 > w_1$ wird (Bild 15.12). Da der Druck p_1 vor den Laufschaufeln größer ist als der Druck p_2 hinter den Laufschaufeln, heißt die Parsons-Turbine auch ***Überdruck-Turbine.***

Wegen der Druckdifferenz müssen zur Begrenzung der Spaltverluste sowohl die Leiträder gegenüber den Wellen als auch die Laufräder gegenüber dem Gehäuse abgedichtet werden (Bild 15.12b). Die Kammerbauweise verbietet sich, weil die Differenzdrücke über die großen Flächen der Wellenscheiben zu große Axialkräfte zur Folge hätten. Parsons-Turbinen erhalten daher Läufer in ***Trommelbauweise*** (Bild 15.13). Die in den Beschaufelungen erzeugten Axialschubkräfte gleicht man entweder über einen hochdruckseitig angeordneten Schubausgleichskolben (Bild 15.14) oder durch zweiflutige Bauweise (Bild 15.15) aus.

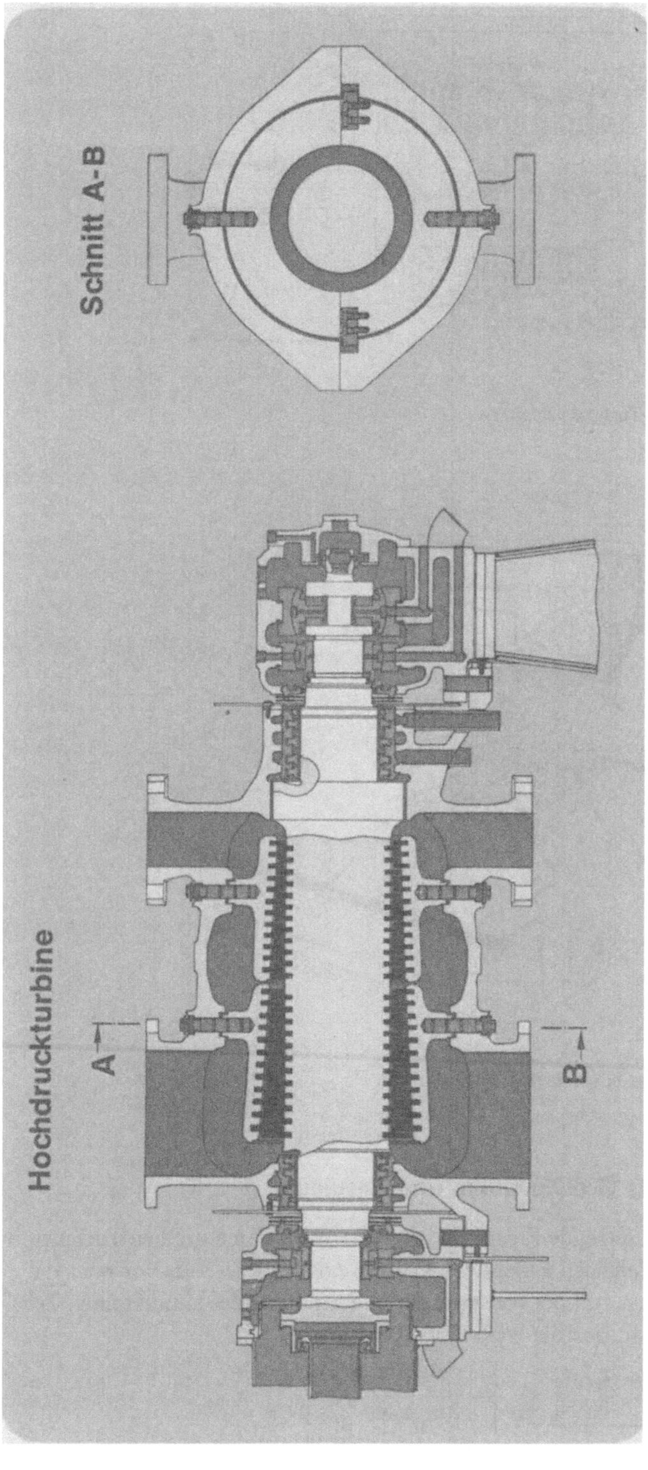

Bild 15.13 Ausgeführte Parsons-Turbine

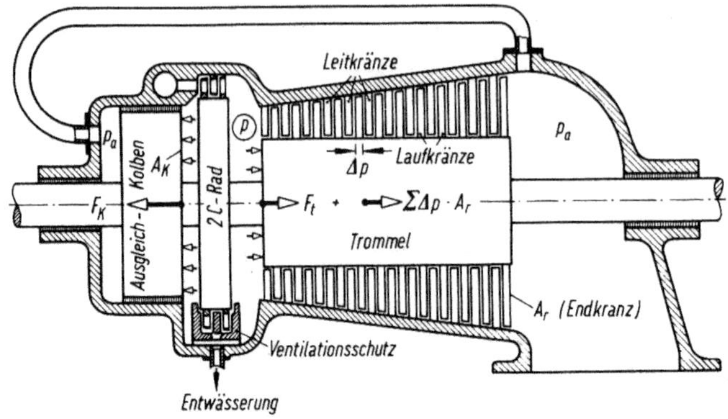

Bild 15.14 Parsons-Turbine schematisch

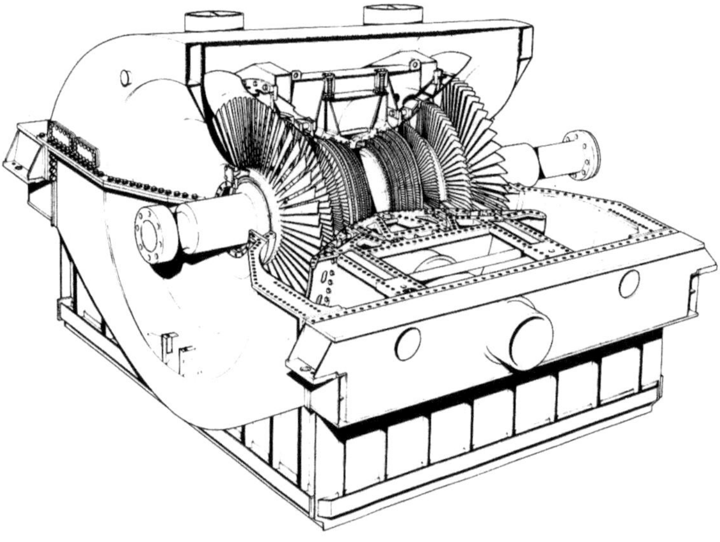

Bild 15.15 Zweiflutige Niederdruck-Teilturbine

15.6 Ausgeführte Großturbinen und Vergleich

Die pro Stufe umzusetzende Enthalpiedifferenz ist bei den einzelnen Turbinen unterschiedlich groß, wie ein Vergleich anhand Gl. (10.12) zeigt. Mit $u_1 = u_2 \equiv u$ bei axial durchströmten Turbinen und $c_{2u} = 0$ bei vollständiger Umwandlung des ausnutzbaren Teils der kinetischen Energie ergibt sich die Wellenarbeit zu:

$$\boxed{-w_{t12} = u \cdot c_{1u}.} \qquad (15.2)$$

W	u, c
$\frac{J}{kg}, \frac{m^2}{s^2}$	$\frac{m}{s}$

Setzen wir gleiche Umfangsgeschwindigkeiten voraus, so erhalten wir

Tabelle 15.1 Vergleich der pro Stufe umzusetzenden Enthalpiedifferenz bei gleicher Umfangsgeschwindigkeit (c_S = Schallgeschwindigkeit)

Turbinenart nach	c_{1u} =	bei c_1	$-w_{t12}$
Laval	$2u$	$> c_S$	$2u^2$
Curtis (2-C)	$4u$	$> c_S$	$4u^2$
Zoelly	$2u$	$< c_S$	$2u^2$
Parsons	$1u$	$< c_S$	u^2

Wegen der kleineren Dampfgeschwindigkeiten hat die Parsons-Turbine den besseren Wirkungsgrad, was aber im Bereich höherer Drücke und kleinerer spezifischer Dampfvolumina durch die höheren Spaltverluste ausgeglichen wird. Nachteilig ist, daß die Anzahl der Stufen bei gleichem Gesamtenthalpiegefälle doppelt so groß ist, was einer doppelten Baulänge entspricht.

Grundsätzlicher Vorteil der Gleichdruck-, speziell der Laval- und Curtis-Turbinen mit ihren kurzen Baulängen ist die Möglichkeit der *Teilbeaufschlagung*. Die Beschaufelung wird dabei nicht auf dem vollen Umfang angeströmt, sondern nur in den Teilbereichen, in denen die Düsen über die Regelventile zum Durchfluß freigegeben sind. Man bezeichnet diese Art der Dampfstromregelung als *Mengenregelung*, die gegenüber einer Gesamtdampfstromregulierung (*Drossel-* oder *Gleitdruckregelung*, Bild 15.16) einen erheblich besseren Wirkungsgrad aufweist.

Besonders in der unteren Leistungsklasse besitzen deshalb viele ausgeführte Dampfturbinenanlagen als erste oder *Regelstufe* ein 2-C-Rad (2-stufige-Curtis-Turbine, Bild 15.17) mit nachgeschalteten Zoelly- und/oder Parsons-Stufen, die aufgrund des dann größeren spezi-

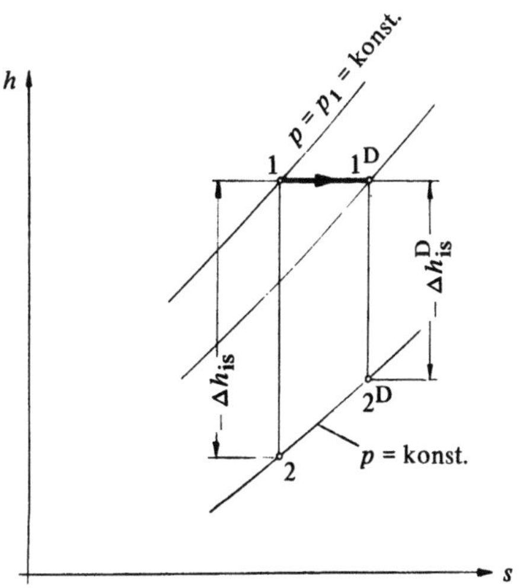

Bild 15.16
Verkleinerung der ausnutzbaren Enthalpiedifferenz durch Drosselung

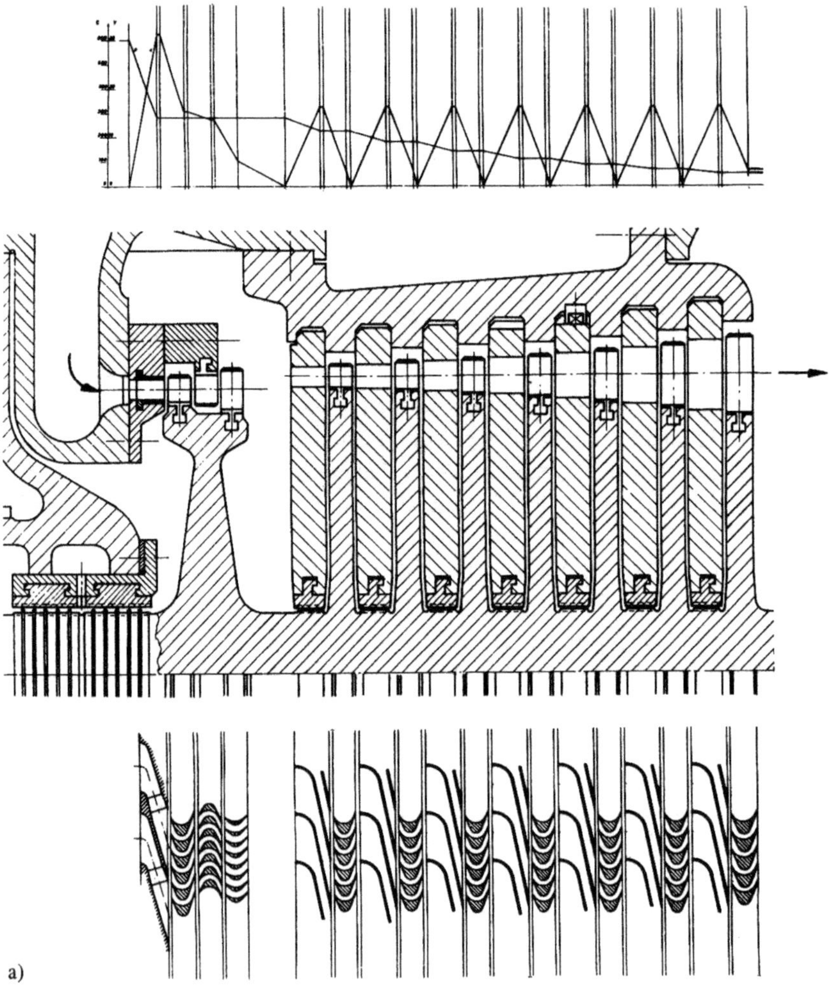
a)

Bild 15.17 Kombinierte Turbinen
a) Curtis-Zoelly-Turbine b) Curtis-Parsons-Turbine

fischen Dampfvolumens auch bei Teillast noch gut voll beaufschlagt werden können. Weitere Vorteile sind der wesentlich niedrigere Dampfdruck, für den das gesamte Gehäuse ausgelegt und gegen den es abgedichtet werden muß, sowie die geringere Stufenzahl. Druckverluste wirken sich in der ersten Stufe, wie bereits erläutert, ohnehin nicht so stark aus wie in den letzteren.

Um ein gutes und ungestörtes Weiterströmen des Dampfes in der Turbine zu gewährleisten, erweitert man meistens die Schaufelkanalhöhe (Schaufellänge) etwa von Stufe zu Stufe.

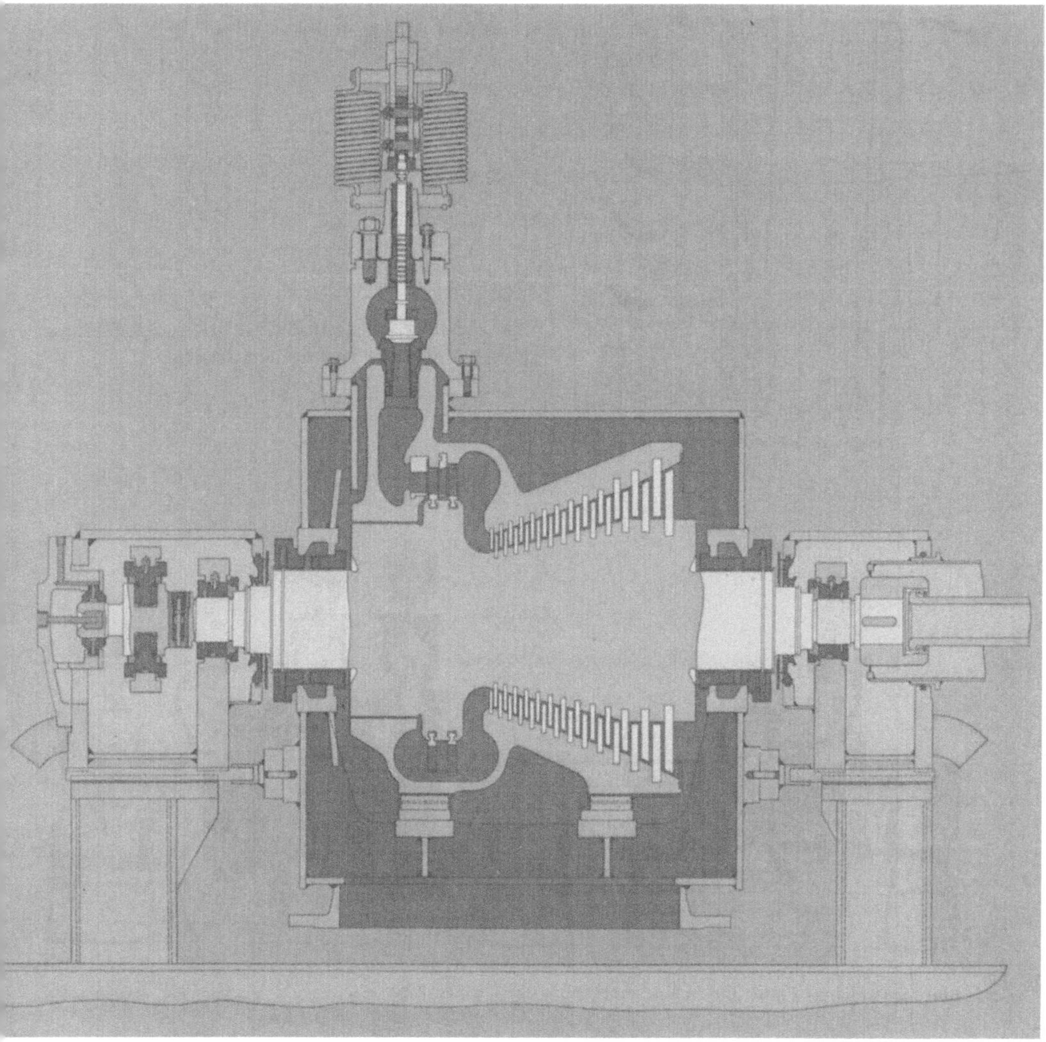

b)

Dies kommt auch dem ständig wachsenden Dampfvolumen zugute, dem speziell in Niederdruckstufen (s. Bild 15.15) zusätzlich dadurch Rechnung getragen wird, daß man den mittleren Schaufelkanaldurchmesser ständig vergrößert. Bei besonders langen Schaufeln ($l_{max} \approx 1{,}3$ m) müssen die Schaufelwinkel sogar den unterschiedlichen Umfangsgeschwindigkeiten angepaßt werden (Bild 15.18): Da man auch Gleichdruckschaufeln mit wachsender Schaufellänge eine ansteigende Reaktion zuteilt, verwischen in diesem Bereich die Unterschiede zwischen Gleich- und Überdruckturbinen insbesondere bei größeren Leistungseinheiten. Eine vollständige Turbinenanlage ist in Bild 15.19 dargestellt.

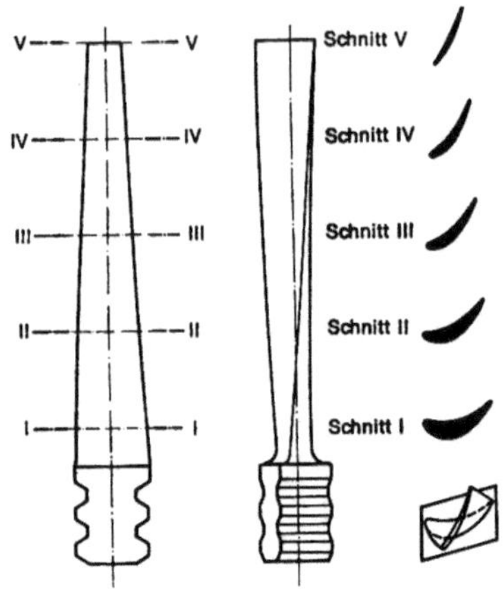

Bild 15.18
Aufgrund der unterschiedlichen Umfangsgeschwindigkeiten verdrehte Niederdruck-Schaufeln

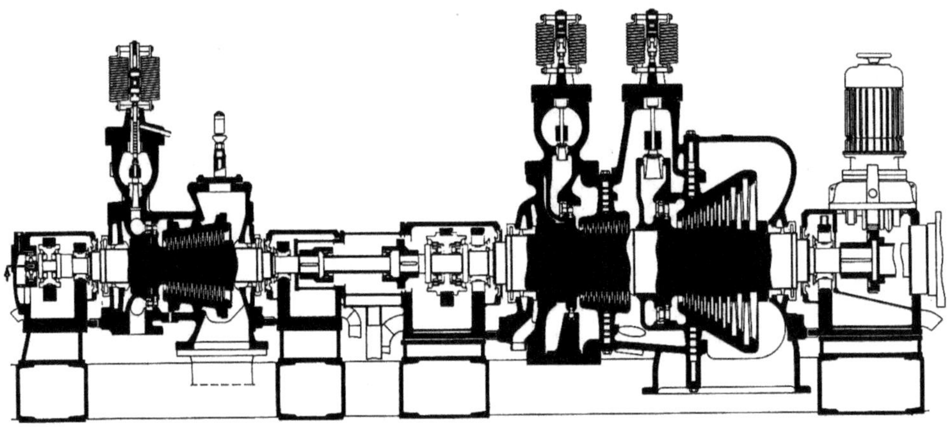

Bild 15.19 Längsschnitt durch eine mehrgehäusige Großturbine

15.7 Verluste

Alle Verluste in Dampfturbinen lassen sich recht anschaulich im h-s-Diagramm darstellen (Bild 15.20). Von der gesamten ausnutzbaren Enthalpiedifferenz, die durch Drosselverluste in der Dampfzuführung bereits verkleinert wurde, sind zusätzlich abzuziehen:

- Düsenverluste
  Aufgrund der hohen Dampfgeschwindigkeiten reiben sich die Dampfteilchen an der Wandung und untereinander. Die Expansion ist also nicht isentrop sondern polytrop, weil dem Dampf Reibungswärme zugeführt wird.

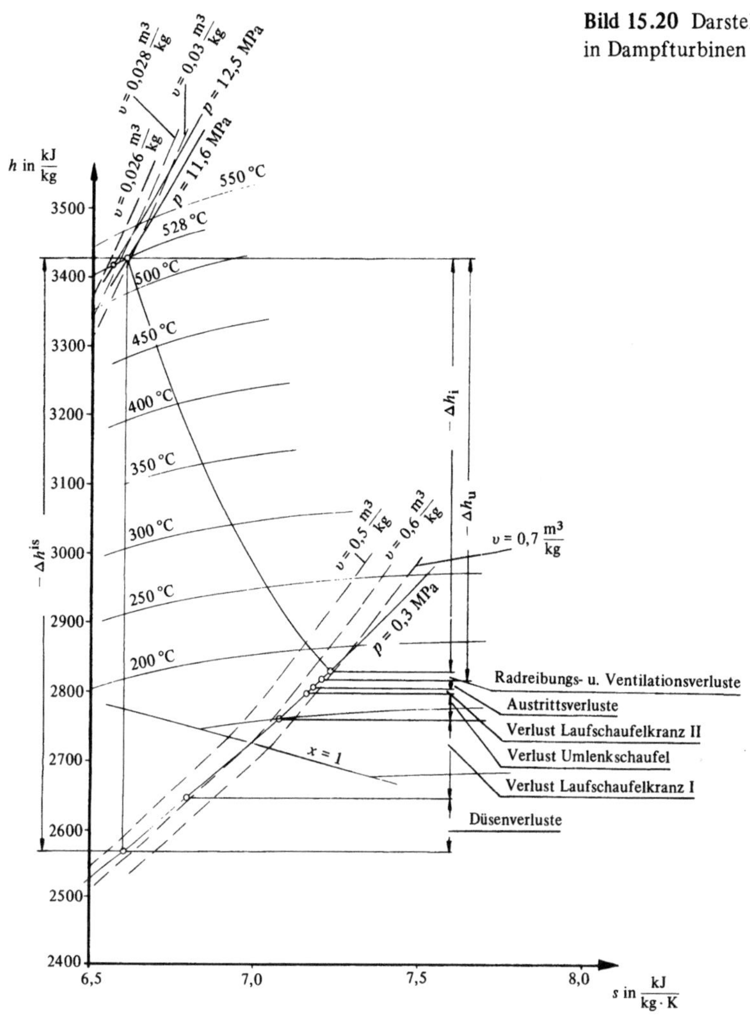

Bild 15.20 Darstellung von Verlusten in Dampfturbinen im *h*-*s*-Diagramm

- Schaufelverluste
  Reibungsverluste sind hier ebenso vorhanden wie in den Düsen. Weitere Verluste ergeben sich beim Übergang von den Düsen in die Schaufelkanäle sowie durch Wirbelbildung bei scharfer Schaufelkanalumlenkung.
- Ventilationsverluste
  Sie entsprechen den Reibungsverlusten in den nicht beaufschlagten Schaufelsegmenten von Gleichdruckturbinen bei Teilbeaufschlagung.
- Austrittsverluste
  Die kinetische Energie $c_2^2/2$ des Dampfes am Schaufelaustritt ist zumindest an der letzten Turbinenstufe verloren und sollte deshalb so klein wie möglich sein.

- Naßdampfverluste
  Zum Zwecke einer weitgehenden Enthalpiegefälleausnutzung läßt man in den letzten Niederdruckstufen bis ca. 10 % Dampfnässe (Naßdampfwassergehalt) zu. Da sich die Wassertropfen aufgrund der Massenträgheit langsamer bewegen als der übrige Dampf, entstehen weitere Reibungs- und Anströmungswinkelverluste.
- Spaltverluste
  Die Enthalpie von Dampf, der sich nicht durch Leit- und Schaufelkanäle bewegt, sondern an anderen Stellen expandiert, kann nicht zur Wellenarbeitserzeugung nutzbar gemacht werden. Diese Verluste sind besonders in Überdruckturbinen mit großen Dichtspaltlängen (Trommelläufer) und ständig vorhandenen Druckdifferenzen zu beachten.

  Spaltverluste treten aber auch an allen anderen Gehäuse-Welle-Berührungsstellen auf, die abgedichtet werden müssen, z.B. an den Durchtrittsstellen der Wellen durch das Gehäuse und am eventuell vorhandenen Schubausgleichskolben.
- innere Verluste
  Die Summe aller Stufenverluste kann als innerer Verlust über den *inneren Wirkungsgrad* η_i erfaßt werden (Bild 15.20):

$$\eta_i = \frac{\Delta h_1}{\Delta h^{is}} \qquad (15.3)$$

η	h
1	$\frac{J}{kg}$

- mechanische Verluste
  Lagerungen, Hilfsaggregate und Getriebe sind Ursache für weitere Verluste, die der *mechanische Wirkungsgrad* η_m erfaßt.
- effektive Verluste
  Alle Verluste zusammen berücksichtigt man über den *effektiven Wirkungsgrad* η_e.

$$\eta_e = \eta_m \cdot \eta_i . \qquad (15.4)$$

η
1

Es ist üblich, den effektiven Wirkungsgrad auch über den arbeitsbezogenen *effektiven Dampfverbrauch* D_e zu erfassen.

$$D_e = \frac{\eta_e}{\Delta h^{is}} \qquad (15.5)$$

η	D_e	h
1	$\frac{kg}{J}$	$\frac{J}{kg}$

Übungsaufgabe 15.2: Das Schaufelrad einer Zoelly-Turbine wird sekundlich von 25 kg Dampfmasse durchströmt. Der Zuströmwinkel $\alpha_1 = 15°$, der Abströmwinkel $\alpha_2 = 90°$ und die Einströmgeschwindigkeit sei $c_1 = 600$ m/s.

a) Zeichnen Sie den Geschwindigkeitsplan!

b) Konstruieren Sie den Beschaufelungsplan mit

$$b = 20 \text{ mm} \quad \text{und} \quad t_S = 16 \text{ mm}.$$

c) Wie groß ist die auf eine Schaufel ausgeübte Umfangskraft F_u, wenn $z = 88$ Schaufeln am Umfang angeordnet sind?

d) Welche Leistung kann die Turbinenstufe abgeben, wenn der effektive Stufenwirkungsgrad $\eta_e^{St} = 82$ % beträgt?

16 Gasturbinen (Raketen- und Strahltriebwerke)

Die Gasturbine, zu deren Bau erste Vorschläge bereits im 19. Jahrhundert gemacht wurden, hat heute als Antriebsmaschine in der Luftfahrt den Kolbenmotor fast vollständig verdrängt. Ausnahmen bilden lediglich Motoren kleiner Leistung bis ca. 200 ... 300 kW. Die Gründe für diese Entwicklung liegen vor allem in der *hohen Leistungsdichte* der Gasturbinen, d.h., im Vergleich zum Kolbenmotor gleicher Leistung hat die Gasturbine ein erheblich kleineres Bauvolumen und Gewicht. Daneben kommt der Verfahrensvorteil zum Tragen. Propellergetriebene Flugzeuge können nur relativ niedrige Geschwindigkeiten im Unterschallbereich erreichen, während Flugzeuge mit Strahltriebwerken mehrfache Schallgeschwindigkeit erreichen können.

Als industrielle Kraftmaschine hat die Gasturbine noch keine große Verbreitung gefunden. Sie hat ihr Einsatzgebiet vor allem dort, wo ein geringes Baugewicht und Volumen wichtiger sind als optimale Brennstoffausnutzung.

16.1 Raketentriebwerke

16.1.1 Aufbau und Wirkungsweise

Bild 16.1 zeigt das Prinzip eines *Raketentriebwerkes mit Schubdüse*. In einem solchen Triebwerk wird die Schubkraft durch einen mit großer Geschwindigkeit ausströmenden Gasstrahl erzeugt. Das Gas wird durch Verbrennung von Kraftstoff mit Sauerstoff in der Brennkammer erzeugt. Die Brennkammer wirkt dann wie ein Druckbehälter, aus dem dann das Gas entweicht. In einer Düse wird das Gas von der Geschwindigkeit Null auf die Geschwindigkeit w beschleunigt. Mit Hilfe des Impulssatzes läßt sich dann der Schub eines solchen Triebwerkes berechnen (s. Abschnitt 16.1.2).

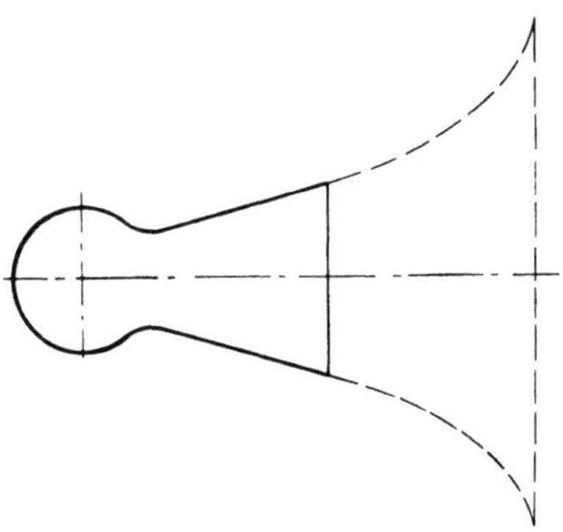

Bild 16.1
Prinzip einer Rakete mit Schubdüse

In Bild 16.2 ist das Prinzip eines *Raketenmotors* wiedergegeben. Das hier skizzierte Prinzip gilt für eine *Flüssigkeitsrakete*. Dabei werden Brennstoff und Sauerstoff in getrennten Tanks mitgeführt und mit Hilfe von Pumpen zur eigentlichen Brennkammer befördert.

Bei der *Feststoff-* oder *Pulverrakete* werden nur kurze Brennzeiten erreicht. Die Brennkammer muß den gesamten Brennstoffvorrat aufnehmen, d.h., wenn lange Brennzeiten erreicht werden sollen, muß die Brennkammer sehr groß werden. Da sie gleichzeitig den hohen Druck aufnehmen muß, erreicht man sehr schnell unverhältnismäßig hohe Gewichte. Dieser Effekt wird noch dadurch verstärkt, daß der Energieinhalt der festen, sauerstoffhaltigen Brennstoffe nicht sehr groß ist.

Aus den vorgenannten Gründen werden als Großraketen nur *Flüssigkeitsraketen* gebaut. Flüssiger Brennstoff und flüssiger Sauerstoffträger werden der Brennkammer zugeführt und dort bei konstantem Druck verbrannt.

Bild 16.3 zeigt den *Kreisprozeß* einer solchen Rakete.

1 nach 2: Einbringen des flüssigen Brennstoffes und des flüssigen Sauerstoffträger in die Brennkammer. Weil die Flüssigkeiten praktisch inkompressibel sind, kann man diesen Vorgang als isochor ansehen.

2 nach 3: Gleichdruckverbrennung oder isobare Wärmezufuhr bei der Verbrennung,

3 nach 4: adiabate Expansion in der Düse,

4 nach 1: Wärmeabgabe der Verbrennungsgase an die Umgebung bei konstantem Druck.

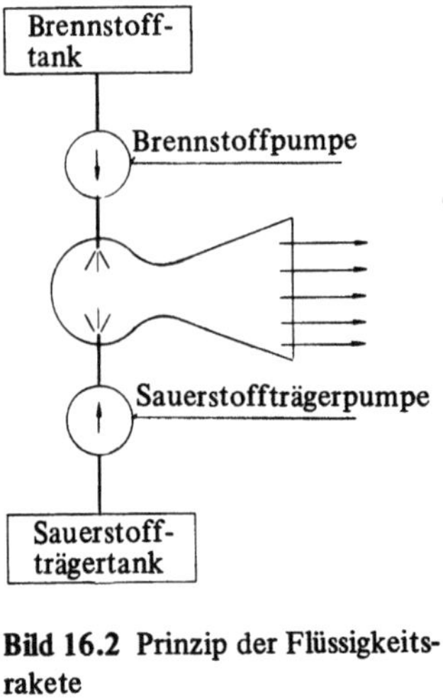

Bild 16.2 Prinzip der Flüssigkeitsrakete

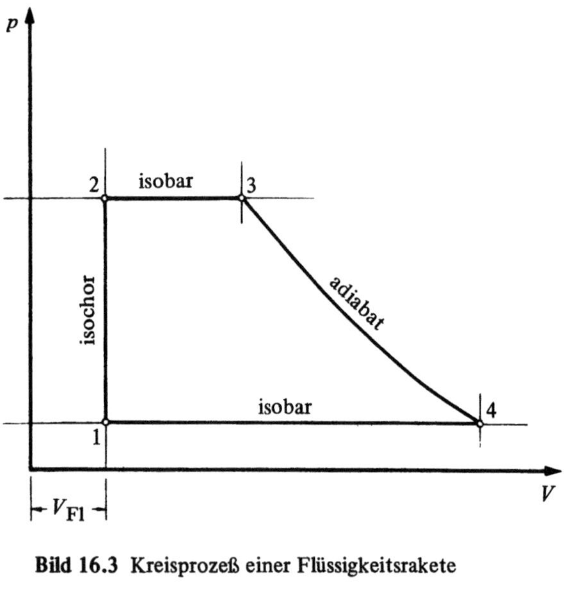

Bild 16.3 Kreisprozeß einer Flüssigkeitsrakete

16.1.2 Berechnung des Schubes und des Wirkungsgrades

Bezeichnet man den Schub mit F_s, so kann man nach dem Impulssatz folgende Gleichung aufstellen:

$$F_s \cdot t = m \cdot \Delta w \tag{16.1}$$

F	t	m	w
N	s	kg	$\frac{m}{s}$

$$F_s = \frac{m}{t} \cdot \Delta w. \tag{16.2}$$

In Gl. (16.2) bedeutet $m/t = \dot{m}$ den sekundlich ausströmenden Gasstrom und Δw die Geschwindigkeitszunahme des Gases beim Ausströmen. Δw läßt sich als die *Relativgeschwindigkeit* des ausströmenden Gases gegenüber der Düse interpretieren. Somit kann $\Delta w = w$ gesetzt werden. Daraus ergibt sich der *Schub*

$$F_s = \dot{m} \cdot w. \tag{16.3}$$

Die Kraft F_s wirkt auf das Gas und die gleichgroße, aber entgegengesetzt gerichtete Kraft $(-F_s)$ wirkt auf das Düsengefäß. Man erhält demnach einen Schub von 1 N, wenn ein Gasstrom von 1 kg/s mit der Relativgeschwindigkeit von 1 m/s aus der Düse ausströmt.

Der *thermische Wirkungsgrad* des im Bild 16.3 dargestellten Kreisprozesses ist

$$\eta_{th} = \frac{w_{id}}{q_{23}}. \tag{16.4}$$

η	w, q
1	$\frac{J}{kg}$

Darin stellt w_{id} die *theoretische Arbeit* des Kreisprozesses dar. Sie entspricht der Enthalpiedifferenz $h_3 - h_4$ vermindert um die Pumpenarbeit $w_p = v_{Fl}(p_2 - p_1) = h_2 - h_1$. Sie stellt also die Fläche 1 2 3 4 des Diagramms Bild 16.3 dar. Wegen des sehr kleinen spezifischen Volumens v_{Fl} der Flüssigkeiten wird auch die Pumpenarbeit w_p sehr klein und damit gegenüber der theoretischen Arbeit w_{id} vernachlässigbar.

Die zugeführte Wärmemenge ist $q_{23} = h_3 - h_2$. Daraus folgt für den *thermischen Wirkungsgrad*

$$\eta_{th} = \frac{h_3 - h_4}{h_3 - h_2}. \tag{16.5}$$

η	h
1	$\frac{J}{kg}$

Die Arbeit $w_{id} \approx h_3 - h_4$ ist gleich der *theoretischen Energie* der ausströmenden Verbrennungsgase $w'^2/2$. Darin bedeutet das w' die theoretische Ausströmgeschwindigkeit. Damit ergibt sich

$$\eta_{th} = \frac{w'^2}{2q_{23}}. \tag{16.6}$$

η	w, q
1	$\frac{J}{kg}$

Wenn die mit dem Brennstoff und dem Sauerstoffträger zugeführte Wärmemenge vollständig in kinetische Energie umgewandelt wird, so wird die *maximale* Ausströmgeschwindigkeit erreicht und der thermische Wirkungsgrad wird 1.

$$\eta_{th} = \frac{w_{max}^2}{2q_{23}} = 1. \tag{16.7}$$

η	w, q
1	$\frac{J}{kg}$

Dazu müßten aber folgende Bedingungen erfüllt sein: $p_2 = 0$, $T_2 = 0$ und Austrittsquerschnitt $A_2 = \infty$.

Der *innere* oder *induzierte* Wirkungsgrad ist

$$\eta_i = \frac{w^2}{2q_{23}}. \tag{16.8}$$

w ist hierin die *wirkliche Ausströmgeschwindigkeit*, die erheblich von w' bzw. w_{max} abweichen kann.

Der innere Wirkungsgrad sagt noch nichts über das Verhältnis von tatsächlicher Nutzleistung zur verfügbaren Leistung der Rakete aus. Dieses Verhältnis heißt *Vortriebswirkungsgrad* oder *äußerer Wirkungsgrad* η_a.

Die *Nutzleistung* einer Rakete berechnet sich zu:

$$P_e = F_s \cdot c = \dot{m} \cdot w \cdot c. \tag{16.9}$$

P_e Leistung
F_s Schub
c Fluggeschwindigkeit
$\dot{m}$ Gasstrom
w Ausströmgeschwindigkeit

Die verfügbare Leistung der ausströmenden Gasmenge berechnet sich zu:

$$P_i = \frac{\dot{m}}{2} \cdot w^2 + \frac{\dot{m}}{2} \cdot c^2 = \frac{\dot{m}}{2} \cdot (w^2 + c^2). \tag{16.10}$$

Darin bedeutet der Anteil $\dot{m}/2\,w^2$ die Leistung aufgrund der Ausströmgeschwindigkeit und $m^2/2\,c^2$ die Leistung aufgrund der Fluggeschwindigkeit.

Dann kann man den *äußeren Wirkungsgrad* wie folgt berechnen:

$$\eta_a = \frac{P_e}{P_i} \tag{16.11}$$

$$\eta_a = \frac{\dot{m} \cdot w \cdot c}{\frac{\dot{m}}{2}(w^2 + c^2)}$$

P	F	c, w	$\dot{m}$	η
W	N	$\frac{m}{s}$	$\frac{kg}{s}$	1

$$\eta_a = 2\,\frac{w \cdot c}{w^2 + c^2}$$

$$\eta_a = 2\,\frac{c/w}{1 + (c/w)^2}. \tag{16.12}$$

Wie man aus Gl. (16.12) leicht erkennen kann, spielt vor allem das Verhältnis

$$\frac{c}{w} = \frac{\text{Fluggeschwindigkeit}}{\text{Ausströmgeschwindigkeit}}$$

eine entscheidende Rolle für den *Vortriebswirkungsgrad*.

Für $c = 0$ (Start) ist $\eta_a = 0$. Die gesamte Energie geht auf den Gasstrahl.
Für $c = w$ wird $\eta_a = 1$. Die gesamte Energie wird auf den Flugkörper übertragen.
Für $c > w$ wird $\eta_a < 1$. Dem Gas wird wieder ein Teil der Gesamtenergie zugeführt.

Der *Gesamtwirkungsgrad* ergibt sich schließlich zu:

$$\boxed{\eta_G = \eta_i \cdot \eta_a.} \qquad \begin{array}{|c|}\eta \\ \hline 1\end{array} \tag{16.13}$$

16.1.3 Beispiel

An einer mit Äthylalkohol betriebenen Flüssigkeitsrakete werden folgende Werte gemessen: Wärmemenge je kg Abgas: 8700 kJ/kg. Ausströmgeschwindigkeit aus der Düse bei einem Druck von ca. 25 bar: 2150 m/s. Ausgestoßener Gasstrom: 3,5 kg/s.

Wie groß sind der innere Wirkungsgrad und der Schub?

Lösung:

$$\eta_i = \frac{w^2}{2q_{23}}$$

$$= \frac{2150^2\,(\text{m/s})^2}{2 \cdot 8700\,\text{kJ/kg}} \cdot \frac{\text{kJ}}{10^3\,\text{J}} \cdot \frac{\text{J}}{\text{Nm}} \cdot \frac{\text{N s}^2}{\text{kg m}} \tag{16.8}$$

$$\underline{\underline{\eta_i = 0{,}267.}}$$

$$F_s = \dot{m} \cdot w$$

$$= 3{,}5\,\frac{\text{kg}}{\text{s}} \cdot 2150\,\frac{\text{m}}{\text{s}} \tag{16.3}$$

$$\underline{\underline{F_s = 7525\ \text{N.}}}$$

16.2 Luftstrahltriebwerke

Während die *Raketen* sowohl den Brennstoff als auch den für die Verbrennung benötigten Sauerstoff mitführen, was ihren Einsatz zu Flügen außerhalb der Atmosphäre ermöglicht, entnehmen *Luftstrahltriebwerke* den erforderlichen Sauerstoff der Umgebungsluft. Das hat den Vorteil, daß keine Einrichtungen zur Mitnahme des Sauerstoffs erforderlich sind. Ein Einsatz außerhalb der Atmosphäre ist dadurch natürlich nicht möglich.

Die Luft tritt am vorderen Ende des Triebwerkes ein. Sie hat dabei die Fluggeschwindigkeit c. Im vorderen Teil des Triebwerkes wird die Luft vom Umgebungsdruck p_L auf den inneren Druck p_i verdichtet. Danach erhält der Luftstrahl durch eine Gleichdruckverbrennung eine Energiezufuhr und verläßt mit einer erhöhten Geschwindigkeit w die Düse.

Gegenüber dem Eintritt nimmt zwar die Masse des Strahles um die Brennstoffmenge zu, jedoch ist diese Zunahme der Masse so gering, daß sie in der Regel unberücksichtigt bleibt. Dies hat seinen Grund vor allem darin, daß aus Gründen der Kühlung mit erheblichem Luftüberschuß gefahren wird.

16.2.1 Berechnung des Schubes und des Wirkungsgrades

Innerhalb des Triebwerkes wird, wie bereits erwähnt, die Luft lediglich von der Fluggeschwindigkeit c auf die Geschwindigkeit w beschleunigt. Damit ergibt sich der *Schub* bei bekanntem Luftstrom $\dot{m}$ zu:

$$F_s = \dot{m} \cdot (w - c). \tag{16.14}$$

F	$\dot{m}$	w, c	P
N	$\frac{\text{kg}}{\text{s}}$	$\frac{\text{m}}{\text{s}}$	W

Die *Nutzleistung* wird zu:

$$P_e = F_s \cdot c = \dot{m}(w - c) \cdot c. \tag{16.15}$$

Da die Luft erst innerhalb des Triebwerkes auf die Geschwindigkeit c beschleunigt werden muß, ist die *verfügbare Leistung* der abströmenden Gase:

$$P_i = \dot{m} \cdot \frac{w^2}{2} - \dot{m} \cdot \frac{c^2}{2} = \frac{\dot{m}}{2}(w^2 - c^2). \tag{16.16}$$

Aus dem Verhältnis von Nutzleistung zu verfügbarer Leistung ergibt sich der *Vortriebswirkungsgrad*

$$\eta_a = \frac{P_e}{P_i} = \frac{\dot{m}(w - c) \cdot c \cdot 2}{\dot{m}(w - c)(w + c)}$$

$$\eta_a = \frac{2c}{w + c} = \frac{2}{1 + w/c}. \tag{16.17}$$

η	w, c
1	$\frac{\text{m}}{\text{s}}$

Damit hängt auch der Vortriebswirkungsgrad eines Luftstrahltriebwerkes allein von dem Verhältnis w/c ab.

Beim Stillstand ($c = 0$) wird $\eta \to 0$, um bei $w = c$ seinen Maximalwert von 1 zu erreichen. Wegen $w - c = 0$ wird dann jedoch der Schub $F_s = 0$. Das heißt, der Vortriebswirkungsgrad von 1 ist nicht erreichbar.

16.2.2 Staustrahltriebwerk (Lorin-Düse)

Bild 16.4 zeigt die einfachste Form des *Luftstrahltriebwerkes* als *Schubrohr*. Wie der in b) und c) dargestellte Druck- und Geschwindigkeitsverlauf des Luftstromes zeigt, tritt Luft mit der Geschwindigkeit $w_0 = c$ und dem Druck $p_L = p_0$ in den Diffusor (1) ein. Im Diffusor wird der Luftstrom von w_0 auf w_1 verzögert, wobei sein Druck von p_0 auf p_1 ansteigt.

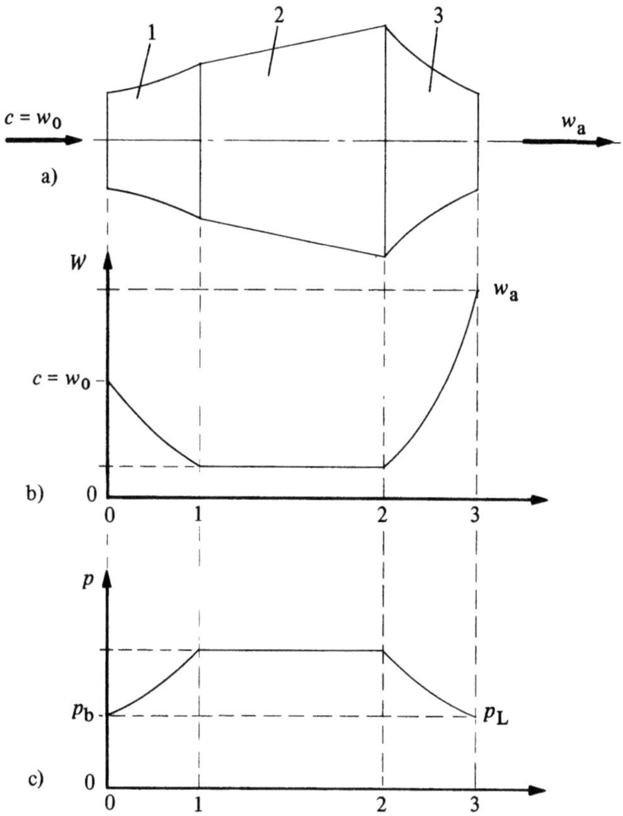

Bild 16.4 Druck- und Geschwindigkeitsverlauf in einem Schubrohr

In der Brennkammer (2) findet eine Gleichdruckverbrennung statt. Durch eine der Volumenzunahme des Luftstrahles entsprechende Erweiterung der Brennkammer in Strömungsrichtung bleibt dabei die Geschwindigkeit von 1 bis 2 konstant. Erst in der Düse (3) wird der Luftstrahl dann auf die Austrittsgeschwindigkeit w_a beschleunigt, dabei sinkt der Druck wieder auf $p_0 = p_L$.

Bild 16.5 zeigt den *Kreisprozeß* eines Luftstrahltriebwerkes. Die Zustandsänderung von 0 bis 1 stellt eine adiabate Verdichtung im Diffusor dar. Von 1 bis 2 findet die isobare Verbrennung in der Brennkammer statt. Von 2 bis 3 erfolgt die adiabate Entspannung in der Düse.

Damit kann man den *thermischen Wirkungsgrad* eines solchen Triebwerkes schreiben als:

$$\eta_{th} = 1 - \left(\frac{p_0}{p_1}\right)^{\frac{\kappa - 1}{\kappa}} \qquad (16.18)$$

η, κ	p
1	Pa

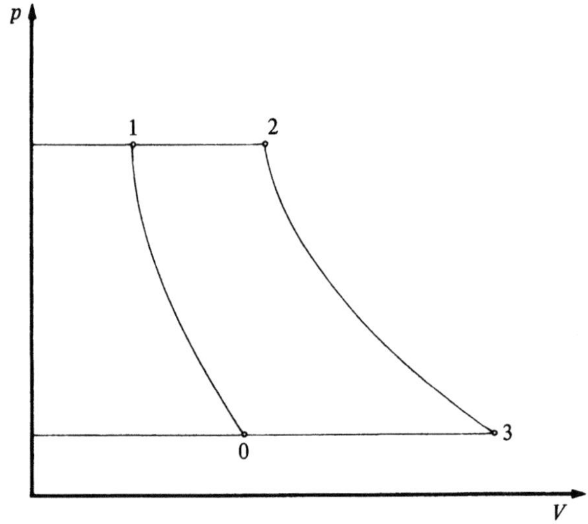

Bild 16.5
Kreisprozeß eines Schubrohres

Der thermische Wirkungsgrad eines Luftstrahltriebwerkes ist somit lediglich von der Verdichtung im Diffusor abhängig. Der Wirkungsgrad wird um so größer, je größer der Druck p_1 bzw. je kleiner das Druckverhältnis p_0/p_1 wird. Der Druckanstieg im Diffusor ist stark von der Fluggeschwindigkeit abhängig – damit ist dann natürlich auch η_{th} stark von ihr betroffen.

Bei Fluggeschwindigkeiten zwischen 600 km/h und 800 km/h beträgt η_{th} ca. 2 ... 6 %, er steigt bei Überschallgeschwindigkeit jedoch stark an.

Ein entscheidender *Nachteil* des Staustrahltriebwerkes liegt darin, daß es im Stillstand keinen Schub entwickelt, da es keine Luft ansaugt, d.h., ein solches Triebwerk muß angeschleppt werden. Den eigentlichen *Vorteil* stellt die einfache Bauart und das geringe Gewicht dar. Ein wichtiges Einsatzgebiet des Schubrohres ist der Zusatzantrieb bei schnellfliegenden Flugzeugen.

16.2.3 Beispiel

Ein durch ein Schubrohr angetriebenes Flugzeug fliegt mit 720 km/h bei einem Luftdruck von 98 kPa und einer Außentemperatur von 268 K (c_p = 1 kJ/kgK).

Gesucht:

a) die Temperatur T_1 und der Druck p_1; dabei soll der Diffusor die Luft ohne Verluste auf 20 m/s abbremsen;

b) der thermische Wirkungsgrad η_{th};

c) die Geschwindigkeit w_a, mit dem der Luftstrahl das Triebwerk verläßt; dabei soll der Luft in der Brennkammer 1300 kJ/kg zugeführt werden;

d) der Vortriebswirkungsgrad η_a.

Lösung:

a) beim Abbremsen des Luftstrahles ohne Verluste setzt sich die kinetische Energieabnahme voll in eine Enthalpiezunahme um.

$$\frac{w_0^2}{2} - \frac{w_1^2}{2} = c_p (T_1 - T_0) \qquad (16.19)$$

W	c	T
$\frac{\text{m}}{\text{s}}$	$\frac{\text{J}}{\text{kgK}}$	K

umgestellt nach T_1:

$$T_1 = \frac{1}{c_p}\left(\frac{w_0^2}{2} - \frac{w_1^2}{2}\right) + T_0 \qquad (16.20)$$

T	c	w
K	$\frac{\text{J}}{\text{kgK}}$	$\frac{\text{m}}{\text{s}}$

$$T_1 = \frac{\text{kgK}}{\text{kJ}} \cdot \left(\frac{200^2}{2} - \frac{20^2}{2}\right)\frac{\text{m}^2}{\text{s}^2} + 268\ \text{K}$$

$$= 19800\ \frac{\text{kgK}}{\text{kJ}} \cdot \frac{\text{m}^2}{\text{s}^2} \cdot \frac{\text{J}}{\text{Nm}} \cdot \frac{\text{kJ}}{10^3\ \text{J}} \cdot \frac{\text{Ns}^2}{\text{kgm}} + 268\ \text{K}$$

$$\underline{\underline{T_1 = 287{,}8\ \text{K}\,.}}$$

Mit Hilfe der Gl. (16.21)

$$\frac{T_1}{T_0} = \left(\frac{p_1}{p_0}\right)^{\frac{\kappa - 1}{\kappa}} \qquad (16.21)$$

kann durch Umstellen p_1 ermittelt werden.

$$p_1 = p_0\left(\frac{T_1}{T_0}\right)^{\frac{\kappa}{\kappa - 1}} \qquad (16.22)$$

$$p_1 = 98\ \text{kPa}\left(\frac{287{,}8\ \text{K}}{268\ \text{K}}\right)^{1{,}4/1{,}4-1}$$

$$\underline{\underline{p_1 = 129\ \text{kPa}}}$$

T	p	κ, η
K	Pa	1

b) Der *thermische Wirkungsgrad* η_{th} errechnet sich nach Gl. (16.18) zu:

$$\eta_{th} = 1 - \left(\frac{p_0}{p_1}\right)^{\frac{\kappa - 1}{\kappa}} = 1 - \frac{T_0}{T_1} \qquad (16.18)$$

$$= 1 - \frac{268\ \text{K}}{287{,}8\ \text{K}}$$

$$\underline{\underline{\eta_{th} = 0{,}072.}}$$

c) Die *Ausströmgeschwindigkeit* w_a läßt sich wie folgt bestimmen: Die Temperaturerhöhung in der Brennkammer bei konstantem Druck beträgt

$$T_2 - T_1 = \frac{q}{c_p} \qquad (16.23)$$

T	q	c
K	$\frac{\text{J}}{\text{kg}}$	$\frac{\text{J}}{\text{kgK}}$

$$T_2 - T_1 = \frac{1300\ \text{kJ kg K}}{\text{kg}\ 1\ \text{kJ}}$$

$$\underline{\underline{T_2 - T_1 = 1300\ \text{K.}}}$$

Somit beträgt die Temperatur am Eingang der Düse

$$T_2 = (1300 + 287{,}8)\ \text{K}$$

$$\underline{\underline{T_2 = 1587{,}8\ \text{K.}}}$$

Analog zu Gl. (16.19) kann man schreiben

$$\frac{w_a^2}{2} - \frac{w_1^2}{2} = c_p \cdot T_2 \left(1 - \frac{T_0}{T_1}\right) \quad (16.24)$$

w	c	T
$\frac{m}{s}$	$\frac{J}{kgK}$	K

und

$$\frac{w_0^2}{2} - \frac{w_1^2}{2} = c_p \cdot T_1 \left(1 - \frac{T_0}{T_1}\right). \quad (16.25)$$

Da w_1 mit 20 m/s gegenüber w_0 und w_a klein ist und dies durch die Quadrierung noch begünstigt wird, kann man w_1^2 gegen w_0^2 und w_a^2 vernachlässigen. Teilt man nun die Gl. (16.24) durch Gl. (16.25), so folgt

$$\frac{w_a^2}{w_0^2} = \frac{T_2}{T_1} \quad (16.26)$$

$$w_a = w_0 \sqrt{\frac{T_2}{T_1}} \quad (16.27)$$

w	T	η
$\frac{m}{s}$	K	1

$$= 200 \frac{m}{s} \sqrt{\frac{1587{,}8\ K}{287{,}8\ K}}$$

$w_a = 471$ m/s .

d) Der *Vortriebswirkungsgrad* errechnet sich nach Gl. (16.17) zu

$$\eta_a = \frac{2}{1 + \frac{w}{c}} = \frac{2}{1 + \frac{w_a}{w_0}} \quad (16.28$$

$$\eta_a = \frac{2}{1 + \frac{471}{200}}$$

$\eta_a = 0{,}595$.

16.3 Turbinenluftstrahltriebwerke

Das Turbinenluftstrahltriebwerk auch in seinen Bauformen Zweikreisturboluftstrahltriebwerk (ZTL) und Propellerturboluftstrahltriebwerk (PTL) spielt heute für die Luftfahrt die größte Rolle. Bei diesen Triebwerkarten erfolgt die Verdichtung nicht wie beim Staustrahltriebwerk in einem Diffusor, sondern durch einen turbinengetriebenen *Kreiselverdichter*. Dadurch kann bereits im Stand ein Schub erzeugt werden.

16.3.1 Aufbau und Wirkungweise

Bild 16.6 zeigt das Prinzip eines Turbinenluftstrahltriebwerkes. Das Triebwerk besteht aus dem Diffusor (1), an den sich der Verdichter (2) anschließt. Danach folgt die Brenn-

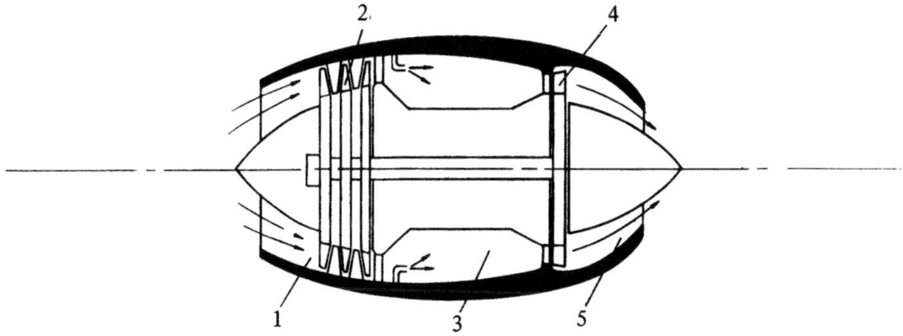

Bild 16.6 Schematische Darstellung eines Turbinenluftstrahltriebwerkes
1 Diffusor, 2 Verdichter, 3 Brennkammer, 4 Turbine, 5 Düse

kammer (3), an deren Ausgang sich die den Verdichter antreibende Turbine (4) befindet. Das Endstück des Triebwerkes bildet die Düse (5). Turbine und Verdichter sind über eine Welle untereinander verbunden.

Der Luftstrom wird im Diffusor abgebremst. Dabei steigt sein Druck etwas an. Der Verdichter, der in der Regel als mehrstufiger Axialverdichter gebaut ist, verdichtet den Luftstrom weiter. Danach tritt die Luft in die Brennkammer ein, wo der flüssige Brennstoff zugegeben und im Betrieb kontinuierlich verbrannt wird. Die nunmehr sehr heißen Brenngase verlassen die Brennkammer und durchströmen dabei die Abgasturbine, die den Verdichter antreibt. Die in der Brennkammer erzeugte Druckenergie abzüglich der in der Abgasturbine verbrauchten wird in der Schubdüse in Geschwindigkeitsenergie umgewandelt und dient dem Vortrieb.

Der Kreisprozeß verläuft im Prinzip genauso wie beim Staurohr. Er besteht im wesentlichen aus zwei adiabaten und zwei isobaren Zustandsänderungen. Demnach errechnet sich der *thermische Wirkungsgrad* wieder nach der Gl. (16.18):

$$\eta_{th} = 1 - \left(\frac{p_0}{p_1}\right)^{\frac{\kappa - 1}{\kappa}}$$

Im Vergleich zum Staustrahltriebwerk ergeben sich aber viel höhere thermische Wirkungsgrade wegen der wesentlich größeren Verdichtungsverhältnisse p_1/p_0, die ja als Kehrwert in die Gl. (16.18) eingehen.

16.3.2 Einsatzbereich, Vor- und Nachteile

Die Vorteile des Turbinenluftstrahltriebwerkes, die vor allem in besseren Wirkungsgraden, etwa im Bereich der Schallgeschwindigkeit, und der Schuberzeugung im Stand liegen, haben zu einer sehr weiten Verbreitung in der Luftfahrt geführt. Deshalb seien die Vor- und Nachteile besonders gegenüber Kolbenmotoren kurz erläutert.

Vorteile:

- Je Maschine sind *größere Leistungen* bis 100 000 kW möglich,
- *kleines Baugewicht*, hier vor allem ein geringer Stirnquerschnitt,
- es können *höhere Fluggeschwindigkeiten* erreicht werden (bis zum mehrfachen der Schallgeschwindigkeit),
- *geringerer Bauaufwand*, da z.B. der Propeller entfällt,
- *Minimierung der Austrittsverluste* entfällt, da die Austrittsenergie dem Vortrieb dient.

Nachteile:

- Ein unter bestimmten Umständen *höherer Brennstoffverbrauch*. In ungünstigen Fällen kann er doppelt so hoch sein wie bei Kolbenmotoren (bei kleineren Fluggeschwindigkeiten). Jedoch ist bei großen Flughöhen und hohen Fluggeschwindigkeiten der Verbrauch kleiner als bei Kolbenmotoren.
- Die *Startleistung ist gering*. Ein Kolbenmotor mit Verstellpropeller erreicht einen Standschub, der 5-mal so groß wie der Reiseschub ist. Bei Strahltriebwerken ist der Standschub nur 2,5-mal so groß wie der Reiseschub. Es sind Abhilfen möglich:
  1. Kurzzeitige Temperaturerhöhung in der Brennkammer und Turbine.
  2. Nachverbrennung in der Düse (bei sehr hohem Brennstoffverbrauch).
  3. Startraketen.
- *Schwierige Landungen* infolge hoher Geschwindigkeiten.
- *Lärmentwicklung*.

16.4 Der offene Gleichdruckprozeß für stationäre Gasturbinen

Es hat verschiedene Versuche gegeben, die *offene Gasturbine* als industrielle Kraftmaschine einzusetzen, der Erfolg war jedoch nur mäßig. In der Hauptsache blieb die Gasturbine auf Einsatzgebiete beschränkt, bei denen geringes Bauvolumen bzw. kleines Baugewicht wichtiger sind als optimaler Brennstoffverbrauch.

16.4.1 Aufbau und Wirkungsweise

Der einfachste Aufbau einer Gasturbine ist im Bild 16.7 dargestellt. Es zeigt eine einfache, *einwellige Gasturbine*, wobei die Ausführung a) lediglich Druckluft liefert, während Ausführung b) Energie direkt an eine Welle abgibt.

Im Gegensatz zu der in Abschnitt 16.3 beschriebenen Triebwerkeinheit wird bei der stationären Gasturbine das gesamte Expansionsgefälle in der Turbine, die auch *mehrstufig* sein kann, entspannt, d.h., auf eine Düse, die den Gasstrahl beschleunigt, kann verzichtet werden.

Man unterscheidet: *einwellige Gasturbinen* (wie oben beschrieben) und *Gasturbinen mit freier Arbeitsturbine* – sogenannte *zweiwellige Gasturbinen*. Bei diesen ist das Expansionsgefälle so unterteilt, daß eine Turbine nur zum Antrieb des Verdichters dient. Hierbei tritt die Arbeitsturbine an die Stelle der Schubdüse (Bild 16.8).

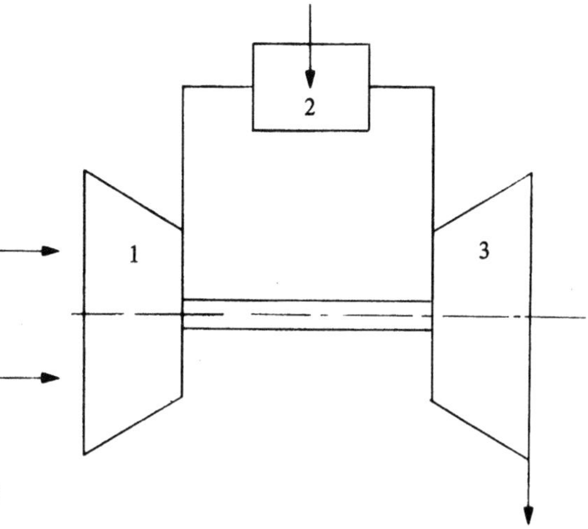

a)

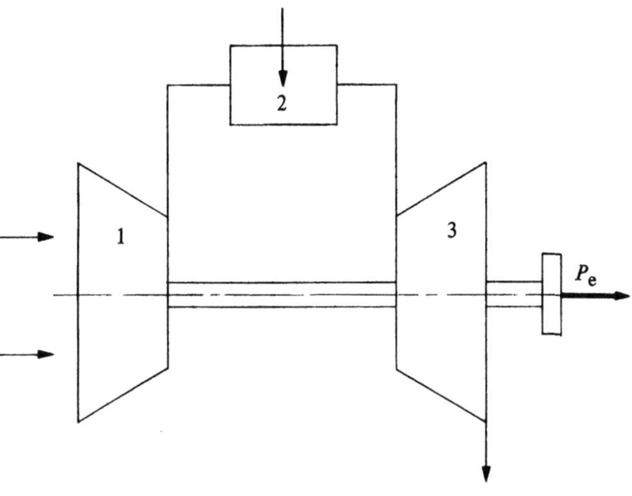

b)

Bild 16.7
Einwellige Gasturbinenanlage
a) zur Luftstrombeschleunigung
b) zur Abgabe eines Drehmomentes
1 Verdichter, 2 Brennkammer,
3 Turbine

Für Gasturbinen mit sehr hohen Verdichtungsverhältnissen wird der Gasgenerator (Verdichter – Brennkammer-Gasgeneratorturbine) zwei- oder mehrwellig ausgeführt (Bild 16.9, *dreiwellige* Ausführung).

Zur Verbesserung des Wirkungsgrades bzw. Verminderung des spezifischen Brennstoffverbrauchs kann die Gasturbine noch mit einem *Wärmetauscher* ausgerüstet werden. In dem Wärmetauscher wird die verdichtete Luft vor Eintritt in die Brennkammer durch die heißen Abgase erwärmt.

Die Wirkungsweise der stationären Gasturbine ähnelt der des Turbinenluftstrahltriebwerkes aus Abschnitt 16.3. Lediglich die den Schub erzeugende Düse fehlt, d.h., entweder wird das gesamte Expansionsgefälle in der Turbine umgesetzt und die Energie direkt an die *Welle* abgegeben (z.T. an den Verdichter und z.T. an die Kupplung) (s. Bild 16.7b) oder die Expansion ist unvollständig, weil die Energie des Luftstromes genutzt werden soll (s. Bild 16.9).

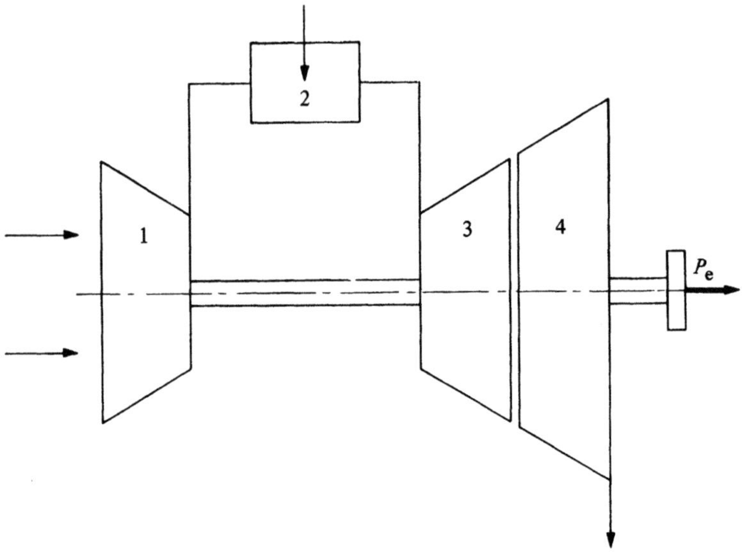

Bild 16.8 Zweiwellige Gasturbinenanlage mit einer Arbeitsturbine
1 Verdichter, 2 Brennkammer, 3 Gasgeneratorturbine, 4 Arbeitsturbine

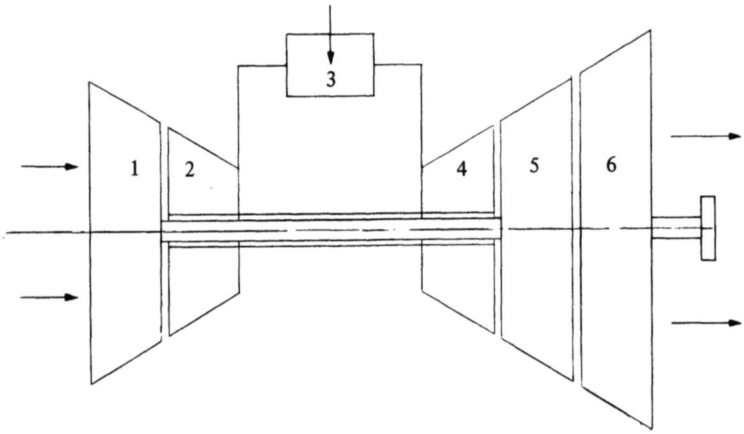

Bild 16.9 Dreiwellige Gasturbinenanlage mit Nieder- und Hochdruckteil und Arbeitsturbine
1 Niederdruckverdichter, 2 Hochdruckverdichter, 3 Brennkammer, 4 Hochdruckturbine, 5 Niederdruckturbine, 6 Arbeitsturbine

16.4.2 Das Arbeits- und Wärmediagramm

Den derzeitigen Gasturbinen liegt der *Gleichdruckprozeß* zugrunde, deshalb beschränken sich die weiteren Betrachtungen auf diesen einfachen Idealprozeß ohne und mit Abwärmenutzung.

Bild 16.10 zeigt das *p-v*-Diagramm des Gleichdruckprozesses. Die Zustandsänderungen laufen wie folgt ab:

1 nach 2 adiabate Verdichtung des Luftstromes,
2 nach 3 Gleichdruckverbrennung,
3 nach 4 adiabate Entspannung des Luft-Abgasstromes,
4 nach 1 Abkühlung des ausgestoßenen Gases auf die Außentemperatur bei konstantem Außendruck (Luftdruck).

Zur Verdichtung muß die Arbeit verrichtet werden, die der Fläche 1 *b a* 2 entspricht. Bei der Entspannung wird die Arbeit gewonnen, die der Fläche *a* 3 4 *b* entspricht. Damit ergibt sich die nutzbare Arbeit als Fläche 1 2 3 4 durch die Differenz zwischen Verdichterarbeit und Entspannungsarbeit.

Bild 16.11 zeigt das *T-s*-Diagramm mit dem einfachen Idealprozeß nach Joule und Brayton. Dieser Prozeß geht davon aus, daß die Verdichtung (1 nach 2) genauso isentrop verläuft wie die Entspannung (3 nach 4). Eine solche isentrope Zustandsänderung ist natürlich in einem realen Prozeß nicht zu realisieren (s. Abschnitt 16.4.4). Die Wärmezu- und -abfuhr erfolgt entlang den Linien konstanten Druckes (Isobare).

Die bei der Entspannung *gewonnene technische Arbeit* dient zu etwa zwei Dritteln der Verdichtung und nur etwa ein Drittel kann als Nutzarbeit nach außen abgegeben werden.

Bild 16.12 zeigt den *Idealprozeß mit Abwärmenutzung* (Regeneration). Zur Verbesserung des thermischen Wirkungsgrades wird dabei ein Teil der Abwärme (im Diagramm als

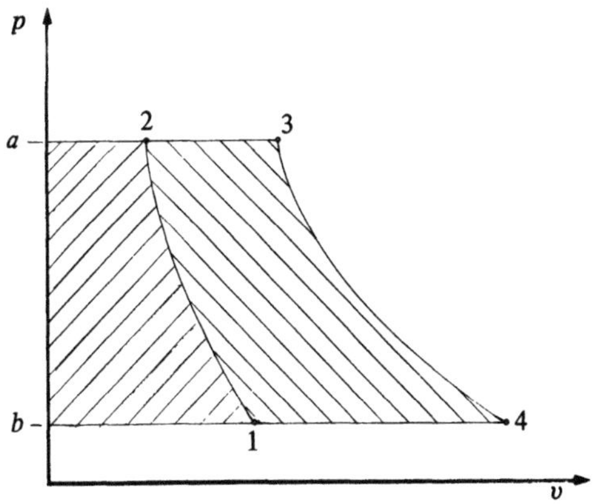

Bild 16.10 *p-v*-Diagramm des Kompressors (1 nach 2) und der Turbine (3 nach 4)

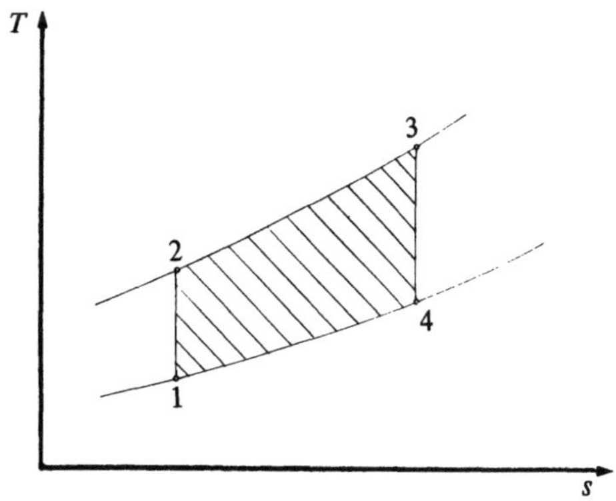

Bild 16.11 *T-s*-Diagramm einer Gasturbine ohne Abwärmenutzung

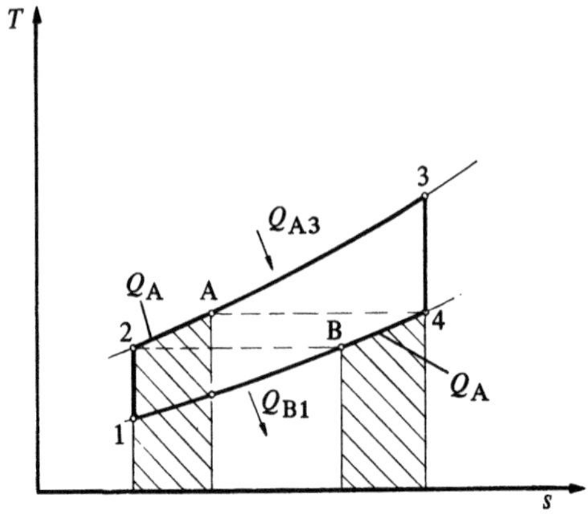

Bild 16.12
T-s-Diagramm einer Gasturbine mit vollständigem Wärmeaustausch

schraffierte Flächen dargestellt) in der Form genutzt, daß er dem Luftstrom nach der Kompression jedoch vor dem Eintritt in die Brennkammer zugeführt wird.

1 nach 2 isentrope Verdichtung,
2 nach *A* zugeführte Abwärme,
A nach 3 isobare Verbrennung,
3 nach 4 isentrope Entspannung,
4 nach *B* genutzte Abwärme,
B nach 1 an die Umgebung abgegebene Wärmemenge.

Weitere Verbesserungen des thermischen Wirkungsgrades sind möglich durch

- eine in Stufen unterteilte Entspannung und *isobarer Wärmezufuhr* zwischen den Stufen,
- eine in Stufen unterteilte Verdichtung und *isobarer Kühlung* zwischen den Stufen.

16.4.3 Ermittlung des Wirkungsgrades

Die Nutzarbeit W ist gleich der Differenz der zu- und abgeführten Wärmemenge:

$$W = Q_{23} - Q_{41}$$

$$Q_{23} = m \cdot c_p (T_3 - T_2)$$

$$|Q_{41}| = m \cdot c_p (T_4 - T_1)$$

$$W = m \cdot c_p [T_3 - T_2 - (T_4 - T_1)]$$

$$\boxed{W = m \cdot c_p (T_3 - T_2) \left[1 - \frac{T_4 - T_1}{T_3 - T_2}\right]} \qquad (16.29)$$

Ferner gilt:

$$\frac{T_1}{T_2} = \frac{T_4}{T_3} = \left(\frac{p_{14}}{p_{23}}\right)^{\kappa - 1/\kappa}, \qquad (16.30)$$

W	m	c	T
J	kg	$\frac{\text{J}}{\text{kgK}}$	K

daraus folgt:

$$\frac{T_3}{T_2} = \frac{T_4}{T_1}$$

$$\frac{T_3 - T_2}{T_2} = \frac{T_4 - T_1}{T_1}$$

$$\frac{T_4 - T_1}{T_3 - T_2} = \frac{T_1}{T_2} = \left(\frac{p_{14}}{p_{23}}\right)^{\kappa - 1/\kappa} \tag{16.31}$$

somit ergibt sich

$$W = m \cdot c_p (T_3 - T_2)\left(1 - \frac{T_1}{T_2}\right) \tag{16.32}$$

W, Q	m	c	T	η, κ	p
J	kg	$\frac{\text{J}}{\text{kgK}}$	K	1	Pa

und der *thermische Wirkungsgrad*

$$\eta_{th} = \frac{W}{Q_{23}} = 1 - \frac{T_1}{T_2} = 1 - \left(\frac{p_{14}}{p_{23}}\right)^{\frac{\kappa-1}{\kappa}} \tag{16.33}$$

Der thermische Wirkungsgrad der idealen Gasturbine hängt somit nur vom *Verdichtungsverhältnis* im Kompressor ab. Er ist unabhängig von der Wärmezufuhr und steigt mit steigendem Verdichtungsverhältnis.

Wie bereits vorher erwähnt, kann eine Verbesserung des Wirkungsgrades durch eine Nutzung der Abwärme erreicht werden. Bei der Annahme, daß der verwendete Wärmetauscher ideal bzw. verlustfrei arbeitet, kann die Vorwärmung solange erfolgen, bis die vorzuwärmende Luft dieselbe Temperatur erreicht hat wie das sich abkühlende Abgas. Das Schema einer Turbinenanlage mit Wärmetauscher zeigt Bild 16.13, das entsprechende T-s-Diagramm Bild 16.12.

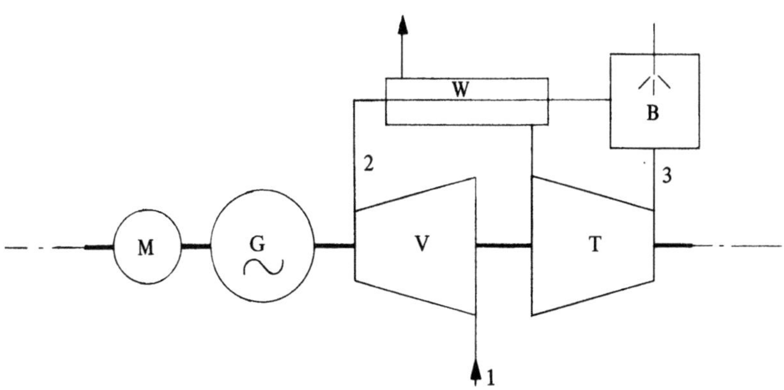

Bild 16.13 Schema einer Gasturbinenanlage mit Abwärmenutzung

Die im Bild 16.12 dargestellte schraffierte Fläche unterhalb der Isobare 4 nach B stellt die Wärmemenge dar, die im Wärmetauscher an die zuströmende Luft abgegeben wird. Bei einem idealen verlustfreien Wärmetauscher ist diese Fläche genau so groß wie diejenige unter der Isobaren 2 nach A. Die durch die Verbrennung zugeführte Wärmemenge ist daher Q_{A3} – die abgeführte Q_{B1}. Die Differenz dieser Wärmemenge wird in Arbeit umgesetzt. Bei vollständigem Wärmeaustausch ergibt sich der Wirkungsgrad

$$\boxed{\eta_{\mathrm{th}} = \frac{Q_{A3} - Q_{B1}}{Q_{A3}} = 1 - \frac{Q_{B1}}{Q_{A3}}} \tag{16.34}$$

$$Q_{A3} = m \cdot c_p \, (T_3 - T_A) = m \cdot c_p \, (T_3 - T_4) \tag{16.35}$$

$$Q_{B1} = m \cdot c_p \, (T_B - T_1) = m \cdot c_p \, (T_2 - T_1). \tag{16.36}$$

Setzt man diese Werte in die Gl. (16.34) ein, so ergibt sich

$$\boxed{\eta_{\mathrm{th}} = 1 - \frac{T_2 - T_1}{T_3 - T_4}} \, . \tag{16.37}$$

Da bei gleichem Druckverhältnis

$$\frac{T_2}{T_1} = \frac{T_3}{T_4} \qquad \text{oder} \qquad \frac{T_2 - T_1}{T_1} = \frac{T_3 - T_4}{T_4}$$

folgt

$$\frac{T_2 - T_1}{T_3 - T_4} = \frac{T_1}{T_4}$$

η	Q	T
1	J	K

und daraus

$$\boxed{\eta_{\mathrm{th}} = 1 - \frac{T_1}{T_4}} \, , \tag{16.38}$$

d.h., bei vollständigem Wärmeaustausch hängt der thermische Wirkungsgrad von der Temperatur T_4 am Ende der adiabaten Expansion und von der Außentemperatur T_1 ab. Der thermische Wirkungsgrad ist um so größer, je höher T_4 und je niedriger T_1 ist.

16.4.4 Der reale offene Kreisprozeß

Ideale Prozesse sind praktisch nicht zu verwirklichen. Sie sind lediglich *Vergleichsprozesse* und stellen im jeweiligen Fall die theoretisch optimal zu nutzende Energieumwandlung dar. Bild 16.14 zeigt einen *offenen Realprozeß* einschließlich des zugehörigen *Idealprozesses*. Die realen Prozesse weisen hauptsächlich folgende Abweichungen von den Idealprozessen auf:

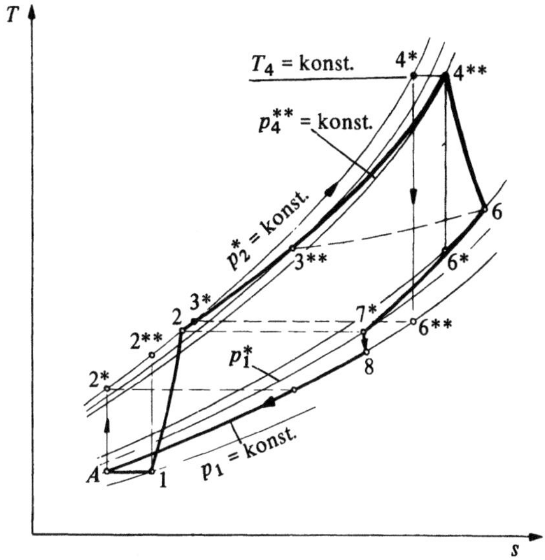

Bild 16.14
T-s-Diagramm des realen Gasturbinenprozesses

- Die in den Kompressoren und Turbinen ablaufenden *Vorgänge* sind nicht isentrop, sondern *adiabat.*
- Die Wärmezufuhr in der Brennkammer erfolgt nicht isobar. Es treten dort Druckverluste auf. Durch unvollkommene Verbrennung, Wärmestrahlung und Wärmeleitung wird die im Brennstoff vorhandene *Energie nicht vollständig an das Arbeitsmittel* übertragen.
- Die Wärmeübertragung im Wärmetauscher ist ebenfalls nicht vollständig. Es bleibt immer eine *endliche Temperaturdifferenz* (sogenannte Gradigkeit).
- Die *Expansion* in der Turbine kann *nicht bis ganz zum Ausgangsdruck* getrieben werden.
- Beim Durchströmen von Gehäusen, Wärmetauschern, Kühlen und Erhitzen treten *Reibungsverluste* auf.
- Die Übertragung der Energie von der Turbine zum Verdichter ist ebenfalls mit *Reibungsverlusten* (*Lagerreibung*) behaftet.

Die Zustandsänderungen im Bild 16.14 verlaufen daher nicht so wie in den theoretischen Diagrammen.

A nach 1	Druckabfall im Gehäuse vor dem Verdichter,
1 nach 2	adiabate Kompression im Kompressor,
2 nach 3**	Druckminderung während der Wärmezufuhr im Wärmetauscher,
3** nach 4**	Druckminderung während der Wärmezufuhr in der Brennkammer,
4** nach 6	adiabate Expansion in der Turbine,
6 nach 7*	Druckminderung im Wärmetauscher bei der Wärmeabgabe,
7* nach 8	Druckminderung im Austrittsgehäuse.

Die vorgenannten Abweichungen von dem idealen Prozeß bedingen eine Begrenzung der Anzahl der Aggregate. Beim idealen Prozeß kann mit Hilfe von Zwischenkühlung, Zwischenerhitzung und Abstufung der Kompression und Expansion in sehr vielen Stufen ein *optimaler Wirkungsgrad* erreicht werden. Dadurch, daß die einzelnen Aggregate jedoch verlustbehaftet sind, werden die Vorteile bei einer großen Stufenzahl aufgehoben. Die optimale Stufenzahl liegt bei etwa 3.

16.4.5 Beispiele

1. Beispiel: Für einen idealen Gasturbinenprozeß ohne Wärmetauscher sollen die Zustände, die Arbeit des Kreisprozesses, die zu- und abgeführten Wärmemengen sowie der thermische Wirkungsgrad bestimmt werden.

Gegeben:

$$p_L = 100 \text{ kPa} = p_1$$

$$T_1 = 290 \text{ K}$$

$$T_3 = 900 \text{ K (in der Brennkammer)}$$

$$\frac{p_2}{p_1} = 4 \text{ (Verdichtung im Kompressor)}$$

$$c_p = 1 \text{ kJ/kg K (Luft } c_p = \text{konstant angenommen)}$$

Lösung: Zunächst sollen die Eckpunkte des Arbeitsdiagramms mit den entsprechenden Temperaturen, Drücken und Volumina ermittelt werden (siehe auch Bilder 16.10 und 16.11).

Zustand 1:

$$\underline{\underline{p_1 = 100 \text{ kPa}}}$$

$$\underline{\underline{T_1 = 290 \text{ K}}}$$

$$v_1 = \frac{R \cdot T_1}{p_1} = \frac{287{,}5 \text{ Nm} \cdot 290 \text{ K} \cdot \text{m}^2}{\text{kg} \cdot \text{K} \cdot 10^5 \text{ N}}$$

$$\underline{\underline{v_1 = 0{,}833 \text{ m}^3/\text{kg}.}}$$

Zustand 2:

$$\frac{p_2}{p_1} = 4 \text{ (Verdichtungsverhältnis)}$$

$$p_2 = 4 \cdot p_1$$

$$\underline{\underline{p_2 = 400 \text{ kPa}}}$$

$$T_2 = T_1 \left(\frac{p_2}{p_1}\right)^{\frac{\kappa - 1}{\kappa}} \text{ (adiabate Zustandsänderung)}$$

$$= 290 \text{ K} \left(\frac{400}{100}\right)^{\frac{1{,}4 - 1}{1{,}4}}$$

$$\underline{\underline{T_2 = 430 \text{ K}.}}$$

$$v_2 = \frac{R \cdot T_2}{p_2} = \frac{287{,}5 \text{ Nm} \cdot \text{m}^2 \cdot 430 \text{ K}}{\text{kg} \cdot \text{K} \cdot 400 \cdot 10^3}$$

$$\underline{\underline{v_2 = 0{,}309 \text{ m}^3/\text{kg}.}}$$

Zustand 3:

$$\underline{\underline{p_3 = p_2 = 400 \text{ kPa}}} \quad \text{(Gleichdruckprozeß)}$$

$$\underline{\underline{T_3 = 900 \text{ K}}} \quad \text{(gegeben)}$$

$$v_3 = \frac{R \cdot T_3}{p_3}$$

$$= \frac{287{,}5 \text{ Nm} \cdot 900 \text{ K}}{\text{kg} \cdot \text{K} \cdot 400 \cdot 10^3 \text{ Nm}^{-2}}$$

$$\underline{\underline{v_3 = 0{,}647 \text{ m}^3/\text{kg}.}}$$

Zustand 4:

$$\underline{\underline{p_4 = p_1 = 100 \text{ kPa}}} \quad \text{(Außendruck)}$$

$$\frac{T_3}{T_4} = \frac{T_2}{T_1}$$

$$T_4 = \frac{T_3 \cdot T_1}{T_2}$$

$$= \frac{900 \text{ K} \cdot 290 \text{ K}}{430 \text{ K}}$$

$$\underline{\underline{T_4 = 607 \text{ K}.}}$$

$$v_4 = \frac{R \cdot T_4}{p_4}$$

$$= \frac{287{,}5 \text{ Nm} \cdot \text{m}^2 \cdot 607 \text{ K}}{\text{kg} \cdot \text{K} \cdot 10^5 \text{ N}}$$

$$\underline{\underline{v_4 = 1{,}74 \text{ m}^3/\text{kg}.}}$$

Nachdem nun die einzelnen Zustände in den Punkten 1 ... 4 bestimmt worden sind, kann die zu- und abgeführte Wärmemenge berechnet werden.

Die zwischen den Punkten 2 und 3 zugeführte Wärmemenge (Gleichdruckverbrennung) wird

$$q_{23} = c_p (T_3 - T_2)$$

$$= 1 \frac{\text{kJ}}{\text{kg K}} (900 - 430) \text{ K}$$

$$\underline{\underline{q_{23} = 470 \text{ kJ/kg}.}}$$

Der Betrag der bei der Zustandsänderung von Zustand 4 nach Zustand 1 abgegebenen Wärmemenge beträgt

$$q_{41} = c_p (T_1 - T_4)$$

$$= 1 \frac{\text{kJ}}{\text{kg K}} (290 - 607) \text{ K}$$

$$\underline{\underline{q_{41} = -317 \text{ kJ/kg}.}}$$

Dann beträgt die Arbeit des Kreisprozesses

$$w_{kr} = q = q_{23} + q_{41}$$

$$= 470\,\frac{\text{kJ}}{\text{kg}} - 317\,\frac{\text{kJ}}{\text{kg}}$$

$$\underline{\underline{w_{kr} = 153\ \text{kJ/kg} \mathrel{\hat{=}} 153\,000\ \text{J/kg} \mathrel{\hat{=}} 153\ \text{kWs/kg.}}}$$

Der thermische Wirkungsgrad kann nun auf zwei verschiedene Arten ermittelt werden. Durch den Vergleich beider Werte erhält man zusätzlich eine Kontrolle. Aus den Wärmemengen ergibt sich η_{th} zu:

$$\eta_{th} = \frac{q}{q_{23}}$$

$$= \frac{153}{470}$$

$$\underline{\underline{\eta_{th} = 0{,}326.}}$$

Aus den Temperaturen ergibt sich η_{th} zu:

$$\eta_{th} = 1 - \frac{T_1}{T_2}$$

$$= 1 - \frac{290}{430}$$

$$\underline{\underline{\eta_{th} = 0{,}326.}}$$

2. Beispiel: Inwieweit kann durch vollständige Wärmetauschung der Wirkungsgrad der in Beispiel 1 berechneten Anlage verbessert werden? Voraussetzung sei, daß die Zustände an den Eckpunkten des Arbeitsdiagrammes dieselben sind wie im Beispiel 1.

Lösung: Die Wärmemenge, die den Abgasen entzogen wird, ist

$$q_A = c_p\,(T_A - T_2)$$

T_A = Austrittstemperatur aus der Turbine

T_2 = Eintrittstemperatur in die Brennkammer

$$q_A = 1\,\frac{\text{kJ}}{\text{kg K}}\,(607 - 430)$$

$$\underline{\underline{q_A = 177\ \text{kJ/kg.}}}$$

Die durch die Verbrennung zugeführte Wärmemenge wird nun kleiner, da die Temperatur des zuströmenden Mediums bereits 607 K beträgt. Sie berechnet sich zu

$$q_{B3} = c_p\,(T_3 - T_A)$$

$$= 1\,\frac{\text{kJ}}{\text{kgK}} \cdot (900 - 607)\ \text{K}$$

$$\underline{\underline{q_{B3} = 293\ \text{kJ/kg.}}}$$

Die abgeführte Wärmemenge verringert sich ebenfalls, da das ausströmende Medium bei vollständigem Wärmetausch nur noch die Temperatur von 430 K hat. Sie berechnet sich zu:

$$|q_{B1}| = c_p (T_B - T_1)$$

$$= 1 \frac{\text{kJ}}{\text{kg K}} (430 - 290) \text{ K}$$

$$|q_{B1}| = 140 \text{ kJ/kg}.$$

Die in Arbeit umgesetzte Wärmemenge beträgt

$$q = q_{B3} - q_{B1}$$

$$= 293 \frac{\text{kJ}}{\text{kg}} - 140 \frac{\text{kJ}}{\text{kg}}$$

$$q = 153 \text{ kJ/kg} \quad \text{(s. 1. Beispiel)}.$$

Nun läßt sich der neue thermische Wirkungsgrad wiederum auf zwei Arten bestimmen:

$$\eta_{th} = \frac{q}{q_{B3}}$$

$$= \frac{153}{293}$$

$$\eta_{th} = 0{,}522.$$

Als Kontrolle berechnet sich η_{th} zu

$$\eta_{th} = 1 - \frac{T_1}{T_4}$$

$$= 1 - \frac{290}{607}$$

$$\eta_{th} = 0{,}522.$$

Der thermische Wirkungsgrad hat sich also durch die vollständige Wärmetauschung um 60 % verbessert.

16.5 Der geschlossene Gleichdruckprozeß für stationäre Gasturbinen

Eine zweite wichtige Gruppe der Gasturbinen sind die *geschlossenen*, bei denen die zirkulierende Luft nicht für die Verbrennung genutzt wird.

16.5.1 Aufbau und Wirkungsweise

Bild 16.15 zeigt den prinzipiellen Aufbau einer *geschlossenen stationären Gasturbinenanlage*. Die hier als Beispiel gezeigte geschlossene Anlage arbeitet mit Zwischenkühlung, Zwischenerhitzung und mit Abwärmeausnutzung.

Das Arbeitsmittel – entweder Luft oder ein anderes geeignetes Gas – zirkuliert in der Anlage. Nachdem es alle Anlagenteile wie Verdichter, Kühler, Erhitzer und Turbinen durchlaufen hat, beginnt der Prozeß jeweils von neuem, ohne daß das Arbeitsmittel die Anlage verläßt. Daraus folgt, daß alle Kühl- und Erhitzungsvorgänge indirekt erfolgen müssen.

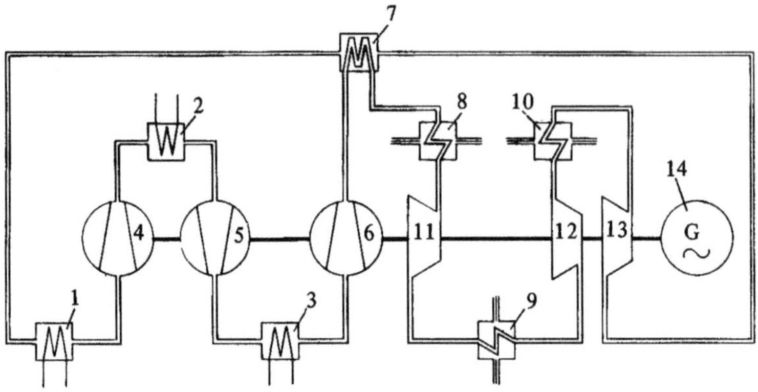

Bild 16.15 Schaltschema einer geschlossenen Gasturbinenanlage mit Zwischenkühlung, Zwischenerhitzung und Abwärmenutzung
1 Vorkühler, 2 Zwischenkühler, 3 Zwischenkühler 2, 4 Verdichterstufe 1, 5 Verdichterstufe 2, 6 Verdichterstufe 3, 7 Wärmetauscher, 8 Erhitzer, 9 Zwischenerhitzer 1, 10 Zwischenerhitzer 2, 11 Turbinenstufe 1, 12 Turbinenstufe 2, 13 Turbinenstufe 3, 14 Generator

Die im Bild 16.15 dargestellte 3-stufige Anlage arbeitet wie folgt: Im Kühler (1) wird das Gas auf den Anfangszustand gekühlt und danch in der ersten Verdichterstufe (4) auf einen höheren Druck gebracht. Beim Durchlaufen des Verdichters steigt die Temperatur an; durch die anschließende Kühlung im Zwischenkühler (2) wird die Temperatur wieder abgesenkt. Dieser Vorgang wiederholt sich in der zweiten Verdichterstufe (5) und im Zwischenkühler (3). Schließlich erreicht das Gas in der dritten Verdichterstufe (6) seinen Enddruck vor Eintritt in den Wärmetauscher (7), in dem ein Teil der Abwärme genutzt wird. Von dort strömt das Gas in den Erhitzer (8), wo es eine weitere indirekte Wärmezufuhr erfährt. Nach dem Verlassen des Erhitzers gelangt das Gas in die erste Turbinenstufe (11). Im ersten Zwischenerhitzer (9) wird es dann wieder erwärmt, um dann in der zweiten Turbinenstufe (12) weiter entspannt zu werden. Im zweiten Zwischenerhitzer (10) wird das Gas letztmalig erwärmt, um danach in der dritten Turbinenstufe (13) endgültig entspannt zu werden. Danach wird es dem Erhitzer (7) zugeführt, wo es einen Teil seiner Wärme an das der Turbine zuströmende Gas abgibt. Bei Erreichen des Kühlers (1) beginnt der Prozeß von neuem.

16.5.2 Das Wärmediagramm

Bild 16.16 zeigt das prinzipielle *T-s*-Diagramm eines geschlossenen Idealprozesses mit Zwischenkühlung, Zwischenerhitzung und Abwärmenutzung. Das gezeigte Beispiel gilt für eine Anlage wie die im Bild 16.15 dargestellte. Es handelt sich also um eine Anlage, bei der sowohl die Verdichtung, als auch die Entspannung in drei Stufen unterteilt ist.

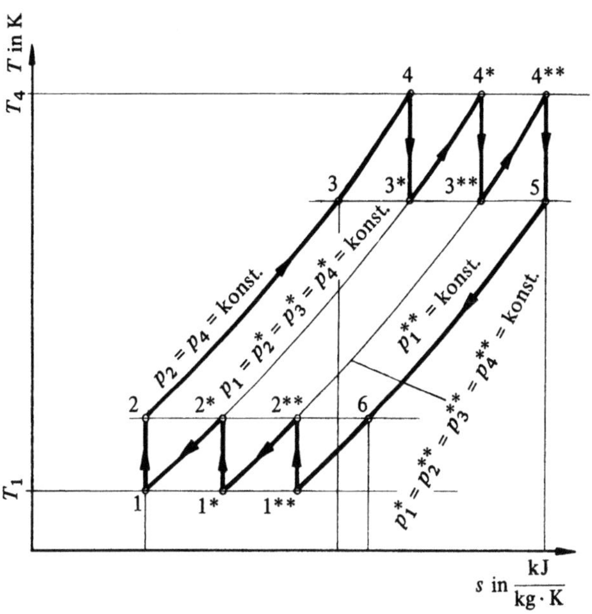

Bild 16.16
T-*s*-Diagramm eines Idealprozesser mit Zwischenkühlung, Zwischenerhitzung und Abwärmenutzung

16.5.3 Der reale geschlossene Kreisprozeß

Für den realen geschlossenen Kreisprozeß gilt im Prinzip das gleiche wie für den offenen Prozeß, d.h., die im Abschnitt 16.4.4 genannten Abweichungen können auch für den geschlossenen Prozeß gelten.

Es sei jedoch darauf hingewiesen, daß natürlich hier die Wärmezufuhr nicht in seiner Brennkammer erfolgt, sondern in den indirekt arbeitenden Erhitzern.

16.5.4 Hauptkennwerte und Wirkungsgrade

Die effektive Leistung P_e

Als effektive Leistung bezeichnet man die Leistung, die durch die Nutzleistung einer wirklichen Maschine, die nach dem realen Prozeß arbeitet, gegeben ist. Zur Ermittlung von P_e muß zunächst der *mechanische Wirkungsgrad* η_m definiert werden. η_m ist das Verhältnis von Kompressorantriebsleistung zur Summe aus der Kompressorantriebsleistung, der Leistung zur Überwindung der mechanischen Reibungsverluste und der für die Hilfsgeräte benötigten Leistung.

$$\eta_m = \frac{P_K}{P_K + P_R + P_H} \qquad (16.42)$$

η	P
1	W

P_K Kompressorleistung
P_R mechanische Reibungsverluste
P_H Leistungsaufnahme der Hilfsgeräte

$\eta_m \approx 98 \ldots\ 99\,\%$. Mit diesem Wirkungsgrad ergibt sich P_e als Differenz der Turbinenleistung P_T und der durch den Wirkungsgrad erhöhten Kompressorleistung P_K/η_m.

$$P_e = P_T - \frac{P_K}{\eta_m}. \tag{16.43}$$

P	η
W	1

Die Einheitsleistung P_v

Unter dieser Leistung versteht man die auf die durchströmende Masse des Arbeitsmittels bezogene *Nutzleistung*.

$$P_v = \frac{P_e}{\dot{m}}. \tag{16.44}$$

P	$\dot{m}$
W	$\frac{\text{kg}}{\text{s}}$

Die Gleichung gilt auch für offene Prozesse, wenn

$$\dot{m}_B \ll \dot{m}_L$$

$\dot{m}_B$ Brennstoffmassenstrom

$\dot{m}_L$ Luftmassenstrom

Der spezifische Brennstoffverbrauch b_e

Die Gleichung für b_e ist bereits in anderen Kapiteln angeführt und soll hier nur der Vollständigkeit halber aufgenommen werden.

$$b_e = \frac{\dot{m}_B}{P_e}. \tag{16.45}$$

b	$\dot{m}$	P
$\frac{\text{kg}}{\text{J}}$	$\frac{\text{kg}}{\text{s}}$	W

Der spezifische Wärmeverbrauch w_e

Darunter versteht man die auf die Nutzleistung bezogene Wärmemenge, die mit dem Brennstoff zugeführt wird.

$$w_e = \frac{\dot{m}_B \cdot \Delta h_u}{P_e}. \tag{16.46}$$

w, h	m	P
$\frac{\text{J}}{\text{kg}}$	$\frac{\text{kg}}{\text{s}}$	W

Der spezifische Wärmeverbrauch eignet sich gut zum Vergleich von Anlagen, die verschiedene Brennstoffe mit sehr unterschiedlichen unteren Heizwerten verbrauchen.

Die angeführten Gleichungen für die *Hauptkennwerte* sind für offene und geschlossene Gasturbinenanlagen gleich.

Der thermische Wirkungsgrad η_{th}

Beim Idealprozeß ohne Abwärmeausnutzung ist η_{th} definitionsgemäß:

$$\eta_{th} = 1 - \frac{1}{\left(\frac{p_2}{p_1}\right)^{\frac{\kappa-1}{\kappa}}} \qquad (16.47)$$

η	p
1	Pa

Beim Idealprozeß mit Abwärmeausnutzung gilt:

$$\eta_{th} = 1 - \frac{T_1}{T_4}\left(\frac{p_2}{p_1}\right)^{\frac{\kappa-1}{\kappa}} \qquad (16.48)$$

η, κ	T	p
1	K	Pa

Beim Idealprozeß mit Zwischenkühlung, Zwischenerhitzung und Abwärmenutzung ist

$$\eta_{th} = 1 - \frac{T_1}{T_4}\left(\frac{p_2}{p_1}\right)^{\frac{\kappa-1}{z \cdot \kappa}} . \qquad (16.49)$$

η, κ	T	p
1	K	Pa

Darin steht z für die Anzahl der Stufen.

Der effektive Wirkungsgrad η_e

Die Definition für η_e lautet:

$$\eta_e = \frac{P_e}{\dot{m}_B \cdot \Delta h_u} . \qquad (16.50)$$

η	P	$\dot{m}$	h
1	W	$\frac{kg}{s}$	$\frac{J}{kg}$

Der effektive Wirkungsgrad stellt also das Verhältnis von Nutzleistung zum zugeführten Wärmestrom dar, d.h., er beurteilt, wie gut in einer Anlage die mit dem Brennstoff zugeführte Energie genutzt wird.

Außerdem gilt der Zusammenhang

$$\eta_e = \eta_{th} \cdot \eta_G . \qquad (16.51)$$

η
1

Darin stellt η_G den sogenannten *Gütegrad* einer Anlage dar, d.h., η_G berücksichtigt die bei der Beschreibung des realen Prozesses genannten Abweichungen vom Idealprozeß.

16.5.5 Die Vor- und Nachteile der geschlossenen gegenüber der offenen Gasturbinenanlage

Vorteile:

- Größtmögliche Wirtschaftlichkeit, auch bei Teillast;
- Nutzung fester, flüssiger, gasförmiger und Kernbrennstoffe;
- Sauberkeit des Arbeitsmittels;
- der Prozeßanfangspunkt kann variiert werden;
- beliebige Arbeitsmittel können verwendet werden;
- kleinere Volumina infolge höherer Drücke sind möglich.

Nachteile:

- Größerer Raumbedarf für die Anlage;
- es treten höhere Temperaturen in verschiedenen Teilen der Anlage auf, so daß an die Warmfestigkeit der Werkstoffe höhere Anforderungen zu stellen sind.

16.6 Teilgeschlossene Gasturbinenprozesse

Bei den teilgeschlossenen Prozessen (z.B. halbgeschlossener Prozeß von Sulzer) wird versucht, die Vorteile des offenen Prozesses mit denen des geschlossenen Prozesses zu vereinigen. Im Niederdruckteil sind nur kleine Luftmengen zu verarbeiten und im Lufterhitzer mit den höchsten Temperaturen ist die Druckdifferenz zwischen Heizluft und zu erhitzender Luft sehr klein. Allerdings steht diesen Vorteilen der Nachteil gegenüber, daß wiederum, wie beim offenen Prozeß, nur gasförmige oder flüssige Brennstoffe verbraucht werden können.

16.7 Werkstoffe

Um möglichst hohe Wirkungsgrade zu erzielen, muß man sehr hohe Temperaturen anstreben. Das setzt voraus, daß Werkstoffe eingesetzt werden, die sich durch eine sehr hohe Warmfestigkeit auszeichnen. Schaufelwerkstoffe sind häufig so hoch legiert, daß nur noch ein Anteil von weniger als 1 % Eisen in ihnen ist (z.B. Nimonic). Als besonders wichtige Legierungsbestandteile sind zu nennen:

Ni bis zu 75 % (im Extremfall)
Cr bis zu 20 %
Al bis zu 2 %
Ti bis zu 3 %.

Unter anderem wurden auch *keramische Stoffe* als Schaufelüberzüge verwendet.

Um die thermische Belastung der Werkstoffe zu verringern, kühlt man die heißesten Stellen in einer Gasturbinenanlage. Die kühlende Luft wird in der Regel dem Luftstrom vor der Erhitzung entnommen. Durch kleine Öffnungen im Läufer tritt Kühlluft aus und bewegt sich an der zu kühlenden Werkstoffoberfläche entlang, danach mischt sie sich wieder mit dem Arbeitsmittel. Man verwendet auch *poröses Schaufelmaterial*, durch dessen Poren das Kühlmittel strömen kann.

Obwohl besonders hochlegierte Werkstoffe, die außerdem gekühlt sind, verwendet werden, muß man dennoch mit einer kürzeren Lebensdauer rechnen als bei den übrigen Maschinenteilen, d.h., die höchstbelasteten Teile müssen in bestimmten Zeitabständen ausgewechselt werden.

16.8 Einsatzgebiete und Größenordnung

Gasturbinen sind universell einsetzbare Kraftmaschinen, die für Landfahrzeuge, Schiffe, Flugzeuge und Kraftwerke in ihren verschiedenen Bauarten als Energiewandler zum Einsatz kommen.

Sie haben als *Vorteile* gegenüber anderen Kraftmaschinen: einen einfachen Aufbau, keine oszillierenden Massen, gleichförmige Drehmomentabgabe, kleine Massen – bezogen auf die Leistung, schnelle Einsatzbereitschaft und Nutzung verschiedenster, auch minderwertiger Brennstoffe.

Ein *Nachteil* sind die relativ hohen Baukosten und die besonders beim offenen Prozeß geringeren Wirkungsgrade. Deshalb finden sie vor allem dort ihren Einsatz, wo es mehr auf geringes Gewicht, kleines Bauvolumen und schnelle Einsatzbereitschaft ankommt als auf einen optimalen Wirkungsgrad.

Abgasturbinen

Sie werden zur Aufladung von Verbrennungsmotoren verwendet. Dazu wird die Energie der Verbrennungsgase durch die unvollkommene Expansion im Zylinder in einer Turbine-Verdichter-Kombination zur Verdichtung der den Zylindern zuströmenden Luft genutzt. Durch diese Verdichtung erfährt der Motor eine erhebliche Leistungssteigerung. Für Flugmotoren ergibt sich der Vorteil, den bei großen Flughöhen auftretenden Druckverlust wettmachen zu können.

Ortsfeste Anlagen

Diese werden in Kraftwerken hauptsächlich zur Stromerzeugung verwendet. Sie decken den Bereich vom Notstromaggregat mit Leistungen bis zu 250 kW bis hin zu den Großanlagen von 100 MW ab. Trotz der Tatsache, daß geschlossene Anlagen günstigere Wirkungsgrade haben als offene, sind doch die meisten Großanlagen wegen des geringeren Bauaufwandes offene Gasturbinenanlagen. Als Brennstoffe kommen zum Einsatz: Dieselöl, Benzin, Petroleum, schweres Heizöl und Erdgas.

Schiffsantriebe

Für diesen Zweck sind kleinere und mittlere Anlagen im Einsatz. Brennstoffe sind im allgemeinen Diesel- und schweres Heizöl. Leistungen von 10 ... 15 MW sind keine Seltenheit.

Lokomotiven

Als Antrieb von Lokomotiven sind Anlagen mit Leistungen bis zu 6000 kW im Einsatz. Brennstoffe sind Dieselöl, Heizöl, Propangas oder auch versuchsweise Kohlenstaub.

Kraftfahrzeuge, Pumpen, Verdichter

Dafür sind Kleinstanlagen mit Leistungen von etwa 50 kW an im Einsatz. Häufig werden sie mit entsprechenden Generatoren als fahrbare Notstromstationen verwendet.

Flugzeuge

Nur noch kleine Flugzeuge werden heute mit Kolbenmotoren betrieben. Mittel- und Großflugzeuge dagegen haben fast ausschließlich Gasturbinentriebwerke.

17 Entwicklungstendenzen

17.1 Kernreaktoren

Man unterscheidet nach den verschiedenen Einsatzgebieten unterschiedliche Reaktortypen.

a) *Reaktoren zur Erzeugung radioaktiver Isotope*. In diesen Reaktoren werden Elemente mit Neutronen bestrahlt. Die so gewonnenen Isotope werden für die verschiedensten Zwecke in Industrie, Medizin und Forschung verwendet.
b) *Leistungsreaktoren als Energiequelle für Kraftwerke* oder in selteneren Fällen zum Antrieb von Schiffen.
c) *Brutreaktoren, die neues spaltbares Material erzeugen*. Bei Einsatz dieses Typs als Leistungsreaktor können die vorhandenen Brennstoffreserven wesentlich besser genutzt werden.

Im übrigen werden natürlich Reaktoren auch für verschiedene Forschungszwecke eingesetzt.

Auf die verschiedenen Vorgänge im Reaktor, wie Kernspaltung und Kernfusion, soll hier nicht eingegangen werden. Es werden lediglich einige Bauarten und Schaltungsmöglichkeiten vorgestellt.

17.1.1 Energieerzeugung im Kernkraftwerk

Die in der Spaltzone des Reaktors freiwerdende Wärme wird durch einen flüssigen oder gasförmigen Träger abgeführt und entweder direkt den Turbinen oder einem Dampferzeuger zugeführt. Hier zeigen sich also bereits zwei grundsätzlich verschiedene Möglichkeiten.

- *Direktkreislauf* bei Siedewasserreaktoren und bei gasgekühlten Hochtemperaturreaktoren.
- *Indirekter Kreislauf*, bei dem der Dampfkreislauf nur über einen Wärmetauscher mit dem Reaktorkreislauf verbunden ist.

Die Anlagenteile des Dampfkreislaufes unterscheiden sich nicht wesentlich von denen bei konventionellen Anlagen. Bild 17.1 zeigt die Schaltschemen bei direkter und indirekter Dampferzeugung.

17.1.2 Reaktortypen

- Gasgekühlte graphitmoderierte Reaktoren
  Sie sind entwickelt worden, um Natururan als Brennstoff verwenden zu können. Bei den meisten Reaktoren dieser Bauart wird inzwischen angereichertes Uran eingesetzt. Als Wärmeträger wird häufig CO_2 verwendet.

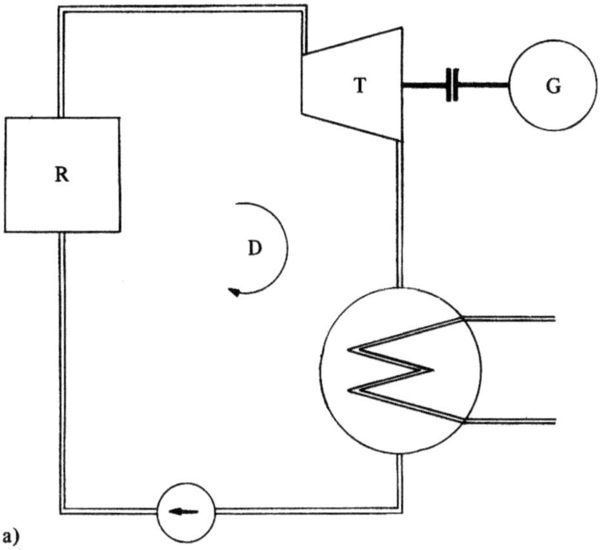

a)
Direktdampferzeugung

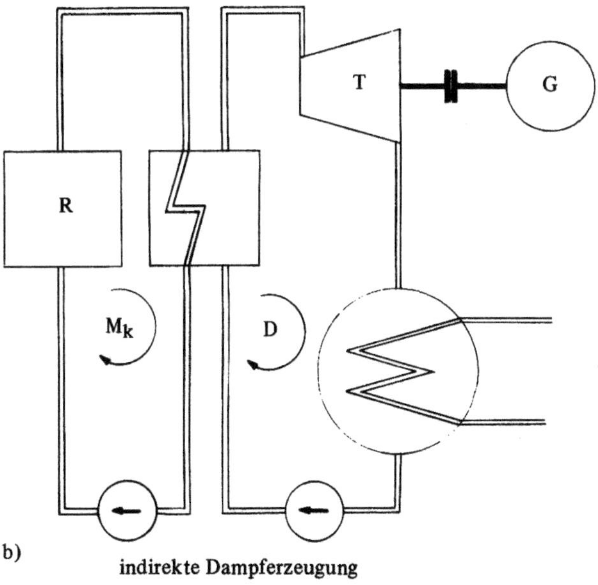

b)
indirekte Dampferzeugung

Bild 17.1 Schaltschemen von Kernkraftwerken

- Druckwasserreaktoren
  Sie haben Wasser, das unter Druck steht, als Wärmeträger. Der Druck ist dabei größer als der zur höchsten Wassertemperatur gehörige Sättigungsdruck. Das Sieden des Wassers wird also verhindert.
- Siedewasserreaktoren
  Sie werden in der Regel mit Leichtwasser betrieben. Wie beim Druckwasserreaktor sind Wärmeträger und Moderator identisch. Der Brennstoff muß angereichert sein.
- Schnelle Brutreaktoren
  Ihnen gehört wegen ihrer optimalen Brennstoffausnutzung zweifellos die Zukunft. Dabei ist die Wahl des Wärmeträgers allerdings sehr begrenzt, da in der Spaltzone keine Moderation stattfinden soll. Im allgemeinen wird daher Natrium eingesetzt, das gute Wärmeleitfähigkeit, hohe Siedetemperatur und Moderationslosigkeit hat. Natrium hat allerdings auch einige Nachteile, wie starke Radioaktivität im ersten Kreis und stark korrodierende Wirkung auch bei austenitischen Stählen.

17.2 Vergrößerungen des Wirkungsgrades

Die Gesetze der Thermodynamik besagen, daß keine Wärmekraftmaschine einen Wirkungsgrad haben kann der größer ist als der des Carnotschen Kreisprozesses. Da selbst dieser Wirkungsgrad in der Regel nicht erreicht wird, liegt es nahe, ein Verfahren zu suchen das nicht an die Einschränkungen des Carnotschen Prozesses gebunden ist bzw. diese umgeht.

Bild 17.2 zeigt den Carnotschen Prozeß im T-s-Diagramm und als gestrichelte Linie einen beliebigen Prozeß in denselben Temperaturgrenzen. Das Problem beim Bau von Wärmekraftmaschinen besteht nun im wesentlichen darin, den realen Kreisprozeß dem Carnotschen Prozeß anzugleichen. Ein Versuch, der niemals vollständig gelingen kann, da es sich beim Carnotschen Prozeß um einen theoretischen Prozeß handelt, so daß bereits kleinste Abweichungen sich negativ auswirken. Solche Abweichungen kommen daher, daß es sich um reale und nicht um ideale Gase handelt.

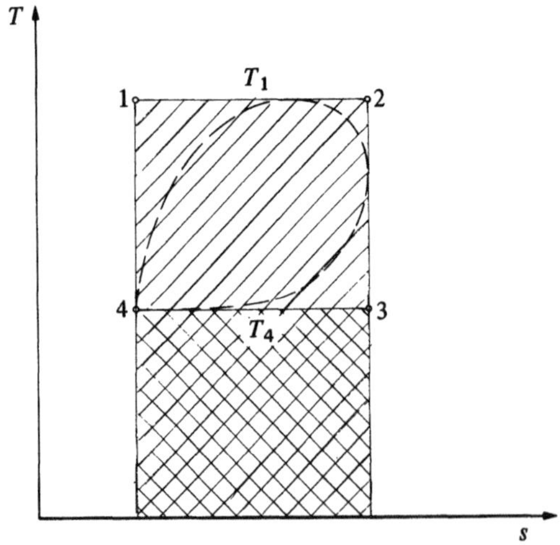

Bild 17.2
Der Carnot-Prozeß im T-s-Diagramm

Nun bietet aber gerade die Möglichkeit, daß Gase während des Arbeitsganges ihre Eigenschaften verändern, eine Chance, den Carnotschen Prozeß zu umgehen. Wenn es nämlich gelingt, während des Zirkulierens in einer geschlossenen Anlage das Arbeitsmittel *reversible chemische Reaktionen* durchlaufen zu lassen und diese zu nutzen, kann man den Wirkungsgrad des Carnotschen Prozesses überbieten.

In der Praxis bedeutet dies: Man verwendet als Arbeitsmittel nicht Luft oder inerte Gase, sondern so exotische Gemische wie Stickstoffoxid, Aluminiumchlorid usw. Während des Verdichtens im Kompressor verhalten sich diese Gase normal und unterscheiden sich dabei nur wenig von Luft. Beim Erhitzen vor der Turbine jedoch dissoziieren ihre Moleküle und teilen sich in 2, 3 oder 4 Teile, d.h., die Molzahl erhöht sich im gleichen Maße und ebenso der Druck.

Die Turbine wird also von diesem viel größeren Volumen durchströmt und dabei ihre Leistung entscheidend vergrößert. Dieser Effekt ist natürlich nicht völlig umsonst zu erreichen. Für die Dissoziation wird viel Wärmeenergie benötigt, die dem Gas, zusätzlich zugeführt werden muß. Auch wird jeder Gasanteil energieintensiver, denn zunächst nimmt er mehr Energie auf, er gibt jedoch später auch mehr Energie ab. Im Endergebnis erhöht sich jedenfalls die Nutzarbeit des Kreisprozesses erheblich. Ein großer Teil der zugeführten Wärmeenergie wird nicht für die Erwärmung des Gases und damit für die Temperaturerhöhung benötigt, sondern für die Dissoziation. Praktisch verläuft daher die Wärmezufuhr angenähert nach einer Isothermen.

Leider ist die gezeigte Möglichkeit aber nicht ohne weiteres durchführbar. Es besteht die Gefahr, daß die Dissoziation bereits im Verdichter stattfindet und die Rekombination bereits in der Turbine, so daß ein großer Teil des günstigen Effektes wieder verloren geht. Um diese Nachteile zu vermeiden, müßte auch der gesamte Prozeß der Verdichtung und Entspannung isotherm durchgeführt werden. Dies kann angenähert im bereits im Jahre 1816 erfundenen *Stirling-Motor* mit äußerer Verbrennung geschehen. Dieser Motor hat einen geschlossenen Kreislauf, bei dem das Arbeitsmedium durch dichte Metallwände hindurch erhitzt wird und mit beliebigen Brennstoffen betrieben werden kann. Der Stirling-Motor arbeitet mit einer beliebigen Wärmequelle.

17.3 Direkte Umwandlung chemischer in elektrische Energie

Die direkte Umwandlung chemischer in elektrische Energie wird mit der sogenannten *Brennstoffzelle* durchgeführt. Es handelt sich dabei um einen reversiblen Oxydationsprozeß. Da die chemische Energie weitgehend aus Exergie besteht, ist auch die fast vollständige Umwandlung der chemischen in elektrische Energie mit Hilfe solcher reversiblen Prozesse möglich. Die Schwierigkeiten solcher Verfahren liegen vor allem darin, geeignete *Katalysatoren* zu finden.

17.4 Umwandlung chemischer in elektrische Energie über Wärme

Bei diesem Verfahren wird zunächst die chemische Energie in Wärme umgesetzt, danach aber direkt in elektrische Energie gewandelt. Dazu gibt es drei Verfahren:

1. Thermoelektrisches Verfahren,
2. Thermoionisches Verfahren,
3. Magnetohydrodynamisches Verfahren (MHD-Generator).

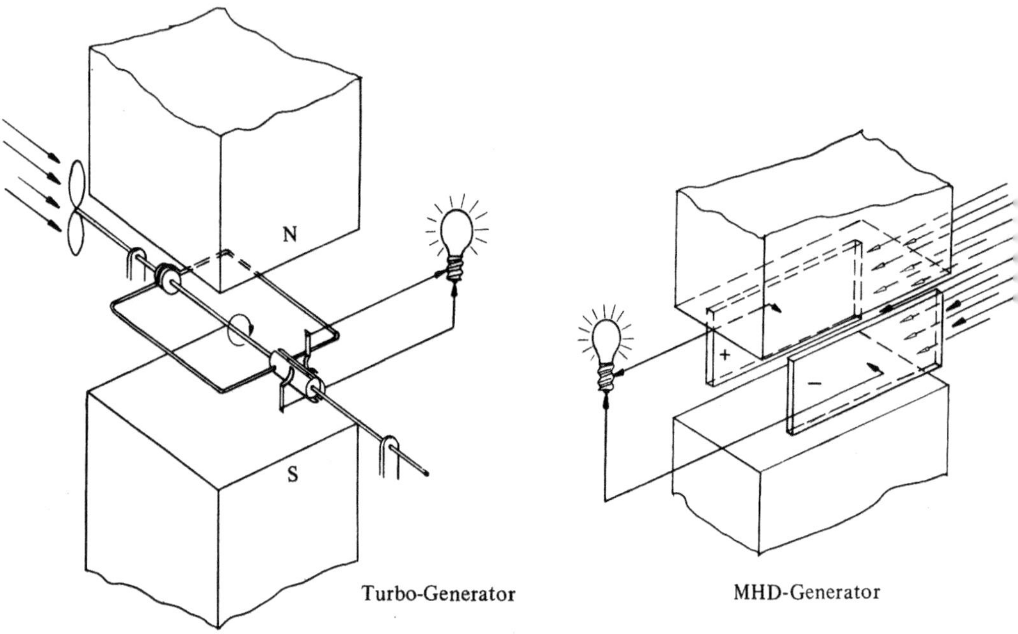

Bild 17.3 Schema des Turbo- und MHD-Generators

Beispielhaft soll hier nur das dritte Verfahren, das Magnetohydrodynamische Verfahren des MHD-Generators, beschrieben werden.

Bild 17.3 zeigt die Arbeitsprinzipien von *Turbo-* und *MHD-Generatoren.*

Während beim Turbogenerator ein elektrisch leitender fester Körper (z.B. eine Kupferdrahtschleife) im Kraftfeld eines Magneten bewegt wird, strömt beim MHD-Generator ein heißes, teilweise ionisiertes, d.h. elektrisch leitendes Gas durch ein Magnetfeld. Auf die freien Ladungsträger im Gas, die sich senkrecht zum magnetischen Feld bewegen, wirkt eine *elektromotorische Kraft*, die sogenannte *Lorenzkraft*, senkrecht zu der Ebene, die aus der Bewegungsrichtung der Ionen und der Feldrichtung gebildet wird. Zwischen den beiden Elektroden der Anode und der Kathode entsteht durch Aufnahme der Ladung eine Spannung. Wird ein Verbraucher zwischen die Elektroden geschaltet, so fließt ein Strom, der seinerseits ein Feld zwischen den Elektroden aufbaut, gegen das das strömende Gas eine Arbeit verrichten muß, so daß die Energie des strömenden Gases abnimmt.

Gegenüber dem Turbo-Generator arbeitet der MHD-Generator nur mit ruhenden, mechanich wenig beanspruchten Teilen. Dadurch können wesentlich höhere Temperaturen als bei Turbinen zugelassen werden. Da jedoch der Ionisationsgrad, von dem die Funktion entscheidend beeinflußt wird, von der Temperatur abhängt, sind die Mindesttemperaturen bereits so hoch, daß sich auch hier Werkstoffprobleme einstellen.

17.5 Umweltschutz

Gerade in neuerer Zeit finden die Probleme, die sich aus den Belastungen für die Umwelt ergeben, besondere Beachtung. Es sind dies vor allem Dinge, die sich unter folgenden Begriffen subsummieren lassen:

- Unfallverhütung,
- Lärmbekämpfung,
- Immissionsschutz,
- Strahlungsschutz.

Es sollen nun einige Probleme besonders in Hinsicht auf Kernkraftwerke erwähnt werden.

Unfälle in konventionellen Kraftwerken, wie z.B. Explosionen und Brände, sind örtlich begrenzt. Dagegen können Unfälle und Störungen in Kernkraftwerken bei ungenügenden Sicherheitsvorkehrungen zur Kontamination (radioaktive Verschmutzung) großer Gebiete und des Grundwassers führen. Es gibt noch keine umfassenden und allgemein gültigen Sicherheitsvorschriften für Kernkraftwerke. Die Anforderungen an die Schutzmaßnahmen sind sehr stark vom Reaktortyp, vom Standort und von der Leistung abhängig. Dadurch gibt es eine Vielzahl von verschiedenen Aspekten die Beachtung, z.B. bei der Wahl des Standortes, finden müssen, wie geophysikalische Untersuchungen, Bevölkerungsdichte und Kühlwassermenge.

Man kann grob drei verschiedene Gruppen von Sicherheitsmaßnahmen unterscheiden:

1. Sicherung der Bevölkerung,
2. Strahlenschutz in der Anlage,
3. Sicherheit der Druckbehälter.

Zu größeren Unfällen ist es bis heute noch nicht gekommen; um diese auch bei einem umfassenden Einsatz der Kernenergie in alle Zukunft auszuschließen bedarf es der intensiven Zusammenarbeit aller Beteiligten.

Sicherung der Bevölkerung

Die dafür vorgesehenen Maßnahmen richten sich vor allem gegen die *Kontamination der Atmosphäre* durch radioaktive Gase und Schwerstoffe sowie des *Grund-* und *Oberflächenwassers*. Aus der Anlage abgesaugte Luft wird daher über Filter geleitet. Diese sollen evtl. vorhandenen radioaktiven Staub abscheiden. Auch die in die Anlage eintretende Luft wird bereits gefiltert, um die Aktivierung mitgeführten Staubes in definierten Grenzen zu halten. In luftgekühlten Reaktorabschirmungen kommt es zur *Aktivierung* des in der Luft enthaltenen *Argons*. Daher werden die abgesaugten Gase erst nach ausreichender Verdünnung in höhere Schichten der Atmosphäre geleitet. Aktiviertes Wasser kann nach ausreichender Abklingzeit in entsprechender Verdünnung an das Oberflächenwasser abgegeben werden. Mit *langlebigen Isotopen* kontaminiertes Wasser wird durch Verdampfen eingedickt und anschließend strahlungsschutzsicher gelagert. Die Lagerung von *Brennelementen* und von Abfälle aus den Reaktoren muß ebenfalls in strahlungssicheren Lagerstätten erfolgen, zumal sehr hohe Halbwertzeiten ein nennenswertes Abklingen der Strahlung nicht zulassen.

Strahlungsschutz in der Anlage

Um die Anlagen werden *Schutzzonen* eingerichtet, in denen sich nur mit persönlicher Schutzausrüstung versehenes Personal aufhalten darf. Reaktorhallen werden im übrigen so gebaut, daß sie einem gewissen Überdruck standhalten und beim maximal möglichen Unfall die radioaktive Verseuchung auf einen hermetisch verschlossenen Raum begrenzt bleibt.

Die Schutzmaßnahmen richten sich vor allem gegen *Gamma-* und *Neutronenstrahlen*. Durch Blei, Stahl und Beton erreicht man einen guten Schutz gegen Gammastrahlung. Gegen die Neutronenstrahlung schützen alle Stoffe außer Helium. Bor, Lithium, Kadmium und dicke Wasserschichten werden eingesetzt.

Das Personal ist unter regelmäßiger ärztlicher Kontrolle und die Strahlung wird durch an der Kleidung zu tragende Dosimeter überwacht.

Die *maximal zulässige Dosis* beträgt ca. 5 rem/a für beruflich strahlenexponierte Personen. Bei kurzzeitiger Ganzkörperstrahlung bis zu 25 rem sind klinisch nachweisbare Schädigungen nicht zu erwarten. Todesfälle treten erstmals bei der sogenannten kritischen Dosis von ca. 100 rem auf. 50 % aller Fälle sind bei der sogenannten halbletalen Dosis von ca. 400 rem tödlich. Der sichere Tod tritt bei der sogenannten letalen Dosis von ca. 700 rem ein.

Sicherheit der Druckbehälter

Undichtigkeiten und Bersten von Anlageteilen des ersten (des radioaktiven) Kreises haben naturgemäß wesentlich gefährlichere Auswirkungen als solche bei konventionellen Anlagen. Durch Ausströmen radioaktiver Medien können umgebende Räume so verschmutzt werden, daß eine Begehung für lange Zeit nicht möglich ist.

Die von den bestehenden Vorschriften für Druckbehälter abgeleiteten besonderen Vorschriften für Kernanlagen müssen daher ungleich strenger gehandhabt werden und im übrigen auch auf Teile ausgedehnt werden, die in konventionellen Anlagen keiner besonderen Prüfung unterzogen werden.

Der in der konventionellen Technik übliche Kompromiß zwischen Sicherheit und Aufwand ist bei kerntechnischen Anlagen überaus problematisch und daher wird es in naher Zukunft wohl auch keine endgültige Klärung im Sinne eines optimalen Verhältnisses zwischen Sicherheit und Aufwand geben können. Zur Zeit gehen die Bestrebungen wohl noch ausschließlich in Richtung der Optimierung der Sicherheit.

Anhang

A1 Symbole und Einheiten

A1.1 Symbole

A1.1.1 Das griechische Alphabet

α	A	Alpha	ι	I	Jota	ρ	P	Rho
β	B	Beta	κ	K	Kappa	σ	Σ	Sigma
γ	Γ	Gamma	λ	Λ	Lambda	τ	T	Tau
δ	Δ	Delta	μ	M	My	υ	Y	Ypsilon
ϵ	E	Epsilon	ν	N	Ny	φ	Φ	Phi
ζ	Z	Zeta	ξ	Ξ	Xi	χ	X	Chi
η	H	Eta	o	O	Omikron	ψ	Ψ	Psi
ϑ	Θ	Theta	π	Π	Pi	ω	Ω	Omega

A1.1.2 Formelbuchstaben und deren Bedeutung; Einheiten

Formel-buchstabe	übliche Einheiten	Begriff; Bedeutung
A	m^2; cm^2	Fläche; Querschnitt
a	$\frac{m}{s^2}$	Beschleunigung
B	J; kJ	Anergie
b	$\frac{J}{kg}$; $\frac{kJ}{kg}$	spezifische Anergie
b	m; mm	Schaufelbreite; Länge einer Schaufelkante
b_e	$\frac{g}{kWh}$	spezifischer Brennstoffverbrauch
C	$\frac{W}{m^2 \cdot K^4}$	Strahlungszahl
c	$\frac{m}{s}$; $\frac{km}{h}$	Geschwindigkeit; Absolutgeschwindigkeit
c	$\frac{J}{kg\,K}$; $\frac{kJ}{kg\,K}$	spezifische Wärmekapazität

Formel-buchstabe	übliche Einheiten	Begriff; Bedeutung
D	$\frac{s^2}{m^2}$; $\frac{kg}{kWh}$	Dampfverbrauch
D; d	m; cm	Durchmesser
E	J; kJ	Energie; Exergie
e	$\frac{J}{kg}$; $\frac{kJ}{kg}$	spezifische Energie; spezifische Exergie
e	1	Eulersche Zahl = 2,71828 ...
F	N; kN	Kraft
g	$\frac{m}{s^2}$	Erdbeschleunigung
g	1	Massenanteil
H	J; kJ	Enthalpie
H	m	Förderhöhe
ΔH	$\frac{kJ}{m^3\ \text{Brenngas}}$	Brennwert; Heizwert (auf das Volumen im Normzustand bezogen)
h	$\frac{J}{kg}$; $\frac{kJ}{kg}$	spezifische Enthalpie
h	m; cm	Höhe
Δh	$\frac{kJ}{kg\ \text{Brennstoff}}$	Brennwert; Heizwert (auf die Masse bezogen)
i	1	Anzahl; Stufen
J	J; kJ	Dissipationsenergie
J	Ns	Impuls
j	$\frac{J}{kg}$; $\frac{kJ}{kg}$	spezifische Dissipationsenergie
j	N	Kraft aus dem Impuls
k	mm; µm	Wandrauhigkeit
k	$\frac{W}{K \cdot m^2}$	Wärmedurchgangskoeffizient
L; l	m; cm	Länge
M	$\frac{kg}{kmol}$; $\frac{g}{mol}$	molare Masse; Molmasse
m	kg; g; Mg = t	Masse
m	1	Querschnittsverhältnis
$\dot{m}$	$\frac{kg}{s}$	Massenstrom

Formel-buchstabe	übliche Einheiten	Begriff; Bedeutung
n	kmol; mol	Stoffmenge
n	1	Polytropenexponent
n	$\frac{1}{s}$; $\frac{1}{min}$	Drehzahl
P	W; kW; MW	Leistung
p	1	Minderleistungsfaktor
p	Pa; kPa; MPa	Druck; Absolutdruck
Δp	Pa; kPa; MPa	Druckdifferenz; Differenzdruck
Q	J; kJ	Wärme
q	$\frac{J}{kg}$; $\frac{kJ}{kg}$	spezifische Wärme
R	J; kJ	Verdampfungswärme; Schmelzwärme; Sublimationswärme
R	$\frac{J}{kg\,K}$; $\frac{kJ}{kg\,K}$	spezielle oder spezifische Gaskonstante
Re	1	Reynolds'sche Zahl
r	1	Reaktionsgrad; Raumanteil
r	m; cm	Radius
r	$\frac{J}{kg}$; $\frac{kJ}{kg}$	spezifische Verdampfungswärme; spezifische Schmelzwärme; spezifische Sublimationswärme
S	$\frac{J}{K}$; $\frac{kJ}{K}$	Entropie
s	$\frac{J}{kg\,K}$; $\frac{kJ}{kg\,K}$	spezifische Entropie
s	m; cm; km	Kolbenhub; Weg; Materialdicke
T	K	absolute Temperatur
T	J; Nm	Drehmoment
t	mm	Teilung
t	s; h	Zeit
t	°C	Temperatur
U	m; cm	Umfang
U	J; kJ	innere Energie
u	$\frac{m}{s}$; $\frac{km}{h}$	Systemgeschwindigkeit; Umfangsgeschwindigkeit
u	$\frac{J}{kg}$; $\frac{kJ}{kg}$	spezifsche innere Energie
V	m^3; cm^3; dm^3	Volumen

Formelbuchstabe	übliche Einheiten	Begriff; Bedeutung
$\dot{V}$	$\frac{m^3}{h}$; $\frac{cm^3}{s}$; $\frac{dm^3}{min}$	Volumenstrom
v	$\frac{m^3}{kg}$; $\frac{dm^3}{kg}$; $\frac{cm^3}{kg}$	spezifisches Volumen
v	$\frac{m}{s}$; $\frac{km}{h}$	Geschwindigkeit
W	J; kJ	Arbeit; Volumenänderungsarbeit
W_t	J; kJ	technische Arbeit
w	$\frac{m}{s}$; $\frac{km}{h}$	Relativgeschwindigkeit
w	$\frac{J}{kg}$; $\frac{kJ}{kg}$	spezifische Arbeit; spezifische Volumenänderungsarbeit
w_t	$\frac{J}{kg}$; $\frac{kJ}{kg}$	spezifische technische Arbeit
x	m; cm	Weg
x	1	Dampfgehalt; übliche Abszissenbenennung
Y	J; kJ	reversible Strömungsarbeit
y	$\frac{J}{kg}$; $\frac{kJ}{kg}$	spezifische reversible Strömungsarbeit
y	1	übliche Ordinatenbenennung
z	1	Anzahl
z; Δz	m	senkrechter Abstand zu einer waagerechten Bezugsebene; Höhendifferenz
α	°; 1	Winkel (z.B. zwischen Absolut- und Systemgeschwindigkeit)
α	1	Durchflußzahl
β	°; 1	Winkel (z.B. zwischen Relativ- und negativer Systemgeschwindigkeit)
γ	$\frac{N}{m^3}$; $\frac{kN}{m^3}$; $\frac{N}{dm^3}$	Wichte
ϵ	1	Expansionszahl; Verdichtungsverhältnis
ζ	1	Widerstandszahl; exergetischer Wirkungsgrad
η	1	Wirkungsgrad
η	Pa s	dynamische Zähigkeit
κ	1	Adiabatenexponent

Formelbuchstabe	übliche Einheiten	Begriff; Bedeutung
λ	1	Luftverhältniszahl; Rohrreibungszahl; Kurbelverhältnis
ν	$\frac{m^2}{s}$	kinematische Zähigkeit
ξ	1	Drucksteigerungsverhältnis
π	1	Druckverhältnis Ludolfsche Zahl = 3,14159 ...
ρ	$\frac{kg}{m^3}$; $\frac{t}{m^3}$; $\frac{g}{cm^3}$ $\frac{g}{cm^3}$	Dichte
Σ	1	Summe
τ	s; h	Zeit
Φ φ φ	J; kJ $\frac{J}{kg}$; $\frac{kJ}{kg}$ °; 1	innere Arbeit bei Aggregatzustandsänderung spezifische innere Arbeit bei Aggregatzustandsänderung Winkel; Stoßbeiwert
Ψ ψ ψ ψ'	J; kJ $\frac{J}{kg}$; $\frac{kJ}{kg}$ 1 1	äußere Arbeit bei Aggregatzustandsänderung spezifische äußere Arbeit bei Aggregatzustandsänderung Ausflußfunktion Minderleistungsbeiwert
ω	$\frac{1}{s}$	Winkelgeschwindigkeit
Chemische Kennzeichen a) Kleinbuchstaben z.B. co_2; c; l	$\frac{kg\ ...}{kg\ Bst}$	Massenanteil des Stoffes bezogen auf die Brennstoffmasse
b) Großbuchstaben z.B. CH_4; L	$\frac{m^3\ ...}{m^3\ Bg}$	Volumenanteil des Stoffes bezogen auf das Brenngasvolumen (Ausnahme: Volumen der Verbrennungsluft kann auch auf die Brennstoffmasse bezogen sein)

A1.1.3 Indizes und deren Bedeutung

Index Kennzeichen	Bedeutung
A	Ausgleich; Auspuff; Außen
A, B, C ...	Kennzeichnung von Punkten
a	außen; Axialanteil; Axialkomponente
ab	abgeführt
ad	adiabat
B	Beschleunigt; Betriebspunkt; Brennstoff
b	Bezugs ... ; bezogen auf (z.B. auf den Luftdruck = barometrisch)
C	Carnot; Komprimiert
chemische Kurzzeichen z.B. O_2	von den chemischen Stoffen z.B. Sauerstoff
D	Druckseite
Des	Desublimation
dyn	dynamisch
E	Einlauf; Einschnürung; Entnahme; Exzenter
e (eff)	effektiv
F	Flüssigkeit
f	Fuß ...
G	Gas; Gesamt ... ; Gewichts ... ; Güte
ges	gesamt
H	Anteil der Enthalpie; Heißdampf; Hub
h	Anteil der spezifischen Enthalpie; Hubraum bezogen; hydraulisch
i	innerer ...
i	Kennzeichnung einer Teilmenge; Stufenzahl
ib	isobar
ic	isochor
irr	irreversibel
is	isentrop
it	isotherm
K	Kessel; Kompressor; Konvektion; Krümmer; Kupplungs ... ; Kolben
KH	Kammervolumen
k	Kopf ...
kin	kinetisch
krit	kritisch

Index Kennzeichen	Bedeutung
L	Leerlauf; Liefer ... ; Luft ...
m	Anzahl der Kohlenstoffatome im Molekül einer Kohlenwasserstoffverbindung; mechanisch; Meridiananteil; Meridiankomponente; Mittelwert; gemittelt; molar
max	Maximum; Höchst ...
min	Minimum; Kleinst ...
N	Nenn ... ; Nutzen
n	Anzahl der Wasserstoffatome im Molekül einer Kohlenwasserstoffverbindung
n	im Normalzustand
o	oben; höherer Wert; oszillierend
P	Parabel; Pumpe
p	... bei konstantem Druck
pot	potentiell; ... der Lage
Q	... Anteil der Wärme
q	... Anteil der spezifischen Wärme; spezifisch
R	Reibung; Rohrleitung
RG	Rauchgas
r	Radialanteil; Radialkomponente; reduziert
rev	reversibel
S	Saugseite; Schall ... ; Schaufel; Strahlung
Sch	Verschiebung
Sp	Spalt
St	Stoß; Stufe
Sub	Sublimation
s	Schub; Schwerpunkt; spezifisch; zur Spindelachse
seil	Seiliger
stat	statisch
T	Turbine
t	technisch
th	theoretisch; thermisch
U	Umgebung
Ü	Überhitzung
u	unter; niedriger Wert; Tangentialanteil; Umfangsanteil; Tangentialkomponente; Umfangskomponente
ü	über; Überschneidung

Index Kennzeichen	Bedeutung
V	Verlust; vollkommen; Vorwärmer; Wärmetauscher
V	... bei konstantem Volumen
v	volumentrisch
W	... Anteil der Arbeit; Kurbelwange
Wr	Kurbelwange reduziert
Witz	Witzscher Prozeß
w	... Anteil der spezifischen Arbeit
x	Anzahl der Sauerstoffatome im Molekül des Stickoxids
Z	Zapfen; Zentripetal ...
zu	zugeführt
Δ	Differenz; Änderung von ... ;
ν	Einheits ...
Σ	Summe
0	Anfangswert; auch natürliches Nullniveau; Eintritt in einen Leitschaufelkanal (Düse)
1	Anfangszustand; Eintritt in einen Laufschaufelkanal
2	Endzustand; Austritt aus einem Laufschaufelkanal
3	Austritt aus einem Leitschaufelkanal (Diffusor)
12 (eins-zwei gesprochen)	Zustandsänderung von 1 nach 2; Kennzeichnung einer Prozeßgröße die eine solche Zustandsänderung bewirkt (beliebige andere Zahlenkombinationen sind möglich)
1, 2, 4	1., 2. oder 4. Ordnung
I, II ...	Numerierung von Flächen
* **	Kennzeichnung von Flächen
*	Kennzeichnung für den aufgeladenen Motor
*	im Laufrad
′	Beginn einer Aggregatzustandsänderung bei Erwärmung; oder Ende einer Aggregatzustandsänderung bei Abkühlung
″	Ende einer Aggregatzustandsänderung bei Erwärmung; oder Beginn einer Aggregatzustandsänderung bei Abkühlung
· (Punkt über dem Formelbuchstaben)	Auf die Zeit bezogen; durch die Zeit geteilt; ... Strom (z. B. Massenstrom)
→ (Pfeil über dem Formelbuchstaben)	vektoriell; geometrisch
∞	unendlich

A1.2 Einheiten

A1.2.1 Die Basiseinheiten des Internationalen Einheitensystems (SI)

Größe	Einheit	Definition
Länge	m	1 Meter ist das 1 650 763,73fache der Wellenlänge der von Atomen des Nuklids ^{86}Kr beim Übergang vom Zustand $5d_5$ zum Zustand $2p_{10}$ ausgesandten, sich im Vakuum ausbreitenden Strahlung (11. Generalkonferenz für Maß und Gewicht, 1960).
Masse	kg	1 Kilogramm ist die Masse des Internationalen Kilogrammprototyps (1. Generalkonferenz für Maß und Gewicht, 1889).
Zeit	s	1 Sekunde ist das 9 192 631 770fache der Periodendauer der dem Übergang zwischen den beiden Hyperfeinstrukturniveaus des Grundzustands von Atomen des Nuklids ^{133}Cs entsprechenden Strahlung (13. Generalkonferenz für Maß und Gewicht, 1967).
elektrische Stromstärke	A	1 Ampere ist die Stärke eines zeitlich unveränderlichen elektrischen Stromes, der, durch zwei im Vakuum parallel im Abstand 1 m voneinander angeordnete, geradlinige, unendlich lange Leiter von vernachlässigbar kleinem, kreisförmigem Querschnitt fließend, zwischen diesen Leitern je 1 m Leiterlänge elektrodynamisch die Kraft $0{,}2 \cdot 10^{-6}$ N hervorrufen würde (9. Generalkonferenz für Maß und Gewicht, 1948).
Temperatur	K	1 Kelvin ist der 273,16te Teil der thermodynamischen Temperatur des Tripelpunktes des Wasser (13. Generalkonferenz für Maß und Gewicht, 1967).
Stoffmenge	mol	1 Mol ist die Stoffmenge eines Systems bestimmter Zusammensetzung, das aus ebenso vielen Teilchen besteht, wie Atome in (12/1000) kg des Nuklids ^{12}C enthalten sind. Bei Benutzung des Mol müssen die Teilchen spezifiziert werden. Es können Atome, Moleküle, Ionen, Elektronen usw. oder eine Gruppe solcher Teilchen genau angegebener Zusammensetzung sein.
Lichtstärke	cd	1 Candela ist die Lichtstärke, mit der (1/600 000) m^2 der Oberfläche eines Schwarzen Strahlers bei der Temperatur des beim Druck 101 325 N/m^2 erstarrenden Platins senkrecht zu seiner Oberfläche leuchtet (13. Generalkonferenz für Maß und Gewicht, 1967).

A1.2.2 Vorsätze von Einheiten und deren Kurzzeichen

Vorsatz	Kurzzeichen	Zehnerpotenz
Exa	E	10^{18}
Peta	P	10^{15}
Tera	T	10^{12}
Giga	G	10^{9}
Mega	M	10^{6}
Kilo	k	10^{3}
Hekto	h	10^{2}
Deka	da	10^{1}
Dezi	d	10^{-1}
Zenti	c	10^{-2}
Milli	m	10^{-3}
Mikro	μ	10^{-6}
Nano	n	10^{-9}
Pico	p	10^{-12}
Femto	f	10^{-15}
Atto	a	10^{-18}

A1.2.3 Die wichtigsten Einheiten und Umrechnungsbeziehungen

Kräfte:

$1\ \text{N} = 1\ \text{kg} \cdot 1\ \text{m/s}^2$ N Newton [njuuten]

Merke: 1 Newton ist die Kraft, die der Masse 1 kg eine Beschleunigung von $1\ \text{m/s}^2$ erteilt.

veraltet: 1 kp = 9,81 N

Drücke:

$1\ \text{Pa} = 1\ \text{N/m}^2$

$1\ \text{MPa} = 1\ \text{N/mm}^2$ Pa Pascal [paskall]

Normdruck:

$p_n = 101{,}3\ \text{kPa}$

veraltet:

1 Torr = 1 mm QS

$1\ \text{bar} = 10^5\ \text{N/m}^2$

750,1 Torr = 1 bar

1 atm = 760 Torr

= 1,013 bar

$1\ \text{at} = 1\ \text{kp/cm}^2$

= 735,6 Torr

= 10 m WS

= 0,981 bar

WS Wassersäule

QS Quecksilbersäule

at technische Atmosphäre

atm physikalische Atmosphäre

Achtung:
Der Begriff „m Flüssigkeitssäule" ist keine Druck-, sondern eine Höhenangabe!

Arbeit und Leistung:

1 J = 1 Nm	J Joule	[dschuul]
= 1 Ws	(Wattsekunde)	
3,6 MJ = 1 kWh		

veraltet:

1 kcal = 427 kpm
= 4,19 kJ
860 kcal = 1 kWh
632 kcal = 1 PSh
1 PS = 75 kpm/s
1,36 PS = 1 kW

Temperatur: K Kelvin

Als besondere Temperatureinheit gleicher Größe aber verschobenem Nullpunkt ist zusätzlich °C = Grad Celsius zugelassen.

Es gilt:

273,15 K = 0 °C
273,16 K = 0,01 °C.

Nur bei Temperaturdifferenzen gilt:

1 K = 1 °C,

darf also Grad Celsius gegen Kelvin gekürzt werden!

Normtemperatur: t_n = 0 °C

Zähigkeit (Viskosität)

1 Pa · s = Ns/m²	(dynamische Zähigkeit)
1 m²/s = Ns/m² · m³/kg	(kinematische Zähigkeit)

veraltet:

10 P = 1 Pa · s	P	Poise	[poas]
10^4 St = 1 m²/s	St	Stokes	[stoouks]
1 cSt = 1 mm²/s			

Nach der Meßmethode unterscheidet man:

E	Englergrad	
S	Sayboldt-Universal-Sekunden	[seiboult- ...]
R	Redwoodsekunden	[rädwud ...]

Umrechnungen erfolgen nach folgender Viskositätsvergleichstabelle:

mm^2/s	R	S	E	mm^2/s	R	S	E	mm^2/s	R	S	E
2,0	30,76	32,64	1,119	23	96,96	110,4	3,215	140	570,1	647,9	18,43
2,1	31,01	33,00	1,129	24	100,8	114,7	3,335	145	590,4	671,1	19,08
2,2	31,26	33,36	1,139	25	104,6	119,0	3,455	150	610,7	694,2	19,75
2,3	31,51	33,72	1,149	26	108,5	123,4	3,575	155	631,0	717,2	20,40
2,4	31,76	34,08	1,159	27	112,4	127,8	3,695	160	651,4	740,4	21,05
2,5	32,01	34,44	1,169	28	116,3	132,3	3,820	165	671,8	763,4	21,72
2,6	32,26	34,76	1,178	29	120,2	136,7	3,945	170	692,4	786,6	22,38
2,7	32,51	35,08	1,188	30	124,2	141,1	4,070	175	712,6	809,7	23,03
2,8	32,76	35,41	1,198	31	128,1	145,5	4,195	180	733,1	832,9	23,70
2,9	33,01	35,73	1,207	32	132,1	149,9	4,320	185	753,5	856,1	24,35
3,0	33,26	36,05	1,217	33	136,1	154,4	4,445	190	774,0	879,3	25,00
3,1	33,51	36,37	1,226	34	140,0	158,9	4,570	195	794,3	902,5	25,67
3,2	33,76	36,69	1,235	35	144,0	163,4	4,695	200	814,6	925,6	26,32
3,3	34,01	37,01	1,244	36	147,9	167,9	4,825	210	855,2	971,8	27,65
3,4	34,27	37,33	1,253	37	151,9	172,4	4,955	220	896,3	1018	28,95
3,5	34,52	37,65	1,264	38	155,9	176,9	5,080	230	936,9	1065	30,28
3,6	34,77	37,95	1,274	39	160,0	181,4	5,205	240	978,0	1111	31,60
3,7	35,03	38,25	1,283	40	164,0	185,9	5,335	250	1018	1157	32,90
3,8	35,28	38,55	1,291	41	168,0	190,5	5,465	260	1059	1203	34,25
3,9	35,53	38,85	1,300	42	172,0	195,0	5,590	270	1099	1249	35,55
4,0	35,78	39,15	1,308	43	176,1	199,5	5,720	280	1140	1296	36,85
4,5	37,03	40,76	1,354	44	180,1	204,1	5,845	290	1181	1342	38,18
5,0	38,31	42,36	1,400	45	184,2	208,7	5,975	300	1222	1388	39,50
5,5	39,65	43,96	1,441	46	188,2	213,3	6,105	310	1263	1434	40,80
6,0	40,91	45,57	1,481	47	192,2	217,9	6,235	320	1303	1480	42,12
6,5	42,26	47,17	1,521	48	196,3	222,5	6,365	330	1344	1527	43,45
7,0	43,57	48,77	1,563	49	200,3	227,1	6,495	340	1385	1574	44,75
7,5	44,89	50,42	1,605	50	204,3	231,7	6,620	350	1425	1620	46,10
8,0	46,26	52,07	1,653	55	224,6	254,8	7,258	360	1465	1666	47,40
8,5	47,66	53,77	1,700	60	244,8	277,8	7,896	370	1505	1712	48,70
9,0	49,04	55,48	1,746	65	265,2	300,8	8,554	380	1546	1759	50,00
9,5	50,47	57,18	1,791	70	285,5	323,8	9,212	390	1587	1805	51,35
10	51,92	58,88	1,837	75	305,7	347,0	9,870	400	1628	1851	52,65
11	54,94	62,39	1,928	80	326,0	370,2	10,53	450	1832	2082	59,25
12	58,05	66,00	2,020	85	346,3	393,3	11,19	500	2036	2314	65,80
13	61,24	69,70	2,120	90	366,6	416,6	11,85	550	2239	2545	72,40
14	64,50	73,50	2,219	95	386,8	439,5	12,51	600	2443	2777	79,00
15	67,89	77,31	2,323	100	407,3	462,6	13,16	650	2646	3008	85,60
16	71,34	81,21	2,434	105	427,7	485,8	13,82	700	2850	3239	92,20
17	74,80	85,22	2,540	110	447,9	509,0	14,47	750	3054	3471	98,80
18	78,36	89,32	2,644	115	468,2	532,1	15,14	800	3258	3702	105,3
19	82,00	93,43	2,755	120	488,6	555,3	15,80	850	3462	3934	111,9
20	85,66	97,64	2,870	125	509,0	578,5	16,45	900	3666	4165	118,5
21	89,42	101,8	2,984	130	529,3	601,6	17,11	950	3871	4396	125,0
22	93,16	106,1	3,100	135	549,6	624,7	17,76	1000	4074	4628	131,6

Die Werte sind für 50 °C errechnet und mit ausreichender Genauigkeit verwendbar von ca. + 20 ... + 100 °C.

Oberhalb von 1000 mm^2/s gilt:

$$\frac{\nu}{mm^2/s} = 0{,}246\,\frac{\nu}{R} = 7{,}60\,\frac{\nu}{E} = 0{,}216\,\frac{\nu}{S}$$

$$\frac{\nu}{E} = 0{,}0323\,\frac{\nu}{R} = 0{,}0285\,\frac{\nu}{S}$$

$$\frac{\nu}{R} = 0{,}881\,\frac{\nu}{S}$$

A2 Formelsammlung

A2.1 Wärmelehre

A2.1.1 Zustandsänderungen

Zustandsänderungen idealer Gase	Isochore V = konstant	Isobare p = konstant	Isotherme T = konstant	Isentrope = reversible Adiabate S = konstant
Gasgesetz (2.3) $pV = mRT$	(2.34) $\frac{p}{T}$ = konstant $\frac{T_1}{T_2} = \frac{p_1}{p_2}$	(2.35) $\frac{V}{T}$ = konstant $\frac{T_1}{T_2} = \frac{V_1}{V_2}$	(2.36) pV = konstant $\frac{p_1}{p_2} = \frac{V_2}{V_1}$	(2.38) pV^{κ} = konstant $\frac{T_1}{T_2} = \left(\frac{V_2}{V_1}\right)^{\kappa-1}$ $\frac{p_1}{p_2} = \left(\frac{V_2}{V_1}\right)^{\kappa}$ $\frac{T_1}{T_2} = \left(\frac{p_1}{p_2}\right)^{(\kappa-1)/\kappa}$
Volumenänderungsarbeit [1] (2.15) $W_{12} = -p_m \cdot \Delta V$	$W_{12} = 0$	$W_{12} = p(V_1 - V_2)$ $= mR(t_1 - t_2)$	$W_{12} = p_1 V_1 \ln \frac{p_2}{p_1}$ $= mRT \ln \frac{V_1}{V_2}$	(2.39) $W_{12} = m \cdot c_V (t_2 - t_1)$ $= \frac{mR}{\kappa - 1}(t_2 - t_1)$ $= \frac{p_2 V_2 - p_1 V_1}{\kappa - 1}$ $= \frac{mRT_1}{\kappa - 1}\left(\frac{T_2}{T_1} - 1\right)$ $= \frac{p_1 V_1}{\kappa - 1}\left[\left(\frac{p_2}{p_1}\right)^{(\kappa-1)/\kappa} - 1\right]$ $= \frac{p_1 V_1}{\kappa - 1}\left[\left(\frac{V_1}{V_2}\right)^{\kappa-1} - 1\right]$
technische Arbeit [1] (2.33) $W_{t12} = V_m \cdot \Delta p$	$W_{t12} = V(p_2 - p_1)$	$W_{t12} = 0$	$W_{t12} = W_{12}$	
Wärme (2.16) $Q_{12} = T_m \cdot \Delta S$	(2.19) $Q_{12} = m \cdot c_V \cdot (t_2 - t_1)$ (2.20) $= U_2 - U_1$	(2.21) $Q_{12} = m \cdot c_p \cdot (t_2 - t_1)$ $= H_2 - H_1$	$Q_{12} = -W_{12}$ $= -W_{t12}$	
Polytrope $\frac{J}{Y}$ = konstant	Allgemein gilt: (2.11) $Q_{12} + W_{12} = U_2 - U_1$ (2.32) $Q_{12} + W_{t12} = H_2 - H_1$ (2.27) $H = U + pV - p_n V_n$ (2.28) $H_2 - H_1 = U_2 - U_1 + p_2 V_2 - p_1 V_1$ $= Q_{12} + W_{12} + p_2 V_2 - p_1 V_1$ (2.31) $W_{t12} = W_{12} + p_2 V_2 - p_1 V_1$ (2.9) $\Delta U = m \cdot c_V \cdot \Delta t$ [2] (2.30) $\Delta H = m \cdot c_p \cdot \Delta t$ [2]		(2.24) $\Delta s = c_V \ln \frac{T_2}{T_1} + R \ln \frac{v_2}{v_1}$ (2.25) $= c_p \ln \frac{T_2}{T_1} + R \ln \frac{p_1}{p_2}$ (2.26) $= c_p \ln \frac{v_2}{v_1} + c_V \ln \frac{p_2}{p_1}$ (2.23) $s = s_0 - R \cdot \ln \frac{p}{p_n}$	(2.41) $W_{t12} = \kappa W_{12}$ $= H_2 - H_1$
Berechnung erfolgt wie Isentrope, aber mit n anstelle von κ! $\frac{Q_{12}}{W_{12}} = \frac{\kappa - n}{1 - \kappa}$			(2.5) $p = p_b + p_{ü}$ (2.6) $p_{ü} = -p_u$	$Q_{12} = 0$
spezifische Wärmekapazität: $c = c_V \frac{n - \kappa}{n - 1}$			(2.22) $c_p - c_V = R$ (2.37) $\frac{c_p}{c_V} = \kappa$	

[1]) zugeführte Arbeit ist positiv, abgeführte negativ

[2]) ohne Aggregatzustandsänderungen

A2.1.2 Exergie, Anergie, Dissipation, Exergieverlust

(2.42) $J_{12} = T_m \cdot \Delta S_{irr}$	(2.52) $E_{V_{12}} = T_U \cdot \Delta S_{irr}$
(2.43) $B_{Q_{12}} = T_U (S_2 - S_1)$	(2.44) $E_{Q_{12}} = Q_{12} - B_{Q_{12}}$
(2.45) $B_{W_{12\,rev}} = p_U (V_1 - V_2)$	(2.46) $E_{W_{12\,rev}} = W_{12\,rev} - B_{W_{12\,rev}}$
(2.47) $E_{U_1} = U_1 - U_U - T_U (S_1 - S_U) - p_U (V_U - V_1)$ (2.48) $\Delta E_{U_{rev}} = U_2 - U_1 - T_U (S_2 - S_1) + p_U (V_2 - V_1)$	
(2.49) $E_{H_1} = H_1 - H_U - T_U (S_1 - S_U)$ (2.50) $B_{H_1} = H_U + T_U (S_1 - S_U)$ (2.51) $\Delta E_H = H_2 - H_1 - T_U (S_2 - S_1)$	

A2.1.3 Verbrennung

Allgemein:

(3.6) $R_m = M \cdot R$

(3.7) $pV_m = R_m \cdot T$

(3.8) $v = \dfrac{V_m}{M}$

(3.9) $r_i = \dfrac{V_i}{V}$

(3.10) $M = \Sigma (r_i M_i)$

Mengenberechnung für feste und flüssige Brennstoffe:
(Bezugsgröße: 1 kg Brennstoff)

(3.11) $c + h + s + o + n + w + a = 1$

(3.12) $o_{min} = \frac{8}{3} c + 8\,h + s - o$

(3.13) $l_{min} = \dfrac{o_{min}}{0{,}232}$

(3.14) $\lambda = \dfrac{1}{l_{min}}$

(3.15) $co_2 = \dfrac{11}{3} c$

(3.16) $h_2o = 9\,h + w$

(3.17) $n_2 = 0{,}768\,l + n$

(3.18) $so_2 = 2\,s$

(3.19) $o_2 = o_{min} (\lambda - 1)$

(3.30) $rg = co_2 + h_2o + n_2 + so_2 + o_2$

Mengenberechnung für gasförmige Brennstoffe:
(Bezugsgröße: 1 m^3 Brenngas im Normzustand)

(3.20) $H_2 + CH_4 + CO + O_2 + N_2 + CO_2 + \ldots = 1$

(3.21) $O_{min} = \frac{1}{2}(CO + H_2) + 2\,CH_4 + \left(m + \frac{n}{4}\right)C_mH_n - O_2$

(3.22) $L_{min} = \frac{O_{min}}{0{,}21}$

(3.23) $\lambda = \frac{L}{L_{min}}$

(3.24) $RG = \lambda \cdot L_{min} + \frac{CO + H_2}{2} + CH_4 + C_2H_4 + \sum\left(\frac{n}{4}\,C_mH_n\right) + CO_2 + O_2$

Heizwertberechnung

aus dem Brennwert:

(3.26) $\Delta h_u = \Delta h_o - r \cdot h_2o$

$r = 2442\,\frac{kJ}{kg}$

mit der Verbandsformel:

(3.27) $\frac{\Delta h_u}{kJ/kg} = 33900\,c + 121\,400\left(h - \frac{o}{8}\right) + 10\,500\,s - 2500\,w$

mit der Gleichung von Boie:

(3.28) $\frac{\Delta h_u}{kJ/kg} = 34\,835\,c + 93\,870\,h + 10\,470\,s + 6280\,n - 10\,800\,o - 2450\,w$

für Brenngase:

(3.29) $\Delta H_u = \Sigma\,(r_i \cdot \Delta H_{u\,i})$

Ermittlung der Verbrennungstemperatur nach A3.4.4

für feste und flüssige Brennstoffe:

(3.31) $\upsilon_{RG} = \frac{co_2}{rg}\,\upsilon_{CO_2} + \frac{h_2o}{rg}\,\upsilon_{H_2O} + \frac{n_2}{rg}\,\upsilon_{N_2} + \frac{so_2}{rg}\,\upsilon_{SO_2} + \frac{o_2}{rg}\,\upsilon_{O_2}$

(3.32) $\Delta H_{RG} = \frac{\Delta h_u}{rg \cdot \upsilon_{RG}}$

für gasförmige Brennstoffe:

(3.33) $\Delta H_{RG} = \frac{\Delta H_u}{RG}$

Abschätzung:

(3.34) $H_{RG} \approx \Delta H_{RG}$

A2.2 Strömungslehre

Kontinuitätsgesetz:

(9.4/9.5/9.6) $\dot{m} = A \cdot c \cdot \rho = \text{konstant}$

1. Hauptsatz der Wärmelehre für offene Systeme:

(9.11) $$q_{12} + w_{t12} = g(z_2 - z_1) + \frac{c_2^2 - c_1^2}{2} + p_2 v_2 - p_1 v_1 + u_2 - u_1$$

oder

(9.13) $$q_{12} + w_{t12} = g(z_2 - z_1) + \frac{c_2^2 - c_1^2}{2} + h_2 - h_1$$

Ausflußgleichung:

(9.14) $c_2 = \sqrt{-2 \cdot g \cdot \Delta z}$

Zähigkeit:

(9.17) $\nu = \frac{\eta}{\rho}$ (ν kinematisch; η dynamisch)

Reynolds'sche Zahl:

(9.18) $Re = \frac{c \cdot d}{\nu}$

(9.20) $Re_{\text{krit}} = 2320$

(9.19) $d = \frac{4A}{U}$ (U Umfang; A Querschnitt)

Dissipation in Rohrleitungen:

(9.21) $j_R = \Sigma \zeta \cdot \frac{c^2}{2}$

(9.22) $\zeta_R = \lambda \cdot \frac{l}{d}$

Reversible Strömungsarbeit:

(9.23) $y = v_m \cdot \Delta p$

$$y = w_{t12} - \frac{c_2^2 - c_1^2}{2} - g(z_2 - z_1) - j$$

Bernoullische Gleichung:

(9.26) $$g(z_2 - z_1) + \frac{c_2^2 - c_1^2}{2} + \frac{p_2 - p_1}{\rho} + j = 0$$

(ρ = konstant)

Innerer Wirkungsgrad (Pumpe/Verdichter):

(9.27) $$\eta_{iP} = \frac{y + \frac{c_2^2 - c_1^2}{2} + g(z_2 - z_1)}{w_{t12}}$$

(9.28) $$\eta_{iP} = \frac{w_{t12} - j}{w_{t12}}$$

(9.33) $$\eta_P = \eta_{iP} \cdot \eta_m$$

Innerer Wirkungsgrad (Turbine):

(9.29) $$\eta_{iT} = \frac{w_{t12}}{y + \frac{c_2^2 - c_1^2}{2} + g(z_2 - z_1)}$$

(9.30) $$\eta_{iT} = \frac{w_{t12}}{w_{t12} - j}$$

(9.32) $$\eta_T = \eta_{iT} \cdot \eta_m$$

Pumparbeit:

(9.34) $$w_{t12} = \frac{1}{\eta_{iP}}\left[\frac{p_2 - p_1}{\rho} + \frac{c_2^2 - c_1^2}{2} + g(z_2 - z_1) + j_R\right]$$

Geschwindigkeitsmessung in Rohren mit Blenden, Düsen oder Venturidüsen:

(939) $$c_1 = \alpha \cdot \epsilon \cdot m \cdot \sqrt{-\frac{2\,\Delta p}{\rho_1}}$$

$$m = \frac{A_2}{A_1}$$ (α und ϵ siehe A3.3.5 und A3.3.6)

Ausströmen von Gasen aus adiabaten Düsen, Mündungen und Diffusoren:

(9.41a) $$c_2 = \sqrt{-\Delta h}$$

(9.41b) $$\Delta h = y + j$$

(9.41d) $$c_2 = \alpha\sqrt{-2y}$$

(9.43) $$\dot{m} = \alpha A_2 \psi \sqrt{\frac{2p_1}{v_1}}$$

(9.42) $$\psi = \sqrt{\frac{\kappa}{1-\kappa}\left[\left(\frac{p_2}{p_1}\right)^{(\kappa+1)/\kappa} - \left(\frac{p_2}{p_1}\right)^{2/\kappa}\right]}$$ (Ausflußfunktion)

Geschwindigkeitsplan:

(10.4) $\vec{c} = \vec{u} + \vec{w}$

$\vec{c} = \vec{c}_u + \vec{c}_m$

$\vec{c}_m = \vec{c}_r + \vec{c}_a$

Eulersche Turbinengleichung:

$$T = \dot{m}\,(r_2 \cdot c_{u2} - r_1 \cdot c_{u1})$$

Eulersche Hauptgleichung:

$$w_t = u_2 c_{2u} - u_1 c_{1u}$$

Isentroper Wirkungsgrad:

(10.16) $\eta_T^{is} = \dfrac{-\Delta h}{-\Delta h^{is}} \approx \eta_{iT}$ (Turbine)

(10.17) $\eta_P^{is} = \dfrac{\Delta h^{is}}{\Delta h} \approx \eta_{iP}$ (Pumpe/Verdichter)

Leistung:

(9.81) $P = \dot{m} \cdot w_t$

(10.18) $P = 2\pi\, T$

$P = \omega T$

(10.19) $P = F_u \cdot u$

A2.3 Wirkungsgrade und Maschinen

Nummer der Gleichung	Gleichung	Begriff
(2.52)	$\xi = 1 - \dfrac{\Sigma E_v}{\Sigma E_{zu}}$	exergetischer Wirkungsgrad
(4.3)	$\eta_{th} = \dfrac{-W_{ges}}{Q_{zu}}$	thermischer Wirkungsgrad
(4.4)	$\xi = \dfrac{-W_{ges}}{E_{zu}}$	exergetischer Wirkungsgrad

Nummer der Gleichung	Gleichung	Begriff
(4.5)	$\eta_{th_C} = 1 - \frac{T_{ab}}{T_{zu}}$	Carnot-Wirkungsgrad
(4.6)	$\eta_i = \frac{W}{W_{rev}}$	innerer Wirkungsgrad
(4.7)	$\eta_m = \frac{W_K}{W}$	mechanischer Wirkungsgrad
(4.8)	$\eta_{eff} = \eta_{th} \cdot \eta_i \cdot \eta_m$	effektiver Wirkungsgrad
(6.1)	$\epsilon = \frac{V_H + V_C}{V_C}$	Verdichtungsverhältnis
(6.2)	$F_m = m_0 \cdot r \cdot \omega^2 \left[\cos\alpha + \left(\lambda + \frac{\lambda^3}{4}\right)\cos 2\alpha - \left(\frac{\lambda^3}{4} + \frac{3\lambda^5}{16}\right)\cos 4\alpha\right]$	Massenkraft
(6.10)	$P' = P_0 \left[\frac{\rho}{\rho_0} - \left(\frac{1-\rho/\rho_0}{7{,}55}\right)\right]$	Motorleistung in Abhängigkeit von der Luftdichte
(6.15)	$\frac{P^*}{P_i} = \frac{p_1^*}{p_1}\left(\frac{T_1}{T_1^*}\right)^m$	Verhältnis der Leistung des aufgeladenen und nicht aufgeladenen Motors ohne Mehrfüllungsfaktor
(6.16)	$C = 1 + \frac{1}{\epsilon - 1} \cdot \frac{1}{\kappa_L}\left(1 - \frac{p_G}{p_1^*}\right)$	Mehrfüllungsfaktor
(6.26)	$P_i = -\frac{\Delta p_i \cdot V_H \cdot n}{n_z}$	innere Leistung $n_z = 1$ bei Zweitaktverfahren $n_z = 2$ bei Viertaktverfahren
(6.27)	$P_e = P_i + P_m$	effektive Leistung
(6.28)	$\eta_v = \frac{\|P_v\|}{\dot{m}_B \cdot \Delta h_u}$	Wirkungsgrad des vollkommenen Motors
(6.29)	$\eta_G = \frac{P_i}{P_v}$	Gütegrad
(6.30)	$\eta_i = \frac{P_i}{\dot{m}_B \cdot \Delta h_u}$	innerer Wirkungsgrad
(6.32)	$\eta_m = \frac{P_e}{P_i}$	mechanischer Wirkungsgrad

Nummer der Gleichung	Gleichung	Begriff
(6.35)	$\eta_e = \eta_i \cdot \eta_m$	effektiver Wirkungsgrad
(6.36)	$b_e = \frac{\dot{m}_B}{P_e}$	effektiver spezifischer Brennstoffverbrauch
(6.46)	$\eta_{Witz} = 1 - \left(\frac{1}{\epsilon}\right)^{\kappa - 1}$	Wirkungsgrad des Witzschen Gleichraumprozesses
(6.64)	$\eta_{Gleich.} = 1 - \frac{\rho^\kappa - 1}{\kappa \cdot \epsilon^{\kappa - 1}(\rho - 1)}$	Wirkungsgrad des Gleichdruckprozesses
(6.71)	$\eta_{Seil} = 1 - \frac{\rho^\kappa \cdot \xi - 1}{\epsilon^{\kappa - 1}[\xi - 1 + \kappa \cdot \xi \cdot (\rho - 1)]}$	Wirkungsgrad des Seiligerprozesses
(7.5)	$\eta_V = \frac{V_E}{V_H} = 1 - \epsilon(\pi^{1/\kappa} - 1)$	volumetrischer Wirkungsgrad oder Liefergrad eines Kolbenverdichters
(7.18)	$\pi_{max} = \left(\frac{1}{\epsilon} + 1\right)^\kappa$	maximales Druckverhältnis eines Kolbenverdichters
(7.30)	$P_i = n \cdot \frac{\kappa}{\kappa - 1} \cdot p_E \cdot V_H \cdot \frac{\eta_V}{\eta_i} \cdot (\pi^{(\kappa - 1)/\kappa} - 1)$	innere Leistung eines Kolbenverdichters
(8.1)	$V_{th} = \frac{d_i^2 \cdot \pi}{4} \cdot s \cdot n \cdot z$	Fördervolumen einer Kolbenpumpe
(8.2)	$\eta_V = \frac{\dot{V}}{\dot{V}_{th}}$	volumetrischer Wirkungsgrad einer Kolbenpumpe
(8.30)	$\eta_h = \frac{H_N}{H}$	hydraulischer Wirkungsgrad einer Kolbenpumpe
(8.40)	$V_{th} \approx (d_k^2 - d_f^2) \cdot \frac{\pi}{4} \cdot b$	theoretisches Fördervolumen einer Zahnradpumpe
(8.41)	$V_{th} \approx 2 \cdot b \cdot \left[\pi(r_a^2 - r_i^2) - (r_a - r_i) \cdot \frac{z s}{\cos\beta}\right]$	theoretisches Fördervolumen einer Flügelzellenpumpe
(8.42)	$\dot{V} = 2 \cdot b \cdot \eta_V \cdot n \left[\pi(r_a^2 - r_i^2) - (r_a - r_i) \frac{z s}{\cos\beta}\right]$	Nutzförderstrom einer Flügelzellenpumpe
(8.43)	$\dot{V} = \eta_V \cdot 2 \cdot \pi \cdot A_0 \cdot r_m^3 \cdot \tan\gamma_m n$	Nutzförderstrom einer Dreischraubenpumpe
(8.44)	$\dot{V} = \eta_V \cdot 2 \cdot \pi^2 \cdot d_m^3 \cdot \tan^2\gamma_m \cdot \tan(\frac{1}{2}\alpha_s)n$	Nutzförderstrom einer Einschraubenpumpe

Nummer der Gleichung	Gleichung	Begriff
(11.18)	$\dot{V} = \frac{\pi^2 \cdot D^3 \cdot n}{4}$	Förderstrom einer Kreiselpumpe
(11.25)	$n_q = n_1 \frac{\dot{V}_1^{1/2}}{y_1^{3/4}}$	spezifische Drehzahl einer Kreiselpumpe
(11.29)	$\eta_h = \frac{y}{y_{Sch}} = \frac{H}{H_{th}}$	hydraulischer Wirkungsgrad einer Kreiselpumpe
(11.33)	$P_N = \dot{V} \cdot \rho \cdot y$	Nutzleistung einer Kreiselpumpe
(11.37)	$P_i = \frac{\dot{V} \cdot \rho \cdot g \cdot H}{\eta_H \cdot \eta_L} + P_r$	innere Leistung einer Kreiselpumpe
(12.7)	$T = 2 \cdot \rho \cdot A\,(c_0 - u)^2 \cdot r$	Drehmoment einer Wasserturbine
(12.8)	$W = 2 \cdot \rho \cdot A(c_0 - u)^2 \cdot r \cdot \omega \cdot t$	kinetische Energie einer Wasserturbine
(12.9)	$P = 2 \cdot \rho \cdot A(c_0 - u)^2 \cdot u$	Leistung einer Wasserturbine
(12.15)	$\frac{n}{n_1} = \sqrt{\frac{h}{h_1}}$	Verhältnis von Drehzahl und Gefälle
(12.16)	$\frac{\dot{m}}{\dot{m}_1} = \sqrt{\frac{h}{h_1}}$	Verhältnis von Massenstrom und Gefälle
(12.17)	$\frac{P}{P_1} = \left(\frac{h}{h_1}\right)^{3/2}$	Verhältnis von Leistung und Gefälle
(12.18)	$\frac{n_1}{n_2} = \frac{D_2}{D_1}$	Verhältnis von Drehzahl und Durchmesser
(12.19)	$\frac{n_2^2}{n_1^2} = \frac{P_1}{P_2}$	Verhältnis von Drehzahl und Leistung
(14.1)	$\dot{Q}_K = k \cdot A \cdot (t_A - t_B)$	Wärmedurchgang
(14.2)	$\dot{Q}_S = C \cdot A \cdot (T_A^4 - T_B^4)$	Wärmestrahlung
(14.4)	$T_m = \frac{h_2 - h_1}{s_2 - s_1}$	mittlere Temperatur
(14.5)	$\eta_K = \frac{\dot{m}\,(h_2 - h_1)}{\dot{m}_B \cdot \Delta h_u}$	Kesselwirkungsgrad

Nummer der Gleichung	Gleichung	Begriff
(14.8)	$\zeta_K = \eta_K \cdot \left(1 - \frac{T_u}{T_m}\right)$	exergetischer Kesselwirkungsgrad
(15.1)	$r = \frac{\Delta h^{is}_{Laufrad}}{\Delta h^{is}_{Stufe}}$	Reaktionsgrad einer Dampfturbine
(15.3)	$\eta_i = \frac{\Delta h_1}{\Delta h^{is}}$	innerer Wirkungsgrad einer Dampfturbine
(15.5)	$D_e = \frac{\eta_e}{\Delta h^{is}}$	effektiver Dampfverbrauch einer Dampfturbine
(16.3)	$F_s = \dot{m} \cdot w$	Schub eines Raketentriebwerkes
(16.8)	$\eta_i = \frac{w^2}{2 q_{23}}$	innerer Wirkungsgrad eines Raketentriebwerkes
(16.9)	$P_e = F_s \cdot c = \dot{m} \cdot w \cdot c$	Nutzleistung einer Rakete
(16.10)	$P_i = \frac{\dot{m}}{2}(w^2 + c^2)$	Leistung der ausströmenden Gasmenge
(16.11)	$\eta_a = \frac{P_e}{P_i}$	äußerer Wirkungsgrad einer Rakete
(16.13)	$\eta_G = \eta_i \cdot \eta_a$	Gesamtwirkungsgrad einer Rakete
(16.14)	$F_s = \dot{m}(w - c)$	Schub eines Luftstrahltriebwerkes
(16.15)	$P_e = \dot{m}(w - c)c$	Nutzleistung eines Luftstrahltriebwerkes
(16.16)	$P_i = \frac{\dot{m}}{2}(w^2 - c^2)$	verfügbare Leistung eines Luftstrahltriebwerkes
(16.17)	$\eta_a = \frac{2}{1 + w/c}$	Vortriebswirkungsgrad eines Luftstrahltriebwerkes
(16.18)	$\eta_{th} = 1 - \left(\frac{p_0}{p_1}\right)^{(\kappa - 1)/\kappa}$	thermischer Wirkungsgrad eines Staustrahltriebwerkes
(16.36)	$\eta_{th} = 1 - \left(\frac{p_{14}}{p_{23}}\right)^{(\kappa - 1)/\kappa}$	thermischer Wirkungsgrad einer stationären Gasturbine

Nummer der Gleichung	Gleichung	Begriff
(16.42)	$\eta_m = \frac{P_K}{P_K + P_R + P_H}$	mechanischer Wirkungsgrad einer stationären Gasturbine
(16.43)	$P_e = P_T - \frac{P_K}{\eta_m}$	effektive Leistung einer stationären Gasturbine
(16.44)	$P_\nu = \frac{P_e}{\dot{m}}$	Einheitsleistung einer stationären Gasturbine
(16.48)	$\eta_{th} = 1 - \frac{T_1}{T_4}\left(\frac{p_2}{p_1}\right)^{(\kappa - 1)/\kappa}$	thermischer Wirkungsgrad

A3 Tabellen und Diagramme

A3.1 Physikalische und Stoffkonstanten

A3.1.1 Physikalische Konstanten

Begriff	Formelzeichen	Größe
Avogadrosche Konstante	N_A	$6{,}022 \cdot 10^{23}\ \frac{1}{\text{mol}}$
Boltzmannsche Entropiekonstante	k	$1{,}3805 \cdot 10^{-23}\ \frac{\text{J}}{\text{K}}$
elektrische Elementarladung	e	$1{,}6022 \cdot 10^{-19}$ C
Erdbeschleunigung (Normbeschleunigung)	g_n	$9{,}80665\ \frac{\text{m}}{\text{s}^2}$
Lichtgeschwindigkeit im Vakuum	c_0	$299\,793\ \frac{\text{km}}{\text{s}}$
molares Normvolumen idealer Gase	V_{mn}	$22{,}414\ \frac{\text{m}^3}{\text{kmol}}$
Plancksches Wirkungsquantum	h	$6{,}626 \cdot 10^{-34}$ Js
molare Gaskonstante	R_m	$8314{,}3\ \frac{\text{J}}{\text{kmol} \cdot \text{K}}$
Masse eines Elektrons	m_e	$9{,}9 \cdot 10^{-28}$ g
Strahlungskonstante des absolut schwarzen Körpers	C_S	$5{,}75\ \frac{\text{W}}{\text{m}^2 \cdot \text{K}^4}$

A3.1.2 Die chemischen Elemente

a) Metalle

Metalle sind elektropositive Elemente, sie geben Elektronen ab und bilden dann positiv geladene Ionen (Kationen).

Bezeichnung	Name des Elements	Symbol	Ordnungszahl	relative Atommasse	Massenzahl der häufigsten Isotope	Wertigkeiten	Dichte ρ (20 °C) in g/cm³	Schmelzpunkt °C	E-Modul in GPa	Wärmeausdehnung α in $\frac{1}{MK}$
Alkalimetalle	Lithium	Li	3	6,94	7	I	0,534	179		
	Natrium	Na	11	22,99	23	I	0,971	97,7		
	Kalium	K	19	39,1	39	I	0,862	63,6		
	Rubidium	Rb	37	85,48	85	I	1,532	39		
	Cäsium	Cs	55	132,91	133	I	1,90	28,5		
Erdalkalimetalle	Beryllium	Be	4	9,01	9	II	1,85	1280		
	Magnesium	Mg	12	24,32	24	II	1,74	650		
	Calcium	Ca	20	40,08	40	II	1,55	851		
	Strontium	Sr	38	87,63	88	II	2,60	757		
	Barium	Ba	56	137,36	138	II	3,5	710		
Erdmetalle	Aluminium	Al	13	26,98	27	III	2,70	659		
	Scandium	Sc	21	44,96	45	III	2,99	1530		
	Yttrium	Y	39	88,92	89	III	4,48	1510		
	Lanthan	La	57	138,92	139	III	6,17	920		
Seltene Erden (hierzu auch Sc, Y, La)	Cer	C	58	140,13	140	III, IV	6,8	795		
	Praseodym	Pr	59	140,92	141	III, IV, V	6,8	935		
	Neodym	Nd	60	144,27	142	III	7,0	1024		
	Promethium[1]	Pm	61	147	145	III	6,9	–		
	Samarium[1]	Sm	62	150,35	152	II, III	6,93	1072		
	Europium	Eu	63	152	153	II, III	5,3	820		
	Gadolinum	Gd	64	157,26	158	III	7,9	1312		
	Terbium	Tb	65	158,93	159	III, IV	8,3	1356		
	Dysprosium	Dy	66	162,51	164	III	8,5	1404		
	Holmium	Ho	67	164,94	165	III	8,8	1461		
	Erbium	Er	68	167,27	166	III	9,1	1497		
	Thulium	Tm	69	168,94	169	III	9,3	1545		
	Ytterbium	Yb	70	173,04	174	II, III	7,0	824		
	Lutetium[1]	Lu	71	174,99	175	III	9,8	1652		
Leichtmetalle	Aluminium[2]	Al	13	26,98	27	III	2,70	659	72	23,8
	Beryllium[4]	Be	4	9,01	9	II	1,85	1280	292	28
	Magnesium[4]	Mg	12	24,37	24	II	1,74	650	40	26

Bezeichnung	Name des Elements	Symbol	Ordnungszahl	relative Atommasse	Massenzahl der häufigsten Isotope	Wertigkeiten	Dichte ρ (20 °C) in g/cm³	Schmelzpunkt °C	E-Modul in GPa	Wärmeausdehnung α in $\frac{1}{MK}$
Schwermetalle, niedrig-schmelzend	Gallium	Ga	31	69,72	69	I, II, III	5,92	30	–	18
	Indium	In	49	114,82	115	I, II, III	7,36	156	10	42
	Zinn[5]	Sn	50	118,70	120	II, IV	7,28	232	55	20,7
	Wismut	Bi	83	209,00	209	II, III, V	9,78	271	34	12,1
	Thallium[3]	Tl	81	204,39	205	I, III	11,85	302	–	–
	Cadmium[4]	Cd	48	112,41	114	II	8,64	321	5	29,7
	Blei[2]	Pb	82	207,19	208	II, IV	11,34	327	18	29
	Zink[4]	Zn	30	65,38	64	II	7,13	420	94	36
	Antimon	Sb	51	121,76	121	III, IV, V	6,62	630	80	10,8
Schwermetalle, hoch-schmelzend	Germanium	Ge	32	72,60	74	II, IV	5,35	958	–	
	Kupfer[2]	Cu	29	63,54	63	I, II, III	8,92	1083	125	17
	Mangan	Mn	25	54,94	55	I…V	7,44	1245	200	23
	Nickel[2]	Ni	28	58,71	58	I…IV	8,9	1450	210	13,3
	Kobalt[2] [4]	Co	27	58,94	59	II, III, IV	8,9	1490	213	14
	Eisen[2] [3]	Fe	26	55,85	56	II, III VI	7,86	1535	210	12
Schwermetalle, höchst-schmelzend	Titan[3] [4]	Ti	22	47,90	48	II, III, VI	4,51	1670	105	10,8
	Vanadium[3]	V	23	50,94	51	II…V	6,10	1730	150	12
	Zirkon	Zr	40	91,22	90	II, III, IV	6,47	1860	69	14,3
	Chrom[3]	Cr	24	52,00	52	II…VI	7,2	1890	190	8,5
	Niob	Nb	41	92,91	93	II…V	8,55	2500	160	7,1
	Molybdän[3]	Mo	42	95,95	98	II…VI	10,2	2600	336	5,1
	Tantal[3]	Ta	73	180,95	181	II…V	16,65	3030	191	6,6
	Wolfram[3]	W	74	183,86	184	II…VI	19,27	3380	415	4,5
Edelmetalle	Quecksilber	Hg	80	200,59	202	I, II	13,54	−38,9	–	
	Silber[2]	Ag	47	107,88	107	I, II	10,49	960,8	80	18,7
	Gold[2]	Au	79	197,0	197	I, III	19,29	1063	81	14,2
	Palladium	Pd	46	106,4	106	II, III, IV	11,97	1555	115	10,6
	Platin[2]	Pt	78	195,09	195	I…IV, VI	21,45	1773	170	9
	Rhodium	Rh	45	102,91	103	I…IV, Vi	12,4	1966	280	
	Hafnium	Hf	72	178,5	180	IV	13,3	1975	–	
	Ruthenium	Ru	44	101,10	102	II…VII	12,6	2450	–	10
	Iridium	Ir	77	192,2	193	I…IV, VI	22,4	2454	530	6,6
	Osmium	Os	76	190,2	192	II…IV, VI	22,48	2700	570	7
	Rhenium	Re	75	186,22	187	I…VII	20,53	3170	–	4

[1]) radioaktiv [2]) Kristallgitter: kubisch flächenzentriert [3]) kubisch raumzentriert
[4]) hexagonal [5]) tetragonal

b) Nichtmetalle

Bezeichnung	Name des Elements	Symbol	Ordnungszahl	relative Atomgewicht Atommasse	bekannte Isotope	Massenzahl der häufigsten Isotope	Dichte ρ in g/l bei 20 °C	Wertigkeiten, Bindigkeiten	Schmelzpunkt in °C
Edelgase	Helium	He	2	4,00	2	4	0,178	nullwertig	
	Neon	Ne	10	20,18	3	20	0,900	nullwertig	
	Argon	Ar	18	39,95	3	40	1,78	nullwertig	
	Krypton	Kr	36	83,80	6	84	3,74	nullwertig	
	Xenon	Xe	54	131,30	9	132 129	5,89	nullwertig	
	Radon	Rn	86	222	3	–	9,96	nullwertig Zerfallsprodukt des Radiums	
Halogene	Fluor	F	9	19,00	1	19	1,69	I	
	Chlor	Cl	17	35,45	2	35	3,21	I, III, V, VII	
	Brom	Br	35	79,91	2	79	3,14 (Dichte in g/cm³)	I, III, V	
	Jod	J	53	126,90	1	127	4,93 (Dichte in g/cm³)	I, III, V, VII	
	Astatin [1]	At	85	211	–	–	–		
Gase	Wasserstoff	H	1	1,008	3	1	0,0898	I	
	Stickstoff	N	7	14,007	2	14	1,250	I...V	
	Sauerstoff	O	8	16,00	1	16	1,429	II	
feste Nichtmetalle (Dichte ρ in g/cm³ bei 20 °C)	Arsen	As	33	74,92	1	75	5,72	III, V	817 [2]
	Bor	B	5	10,81	2	11	2,3	III, V	2300
	Kohlenstoff	C	6	12,01	2	12	2,25	II, III, IV	3540 [2]
	Phosphor	P	15	30,97	1	31	2,20 1,82	I, III, IV, V	512 rot 44 weiß
	Schwefel	S	16	32,06	4	32	≈ 2	II, IV, VI	120
	Selen	Se	34	78,96	6	80	4,47	II, IV, VI	144
	Silicium	Si	14	28,09	3	28	2,32	II, IV	1414
	Tellur	Te	52	127,60	8	130	6,24	II, IV, VI	452

[1] radioaktiv, langlebigste Isotope mit Halbwertszeit 8,3 h

[2] verdampft aus dem festen Zustand.

A3.1.3 Stoffwerte fester Stoffe

Begriff	spezifische Wärmekapazität	spezifische Schmelzwärme	spezifische Verdampfungswärme	Schmelztemperatur	Siedetemperatur	Längenausdehnungskoeffizient	Wärmezahl	Dichte
Formelzeichen	c	r_{Sch}	r	t_{Sch}	t_S	α	λ	ρ
Einheit	$\frac{J}{kg\,K}$	$\frac{kJ}{kg}$	$\frac{kJ}{kg}$	°C	°C	$\frac{1}{K}$	$\frac{W}{m \cdot K}$	$\frac{kg}{m^3}$
Aluminium	896,0	356	11723	658	2270	23,1	229	2700
Blei	129,8	24	921	327,3	1730	28	35	11340
Eisen	464,7	272	6364	1530	2500	11,5	73	7870
Gold (rein)	129,0	67	1758	1063	2700	14,2	309	19290
Kupfer (sehr rein)	383,5	209	4647	1083	2330	16,5	394	8930
Magnesium	102,2	209	5652	650	1110	26	143	1740
Mangan	481,5	251	4187	1250	2100		5,02	7430
Messing	382,7					18,6	80,8–115,8	8600
Natrium	1210,0	113	4187	97,7	880	71	126	970
Nickel	544,3	293	6196	1455	3000	12,5	56	8800
Platin	134,4	113	2512	1773	3800	8,94	71	21500
Silber	234,0	105	2177	960,5	1950	18,7	409	10500
Wolfram	134,4	251	4815	3380	5000	4,5	163	19300
Zink	385,2	112	1800	419,4	907	36	113	7130
Zinn	226,5	59	2596	231,9	2300	24	66	7280
Beton (Kies)	879,2					9–12	1,3	2200
Eis (bei 0 °C)	1925,9	335		0,0	100		2,20	917
Eiche (quer zur Faser)	2386,5						0,17–0,21	600–800
Fensterglas	695,0–929,5			700			1,157	2480
Graphit (fest)	841,5				3540		10,99–17,45	
Gummi (hart)	1423,5						0,16	1150
Leder (trocken)	1494,7						0,14–0,16	850–1000
Papier (gewöhnlich)	1201,6						0,14	700
Schamottstein (bei 100 °C)	837,4			2000	2900		0,5–1,2	1700–2000
Steinkohle	1256,0						0,26	1200–1500

A3.1.4 Stoffwerte von Flüssigkeiten (bei 101,3 kPa und 20 °C)

Begriff	spezifische Wärmekapazität	kritischer Druck	spezifische Schmelzwärme	spezifische Verdampfungswärme	Schmelztemperatur	kritische Temperatur	Siedetemperatur	Volumenausdehnungskoeffizient	dynamische Zähigkeit	kinematische Zähigkeit	Wärmeleitzahl	Dichte	kritische Dichte
Formelzeichen	c	p_k	r_{Sch}	r [1]	t_{Sch}	t_k	t_S	β	η	ν	λ	ρ	ρ_k
Einheit	$\frac{J}{kg\,K}$	MPa	$\frac{kJ}{kg}$	$\frac{kJ}{kg}$	°C	°C	°C	$\frac{1}{kK}$	$\mu Pa \cdot s$	$\frac{mm^2}{s}$	$\frac{mW}{m \cdot K}$	$\frac{kg}{m^3}$	$\frac{kg}{m^3}$
Aceton C_3H_6O	2160	6,08	96	523	− 94,3	236	+ 56,1	1,43	322	0,407	180	790,4	252
Äthylalkohol C_2H_5OH	2470	6,38	105	842	− 114,5	243	+ 78,3	1,1	1190	1,508	178	789,2	280
Benzol C_6H_6	1738	4,86	127	396	+ 5,5	288,6	+ 80,1	1,16	650	0,74	152	879,1	305
Chloroform $CHCl_3$	963	5,56	80	247	− 63,5	260	+ 61,2	1,28	570	0,383	121	1489	496
Glycerin $C_3H_8O_3$	2428		201		+ 18		+ 290	0,5	14990	11,84	270	1260,4	
Kohlendioxid CO_2	3668	7,38	184	574	− 56,6	31	− 78,2	6,6	48	0,0062	87,1	771	468
Quecksilber Hg	140	105,5	11,7	301	− 38,83	1460	+ 356,95	1,81	1545	0,114	7943	13550	5000
Schwefeldioxid SO_2	1403	7,88	117	402	− 75,5	157,6	− 10	1,94	304	0,22	199	1383	524
Schwefelsäure H_2SO_4	1604		109		+ 10,5		+ 338	0,57	27000	14,7	544	1834	
Tetrachlorkohlenstoff CCl_4	850	4,56			− 22,8	283	+ 76,7	1,22	970	0,608	105,0	1595	558
Wasser H_2O	4183	22,12	333	2257	0,0	374,2	+ 100	0,206	1002	1,004	590	998,2	329
Flugmotorenöl (60 °C)	595							0,7	71240	82	141	868	
Paraffin	511		147		+ 54		+ 300	0,97	12800		259	870	
Spindelöl (60 °C)	486						+ 350	0,75	4179	4,95	142	845	
Terpentinöl	1800			293	− 10	376	+ 160	0,97	1460		138	860	
Transformatorenöl (60°C)	507							0,7	7318	8,7	122	842	

[1] bei Siedetemperatur t_S

A3.1.5 Stoffwerte von Gasen (bei 101,3 kPa und 20 °C)

Begriff	spezifische Wärmekapazität	spezifische Wärmekapazität	Molmasse	kritischer Druck	spezifische Schmelzwärme	spezifische Verdampfungswärme	spezielle oder spezifische Gaskonstante	Schmelztemperatur	kritische Temperatur	Siedetemperatur	Adiabatenexponent	Wärmeleitzahl	dynamische Zähigkeit	kinematische Zähigkeit	Dichte	kritische Dichte
Formelzeichen	c_p	c_V	M	p_k	r_{Sch}	r [1]	R	t_{Sch}	t_k	t_S	κ	λ	η	ν	ρ	ρ_k
Einheit	$\frac{J}{kg\,K}$	$\frac{J}{kg\,K}$	$\frac{kg}{kmol}$	MPa	$\frac{kJ}{kg}$	$\frac{kJ}{kg}$	$\frac{J}{kg\,K}$	°C	°C	°C	1	$\frac{W}{m \cdot K}$	$\mu Pa \cdot s$	$\frac{mm^2}{s}$	$\frac{kg}{m^3}$	$\frac{kg}{m^3}$
Acetylen C_2H_2	1650	1331	26,04	6,34	96,3	829	319,3	- 81	35,7	- 83,6	1,23	1,797	9,6	8,2	1,1607	231
Ammoniak NH_3	2055	1567	17,03	11,3	339,1	1369	488,2	- 77,9	132,4	- 33,4	1,32	2,998	9,25	24,1	0,7598	235
Argon Ar	522	314	39,94	4,86	29,3	157	208,1	- 189,3	- 122,4	- 185,9	1,67	1,797	21,2	16,1	1,7821	531
Äthan C_2H_6	1660	1384	30,07	4,96	92,9	540	276,5	- 183,6	35	- 88,6	1,22	1,797	8,55	4,19	1,3406	210
Chlor Cl_2	500	383	70,91	7,7	188,4	260	117,2	- 103	144	- 35	1,34	0,799	12,25	3,82	3,17	573
Difluordichlormethan CF_2Cl_2	5200	5131	120,92	4,01	34,3	167	68,8	- 155	111,5	- 30	1,14	1,047	11,5		5,4	555
Helium He	5200	3123	4,00	0,228	3,5	21	2077,5	- 270,7	- 267,9	- 268,9	1,66	14,35	18,55	104,2	0,1786	69
Kohlendioxid CO_2	835	646	44,01	7,35	184,2	574	188,9	56	31	- 78,48	1,31	1,778	13,77	10	1,9634	460
Kohlenoxid CO	1040	743	28,01	3,49	30,1	214	296,8	- 205	- 140,2	- 191,5	1,4	2,442	16,5		1,2495	301
Luft (CO-frei)	1005	718	28,96	3,77		197	287,1		- 140,7	- 194	1,4	2,570	17,05	15,11	1,2922	310
Methan CH_4	2180	1662	16,04	4,63	58,6	548	518,3	- 182,5	- 82,5	- 161,7	1,3	3,296	10,15	19,47	0,7152	162
Sauerstoff O_2	920	660	32	5,04	13,8	214	259,8	- 218,83	- 118,8	- 182,97	1,4	2,596	19,2	18,4	1,4276	430
Schwefeldioxid SO_2	610	480	64,06	7,88	116,8	402	129,8	- 75,3	- 157,3	- 10	1,4	0,840	11,6	4,1	2,92	524
Stickoxid NO	998	721	30,01	6,47	77,0	461	277,1	- 163,5	- 94	- 152	1,4	2,314	17,85	13,38	1,3388	520
Stickstoff N_2	1040	743	28,02	3,39	25,7	199	296,8	- 210,02	- 147,1	- 195,81	1,4	2,373	16,6	13,26	1,2499	311
Wasserstoff H_2	14250	10125	2,016	1,29	58,6	461	4125,0	- 259,2	- 239,9	- 252,9	1,41	20,18	8,4	128	0,08994	31

[1] bei Siedetemperatur t_S

A3.2 Wärmelehre

A3.2.1 Spezifische Wärmekapazität einiger Gase bei konstantem Druck in Abhängigkeit von der Temperatur

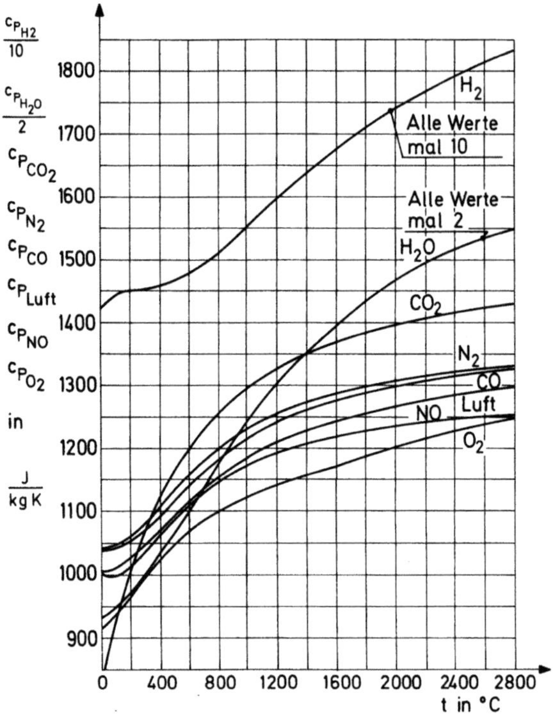

A3.2.2 Absolute spezifische Entropie einiger Gase beim Normdruck p_n = 101,3 MPa in Abhängigkeit von der Temperatur

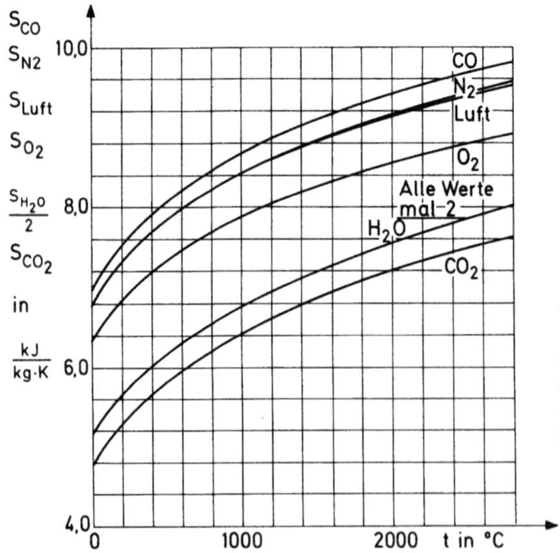

Anmerkung: Das Diagramm sollte möglichst *nicht* zur Ermittlung von Entropie*differenzen* benutzt werden, da man diese mit den Gln. (2.24), (2.25) und (2.26) aus A2.1.1 wesentlich genauer berechnen kann!

A3.2.3 Dampftafel für das Naßdampfgebiet von H_2O (nach Wukalowitsch)

Druck	Temperatur	Spezifisches Volumen		Dampfdichte	Enthalpie		Verdampfungswärme	Entropie	
		des sied. Wassers	des Dampfes		des sied. Wassers	des Dampfes		des sied. Wassers	des Dampfes
p in kPa	t_s in °C	v' in m³/kg	v'' in m³/kg	ϱ'' in kg/m³	h' in kJ/kg	h'' in kJ/kg	r in kJ/kg	s' in kJ/kg K	s'' in kJ/kg K
1,0	6,92	0,0010001	129,9	0,00770	29,32	2513	2484	0,1054	8,975
1,5	13,038	0,0010007	87,90	0,01138	54,75	2525	2470	0,1958	8,827
2,0	17,514	0,0010014	66,97	0,01493	73,52	2533	2459	0,2609	8,722
2,5	21,094	0,0010021	54,24	0,01843	88,50	2539	2451	0,3124	8,642
3,0	24,097	0,0010028	45,66	0,02190	101,04	2545	2444	0,3546	8,576
4,0	28,979	0,0010041	34,81	0,02873	121,42	2554	2433	0,4225	8,473
5,0	32,88	0,0010053	28,19	0,03547	137,83	2561	2423	0,4761	8,393
6,0	36,18	0,0010064	23,74	0,04212	151,50	2567	2415	0,5207	8,328
7,0	39,03	0,0010075	20,53	0,04871	163,43	2572	2409	0,5591	8,274
8,0	41,54	0,0010085	18,10	0,05525	173,9	2576	2402	0,5927	8,227
9,0	43,79	0,0010094	16,20	0,06172	183,3	2580	2397	0,6225	8,186
10	45,84	0,0010103	14,68	0,06812	191,9	2584	2392	0,6492	8,149
12	49,45	0,0010119	12,35	0,08097	207,0	2591	2384	0,6966	8,085
15	54,00	0,0010140	10,02	0,09980	226,1	2599	2373	0,7550	8,007
20	60,08	0,0010171	7,647	0,1308	251,4	2609	2358	0,8321	7,907
25	64,99	0,0010199	6,202	0,1612	272,0	2618	2346	0,8934	7,830
30	69,12	0,0010222	5,226	9,1913	289,3	2625	2336	0,9441	7,769
40	75,88	0,0010264	3,994	0,2504	317,7	2636	2318	1,0261	7,670
50	81,35	0,0010299	3,239	0,3087	340,6	2645	2304	1,0910	7,593
60	85,95	0,0010330	2,732	0,3661	360,0	2653	2293	1,1453	7,531
70	89,97	0,0010359	2,364	0,4230	376,8	2660	2283	1,1918	7,479
80	93,52	0,0010385	2,087	0,4792	391,8	2665	2273	1,2330	7,434
90	96,72	0,0010409	1,869	0,5350	405,3	2670	2265	1,2696	7,394
100	99,64	0,0010432	1,694	0,5903	417,4	2675	2258	1,3026	7,360
110	102,32	0,0010452	1,550	0,6453	428,9	2679	2250	1,3327	7,328
112	104,81	0,0010472	1,429	0,6999	439,4	2683	2244	1,3606	7,298
130	107,14	0,0010492	1,325	0,7545	449,2	2687	2238	1,3866	7,271
140	109,33	0,0010510	1,236	0,8088	458,5	2690	2232	1,4109	7,246
150	111,38	0,0010527	1,159	0,8627	467,2	2693	2226	1,4336	7,223
160	113,32	0,0010543	1,091	0,9164	475,4	2696	2221	1,4550	7,202
180	116,94	0,0010575	0,9773	1,023	490,7	2702	2211	1,4943	7,163
200	120,23	0,0010605	0,8854	1,129	504,8	2707	2202	1,5302	7,127
220	123,27	0,0010633	0,8098	1,235	517,8	2711	2193	1,5630	7,096
240	126,09	0,0010659	0 7465	1,340	529,8	2715	2185	1,5929	7,067
260	128,73	0,0010685	0,6925	1,444	540,9	2719	2178	1,621	7,040
280	131,20	0,0010709	0,6461	1,548	551,4	2722	2171	1,647	7,015
300	133,54	0,0010733	0,6057	1,651	561,4	2725	2164	1,672	6,992
320	135,75	0,0010754	0,5701	1,754	571,1	2728	2157	1,695	6,971
340	137,86	0,0010776	0,5386	1,857	580,2	2731	2151	1,717	6,951
360	139,87	0,0010797	0,5104	1,959	588,7	2734	2145	1,738	6,932
380	141,79	0,0010817	0,4852	2,061	596,8	2736	2139	1,758	6,914
400	143,62	0,0010836	0,4624	2,163	604,7	2738	2133	1,777	6,897
450	147,92	0,0010883	0,4139	2,416	623,4	2744	2121	1,821	6.857
500	151,84	0,0010926	0,3747	2,669	640,1	2749	2109	1,860	6,822
600	158,84	0,0011007	0,3156	3,169	670,5	2757	2086	1.931	6,761
700	164,96	0,0011081	0,2728	3,666	697,2	2764	2067	1,992	6,709
800	170,42	0,0011149	0,2403	4,161	720,9	2769	2048	2,046	6,663
900	175,35	0,0011213	0,2149	4,654	742,8	2774	2031	2,094	6,623

Druck	Temperatur	Spezifisches Volumen		Dampfdichte	Enthalpie		Verdampfungswärme	Entropie	
		des sied. Wassers	des Dampfes		des sied. Wassers	des Dampfes		des sied. Wassers	des Dampfes
p in MPa	t_s in °C	v' in m³/kg	v'' in m³/kg	ϱ'' in kg/m³	h' in kJ/kg	h'' in kJ/kg	r in kJ/kg	s' in kJ/kg K	s'' in kJ/kg K
1,0	179,88	0,0011273	0,1946	5,139	762,7	2778	2015	2,138	6,587
1,1	184,05	0,0011331	0,1775	5,634	781,1	2781	2000	2,179	6,554
1,2	187,95	0,0011385	0,1633	6,124	798,3	2785	1987	2,216	6,523
1,3	191,60	0,0011438	0,1512	6,614	814,5	2787	1973	2,251	6,495
1,4	195,04	0,0011490	0,1408	7,103	830,0	2790	1960	2,284	6,469
1,5	198,28	0,0011539	0,1317	7,593	844,6	2792	1947	2,314	6,445
1,6	201,36	0,0011586	0,1238	8,080	858,3	2793	1935	2,344	6,422
1,7	204,30	0,0011632	0,1167	8,569	871,6	2795	1923	2,371	6,400
1,8	207,10	0,0011678	0,1104	9,058	884,4	2796	1912	2,397	6,379
1,9	209,78	0,0011722	0,1047	9,549	896,6	2798	1901	2,422	6,359
2,0	212,37	0,0011766	0,09958	10,041	908,5	2799	1891	2,447	6,340
2,2	217,24	0,0011851	0,09068	11,03	930,9	2801	1870	2,492	6,305
2,4	221,77	0,0011932	0,08324	12,01	951,8	2802	1850	2,534	6,272
2,6	226,03	0,0012012	0,07688	13,01	971,7	2803	1831	2,573	6,242
2,8	230,04	0,0012088	0,07141	14,00	990,4	2803	1813	2,611	6,213
3,0	233,83	0,0012163	0,06665	15,00	1008,3	2804	1796	2,646	6,186
3,2	237,44	0,0012238	0,06246	16,01	1025,3	2803	1778	2,679	6,161
3,4	240,88	0,0012310	0,05875	17,02	1041,9	2803	1761	2,710	6,137
3,6	244,16	0,0012380	0,05543	18,04	1057,5	2802	1745	2,740	6,113
3,8	247,31	0,0012450	0,05246	19,06	1072,7	2802	1729	2,769	6,091
4,0	250,33	0,0012520	0,04977	20,09	1087,5	2801	1713	2,796	6,070
4,2	253,24	0,0012588	0,04732	21,13	1101,7	2800	1698	2,823	6,049
4,4	256,05	0,0012656	0,04508	22,18	1115,3	2798	1683	2,849	6,029
4,6	258,75	0,0012724	0,04305	23,23	1128,8	2797	1668	2,847	6,010
4,8	261,37	0,0012790	0,04118	24,29	1141,8	2796	1654	2,898	5,991
5,0	263,91	0,0012857	0,03944	25,35	1154,4	2794	1640	2,921	5,973
5,5	269,94	0,0013021	0,03564	28,06	1184,9	2790	1604,6	2,976	5,930
6,0	275,56	0,0013185	0,03243	30,84	1213,9	2785	1570,8	3,027	5,890
6,5	280,83	0,0013347	0,02973	33,64	1241,3	2779	1537,5	3,076	5,851
7,0	285,80	0,0013510	0,02737	36,54	1267,4	2772	1504,9	3,122	5,814
7,5	290,50	0,0013673	0,02532	39,49	1292,7	2766	1472,8	3,166	5,779
8,0	294,98	0,0013838	0,02352	42,52	1317,0	2758	1441,1	3,208	5,745
8,5	299,24	0,0014005	0,02192	45,62	1340,8	2751	1409,8	3,248	5,711
9,0	303,32	0,0014174	0,02048	48,83	1363,7	2743	1379,3	3,287	5,678
9,5	307,22	0,0014345	0,01919	52,11	1385,9	2734	1348,4	3,324	5,646
10,0	310,96	0,0014521	0,01803	55,46	1407,7	2725	1317,0	3,360	5,615
11,0	318,04	0,001489	0,01598	62,58	1450,2	2705	1255,4	3,430	5,553
12,0	324,63	0,001527	0,01426	70,13	1491,1	2685	1193,5	3,496	5,492
13,0	330,81	0,001567	0,01277	78,30	1531,5	2662	1130,8	3,561	5,432
14,0	336,63	0,001611	0,01149	87,03	1570,8	2638	1066,9	3,623	5,372
15,0	342,11	0,001658	0,01035	96,62	1610	2611	1001,1	3,684	5,310
16,0	347,32	0,001710	0,009318	107,3	1650	2582	932,0	3,746	5,247
17,0	352,26	0,001768	0,008382	119,3	1690	2548	858,3	3,807	5,177
18,0	356,96	0,001837	0,007504	133,2	1732	2510	778,2	3,871	5,107
19,0	361,44	0,001921	0,00668	149,7	1776	2466	690	3,938	5,027
20,0	365,71	0,00204	0,00585	170,9	1827	2410	583	4,015	4,928
21,0	369,79	0,00221	0,00498	200,7	1888	2336	448	4,108	4,803
22,0	373,7	0,00273	0,00367	272,5	2016	2168	152	4,303	4,591
22,12 (krit.)	374,15	0,00317		315,5	2095		0	4,430	

A3.2.4 Dampftafel für überhitzten Wasserdampf (nach Wukalowitsch)

p in MPa	t_s in °C	$v_ü$ in m³/kg $h_ü$ in kJ/kg $s_ü$ in kJ/kg K	Überhitzungstemperatur $t_ü$ in °C 300	350	400	450	500	550	600
0,1	99,64	$v_ü$	2,638	2,871	3,102	3,334	3,565	3,797	4,028
		$h_ü$	3074	3175	3278	3382	3488	3596	3706
		$s_ü$	8,211	8,381	8,541	8,690	8,833	8,969	9,097
0,2	120,23	$v_ü$	1,316	1,433	1,549	1,664	1,781	1,897	2,013
		$h_ü$	3071	3173	3276	3381	3487	3595	3705
		$s_ü$	7,887	8,059	8,219	8,369	8,512	8,648	8,776
0,5	151,84	$v_ü$	0,522	0,570	0,617	0,664	0,711	0,758	0,804
		$h_ü$	3062	3167	3272	3377	3484	3592	3702
		$s_ü$	7,454	7,629	7,791	7,943	8,086	8,223	8,351
1	179,88	$v_ü$	0,258	0,282	0,306	0,330	0,354	0,378	0,401
		$h_ü$	3048	3156	3263	3370	3479	3588	3698
		$s_ü$	7,116	7,296	7,461	7,615	7,761	7,898	8,024
1,5	198,28	$v_ü$	0,169	0,186	0,203	0,219	0,235	0,251	0,267
		$h_ü$	3033	3145	3255	3364	3473	3583	3694
		$s_ü$	6,910	7,095	7,265	7,421	7,568	7,706	7,837
2	212,37	$v_ü$	0,125	0,138	0,151	0,163	0,175	0,187	0,199
		$h_ü$	3019	3134	3246	3357	3468	3578	3690
		$s_ü$	6,757	6,949	7,122	7,282	7,429	7,569	7,701
3	233,83	$v_ü$	0,081	0,091	0,099	0,108	0,116	0,124	0,132
		$h_ü$	2988	3111	3229	3343	3456	3569	3682
		$s_ü$	6,530	6,735	6,916	7,080	7,231	7,373	7,506
4	250,33	$v_ü$	0,059	0,066	0,073	0,080	0,086	0,093	0,099
		$h_ü$	2955	3087	3211	3329	3445	3560	3674
		$s_ü$	6,352	6,573	6,762	6,933	7,087	7,231	7,367
5	263,91	$v_ü$	0,045	0,052	0,058	0,063	0,069	0,074	0,079
		$h_ü$	2920	3063	3193	3315	3433	3550	3666
		$s_ü$	6,200	6,440	6,640	6,815	6,974	7,120	7,257
6	275,56	$v_ü$	0,036	0,042	0,047	0,052	0,057	0,061	0,065
		$h_ü$	2880	3039	3174	3299	3421	3540	3658
		$s_ü$	6,060	6,326	6,535	6,716	6,876	7,028	7,165

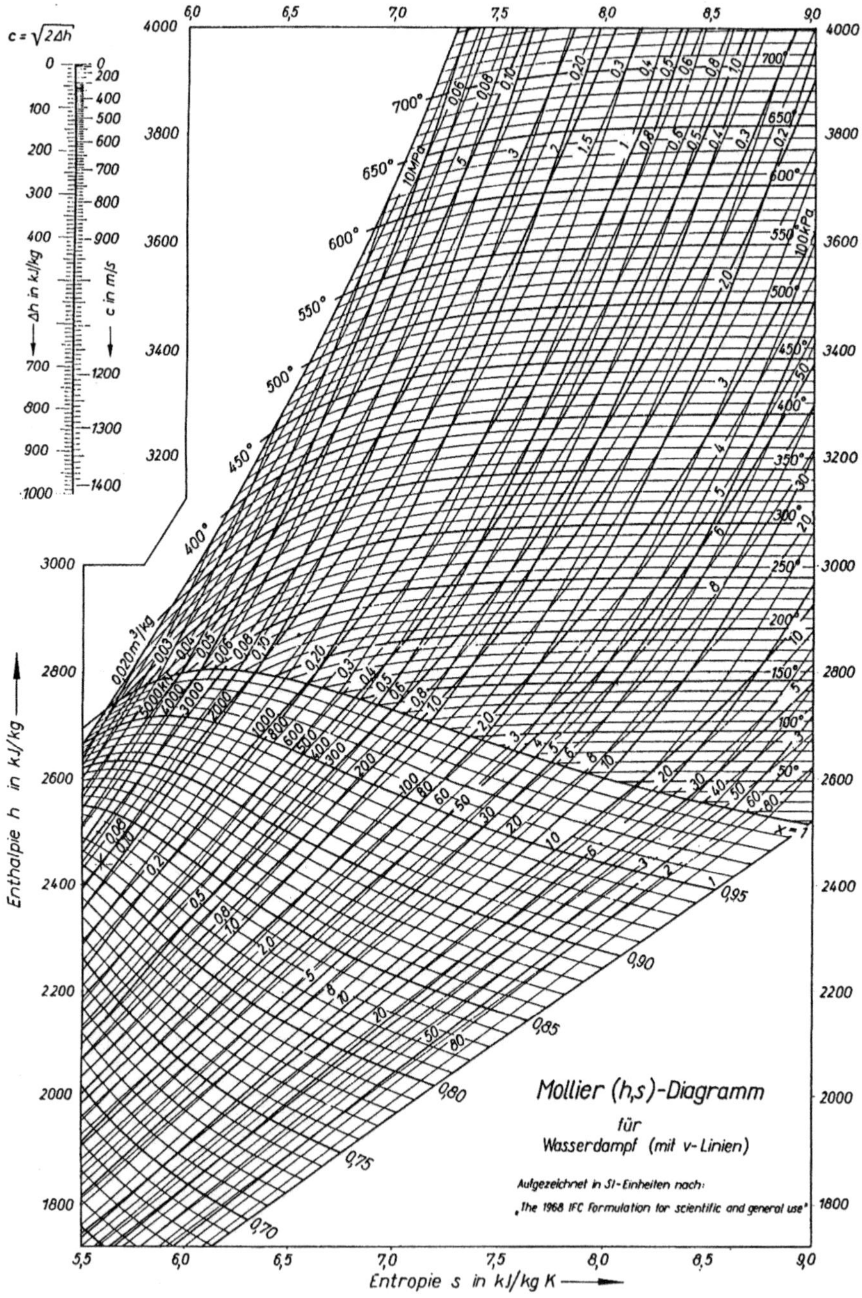

c = √2Δh
Δh in kJ/kg
c in m/s
Enthalpie h in kJ/kg
Entropie s in kJ/kg K
Mollier (h,s)-Diagramm
für
Wasserdampf (mit v-Linien)
Aufgezeichnet in SI-Einheiten nach:
„The 1968 IFC Formulation for scientific and general use"
10 MPa
100 kPa
0,020 m³/kg
x = 1

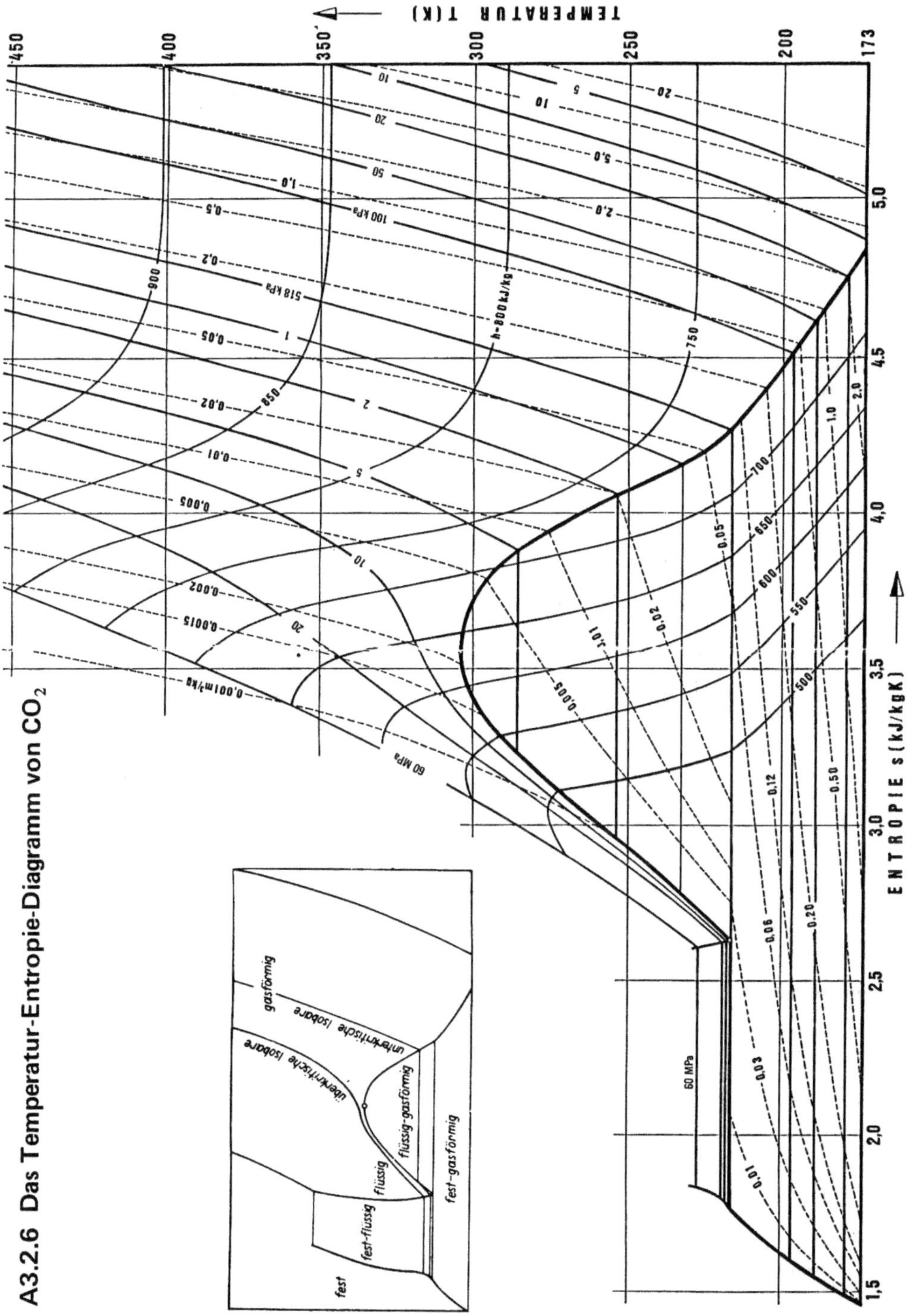

A3.2.6 Das Temperatur-Entropie-Diagramm von CO_2

A3.2.7 Zeichensymbole nach DIN 2481

Leitungen

Benennung	Schematische Darstellung
Angabe der Durchflußrichtung	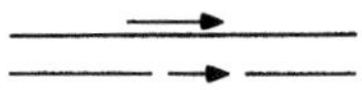
Dampf	
Kreislaufwasser (Kondensat, Kühlwasser, Speisewasser)	
Öl	
Luft	
Brennbare Gase	
Nicht brennbare Gase (Abgas, Rauchgas)	
Feste Brennstoffe (Braunkohle, Steinkohle)	
Brennbare Abfälle (Müll, Holzabfälle)	
Asche, Schlacke	
Kreuzung zweier Leitungen ohne Verbindungsstelle	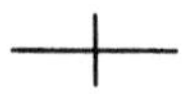
Kreuzung zweier Leitungen mit Verbindungsstelle	
Abzweigstelle	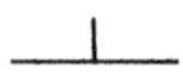

Kessel, Apparate, Behälter und Maschinen

Benennung	Schematische Darstellung mit Beispielen			
Oberflächenwärmeaustauscher		 Rauchgasbeheizter Wasservorwärmer	 Rauchgasbeheizter Dampfüberhitzer	
	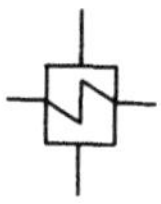 mit kreuzenden Stoffflüssen	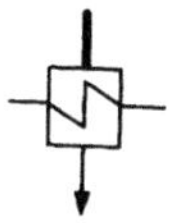 Speisewasservorwärmer durch kondensierenden Dampf	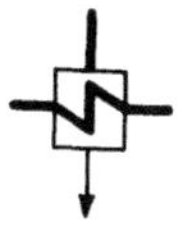 Dampfüberhitzer durch kondensierenden Dampf	 Dampfüberhitzer durch strömenden Dampf
Wärmeaustauscher durch Mischen der Stoffe	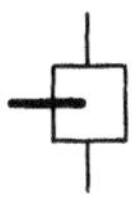	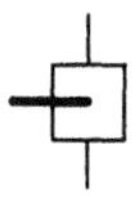 Speisewasservorwärmer, Mischvorwärmer, Entgaser	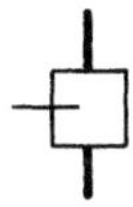 Dampfkühler mit Wassereinspritzung	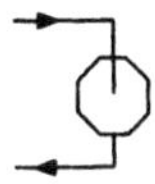 Kühlturm
Wärmeverbraucher		 Oberflächenkondensator für Frischwasser	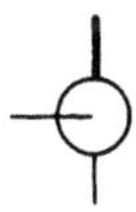 Einspritzkondensator	
Dampfkessel mit Überhitzer		 mit Rostfeuerung	 mit Kohlenstaubfeuerung und Abzug von flüssiger Asche	 mit Gasfeuerung

Benennung	Schematische Darstellung mit Beispielen			
Dampfkessel ohne Überhitzer	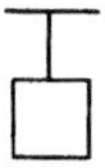	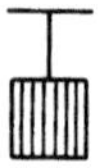 Abhitze-kessel	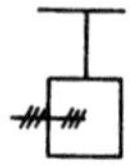 Elektro-kessel	
Antriebsmaschine mit Expansion des Arbeitsstoffes	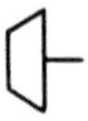	 Dampfturbine	 Dampfturbine mit Entnahme	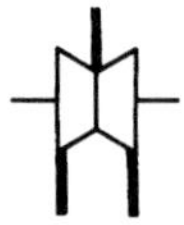 Dampfturbine doppelflutig mit Einströmung in der Mitte
	 Gasturbine	 Kolbendampf-maschine	 Dieselmotor, Ottomotor	 Kreiskolben-motor
Elektromotor	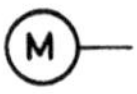	 Wechselstrom-motor	 Gleichstrom-motor	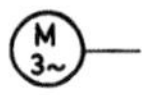 Drehstrom-motor
angetriebene Maschine	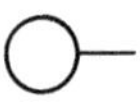	 Flüssigkeits-pumpe als Kreiselpumpe	 Flüssigkeits-pumpe als Kolbenpumpe	
Verdichter Gebläse Ventilator		 Turbo-verdichter als Luftverdichter	 Kolben-verdichter	
Stromerzeuger	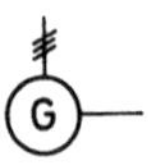	 Wechselstrom-generator	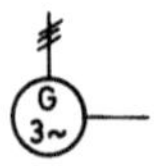 Drehstrom-generator	 Gleichstrom-generator

A3.3 Strömungslehre

A3.3.1 Die kinematische Viskosität der wichtigsten Flüssigkeiten und Gase

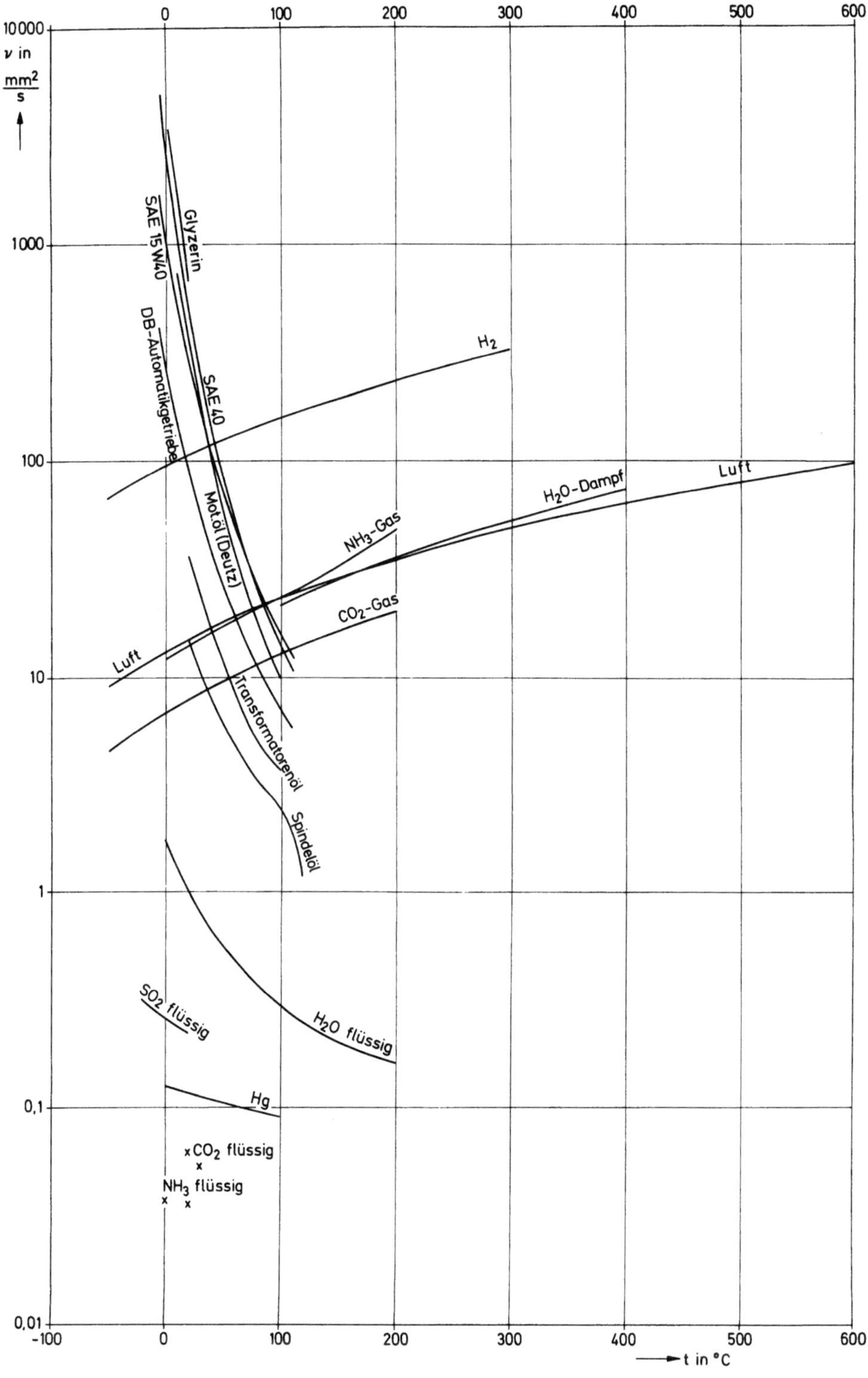

A3.3.2 Die Rohrreibungszahl

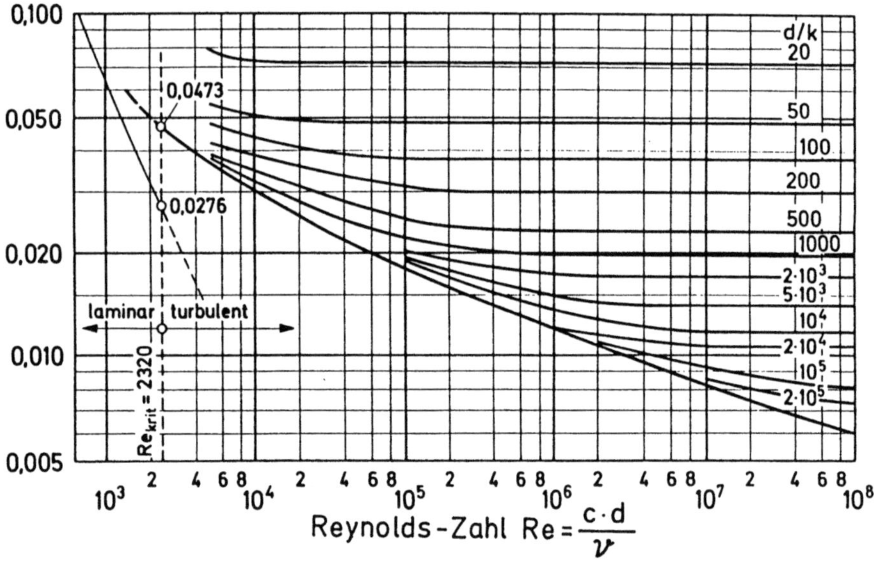

A3.3.3 Widerstandszahlen

Widerstandszahlen ζ für plötzliche Rohrverengung

Querschnittsverhältnis	$\frac{A_2}{A_1}$ = 0,1	0,2	0,3	0,4	0,6	0,8	1,0
	ζ = 0,46	0,42	0,37	0,33	0,23	0,13	0

Widerstandszahlen ζ für Ventile

Ventilart	DIN-Ventil	Reform-Ventil	Rhei-Ventil	Koswa-Ventil	Freifluß-Ventil	Schieber
ζ =	4,1	3,2	2,7	2,5	0,6	0,05

Widerstandszahlen ζ von Leitungsteilen

		$\frac{r}{d}$	1	2	4	6	10
Krümmer 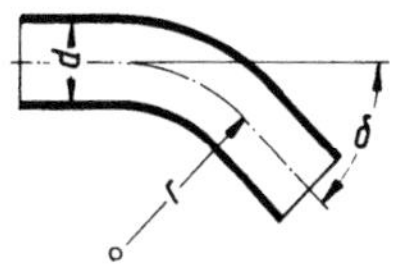	glatt	δ = 15°	0,03	0,03	0,03	0,03	0,03
	glatt	δ = 22,5°	0,045	0,045	0,045	0,045	0,045
	glatt	δ = 45°	0,14	0,09	0,08	0,075	0,07
	glatt	δ = 60°	0,19	0,12	0,10	0,09	0,07
	glatt	δ = 90°	0,21	0,14	0,11	0,09	0,11
	rauh	δ = 90°	0,51	0,30	0,23	0,18	0,20

	NW	50	100	200	300	400	500
Gußkrümmer 90°	ζ =	1,3	1,5	1,8	2,1	2,2	2,2

		δ =	22,5°	30°	45°	60°	90°
scharfkantiges Knie 	glatt	ζ =	0,07	0,11	0,24	0,47	1,13
	rauh	ζ =	0,11	0,17	0,32	0,68	1,27

		$\frac{l}{d}$ =	0,71	0,943	1,174	1,42	1,86	2,56	6,28
Kniestück 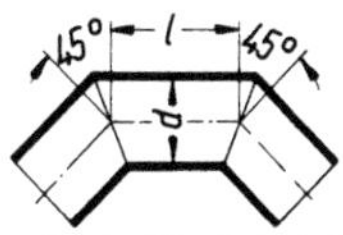	glatt	ζ =	0,51	0,35	0,33	0,28	0,29	0,36	0,40
	rauh	ζ =	0,51	0,41	0,38	0,38	0,39	0,43	0,45

		$\frac{l}{d}$ =	1,23	1,67	2,37	3,77
Kniestück 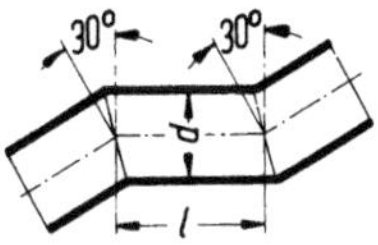	glatt	ζ =	0,16	0,16	0,14	0,16
	rauh	ζ =	0,30	0,28	0,26	0,24

		$\frac{\dot V_a}{\dot V}$ =	0	0,2	0,4	0,6	0,8	1
Stromabzweigung (Trennung) 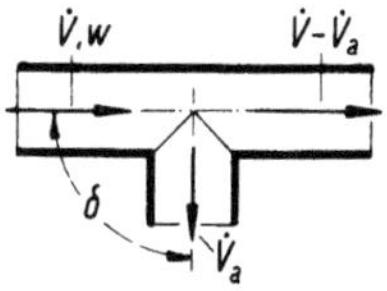	δ = 90°	ζ_a =	0,95	0,88	0,89	0,95	1,10	1,28
		ζ_g =	0,04	-0,08	-0,05	0,07	0,21	0,35
	δ = 45°	ζ_a =	0,9	0,66	0,47	0,33	0,29	0,35
		ζ_g =	0,04	-0,06	-0,04	0,07	0,20	0,33

		$\frac{\dot V_a}{\dot V}$ =	0	0,2	0,4	0,6	0,8	1
Zusammenfluß (Vereinigung) 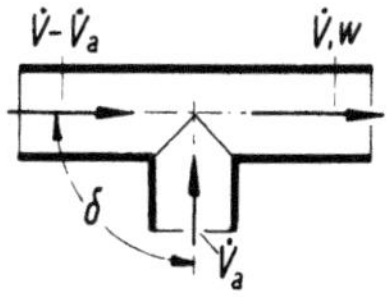	δ = 90°	ζ_a =	-1,1	-0,4	0,1	0,47	0,72	0,9
		ζ_g =	0,04	0,17	0,3	0,4	0,5	0,6
	δ = 45°	ζ_a =	0,9	-0,37	0	0,22	0,37	0,38
		ζ_g =	0,05	0,17	0,18	0,05	-0,2	-0,57

für Warmwasserheizungen	Durchmesser d = 14 mm	20	25	34	39	49
Bogenstück 90°	ζ = 1,2	1,1	0,86	0,53	0,42	0,51
Knie 90°	ζ = 1,7	1,7	1,3	1,1	1,0	0,83

A3.3.4 Absolute Wandrauhigkeit *k*

Wandwerkstoff	absolute Rauhigkeit k mm
Gezogene Rohre aus Buntmetallen, Glas, Kunststoffen, Leichtmetallen	0 ... 0,0015
Gezogene Stahlrohre	0,01 ... 0,05
feingeschlichtete, geschliffene Oberfläche	bis 0,010
geschlichtete Oberfläche	0,01 ... 0,040
geschruppte Oberfläche	0,05 ... 0,1
Geschweißte Stahlrohre handelsüblicher Güte	
neu	0,05 ... 0,10
nach längerem Gebrauch, gereinigt	0,15 ... 0,20
mäßig verrostet, leicht verkrustet	bis 0,40
schwer verkrustet	bis 3
Gußeiserne Rohre	
inwendig bitumiert	0,12
neu, nicht ausgekleidet	0,25 ... 1
angerostet	1 ... 1,5
verkrustet	1,5 ... 3
Betonrohre	
Glattstrich	0,3 ... 0,8
roh	1 ... 3
Asbestzementrohre	0,1

A3.3.5 Durchflußzahlen α für glatte Rohre von 50 bis 1000 mm Innendurchmesser nach DIN 1952

Durchflußzahlen α für Normdüsen

Re	$2 \cdot 10^4$	$2{,}5 \cdot 10^4$	$3 \cdot 10^4$	$4 \cdot 10^4$	$5 \cdot 10^4$	$7 \cdot 10^4$	10^5	$2 \cdot 10^5$	$10^6 - 2 \cdot 10^6$
$m^2 = 0{,}01$						0,9892	0,9895	0,9895	0,9896
0,1	0,9973	1,0015	1,0046	1,0092	1,0125	1,0162	1,0182	1,0199	1,0202
0,2	1,0418	1,0444	1,0464	1,0494	1,0517	1,0546	1,0569	1,0586	1,0589
0,3	1,1035	1,1037	1,1039	1,1042	1,1043	1,1045	1,1046	1,1049	1,1049
0,4	1,1821	1,1793	1,1768	1,1735	1,1711	1,1680	1,1660	1,1641	1,1630

Durchflußzahlen α für Normblenden

Re	$5 \cdot 10^3$	10^4	$2 \cdot 10^4$	$3 \cdot 10^4$	$5 \cdot 10^4$	10^5	10^6	10^7
$m^2 = 0{,}01$	0,6110	0,6073	0,6050	0,6039	0,6031	0,6025	0,6018	0,6016
0,1		0,6577	0,6497	0,6459	0,6425	0,6401	0,6378	0,6375
0,2		0,7099	0,6954	0,6890	0,6832	0,6791	0,6751	0,6746
0,3		0,7635	0,7436	0,7349	0,7269	0,7206	0,7145	0,7136
0,4			0,7986	0,7864	0,7763	0,7673	0,7576	0,7561

(Zwischen den Werten von m^2 kann linear interpoliert werden.)

Durchflußzahlen α für Normventuridüsen

Re	$1{,}5 \cdot 10^5 - 2 \cdot 10^6$
m^2 = 0,01	0,9893
0,1	1,0235
0,2	1,0659
0,3	1,1182

(Zwischen den Werten von m^2 kann linear interpoliert werden.)

A3.3.6 Expansionszahlen ϵ für beliebige Gase und Dämpfe nach DIN 1952

Für $\frac{p_2}{p_1} = 1$ gilt immer: $\epsilon = 1$

Isentropen-exponent	p_2/p_1 / m^2	Normblende				Normdüse Normventuridüse			
		0,95	0,9	0,85	0,8	0,95	0,9	0,85	0,8
$\kappa = 1{,}3$	0,0	0,982	0,966	0,950	0,934	0,971	0,941	0,910	0,878
	0,1	0,981	0,963	0,946	0,928	0,967	0,933	0,899	0,865
	0,2	0,979	0,960	0,941	0,923	0,962	0,924	0,886	0,848
	0,3	0,978	0,957	0,937	0,917	0,955	0,912	0,870	0,828
	0,4	0,976	0,954	0,933	0,911	0,947	0,897	0,850	0,804
$\kappa = 1{,}4$	0,0	0,983	0,968	0,953	0,938	0,973	0,945	0,916	0,887
	0,1	0,982	0,965	0,949	0,933	0,969	0,938	0,906	0,873
	0,2	0,981	0,963	0,945	0,928	0,964	0,923	0,893	0,858
	0,3	0,979	0,960	0,941	0,922	0,959	0,918	0,878	0,839
	0,4	0,978	0,957	0,937	0,917	0,951	0,904	0,859	0,815
$\kappa = 1{,}\bar{6}$	0,0	0,986	0,973	0,960	0,947	0,977	0,953	0,929	0,903
	0,1	0,985	0,970	0,956	0,942	0,974	0,947	0,920	0,892
	0,2	0,983	0,968	0,953	0,938	0,970	0,939	0,909	0,878
	0,3	0,982	0,966	0,949	0,933	0,965	0,930	0,895	0,861
	0,4	0,981	0,963	0,946	0,928	0,958	0,918	0,878	0,840

(Zwischen Werten von m^2 kann linear interpoliert werden.)

A3.4 Verbrennung

A3.4.1 Heizwert und Zusammensetzung fester und flüssiger Brennstoffe in Massenteilen in Prozent

Brennstoff	C	H_2	$O_2 + N_2$	S	H_2O	Asche	Heizwert Δh_u in kJ/kg
Torf (lufttrocken)	44	4,5	25	0,5	20	6	16 119
Braunkohle (DDR)	30	2,5	10,5	1	50	6	10 467
Braunkohlenbriketts	51	4,3	18	1,7	15	10	20 097
Braunkohle (ČSSR)	54	5	14	1	20	6	21 855
Pechglanzkohle (ČSSR)	65	7	10	3	9	6	29 098
Flammkohle	69	4,5	15,5	1	4	6	26 502
Gaskohle	74	5	11	1	3	6	29 517
Fettkohle	78	5	8	1	2	6	31 359
Fettkohle	81	4,5	5,5	1	2	6	32 155
Magerkohle	84	4	4	1	1	6	32 657
Anthrazit	87	2,5	2,5	1	1	6	32 113
Zechenkoks	88	0,5	1,5	1	1	8	30 145
Gaskoks	84	1	2	1	2	10	29 308
Erdöl und Destillate	85	13	1,7	0,3	–	–	41 868 bis 43 961
Steinkohlenteeröl	89	7	3,5	0,5	–	–	38 100
Benzin (mit Sprit)	80,7	14,2	5,1	–	–	–	42 035
Benzol	92,1	7,9	–	–	–	–	40 193
Braunkohlenteeröl	84	11	4,3	0,7	–	–	40 193
Naphthalin	93,7	6,3	–	–	–	–	38 937

A3.4.2 Heizwert und Zusammensetzung gasförmiger Brennstoffe in Raumteilen in Prozent

Gasart	H_2	CH_4	C_mH_n	CO	CO_2	N_2	Heizwert bei 0 °C und 1013 mbar ΔH_u in kJ/m³
Schwelgas von Steinkohle	27	48	13	7	3	2	28 889
Leuchtgas	48	35	4	8	2	3	21 018
Koksofengas	50	29	4	8	2	7	19 259
Wassergas	49	0,5	–	42	5	3,5	10 886
Mischgas	12	3	–	28	3	54	6 071
Gichtgas	3	–	–	29	8	60	4 019

A3.4.3 Brenn- und Heizwert einiger Stoffe (gerundet)

Stoff	Brennwert Δh_0 in kJ/kg	Brennwert ΔH_0 in kJ/m³	Heizwert Δh_u in kJ/kg	Heizwert ΔH_u in kJ/m³
Kohlenstoff (C) zu CO_2	33 990	–	–	–
Kohlenstoff (C) zu CO	10 200	–	–	–
Kohlenoxid (CO)	23 790	12 640	–	–
Wasserstoff (H_2)	142 800	12 770	120 160	10 760
Methan (CH_4)	55 700	39 900	50 000	35 800
Äthylen (Äthen) (C_2H_4)	51 100	64 000	47 300	59 900
Azetylen (Äthin) (C_2H_2)	50 200	58 600	49 000	56 900

A3.4.4 Das Enthalpie-Temperatur-Diagramm eines typischen Rauchgases

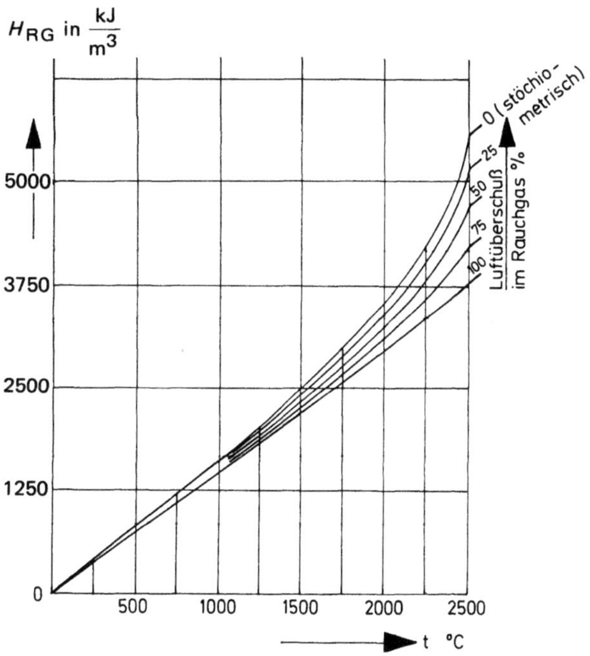

Lösung der Übungsaufgaben

1.1 $Q = 779{,}1$ kJ

2.1 $m = 2{,}005$ kg $\quad\rho = 50{,}1$ kg/m^3

2.2 $\Delta m = 52{,}65$ kg $\quad\Delta\tau = 15{,}3$ min

2.3 $|W| = 36$ J

2.4 Mit c = konstant verkleinert sich bei fallender Temperatur in Bild 2.11 der Anstieg der Tangente. Linien konstanten Volumens oder konstanten Drucks sind somit immer nach unten gekrümmt.

2.5 $s_1 = 6{,}61 \dfrac{\text{kJ}}{\text{kg} \cdot \text{K}}$ $\quad\Delta s = 281{,}6 \dfrac{\text{J}}{\text{kg} \cdot \text{K}}$

2.6 $H_{O_2} = 129{,}4$ kJ

2.7 Für Wärmearbeitsmaschinen tauschen in Bild 2.13 die Punkte 1 und 2 ihre Plätze. Aus dem Flächenvergleich folgt dann:

$$p_2 V_2 + W_{12} = W_{t_{12}} + p_1 V_1$$

2.8
a) $V = 108\ \ell$
b) $t_2 = 436$ °C $\quad p_{ü2} = 552$ kPa
c) $V = 108\ \ell$ $\quad t_1 = 30$ °C $\quad S_1 = 2{,}37$ kJ/K
$p_1 = 277$ kPa $\quad t_2 = 436$ °C $\quad S_2 = 2{,}64$ kJ/K
$p_2 = 648$ kPa
d) $\Delta U = Q_{12}$ ($\hat{=}$ Fläche unter der Zustandsänderungslinie von 1 nach 2)
$\Delta U = 130$ kJ

2.9
a) $\Delta s = 79{,}5$ cm
b) $W_{12} = -67{,}2$ kJ
c) $p = 160$ kPa $\quad t_1 = 12$ °C $\quad S_1 = 5{,}582$ kJ/K
$V_1 = 0{,}45$ m^3 $\quad t_2 = 280$ °C $\quad S_2 = 6{,}178$ kJ/K
$V_2 = 0{,}87$ m^3
d) Im Bild 2.20 liegt in der Höhe von T_1 auf der Linie $V = V_2$ = konst. der Punkt 1'. Die Fläche unter der Kurve 1'–2 entspricht der Änderung der inneren Energie ΔU.

$\Delta U = 173{,}4$ kJ

2.10 Alle isochore Linien (V = konstant) verlaufen parallel zueinander. Da bei isothermen Zustandsänderungen alle Zustandspunkte in einer Höhe liegen, sind alle zu betrachtenden Flächen gleich groß, alle Differenzflächen also gleich Null.

Dieselbe Überlegung gilt auch für isobare Linien (p = konstant).

2.11
a) $V_1 = 56{,}9$ dm^3 $\quad V_2 = 227{,}6$ dm^3

$$Q_{12} + W_{12} = \Delta U$$
$$78{,}9 \text{ kJ} + (-78{,}9 \text{ kJ}) = 0$$

b) Vorgehensweise:
1. Festlegung der Maßstäbe für Abszisse und Ordinate.
2. Zeichnen des Koordinatensystems einschließlich Skalierung und Beschriftung.
3. Konstruktion der Isothermen entsprechend Bild 2.22.
4. Auszählen und Umrechnen unter Beachtung der Koordinatenmaßstäbe.

2.13
a) $V_2 = 15$ m^3 $\quad t_2 = -55{,}3$ °C

$$Q_{12} + W_{12} = \Delta U$$
$$0 + (-1840 \text{ kJ}) = -1840 \text{ kJ}$$

b) $h_1 = 20{,}9$ kJ/K $\quad h_2 = -44{,}1$ kJ/kg
$H_1 = 742$ kJ $\quad H_2 = -1566$ kJ } bezogen auf 0 °C

$h_1 \approx 800$ kJ/kg $\quad h_2 \approx 735$ kJ/kg
$H_1 \approx 28{,}4$ MJ $\quad H_2 \approx 26{,}1$ MJ } bezogen auf 0 K

c) Entspricht rein qualitativ dem Bild 2.26, wenn man die Punkte 1 und 2 vertauscht. Aus Δp wird $-\Delta p$ und aus $w_{t_{12}}$ wird $-w_{t_{12}}$.
T-s-Diagramm siehe A3.2.6 (= Senkrechte)

d) $Q_{12} + W_{t_{12}} = \Delta H$
$0 + (-2{,}4\text{ MJ}) \approx -2{,}3\text{ MJ}$

2.14 Polytrope Zustandsänderung mit $n = 1{,}106$

$q_{12} + w_{t_{12}} = \Delta h$
$-101{,}3\text{ kJ/kg} + 152{,}6\text{ kJ/kg} \approx 51{,}3\text{ kJ/kg}$

$P = 15{,}7$ kW $\quad \dot{Q} = -10{,}4$ kW

3.1 $L = 5{,}46 \dfrac{\text{m}^3\text{ Luft}}{\text{m}^3\text{ Brenngas}} \quad RG = 6{,}13 \dfrac{\text{m}^3\text{ Rauchgas}}{\text{m}^3\text{ Brenngas}}$

$\Delta H_u = 19{,}5 \dfrac{\text{MJ}}{\text{m}^3\text{ Brenngas}} \quad t \approx 1885$ °C

9.1 a)

von–bis	Druck			Geschwindigkeit		
	+	± 0	–	+	± 0	–
1–2	*				*	
2–3			*	*		
3–4	*				*	
4–5	*				*	
5–6		*			*	
6–7			*		*	
7–8	(*)	*	(*)			*
8–9			*		*	
9–10			*		*	
10–11		*			*	
11–12			*	*		

b) Bezugsebene = (1)

	z in m	c in m/s	p in kPa	$p_ü$ in kPa
1	0	0	232	138
2	– 1,8	0	250	156
3	– 1,8	12,6	170	76
4	– 9,8	12,6	248	154
5	– 10,3	12,6	253	159
6	– 10,3	12,6	253	159
7	– 9,8	12,6	248	154
8	– 1,8	1,8	248	154
9	4,7	1,8	184	90
10	5,9	1,8	173	79
11	5,9	1,8	173	79
12	5,9	12,6	94	0

9.2	$c = 12$ m/s	$L = 136{,}3$ m	
	$\mathrm{Re} = 225\,000$	$k \approx 0{,}025$	
	$\lambda = 0{,}02$	$\xi_c = 1$ (kinetische Energie verwirbelt im Auffangbehälter)	
	$\Sigma\xi \approx 112$	$w_{t_{12}} = 10{,}9$ kJ/kg	
	$P_K = 96{,}8$ kW		
10.1	$u = 27{,}6$ cm/s	$c_u = 3{,}1$ cm/s	$\alpha = 84{,}1°$
	$w = 38{,}2$ cm/s	$c_m = 29{,}3$ cm/s	$\beta = 50°$
	$c = 29{,}4$ cm/s		
13.1	$t_S = 263{,}9$ °C	$\varphi^* = 580$ kJ/kg	$q_ü = 183$ kJ/kg
	$r^* = 656$ kJ/kg	$\psi^* = -76$ kJ/kg	$h_1 = 2138$ kJ/kg
			$h_2 = 2977$ kJ/kg

$$q_{12} + w_{12} = \Delta u$$
$$839 \text{ kJ/kg} + (-118 \text{ kJ/kg}) = 721 \text{ kJ/kg}$$

15.1 $\alpha_4 = 90°$

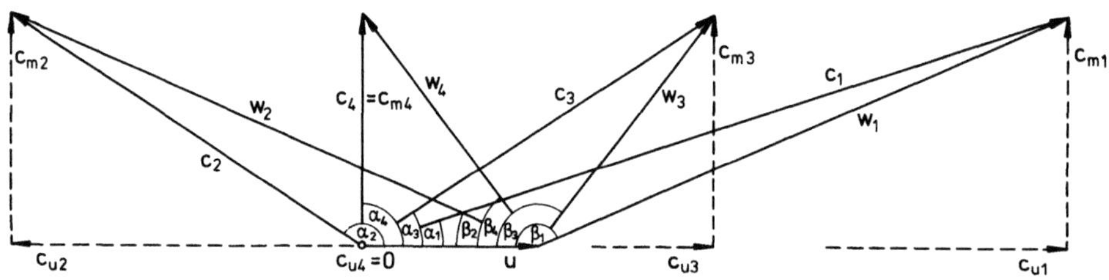

15.2 a) siehe Bild 15.6

b) siehe Bild 15.5

c) $F_{u_{Schaufel}} = -165$ N

d) $P_e^{St} = -3443$ kW

Ergänzende und weiterführende Literatur

[1] *Baehr, H. D.:* Thermodynamik, Springer Verlag, Berlin 1973
[2] *Berties, W.:* Übungsbeispiele aus der Wärmelehre, Vieweg Verlag, Braunschweig 1976
[3] *Bischoff/Gocht:* Das Energiehandbuch, Vieweg Verlag, Braunschweig 1979
[4] *Bock, S.* und *Mau, G.:* Die Dieselmaschine im Land- und Schiffsbetrieb, Vieweg Verlag, Braunschweig 1968
[5] *Böge, A.:* Arbeitshilfen und Formeln für das technische Studium – Grundlagen, Vieweg Verlag, Braunschweig 1975
[6] *Böge, A.:* Das Techniker Handbuch, Vieweg Verlag, Braunschweig 1977
[7] Kohlensäure (CO_2), Firmenschrift der Fa. Buse, Bad Hönningen
[8] *Cerbe/Hoffmann:* Einführung in die Wärmelehre, Hanser Verlag, München 1974
[9] *Dietzel, F.:* Dampfturbinen, Hanser Verlag, München 1970
[10] DIN Taschenbuch 22, Normen für Größen und Einheiten in Naturwissenschaft und Technik, Beuth Vertrieb, Berlin 1972
[11] *Eberle, O.:* Bosch-Einspritzausrüstung für Viertakt-Ottomotoren mit Mengenteil-Saugrohreinspritzung, Sonderdruck aus MTZ 9/1959
[12] *Gersten, K.:* Einführung in die Strömungsmechanik, Bertelsmann Universitätsverlag, 1974
[13] *Großmann, D.:* Abgasentgiftung und Vergasertechnik, Vortrag, Deutsche Vergasergesellschaft, Neuss 1974
[14] *Haimerl, L. A.:* Regelung im Asynchron-Wasserkraftwerk, Sonderdruck aus der Deutschen Müller-Zeitung 15/1973
[15] *Hamerak, K.:* Bedienungslose Kleinwasserkraftanlagen mit Ossberger-Durchströmturbine, Sonderdruck aus „das Wassertriebwerk" 11/1969
[16] *Hamerak K..* Kleinwasserkraftanlage regelt den Abfluß einer Talsperre, Sonderdruck aus „das Wassertriebwerk" 12/1974
[17] *Hohmann, K.:* Technische Wärmelehre, Vieweg Verlag, Braunschweig 1971
[18] *Kalide, W.:* Einführung in die technische Strömungslehre, Hanser Verlag, München 1965
[19] *Kalide, W.:* Kolben- und Strömungsmaschinen, Hanser Verlag, München 1974
[20] *Kalide, W.:* Thermodynamik der Kühl- und Kälteanlagen, Hanser Verlag, München 1976
[21] *Kalide/Hansen:* Kraft- und Arbeitsmaschinen, Hanser Verlag, München 1975
[22] Kreiselpumpen Lexikon, Klein, Schanzlin, Becker AG, Frankenthal 1974
[23] KSB-Taschenbuch, Klein, Schanzlin, Becker AG, Frankenthal
[24] Gasturbinen-Leitfaden der Klöckner-Humbold-Deutz AG
[25] *Lembcke, R.:* Technische Aspekte der Dieselmotorenentwicklung, Schriftenreihe MAK-Motoren-Technik Nr. 7
[26] *Lenz, H. P.:* Vergleich zwischen Vergaser- und Einspritz-Ottomotoren, Sonderdruck aus ATZ 6/1972, Stuttgart
[27] *Maercks/Ostermann:* Bergbaumechanik, Springer Verlag, Berlin 1968
[28] Dieselmotorennachrichten Nr. 50, Hausmitteilungen der MAN
[29] *Martin, P.:* Vorteile des Gleitdruckbetriebes größerer Kraftwerkblöcke, Sonderdruck aus Energie Heft 3 und 5, 1973
[30] *Mayr, Hofmann, Hartig, Mockel:* Möglichkeiten der Weiterentwicklung am Ottomotor zur Wirkungsgradverbesserung, ATZ 6/79, S. 255–260
[31] *Meurer, J. S.:* Das MAN-M-Verfahren, Schrift der Fa. MAN

[32] *Meurer, J. S.:* Der Wandel in der Vorstellung vom Ablauf der Gemischbildung und Verbrennung im Dieselmotor, Sonderdruck aus MTZ 4/1966

[33] *Meurer, J. S.:* Entwicklungstendenzen im Bau schnellaufender Dieselmotoren, Sonderdruck aus ATZ 11/1964

[34] *Pfleiderer, C.:* Die Kreiselpumpen für Flüssigkeiten und Gase, Springer Verlag, Berlin/Göttingen/Heidelberg 1961

[35] *Pierburg, A.:* Vergaser für Kraftfahrzeugmotoren, VDI-Verlag, Düsseldorf 1970

[36] Physical Science Study Committee, PSSC Physik, Vieweg Verlag, Braunschweig 1974

[37] *Rixmann, W.:* Der MAN-FM-Motor, ein neuer Vielstoffmotor für Kraftstoffe unbegrenzt hoher Oktanzahl, Sonderdruck aus ATZ 10/1965

[38] *Rödel, H.:* Hydromechanik, Hanser Verlag, München 1970

[39] *Sauter, E.:* Grundlagen des Strahlenschutzes, Siemens AG, 1971

[40] *Schmidt, E.:* Einführung in die technische Thermodynamik, Springer Verlag, Berlin 1963

[41] *Schröder, K.:* Probleme heutiger und zukünftiger Kraftwerksplanung, Siemens AG, 1966

[42] *Stepanoff, A. J.:* Radial- und Axialpumpen, Springer Verlag, Berlin/Göttingen/Heidelberg 1959

[43] *Thiem, M.:* Einführung in die technische Wärmelehre, Hanser Verlag, München 1967

[44] *Thoma:* Gemischbildung, Verbrennung und Abgasprobleme bei Fahrzeug-Diesel- und Otto-Motoren, Referat gehalten an der Technischen Akademie Wuppertal 1971

[45] *Traupel, W.:* Thermische Turbomaschinen, Springer Verlag, Berlin 1966/68

[46] *Urlaub, A.:* Fortschritte auf dem Gebiet der Gemischbildung und Verbrennung im Motor, Sonderdruck aus ATZ 8/1968

[47] Technisches Handbuch Pumpen, Abteilung Werbung und Messen des VEB Kombinat Pumpen und Verdichter, Halle, Berlin 1972

[48] *Waldmann/Seidel:* Kraft- und Schmierstoffe, Sonderdruck der Aral AG Bochum aus dem Automobiltechnischen Handbuch 1965, Technischer Verlag H. Cram, Berlin 1971

[49] *Winter, F. W.:* Technische Wärmelehre, Verlag Giradet, Essen 1975

Sachwortverzeichnis

GPSR Compliance

The European Union's (EU) General Product Safety Regulation (GPSR) is a set of rules that requires consumer products to be safe and our obligations to ensure this.

If you have any concerns about our products, you can contact us on ProductSafety@springernature.com

In case Publisher is established outside the EU, the EU authorized representative is:

Springer Nature Customer Service Center GmbH
Europaplatz 3
69115 Heidelberg, Germany

Batch number: 10577878

Printed by Printforce, the Netherlands